착물화학

-제3판-

Coordination Chemistry

김봉곤 · 김재상 · 김진은 · 이부영 · 도명기 지음

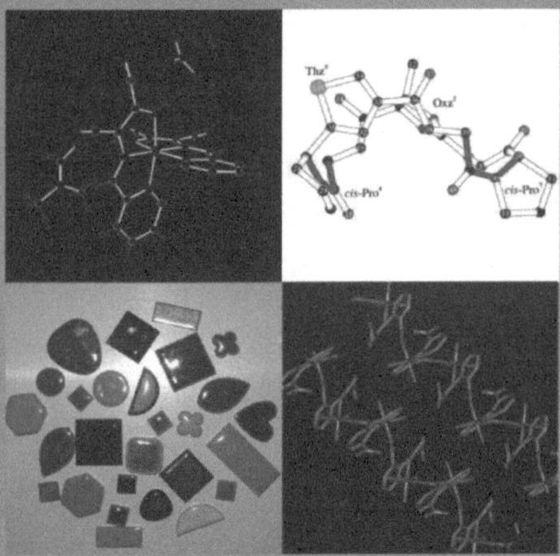

자유아카데미

서 문

무기화학의 한 분야로 다루어왔던 「착물화학」은 유기화합물의 합성에서 전이금속 착물의 촉매 특성이 알려지면서 유기화학뿐만 아니라 생물화학분야에서도 중요하게 취급되면서 지난 몇 십년간 무기화학의 어떤 분야보다 많은 관심을 불러왔던 학문영역이다. 최근 국가산업의 발전 동력인 나노기술(Nano-Technology), 생명기술(Bio-Technology) 및 정보기술(Information Technology)의 경계를 넘나드는 재료화학분야의 연구에서도 「착물화학」이 중요한 학문분야로 자리매김하고 있다.

저자들은 오랜 기간 동안 착물화학 분야의 연구와 강의를 바탕으로 자유아카데미에서 「착물화학」을 펴냈으나 벌써 십여 년의 세월이 흘렀다. 그 동안 각 분야에서 착물화학의 응용기술이 많이 도입되었고, 수많은 착물들이 알려졌지만 이를 수용하지 못해 무척 안타까웠다. 물론 그동안 출판사로부터 개정판 발간을 몇 차례 요구 받았으나 강의와 연구의 핑계와 능력이 부족한 탓에 한 동안 그 뜻을 이루지 못하고 있었다. 뒤늦게 착물화학의 개정 작업을 시작하였지만 착물화학의 여러 응용분야 중에서 어느 분야를 소개할까? 가장 고민스러운 부분이었다.

본 「착물화학」의 특징은 화학전공뿐만 아니라 응용학문 분야 전공자들이 「착물화학」에 대한 기초개념과 착물의 구조 확인 및 그 응용성에 대한 궁금증을 해결할 수 있도록 제 1부(1장~6장)는 착물화학의 기초개념인 원자의 전자구조, 화학결합, 착물의 구조 확인 및 착물의 반응을 다루었고, 제 2부(7장~10장)는 응용편으로 유기금속화학, 생물무기화학, 재료화학 및 계산화학을 이용한 이론적 고찰을 다루었다.

「착물화학」교재의 내용은 제 1부 기초편에서 1장 착물화학의 전개에서 배위설의 배경, 주기율표와 착물, 착물화학의 다양성 및 새로운 전개등을 다루었다. 2장은 착물의 명명법, 3장에서 착물의 입체구조와 이성질 현상을 다루었다. 4장에서는 착물의 전자구조와 결합이론을 다루었다. 이장에서는 무기화학의 선수학습이 없는 독자라도 이해할 수 있도록 원자의 전자구조 개념을 다루었고, 원자가 결합이론, 리간드장 이론 및 분자궤도함수 이론을 다루었다. 5장은 착물의 구조를 결정하는 각종 분광학적인 방법을 소개하였다. 특히, UV/Vis 스펙트럼, CD, ir 스펙트럼, 자기적 성질, X-선 구조해석, NMR 스펙트럼 등을 다루었다. 6장은 착물의 생성반응, 생성상수, 치환반응 및 산화-환원반응을 다루었다. 제 2부 응용편에서 7장은 유기금속화학으로 유기금속화학의 역사, 유기금속 착물의 반응 및 촉매반응을 다루었다. 8장은 생물무기화학으로 생리활성 금속착물, 금소단백질과 효소를 다루었다. 9장은 착물의 재료화학으로 기능성 고체촉매, 초전도성 착물, 에너지 변환 착물 등 각종 재료화학을 다루었다. 10장은 착물의 설계와 계산화학을 간단히 소개하였다.

저자들은 「착물화학」과 관련이 있는 화학개념을 체계적으로 담으려고 노력했으나, 폭넓은 내용을 다루다보니 각 장마다 모두 깊이 있는 내용을 다루지 못한 아쉬움이 남는다. 오랜 기간 많은 고민을 거쳐서 집필하였으나 책 내용이 여전히 미비한 점이 있고 다소 소홀히 다루었거나 부족한 점이 많을 것으로 생각한다. 독자들의 이해와 지도편달을 바란다.

끝으로 「착물화학」이 새롭게 탄생할 수 있도록 많은 도움을 주신 도서출판 자유아카데미 주정희 사장님, 임철석 상무 이하 모든 관계자에게 감사드린다.

2006. 6

저자일동

차 례

제1장 착물화학의 전개 1

제2장 착물의 명명법 19

부 록 429

◈ 찾아보기 435

제1장

착물화학의 전개

스위스의 젊은 화학자 Alfred Werner는 19세기 말까지만 해도 잘 설명하지 못했던 금속-아민 화합물의 구조를 입체적으로 생각하여 배위설을 제안하였다. 이 때부터 착물화학이라는 새로운 분야가 열려 화학의 한 분야로 발전하기 시작하였다.

1 배위설의 역사적 배경

화학의 역사는 연금술 시대(Alchemy, 7~13C), 플로지스톤 시대(Phlogiston, 18C)를 지나, 18세기 말엽 Lavoisier의 연소 이론이 확립되어 근대 화학에 이르렀다.

19세기에 접어들어 많은 원소가 발견되면서 여러 가지 유기 화합물들의 구조가 밝혀졌다. 프랑스의 Dumas는 화합물이 공통적으로 갖는 기(type)에 따라서 화합물을 분류하는 기형설(type theory)을 주장하였다(1838년). 기형설은 불완전한 것이었지만, 독일의 Gerhardt와 프랑스의 Laurent를 비롯하여 영국의 Williamson 등의 연구에 의해 암모니아, 수소, 염화 수소 및 물 등의 구조가 밝혀지게 되었다. Kekule는 탄소의 원자가가 4인 것과 메테인의 구조(sp^3)를 밝혔으며(1858년), 유명한 벤젠의 구조식을 발표하였다(1865년). 한편, Vant' Hoff와 Le Bel은 1873년 비대칭 탄소라는 입체적인 개념을 제안하였다. 이와 같이 유기 화합물의 구조가 밝혀지고 유기화학의 체계가 이루어진 19세기 중반부터 후반에 걸쳐, 무기 화합물의 구조를 설명한 이론에는 어떤 것이 있는지 알아보자.

19세기 중반까지 무기 화합물의 구조는 원자 간의 친화력을 모두 정전기적 인력 때문이라고 생각한 Berzelius의 전기적 이원론[1]이 지배적이었다. 이것은 19세기 초 Davy가 전기분해에 의해서 알칼리 금속, 알칼리 토금속을 분리한 실험에서부터 출발하고 있는 것으로서, 양전하를 가진 원소와 음전하를 가진 원소 사이의 인력에 의해 결합이 일어난다고 하는 이원론이다. 그러나 이러한 이원론으로 설명할 수 없는 복잡한 화합물이 알려지게 되었다. 예를 들면, 코발트, 니켈, 크로뮴 등의 색깔을 가진 암모니아 화합물(착물) 등이 그 예이다.

금속-암민 화합물이 처음으로 알려진 것은 1798년 프랑스 Tassaert가 보고한 $CoCl_3 \cdot 6NH_3$이다.[2] 이들 화합물은 복잡하여 당시 구조를 밝히지 못했으므로 복잡한 화합물, 즉 착염(complex salt)이라 하였다.[3] 착염으로 가장 오래 전부터 알려져 온 것은 독일의 Diesbach가 우연히 얻은 감청(prussian blue), KCN ·

1) 이원론은 모든 원자가 이중 전극을 가지고 있으며, 그 하나는 항상 다른 쪽보다 강하다고 본 것이다. 따라서, 모든 원소는 음양의 두 종류로 분류할 수 있으며, 모든 화합물은 서로 반대 전기적 성질을 띠고 있는 두 성분이 결합하여 생성된 것으로 보았다.

2) 현재에는 염화 코발트 수용액에 염화 암모늄과 암모니아수를 가하여, 활성탄 존재에서 공기나 과산화 수소로 코발트를 Co^{II}에서 Co^{III}로 산화시켜 합성한다.

3) 요즈음은 염이 아닌 것이 많이 발견되므로 착물(complex)이라고 한다. 이것은 영어의 complex (complex salt가 아님)에 해당되는 말이다.

$Fe(CN)_2 \cdot Fe(CN)_3$이다(1704년). 1860년 독일의 Karlsruhe에서 최초로 개최된 국제화학회에서 Avogardro의 분자가설이 제자인 Cannizzaro[4])에 의해서 소개되므로서 원자와 분자의 구별이 가능하게 되었다.

지금부터 150년 전까지만 해도 분자와 원자를 완전히 구별하지 못했다는 것을 생각하면 그 동안 화학의 발전은 실로 놀랄만한 것이다.

2 Werner의 배위설과 실험

현대 착물화학은 1893년 스위스 Alfred Werner(1866~1919)가 「무기화학 분야에서의 새로운 견해」[5])라는 논문을 발표하면서 부터이다. 당시 무기화학은 주기율표가 발견되어 원소들의 규칙성에 대한 체계적인 연구가 많이 진행되었지만, 무기 화합물의 구조는 유기화합물의 구조 이론이 발전함에 따라 오히려 혼란기를 맞았다. 무기화학의 새로운 구조 이론은 북유럽 스웨덴의 Blomstrand와 덴마크의 Jϕrgensen, 그리고 스웨덴의 Arrhenius에 의해서 전개되었다.

Blomstrand–Jϕrgensen의 사슬 이론

금속암민 착물들의 조성과 성질에 대한 여러 가지 설명 중에서 Werner 이전의 이론 중에서 가장 성공적이고 널리 사용된 이론이 1869년 Blomstrand(1826~1897)가 처음으로 제안하여 Jϕrgensen(1837~1914)이 발전시킨 사슬이론(chain theory)이다.

금속암민 착물에서 암모니아 분자는 탄화수소에서 $-CH_2-CH_2-$ 사슬구조와 유사하게 암모니아 분자가 $-NH_3-$ 사슬에 의해 연결된 것으로 해석하였다. 이 사슬이론이 제안될 당시 질소의 원자가는 5가로서, 5개 결합을 형성한다는 주장이 당연한 것으로 받아들여진 시기이다.

사슬이론에 의하면 luteo염(luteo salt)은 그림 1.2에서 나타낸 것과 같이 $-NH_3NH_3NH_3-$의 사슬로 이어진다. 그림 1.2(a) 이합체(dimer) 구조는 분자량 측

4) 1811년 Avogadro가 제안하였으나 인정을 받지 못하였고, 1814년 Ampere가 다시 주장하였으나 역시 인정을 받지 못하였다. 1860년 Avogadro의 제자이며 같은 이탈리아 사람인 Cannizzaro가 다시 제안하여 인정을 받았다.

5) *Neuere Anschauungen auf dem Gebiete der Anorgnischen Chemie*

정에서 얻은 염화 철(III)의 이합체 Fe_2Cl_6의 구조로부터 유추한 것이다.

Jϕrgensen은 코발트뿐만 아니라 크로뮴, 로듐, 백금 염 등의 정밀한 합성 실험을 기초로 이 학설을 발전·개량시켜 1890년 단량체 구조를 그림 1.2(b)~(e)의 왼쪽과 같이 제안하여 배위설에 중요한 힌트를 제공하였다.

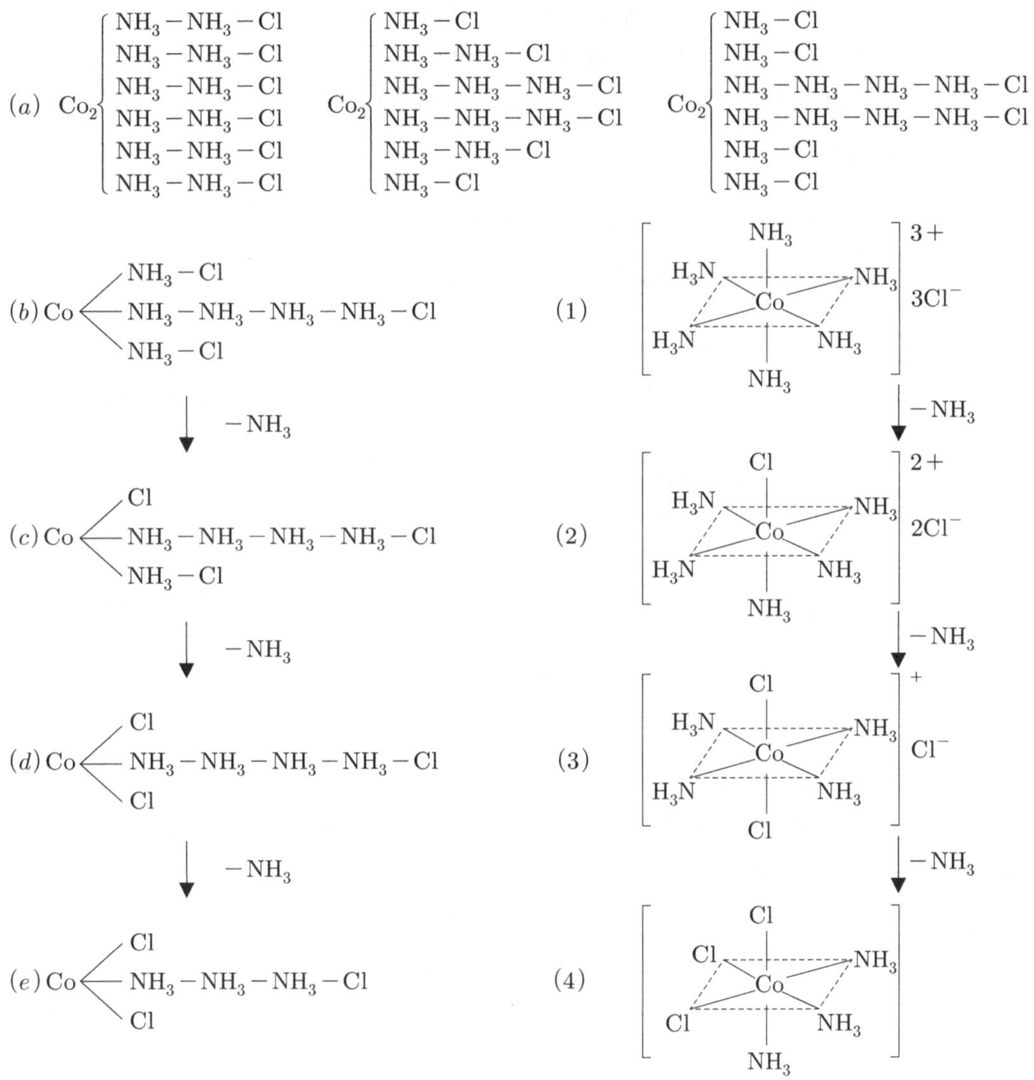

그림 1.2 사슬 이론과 배위설의 Co^{III} 착물의 구조 차이

(a) $12NH_3 \cdot Co_2Cl_6$(luteo염) : Bromstrand와 Jϕrgensen의 이합체 구조

(b) $6NH_3 \cdot CoCl_3$(luteo염) : Jϕrgensen의 단량체 구조와 Werner의 정팔면체 구조. 단량체 구조는 1890년까지 Jϕrgensen이 사용하지 않았지만 비교하기 위해서 단순화시킨 것이다.

(c) $5NH_3 \cdot CoCl_3$(purpureo염) (d) $4NH_3 \cdot CoCl_3$(praseo염) (e) $3NH_3 \cdot CoCl_3$

천재의 직감과 배위설

사슬이론에 의문을 가지고 있던 Werner는 약관 26세 나이에 주도면밀한 문헌 조사와 천재적인 직관으로 사설이론을 부정하고 혁신적인 배위설을 제안하게 되었다.

이 배위설에서 Co^{III} 착물은 그림 1.2의 (b)~(e) 오른쪽과 같이 팔면체 6배위 구조를 가진다는 것을 대담하게 주장하였다. 이어서 중심금속 이온과 6개 리간드의 결합을 두 종류의 원자가, 즉 주원자가(현재의 산화수)와 부원자가(배위수)로 설명하였다. Werner는 그 후 20년 동안 직접 실험으로 자신의 배위설을 증명하였다.[6)]

표 1.1 몇 가지 코발트(Ⅲ) 착물의 색과 명칭

색깔과 IUPAC 명칭	색	화학식
Luteo hexaamminecobalt(III)	오렌지-황색	$[Co(NH_3)_6]^{3+}$
Purpureo pentaaminechlorocobalt(III)	자주색	$[Co(NH_3)_5Cl]^{2+}$
Roseo pentaamineaquacobalt(III)	핑크색	$[Co(NH_3)_5H_2O]^{3+}$
Xantho pentaaminenitrocobalt(II)	황갈색	$[Co(NH_3)_5NO_2]^{2+}$
Violeo *cis*-tetraaminedichlorocobalt(III)	보라색	*cis*-$[Co(NH_3)_4Cl_2]^{+}$
Praseo *trans*-tetraaminedichlorocobalt(III)	녹색	*trans*-$[Co(NH_3)_4Cl_2]^{+}$

Werner의 실험

- **전기 전도도의 측정** Werner가 지적한 사슬이론의 모순은 암모니아를 염화 이온과 같은 음이온으로 단계적으로 치환시키면 알 수 있다. 그림 1.2(b)~(d)에서 나타낸 것과 같이 luteo염에서 praseo염까지 해리되는 이온의 수는 사슬이론과 배위설에서 거의 일치한다. 그러나 그림 1.2(e)의 $[CoCl_3(NH_3)_3]$은 세 개의 염화 이온 중에서 두 개만 Co^{III}와 직접 결합되어 있기 때문에 사슬이론에 의하면 남은 한 개의 염화 이온이 해리되어 praseo염과 같이 질산은과 반

6) 1892년의 어느 날 밤 2시, 한 순간의 아이디어로 해결의 실마리를 얻어 침대에서 일어나, 다음 날 저녁 5시까지 쉬지 않고 단숨에 가장 유명한 논문 'Beitrag zur Konstitution anorganischer Verbindungen' (Contribution to the Constitution of Inorganic Compounds)을 써서 후에 배위설(coordination theory)이란 논문을 완성시켰다는 일화가 있다.

응하여 침전이 생길 것으로 예상된다. Werner의 예측에서 이 착물은 전하를 띠지 않아 용액에서 전기 전도성을 나타내지 않아야 한다. Werner는 $[Co(NO_2)_n(NH_3)_{6-n}]^{3-n}$ 착물의 전기 전도도 측정(그림 1.3)으로 이러한 사실을 입증하였다. 이 실험은 Arrhenius의 전리설에 근거한 것이다. 표 1.2에서는 몇 가지 배위 화합물의 전도도값을 나타내었다.

표 1.2 몇 가지 배위 화합물의 전도도 측정값

화학식	전도도 ($\Omega^{-1}cm^2mol^{-1}$)	전해질	Werner 조성식
NaCl	124	1:1	-
$PtCl_4 \cdot 3NH_3$	97	1:1	$[PtCl_3(NH_3)_3]Cl$
$PtCl_4 \cdot NH_3 \cdot KCl$	107	1:1	$K[PtCl_5(NH_3)]$
$CaCl_2$	261	1:2	-
$CoCl_3 \cdot 5NH_3$	261	1:2	$[CoCl(NH_3)_5]Cl_2$
$CoBr_3 \cdot 5NH_3$	258	1:2	$[CoBr(NH_3)_5]Br_2$
$CrCl_3 \cdot 5NH_3$	260	1:2	$[CrCl(NH_3)_5]Cl_2$
$PtCl_4 \cdot 4NH_3$	229	1:2	$[PtCl_2(NH_3)_4]Cl_2$
$PtCl_4 \cdot 2KCl$	257	2:1	$K_2[PtCl_6]$
$CoCl_3$	408	1:3	-
$CoCl_3 \cdot 6NH_3$	432	1:3	$[Co(NH_3)_6]Cl_3$
$CoBr_3 \cdot 6NH_3$	427	1:3	$[Co(NH_3)_6]Br_3$
$CrCl_3 \cdot 6NH_3$	442	1:3	$[Cr(NH_3)_6]Cl_3$
$PtCl_4 \cdot 5NH_3$	404	1:3	$[PtCl(NH_3)_5]Cl_3$
$PtCl_4 \cdot 6NH_3$	523	1:4	$[Pt(NH_3)_6]Cl_3$

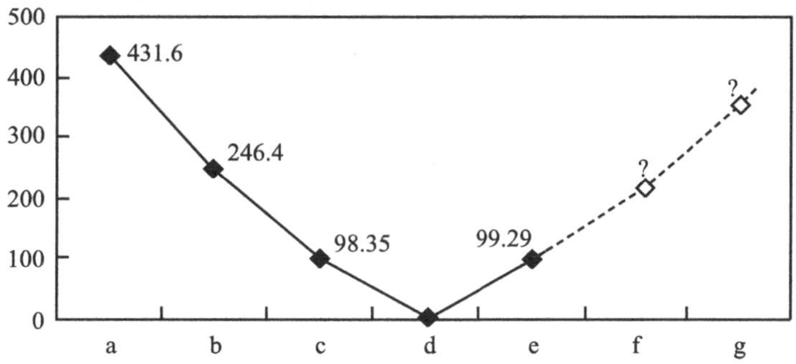

a) $[Co(NH_3)_6]Cl_3$ b) $[Co(NO_2)(NH_3)_5]Cl_2$ c) $[Co(NO_2)_2(NH_3)_4]Cl$ d) $[Co(NO_2)_3(NH_3)_3]$ e) $K[Co(NO_2)_4(NH_3)_2]$ f) $K_2[Co(NO_2)_5(NH_3)]$ g) $K_3[Co(NO_2)_6]$

그림 1.3 수용액에서 코발트(Ⅲ) 착물의 전기 전도도

- **기하 이성질체의 합성** Werner는 $[CoCl_2(en)_2]Cl$에서 두 가지 이성질체(praseo와 violeo)에 대한 Jϕrgensen이 추정한 구조를 부정하였다. 이들은 6배위 팔면체 구조로 예상되는 트랜스와 시스형 기하 이성질체로 추정하였다(그림 1.4).

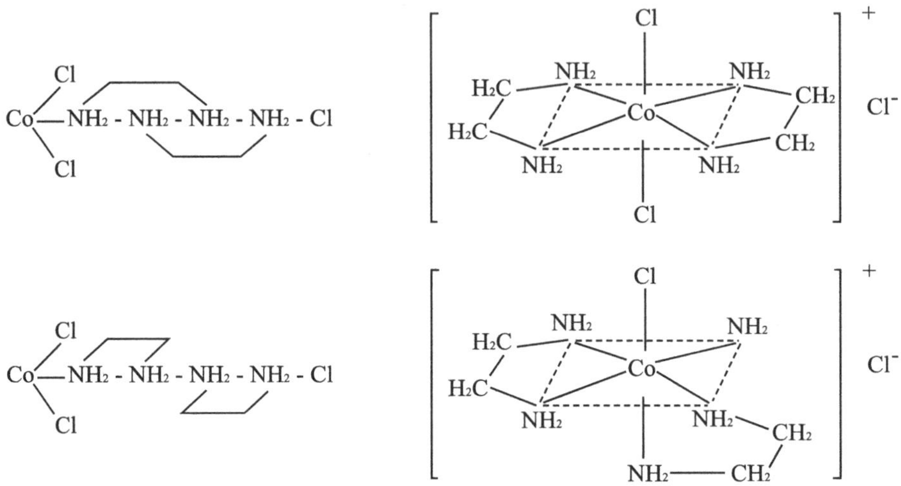

그림 1.4 $[CoCl_2(en)_2]$착물의 기하 이성질체. 트랜스(위), 시스(아래)

이것을 입증하기 위해서 당시 알려진 praseo염에 대응하는 trans-$[CoCl_2(NH_3)_4]Cl$ 이외에 violeo염에 대응하는 *cis*-$[CoCl_2(NH_3)_4]Cl$ 착물을 합성할 필요가 있었다. 당시 *cis*-형태의 암민 착물은 불안정하여 얻을 수 없었으나 1907년 드디어 합성에 성공하였다. 이 때, Werner는 Jϕrgensen에게 이러한 발견 사실을 편지로 알리고 시료도 함께 보냈다. 이것으로 Jϕrgensen도 배위설을 인정하지 않을 수 없었다. 그 후 Werner는 $[CoX_2(en)_2]$ 혹은 $[CoXY(en)_2]$형 등 27종의 시스-트랜스 이성질체를 합성하여 배위설의 지지를 뒷받침하였다. 그러나 이성질체 수의 실험 결과는 팔면체 구조에 대한 증거로서는 소극적인 것이며, 6배위 착물에서 예상되는 세 가지 이성질체, 평면육각형이나 삼각기둥 모양의 구조(그림 1.5)를 완전히 부정하지는 못하였다.

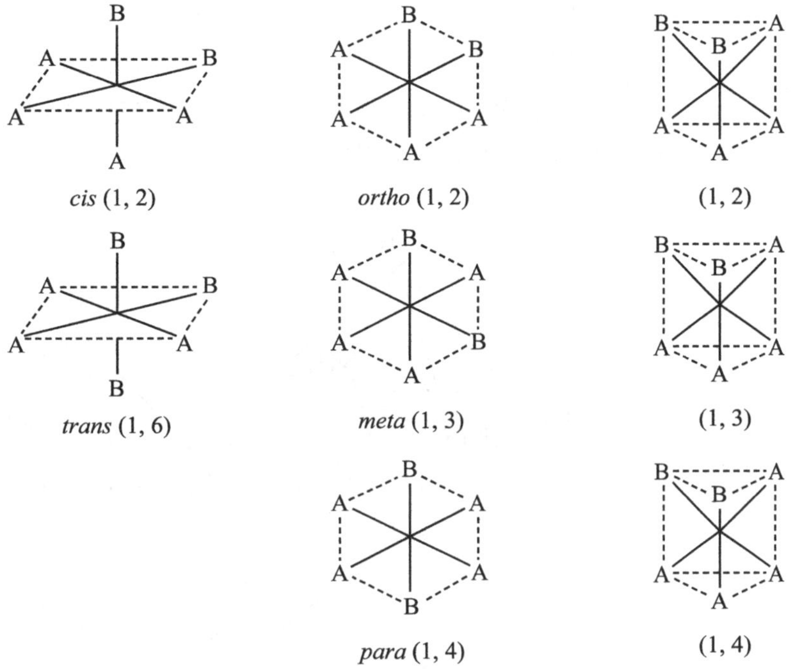

그림 1.5 [MA_4B_2] 착물에서 예상되는 기하 이성질체 구조

- **광학 분할** 배위설에 대한 보다 적극적인 증거로서 팔면체 구조에서 예상되는 광학 이성질체(그림1.6)의 존재를 입증할 필요가 있다.

1911년 Werner는 *cis*-[$CoX(NH_3)(en)_2$]$^+$($X=Cl^-$, Br^-)의 광학 분할에 성공하였다[7]. 그 후 계속해서 [$Co(en)_3$]X_3, M_3[$Cr(ox)_3$] 혹은 [$Fe(bpy)_3$]X_3 등이 분할되었다.

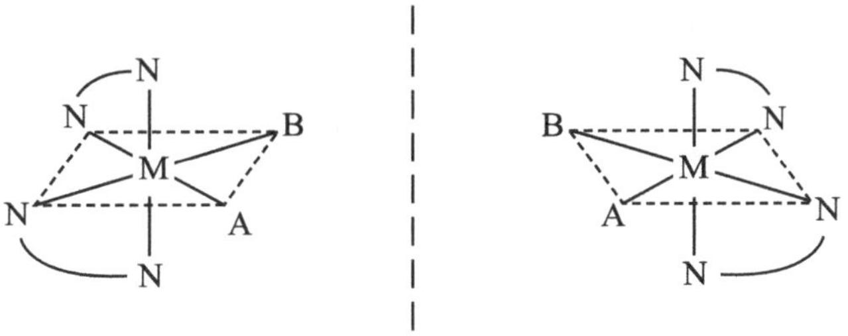

그림 1.6 *cis*–[$Co(en)_2AB$]의 광학 이성질체

7) 1902년부터 여러 차례 광학 분할을 시도하였지만, 1911년 비로소 분할에 성공하였다.

그러나 당시 많은 화학자들은 이러한 현상이 나타나는 것을 리간드에 포함된 비대칭 탄소 원자 때문일 것으로 생각하여 Werner의 주장을 받아들이지 않았다. 따라서, Werner는 이러한 비판을 잠재우기 위해서 탄소 원자가 전혀 없는 착물로 광학 분할을 시도였다.

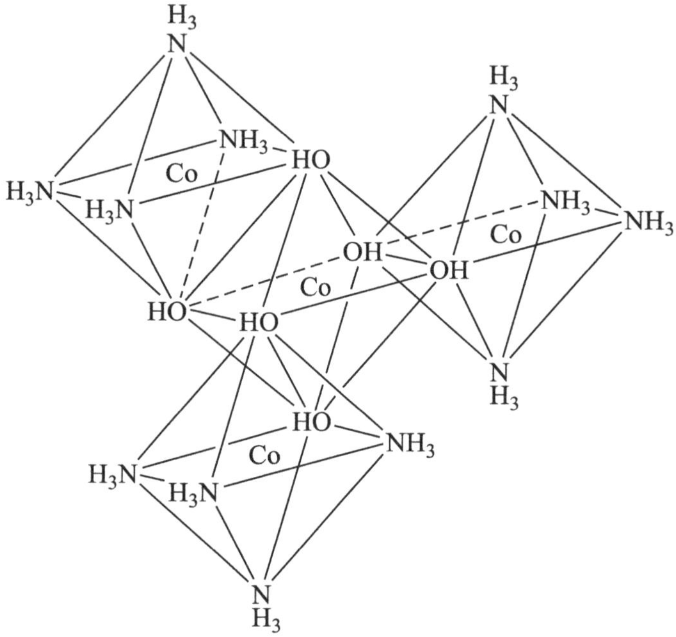

그림 1.7 $[Co\{(OH)_2Co(NH_3)_4\}_3]X_6$의 입체 구조

1914년 Werner는 16년 전 Jφrgensen이 합성한 $[Co\{Co(OH)_2(NH_3)_4\}_3]X_6$, hexol(그림 1.7)의 광학 분할을 성공하여, 자신의 배위설[8]을 더욱 확실하게 입증하였다.

8) 모든 금속은 두 가지 형태의 원자가 Hauptvalenz(primary or ionizable valence, oxidation number)과 Nebenvalenz(secondary or non-ionizable valence, coordination number)를 가진다. Secondary valence는 중심금속 원자 주위에 일정한 공간적 배향을 갖는다.

- **Nobel 화학상** Werner는 1913년 배위설에 대한 연구 결과를 인정받아 노벨 화학상을 수상하였다. 코펜하겐의 수상 강연에서 Werner는 Jϕrgensen[9]의 정밀하고 주의 깊은 합성 실험이 없었다면 배위설이 발표되지 못하였을 것이라며, Jϕrgensen이 배위설의 발전에 주요한 역할을 하였다고 칭찬하였다. 이처럼 Jϕrgensen의 실험 결과가 자신의 사슬이론을 부정하고 배위설의 밑바탕이 된 계기가 되었다[10].

  Werner가 착물화학의 아버지라고 한다면 사슬이론을 처음 주장한 Jϕrgensen과 Bromstrand는 배위화학의 조부모이다.

3 주기율표와 착물

주기율표에서 착물화학의 위치

원소를 원자가 전자의 종류에 따라 s, p, d, f의 그룹으로 분류한 현대 주기율표는 그림 1.7에 나타내었다. 금속 착물은 중심금속과 그것에 배위된 리간드로 구성된다. 리간드는 아미노산, 당, 카복시산, 물, 암모니아, 폴리아민, CO, H^- 이온, 할로젠화 이온 등으로 대표되는 유기 화합물 혹은 간단한 무기 분자 또는 이온이며, 주로 p 그룹 원소로 이루어져 있다. 한편 중심금속은 주로 전이원소, 즉 d 또는 f그룹 원소이지만 s, p 그룹의 전형 금속 원소도 중심금속이 된다. 따라서, 착물화학은 주기율표에 나오는 모든 원소를 대상으로 한 분야라고 말할 수 있다.

---

9) Jϕrgensen은 1907년 플루오린의 발견자인 프랑스의 Moissan(1852~1907)에 의해 노벨상 후보자로 추천될 예정이었으나, 갑작스런 죽음으로 그 신청서는 노벨상 위원회에 제출되지 못하였다.

10) 이것은 플로지스톤설의 파기와 Lavoisier의 연소 이론이 탄생된 계기가 된 Priestley의 산소 발견과 비슷하다. 그러나 Priestley는 끝까지 플로지스톤을 강하게 옹호했든 반면, Jϕrgensen은 Werner의 배위설을 관대하게 인정하고 높이 평가하였다는 점에서 크게 다르다.

I 1																	VIII 18
1 H 1.008	II 2											III 13	IV 14	V 15	VI 16	VII 17	2 He 4.003
3 Li 6.94	4 Be 9.01											5 B 10.81	6 C 12.01	7 N 14.01	8 O 16.00	9 F 19.00	10 Ne 20.18
11 Na 22.99	12 Mg 24.31	3	4	5	6	7	8	9	10	11	12	13 Al 26.96	14 Si 28.09	15 P 30.97	16 S 32.06	17 Cl 35.45	18 Ar 39.95
19 K 39.10	20 Ca 40.08	21 Sc 44.96	22 Ti 47.90	23 V 50.94	24 Cr 52.01	25 Mn 54.94	26 Fe 55.85	27 Co 58.93	28 Ni 58.71	29 Cu 63.54	30 Zn 65.37	31 Ga 69.72	32 Ge 72.59	33 As 74.92	34 Se 78.96	35 Br 79.91	36 Kr 83.80
37 Rb 85.47	36 Sr 87.62	39 Y 88.91	40 Zr 91.22	41 Nb 92.91	42 Mo 95.94	43 Tc 98.91	44 Ru 101.07	45 Rh 102.91	46 Pd 106.4	47 Ag 107.87	48 Cd 112.40	49 In 114.82	50 Sn 118.71	51 Sb 121.75	52 Te 127.60	53 I 126.90	54 Xe 131.30
55 Cs 132.91	56 Ba 137.34	57 La 138.90	72 Hf 178.49	73 Ta 180.95	74 W 183.85	75 Re 186.2	76 Os 190.2	77 Ir 192.2	78 Pt 195.09	79 Au 196.97	80 Hg 200.59	81 Tl 204.37	82 Pb 207.19	83 Bi 208.98	84 Po 210	85 At 210	86 Rn 222
87 Fr 223	88 Ra 226.03	89 Ac 227.03	104 Rf [261]	105 Db [262]	106 Sg [263]	107 Bh [264]	108 Hs [265]	109 Mt [268]	110 Uun	111 Uuu	112 Uub	113 Uut	114 Uuq	115 Uup	116 Uuh	117 Uus	118 Uuo
-*s* 그룹-		-				*d* 그룹					-	-		*p* 그룹			-

란타넘 계 열	58 Ce 140.11	59 Pr 140.91	60 Nd 144.24	61 Pm [145]	62 Sm 150.36	63 Eu 151.96	64 Gd 157.25	65 Tb 158.92	66 Dy 162.50	67 Ho 164.93	68 Er 167.26	69 Tm 168.93	70 Yb 173.04	71 Lu 174.97
악티늄 계 열	90 Th 232.04	91 Pa 231.03	92 U 238.03	93 Np 237.05	94 Pu [244]	95 Am [234]	96 Cm [247]	97 Bk [247]	98 Cf [251]	99 Es [252]	100 Fm [257]	101 Md [258]	102 No [259]	1037 Lr [260]
	-						*f* 그룹							-

그림 1.7 원소 주기율표

- **전이 원소의 성질** 전이 원소[11]는 *d* 또는 *f* 궤도함수에 부분적으로 전자가 채워지는 원소이다. 이런 까닭에 착물화학의 관점에서 볼 수 있는 전이 원소의 특징은 여러 가지 산화 상태를 가지며, 대부분 가시광선 영역에서 빛의 선택적 흡수로 인해 색깔을 띠고, 자기적 성질을 갖는다. 3*d* 계열은 +2 또는 +3 이온으로 잘 되지만, 주기율표의 오른쪽으로 갈수록 낮은 산화 상태를 취하려는 경향성이 있다. Sc는 실제 3가 상태로 존재하지만 Cu는 +2가 가장

11) 전이 원소(transition element)라는 말은 Mendeleev 주기율표와 같은 초기 주기적 성질에 대한 연구에서 유래되었다.

안정하다. 또한 $4d$, $5d$ 계열에서 주기율표에서 아래로 갈수록 같은 족에서도 보다 높은 산화상태가 안정한 경향이 있다. 예를 들면, Cr은 +3이 가장 안정한 산화상태지만, 같은 족인 Mo, W는 +6을 취하기 쉽다. f 그룹의 란타넘 계열 원소는 +3 이온으로 되기 쉽다.

이러한 일반적인 경향성을 갖는 금속 이온의 성질은 리간드에 따라 크게 달라진다. 예를 들면, 유기금속 착물이나 π-전자를 받는 리간드(CO, CN^-)가 배위된 착물은 0 혹은 +1의 낮은 산화 상태가 안정한 경향이 있다. 가시광선 영역의 흡수는 전이금속에 비어 있는 d 궤도함수가 있어 d 궤도함수 간의 전자전이가 가능하며, 이 때 전이 에너지가 기시광선의 에너지 영역과 일치하기 때문이다. 일반적으로 전자전이 에너지는 주기율표에서 아래로 갈수록 커진다. 따라서, $4d$, $5d$ 계열의 전이금속 착물들은 색깔을 띠지 않는 것이 많다. 자기적 성질은 짝짓지 않는 전자수와 밀접한 관련이 있다. 즉, 5개의 d 궤도함수에 1~9개의 d 전자들이 부분적으로 채워 들어갈 때 궤도함수는 홀전자를 가질 수 있어 상자기성을 나타낸다. 나중에 언급하겠지만, 어떤 화학종은 d 궤도함수의 분열에 의해서 홀전자를 가지지 않는 반자기성도 생긴다.

착물에서 나타나는 결합

금속 이온과 리간드의 결합을 배위결합이라고 한다. 배위결합에서 이온결합성이 큰 것도 있지만, 이는 공유 전자쌍이 리간드 쪽으로 치우쳐 있는 공유결합[12)]의 일종으로 볼 수 있다. 금속 착물에는 단핵 착물뿐만 아니라 금속 이온이 여러 개 포함되어 있는 다핵 착물도 있다. 이러한 화합물은 전이원소들의 d 궤도함수들 간의 중첩에 의해서 금속 원자들 간에 직접 결합된 것도 많다.

착물들의 결합은 리간드 내 결합을 포함한다면 s, p와 d 궤도함수의 세 종류의 조합으로 나타낼 수 있다. 이와 같이 착물화학은 취급된 원소의 수가 다양할 뿐만 아니라 포함된 결합의 종류도 다채롭다.

- **원소들의 개성과 착물의 구조** 제 1전이 계열 원소의 2, 3가 이온은 기본적으로 6배위 팔면체형의 구조를 갖지만, d 전자수에 따라서 Jahn-Teller 효과에 의한 일그러진 구조를 보이기도 한다. 3가 상태가 가장 안정한 희토류 원소들은 큰 이온 반지름 때문에 8배위 이상의 배위수를 갖는 것이 보통이다. d 그룹의 전이 원소에서도 주기율표에서 전반의 원소들은 후반의 원소들보

12) 배위 결합은 금속 이온의 d 궤도함수과 리간드의 s, p 궤도함수 간의 중첩으로 볼 수 있다.

다 이온 반지름이 크기 때문에 배위수가 7 이상인 경우도 있다. 특히 제 2, 제 3전이 계열의 원소들은 이러한 경향성을 자주 보인다. 이처럼 산화수가 구조에 미치는 영향은 4가 이상의 높은 산화상태의 이온에서 뚜렷하다. 높은 산화수에서 산화(옥소) 이온의 배위는 산화수가 증가할수록 증가한다. 예를 들면, V^{IV}는 VO^{2+}는, V^{V}는 VO_2^{+}을 기본 단위로 한 구조를 갖는 것이 많다.

금속-금속 간의 결합 생성은 착물의 기본 구조를 크게 변화시킨다. 금속-금속 간 결합은 주기율표의 전반에 위치하는 원소들에서 비교적 낮은 산화 상태를 가지는 이온 들에서 많이 있으며, 특히 제 2, 제 3전이 원소에서 현저하다. 얻어진 착물에서 금속 이온의 수나 금속-금속 간의 결합차수 등은 d 전자수와 산화수 등에 따라서 달라지며, 비교적 복잡하다.

이상 언급한 바와 같이 몇 가지 요인이 서로 얽혀서 실제 착물의 구조가 결정된다.

4 착물의 다양성

배위 입체화학

리간드의 수와 공간 배치는 Werner 이래 착물화학에서 널리 사용되어 온 개념이다. 배위수는 2에서 12까지 알려져 있지만, d 전자를 가진 전이금속 착물에서 4, 5, 6배위가 중요하다. 4배위는 사면체와 평면사각형이 있고, 5배위는 사각뿔과 삼각쌍뿔형, 또한 6배위는 팔면체 구조가 중요한 기하구조가 되고, 각각 아주 많은 예들이 알려져 있다. 거의 모든 금속 이온에서 팔면체 구조를 보이지만, 많은 착물의 팔면체 구조는 정팔면체에서 벗어나 늘어나거나 줄어들기도 한다. 또한 5배위 착물은 4배위 또는 6배위 착물의 반응성을 설명하는 데 중요한 역할을 하는 것을 알 수 있다.

착물화학이 복잡한 양상을 보이는 또 다른 원인 중의 하나로 이성질체의 존재를 들 수 있다. 착물의 이성질체는 기하 이성질체(geometrical isomer)와 광학 이성질체(optical isomer)가 중요하다. 기하 이성질체에는 평면사각형이나 팔면체 구조에서 시스와 트랜스 형태의 이성질체가 존재한다. 사면체 착물에서 4개 리간드가 모두 다르면 아미노산과 같이 서로 거울상인 광학 이성질체가 생긴다. 광학 이성질체는 팔면체 착물에서 킬레이트 리간드가 여러 개 배위된 경우에도 나타난다. 착물의 광학 이성질체는 리간드가 생체 관련 물질일 때 특히 중요하다.

이 밖에 착물에서 음이온이 금속 이온에 직접 결합하는가 혹은 착이온의 반대 이온(counter ion)으로 존재하는가에 따라서 이온화 이성질체(ionization isomer), 한 리간드에서 여러 개의 배위 원자가 존재하는 경우 배위 형태가 다른 결합 이성질체(linkage isomer), 또한 양이온과 음이온 모두 착이온인 경우, 리간드와 금속 이온의 조합에 따라서 나타나는 배위 이성질체(coordination isomer) 등이 있다.

Werner형과 유기금속 착물

오늘날 착물화학은 선택하는 리간드에 따라서 대상 금속 이온의 배위수나 구조를 통제할 뿐만 아니라 산화수(*d* 전자의 수), 공유 결합성, 반응성, 여러 개의 금속 이온의 배열, 자기적 성질 등을 정밀하게 조절하는 기능적인 것으로 되고 있다.

리간드는 구조적·전자적 관점으로 분류할 수 있다.

구조적 관점에서 리간드를 분류하면 한 자리, 두 자리, 세 자리(평면삼각형), 네 자리(사면체, 평면사각형), 다섯 자리(사각뿔, 삼각쌍뿔), 여섯 자리(팔면체) 등 배위수와 기하 구조를 좌우할 수 있는 여러 가지 리간드가 알려지고 있다. 또한 여러 개의 금속 이온에 배위하는 다리결합형 리간드도 알려져 있다.

또한, 전자적 관점에서 보면 전자쌍을 제공하는 전자의 종류에 따라서 리간드를 σ-전자 주개와 π-전자 받개로 나눌 수 있다.

π-전자 받개 리간드(올레핀 등)는 착물 형성에서 σ결합을 위하여 π-전자를 제공할 뿐만 아니라 금속 이온으로부터 비어있는 리간드의 반결합성 π^* 궤도함수로 d 전자를 받아(π-back donation)서 전자의 비편재화 정도가 높고 공유 결합성이 증가된다. 이러한 리간드를 π-전자 받개 혹은 π-산(π acid) 리간드라 한다. 한편, 그와 같은 π-전자를 가지지 않는 σ-전자 만을 주는 리간드를 σ-전자 주개 리간드라고 한다. 두 종류의 대표적인 예는 다음과 같다.

σ −전자 주개 리간드 :

H_2O, NH_3, F^-, Cl^-, Br^-, I^-, OH^-, CH_3COO^-, $H_2NCH_2CH_2NH_2$, PhS^-, O^{2-}, S^{2-}

π −전자 받개 리간드 :

CO, NO, CN^-, PEt_3, PPh_3, C=C, C≡C, [C=C-C]-, bipy, phen, 포르피린

π-전자 받개 리간드는 낮은 원자가(low valent)를 가진 금속과 착물을 쉽게 형성하며, Pt, Rh, Ir, Ru 및 Os 등 주기율표 후반에 있는 전이금속에서 그 예가 많이 나타난다. 이들 착물들은 낮은 원자가 상태에서 비활성 기체(18족)의 전자 배치를 가져 안정화된다. π-전자 받개 리간드 중에서 올레핀이나 카보닐 등은 금속-탄소 결합을 이룬다. 이와 같이 M-C 형태의 결합을 갖는 착물들을 유기금속 착물(organometal complex)이라 하며, 공업화학에서 아주 중요한 분야를 차지한다. 이것은 촉매 순환의 예에서 보여 주듯이 금속 이온에서 금속-탄소 간의 σ-결합이나 π-결합의 상호 교환이 일어나기도 하고 전이가 일어나기 때문에 여러 가지 유기물의 합성에서 촉매로 사용된다.

최근 같은 분자 내에서 여러 개의 금속 이온을 갖는 착물화학의 중요성이 점점 증가되고 있다. 같은 분자 내에서 금속 이온의 수에 따라서 단핵 착물 외에 이핵, 삼핵, 사핵 등 다핵 착물로 분류하며, 금속 이온의 기하 구조와 결합성을 고려하면 더 다양한 분포를 나타낸다. 다핵 착물은 금속 이온-금속 이온 간에 상호 작용하는 방법이 직접 공유 결합에 의한 것인지 다리결합에 의한 것인가에 따라 달라진다. 전자는 클러스터(cluster)[13] 착물이라 한다. 금속-금속 공유 결합을 갖는 클러스터는 일반적으로 카보닐 리간드 등 π-전자 받개 리간드를 갖는 것이 많고, 그런 까닭에 이들은 유기금속 착물의 연장선에 있다. 이런 형태의 착물들은 다중심을 이용한 촉매화학이 기대된다.

5 착물화학의 새로운 전개

오늘날 착물은 무기물과 유기물의 접점이며, 전자의 주고받음, 분자의 인식, 화학 변환, 약리 활성 등 다양한 기능을 나타내는 잠재력을 갖고, 주목할 만한 가치가 있는 화합물의 한 그룹으로 인식되고 있다. 그러나 지금까지 착물 화학자들은 중심금속과 그 주위에 둘러싸인 리간드와의 조합에 주로 관심을 가졌기 때문에 착물의 기능을 발전시키려는 시도가 늦어진 것이 사실이다. 그러나 주변을 돌아보면 착물이 아주 다양한 역할을 하고 있다는 것을 쉽게 알 수 있다.

13) 클러스터(cluster)의 어원은 포도, 버찌 등과 같이 밀집된 방을 의미하며, 천문학에서는 성단을 의미한다.

착물은 폴리에틸렌, 컬러 필름의 제조에서부터 항암제, 초전도체 등의 최첨단 재료에 이르기까지 광범위하게 활용되고 있다. 혈액 내의 헤모글로빈이 보여 주는 붉은색, 각종 페인트의 선명한 색상, 식물의 녹색, 플로피디스크의 검은색 등도 착물이 나타내는 색이다. 이처럼 금속 이온은 리간드에 의해서 수많은 화합물을 만드는 물질이다.

착물의 기능은 화학의 범위를 넘어 생체, 신약 합성, 신소재, 에너지, 전자 정보 관련 분야를 포함해서 약학, 의학, 공학에 이르기까지 관련 영역이 크게 넓어지고 있다. 금속 이온이 가진 다양한 기능은 여러 학문 분야의 지원과 협동으로 우리들이 생활을 유지하는 데 중요한 역할을 담당하는 요소 중의 하나로 되고 있다.

오늘날 많은 관심을 끄는 착물화학의 중심 과제는 역시 생명과학과 재료과학 분야에서 찾을 수 있다. 생명과학 분야는 금속-효소 중에서 금속 이온의 역할을 이해하는 것으로, 이것에는 천연물이 함유하고 있는 금속 효소와 합성 금속 착물 간의 관련성을 규명하는 것이 중요하다. 이러한 관점에서 산소 운반체로서 헴-철 단백질(Cytochrome, Hemoglobin, Myoglobin 등) 혹은 비헴-철 단백질, 생체를 산소독성(염증, 발암, 허혈)으로부터 방어하는 SOD(superoxide dismutase) 활성을 가진 금속-효소(metallo-enzymes), 생명의 열쇠인 유전자 정보에 중요한 DNA(deoxyribo nucleic acid)을 인식하는 Zn-finger, 그리고 생체에서 금속의 운반과 독성 보호 기능을 가진 Metallothionein의 착물 구조와 그들 효소의 기능을 이해하는 것이 중요하다. 실제 의약으로 사용되고 있는 화합물(cisplatin, carboplatin, phleomycin 등) 혹은 특이한 생리 활성을 나타내는 금속 착물에 대한 화제도 흥미를 끌고 있다. 또한, photodynamic therapy(광역학 치료법)에 이용되는 착물 또는 진단 시약으로서 테크네튬 화합물은 모두 임상에서 이용되고 있다.

착물이 재료와 관련된 것도 수 없이 많다. 착물이 주역이 되는 21세기 화학으로 에너지를 변환하는 착물, 광합성 모형의 착물화학, 금속 착물을 이용한 태양 전지, 희토류 금속의 착물 재료, 전도성 금속 착물 등을 들 수 있다. 더욱이 광 에너지 관련 고분자 착물도 주목할 만하다. 그리고 빛, 자기, 열, 압력 등에 특이한 감응을 나타내는 착물도 있다. 착물 자체로 재료가 되는 경우도 많다. 예를 들면, 세라믹의 전구체로써 alkoxide 착물 등과 같은 착물이 재료의 설계 또는 합성에 의한 전구체로서 중요한 역할을 하고 있다. 또 탄산 가스를 고정하는 착물과 같이 환경 과학에서 중요한 착물의 존재도 알려지고 있다. 착물 형성 개념을 이용하여 금속 이온의 선택적 결합이나 혹은 선택적 액체 막 수송 등 특이한 기능을 나타내는 착물도 있다. 금속 뭉치(cluster)에서 다전자 이동 과정의 제어도 여러 분야에서 응용 가능한 대상이다. 또한, 계산화학을 기반으로 하는 고기능성 착물 분자의 설계는 앞으로 점점 더 중요한 위치를 차지하게 될 것이다.

이와 같이 착물화학이 생명 과학은 물론 재료 과학 분야에도 큰 가능성을 보여 주고 있다. 무기화학, 물리화학, 유기화학, 재료화학은 물론 약학, 의학의 지원과 함께 그 창조적인 기초 혹은 응용 연구의 전개로 착물을 기초로 하는 새로운 물질 영역을 열어, 21세기의 고도의 과학 기술 사회를 만드는 데 인류의 꿈을 실현시키고, 복지 증진에 크게 공헌하게 될 것이다.

제2장

착물의 명명법

이 장에서는 현재 사용하고 있는 IUPAC(International Union of Pure and Applied Chemistry)에 따른 대한화학회 무기화학분과회에서 정한 무기화학 명명법을 기초하여 리간드와 착물의 명명법에 대해서 소개한다.

1 개념과 정의

배위 화합물은 배위체로 존재하거나 또는 배위체를 포함하고 있으며, 그들의 조성, 구조와 화학적 성질은 중심 원소의 배위수에 의한다.

- **배위체** 배위체(coordination entity)는 일반적으로 금속인 중심 원자가 리간드로 불리는 원자 또는 원자단들에 둘러싸여 있는 물질을 말한다. 고전적으로 리간드는 중심 원자의 이차 또는 일차 원자가를 만족시키는 것이며, 이들 원자가의 합을 배위수라고 한다. 화학식에서 배위체는 전하의 유무에 관계없이 대괄호 [ ]로 묶어 쓴다.

  예 : $[Co(NH_3)_6]^{3+}$, $[PtCl_4]^{2-}$, $[Fe_3(CO)_{12}]$

- **중심 원자** 다른 원자나 리간드들이 결합되어 있고, 배위체 내에서 중심 위치를 차지하는 원자이다.
  $[NiCl_2(H_2O)_4]$, $[Co(NH_3)_6]^{3+}$과 $[PtCl_4]^{2-}$에서 중심 원자는 각각 니켈, 코발트와 백금이다.

- **리간드** 중심 원자에 결합된 원자나 원자단을 말한다. 영어의 어근인 리간드(ligand)[1], '리간드로써 배위한다'(ligate), 또는 '배위하는'(ligating), '배위된'(ligated) 등의 파생어가 사용된다.

- **배위 다면체** 중심 원자에 직접 결합하고 있는 리간드가 그 주위에 배위 다면체(coordination polyhedron 또는 polygon)를 만들고 있다고 생각한다. $[Co(NH_3)_6]^{3+}$은 정팔면체 이온, $[PtCl_4]^{2-}$은 평면사각형 이온이다. 이 경우 배위수는 배위 다면체의 꼭지점의 수와 같다. 유기금속 화합물은 예외가 있다.

---

1) 리간드는 라틴어 ligare에서 온 말로 "to tie 혹은 bind"의 뜻을 가지며, 어근(ligand)으로부터 다른 말인 '리간드로써 배위하다'(ligate)는 어미 또는 파생어인 '배위하는'(ligating)과 '배위된'(ligated)이라는 형태로 변형할 수 있다.

- **배위수** 중심 원자와 리간드 사이의 시그마(σ) 결합의 수와 같다. CN^-, CO, N_2, $P(CH_3)_3$ 같은 간단한 리간드도 배위 원자와 중심 원자 간에 σ-결합과 π-결합을 포함하고 있지만, π-결합은 배위수를 결정할 때는 고려하지 않는다.

- **킬레이트화** 킬레이트화(chelation)는 같은 리간드로부터 같은 중심 원자에 한 개 이상의 σ-전자쌍을 주는 배위 형태를 말한다. 배위 원자단의 수에 따라서 두 자리(didentate), 세 자리(tridentate), 네 자리(tetradentate), 다섯 자리(pentadentate)라고 한다. 특정 리간드로부터 같은 중심 원자에로 주개 원자의 수를 자리수(denticity)라고 한다.
  두 개 이상의 배위 원자를 가진 리간드를 여러자리 리간드(multidentate ligand)[2]라 하고, 두 자리(didentate)[3], 세 자리(tridentate) 등이라 한다. 두 자리 이상 리간드가 중심 원자에 배위될 때에는 배위 원자와 중심 원자 사이에 고리를 형성하는데, 이것을 킬레이트[4] 고리(chelate ring)라 하고, 이런 여러자리 리간드를 킬레이트 리간드(chelate ligand)라고 한다.

- **배접사** 착물에서 두 종류의 수, 즉 구성 성분의 화학량론비는 그리스어의 수 접두사를 사용한다.

배접사의 명칭

1	mono	모노	7	hepta(heptakis)	헵타(헵타키스)
2	di(bis)	다이(비스)	8	octa(octakis)	옥타(옥타키스)
3	tri(tris)	트라이(트리스)	9	nona(nanokis)	노나(노나키스)
4	tetra(tetrakis)	테트라(테트라키스)	10	deca(dekakis)	데카(데카키스)
5	penta(pentakis)	펜타(펜타키스)	11	undeca	운데카
6	hexa(hexakis)	헥사(헥사키스)	12	dodeca	도데카

- **산화수** 배위체에서 중심 원자의 산화수는 리간드가 중심 원자와 공유하고 있는 전자쌍과 함께 제거되었을 때 중심 원자에 남아있는 전하의 수를 말하며, 로마 숫자로 나타낸다.

---

2) dentate은 dens(프랑스어로 이빨)에서 나온 말이며, 리간드가 차지하는 자리(배위자리)를 말한다.
3) 이전에는 didentate보다 bidentate를 선호하였으나, 단일 접두사 형태만 쓰기로 하였다.
4) 킬레이트는 그리스말로 게의 "집게발"에서 유래된 것으로 1920년 G.T.Morgan이 처음 사용하였다.

화합물	리간드	산화수
$[Co(NH_3)_6]^{3+}$	$6NH_3$	Ⅲ
$[PtCl_4]^{2-}$	$4Cl^-$	Ⅱ
$[Fe(CO)_4]^{2-}$	4CO	-Ⅱ
$[PtCl_2(C_2H_4)(NH_3)]$	$2Cl^- + NH_3 + C_2H_4$	Ⅱ

- **다리 리간드** 다리 리간드(bridging ligand)는 두 개 이상의 중심 원자와 동시에 결합하여 한 개 이상의 중심 원자를 가진 배위체를 만든다. 다리 리간드나 금속 간 결합에 의해 여러 가지 중심 원자가 하나의 배위체로 될 경우 중심 원자의 수를 이핵, 삼핵, 사핵 등으로 나타낸다. 다리 지수(bridge index)는 특정 다리 리간드로 결합된 중심 원자의 수를 말하는데, 다리는 하나의 원자 또는 원자들의 긴 배열에 의해서도 만들어진다.

2 배위 화합물의 화학식

- **배위식의 순서** 중심 원자를 가장 먼저 쓰고, 다음 이온성 리간드와 중성 리간드 순으로 쓴다. 같은 종류의 리간드는 화학식의 첫 번째 원소 기호에 따라 알파벳순으로 나열한다.

- **괄호 사용법** 배위체 전체의 화학식은 전하 유무에 관계없이 대괄호 [ ]의 가운데 넣는다. 리간드가 다원자인 경우 화학식을 소괄호 ( )로 묶고 리간드의 약자도 소괄호 ( )에 넣는다. 배위식에서 이온 종 사이에는 공간을 두지 않고 쓴다.

- **이온 전하와 산화수** 전하를 띤 배위체의 식을 상대 이온 없이 쓸 때 에는 대괄호 [ ]의 우측 위에 전하를 위첨자로 표시하여 숫자는 +, −의 앞에 쓴다. 중심 원자의 산화수는 원소 기호의 우측 위에 로마 숫자를 위첨자로 표시한다. 착물의 전하는 모든 구성 성분들의 전하의 산술적 합이므로 Stock 산화수 또는 Ewens-Bassett 전하수를 써서 간접적으로 표시할 수 있다.

Stock 방식에서는 중심 원소의 산화수를 로마 숫자로 표시하고, Ewens-Bassett(이하 E-B) 방식에서는 착이온의 전하를 아라비아 숫자와 전하의 부호를 넣어 표시한다. 중심 원자의 산화수를 알기에 편리하다.

3 리간드의 명칭

일반 리간드

음이온성 리간드는 모두 어미가 "-오"(-o)로 끝난다. 보통 음이온 이름이 "-화"(-ide), "아-산"(-ite) 또는 "-산"(-ate) 등으로 끝나면 영어 어미의 e를 o로 바꾸어 "-이도"(-ido), "-이토"(-ito), "-에이토"(-ato)로 만든다. 트라이포스페이토(triphosphato)와 같이 접두사로 시작하는 무기 음이온성 리간드에는 소괄호를 사용한다. 또한 싸이오설페이토(thiosulfato)와 같이 한 개 이상의 산소 원자를 가진 옥소 음이온의 싸이오(thio), 셀레노(seleno), 텔루로(telluro) 유도체 및 리간드로 작용하는 유기 리간드들에 대해서도 소괄호를 사용한다.

중성과 양이온성 리간드의 명칭은 변화없이 그대로 쓰며, 아쿠아(aqua), 암민(ammine), 카보닐(carbonyl)과 나이트로실(nitrosyl) 외에는 모두 소괄호 안에 넣는다.

예 :

CH_3COO^-	acetato	아세테이토
	ethanoato	에타노에이토
CH_3OSOO^-	methylsulfito	메틸설피토
$(CH_3)_2N^-$	dimethylamido	다이메틸아미도
CH_3CONH^-	acetamido	아세트아미도
	acetylamido	아세틸아미도

중성 또는 양이온성의 리간드의 이름은 특별한 경우를 제외하고 분자 또는 양이온의 이름을 그대로 쓴다. 단 물과 암모니아는 별도로 각각 아쿠아(aqua), 암민(ammine)이라고 한다.

예 :

$[Cr(H_2O)_6]Cl_3$	hexaaquachromium(3+) chloride	염화 헥사아쿠아크로뮴(3+)
$[Al(OH)(H_2O)_5]^{2+}$	pentaaquahydroxoaluminium(2+) ion	펜타아쿠아하이드록소알미늄(2+)
$[Co(NH_3)_6]Cl_3$	hexaaminecobalt(Ⅲ) chloride	염화 헥사암민코발트(Ⅲ)

마지막 예에서 hexaaminecobalt(Ⅲ)의 a가 중복이 되어도 한쪽을 지우지 않는다.

- **리간드로서 수소** 배위체에서 수소는 항상 음이온으로 취급한다. 배위한 수소는 하이드리도(hydrido)와 하이드로(hydro)를 둘 다 사용할 수 있으나, 후자는 붕소 화합물에만 주로 사용한다.

- **할로겐 원소를 포함하는 리간드** 배위화학에서 흔히 쓰는 할로겐 및 유도체의 명칭은 다음과 같다.

예 :

F^-	fluoro	플루오로
Cl^-	chloro	클로로
Br^-	bromo	브로모
I^-	iodo	아이오도
$(ClO)^-$	oxochlorato(1-)	옥소클로레이토(1-)
	hypochlorito	하이포클로리토(관용명)
$(ClO_2)^-$	dioxochlorato(1-)	다이옥소클로레이토(1-)
	chlorito	클로리토(관용명)
$(ClO_3)^-$	trioxochlorato(1-)	트라이옥소클로레이토(1-)
	chlorato	클로레이토(관용명)
$(ClO_4)^-$	tetraoxochlorato(1-)	테트라옥소클로레이토(1-)
	perchlorato	퍼클로레이토(관용명)

- **칼코겐(chalcogen) 원소를 포함한 리간드** 배위화학에서 흔히 쓰는 칼코겐 및 유도체의 명칭은 다음과 같다.

예 :

O_2	dioxygen	이산소
O^{2-}	oxido	옥시도
	oxo	옥소(관용명)
S^{2-}	sulfido	설피도
	thio, thioxo	싸이오, 싸이옥소
Se^{2-}	selenido	셀레니도
	selenoxo	셀레녹소(관용명)
$(O_2)^{2-}$	dioxido(2-)	다이옥시도(2-)
	peroxo, peroxy	퍼옥소, 퍼옥시 (관용명)
$(O_2)^{-}$	dioxido(1-)	다이옥시도(1-)
	hyperoxo, hyperoxy	하이퍼옥소, 하이퍼옥시 (관용명)
$(CH_3O)^{-}$	(methaolato)	(메타놀레이토)
	methoxo, methoxy	메톡소, 메톡시
CO	carbon monooxide	일산화 탄소
	carbonyl	카보닐
$(C_2O_4)^{2-}$	ethandioato	에탄다이오에이토
	oxalato	옥살레이토
$HCOO^{-}$	methanoato	메타노에이토
	formato	포메이토
$(CH_3COO)^{-}$	ethanoato	에타노에이토
	propionato	프로피오네이토
$(SO_2)^{2-}$	dioxosulfato(2-)	다이옥소설페이토(2-)
	sulfoxylato(2-)	설폭실레이토(2-)

- **14족 원소를 포함한 리간드** 14족을 포함하는 리간드는 복잡해서 명명하기 어려운 경우가 있다. 특히 수소를 포함하는 리간드는 치환기를 만들기 쉽다.

예 :

N^{3-}	nitrido	나이트리도
P^{3-}	phosphido	포스피도
As^{3-}	arsenido	아르세니도
$(N_3)^{-}$	(trinitrido)	(트라이나이트리도)
	azido	아지도(관용명)

$(CN)^-$	cyano	사이아노
$(NCO)^-$	cyanato	사이아네이토
$(NCS)^-$	thiocyanato	싸이오사이아네이토
$(NH)^{2-}$	azanediido	아제인다이도
	imido	이미도
$(NH_2)^-$	azanido	아자니도
	amido	아미도
CH_3NH_2	methaneamine	메테인아민
	methylamine	메틸아민
$(CH_3)_2NH$	N-methylmethaneamine	N-메틸메테인아민
	dimethylamine	다이메틸아민
$(CH_3)_3N$	N,N-dimethylmethaneamine	N,N-다이메틸메테인아민
	trimethylamine	트라이메틸아민
H_2NNH_2	diazane	다이아제인
	hydrazine	하이드라진
H_2NOH	hydroxyazane	하이드록시아제인
	hydroxylamine	하이드록실아민
NO	nitrogen monoxide	일산화 질소
	nitrosyl	나이트로실
$(NO_2)^-$	dioxonitrato(1-)	다이옥소나이트레이토(1-)
	nitrito-O	나이트리토-O
	nitro-N	나이트로-N

• **유기 리간드** 중성 유기 리간드의 명칭은 그대로 리간드의 이름으로 사용되지만, 만약 리간드가 전하를 가지면 그 명칭이 달라진다.
중성 화합물이 형식적으로 하이드론(hydron)을 잃고 생긴 리간드의 명칭의 어미는 -에이토(-ato)가 된다. 유기 리간드의 명칭은 중성 또는 전하 유무에 관계없이 또는 치환기 유무에 관계없이 소괄호로 묶는다.

예 :

$NH_2CH_2CH_2NH_2$	(1,2-ethanediamine)	(1,2-에테인다이아민)
	(ethylenediamine)	(에틸렌다이아민)

약자의 사용

화학 문헌에는 약자가 많이 사용된다. 약자를 쓸 때는 독자가 그 약자를 잘 알지 못한다고 생각하고 반드시 그 설명을 해야만 한다. 약자는 가능한 짧고 혼란을 일으키지 않도록 해야 한다.

예 :

Hacac	2,4-pentanedione	2,4-펜테인다이온
	acetyacetone	아세틸아세톤
cod	1,5-cyclooctadiene	1,5-사이클로옥타다이엔
	cyclooctadiene	사이클로옥타다이엔
Cp	cyclopentadienyl	사이클로펜타다이엔일
Et	ethyl	에틸
Ph	phenyl	페닐
py	pyridine	피리딘
H_4edta	(1,2-ethanediyldinitrilo)tetraacetic acid (1,2-에테인다이일다이나이트릴로)테트라아세트산 ethylenediaminetetraacetic acid 에틸렌다이아민테트라아세트산	
dien	N-(2-aminoethyl)-1,2-ethanediamine N-(2-아미노에틸)-1,2-에테인다이아민	
	diethylenetriamine	다이에틸렌트라이아민
en	1,2-ethanediamine	1,2-에테인다이아민
	ethylenediamine	에틸렌다이아민
pn	1,2-propanediamine	1,2-프로페인다이아민
	propylenediamine	프로필렌다이아민
tn	1,3-propanediamine	1,3-프로페인다이아민
	trimethylenediamine	트라이메틸렌다이아민
bpy	2,2'-bipyridine	2,2'-바이피리딘
phen	1,10-phenanthroline	1,10-페난트롤린
tu	thiourea	싸이오유레아

4 배위 화합물의 명칭

- **중심 원자와 리간드의 순서** 리간드명은 영어로는 전하에 관계없이 알파벳순으로 중심 원자 이름의 앞에 둔다. 리간드의 수를 나타내는 접두사(다이-, 트라이- 등)는 이 순서에 넣지 않는다. 우리말 표기는 영어 명칭을 그대로 번역해서 쓰기로 한다.

예 :

$[PtCl_2(PPh_2)(S{=}C(NH_2)_2)]$ dichloro(diphenylphosphine)(thiourea)platinium(Ⅱ)
다이클로로(다이페닐포스핀)(싸이오유레아)백금(Ⅱ)

- **리간드의 수** 배위체 명칭에서 각 리간드수를 나타내는 데는 두 종류의 배접사가 사용된다. 기수로부터 온 간단한 다이(di), 트라이(tri) 등이 보통 권장되고 있으나, 서수로부터 나온 비스(bis), 트리스(tris), 테트라키스(tetrakis) 등은 더 복잡한 리간드의 표현에 사용되고, 또한 명료하지 못한 것을 피하기 위해서도 사용된다.

- **배위체 명칭에서 어미** 모든 음이온성 배위체의 어미는 -산 이온(-ate)으로 하지만 양이온성이나 중성 배위에는 특별히 구분하는 어미를 사용하지 않는다.

- **전하, 산화수와 이온의 비** 중심 원자의 산화수를 확실히 알 수 있을 때는 중심 원자의 이름 바로 뒤에 로마 숫자를 사용해서 나타낸다(Stock 방법). 이 숫자는 소괄호 ( )에 넣고 +의 기호는 쓰지 않지만, − 부호는 필요하다면 숫자 앞에 쓴다. 산화수가 영인 경우 아라비아 숫자 0으로 나타내고, 산화수와 명칭과의 사이에 공간을 두지 않는다. 즉, 전하를 아라비아 숫자로 표시하고 부호를 위에 써서 소괄호에 넣고 중심 원자 명칭 바로 두에 간격을 두지 않고 쓰는 방법도 사용된다(Ewens-Basset 방법).

- **양이온과 중성 착물** 착양이온에서 중심 원자의 이름은 바꾸지 않고 그대로 쓴다. 먼저 리간드 이름을 적고 그 다음에 원소 이름을 적는다.

예 :

$[Co(NH_3)_6]Cl_3$	hexaamminecobalt(Ⅲ) chloride 염화 헥사암민코발트(Ⅲ)
$[Co(NH_3)_2(en)_2]Cl_3$	diamminebis(ethylenediamine) cobalt(Ⅲ) chloride 염화 다이암민비스(에틸렌다이아민)코발트(Ⅲ)
$[CoN_3(NH_3)_5]SO_4$	pentaammineazidocobalt(Ⅲ) sulfate 황산 펜타암민아지도코발트(Ⅲ)

• **음이온성 착물** 착양이온에서 중심 원소의 이름이 바뀌지 않지만. 착음이온에서는 바뀌어 -산(-ate)으로 된다.

예 :

$K_3[Fe(CN)_6]$	potassium hexacyanoferrate(Ⅲ) 헥사사이아노철(Ⅲ)산 포타슘 potassium hexacyanoferrate(3-) 헥사사이아노철(3-)산 포타슘

• **다리 리간드를 포함하는 착물** 리간드의 이름은 앞에서 말한 바와 같지만, 리간드의 이름 앞에 회랍어 μ 를 붙여서 표시하며, 나머지 부분과는 하이픈(-)으로 분리시킨다. 두 개 이상의 같은 종류의 다리기는 디 -μ - 등으로 나타낸다.

예 :

$[(NH_3)_5Cr\text{-}OH\text{-}Cr(NH_3)_5]Cl$	μ -hydroxo-bis(pentaamminechromium)(5+) chloride 염화 μ -하이드록소-비스(펜타암민크로뮴(5+))

• **유기금속 착물** 유기금속 착물에서 보여 주는 불포화 탄화수소 등과 금속 사이의 π -결합을 표시할 때, 기호 η 을 리간드 앞에 붙이고, 배위 원자의 개수 x를 오른쪽 어깨 위에 η^x로 나타낸다[5]. 예를 들면, 6개의 탄소 원자에 배위한 벤젠은 η^6-벤젠으로 표시한다.

예 :

$[Cr(CO)_3(C_6H_6)]$	(η^6-benzene)tricarbonylchromium)(0) (η^6-벤젠)트라이카보닐크로뮴)(0)

---

5) hapto X 혹은 X ita라고 읽는다.

$[Ni(C_8H_{12})_2]$	bis(η^2, η^2-cyclooctadiene)nickel(0) 비스(η^2, η^2-1,5-사이클로옥타다이엔)니켈(0)

탄화수소 분자에서 1개의 수소 원자가 떨어진 형태의 리간드는 메틸(CH_3), 알릴(CH_2-CH=CH_2)과 같이 유기 라디칼의 명칭을 리간드 명으로 사용한다. 이들도 다원자 배위인 경우 기호 η 로 표시한다. 예를 들면, 알릴기의 3 개 탄소원자가 π-배위한 것을 π-알릴이라하고, η^3-알릴; (η^3-allyl) 이라고 쓴다.

예 :

$[Ni(C_3H_5)_2]$	bis(η^3-allyl)nickel(Ⅱ) 비스(η^3-알릴)니켈(Ⅱ)
$[Ru(C_8H_{11})(C_8H_{12})]^+$	(1, 5-η -cyclooatdienyl) (η^2, η^2-1,5-cyclooctadiene)ruthenium(Ⅱ)(1+) (1, 5-η -사이클로옥타다이엔일)(η^2, η^2-1,5- 사이클로옥타다이엔)루테늄(Ⅱ)(1+)

• **다핵 착물, 클러스터** 중심인 금속 원자 여러 개를 가진 착물을 다핵 착물 또는 클러스터-착물이라고 한다.[6] 다리결합 리간드는 μ를 그 이름 앞에 붙인다. 한 개의 다리결합 리간드에 세 개 이상의 금속 원자가 결합하고 있을 때 그 수를 μ의 아래첨자로 표시한다. 탄화 수소 분자 등 π-결합을 하고 있는 리간드가 다리 리간드가 될 때 기호 η을 함께 사용한다. 금속-금속 결합은 명칭 끝에 이탤릭체로 (*Re-Re*)와 같이 표시한다.

예 :

$[RhCl(C_2H_4)_2]_2$	di-μ -chlorotetrakis(ethylene)dirhodium(Ⅰ) 다이-μ -클로로테트라키스(에틸렌)이로듐(I)
$[Re_2(CO)_{10}]$	bis(pentacarbonylrhenium(*Re-Re*) 비스(펜타카보닐레늄)(*Re-Re*)
$[\{Hg(CH_3)\}_4(\mu_4\text{-}S)]^{2+}$	μ_4-thio-tetrakis(methylmercury)(2+)ion μ_4-싸이오테트라키스(메틸수은)(2+) 이온

---

6) 이 책에서는「금속-금속 간의 결합을 가진 것을 클러스터-착물, 그 이외의 다리결합 리간드로 연결된 것을 다핵 착물」로 정의한다.

5 입체화학 부호

• **일반** 배위수가 하나 이상인 경우 중심 원자에 붙어있는 원자들은 다양한 기하학적 배치를 가진다.

2배위 화합물 : 선형(linear)과 굽은형(angular)
3배위 화합물 : 평면삼각형(trigonal planar), 삼각뿔(trigonal pyramidal)
4배위 화합물 : 평면사각형(square planar), 사각뿔(square pyramidal), 정사면체(tetrahdral)

화합물의 기하 구조는 다면체 기호(polyhedral symbol)라고 하는 접두사를 이용하여 나타낼 수 있다.
같은 다면체에서 리간드 종류가 다르면 트랜스(*trans*)와 시스(*cis*)와 같이 부분입체이성질체(diastereoisomer)가 나타난다. 또한, 거울상이성질체(enantiomeric) 구조는 카이랄성 기호(chirality symbol)로써 나타낼 수 있다.

• **다면체 기호** 다면체의 구조는 중심 원자 주위에 배위된 배위 원자의 기하학적 배치를 나타낸다. 그 구성은 리간드의 이상적 구조를 나타내는 일반 기하학적 명칭에서 유래된 하나이상의 이탤릭 대문자와 중심 원자의 배위수를 나타내는 아라비아 숫자로 이루어진다.

배위 다면체	배위수	점군	다면체 기호
선형(linear)	2	$D_{\infty h}$	*L-2*
굽은형(angular)	2	C_{2v}	*A-2*
평면삼각(trigonal plane)	3	D_{3h}	*TP-3*
삼각뿔(trigonal pyramid)	3	C_{3v}	*TP-4*
정사면체(tetrahedron)	4	T_d	*T-4*
평면사각(square plane)	4	D_{4h}	*SP-4*
삼각쌍뿔(trigonal pyramid)	5	D_{3h}	*TBPY-5*
사각뿔(square pyramid)	5	C_{4v}	*SPY-5*
팔면체(octahedron)	6	O_h	*OC-6*
삼각 프리즘(trigonal prism)	6	D_{3h}	*TPR-6*

이성질체의 명명

배위 화합물들 사이에서는 이성질현상이 여러 방식으로 일어날 수 있다.

(a) 중심 원자와의 배위 결합에서 직접 연결되는 리간드의 서로 다른 원자들

(b) 이성질체인 리간드의 배위-리간드의 이름으로 표시한다.

(c) 배위권과 이온권 사이에서 이온들의 교환-이름으로 표시한다.

(d) 배위권 내에서의 두 종류 또는 그 이상의 리간드들의 기하학적 배열 : 기하 이성질체

(e) 배위권 내에서 리간드의 비대칭적 배열

(f) 배위 과정에서 생기는 리간드 내의 어떤 원자

제3장

입체구조와 이성질현상

착물의 입체구조는 중심금속이나 리간드의 수에 따라서 달라진다. 배위수 2인 선형, 배위수 4인 평면사각형과 사면체 및 배위수 6의 팔면체를 비롯하여, 배위수가 증가함에 따라서 모양이 복잡하고 가능한 이성질체수도 증가한다. 이성질현상은 착물의 입체구조를 예측하는 데 중요한 열쇠가 된다.

1 입체구조

Werner는 6배위 착이온에서 6개 리간드가 중심 원자에 둘러싸여 정팔면체의 각 꼭지점에 위치하는 것을 화학적인 방법으로 증명하였지만, 결정상에서 팔면체 구조의 존재는 $K_2[PtCl_6]$(1922년), $[Co(NH_3)_6]I_3$(1926년) 착물의 X-선 결정구조 해석에 의해서 밝혀졌다.

착물의 구조는 중심 금속이온의 종류, 산화상태 및 리간드의 종류에 따라 달라진다. 금속의 배위수는 2~12가 알려져 있지만, 가장 일반적인 것은 4와 6이다. 여기서는 배위수 2에서 10이상의 높은 배위수를 갖는 착물의 예를 들어 배위수와 기하구조와의 관계를 알아보자.

- **배위수 2** 배위수 2를 가지는 금속은 주로 d^{10}전자 배치를 가지는 Cu^+, Ag^+, Hg^+ 이온 또는 Hg^{2+} 이온을 포함하는 착물에서 흔히 볼 수 있다. 중심 원자(M)에 2개의 리간드(L)가 배위된 이들의 구조는 L-M-L의 선형(linear)구조이다.
  그 예는 $[CuCl_2]^-$, $[Ag(NH_3)_2]^+$, $[Au(CN)_2]^-$, $[Hg(CH_3)_2]$ 등이 있다.

- **배위수 3** 배위수 3인 화합물의 구조는 평면삼각형(trigonal plane)과 삼각뿔(trigonal pyramid)이 가능하다.

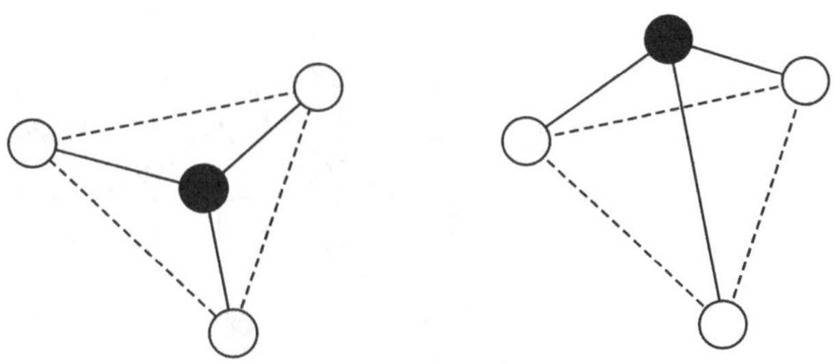

그림 3.1 배위수 3의 평면삼각형과 삼각뿔형 구조

평면삼각형의 예는 $[(CH_3)_3S]^+[HgI_3]^-$에 포함된 $[HgI_3]^-$ 또는 $[M(PPh_3)_3]$[7]

7) PPh_3 : triphenyl phosphine

(M^0=Ni, Pd, Pt) 등이 있다. $M(PPh_3)_3$에서와 같이 크기가 큰 리간드 PPh_3이 배위되면 리간드의 입체 장애로 인하여 평면 3배위를 취하지만, 같은 중심금속에서 크기가 작은 PF_3이 배위되면 4배위의 사면체를 형성하는 것이 알려져 있다(예 $[Ni(PF_3)_4]$). 금속 원자가 3배위를 가지는 예는 그렇게 많지 않지만, 비금속 원자에서 3배위인 예로써 평면삼각형 구조를 갖는 화합물에는 BX_3 X=할로젠, $B(OCH_3)_3$, CO_3^{2-}, NO_3^- 이온 등이 있다. 삼각뿔 형태 구조에는 PO_3^{2-}, SO_3^{2-}, IO_3^- 이온 등이 알려져 있다.

조성으로 보면 3배위로 보이지만 3배위 단핵 착물과 다른 것이 알려져 있다. 예를 들면, 벤젠과 같은 비극성 용매에서 $AlCl_3$의 구조는 고체 상태처럼 그림 3.2와 같은 4배위 이핵 착물, Al_2Cl_6을 이룬다.

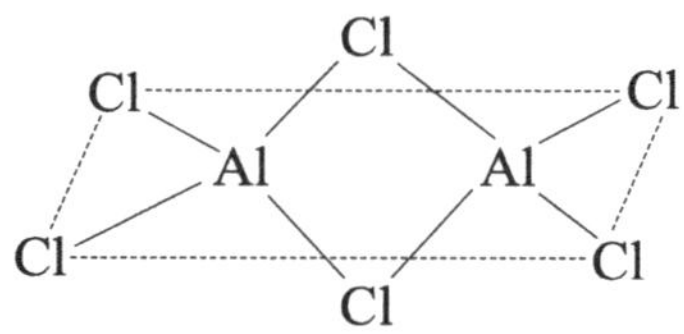

그림 3.2 Al_2Cl_6의 구조

그 밖에 겉보기에 3배위처럼 보이지만, 실제의 배위수는 6 또는 4의 착물도 알려져 있다. 예를 들면, NH_4CdCl_3에서 $[CdCl_3]^-$의 구조는 그림 3.3과 같이 $CdCl_6$의 팔면체가 고리로 연결되어 있으며, 그림 3.4의 착물도 실제로는 구리의 배위수가 4이다.

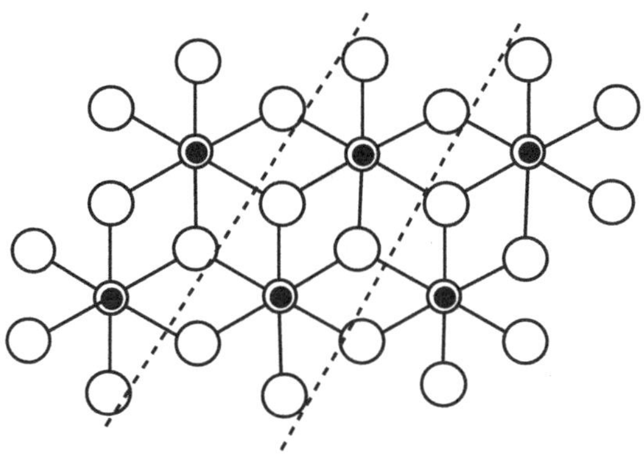

그림 3.3 $CdCl_6$ 팔면체의 사슬 구조.

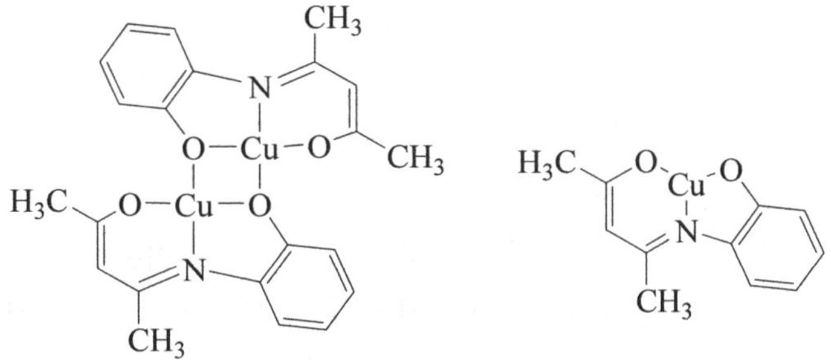

그림 3.4 겉보기 3배위의 구리 착물.
실제 이합체로서 구리의 배위수는 4이다.

● 배위수 4 중요한 구조는 사면체(tetrahedron)와 평면사각형(square plane)이 있다. 또한 SF_4와 같이 한 쌍의 고립 전자쌍을 가진 화합물은 삼각쌍뿔형에서 한 꼭지점을 없앤 시소(seesaw) 모양을 취하기도 한다.

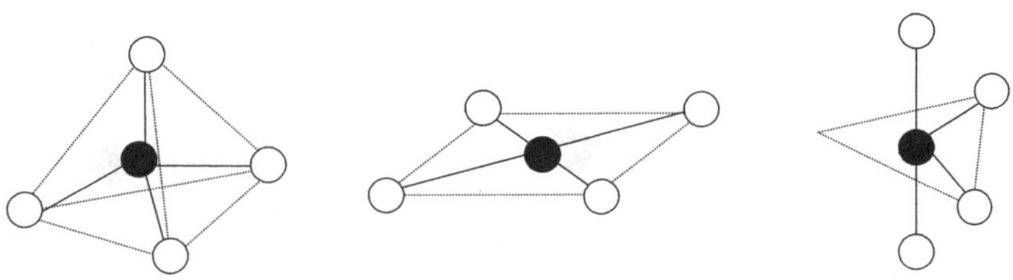

그림 3.5 배위수 4의 사면체, 평면사각형 및 시소형(SF_4) 구조

정사면체 구조는 d전자수가 0 또는 10인 닫힌 껍질의 전자를 가진 금속 착물에서 흔히 볼 수 있다. 그 예로는 Be^{II}, Cu^{I}, Zn^{II} 및 Hg^{II} 등의 4배위 착물, $[BeF_4]^{2-}$, $[Cu(CN)_4]^{3-}$, $[Zn(NH_3)_4]^{2-}$, $[HgI_4]^{2-}$ 등은 모두 사면체 구조를 가진다.

d 전자수가 0 또는 10이 아닌 제 1전이 계열 금속에서 $[MCl_4]^{2-}$ (M^{II}=V, Mn, Fe, Co, Ni), $[CrO_4]^{-}$, $[FeCl_4]^{-}$, $[Co(NCS)_4]^{2-}$, $[Ni(CO)_4]$ 등은 모두 사면체 구조를 나타내지만, 사면체 구조의 Cr^{III} 또는 Co^{III} 착물은 알려져 있지 않다. 이것은 d^3와 d^6 전자배치를 가지는 이온은 결정장 안정화 에너지가 큰 6배위 팔면체 구조를 취하기 때문이다.

평면사각형은 d^8 전자배치를 가지는 전이 금속의 착물에서 흔히 볼 수 있다. 특히 제 2, 제 3전이 계열 금속들의 착물은 대부분 평면사각형 구조를 가진다(예: $[Ni(CN)_4]^{2-}$, $[Pd(NH_3)_4]^{2-}$, $[PtCl_4]^{2-}$, $[IrCl(CO)(PR_3)_2]$, $[AuCl_4]^{-}$). 항

암제로서 잘 알려진 cisplatin, *cis*-$[PtCl_2(NH_3)_2]$도 평면사각형이다. d^8 전자배치를 갖는 제 1전이 금속(Co^{I}, Ni^{II}, Cu^{III}) 착물의 구조는 금속과 리간드의 조합에 따라서 달라지므로 착물의 구조가 사면체인지 평면사각형인지 예측하는 것은 쉽지 않다.

그 밖에 d^9 전자배치를 가지는 구리^{II} 착이온에서 $[Cu(NH_3)_4]^{2+}$는 평면사각형이지만, $[Cu(NH_3)_4]SO_4 \cdot H_2O$의 결정에서 H_2O가 평면 아래·위에 조금 떨어져 있기 때문에 일그러진 8면체에 가까운 구조이다. 또한, 니켈은 리간드의 종류에 따라서 정사면체 또는 평면사각형을 가지기도 한다.

- **배위수 5** 5배위 착물의 구조는 삼각쌍뿔형(trigonal bipyramid), 사각뿔형(square pyramid), 평면오각형(pentagonal plane)을 생각할 수 있지만, 실제로 알려져 있는 것은 그림 3.6과 같이 삼각쌍뿔형과 사각뿔 형태의 구조뿐이다.

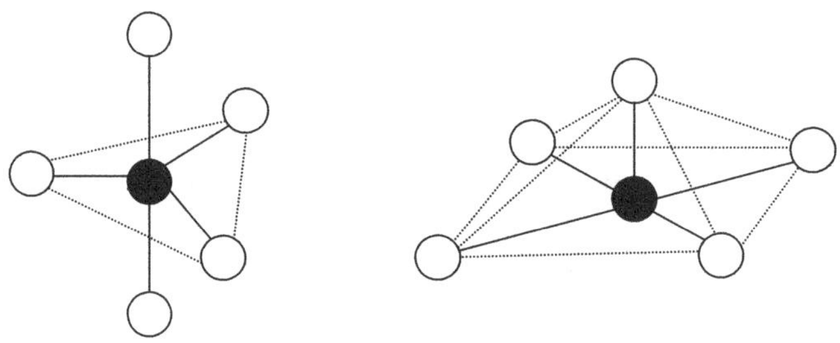

그림 3.6 5배위 삼각쌍뿔형 및 사각뿔형의 구조

삼각쌍뿔형과 사각뿔형의 두 구조는 에너지 차이가 적고 상호 전환에 필요한 활성화 에너지도 적기 때문에 실제 이들 화합물의 중간구조를 가지는 착물이 많이 알려져 있다. 순수하게 정전기적 반발만을 고려하면 삼각쌍뿔 쪽이 안정할 것으로 생각되지만 착물에서 어느 쪽의 구조를 갖게 될지 예상하는 것은 쉽지 않다.

삼각쌍뿔형의 예는 $[Fe(CO)_5]$, $[CuI(bpy)_2]$ 및 $[ZnCl_2(tpy)]$ 등이 알려져 있으며, 구조는 그림 3.7과 그림 3.8에 나타내었다.

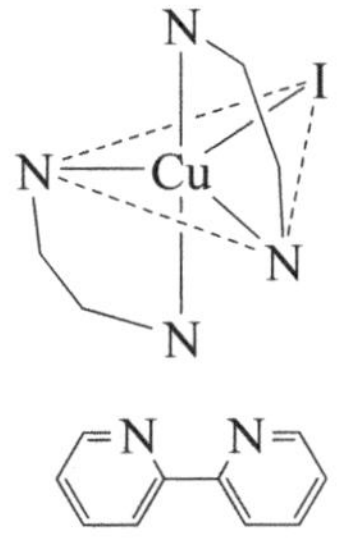

그림 3.7 $[CuI(bpy)_2]$의 구조.

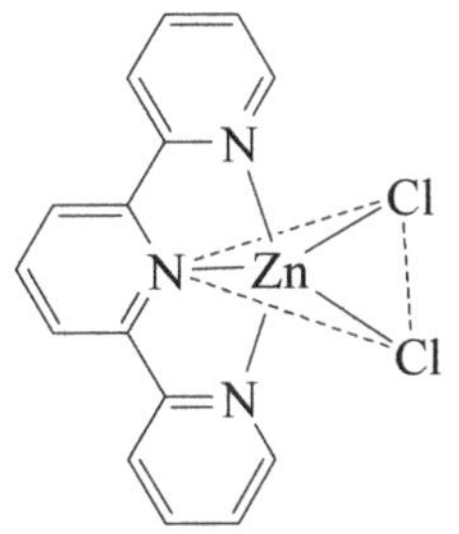

그림 3.8 $[ZnCl_2(terpy)]$의 구조.

$N(CH_2CH_2N(C_2H_5)_2)_3$ 와 같은 삼각대 모양(tripod)을 갖는 리간드는 삼각쌍뿔 형태의 착물을 만들기 쉽다.

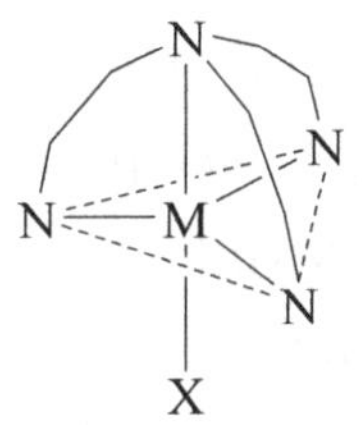

그림 3.9 삼각쌍뿔형 착물.

사각뿔형 구조를 가진 착물의 예는 $[VO(H_2O)_4]^{2-}$, In과 Tl의 $[MCl_5]^{2-}$ 등이 알려져 있다. 그러나 $[Ni(CN)_5]^{3-}$는 결정 상태에서 두 가지 형태가 함께 존재하는 것으로 밝혀졌다.

- **배위수 6** 6배위 착물의 구조는 정팔면체(octahedron), 삼각 프리즘(trigonal prism), 육각뿔(hexagonal pyramid), 평면육각형(hexagonal plane) 등이 가능하다. 그러나 실제로 알려진 착물은 음전하를 띤 6개 리간드가 반발이 가장 적은 팔면체와 삼각 프리즘의 두 가지 구조이다. 배위수 6의 착물은 가장 흔히 볼 수 있는 구조이다.

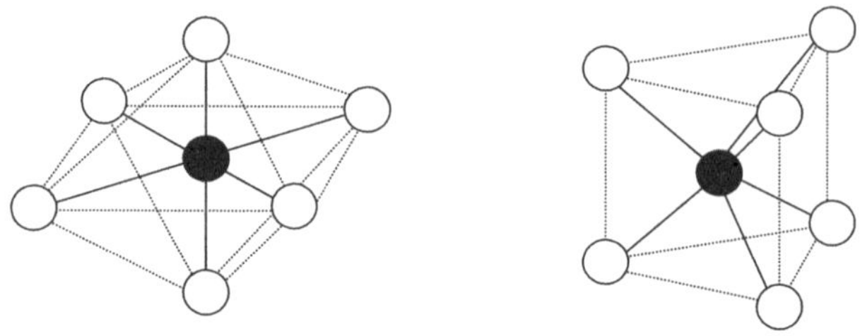

그림 3.10 배위수 6인 금속 착물의 팔면체, 삼각 프리즘 구조

팔면체 착물은 결정장 안정화 에너지가 가장 큰 d^6 배치를 가지는 금속 이온이 많이 알려져 있지만, d^0에서 d^{10}까지 전자 배치를 가지는 모든 전이 금속 착물에서 볼 수 있다. d^9착물은 Jahn Teller 효과에 의해 일그러진 구조를 갖는다.

정팔면체의 구조를 가진 착물은 중심 원소가 Co^{III}인 것 외에 Rh^{III}, Ir^{III}, Pt^{IV}, Fe^{II} 등 d^6 금속 이온 및 $Cr^{III}(d^3)$, $Fe^{III}(d^5)$, $Ni^{II}(d^8)$ 등의 착물이 있다. 잘 알려진 코발트 착물 외에 $[Cr(C_2O_4)(NH_3)_4]^+$, $[Cr(NCS)_4(NH_3)_2]^-$, $[Fe(bpy)_3]^{2+}$, $[Ni(en)_3]^{3+}$, $[PtBr(NH_3)_5]^{3+}$, $[PtCl_6]^{2-}$, $[Rh(NH_3)_6]^{3+}$ 등이 있다.

6배위 착물에서 삼각 프리즘 구조는 레늄에 *cis*-스틸벤-α, β-다이싸이올 3분자가 배위한 착물, $[Re(S_2C_2Ph_2)_3]$이 알려져 있다.

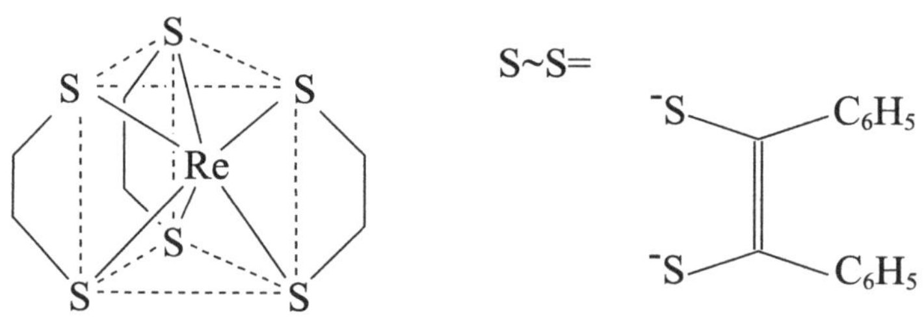

그림 3.11 $[Re(S_2C_2Ph_2)_3]$의 삼각 프리즘 구조의 모형.

$[Re(S_2C_2Ph_2)_3]$의 구조는 그림 3.11과 같이 6개의 황(S)이 삼각 프리즘의 각 꼭지점을 차지하고 있다. 그 밖에 같은 리간드가 배위된 $[V(S_2C_2Ph_2)_3]$, $[Cr(S_2C_2Ph_2)_3]$ 착물 및 비슷한 -SHC=CHS- 가 배위한 다음과 같은 착물 [Mo(SHC=CHS)$_3$] 등도 알려져 있다.

● 배위수 7 7배위 이상의 배위수는 큰 양이온이나 작은 리간드에서 흔히 볼 수 있다. 7배위의 중요한 세 가지 구조는 오각쌍뿔형(pentagonal bipyramid, 모자 쓴 팔면체형(mono(face-capped)octahedron), 혹은 모자 쓴 삼각 프리즘(mono(square-face-capped)trigonal prism) 등이 있다.

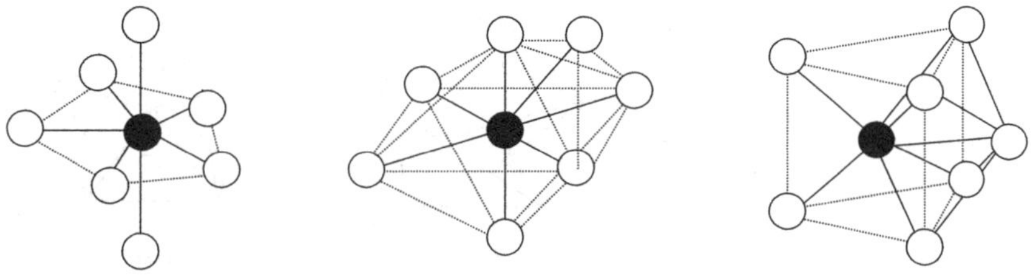

그림 3.12 7배위 금속 착물의 오각쌍뿔, 모자 쓴 팔면체, 모자 쓴 삼각 프리즘 구조

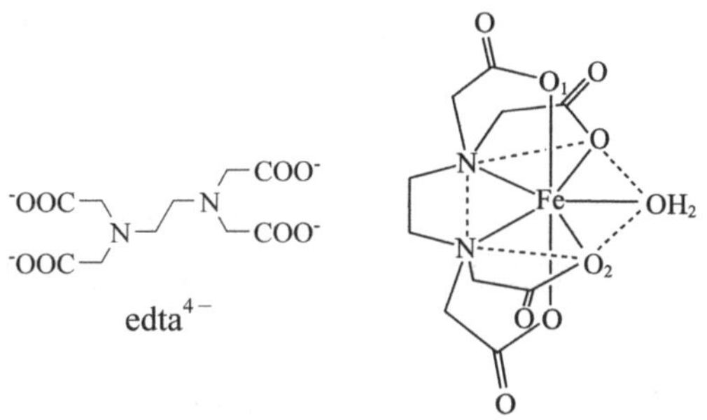

그림 3.13 $[Fe(edta)(H_2O)]^-$ 착이온의 구조.
(2N, 2O, H_2O가 오각형을 이루고, 1과 2의 O가 아래위 꼭지점에 있다)

오각쌍뿔형의 예는 $[UF_5O_2]^{3-}$, $[V(CN)_7]^{4-}$, $[ZrF_7]^{3-}$ 등이 있고, $[Mn(edta)(H_2O)]^{2-}$, $[Fe(edta)(H_2O)]^-$도 이 구조에 유사하다. $edta^{4-}$ 이온과 물(H_2O) 분자 한 개가 Fe^{III}에 배위된 착물, $Rb[Fe(edta)(H_2O)] \cdot H_2O$ 착물의 구조(그림 3.13)도 오각쌍뿔에 가깝다.

모자 쓴 팔면체의 예는 $[MCl_4(PMe_3)_3$(M=Nb, Ta) 등, 모자 쓴 삼각 프리즘형의 예는 $[Mo(CNR)_7]^{2+}$ 등이 있다. 또 앞에서 언급한 세 종류의 구조는 에너지 차이가 적기 때문에 반대 이온에 따라서 다른 구조를 가지는 예도 알려져 있다(예: 오각쌍뿔형, $(NH_4)_3[ZrF_7]$; 불규칙 $Na_3[ZrF_7]$). 이들은 수소 결합이 있느냐 없느냐에 따라서 달라진 경우이다.

모자 쓴 삼각 프리즘의 예는 $[TaF_6]^{2-}$, $[NbF_7]^{2-}$, $[Mn(edta)(H_2O)]^{2-}$, $[NbCl_2F_5]^{2-}$ 등이 알려져 있다.

• 배위수 8　배위수 8의 구조로는 삼각십이면체(trianglar dodecahedron)와 archimedes 비틀린 프리즘(antiprism), 육각쌍뿔(hexagonal bipyramid), 입방체(cubic) 등을 생각할 수 있다. 그 밖에 2개 모자 쓴 팔면체, 2개 모자 쓴 삼각 프리즘 등도 알려져 있다.

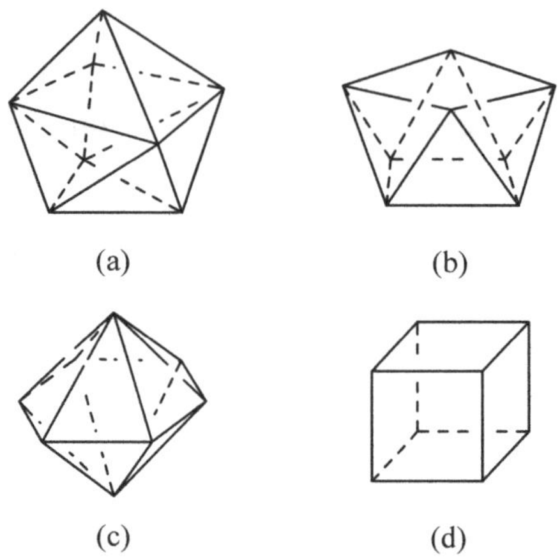

그림 3.14 배위수 8인 배위 다면체의 구조.
(a) 삼각십이면체, (b) archimedes의 비틀린 프리즘 (c) 육각쌍뿔 (d) 입방체.

삼각십이면체의 예로는 $[Mo(CN)_8]^{4-}$, $[Zr(C_2O_4)_4]^{4-}$ 등이 알려져 있다.

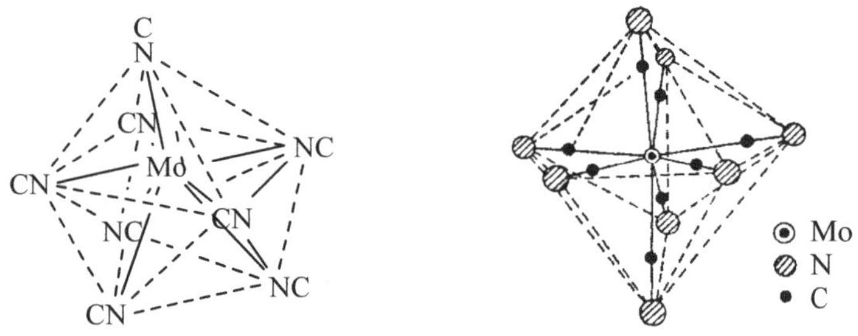

그림 3.15 $[Mo(CN)_8]^{4-}$의 구조 모형(삼각십이면체).

archimedes 비틀린 프리즘의 예로는 $[Mo(CN)_8]^{3-}$, $[TaF_8]^{3-}$, $[ReF_8]^{3-}$ 등이 있다. 또한, 킬레이트 리간드를 포함하는 것으로 $[Zr(acac)_4]$이 있다. 이 착물에서는 킬레이트 고리의 위치에 따라서 세 종류의 이성질체가 가능하지만 실제 지르코늄 착물은 그림 3.16(a)이다.

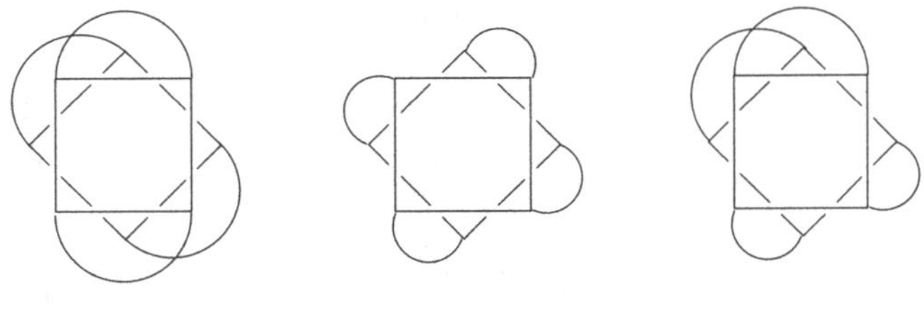

(a) (b) (c)

그림 3.16 archimedes 비틀린 프리즘(위에서 본 것)

육각쌍뿔의 예는 그 수가 적지만 $[UO_2(OOC \cdot CH_3)_3]^-$ 및 $[UO_2(NO_3)_2(H_2O)_2] \cdot 4H_2O$ 등이 있다. 이들 구조는 두 개의 NO_3^- 또는 세 개의 CH_3COO^-가 두 자리 리간드로써 육각형의 밑면을 차지하고 있으며, 아래위의 꼭지점에 O가 결합하고 있다.

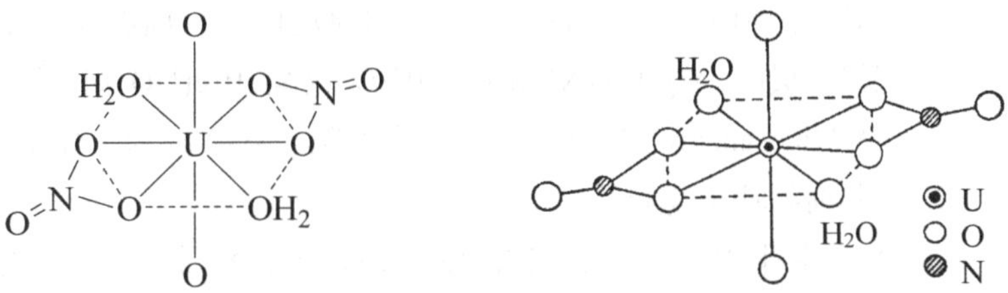

그림 3.17 $[UO_2(NO_3)_2(H_2O)_2]$의 구조

가장 대칭성이 좋은 구조인 입방체 구조는 $[UF_8]^{3-}$, $[PaF_8]^{3-}$ 및 $[NpF_8]^{3-}$ 등이 있다.

- **배위수 9** 배위수 9의 구조는 삼각 프리즘의 세 개의 옆면을 이루는 평면사각형의 중앙에 각각 제 7, 제 8, 제 9번째의 리간드가 튀어나온 모양, 즉 3개 모자 쓴 삼각 프리즘, tris(square-face-capped)trigonal prism 구조이다. 1939년 X선에 의해 밝혀진 것은 Nd 등의 착물, $[Nd(BrO_3)_3] \cdot 9H_2O$ 및 $[Sm(BrO_3)_3] \cdot 9H_2O$ 등이 있다.
  결정상에서는 그림 3.18 과 같이 9개의 물 분자가 금속에 배위된 $[Nd(N_2O)_9]^{3+}$, $[Sm(H_2O)_9]^{3+}$이다. 또한 $K[La(Hedta)(H_2O)_3] \cdot 5H_2O$의 구조도 3개의 모자 쓴 삼각 프리즘에 가깝지만 리간드, edta 때문에 모양은 비틀어져 있다. 그 밖에 칠각쌍뿔(heptagonal bipyramid) 구조가 있고, 예로는 $[UBr_7O_2]^{5-}$가 알려져 있다.

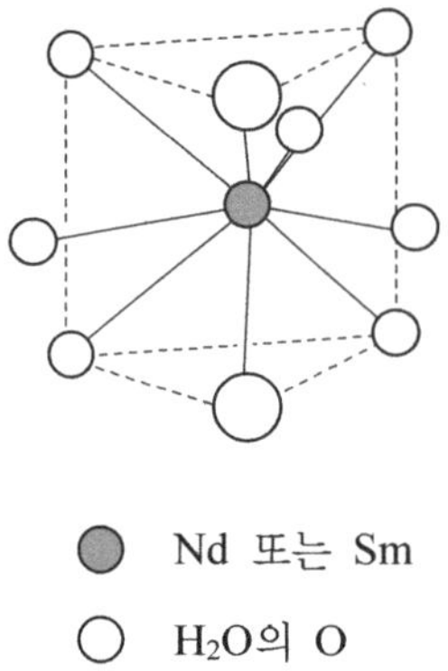

그림 3.18 3개 모자 쓴 삼각 프리즘.

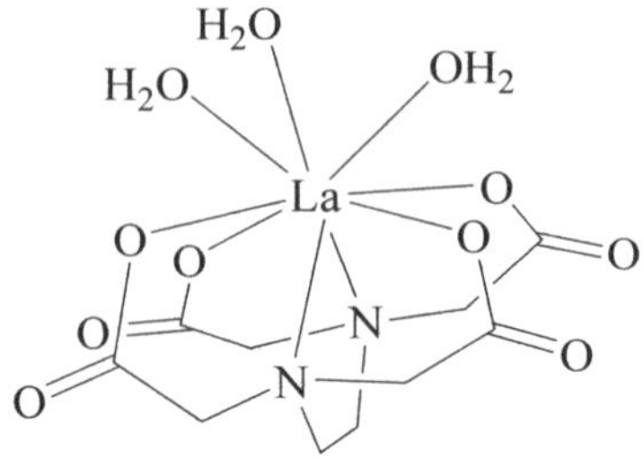

그림 3.19 $[La(edta)(H_2O)_3]^-$의 구조

- **배위수 10 이상의 착물** 이들의 배위수를 가지는 착물은 아주 적은데, 란타넘계, 악티늄계 착물에서 보인다. 구조는 불규칙한 경우가 많다. 10배위 착물의 예는 $[La(CO_3)_2(H_2O)_6]^-$, $[Th(ox)(H_2O)_2]^{4-}$, 11배위의 예는 $[Th(NO_3)_4(H_2O)_3]$ 등이 있다. $Mg_3[Ce(NO_3)_6]_2 \cdot 24H_2O$ 중의 $[Ce(NO_3)_6]^{2-}$는 12배위의 이십면체 구조(icosahedral)이다. 여기서 각 NO_3^- 이온은 두 개의 O에서 중심금속 Ce에 배위되어 있다.

  배위수가 9인 희토류 금속 등의 edta 착물에 물 분자가 더 배위된 $[La(Hedta)(H_2O)_4] \cdot 3H_2O$ 착물은 배위수가 10인 착물이 된다(그림 3.19에 H_2O가 추가된 형태로 된다). 실제 구조는 리간드가 매우 크기 때문에 비틀어져 있지만, 배위수 10의 이상적인 다면체로서는 archimedes 비틀린 프리즘의 아래위의 사각형 면에 제 9, 제 10의 리간드가 있는 형(모자 쓴 archimedes 비틀린 프리즘)과 정십이면체의 위아래 면에 2개의 리간드가 붙어 있는 형을 생각할 수 있다.

  배위수 11의 경우 예가 적지만, $Th(NO_3)_4 \cdot 5H_2O$의 결정상에서 토륨은 4개 NO_3^- 이온에서 8개 산소와 3개 물 분자에서 모두 11개 산소에 의해서 둘러싸여 있다. 그러나 다면체의 형태는 특별히 간단한 형태로서 나타내기는 어렵다. 더욱이 리간드가 증가해서 12개로 된 경우의 이상적인 모양은 정이십면체이다. 그 예로서는 $La_2(SO_4)_3 \cdot 9H_2O$가 있고, 결정상에서 La^{III}는 $(SO_4)_3^{2-}$의 12개 산소에 의해 둘러싸여 있다. 그 밖에 NO_3^- 등의 이온이 두 자리 리간드로 작용하는 착물에는 $Ce_2Mg_3(NO_3)_{12} \cdot 24H_2O = Mg_3[Ce(NO_3)_6]_2 \cdot 24H_2O$가 있고, 세륨은 12개 산소로 둘러싸여 있지만, NO_3^- 전체를 1개 리간드라고 본다면, Ce^{III}의 배위수는 6으로 팔면체 구조가 된다.

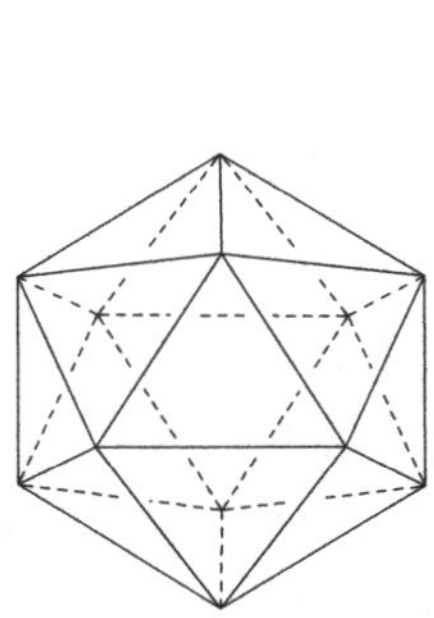

그림 3.20 정이십면체 구조

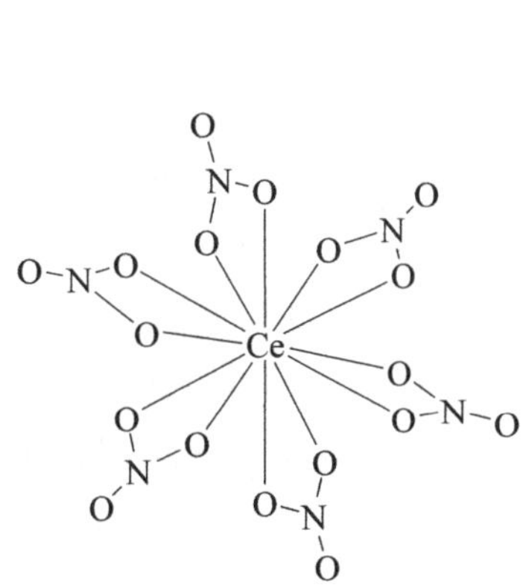

그림 3.21 $[Ce(NO_3)_6]^{3-}$의 구조

다핵착물의 구조

한 착물에서 여러 개 금속 원자를 포함하는 다핵 착물은 수많이 합성되고 있다. 예를 들면, Werner에 의해서 합성된 $[Co\{(OH)_2Co(NH_3)_4\}_3]^{6+}$(그림 3.22)은 탄소를 포함하지 않는 광학 활성 물질로서 배위설을 확립하는 데 큰 역할을 하였다.

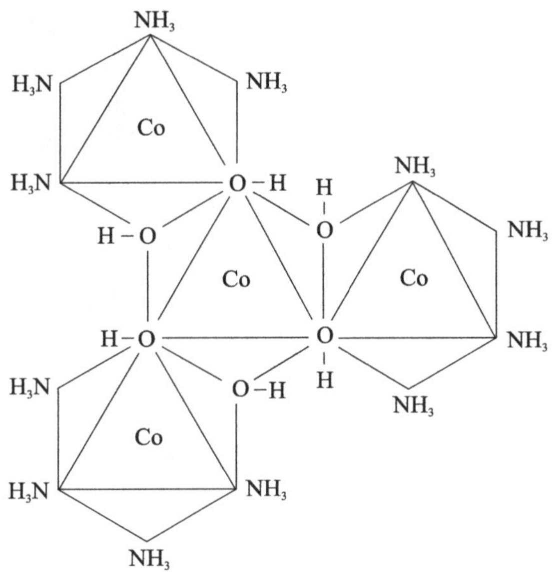

그림 3.22 $[Co\{(OH)_2Co(NH_3)_4\}_3]^{6+}$ 착이온

이러한 다핵착물은 금속 이온 간에 직접 결합이 없거나 있다고 해도 매우 적다. 따라서, 이들 다핵착물의 성질은 단핵착물에서 유추할 수 있다. 그런데 다

핵착물 중에서 금속 간의 결합이 어느 정도 존재하고 단핵착물에서는 볼 수 없는 흥미로운 성질이 나타나기 때문에 이 분야의 연구가 최근에 와서 급격히 증가하여 「클러스터-착물」이라는 말을 사용되게 되었다.

금속-금속 간의 결합은 일산화탄소를 리간드로 하는 카보닐 착물을 제외하고, 제 1계열 전이 금속의 착물보다 2, 3계열 전이 금속 착물에서 잘 나타난다. 같은 원자라도 낮은 산화상태에서 금속-금속 간의 결합이 생기기 쉽다.

이제 금속-금속 간 결합을 가지는 복핵착물을 포함해서 잘 알려진 클러스터 착물의 구조를 예를 들어 살펴보자.

- **이핵 착물** 금속-금속 간의 결합에는 사중결합에서 단일결합까지 있고, 더욱이 자기적 상호작용은 있지만 직접 결합은 없다고 생각되는 예도 있다. 또한 두 금속이 다리결합 리간드에 의해서 연결되어 있는 경우와 다리결합 리간드가 없는 경우도 있다. 사중결합의 예는 $[ReCl_8]^{2-}$(그림 3.23), $[Mo_2Cl_8]^{4-}$, $[W_2Cl_8]^{4-}$, $[Mo_2(O_2CCH_3)_4]$ (그림 3.24) 등 많은 착물에서 알려져 있다.

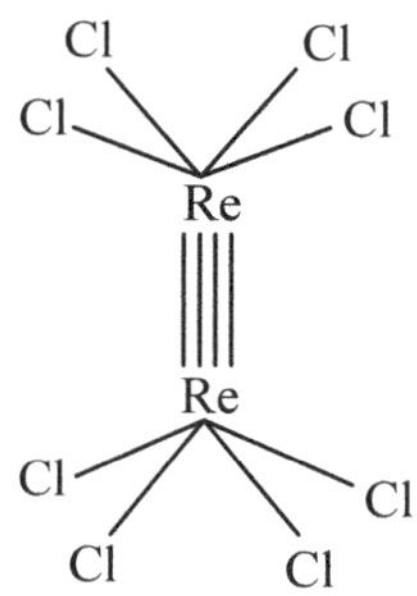

그림 3.23 Re–Re 사중 결합을 가진 $[ReCl_8]^{2-}$

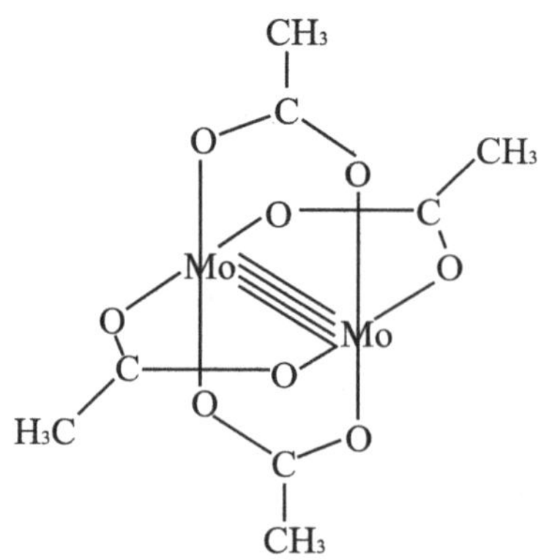

그림 3.24 Mo–Mo 사중 결합을 가진 $[Mo_2(O_2CCH_3)_4]$

그림 3.23에서 이 이온은 사중결합을 가지며, Re-Re 간 거리 2.24 Å는 금속 레늄에서 Re-Re 간 거리 2.74 Å보다 아주 짧다.
삼중 결합은 $[Mo_2(NMe_2)_6]$, $[W_2Cl_2(NMe_2)_4$ 등 일그러진 구조(D_{3d})를 가지는 M_2L_6형(그림 3.25)의 화합물에서 많이 알려져 있다.

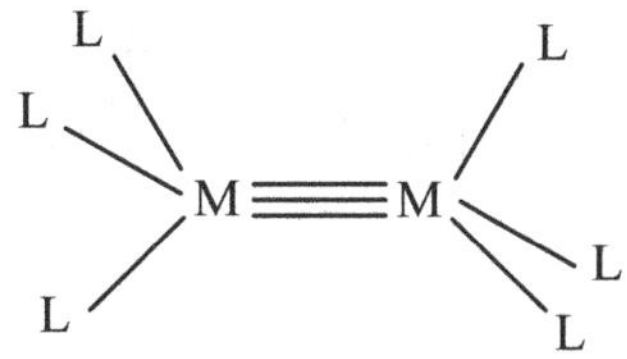

그림 3.25 삼중 결합

이중 결합을 가지는 화합물의 예는 그림 3.26에서 나타내었다. 단일 결합의 대표적인 예는 그림 3.27과 같이 $[Mn_2(CO)_{10}]$이다. 여기서 Mn-Mn 간 거리는 2.24 Å보다 다소 길지만 다리결합 원자가 없으므로 금속 간 결합의 존재가 분명하다. Mn-Mn 공유 결합에 의한 각각의 Mn 원자는 18-전자 규칙(18-electron rule)을 잘 만족한다.

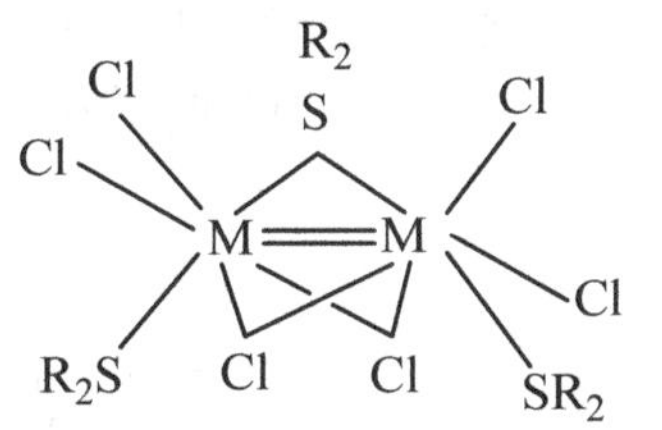

그림 3.26 이중 결합의 $M_2Cl_6L_3$ (M=Nb, Ta L=Me_2S)

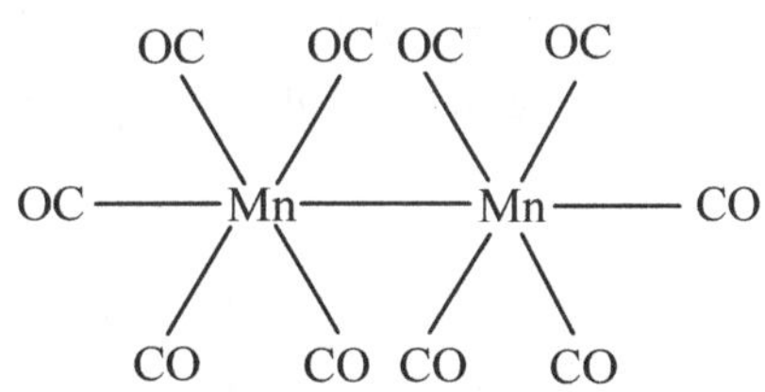

그림 3.27 Mn–Mn 단일 결합의 $[Mn_2(CO)_{10}]$

아세트산 구리(II)-수화물의 화학적 조성은 $Cu(CH_3COO)_2 \cdot H_2O$이지만, 그림 3.28에서 보여 주는 것과 같이 이합체로서 존재한다. Cu-Cu 간 거리는 2.64 Å이고 금속 구리에서 Cu-Cu 간 거리인 2.56 Å보다 약간 길다. 이 화합물의 자기화율은 25°C에서 약 1.4 BM/Cu이고, 저온에서 더욱 작아진다. 이것은 Cu-Cu 간에 상호 작용이 있는 것을 의미한다. 그러나 Cu-Cu 간에 직접 결합이 있는지 확실하지 않다.

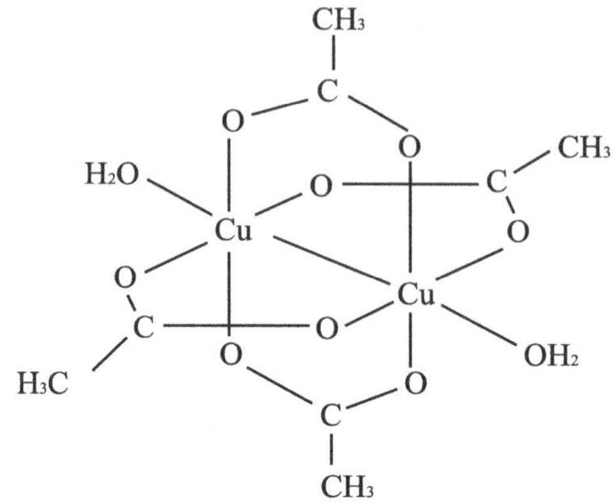

그림 3.28 $Cu(CH_3COO)_2 \cdot H_2O$의 이핵 착물의 구조

또한, 비슷한 구조를 가지는 크로뮴 화합물, $[Cr_2(CH_3COO)_4(H_2O)_2]$은 금속 간 결합이 존재한다. Cr-Cr 간 거리는 2.36 Å이고, 금속 크로뮴에서의 거리는 2.50 Å이다.

- **삼핵 착물** 삼핵 착물은 다양한 중심금속 혹은 리간드가 보고되었지만 직선형 또는 굽은형은 적고 대부분 삼각형이다. 다리결합 리간드가 있는 경우와 없는 경우가 있다. 그림 3.29, 3.30에서 실제의 예를 보여 준다. 금속 간의 결합은 거의 단일 결합이지만, 이중 결합을 나타내는 예도 있다.

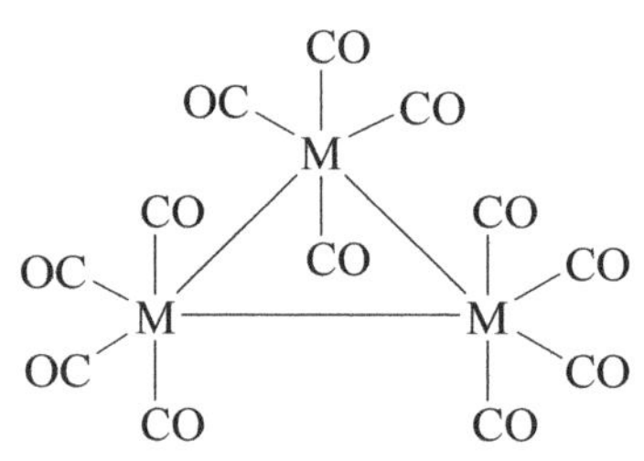

그림 3.29 $[M_3(CO)_{12}]$ M=Ru, Os

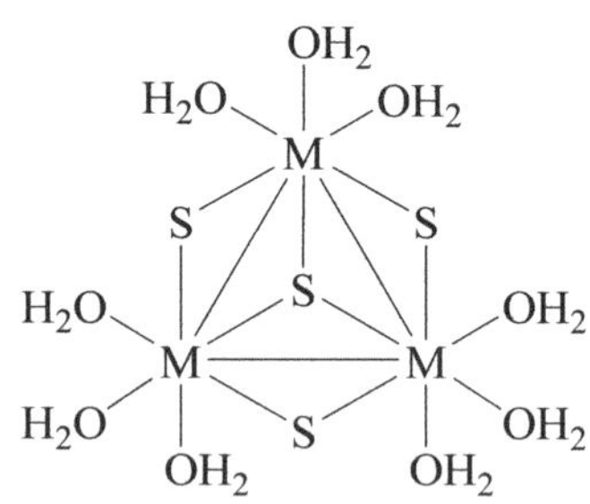

그림 3.30 $[M_2S_4(H_2O)_9]^{4+}$ M=Mo, W

- **사핵 착물** 고리 모양의 사핵 클러스터는 그림 3.31에 보여 주는 것과 같이 사면체(T_d), 나비(butterfly, C_{2v}) 혹은 2종의 평면 구조(D_{2h}, D_{4h}) 등이 있다.

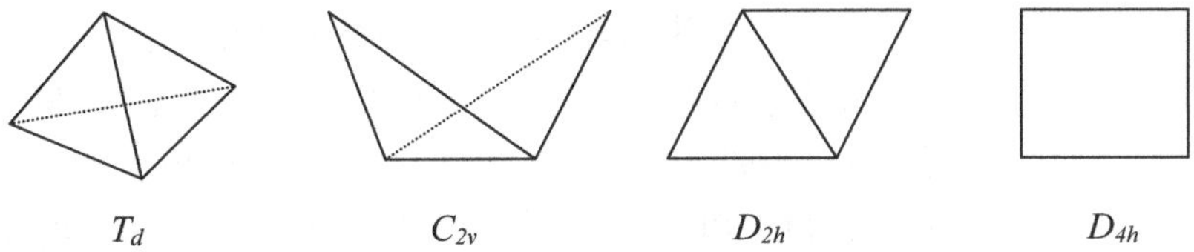

그림 3.31 사핵 클러스터의 대표적인 구조.

그림 3.32는 사면체형으로 다리결합 리간드가 없는 경우이다. 금속과 다리결합 리간드가 입방체 꼭지점을 교대로 차지하는 큐반(cubane)형 클러스터(그림 3.33)도 많이 보고되어 있다. 그 중에서 금속만 보면 사면체형이다. 단, 4개의 금속이 서로 모두 결합하고 있다고는 할 수 없다. 예를 들면, $[\{\underline{Mn}(CO_3)\}_4\{\underline{SEt}\}_4]$, $[\{\underline{Fe}(SR)\}_4\{\underline{S}\}_4]$ 등이 있다(전하 생략). 여기서 밑줄 친 원자가 큐반형의 꼭지점을 차지하고 있다. 후자의 큐반형 클러스터는 생체 내의 전자 운반체의 모형 화합물로 주목을 받고 있다. 또 $\underline{[Mo_3FeS_4(H_2O)_{10}]}^{4+}$와 같은 혼합 금속 큐반형 클러스터도 알려져 있다(그림 3.34).

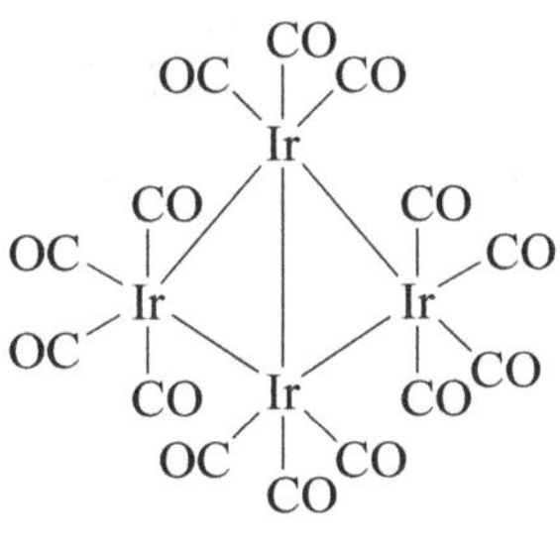

그림 3.32 $[Ir_4(CO)_{12}]$의 구조

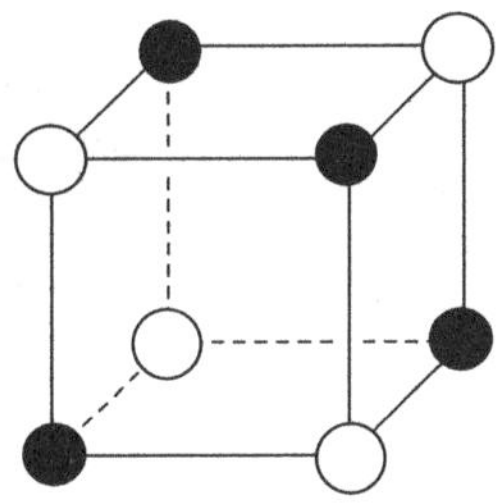

그림 3.33 큐반형 클러스터의 모형

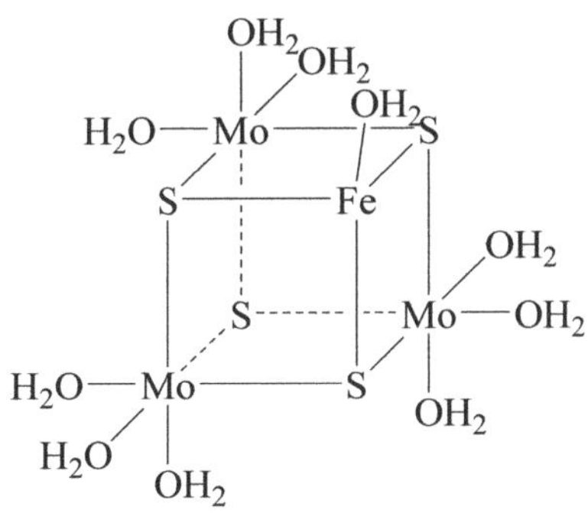

그림 3.34 $[Mo_3FeS_4(H_2O)_{10}]^{4+}$의 구조

육핵 또는 그 이상의 금속 착물 및 고분자 착물

몇 가지 형태의 골격 구조가 있지만 예를 하나만 든다. $MoCl_2$의 조성을 갖는 몰리브데넘(II) 염화물의 구조는 그림 3.35와 같이 매우 복잡하다. Mo_6(●) 정팔면체에서 3개 Mo 원자가 이루는 삼각형 위에 Cl(○)이 위치하여 $[Mo_6Cl_8]^{4+}$의 원자단을 형성하고, 더욱이 각 Mo 원자는 모두 6개 Cl(●)이 배위하고(결합의 선을 일부 생략하고 있음) 그 중에 4개 Cl은 인접한 $[Mo_6Cl_8]^{4+}$에 다리결합으로 무한히 연결되어 있다. 따라서, $MoCl_2$는 $[(Mo_6Cl_8)Cl_2Cl_{4/2}]_\infty$라고 쓸 수 있다. 또 Mo_6Cl_8 골격의 Cl^- 이온을 S^{2-} 이온으로 치환한 형식인 Mo_6S_8 골격을 가지는 화합물군도 알려지고 있으며, 이 골격을 포함하는 화합물군은 초전도성을 보여 관심을 끈다. 7핵 이상의 클러스터(예; $[Rh_{14}(CO)_{25}]^{4-}$)도 많이 알려져 있어 활발한 연구가 이루어지고 있다.

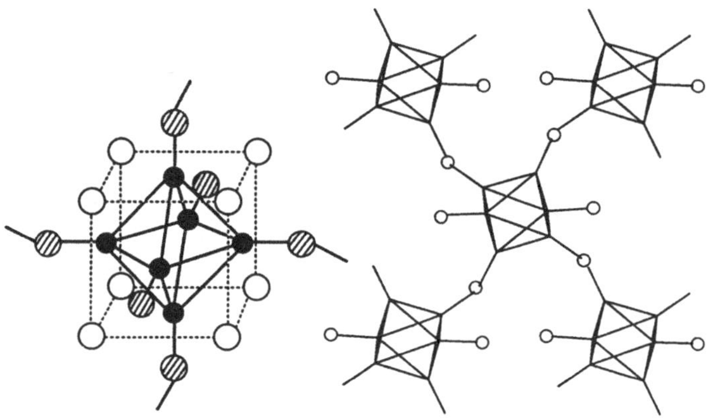

그림 3.35 $MoCl_2$의 고체 상태의 구조.
(a) $(Mo_6Cl_8)Cl_2Cl_{4/2}$, (b) a의 다리결합 구조(Mo_6의 면에 다리결합된 Cl은 생략)

2 이성질현상

이성질현상(isomerism)이란 말은 1832년 스웨덴의 Berzelius에 의해 처음으로 사용되었지만, 착물이 연구되기 전에는 대부분 유기 화합물에 한정해서 사용하였다. Werner는 그 이전에 알려진 착물의 기하 이성질현상을 배위설에 의해 잘 설명하였을 뿐만 아니라 새로운 광학 이성질현상을 예상하여 증명하였다. 그는 1893년에 첫 번째 논문을 발표한 다음 십수년 간에 걸쳐서 많은 공동 연구자와 함께 수행한 기하 이성질현상에 관한 연구를 1911년 270페이지에 달하는 아주 긴 논문을 발표하였다.

착물의 이성질체는 크게 입체이성질체(stereo isomer)와 구조 이성질체(constitutional isomer)로 나눌 수 있다. 입체이성질체는 결합 형태가 같으나 그들의 공간적 배열이 다른 것으로 기하 이성질체(geometrical isomer)와 광학 이성질체(optical isomer)가 있다. 또한 구조 이성질체는 착물의 원자 또는 원자단의 결합 형태가 다른 것으로 결합 이성질체(linkage isomer), 이온화 이성질체(ionization isomer), 수화 이성질체(hydration isomer) 및 배위 이성질체(coordination isomer) 등이 있다.

기하 이성질현상

- 한 자리 리간드와 두 자리 리간드

6개 리간드가 중심 원소에 배위될 때 배열은 이미 설명한 바와 같이 평면육각형, 삼각 프리즘, 정팔면체 등으로 생각할 수 있지만, 이 경우 가능한 기하 이성질체의 수는 표 3.1과 같이 나타낼 수 있다.

표 3.1 기하 이성질체의 수

	평면육각형	삼각 프리즘	정팔면체
MA_6	0	0	0
MA_5B	0	0	0
MA_4B_2	3	3	2
MA_3B_3	3	3	2
MA_2B_4	3	3	2

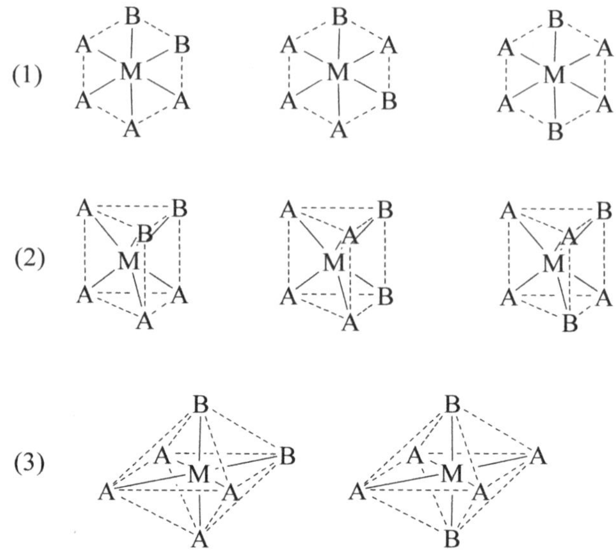

그림 3.36 각 구조에서 MA_4B_2 착물의 예상 기하 이성질체

Werner는 MA_4B_2, MA_4BC의 경우에 대해서 기하 이성질체가 두 종류(시스와 트랜스)만 존재하는 것을 다음의 27개 코발트 착물로써 밝히고, 그들의 구조를 화학적인 방법으로 결정하였다. 이것으로 착물의 구조가 정팔면체라는 가설이 옳다는 것을 증명하였다.

27개의 코발트 착물은 두 자리 리간드 AA의 착물 $M(AA)_2BC$를 포함하여 다음과 같은 것들이다.

$[CoX_2(NH_3)_4]^+$, $X_2 = Cl_2$, $(NO_2)_2$, $(SO_3)_2$
$[CoCl_2(NH_3)_2en]^+$
$[CoX_2(en)_2]^{n+}$, $X_2 = (H_2O)_2$, $NH_3(H_2O)$, $OH(H_2O)$, $NCS(H_2O)$, $(NH_3)_2$, $OH(NH_3)$, $Cl(NH_3)$, $Br(NH_3)$, $NCS(NH_3)$, $NO_2(NH_3)$, $NO_3(NH_3)$, Cl_2, $BrCl$, $Cl(NCS)$, $Cl(NO_2)$, Br_2, $(NCS)_2$, $Br(NCS)$, $NCS(NO_2)$, $(NO_2)_2$, $(ONO)_2$
$[CoX_2(pn)_2]^+$, $X_2=Cl_2$, $(NO_2)_2$

이러한 형태의 착물은 그 뒤에도 많이 알려져 Cr^{III}, Ir^{III}, Rh^{III}, Ru^{III}, Pt^{IV} 등에 대해서도 많은 예를 들 수 있다.

두 자리 리간드를 가진 착물의 기하 구조는 다음과 같이 가정하여 추정하였다.

(1) 에틸렌다이아민, 옥살산 등의 두 자리 리간드는 반드시 팔면체의 인접한 꼭지점을 차지한 시스 위치에 놓인다.
(2) 온화한 조건에서 리간드를 치환 반응시키면 반응에 관계하는 특정한 리간드 만이 바뀌고, 반응에 관계하지 않은 다른 리간드는 위치가 바뀌지 않는다.

(2)의 가정은 항상 성립하는 것이 아니라는 사실이 뒤에 밝혀졌으므로 적용할 때 주의해야 한다. 위 가정하에 먼저 $[Co(en)_2(H_2O)_2]Cl_3$의 구조를 추정하였다. 이 착물은 용해도가 큰 붉은색 염(A착물)과 용해도가 적은 적갈색 염(B착물)의 두 가지 이성질체가 있다.
cis-$[CoCO_3(en)_2]Cl$에 묽은 염산을 가하면 CO_2 기체가 발생하면서 다이아쿠아 염인 A 착물이 얻어진다. 가정 (1)에 의해서 두 자리 리간드의 CO_3^{2-}은 시스 위치에 있기 때문에 생성된 A 착물도 $(H_2O)_2$가 시스 위치에 있다. B 착물은 트랜스 이성질체가 된다.

$$cis\text{-}[CoCO_3(en)_2]Cl + 2HCl + H_2O \longrightarrow cis\text{-}[Co(en)_2(H_2O)_2]Cl_3 + CO_2$$

그러나 이것만으로 불충분하므로 이핵 착물을 이용해서 더 살펴보면, $[(en)_2Co(OH)_2Co(en)_2]Cl_4$(그림 3.37)를 차가운 진한 염산으로 처리하면 다이아쿠아, $(H_2O)_2$염 중에서 A 착물이 주로 얻어지며, 동시에 *cis*-$[CoCl_2(en)_2]Cl$ (보라색)도 얻어진다.

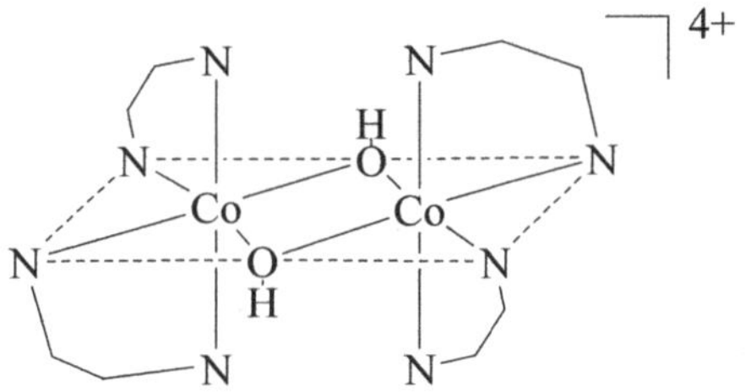

그림 3.37 $[(en)_2Co(OH)_2Co(en)_2]^{4+}$의 구조

이 이핵 착물에 의해서는 2개의 OH가 시스 위치에 있는 것만 얻을 수가 있다. 만약 트랜스 위치에 있다면, 2개의 팔면체는 실제로 포개져서 이핵으로는 존재하지 않는다. 그러므로 이 이핵 착물의 중앙이 끊어져 생긴 다이아쿠

아염 A 착물은 시스형이고, 동시에 생성된 보라색의 $[CoCl_2(en)_2]Cl$ 역시 시스형으로만 존재한다.

$$[(en)_2Co(OH)_2Co(en)_2]Cl_4 + 2HCl \longrightarrow cis\text{-}[Co(en)_2(H_2O)_2]Cl_3 + cis\text{-}[CoCl_2(en)_2]Cl$$

$[CoCl_2(en)_2]Cl$에는 보라색과 초록색이 있고, 앞의 것이 시스형이므로 뒤의 것은 트랜스형이 된다. 보라색 시스 염은 그 색깔에서 violeo 염, 녹색 트랜스 염은 praseo염이라고 하였다.

다음에 앞에서 언급한 디아쿠아염, $[Co(en)_2(H_2O)_2]Cl_3$에 KNO_2를 가하면 각각 시스와 트랜스의 $[Co(NO_2)_2(en)_2]Cl$이 생성된다.

$$cis\text{-}[Co(en)_2(H_2O)_2]Cl_2 \longrightarrow cis\text{-}[Co(NO_2)_2(en)_2]Cl$$
$$trans\text{-}[Co(en)_2(H_2O)_2]Cl_3 \longrightarrow trans\text{-}[Co(NO_2)_2(en)_2]Cl$$

다이나이트로 착물에는 같은 황색의 croceo염과 flavo염이라는 것이 알려져 있지만, 이 실험으로부터 croceo염이 트랜스, flavo염이 시스형이라는 것을 알았다. 이렇게 계속해서 27종의 이성질체의 구조가 결정된 것이다.

이제 MA_3B_3, $M(AB)_3$[1]형 착물의 경우를 살펴보자. 이들 착물은 그림 3.38에서 나타낸 것과 같이 두 종류의 기하 이성질체가 가능하다.

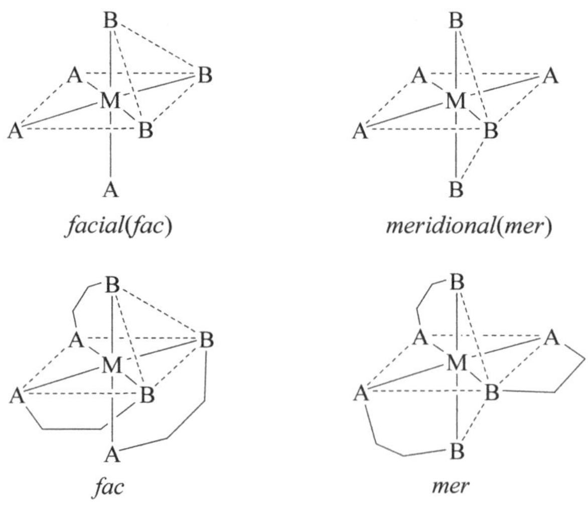

그림 3.38 MA_3B_3와 $M(AB)_3$의 이성질체

1) AB는 2개 배위 원자가 다른 두 자리 리간드이다. 예를 들면, 아미노산이 있다.

이들 두 가지 이성질체는 초기에 *cis-cis*, *cis-trans*라고 하였지만 *fac*(면상, *facial*)과 *mer*(자오선상, *meridional*)로 불린다. 앞에 것은 팔면체의 삼각평면을 같은 종류의 3개 리간드가 둘러싸고, 뒤에 것은 지구의 경도와 같이 세 꼭지점을 연결하기 때문이다. *fac*와 *mer*의 두 이성질체를 모두 가지고 있는 예로는 *fac*-$[Co(CN)_3(NH_3)_3]$, *mer*-$[Co(CN)_3(NH_3)_3]$가 있다. $M(AB)_3$에는 글리신 등 아미노산의 착물이 있다. $M(AA)_3$이라면 *mer*와 *fac*의 차이가 없고 기하 이성질체도 존재하지 않는다.

리간드의 종류가 많아지면 기하 이성질체의 수도 증가한다. 예를 들면, 정팔면체의 구조에서는

$[MA_2B_2C_2]$ 5개, $[MA_2B_2CD]$ 6개, [M(ABCDEF)] 15개[2)]

가 가능하지만 실제 알려진 착물은 그 수가 적다. 제일 마지막의 리간드 6개가 모두 다른 백금 착물, $[PtBrClI(NO_2)(NH_3)(py)]$도 알려져 있다. 이 착물의 기하 이성질체는 7종류가 합성되었다.

이상은 한 자리와 두 자리 리간드의 경우 기하 이성질체의 중요한 예이다.

- 세 자리 이상의 많은 자리 리간드

$NH_2CH_2CH_2NHCH_2CH_2NH_2$(dien이라 줄인다)와 같은 ABA형의 세 자리 리간드가 2개 배위된 경우에는 그림 3.39와 같이 세 종류의 기하 이성질체가 가능하다. 이들을 *mer*, *s-fac*, *u-fac*이라 한다[3)].

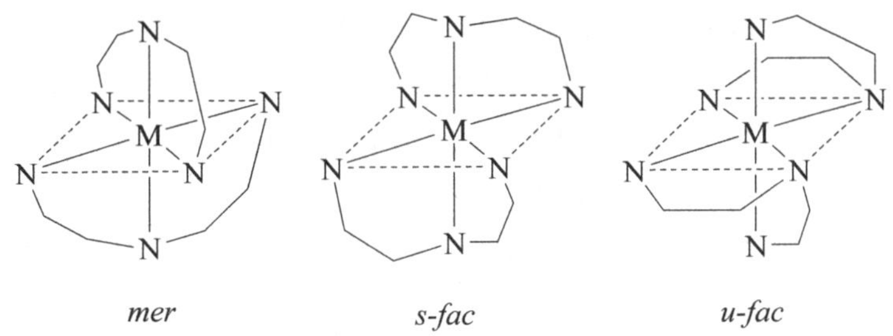

그림 3.39 $[Co(dien)_2]^{3+}$에서 가능한 기하 이성질체.

2) 이들 착물은 카이랄 구조가 가능하여 광학 이성질체가 존재한다. chiral의 어원은 희랍어의 cheiro(손바닥의 뜻)이다.

3) 각각 meridional, symmetrical facial, unsymmetrical facial의 약자이다.

네 자리 이상의 리간드가 곧은 사슬형 리간드 외에 가지형 리간드로 되면 이성질현상은 대단히 복잡하게 된다. 여기에서는 많은 자리 리간드의 예로써, edta=에틸렌다이아민테트라아세트산의 착물을 들 수 있다.

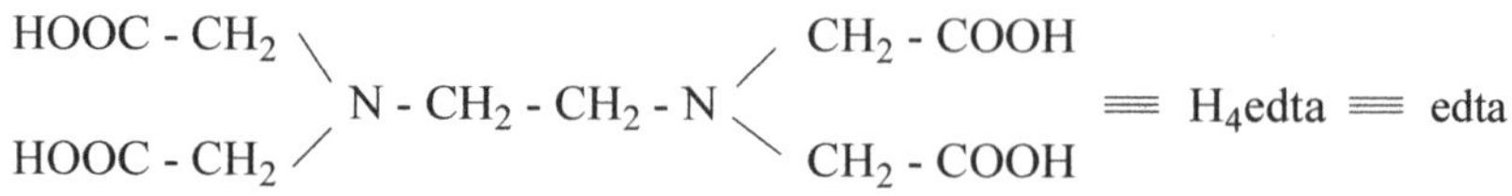

edta 착물의 대표적인 예는 코발트 착물로써 $K[Co(edta)] \cdot 2H_2O$가 잘 알려져 있다. 이 착물의 구조(546 nm 단색광에서 (+)광회전성을 나타내는 광학 이성질체)는 그림 3.40에 나타내었다.

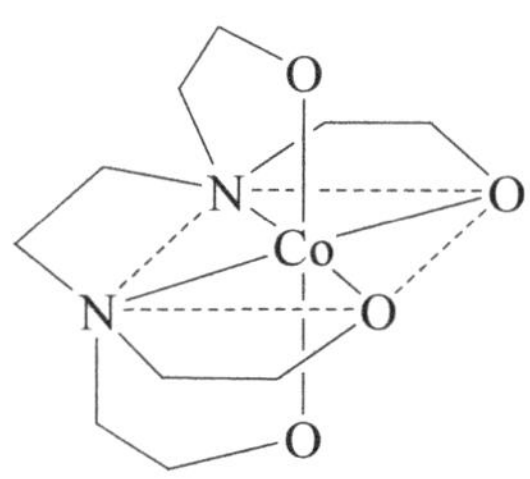

그림 3.40 $(+)_{546}[Co(edta)]^-$의 구조.

광학 이성질현상

단핵 착물 Werner의 배위설에 의해서 6배위 착물이 팔면체의 구조를 가진다면 어떤 경우에서는 광학 이성질체의 존재를 예상할 수 있다.

처음으로 광학 이성질체의 존재가 증명된 실제의 예는 $M(AA)_2BC$형 착물로써 $[CoCl(NH_3)(en)_2]Br_2$이다. $M(AA)_2BC$형 착물은 시스와 트랜스형 기하 이성질체가 있는데, 트랜스형은 대칭면이 있지만 시스형에서는 대칭면이 없으므로 그의 거울상과 포개지지 않는다(그림3.41). 따라서, 시스형을 적절한 방법으로 우회전성(+)과 좌회전성(-)의 착이온으로 분할(resolution)할 수 있다면 배위설에서 예상한 팔면체의 구조가 옳다는 것을 입증할 수 있다[4].

4) Werner는 1911년 처음으로 광학 분할에 성공하여 배위설을 증명한 업적으로 1913년 노벨상을 받게 되었다.

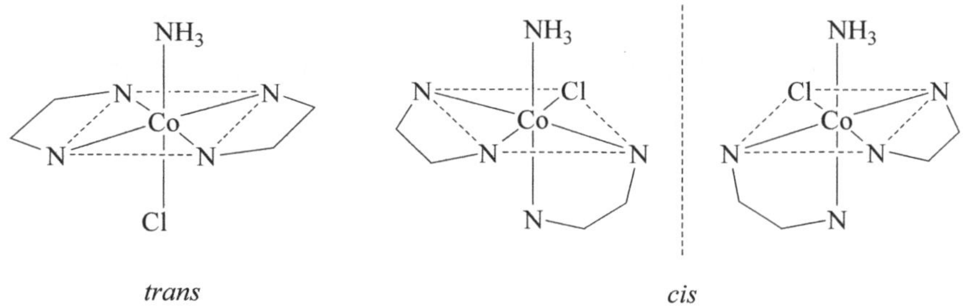

그림 3.41 $[CoCl(NH_3)(en)_2]^{2+}$ 시스와 트랜스 이성질체.
시스형의 거울상은 완전히 서로 포개지지 않는다.

또한, $[Co(en)_3]X_3$ 착물은 광학 활성인 착물의 대표적인 예로써 결정 구조와 절대 배치를 시작으로 여러 가지 성질 등이 자세히 연구되었다. 같은 리간드인 에틸렌다이아민(en)이 3개 배위된 착물은 대칭면과 대칭 중심이 없는 구조이다(그림 3.42).

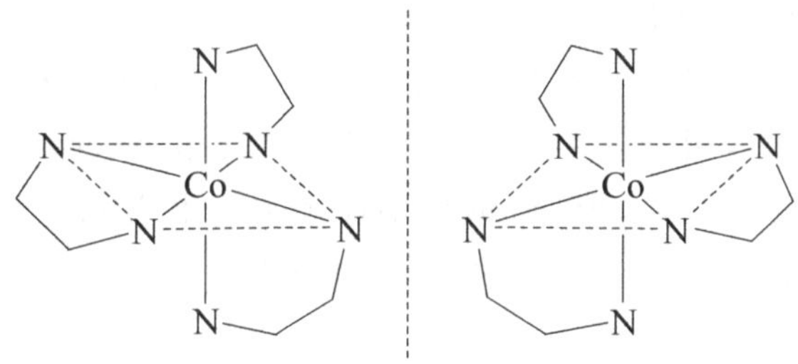

그림 3.42 $[Co(en)_3]^{3+}$의 광학 이성질체

이처럼 두 자리 리간드가 3개 배위된 착물에는 에틸렌다이아민, 2,2'-바이피리딘, 옥살산 등의 $[M(en)_3]X_3$ M=Cr^{III}, Rh^{III}, Ir^{III} 등, $[Pt(en)_3]Cl_4$, $[Ni(bpy)_3]Cl_2$, $K_3[Cr(C_2O_4)_3]$ 등이 알려져 있다.

그 밖에 리간드로써 세 자리, 네 자리, 다섯 자리, 여섯 자리 등이 있으며, 세 자리 리간드인 다이에틸렌트라이아민(dien)이 배위된 착물, $[Co(dien)_2]^{3+}$은 세 종류의 이성질체(그림 3.39)가 가능하다. 이들 중에서 u-*fac*형 이성질체는 카이랄성 구조이므로 광학 활성 물질로 분할할 수 있으며, *mer*형 이성질체도 산성 용액에서는 중앙에 있는 이차 아민의 질소에 결합되어 있는 수소의 위치가 고정되기 때문에 카이랄성 구조를 취하므로(그림 3.43) 광학 분할이 가능하다.

한 분자에서 네 자리를 갖는 리간드로는 트라이에틸렌테트라아민(trien), 여섯 자리는 에틸렌다이아민테트라아세트산(edta) 등이 잘 알려져 있지만, 이 외에도 많은 리간드가 합성되어 있다.

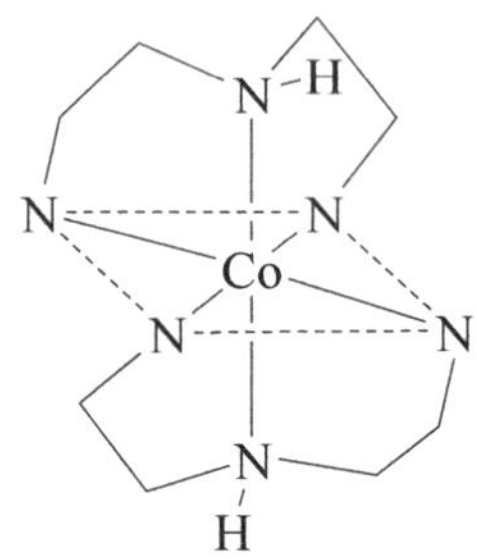

그림 3.43 *mer*-$[Co(dien)_2]^{3+}$의 구조

- **다핵 착물** 팔면체가 두 개 이상 연결된 다핵 착물에도 광학 이성질체가 존재한다. 이핵 착물의 대표적인 예로서 $[(en)_2Co(NH_2)(NO_2)Co(en)_2]Br_4$에 대해서 알아보자.
  이 착물은 대칭면이 있는 비활성의 meso형 이외에 거울상을 갖는 구조도 있어 광학 분할이 가능하다. 실제로, (+)bromocamphor sulfonate로써 분별 결정법에 의해 비활성(meso형)과 좌회전성, 우회전성의 두 가지 광학 이성질체를 얻을 수 있다. 이러한 형태의 착물은 그 밖에도 많은 예가 알려져 있다.

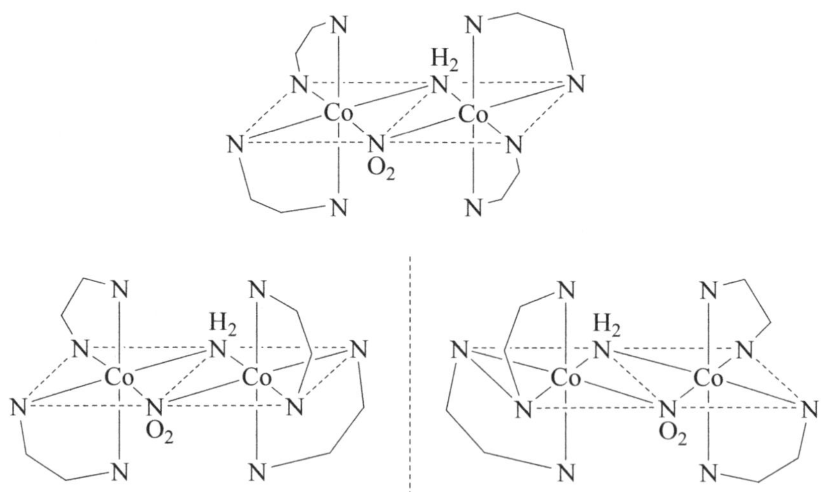

그림 3.44 $[(en)_2Co(NH_2)(NO_2)Co(en)_2]Br_4$의 기하 및 광학 이성질체.

마찬가지로 Werner가 연구한 사핵 착물인 $[Co_4(OH)_6(NH_3)_{12}]^{6+}$은 $M(AA)_3$형 착물로써, 모두 탄소를 포함하지 않는 것이 특징적이다.(그림 1.7참고) 이것은 착물의 광학 활성이 리간드의 탄소 때문일지 모른다고 하는 당시 반론을 없애기 위해 Werner가 합성한 착물로써, 광학 활성 물질을 분리하여 큰 광회전도를 보였다.

$[Co_4(OH)_6(NH_3)_{12}]^{6+}$는 탄소를 포함하지 않는 광학 활성 착물의 처음 예이며, 그 밖에 *cis*-$Na[Rh\{(NH)_2SO_2\}_2(H_2O)_2]$, $(NH_4)_2[Pt(S_5)_3]\cdot 2H_2O$ 등도 알려져 있다.

광학 분할법

당시 Werner가 수행한 광학 분할법은 광학 분할제인 유기산을 이용하여 만든 부분입체이성질체(diastereoisomer)의 분별 결정법이었다.

cis-$[CoCl(NH_3)(en)_2]Cl_2$ 에 광학 활성인 유기산, $(+)_{589}$-bromocamphor sulfonate를 섞으면 (+)착물-(+)산과 (-)착물-(+)산의 혼합물인 부분입체이성질체가 만들어진다. 이 부분입체이성질체는 용해도가 서로 달라서 분별 결정법으로 분리할 수 있다. 즉, $(+)[CoCl(NH_3)(en)_2]$-(+)산이 $(-)[CoCl(NH_3)(en)_2]$-(+)산보다 용해도가 낮기 때문에 결정으로부터 분리 할 수 있고, 용액에서 $(-)[CoCl(NH_3)(en)_2]$-(+)산의 결정을 얻을 수 있다. 이렇게 분리해서 얻은 염을 염기로 처리하면 bromocamphor sulfonate 염이 제거되어 쉽게 브롬 염으로 만들 수 있다. 얻어진 광학 이성질체의 광회전도는 다음과 같다.

$(+)_{656}[CoCl(NH_3)(en)_2]Br_2$	$[\alpha]_{656}= +43.1°$
	(1% 용액, 두께 20 cm)**
$(-)_{656}[CoCl(NH_3)(en)_2]Br_2$	$[\alpha]_{656}= -43.0°$
	(1% 용액, 두께 20 cm)

이와 같이 착이온과 염을 만드는 광학 활성의 산에는 우회전성의 (+)-타타르산 포타슘소듐[5], (+)-타타르산 안티모닐포타슘 등이 있다. 후자의 조성은 $K_2[Sb_2(C_4H_2O_6)_2]\cdot 3H_2O$로써, 그림 3.45와 같이 타타르산이 안티모니에 배위한 이핵 착물이다. 또한 포타슘염은 용해도가 적기 때문에 칼럼으로 분리할 때에는 소듐염이 이용된다.

5) $(+)_{589}$ 타타르산은 *d*-타타르산이라 한다. 이것은 우회전성(dextro rotatory)의 첫 글자이며, *d*-타타르산은 유기화학의 입체 배치 기호로는 L에 해당한다.

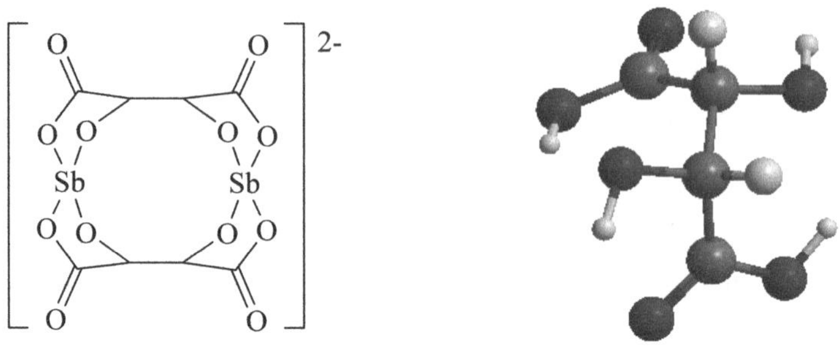

그림 3.45 $[Sb_2(C_4H_2O_6)_2]^{2-}$ 및 타타르산의 구조

음이온성 착이온에 대해서는 strychinine, brucine 및 cinchonine 등의 광학 활성인 알칼로이드가 사용된다. 근래에 와서는 분할제에 착이온을 사용하는 경우도 많아졌다.

$(-)_{546}$ 또는 $(+)_{546}[Co(edta)]^-$, $(-)_{589}$ 또는 $(+)_{589}[Co(C_2O_4)_2(en)]^-$, $(-)_{589}$ 또는 $(+)_{589}[Co(C_2O_4)(en)_2]^+$ 등이 사용되고 있다.

그 밖에 광학 분할법으로 크로마토그래피법(chromatography)이 흔히 사용된다. 고분자 물질인 Shephadex C-25라는 이온 교환 수지를 유리관에 넣고 분할하고자 하는 착물의 수용액을 흡착시킨다. 이것을 광학 활성인 산, 예를 들면 타타르산 소듐으로 용리시키면 우회전성과 좌회전성의 착물로 나누어져 내려온다. 이 방법은 부분입체이성질체의 용해도 차이에 의해서 분리가 어려운 착물의 분할이 용이하기 때문에 주로 양이온 착물의 분할에 응용되고 있다.

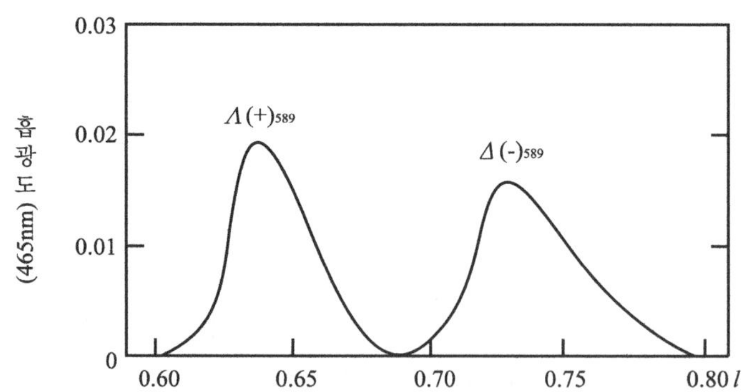

그림 3.45 칼럼에 의한 광학 분할

Na형 SE-Shephadex(C-25), 지름 1.1 cm, 길이 120 cm의 칼럼을 사용, 용리액 0.15 M (+)타타르산 소듐, 앞 $(+)_{589}$, 뒤 $(-)_{589}$가 유출된다. 유출속도 0.3~0.5 ml/min. 465 nm(cell 1 cm)의 흡광도를 세로축에, 용리 액의 부피(L)를 가로축에 나타낸다.

광학 이성질체의 절대배치

$[Co(en)_3]^{3+}$이 광학 활성 물질이라는 것은 일찍이 알려져 있었지만, 이 착물의 절대 배열은 1956년에 X선 결정 구조 해석에 의해서 밝혀졌다. $[Co(en)_3]^{3+}$ 착물의 절대 배열은 Na D선, 589 nm 단색광에서 $(-)_{589}$의 광회전성을 나타내는 Δ(대문자 delta)형과 $(+)_{589}$을 나타내는 것을 Λ(대문자 lamda)형을 그림 3.46에 나타내었다.

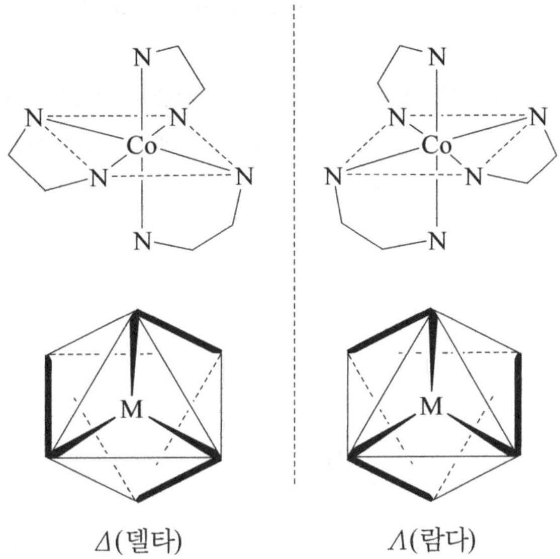

그림 3.46 $[Co(en)_3]^{3+}$ 착이온의 절대 배열.

이것이 착물의 절대 배열을 결정한 최초의 예이지만, 이 이후 현재까지 수백 종의 절대 배열이 알려져 있다. $[M(AA)_3]$형, *cis*-$[M(AA)_2b_2]$형 이외에 여러 자리 리간드를 포함하는 착물에서도 이 두 가지 구조와 관계되는 것은 절대 배열의 기호를 붙일 수가 있다.

이제 리간드의 구조에 따른 착물의 절대 배열에 대해서 알아보자.

지금까지 설명에서는, 예를 들면 $[Co(en)_3]^{3+}$의 en이 가지는 킬레이트 고리의 구조는 평면인 것처럼 취급되어 왔다. 그러나 에틸렌다이아민이 금속에 배위되면 서로 거울상인 두 종류의 킬레이트 고리가 생긴다. 이들은 착물의 절대 배열(absolute configuration)과 같은 정의에 의해서 δ, λ 형태라고 한다[6].

6) en의 N,N을 연결하는 방향에서 보아 C-C선이 오른쪽으로 내려오면 δ 형이며, 왼쪽으로 내려오면 λ 형이다.

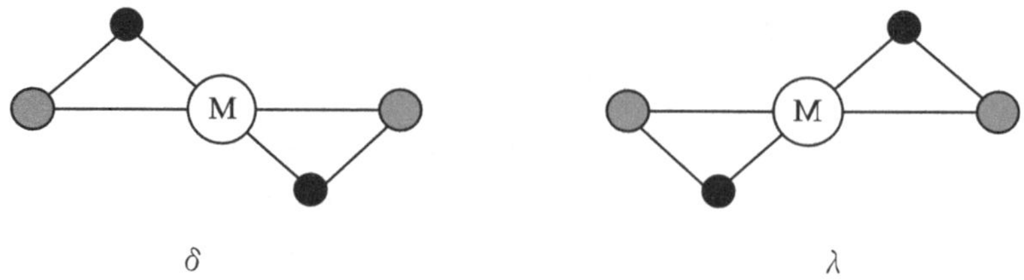

그림 3.47 에틸렌다이아민의 δ 와 λ 형태를 갖는 킬레이트 고리.

이들 리간드가 금속에 배위된 착물의 예를 들어 절대 배열을 알아보자.

- $[Co(en)_3]^{3+}$ 착이온 X선으로 절대 배열이 결정된 거울상 중 $(+)_{589}$ 이온의 구조는 그림 3.48(a)와 같으며, 3개의 킬레이트 고리의 형태는 각각 δ 이며 전체 배열은 Λ로서 명명법에 의한 바른 표현은 $\Lambda(+)_{589}[Co(en)_3\ \delta\delta\delta]^{3+}$, 즉 $\Lambda\delta\delta\delta$이 된다.

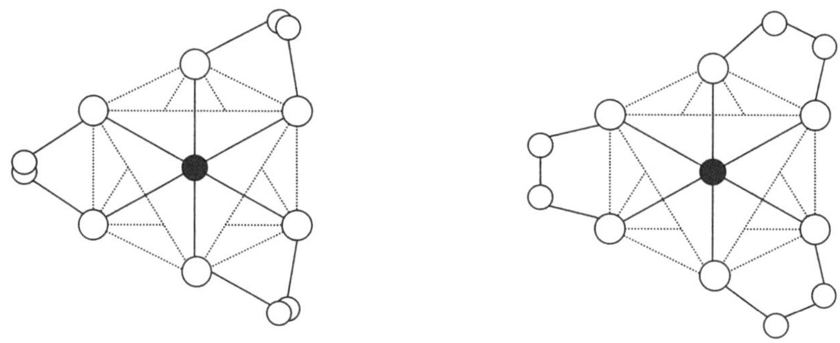

(a) *lel*형　　(b) *ob*형

그림 3.48 (a)는 $\Lambda(+)_{589}[Co(en)_3\ \delta\delta\delta]^{3+}$ 의 구조
(b)는 $\Lambda(\lambda\lambda\lambda)$, 즉 Λ(*ob*, *ob*, *ob*)에 해당된다.

이 그림 3.48(a)를 보면, en의 C-C축이 착물의 3회 회전축(C_3)에 거의 나란하다. 이와 반대로 절대 배열 Λ형으로 en에 λ 의 형태를 가지게 되면 그림 3.48(b)와 같이 C-C축이 3회 회전축에 대해서 어긋나게 된다. 그것으로부터 Bailar 등은 전자를 *lel*형(parallel, 나란한), 후자를 *ob*형(oblique, 벗어난)으로 부르기로 제안했다. 즉, $\Lambda(\delta\delta\delta)$는 Λ(*lel*, *lel*, *lel*)로 $\Lambda(\lambda\lambda\lambda)$는 Λ(*ob*, *ob*, *ob*)가 된다. Bailer 등의 계산에 의하면 lel형이 ob형보다 en 1개당 2.5kJ 만큼 에너지 적으로 안정하다. $(-)_{589}[Co(en)_3]^{3+}$는 $\Delta(\lambda\lambda\lambda)$로 나타내며, 배열과 형태가 그림 3.38(a)의 완전한 거울상이다.

en의 배치(conformation)에서 *lel*와 *ob*형은 에너지 차이가 적기 때문에 용액 중에서 쉽게 구조가 바뀐다. 따라서, 수용액 중에서는 $[Co(en)_3]^{3+}$의 *lel*, *lel*, *ob*형이 *lel*, *lel*, *lel* 형보다 더 많고, *ob*, *ob*, *ob* 형은 조금밖에 존재하지 않는 것을 NMR 연구로부터 추정되었다.

• **광학 활성인 리간드** 1,2-프로페인다이아민(propylenediamine, pn)과 같이 리간드 자체에 카이랄 탄소 원자를 가진 광학 활성 리간드가 금속에 배위된 착물은 이성질현상이 리간드의 형태 이성질체가 추가되어 더 복잡해진다. 예를 들면, $R(-)_{589}$-pn과 $S(+)_{589}$-pn*과의 같은 양의 혼합물인 라세미체의 pn이 배위한 $[Co\{\pm pn\}_3]^{3+}$에서는 (1) 착이온의 절대 배열 Δ, Λ, (2) 킬레이트 고리의 형태 δ 와 λ , (3) pn의 메틸기의 위치에 의한 *fac*와 *mer* 이성질체라는 세 가지 원인으로 표 3.2에서 보여 주는 것과 같이 24종의 이성질체가 이론적으로 가능하게 된다.

표 3.2 $[Co\{\pm pn\}_3]^{3+}$의 이성질체

킬레이트 고리의 형태	절대 배열	메틸의 위치	이성질체의 수
lel, *lel*, *lel*	$\Lambda(\delta\delta\delta)$	*fac*, *mer*	2
	$\Delta(\lambda\lambda\lambda)$	*fac*, *mer*	2
lel, *lel*, *ob*	$\Lambda(\delta\delta\lambda)$	*fac*, *mer*(세 종류)	4
	$\Delta(\lambda\lambda\delta)$	*fac*, *mer*(세 종류)	4
lel, *lel*, *ob*	$\Lambda(\delta\lambda\lambda)$	*fac*, *mer*(세 종류)	4
	$\Delta(\lambda\delta\delta)$	*fac*, *mer*(세 종류)	4
ob, *ob*, *ob*	$\Lambda(\lambda\lambda\lambda)$	*fac*, *mer*	2
	$\Delta(\delta\delta\delta)$	*fac*, *mer*	2
			24

라세미체가 아닌, 프로필렌다이아민을 광학 분할을 해서 얻은 좌회전성의 R-pn으로 코발트 착물을 합성하며, 안정한$(-)_{589}[Co(R\text{-}pn)_3]^{3+}$이 생긴다. 이 착이온의 구조는 그림 3.49(a)에 나타낸 바와 같이 메틸기의 위치는 facial이고, 또한 5원 킬레이트 고리(*lel*형)에 대해서 equatorial로 되고 있다. 즉, 기호로 표시하면 *fac*-$\Delta(\lambda\lambda\lambda)$, 또는 *fac*-$\Delta(lel_3)$이다.

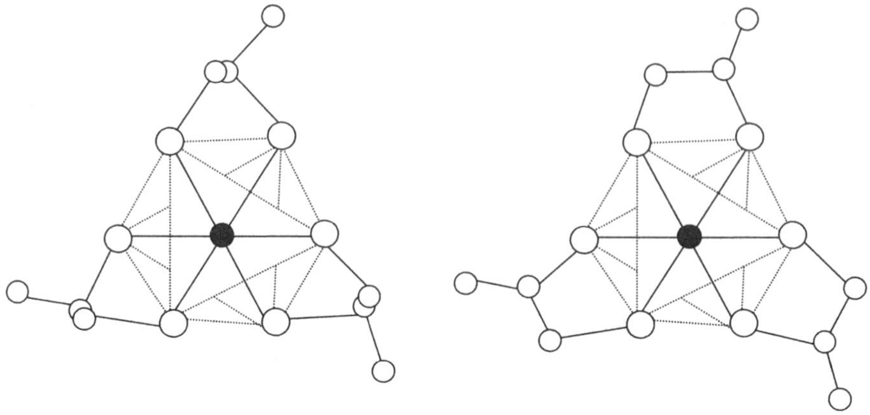

그림 3.49 (a)는 $(-)_{589}[Co(R\text{-}pn)_3]^{3+}$, *fac*-$\Delta(\delta\delta\delta)$
(b)는 $(+)_{589}[Co(R\text{-}pn)_3]^{3+}$, *fac*-$\Delta(\lambda\lambda\lambda)$의 구조.

처음에는 이것만이 생성된다고 생각하였지만, 근래에 와서는 *mer*-$\Delta(\lambda\lambda\lambda)$ 이어서 *fac*-$\Lambda(\lambda\lambda\lambda)$와 *mer*-$\Lambda(\lambda\lambda\lambda)$가 잇달아 분리되었다. 그 생성량은 Δ와 Λ의 비가 15 : 1 정도이다. 또한 Δ, Λ와 함께 *mer* : *fac*=3 : 1(통계적 생성비)이 된다. 다음에 $(+)_{589}[Co(R\text{-}pn)_3]$, 즉 *fac*-$\Delta(\lambda\lambda\lambda)$의 구조를 그림 3.49(b)에 나타내었다. 킬레이트 고리는 *ob*형으로 메틸기는 equatorial로 되어 있다. 예컨대 표 3.2의 이성질체 중에서 *lel*형의 $\Delta(\lambda\lambda\lambda)$의 *fac*와 mer, *ob*형의 $\Lambda(\lambda\lambda\lambda)$의 *fac*와 *mer*형 모두 4종류가 얻어진다. *mer*형은 무정형 또는 결정이 잘 얻어지지 않기 때문에 X-선에 의한 구조 해석은 되어 있지 않다.

4배위 착물의 이성질체

배위수 4인 착물의 구조는 정사면체와 평면사각형가 있다. 여기서 평면사각형은 표 3.3과 그림 3.50에서와 같은 이성질체가 있고, 정사면체는 기하 이성질체가 없이 한 가지 착물뿐이지만 카이랄성 구조로 되는 경우가 있다.

평면사각형 착물의 대표적인 예는 Werner가 구조를 연구한 *cis*-$[PtCl_2(NH_3)_2]$, *trans*-$[PtCl_2(NH_3)_2]$ 등이 있고, 그 밖에 백금(Ⅱ), 팔라듐(Ⅱ) 착물 등 수 많은 예가 알려져 있다.

표 3.3 4배위 착물에서 가능한 기하 이성질체의 수

착물	평면사각형	사면체
MA_2B_2	2	1
MA_2BC	2	1
MABCD	3	1(카이랄)
M(AB)CD	2	1(카이랄)
$M(AB)_2$	2	1(카이랄)

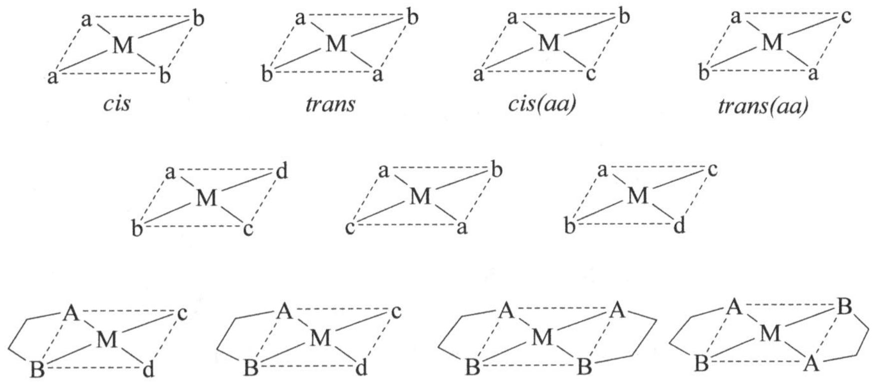

그림 3.50 평면사각형 착물에서 가능한 기하 이성질체의 구조

또한, 4개 리간드가 모두 다른 [Mabcd]에서는 세 종류 이성질체가 모두 알려져 있는 착물로써 백금(Ⅱ)의 착물은 $[PtBrCl(NH_3)py]$, $[Pt(NO_2)(NH_3)(NH_2OH)(py)]Cl$이 알려져 있다.

사각평면형의 $M(AA)b_2$형의 착물로써 두 자리 리간드 AA가 트랜스 위치에 배위된 착물, *trans*-$[PtCl_2\{(t\text{-}Bu)_2P(CH_2)_{12}P(t\text{-}Bu)_2\}]$이 합성되어 구조도 규명되었다. 이 경우의 Pt^{II}을 포함한 킬레이트 고리는 15원 고리이다(F. C. March 등, 1975년).

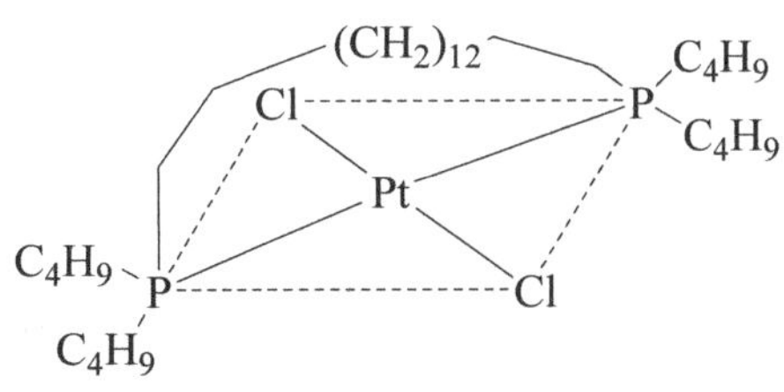

그림 3.51 킬레이트 고리의 트랜스 배향($R_2P-(CH_2)_{12}-PR_2$)

구조 이성질현상

배위 화합물에서 구조 이성질체들은 보통 서로 다른 물리적·화학적 성질을 갖는다. 따라서, 평형 상태에서는 모든 가능한 이성질체 중에서 분리가 가능하다.

- **결합 이성질현상** 결합 이성질현상은 구조 이성질현상 중에서 가장 널리 연구되었다. 금속의 같은 자리에 리간드가 결합할 때, 적어도 두 개의 다른 주개 원자를 가진 리간드, 두 자리성(ambidentate) 리간드를 가진 착물에서 일어난다. 이러한 두 자리성 리간드는 그림 3.52에서 나타내었다.

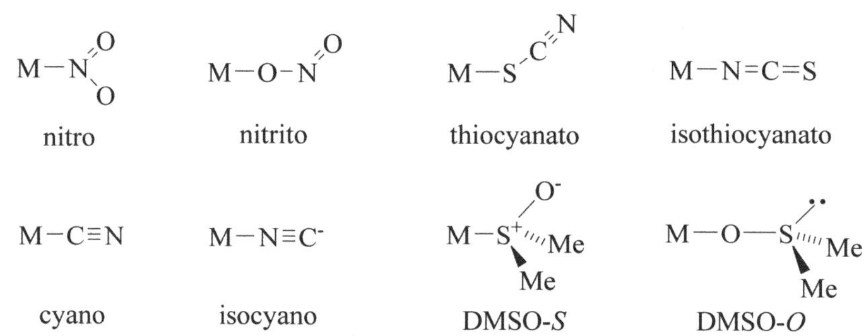

그림 3.52 몇 가지 두 자리성 리간드의 결합 형태

1894년 Jϕrgensen은 $Co(NO_2)(NH_3)_5Cl_2$에 해당하는 황색과 적색의 두 착물을 합성하였다. 그 뒤에 이 두 착물은 이성질체로서, 황색은 질소(N)가 배위된 착물이고, 적색의 착물은 산소(O) 배위가 배위된 착물, $[Co(ONO)(NH_3)_5]Cl_2$임이 밝혀졌다.

결합 이성질체가 만들어지는 리간드로는 CN^-(C 또는 N), NCS^-(N 또는 S) 등 이 외에도 많은 예가 알려져 있다. 특히 $[Pd(CH_2COOH)(acac)\{P(C_6H_5)_3\}]$와 $[Pd(OCOCH_3)(acac)\{P(C_6H_5)_3\}]$와 같이 아세트산이 C 또는 O로 배위한 새로운 형의 결합 이성질체도 발견되었다.

- **이온화 및 수화 이성질현상** 이온화 및 수화 이성질현상은 리간드와 반대 이온 간의 리간드 교환에 의한 이성질현상이다.

$$[ML_n]X_y \rightleftharpoons [ML_{n-x}X_x]L_xX_{y-x}$$

이온화 이성질체는 비활성 금속 이온의 착물에서 열역학적보다 속도론적 조절에 의해서 합성할 수 있다. 이들은 금속 이온에 배위 형태가 다르기 때문에 색깔 변화를 가져온다. 이온화 이성질체의 예는 녹색의 *trans*-$[CoCl(NO_2)(en)_2]Cl$와 오랜지색의 *trans*-$[CoCl_2(en)_2]NO_2$, 청색의 *trans*-$[CoCl(NCS)(en)_2]Cl$과 짙은 붉은색의 *trans*-$[Co(NCS)_2(en)_2]Cl$ 전체 착물의 조성은 같지만 용액 중에서 착이온의 조성이 다른 것을 이온화 이성질체라고 한다.

리간드 교환이 일어날 때, 물(H_2O)을 포함하는 경우를 수화 이성질현상(hydrate isomerism)이라 한다. 그 예는 실험식이 $CrCl_3 \cdot 6H_2O$인 크로뮴(Ⅲ) 착물이다. CrO_3를 진한 HCl로 환원시키면 주생성물인 짙은 녹색의 *trans*-$[CrCl_2(H_2O)_4]Cl \cdot 2H_2O$, 실온에서 24시간 동안 수화시키면 옅은 녹색의 $[CrCl(H_2O)_5]Cl_2 \cdot H_2O$가 얻어진다. CrO_3를 HNO_3 또는 $HClO_4$ 존재 하에서 H_2O_2로 환원시키면 $[Cr(H_2O)_6]^{3+}$가 얻어지고 여기에 HCl 기체를 가하면 $[Cr(H_2O)_6]Cl_3$가 침전된다. 이들은 모두 수화 이성질체이다.

배위 이성질현상 배위 이성질현상은 적어도 2개 금속 이온을 포함하는 착물에서 리간드가 서로 교환되는 구조 이성질현상이다.

$$[M_1(L_1)_n][M_2(L_2)_m] \rightleftharpoons [M_1(L_2)_m][M_2(L_1)_n]$$

다른 이성질현상에 비해서 상대적으로 알려진 예는 적으며, 대표적인 예는 $[Cr(NH_3)_6][Co(CN)_6]/[Co(NH_3)_6][Cr(CN)_6]$ 그리고 $[Cr(en)_2ox)][Cr(ox)_2en)]/[Cr(en)_3][Cr(ox)_3]$($ox=C_2O_4^{2-}$) 등이 있다.

제4장

착물의 전자구조와 결합이론

착물은 다양한 기하구조와 성질을 가지고 있다. 이러한 착물의 다양한 성질을 이해하기 위해서 착물의 전자구조 특히 중심금속과 리간드 사이의 배위결합에 대해서 알아야 한다. 이 장에서는 이들의 전자상태를 나타내는 원자 오비탈을 간단히 소개하고, 자유 원자나 이온의 각운동량과 그의 결합에 대하여 설명한다. 또한, 중심금속의 전자상태에서 중요한 d^n 이온의 스펙트럼항과 전자 스펙트럼에 대해서도 알아본다.

1 원자의 전자구조

Cu^{II} 착물은 대개 엷은 푸른색이고, 염화 코발트(Ⅱ) 수용액, $[Co(H_2O)_6]^{2+}$은 핑크색이다. Co^{III} 착물, $[CoCl_2(en)_2]Cl$에서 *trans*형은 초록색이지만 *cis*형은 보라색을 띤다. Fe^{II} 착물, $K_4[Fe(CN)_6] \cdot 3H_2O$는 엷은 노란색이지만, Fe^{III} 착물인 $K_3[Fe(CN)_6]$은 붉은색이다. 이러한 예에서 알 수 있듯이 착물의 성질은 전이금속의 전자상태와 밀접한 관련이 있다.

중심금속의 전자상태나 그의 배위결합을 이해하려면 먼저 원자나 이온의 전자구조에 대한 기초 지식을 알아야 한다. 이 절에서 원자의 전자구조에 대해서 다루었다.

원자 오비탈

수소원자는 Schrödinger 파동방정식으로 해결할 수 있는 유일한 원자이다. 파동방정식을 풀면, 주양자수(principal quantum number)로 정해지는 수소원자의 에너지 준위와 원자 오비탈(atomic orbital)이라고 하는 일련의 파동함수가 얻어진다.

착물에서 중심금속과 다전자 원자인 배위 원자의 전자구조는 이들의 파동 함수를 적용하여 설명한다.

- **양자수(Quantum Number)** 원자 오비탈 $\psi_{nlm}(r,\theta,\phi)$는 변수 분리가 가능하여 지름 파동함수(radical wave function), $R_{nl}(r)$과 각 파동함수(angular wave function), $Y_{lm}(\theta,\phi)$의 곱으로 나타낼 수 있다.

$$\psi_{nlm}(r,\theta,\phi) = R_{nl}(r)\, Y_{lm}(\theta,\phi) \tag{4.1}$$

여기서 l은 방위 양자수(azimuthal quantum number)고, m은 자기 양자수(magnetic quantum number)이다. 앞으로 파동함수의 좌표는 생략하고 간단히 lm, R_{nl}, Y_{lm}로만 나타낸다.

3개의 양자수 n, l, m은 다음과 같이 정의된다.

$$n = 1, 2, 3, 4, 5, \cdots \tag{4.2}$$

$$l = 0, 1, 2, \cdots, (n-1) \tag{4.3}$$

$$m = 0, \pm 1, \pm 2, \cdots, \pm l \tag{4.4}$$

이들의 관계로부터 $n=1$일 때 가능한 양자수의 짝 (n, l, m)은 (1, 0, 0)이고, $n=2$에서는 4개의 짝 (2, 0, 0), (2, 1, 0), (2, 1, +1), (2, 1, -1)이 되며, $n=3$에서는 모두 9개의 짝이 가능하다는 것을 알 수 있다.

l이 0, 1, 2, 3인 궤도함수을 각각 s, p, d, f[1] 궤도함수이라 한다. 주양자수 n이 1인 궤도함수는 s 궤도함수뿐이며, 이것을 $1s$ 궤도함수라 한다. n이 2인 궤도함수에서는 $2s$와 $2p$가 있고 n이 3에서는 s, p 및 d 궤도함수가 있다. 더욱이 n이 4가 되면 여기에 f 궤도함수가 첨가된다.

● **지름 파동함수** 거리 r만의 함수인 지름 파동함수 R_{nl}는 원점을 중심으로 해서 넓게 퍼져 있는 구형대칭의 함수이다. 거리에 따른 지름 파동함수, R_{nl} (n=1, 2, 3)은 그림 4.1에 나타내었다.

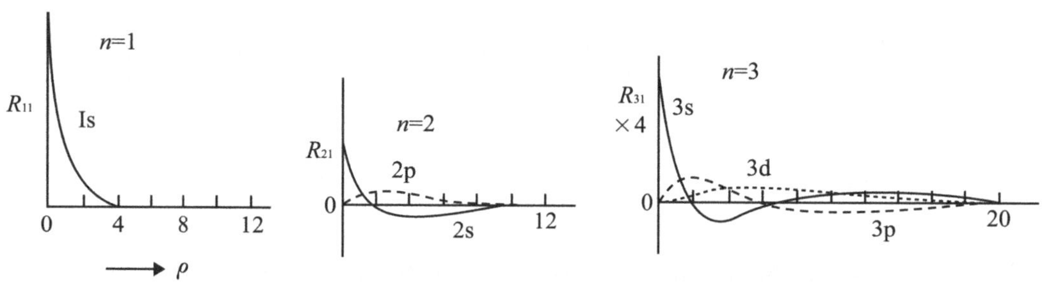

그림 4.1 $n=1, 2, 3$의 지름 파동함수 R_{nl} $\rho = r/a_0$.
가로축은 Bohr 반지름인 a_0단위를 나타내고, $n=3$의 세로축은 4배로 확대한 것이다.

그림 4.1에서 s 전자의 지름함수만은 원점에서 영(0)이 되지 않는다는 것을 알 수 있다. 역시 s 전자의 확률 밀도함수 R_{nl}^2는 $r=0$에서 영이 아닌 유한 값을 가지고 있다. 이것은 원자핵과 전자의 상호작용을 다룰 때 아주 중요한 관계가 된다.

---

1) 각 궤도함수의 명칭은 스펙트럼의 특성으로부터 s는 sharp, p는 principal, d는 diffuse, f는 fundamental에서 비롯되어 사용하였다.

반지름 r인 공이 두께 dr인 껍질로 구성되어 있다고 하자. 그 곳에서 전자를 발견할 수 있는 확률은 지름 부분만을 생각하면 식 4.5와 같이 나타낼 수 있다.

$$r^2 R_{nl}^2 dr \tag{4.5}$$

여기서 $r^2 R_{nl}^2$는 그림 4.2에서 나타낸 지름 분포함수이다. 이 함수는 원점에서부터 r만큼 떨어진 곳에서 전자를 발견할 수 있는 확률을 뜻한다.
그림 4.2를 보면, $3p$와 $3d$ 궤도함수의 확률 밀도가 $3s$의 안쪽으로 침투되어 있음을 알 수 있다. 원자핵 근처에서 $3s$전자를 발견할 수 있는 확률은 $3p$나 $3d$ 궤도함수에 전자가 있으면 이들로부터 차폐(shielding)되어 적어짐을 알 수 있다[2].

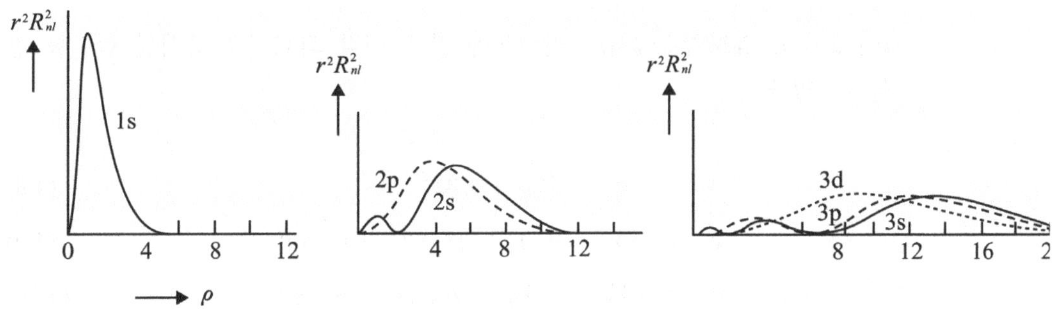

그림 4.2 $n = 1, 2, 3$의 지름 파동 함수 $r^2 R_{nl}^2$, 가로축은 Bohr 반지름 단위이다.

- **각 파동 함수** 각 파동 함수 Y_{lm}은 구면 조화함수(spherical harmonics)라고도 하며, 궤도함수가 공간에서 펴져 있는 모양을 결정하는 함수이다. s 궤도함수 Y_{00}는 각도에 무관한 상수로서 ns 궤도함수 $R_{n0}Y_{00}$은 구형 대칭이다. p 궤도함수 Y_{2m}은 Y_{00}와는 달리 일정한 방향성을 가지는 함수이다.

- **궤도함수의 모양** 극좌표로 표현된 l이 1 이상의 구면 조화함수 Y_{lm}은 어떤 모양인지 쉽게 알 수 없다. 여기서 m의 부호가 다른 2개 함수를 선형결합시키면 쉽게 모양을 알 수 있는 편리한 함수가 된다. p 혹은 d 궤도함수는 일

2) 이 예측이 옳다는 것은 뒤에 Mössbauer 스펙트럼에 의해 밝히게 된다.

반적으로 이렇게 해서 만든 함수를 써서 나타내었다.
l이 1인 p 궤도함수에 대해서 알아보자.
$m=0$인 Y_{10}, 즉 p_z 궤도함수는 $N\cos\theta$형 함수이다. 여기서 N은 상수이다. 직각 좌표 z를 극좌표로 나타내면 $r\cos\theta$가 되므로, Y_{10}의 각 파동함수는 $\cos\theta$가 된다. p_x, p_y는 다음과 같은 선형결합으로 이루어져 있다.

$$p_x = (Y_{1+1} + Y_{1-1})/\sqrt{2} \rightarrow \sin\theta\cos\phi \rightarrow x \quad (4.6)$$

$$p_y = (Y_{1+1} - Y_{1-1})/\sqrt{2}\,i \rightarrow \sin\theta\cos\phi \rightarrow y \quad (4.7)$$

p_x, p_y, p_z는 함수의 최대 값이 각각 x, y, z축 방향에 있다. 그림 4.3에서 좌표 x, y, z에서는 음, 양의 부호가 있듯이, p_x, p_y, p_z도 같은 부호(명암으로 표현)를 가지고 있다. p_x, p_y, p_z 각각 제곱의 합은 Y_{10}, Y_{1+1}, Y_{1-1}의 각각의 제곱의 합이 정수로 되는 것과 같이 정수이다.
l이 2인 d 궤도함수에서도 앞에서와 같은 직각 좌표계로 표시된 함수를 만들 수 있다.

$$d_{z^2} = Y_{20} \rightarrow 3z^2 - 1 \quad (4.8)$$

$$d_{xz} = (Y_{2+1} + Y_{2-1})/\sqrt{2} \rightarrow xz \quad (4.9)$$

$$d_{yz} = (Y_{2+1} - Y_{2-1})/\sqrt{2i} \rightarrow yz \quad (4.10)$$

$$d_{x^2-y^2} = (Y_{2+2} + Y_{2-2})/\sqrt{2} \rightarrow x^2 - y^2 \quad (4.11)$$

$$d_{xy} = (Y_{2+2} - Y_{2-2})/\sqrt{2i} \rightarrow xy \quad (4.12)$$

이들 함수에서 각도의 의존성은 함수의 부호를 음영으로 표현된 그림 4.3에서 나타내었다. d 궤도함수는 p 궤도함수와 달리 원점에서 대칭중심을 가지고 있다.

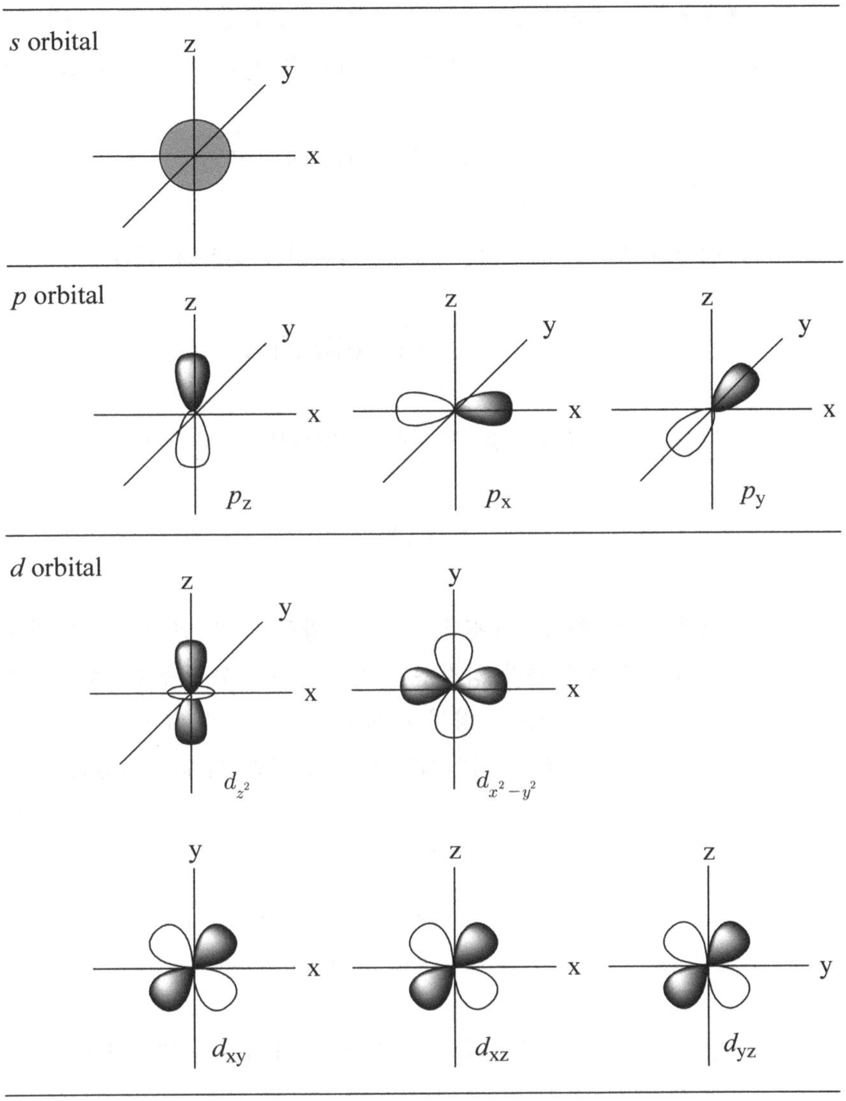

그림 4.3 s, p, d 궤도함수의 각도 의존성

전자의 각운동량

원자에는 양자수 n, l, m으로 정하는 원자 오비탈이 있다. 전자는 이 궤도함수에 따라서 궤도 운동을 하고 있다고 볼 수 있다. 운동이 같은 방향이 아니면 전자가 각운동량(angular momentum)을 가진다. 이것을 전자의 궤도함수 각운동량(orbital angular momentum)이라 한다. 또한 전자는 그 자체의 각운동량을 가지고 있다. 이것을 전자의 스핀 각운동량(spin angular momentum)이라 한다.

• **궤도함수 각운동량** 원자의 궤도 각운동량을 l이라고 하면 구면 조화함수 Y_{lm}은 l^2의 고유함수로서 $l(l+1)\hbar$을 갖는다. $\hbar$는 $h/2\pi$이다.

$$l^2\ Y_{lm} = l(l+1)\hbar^2 Y_{lm} \tag{4.13}$$

여기서 궤도함수 각운동량의 크기 $|l|$은 다음과 같다.

$$|l\ | = \sqrt{l(l+1)}\,\hbar \tag{4.14}$$

l 성분의 하나인 l_z를 Y_{lm}에 적용시키면 고유값 $m\hbar$가 얻어진다.

$$l_m Y_{lm} = m\hbar\, Y_{lm} \tag{4.15}$$

이와 같이 양자역학에서는 각운동량을 $\hbar$의 단위로 나타낸다. 수소 원자의 방위 양자수와 자기 양자수는 각각 궤도함수 운동량 벡터의 절대값을 정하는 수와 궤도함수 각운동량의 z 성분의 크기를 나타내는 수이다.
l 성분 l_x, l_y, l_z의 사이에는 다음의 교환 관계가 성립한다.

$$\begin{aligned} l_x l_y - l_y l_x &= i\hbar l_z \\ l_y l_z - l_z l_y &= i\hbar l_x \\ l_z l_x - l_x l_z &= i\hbar l_y \end{aligned} \tag{4.16}$$

양자역학에서는 벡터의 각 성분이 이와 같은 교환 관계를 만족하는 것을 각운동량으로 정의한다.

• **전자 스핀 각운동량** 전자 스핀 S는 그 성분이 식 4.16의 교환 관계를 만족하는 각운동량이다. 전자의 스핀 양자수는 1/2이기 때문에 벡터 S의 크기, $|S|$와 S_z의 고유값은 다음과 같이 된다. 여기서 전자의 스핀 양자수 m_s는 ±1/2이다.

$$|S\ | = (\sqrt{3}/2)\hbar \tag{4.17}$$

$$S_z = m_s\hbar \tag{4.18}$$

각운동량의 짝지음

2개 이상의 전자를 가진 원자나 이온에서는 개개 전자 각운동량의 짝지음이 일어난 다전자계로써의 각운동량의 의미를 가진다. 각운동량은 벡터 량이므로, 여기서 짝지음(coupling)이라는 말은 벡터의 결합을 의미한다.

- **궤도함수 각운동량의 짝지음과 스펙트라항** 각각의 전자 궤도함수 각운동량을 l_i로 나타내면, 다전자계의 전체 궤도함수 각운동량 $\boldsymbol{L}$은 l_i 벡터의 합이 된다.

$$\boldsymbol{L} = \sum_i l_i \tag{4.19}$$

전체 궤도함수 각운동량 양자수를 L이라 하면 L^2의 고유값은

$$L^2 = L(L+1)\hbar^2 \tag{4.20}$$

이 된다. 이것으로부터 벡터 L의 크기 $\sqrt{L(L+1)}\hbar$가 얻어진다.
전하를 가진 전자가 궤도 운동을 하면 자기 모멘트가 생긴다. 이것을 전자의 궤도함수 자기 모멘트라고 한다. 다전자계의 궤도함수 자기 모멘트 μ^L과 전체 궤도함수 각운동량 $\boldsymbol{L}$과의 사이에는 다음과 같은 관계가 있다.

$$\mu^L = (\mu_B/\hbar)\boldsymbol{L} \tag{4.21}$$

μ^B는 Bohr 자기 모멘트이다. 여기서 궤도함수 자기 모멘트의 크기 μ^L은

$$\mu^L = \mu_B\sqrt{L(L+1)} \tag{4.22}$$

이 된다.
L의 z성분 L_z에 대한 양자수를 M_L이라고 하면 M_L은 다음과 같은 $2L+1$ 값을 가질 수 있다.

$$L,\ L-1,\ L-2,\ \cdots,\ -L+1,\ -L$$

이것은 l에 대한 m_l (앞으로는 자기 양자수 m을 m_l로 쓴다.)의 관계와 같다.

전자가 1개인 수소 원자에서는 원자의 에너지는 주양자수만으로 결정된다. 그러나 다 전자 원자에서 원자의 에너지는 전체 궤도함수 운동량 양자수인 L값에 따라서 달라진다.

예를 들면, Li 원자에서 $L=1$인 들뜬 상태 $1s^2 2p$의 에너지는 $L=0$인 바닥 상태 $1s^2 2s$보다 1.85 eV만큼 에너지가 높다. 이것은 같은 주양자수를 가지고 있는 $2s$ 전자와 $2p$ 전자가 $1s$ 전자와 전자 간 반발 에너지가 서로 다르기 때문이다.

다전자 원자의 전자 상태는 L값에 따라 다음과 같은 문자를 사용하여 구별한다. 이것을 원자나 이온의 스펙트라항 또는 항(term)이라고 한다.

L :	0	1	2	3	4	5	…
기호	S	P	D	F	G	H	…

L의 기호는 l의 원자 오비탈과 같은 명칭을 사용하지만 대문자로 나타낸다. s 전자는 $l=0$ 이므로 몇 개의 s 전자가 있어도 $L=0$이고, 스펙트라항도 S이다.

p^2 전자배치를 가진 탄소 원자는 $l=1$인 p 전자가 두 개 있다. 그러므로 l_i 벡터의 합은 그림 4.4에 나타낸 바와 같이 세 가지가 가능하다. p^2의 전자배치에서 L은 2, 1, 0의 세 가지 상태, 즉 D, P, S항이 존재한다는 것을 알 수 있다.

d^2 전자배치를 가진 원소나 이온은 $l=2$인 d 전자가 2개 있다. 이들의 궤도함수 각운동량 벡터를 합성하면 L=4, 3, 2, 1, 0이 생긴다. 따라서, d^2 전자 배치로 된 원자나 이온의 전자상태에는 G, F, D, P, S의 5가지 항이 존재한다.

같은 주양자수를 가진 p 궤도함수에 6개 전자가 있으면 껍질이 완전히 채워진다. 이 때, p 전자의 분포는 구형 대칭이 되므로 궤도함수 각운동량이 없어져 $L=0$이 된다. d 전자가 10개 있을 때도 껍질에 전자가 완전히 채워지게 되어 $L=0$이 된다.

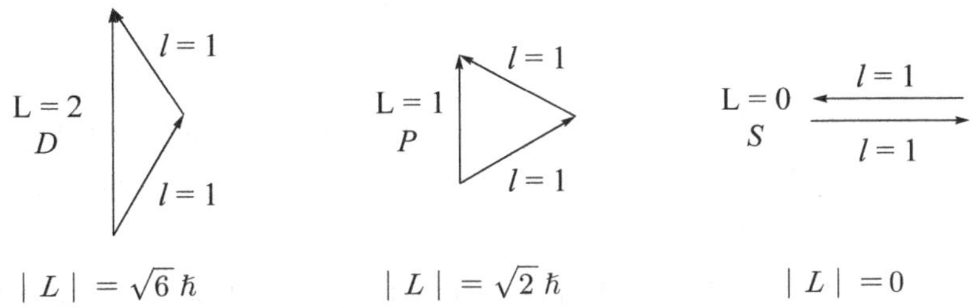

그림 4.4 2개의 p전자에서 허용되는 궤도함수 각운동량의 벡터합과 얻어진 벡터의 크기

- **스핀 각운동량의 짝지음과 스핀 다중도** 개개 전자의 스핀 각운동량을 s_i라 하고, 이들이 짝지을 수 있는 원자의 전체 스핀 각운동량과 그 양자수를 각각 S, S라 하면 다음 관계식이 얻어진다.

$$S = \sum_i S_i \tag{4.23}$$

$$|\mathrm{S}| = \sqrt{S(S+1)}\,\hbar \tag{4.24}$$

모든 전자가 쌍을 이루면 $S=0$이 된다. 따라서, 짝짓지 않은 스핀만이 S에 관계한다.

전자는 스핀 자기 모멘트를 가지고 있다. 다전자계의 스핀 자기 모멘트 μ^s는 전체 스핀 각운동량 S와 다음과 같은 관계가 있다.

$$\mu^s \ = \ 2\mu_n \hbar^{-1} S \tag{4.25}$$

따라서 스핀 자기 모멘트의 크기 μ^s는

$$\mu^s = 2\mu_B \sqrt{S(S+1)} \tag{4.26}$$

이 된다.

전자의 스핀 양자수는 1/2이므로, S는 1/2에 정수배가 된다. 전체 스핀 각운동량의 z 성분에 대한 양자수를 M_s라고 하면 M_s는 다음과 같이 $2S$+1과 같은 값을 가진다.

$$S,\ S-1,\ S-2, \cdots,\ -S+1,\ -S$$

이 결과 전체 스핀 각운동량(total spin angular momentum)이 양자수가 S 상태에서는 $2S+1$중으로 축퇴되어 있다. 이것을 스핀 다중도(spin multiplicity)라 한다.

스핀 다중도는 표 4.1에 나타낸 것처럼 읽는다. 원자나 이온의 항을 나타내는 기호가 왼쪽 어깨에 $2S+1$로 작은 숫자로 나타낸다. ^1S나 ^3P는 그 예이다. 이들의 항은 각각 단일항 S(singlet S), 삼중항 P(triplet P)라고 읽는다.

표 4.1 스핀 다중도와 그 이름

홀전자수	S	$2S+1$	읽는 법
0	0	1	단일항(singlet)
1	1/2	2	이중항(doublet)
2	1	3	삼중항(triplet)
3	3/2	4	사중항(quartet)
4	2	5	오중항(quintet)
5	5/2	6	육중항(sextet)

• **$L-S$ 짝지음** L과 S도 역시 각운동량이다. 따라서, L과 S가 결합해서 전자계의 전체 각운동량(total amgular momentum) J를 만든다.

$$J = L + S \tag{4.27}$$

전체 각운동량 양자수를 J라고 하면, J는 다음 값을 가질 수가 있다.

$$L+S,\ L+S-1,\ \cdots,\ |L-S|$$

J 의 크기는 $\sqrt{J(J+1)}\hbar$이므로 자기 모멘트 μ^J는 다음과 같다.

$$\mu^J = \mu_B\sqrt{J(J+1)} \tag{4.28}$$

여기서 g는 Lande의 g 인자이다.

J의 z 성분에 대한 양자수를 M_J라고 하면 M_J는 $-J$에서 J까지 $2J+1$개

의 값을 가진다. 즉, 전체 각운동량 양자수가 J의 상태는 $2J+1$중으로 축퇴되어 있다. 원자나 이온 중에는 개개 전자의 궤도함수 각운동량과 스핀 각운동량이 서로 따로 따로 결합해서 각각 L과 S로 되고, 더욱이 이들이 짝지음이 된다면 각운동량의 짝지음 양상을 $L-S$ 짝지음(spin-orbital coupling) 또는 Russell Saunders 짝지음이라고 한다.

제1 전이금속과 같이 원자번호가 30 이하인 원자나 이온의 각운동량은 이러한 짝지음 방법에 따른다. 보다 무거운 원자에서는 다른 짝지음 방법($J-J$ coupling)에 따르지만, 여기서는 더 이상 다루지 않는다.

$L-S$ 짝지음을 하는 원자나 이온의 에너지는 J값에도 의존한다. 예를 들면, $_6$C의 바닥상태 항인 ^3P에서는 $L=1$, $S=1$이므로 J는 2, 1, 0값을 가진다. 항을 J로 구별할 때는 $^2P_2$, $^3P_1$, $^3P_0$와 같이 J값을 항의 기호 오른쪽 아래에 쓴다. ^3P와 같이 3개 항의 에너지 준위는 그림 4.5에서와 같다.

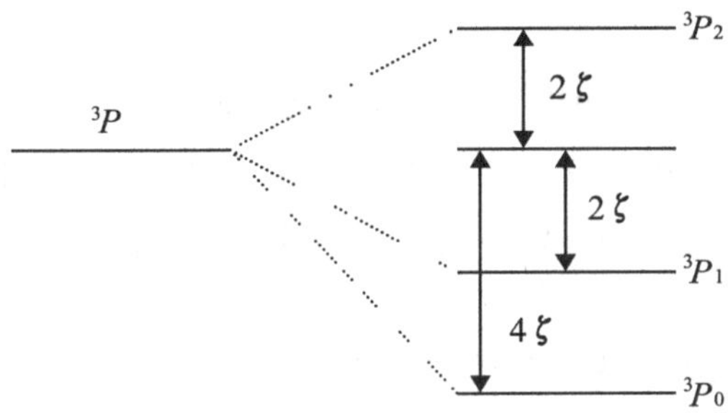

그림 4.5 ^3P 항의 L–S 짝지음에 의한 에너지 분열

에너지 분리의 크기는 이 그림에서와 같이 $L-S$ 짝지음 상수 ζ 의 단위로 나타낼 수 있다. ζ 는 $L-S$ 짝지음의 크기를 나타내는 척도이다. 크기는 일반적으로 제1전이 계열 원소에서 수백 cm^{-1} 정도이다. 작게는 Ti^{2+} 이온은 121 cm^{-1}이 되고, 큰 것은 Ni^{2+} 는 705 cm^{-1}이고, Cu^{2+}는 830 cm^{-1}이다.

이온의 전자 배치

원자 오비탈의 파동 함수 ψ_{nlm_l}은 3개의 양자수 n, l, m_l으로 구별된다. 이것은 전자의 공간 분포 상태를 나타내는 것이다.

자신이 스핀을 가지는 전자는 스핀 양자수(spin quantum number)로서 정한다. 전자의 스핀 상태를 나타내는 파동 함수는 ψ_s라 한다. ψ_s에는 $m_s=\pm 1/2$로서 구별되는 두 종류의 함수가 있다. $m_s=1/2$인 것을 α-스핀 함수,

$m_2=-1/2$인 것을 β-스핀함수라 한다. 전자의 스핀까지를 고려한 원자 내 전자상태를 나타내는 전체 파동 함수 $\psi_{nlm_lm_s}$같이 쓸 수 있다.

$$\psi_{nlm_lm_s}=\psi_{nlm_l}\psi_{m_s} \tag{4.29}$$

Pauli의 배타 원리

원자 스펙트럼 등의 실험 자료를 기초로 하여 원자 오비탈에 전자를 넣으면 주기율표에 있는 각 원자들의 전자배치가 된다.

원자의 전자배치를 나타낼 때 원자의 각 궤도함수에 전자를 채워 넣는 방법을 제한하는 원리가 있다. 이것은 다음과 같다.

> *'한 원자에 있는 전자는 4개 양자수 m, l, m_l, m_s가 모두 같은 것이 있을 수 없다.'*

이것을 Pauli의 배타 원리(exclusion principle)라 한다. 즉, n, l, m_l으로 결정된 하나의 원자 오비탈은 α -스핀과 β -스핀을 가지는 2개의 전자까지는 들어가지만, 그것보다 많은 전자를 수용할 수 없다.

이온의 전자 배치와 스펙트럼항

착물의 중심금속은 양이온이 대부분이다. 이 때문에 이온의 스펙트럼은 착물의 전자 스펙트럼을 이해하는 데 대단히 중요하다. 표 4.2에 같은 p^n, d^n 전자 배치로부터 생기는 스펙트럼을 나타내었다.

표 4.2 p^n, d^n 전자 배치로부터 가능한 스펙트럼

전자 배치	항
p^1, p^5	^2P
p^2, p^4	^3P, ^1S, ^1D
p^3	^4S, ^2P, ^2D
p^6, d^{10}	^1S
d^1, d^9	^2D
d^2, d^8	^3F, ^3P, ^1S, ^1D, ^1G
d^3, d^7	^4F, ^4P, ^1P, ^2D, ^2F, ^2G, ^2H
d^4, d^6	^5D, ^3P, ^3D, ^3F, ^3G, ^3H, ^1S, ^1D, ^1F, ^1G, ^1I
d^5	^6S, ^4P, ^4D, ^4F, ^4G, ^2S, ^2P, ^2D, ^2F, ^2G, ^2H, ^2I

p^n와 p^{6-n}는 같은 각운동량을 가지므로 같은 항을 가진다. 표 4.2의 에너지 항에서 처음에 나타낸 항은 에너지가 가장 낮은 바닥상태이다. 그러나 다른 항은 반드시 에너지의 순서로 되어 있는 것은 아니다.

p^2 전자배치에는 3가지 서로 다른 항 ^3P, ^1S, ^1D가 있다. p 궤도함수은 3개가 축퇴되어 있어 각각의 전자는 α-스핀과 β-스핀을 가질 수 있다. 따라서, 가능한 전자배치는 15가지이지만, 모두 p^2의 3가지 항에 포함된다. 2개 p 전자의 가능한 미세상태(microstate)와 해당 항을 표 4.3에서 보여 준다.

표 4.3 p^2 전자 배치에서 가능한 미세 상태와 항의 해석

m_l			$M_L=\Sigma m_l$	$M_S=\Sigma m_s$	항
1	0	−1			
$\alpha\beta$			2	0	^1D
α	α		1	1	^3P
α	β		1	0	^3P, ^1D
β	α		1	0	
β	β		1	-1	^3P
α		α	0	1	^3P
β		β	0	-1	^3P
α		β	0	0	^1D, ^3P, ^1S
β		α	0	0	
	$\alpha\beta$		0	0	
	α	α	-1	1	^3P
	α	β	-1	0	^3P, ^1D
	β	α	-1	0	
	β	β	-1	-1	^3P
		$\alpha\beta$	-2	0	^1D

d^2 배치에서도 마찬가지 2개 d 전자의 가능한 미세상태를 만들어 보면 모두 45가지가 됨을 알 수 있다. 이것들은 모두 d^2 전자배치로부터 생기는 5가지 항에 속한다.

Hund의 규칙

p^n이나 d^n 전자배치로부터 얻어진 항에서 가장 안정한 항이 어느 것인가? 이것은 Hund의 규칙(Hund's rule)이라는 경험 규칙으로부터 유도할 수 있다. 이 규칙은 각운동량이 $L-S$ 짝지음을 하고 있는 원자나 이온에 대해서 적용된다.

훈트의 규칙은 다음 세 가지로 되어 있다.

- p^2와 p^3와 같은 어떤 일정한 전자배치에서 에너지가 가장 낮은 항은 스핀 다중도 ($2S$+1)가 최대인 항이다.

  예를 들면 p^3 전자배치에서는 3가지 항 ^4S, ^2P, ^2D가 있지만 그 중에서 바닥 상태의 에너지 항은 ^4S이다.
- 같은 최대 스핀 다중도 항이 여러 개 있을 때, L값이 최대인 항이 바닥 상태의 항이다.

  예를 들면 d^2 전자배치에서는 ^3F와 ^3P가 있지만 ^3F가 바닥상태이다.
- p^2 전자배치의 $^3P_2$, $^3P_1$, $^3P_0$ 와 같이 같은 스핀 다중도와 같은 L값을 가지는 항이 여러 개 있을 때, 에너지의 순서는 J값에 의해서 결정된다.
  궤도함수의 전자수가 반 이하로 채워져 있을 때는 J값이 가장 적은 항이 제일 안정하며, 반 이상 채워질 때 J값이 가장 큰 것이 안정하다. 예로서 $^3P_0$, $^3P_1$, $^3P_2$ 중에서 바닥상태의 에너지 항은 그림 4.5에서 나타낸 바와 같이 $^3P_0$ 항이다.

이 규칙은 원자나 이온의 바닥상태 항을 예측하는데 효과적이지만, 들뜬상태의 에너지 순서는 이 규칙으로부터 예측할 수 없고 전자 스펙트럼의 실험 결과를 해석하여 결정할 수 있다.

d^2 자유 이온의 에너지 준위와 전자 간 반발 파라미터

d^2 전자배치를 가진 자유 이온의 에너지 분열양상은 그림 4.6에서 나타내었다. d 궤도함수에 여러 개의 전자가 들어가면 전자 간의 상호작용으로 인한 반발 에너지가 발생한다. 이 상호작용은 정전기적 반발력이므로 각도에 의존하는 것과 각도에 의존하지 않는 것으로 나눌 수 있다. 그림 4.6의 F_0, F_2, F_4는 이들 전자 간 반발 에너지에 일치하는 적분을 기호로 나타낸 것으로 Slater와 Condon 파라미터이다. F_0는 지름 파동함수 $R(r)$만의 적분으로 구형 대칭의 적분항이다. F_2와 F_4는 각 파동함수 $Y_{l,m}$의 적분으로 각도에 의존하는 반발 에너지를 나타낸다. d^n 배치의 각 항은 이들의 에너지로 분열한다. 따라서, d^n으로부터 일어나는 각 항 간의 에너지 차는 그림 4.6과 같이 F_2와 F_4만으로 나타내어진다.

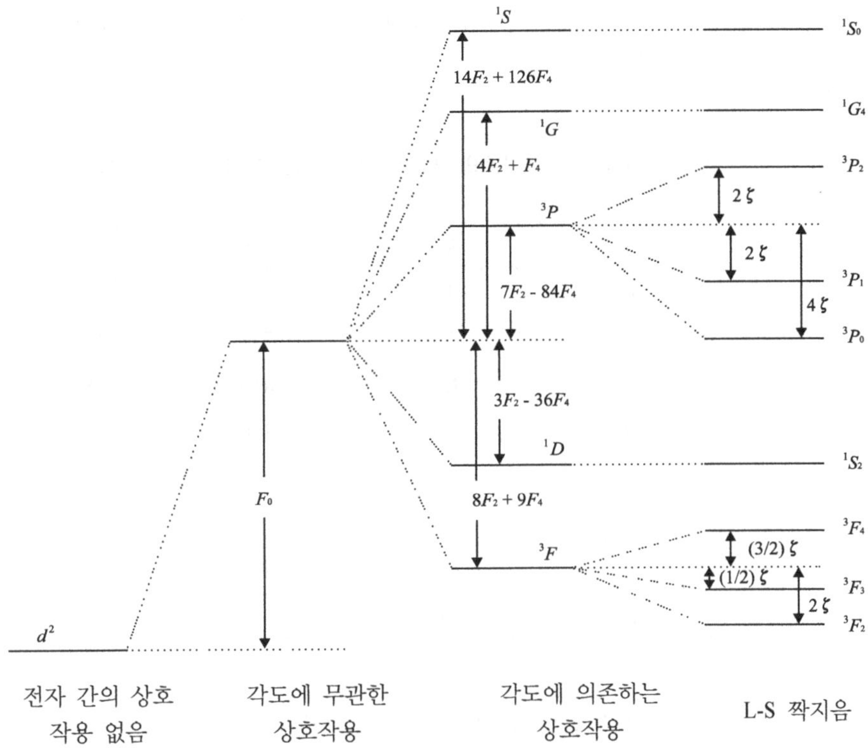

그림 4.6 d^2 **배치의 에너지 분열 양상**

Racah는 F_2와 F_4를 대신해서 다음 식으로 정의되는 파라미터 B와 C를 사용하면 실험 결과를 정리하는 데 편리함을 제안하였다.

$$B = F_2 - 5F_4 \tag{4.30}$$

$$C = 35F_4 \tag{4.31}$$

이것을 Racah 파라미터라 한다. 이것을 사용하면 바닥상태의 항과 그와 같은 스핀 다중도를 갖는 항 사이의 에너지가 B만으로 나타내어진다. 표 4.4에서 제1전이 금속 이온에서 얻을 수 있는 Racah 파라미터 B, C와 $L-S$ 짝지음 상수의 값을 나타내고 있다.

착물에서 중심금속 이온의 Racah 파라미터는 전자 스펙트럼으로 구할 수 있다. 금속 이온이 리간드와 결합하면 금속 이온의 d 전자는 밖으로 확대되는 전자 구름 퍼짐 효과(nephelauxetic effect)가 나타난다. 이와 같은 금속 이온에서는 d 전자들끼리 반발 에너지는 작게 되고, 관찰된 Racah 파라미터는 적은 값이 된다. 이 때문에 착물의 Racah 파라미터는 배위결합의 공유 결합성의 척도로 사용된다.

표 4.4 $3d^n$ 자유 이온의 Racha 파라미터 *B*, *C*와 *L*–*S* 짝지음 상수

(단위 cm^{-1})

d^n	M^{2+}	*B*	*C*	ζ
d^2	Ti^{2+}	695	2910	121
d^3	V^{2+}	755	3257	167
d^4	Cr^{2+}	810	3565	230
d^5	Mn^{2+}	860	3850	347
d^6	Fe^{2+}	917	4040	410
d^7	Co^{2+}	971	4497	533
d^8	Ni^{2+}	1030	4850	649
d^9	Cu^{2+}	1240	4710	830

전자 스펙트럼의 측정으로 얻어진 d^3인 V^{II} 이온을 가진 착물 $[V(H_2O)_6]^{2+}$의 Racah 파라미터 *B*는 703 cm^{-1}이다. 이것은 유리된 이온 V^{2+}의 755 cm^{-1}에 비해 적은 값이다. 또한 d^5의 Mn^{II} 착물인 $[Mn(H_2O)_6]^{2+}$에서 B값은 778 cm^{-1}이지만 Mn^{2+} 자유 이온의 값 860 cm^{-1}의 약 90%이다. 이와 같이 착물의 Racah 파라미터가 자유 이온에 비해 적은 값을 가지는 것은 배위결합에서 나타나는 공유 결합성 때문으로 해석된다.

$[Cr(L)_6]$형 착물에서 관찰된 Racah 파라미터는 리간드가 F, H_2O, NH_3, en, CN순으로 갈수록 적은 값을 나타낸다. $[CrF_6]^{3-}$는 Cr^{3+} 이온값의 89%이지만, $[Cr(CN)_6]^{3-}$에서는 58% 정도이다. 이 결과로부터 배위 결합의 공유 결합성은 위의 리간드순으로 증가하는 것을 알 수 있다. 리간드에서 나타나는 이러한 순서는 중심금속에 관련성이 없는 것으로 밝혀졌다. 이것을 전자 구름 퍼짐 계열(nephelauxetic series)이라 한다.

2 착물의 결합이론

착물의 특징은 원자가 결합이론, 결정장 이론(혹은 리간드장 이론), 분자 궤도함수 이론 등과 같은 근사법으로 기술된다. 이 절에서는 이들의 이론을 이해하고, 그것을 이용해서 배위결합의 본질에 대해서 알아본다.

원자가 결합이론

Pauling에 의해서 처음으로 배위화합물의 결합이론을 적용한 것이 원자가 결합이론(VBT)이다[3]. 이는 여러 가지 화합물의 혼성화 및 기하구조와 밀접한 관련이 있다. 원자가 결합의 관점에서 착물의 형성은 Lewis 염기인 리간드와 Lewis 산인 금속이온과의 반응을 리간드와 금속 간의 배위 공유결합으로 본 것이다.

먼저 간단한 분자인 HF 결합의 예를 들어 원자가 결합이론에 대해서 알아보고, 이어서 적색을 띠며, K_2PtCl_6의 결정에서 이상적인 정팔면체 구조를 가진 착이온, $[PtCl_6]^{2-}$의 배위결합에 이 이론을 적용해 보자.

- **HF 분자** 바닥상태의 H 원자는 1s 궤도함수에 1개 홀전자를 가지고 있다. F 원자는 $1s$와 $2s$ 궤도함수에 모두 2개의 전자가 들어 있고, $2p$ 궤도함수에 2개 전자쌍과 1개 홀전자를 가지고 있다(그림 4.7참조).

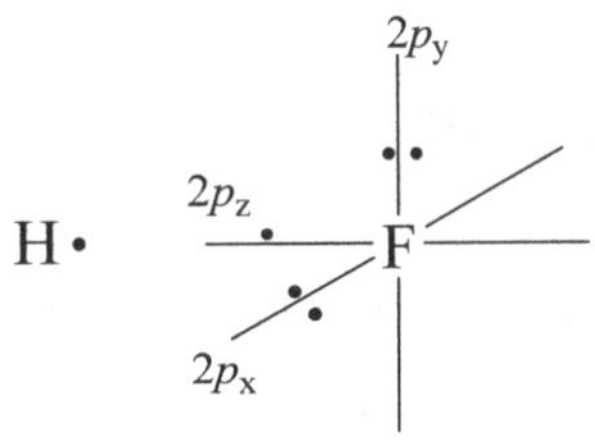

그림 4.7 H와 F원자의 최외각 전자배치

3) 1902년 G. N. Lewis는 원자들이 전자쌍의 공유에 의해서 공유결합을 형성한다는 생각을 하였다. 그러나 1927년 W. Heitler와 F. London은 공유결합에서 전자쌍이 어떻게 서로 공유되는가를 설명하였다. 공유결합에서 Heitler-London 모형은 각 원자에서 1개씩 제공된 전자쌍을 이루고, 이것이 전자쌍 결합, 즉 공유결합을 만드는 것으로, 수소분자에 대해서 양자역학적 모형을 제안하였다. L. Pauling과 J. C. Slater는 이를 수정, 일반화하여 공유결합의 방향성을 설명하였다.

두 원자가 서로 접근하면 H 원자의 $1s$ 와 F 원자의 $2p$ 궤도함수가 중첩해서 시그마 결합을 만든다. 이 시그마 결합의 파동함수는 $\phi_{H_{1s}}(1)\phi_{F_{2p}}(2)$로 나타낼 수 있다.[4] 이 때, 공유결합에서 전자는 사실 어느 핵에 속하는지 구별할 수 없으므로 전자를 교환한 파동함수 $\phi_{H_{1s}}(2)\phi_{F_{2p}}(1)$도 결합 전자쌍의 행동으로 나타난다.

따라서 HF 분자에서 공유결합의 파동함수 ψ_{cov}는 이들 두 파동함수의 선형결합으로 다음과 같이 나타낼 수 있다.

$$\psi_{cov} = \phi_{H_{1s}}(1)\phi_{F_{2p}}(2) + \phi_{H_{1s}}(2)\phi_{F_{2p}}(1) \tag{4.32}$$

HF 분자에서 결합 전자쌍은 F는 전기음성도가 가장 큰 원자이므로 F 원자에 편재되어 있다고 볼 수 있다. 이것은 HF 분자의 결합성을 고려할 때 이온성(H^+F^-)의 기여를 고려해야 한다. 극성분자에서 이온성은 다음과 같은 파동 함수로 나타낼 수 있다.

$$\psi_{ion} = \phi_{F_{2p}}(1)\phi_{F_{2p}}(2) \tag{4.33}$$

HF 분자의 시그마 결합에서 이온성의 기여를 고려한 분자의 결합 전자쌍의 전체 파동 함수 ψ는 다음과 같다.

$$\psi = \psi_{cov} + \alpha\psi_{ion} \tag{4.34}$$

이 식에서 α 는 HF 결합에서 이온성 구조 H^+F^-의 기여도를 나타내는 인자이다.

식 4.34는 HF 분자의 σ결합에서 공유결성 구조를 1로 했을 때 이온성 구조의 기여를 α^2으로 나타낸다. 따라서, HF의 이온 결합성 i는 이 α^2을 사용하여 다음과 같이 정의된다.

$$i = \frac{\alpha^2}{1+\alpha^2} \tag{4.35}$$

---

4) H 원자의 $1s$ 전자에 번호 (1)을, F 원자의 $2p_z$ 전자에 번호 (2)를 나타내었다.

• $[PtCl_6]^{2-}$의 Pt-Cl 결합 $[PtCl_6]^{2-}$는 공유결합성의 매우 안정한 착이온이다. 이것의 배위결합도 HF 분자의 σ결합과 같이 원자가 결합이론으로 설명할 수 있다. Pt 원자의 결합성 궤도함수를 $\phi_{Pt}()$ 로, Cl 원자의 $3p_\sigma$결합 궤도함수를 $\phi_{3p_\sigma}()$로 나타낸다. Pt의 결합성 궤도함수는 단순한 원자 오비탈이 아니라 여러 개의 원자 오비탈이 결합되어 만들어진 새로운 형태의 궤도함수이다.
Cl 원자는 Pt에 비해서 전자를 더 잘 끌어당기는 원자이므로 배위결합에서 $Pt^{4+}Cl^-$ 이온 구조의 기여를 도입하면 결합전자의 전체 파동함수는 다음과 같이 나타낸다.

$$\psi = [\phi_{Pt}(1)\phi_{3Cl_\sigma}(2) + \phi_{Pt}(2)\phi_{3Cl_\sigma}(1)] + \alpha\phi_{3Cl_\sigma}(1)\phi_{3Cl_\sigma}(2) \tag{4.36}$$

오른쪽 첫째 항은 Pt-Cl의 공유결합을 기술하는 파동함수이고, 다음 항은 이온구조 $Pt^{4+}Cl^-$의 기여를 나타내는 파동함수이다. 따라서, 배위결합의 이온성 i도 HF 분자와 같이 식 4.35으로 나타낼 수 있다.

혼성 궤도함수

같은 원자에 속하는 s, p, d 등의 서로 다른 원자 오비탈을 적당히 섞으면 선형이나 사면체의 꼭지점 방향으로 나온 새로운 형태의 궤도함수가 만들어진다. 이것을 혼성 궤도함수(hybrid orbital)이라 한다. 혼성 궤도함수는 단순한 p 궤도함수나 d 궤도함수에 비해서 궤도함수가 바깥으로 넓게 퍼져 있어 다른 원자의 궤도함수와 중첩되어 공유결합을 만들기가 유리하다. 또한 혼성 궤도함수의 방향성은 다소 까다롭지만 중심금속에 혼성 개념을 고려하면 여러 가지 형태를 가진 착물의 구조를 설명할 수 있을 뿐만 아니라 배위결합을 원자가 결합이론으로 설명할 수 있어 대단히 편리하다.

• *sp* 혼성 $BeCl_2$는 선형 대칭 분자이다. Be의 최외각 전자 $2s^2$의 어느 한 개가 여러 가지 높은 $2p_z$ 궤도함수로 들뜬다고 생각하여 $2s$와 $2p$ 궤도함수의 선형 결합을 만들면 sp 혼성 궤도함수 ψ_I과 ψ_{II}가 된다.

$$\psi_I = (\phi_{2s} + \phi_{2p_z})/\sqrt{2} \tag{4.37}$$

$$\psi_{II} = (\phi_{2s} - \phi_{2p_z})/\sqrt{2} \tag{4.38}$$

p 궤도함수에는 양, 음의 부호가 있으므로 s 궤도함수와 선형 결합을 만들면 p 궤도함수의 한 방향은 늘어나고 한 방향은 줄어들어 그림 4.8에서와 같은 궤도함수가 된다. 이 결과 Be 원자는 양쪽으로 튀어나온 결합성 궤도함수를 가지게 된다.

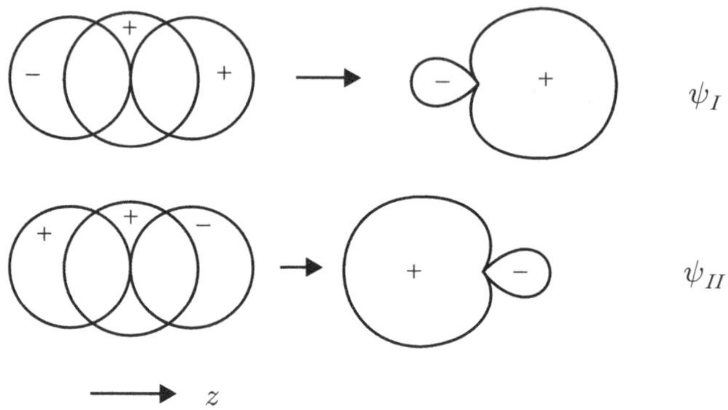

그림 4.8 sp 혼성 궤도함수의 생성

$BeCl_2$ 분자에서는 그림 4.9와 같이 Be의 sp 혼성 궤도함수와 Cl의 $3p_z$ 궤도함수가 중첩되어 Be-Cl 간에 σ공유 결합을 만들어 안정화된다. 이 안정화 에너지가 앞의 들뜨는 데 요구되는 에너지보다 높으면 안정한 분자나 착이온이 형성된다.

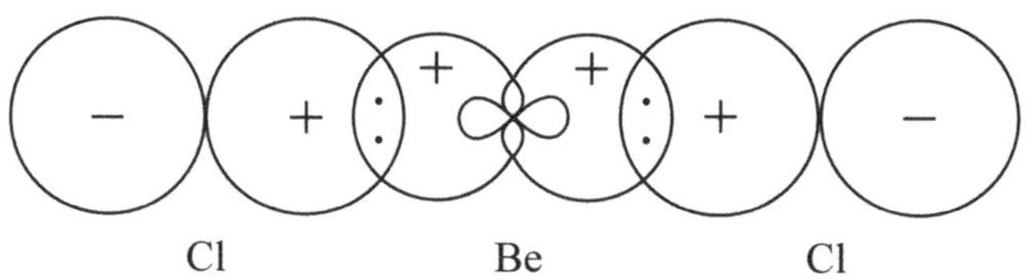

그림 4.9 $BeCl_2$ 분자의 결합

$[Ag(NH_3)_2]^{2+}$, $[Ag(CN)_2]^-$, $[Au(CN)_2]^-$ 등의 2배위 선형 착이온의 중심금속에는 결합성 궤도함수로서 sp 혼성 궤도함수가 생각된다. Ag^+, Au^+ 이온은 d^{10} 이온 이므로, 중심금속의 sp 혼성 궤도함수가 리간드의 전자쌍을 공유한다고 생각한다. 이들은 sp 혼성 궤도함수를 만들기 쉬운 금속 이온들이다.

- ***sp*^{3} 혼성** $[PCl_4]^+$는 사면체 구조를 갖는 이온이다. P원자의 원자가 전자는

$3s^2 3p^2$이므로 P^+ 이온의 전자배치는 $3s^2 3p^2$이다. $3s$에서 1개 전자가 $3p$ 궤도함수로 올라가서 1개의 $3s$와 3개 $3p$ 궤도함수가 혼합되어 4개의 같은 sp^3 혼성 궤도함수가 만들어진다.

$$\psi_I = (\psi_{3s} + \psi_{3p_x} + \psi_{3p_y} + \psi_{3p_z})/2 \tag{4.39}$$

$$\psi_{II} = (\psi_{3s} + \psi_{3p_x} - \psi_{3p_y} - \psi_{3p_z})/2 \tag{4.40}$$

$$\psi_{III} = (\psi_{3s} - \psi_{3p_x} + \psi_{3p_y} - \psi_{3p_z})/2 \tag{4.41}$$

$$\psi_{IV} = (\psi_{3s} - \psi_{3p_x} - \psi_{3p_y} + \psi_{3p_z})/2 \tag{4.42}$$

P^{5+} 이온의 이들 혼성 궤도함수에는 각각 1개의 전자가 있으므로 이들 궤도함수와 Cl 원자의 $3p$ 궤도함수 사이에 σ결합이 만들어져 전자쌍을 공유하게 되면 $[PCl_4]^+$ 이온이 된다.

P와 Cl의 전기음성도는 각각 2.1, 3.0이므로 Cl이 보다 전기음성이므로 P-Cl 결합의 공유 전자쌍은 Cl쪽에 편재되어 있다고 할 수 있다. 여기서 이온 구조 $P^{5+}Cl^-$의 기여를 고려하면 식 4.39와 같이 결합 전자에 대한 전체 파동함수를 얻을 수 있다. 이것은 P-Cl 결합을 보다 정확히 근사적으로 기술한 것이다.

- **d^2sp^3 혼성** d_{z^2}와 $d_{x^2-y^2}$의 2개 d 궤도함수와 s 궤도함수 및 3개 p 궤도함수를 혼합시키면 6개의 같은 d^2sp^3 혼성 궤도함수 $\psi_I, \cdots, \psi_{VI}$가 만들어진다.

$$\psi_I = (1\sqrt{6})\psi_s + (1+\sqrt{2})\psi_{p_z} + (1+\sqrt{3})\psi_{d_{z^2}} \tag{4.43}$$

$$\psi_{\text{II}} = (1/\sqrt{6})\psi_s - (1/\sqrt{2})\psi_{p_z} + (1/\sqrt{3})\psi_{d_{z^2}} \tag{4.44}$$

$$\psi_{III} = (1/\sqrt{6})\psi_s - (1/\sqrt{12})\psi_{d_{z^2}} - (1/2)\psi_{d_{x^2-y^2}} + (1/\sqrt{2})\psi_{p_x} \tag{4.45}$$

$$\psi_{IV} = (1/\sqrt{6})\psi_s - (1/\sqrt{12})\psi_{d_{z^2}} + (1/2)\psi_{d_{x^2-y^2}} + (1/\sqrt{2})\psi_{p_x} \tag{4.46}$$

$$\psi_V = (1/\sqrt{6})\psi_s - (1/\sqrt{12})\psi_{d_{z^2}} - (1/2)\psi_{d_{x^2-y^2}} + (1/\sqrt{2})\psi_{p_x} \tag{4.47}$$

$$\psi_{VI} = (1/\sqrt{6})\psi_s - (1/\sqrt{12})\psi_{d_{z^2}} - (1/2)\psi_{d_{x^2-y^2}} - (1/\sqrt{2})\psi_{p_x} \tag{4.48}$$

이들 궤도함수는 직각 좌표축 x, y, z에 따라서 양, 음 양쪽 방향으로 귓불이 나온 궤도함수이다.

$[PtCl_6]^{2-}$와 같이 정팔면체형 착이온의 중심금속에는 결합성 궤도함수로서 이 형태의 혼성 궤도함수를 고려할 수 있다. Pt^{4+}는 $5d^6$ 전자 배치를 가진 이온으로 2개의 $5d$ 궤도함수가 비어 있다. 이 빈 d 궤도함수가 d_{z^2}와 $d_{x^2-y^2}$이라면 Pt^{4+}는 d^2sp^3의 혼성 궤도함수를 만들 수 있다. 앞의 원자가 결합 이론의 설명에서 생각한 Pt의 결합성 궤도함수는 이 혼성 궤도함수이다.

d 궤도함수의 에너지는 일반적으로 높기 때문에 Pt^{4+} 이온과 같이 주양자수가 큰 바깥에 있는 s 궤도함수나 p 궤도함수와의 혼성이 가능하다. 그러나 SF_6 분자의 S 원자에 대해서는 sp^3d^2 혼성 궤도함수로 생각된다. S 원자의 전자배치는 $3s^23p^4$이므로 $3s$와 $3p$ 궤도함수에서 각각 1개의 전자가 $3d$ 궤도함수에 들뜨게 되어 혼합되면 $3s3p^33d^2$의 혼성 궤도함수를 만들 수 있다.

◎ 착물에서 중요한 혼성 궤도함수

앞에서 언급한 것 외에 몇 가지 다른 형태의 혼성 궤도함수을 살펴보면 착물의 구조나 배위결합을 이해할 수 있다. 표 4.5에서 착물에서 흔히 볼 수 있는 대표적인 혼성 궤도함수을 나타내었다. 이들은 착물의 중심금속의 결합성 궤도함수로서 매우 유용하다.

표 4.5 착물의 배위수와 혼성 궤도함수

배위수	혼성 궤도함수	구조	결합각	예
2	sp, dp	선형	180	BeX_2, $[Ag(NH_3)_2]^+$
3	sp^2, dp^2	정삼각형	120	BX_3
4	sp^3	정사면체	109.5	CCl_4, $[CoCl_4]^{2-}$
	dsp^2	사각평면형	90	$[Pt(NH_3)_4]^{2+}$
5	dsp^3	삼각쌍뿔형	120, 90	PF_5
		사각뿔형	90	$[Ni(CN)_5]^{3-}$
6	d^2sp^3	정팔면체	90	SF_6, $[Co(NH_3)_6]^{3+}$
7	d^3sp^3	오각쌍뿔형	72	IF_7

◎ 리간드장 이론

리간드장 이론(Ligand Field Theory)은 착물의 형성을 순수한 이온 결합의 관점에서 금속 양이온과 리간드의 음전하 간의 정전기적 상호 작용으로 본 결정장 이론(Crystal Field Theory)을 발전시킨 결합 이론이다. 리간드장 이론은 이러한 결정장 이론에 배위결합의 공유 결합성을 더 한 것으로서 배위결합의 실제에 가까운 좋은 근사 이론이다.

이 장에서는 먼저 결정장 이론을 간단히 알아보고, 리간드장 이론에 의한 배위 결합의 해석과 실험적 사실에 대한 설명에 대해서 알아보도록 한다.

- **결정장 이론** 결정장 이론(Crystal Field Theory, CFT)[5)]의 기본 개념은 착물의 형성을 음전하를 가진 리간드와 금속 양이온 간의 정전기적 인력에 의한 결합으로 본 것이다. 중성 리간드의 경우에도 부분적인 음전하가 금속을 향한다고 볼 수 있다. 순수한 정전기적 인력에 의한 이온결합 모형에 중성 리간드의 결합세기를 설명하기 위한 공유결합 개념을 첨가하여 리간드장(ligand field)이라고 하였다.
  음전하에 의해서 둘러싸인 금속 이온의 전자상태는 리간드의 정전기장에 의한 영향으로 자유 이온과는 다르게 된다. 그 때문에 착물에서 금속 이온의 전자 스펙트럼은 자유 이온의 스펙트럼과는 다르다. 이러한 차이는 리간드의 결합세기에 의존한다. 이와 같이 결정장 이론은 착물의 전자 스펙트럼을 잘 설명할 수 있다.

- **O_h 리간드장** 정팔면체의 중심에 금속이온 M^{n+}가 있고 각 꼭지점에 음전하를 가진 리간드 L^-가 있으면 O_h 결정장 모형이 된다. 좌표축 x, y, z는 그림 4.10과 같이 정한다.

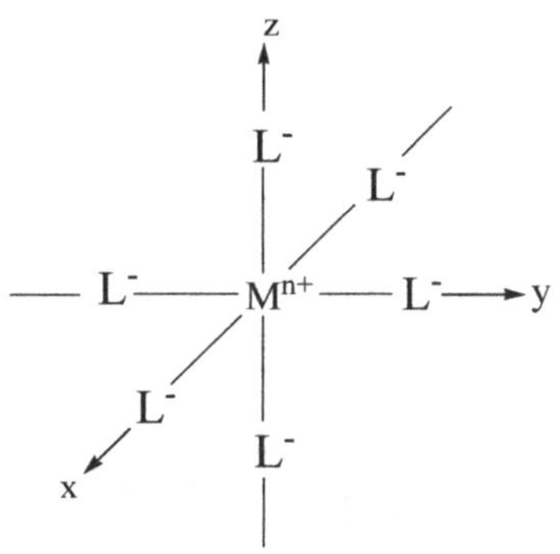

그림 4.10 $[ML_6]^{n-6}$, O_h 리간드장의 모델

5) 1929년 Bethe는 금속과 리간드의 결합을 정전기적 인력에 의한 결합, 즉 순수한 이온결합으로 가정하여 금속 이온에 있는 전자의 에너지 준위가 어떠한 순서로 되는가를 추정하였다. 1935년 Van Vleck는 Bethe 이론을 확장시켜 착물에 대한 결정장 이론을 완성시킨 동시에 그것을 사용하여 제 1 전이 금속 착물의 색깔과 자기적 성질을 잘 설명하였다.

M^{3+} 이온의 5개 d 궤도함수 중에서 d_{z^2}, $d_{x^2-y^2}$ 궤도함수는 각 음전하를 가진 리간드를 향해서 귓불이 나와 있다. 따라서, 이들 궤도함수는 전자 간에 일어나는 반발 에너지가 크게 되어 에너지가 높아진다. 이 2개 궤도함수는 에너지가 축퇴되어 있어 궤도함수의 대칭성으로부터 e_g 궤도함수라고 한다.

나머지 3개의 d 궤도함수, d_{xy}, d_{xz}, d_{yz}는 리간드 L^-의 방향에 있지 않고 인접하는 리간드들의 중간, 예컨대 팔면체의 C_2축 방향으로 귓불이 나와 있다. 따라서, 이들은 e_g 궤도함수에 비해 에너지가 낮아진다. 이들 궤도함수는 에너지가 삼중 축퇴되어 있어 t_{2g} 궤도함수라고 한다.

유리된 금속 이온 M^{n+}의 d 궤도함수는 5중으로 축퇴되어 있다. 팔면체 착물은 6개 음전하가 같은 거리에 놓여있어 $M^{n+}+L^-$ 거리가 지름인 가상적인 구로 생각하고 그 중심에 M^{n+}를 둔다. 이렇게 되면 M^{n+} 이온의 d 궤도함수는 축퇴된 그대로이지만, 궤도함수의 에너지는 전하의 반발로 인하여 자유 이온의 경우에 비해서 높게 된다. 이것이 착물 $[ML_6]^{n-6}$ 중에 있는 금속 이온 M^{n+}의 들뜬 상태 에너지가 된다. 리간드장에 의한 d 궤도함수의 분열은 이 에너지를 기준으로 한다.

팔면체 착물에서 e_g와 t_{2g}궤도함수의 에너지 차이를 Δ_o 또는 $10Dq$ 로 나타낸다. 축퇴된 궤도함수가 분열될 때 에너지의 중심은 변하지 않는 것이 보통이다. 따라서, $[ML_6]^{n-6}$ 착물의 e_g 궤도함수는 들뜬 상태의 에너지보다 $0.6\Delta_o$만큼 높아진다. 이와 달리 t_{2g}는 $0.4\Delta_o$만큼 낮아진다.

O_h 리간드장에 있는 d 궤도함수의 에너지 분열양상은 그림 4.11에 나타내었다.

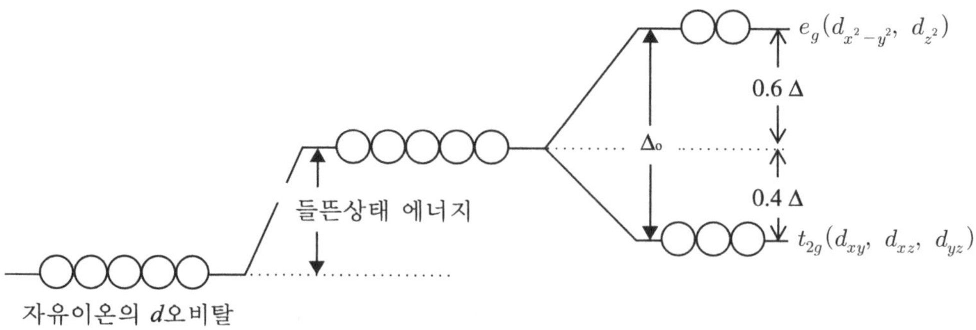

그림 4.11 팔면체 리간드장에 의한 궤도함수의 갈라짐

p 궤도함수는 O_h장과 다음에 다루는 T_d 리간드장에서 분열되지 않고 삼중으로 축퇴된 그대로 있다. 이것은 p 궤도함수의 공간적 배치를 생각하면 알 수 있다. s 궤도함수는 당연히 축퇴가 없으므로 리간드장에서 분열되지 않는다.

- **사면체장** 사면체장은 그림 4.12와 같이 중심금속 이온이 정육면체 중앙에 있고, 리간드가 정육면체의 8개 모서리 중에서 서로 맞은편 대각선에 있는 4개를 차지한다.

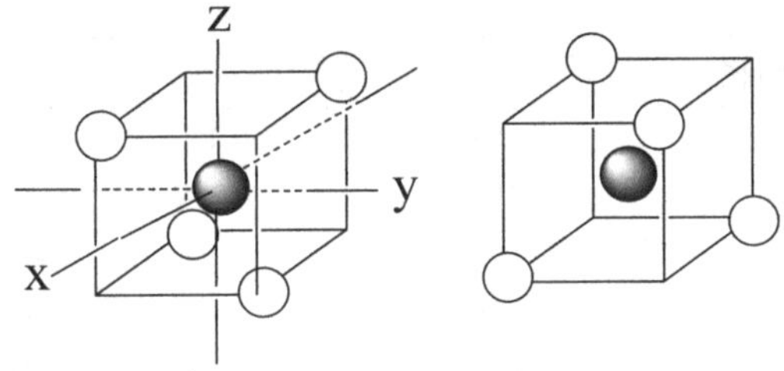

그림 4.12 ML_4 사면체장(T_d)의 모델

이처럼 리간드 L^-가 정사면체 배위를 한 $[ML_4]^{n-4}$인 T_d 착물에서 금속 이온에 있는 d 궤도함수는 O_h장의 경우와 같이 이중, 삼중의 두 개로 분열된다. 이 형태의 착물에는 L^-가 착이온의 3회 회전축 방향의 축 사이 궤도함수, 즉 d_{xy}, d_{xz}, d_{yz} 궤도함수가 놓인 방향에 음전하가 있기 때문에 d 궤도함수의 에너지는 자유 이온의 축퇴된 d 궤도함수보다 높게 된다. 반대로 $d_{z^2}, d_{x^2-y^2}$ 궤도함수들은 리간드가 없는 방향에 궤도함수가 있으므로 에너지는 낮게 된다. 이 결과 T_d장에서의 d 궤도함수의 분열 에너지 준위는 그림 4.13과 같이 팔면체장과 반대로 된다.

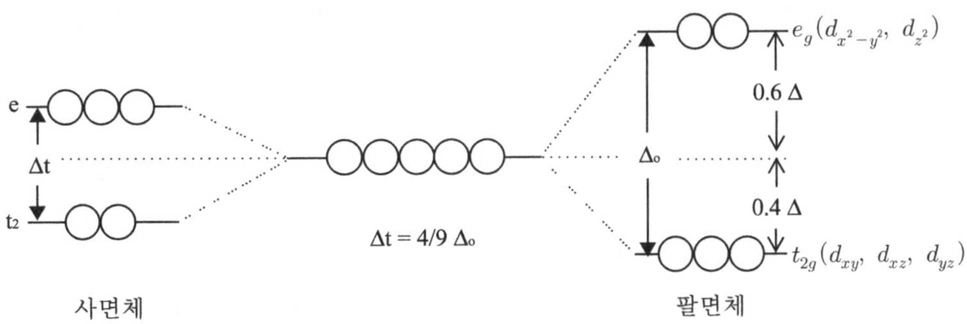

그림 4.13 사면체와 팔면체 리간드장에 의한 궤도함수의 갈라짐

사면체장에서 분열된 이중, 삼중으로 축퇴된 궤도함수를 각각 e와 t_2로 나타낸다. 이것은 T_d 대칭에는 대칭 중심이 없기 때문에 아래첨자 g를 쓰지 않는다. e와 t_2의 분열폭은 e_g와 t_{2g}의 분열폭에 비해서 일반적으로 4/9만큼 적다.

• **그 밖의 리간드장** 위에서 제시한 팔면체, 사면체장 외에 착물은 여러 가지 리간드장이 가능하며, 착물의 배위수에 따른 d 궤도함수의 에너지 준위는 표 4.6에 나타내었다.

표 4.6 착물의 기하 구조에 따른 d 궤도함수의 에너지 준위

배위수	구조	d_{z^2}	$d_{x^2-y^2}$	d_{xy}	d_{xz}	d_{yz}
1	선형	5.14	-3.14	-3.14	0.57	0.57
2	선형	10.28	-6.28	-6.28	1.14	1.14
3	평면삼각형	-3.21	5.46	5.46	-3.86	-3.86
4	사면체	-2.67	-2.67	1.78	1.78	1.78
4	평면사각형	-4.28	12.28	2.28	-5.14	-5.14
5	삼각쌍뿔형	7.07	-0.82	-0.82	-2.72	-2.72
5	사각뿔형	0.86	9.14	-0.86	-4.57	-4.57
6	팔면체	6.00	6.00	-4.00	-4.00	-4.00
6	삼각 프리즘형	0.96	-5.84	-5.84	5.36	5.36
7	오각쌍뿔형	4.93	2.82	2.82	-5.28	-5.28
8	입방체	-5.34	-5.34	3.56	3.56	3.56
8	사각평면 안티프리즘	-5.34	-0.89	-0.89	3.56	3.56
9	$[ReH_9]^{2-}$ 구조	-2.25	-0.38	-0.38	1.51	1.51
12	이십면체	0	0	0	0	0

결정장 안정화 에너지

자유 이온에서 축퇴된 d 궤도함수는 들뜬 상태의 O_h장에서 e_g와 t_{2g}로 분열된다. 이 때, t_{2g} 궤도함수의 에너지는 들뜬 상태의 에너지에 비해서 $0.4\Delta_o$만큼 낮고, e_g는 반대로 $0.6\Delta_o$만큼 높게 된다.

이제 분열된 d 궤도함수에 전자를 채워 넣어 보자. d^4~d^7까지는 아래 그림과 같이 두 가지 가능성이 있다.

에너지가 낮은 궤도함수에 1개의 전자가 들어가면 이온의 에너지는 $0.4\Delta_o$만큼 안정하게 된다. 또한 이 궤도함수에 2개의 전자가 들어가면 $0.8\Delta_o$만큼 이온의 에너지가 낮아지게 된다. 이처럼 착물을 형성하여 안정화되는 에너지를 **결정장 안정화 에너지**(Crystal Field Stabilization Energy; CFSE)라고 한다.

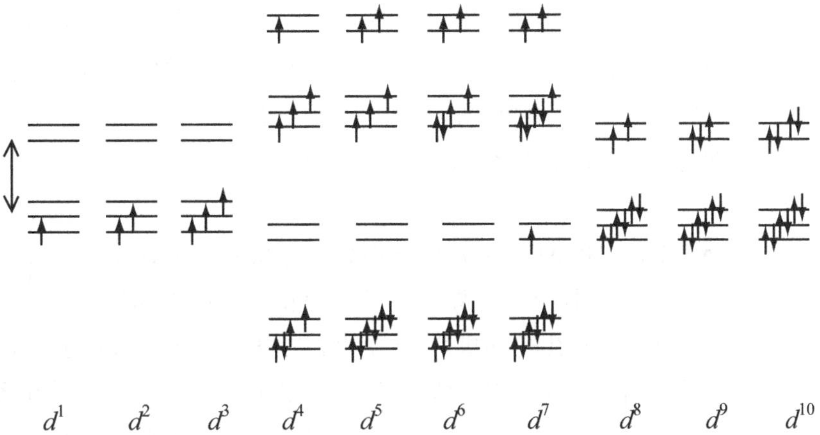

표 4.7 O_h 리간드장에 의한 제1전이 금속 이온의 결정장 안정화 에너지 CFSE와 d 전자 배치(CFSE의 단위는 Δ_0이며, P는 짝지음 에너지이다.)

이온	d 전자수	약한 리간드장 t_{2g}	약한 리간드장 e_g	CFSE (Δ_o)	센 리간드장 t_{2g}	센 리간드장 e_g	CFSE (Δ_o)
Sc^{3+}	0	__ __ __	__ __	0	__ __ __	__ __	0
Ti^{3+}	1	↑ __ __	__ __	0.4	↑ __ __	__ __	0.4
Ti^{2+}, V^{3+}	2	↑ ↑ __	__ __	0.8	↑ ↑ __	__ __	0.8
V^{2+}, Cr^{3+}	3	↑ ↑ ↑	__ __	1.2	↑ ↑ ↑	__ __	1.2
Cr^{2+}, Mn^{3+}	4	↑ ↑ ↑	↑ __	0.6	↑ ↑ ↑	↑ __	1.6 − P
Mn^{2+}, Fe^{3+}	5	↑ ↑ ↑	↑ ↑	0	↑ ↑ ↑	↑ ↑	2.0 − 2P
Fe^{2+}, Co^{3+}	6	↑↓ ↑ ↑	↑ ↑	0.4 − P	↑↓ ↑ ↑	↑ ↑	2.4 − 3P
Co^{2+}, Ni^{3+}	7	↑↓ ↑↓ ↑	↑ ↑	0.8 − 2P	↑↓ ↑↓ ↑	↑ ↑	1.8 − 3P
Ni^{2+}	8	↑↓ ↑↓ ↑↓	↑ ↑	1.2 − 3P	↑↓ ↑↓ ↑↓	↑ ↑	1.2 − 3P
Cu^{2+}	9	↑↓ ↑↓ ↑↓	↑↓ ↑	0.6 − 4P	↑↓ ↑↓ ↑↓	↑↓ ↑	0.6 − 4P
Zn^{2+}	10	↑↓ ↑↓ ↑↓	↑↓ ↑↓	0	↑↓ ↑↓ ↑↓	↑↓ ↑↓	0

e_g 궤도함수에 전자가 들어가면 이온의 에너지는 $0.6\Delta_o$만큼 불안정하게 된다. 따라서, t_{2g}의 전자수가 증가할수록 이온은 안정화되고, e_g의 전자수가 많아지면 그만큼 이온의 에너지가 높아 불안정하게 된다. 표 4.7에서 제1전이금속 이온의 CFSE의 값을 Δ_o 단위로 나타내었다.

- **짝지음 에너지** 전자의 **짝지음 에너지**(pairing energy)는 고유한 쿨롱 반발에너지와 교환 에너지항으로 구성된다. 두 전자를 같은 궤도함수에 강제로 채울려면 전자 간의 반발을 극복해야 한다. 이 때, 쿨롱 반발의 크기는 주기율표의 같은 족에서 아래로 갈수록 d 궤도함수가 크고 전자가 잘 퍼지게 되므로 단계적으로 감소한다. 또한, 전자가 짝을 지으려면 Hund의 규칙에 따라서 평행 스핀에 있는 전자가 강제로 역스핀으로 바뀌어야 하므로 **교환 에너지**(exchange energy)가 요구된다. 주어진 전자 배치에서 교환 에너지의 크기는 평행 스핀을 가진 전자의 수에 비례한다. 예컨대 d 궤도함수에서 d^5 전자배치가 쌍을 이루게 될 때 가장 큰 교환 에너지의 손실이 있을 것이다. 그러므로 d^5계는 대체로 높은 스핀을 이루려고 한다. 기체상의 자유 전이 금속 이온에 대한 짝지음 에너지의 대표적인 예는 표 4.8에 나타내었다.

표 4.8 몇 가지 $3d$ 계열 전이 금속의 짝지음 에너지

kJ/mol(cm^{-1})

이온		P_c	P_{ex}	P_T
d^4	Cr^{2+}	71.2(5,950)	173.1(14,475)	244.3(20,425)
d^5	Cr^{+}	63.7(7,625)	144.3(12,062)	211.6(17,687)
	Mn^{2+}	91.0(7,610)	194.0(16,215)	285.0(23,825)
	Fe^{3+}	120.2(10,050)	237.1(19,825)	375.4(29,875)
d^6	Mn^{+}	73.5(6,145)	100.6(8,418)	174.2(14,563)
	Fe^{2+}	89.2(7,460)	139.8(11,690)	229.1(19,150)
	Co^{3+}	113.0(9,450)	169.6(14,175)	282.6(23,625)
d^7	Co^{2+}	100 (8,400)	150 (12,400)	250 (20,800)

P_c, P_{ex}, P_T는 전자의 짝지음에 필요한 쿨롱 에너지, 교환 에너지 및 전체 에너지를 나타낸다.

리간드장의 세기

팔면체장에서 분열된 t_{2g}와 e_g 궤도함수의 에너지 차 Δ_o는 대개 104 cm^{-1} (2×10^{-19} J) 정도이다. 그러나 여러 가지 착물에서 얻어진 값은 리간드의 종류나 금속에 따라서 이 값이 달라짐을 알 수 있다. 표 4.9에서 몇 가지의 O_h 착물에 대한 흡수 스펙트럼에서부터 얻어진 Δ_o값을 나타내었다. 이 표로부터 우리는 같은 금속 이온에서 리간드가 다음 순서로 변하면 Δ_o이 크게 된다는 것을 알 수 있다.

$$Cl^- < F^- < C_2O_4^{2-} < H_2O < NH_3 < en < CN^-$$

표 4.9 제1전이금속 이온의 O_h 착물의 흡수 스펙트럼으로 얻은 델타(Δ)값

(단위 : 1000cm^{-1})

리간드 / 이온	d-전자수	Cl^-	F^-	$C_2O_4^{2-}$	H_2O	NH_3	en	CN^-
Ti^{3+}	1	13	-	-	19.0	-	-	-
V^{3+}	2	13	15.9	17.8	18.6	-	-	-
Cr^{3+}	3	13.8	15.2	17.5	17.4	21.6	21.9	26.7
Cr^{2+}	4	-	-	-	14.1	-	-	-
Fe^{3+}	5	-	13.9	13.6	14.2	-	-	32.2
Co^{3+}	6	-	13.1	18.0	18.2	22.9	23.2	33.5
Co^{2+}	7	-	-	-	8.2	10.1	10.4	-
Ni^{2+}	8	7.2	7.3	-	8.5	10.8	11.5	-
Cu^{2+}	9	-	-	-	11.5	-	-	-

이와 같은 리간드의 순서는 **분광화학 계열**(spectrochemical series)과 일치한다. 분광화학 계열은 대부분의 착물에서 측정된 흡수 스펙트럼의 위치로부터 그 순서가 경험적으로 결정된 것이지만, 그 본질은 이와 같이 금속 이온의 d 궤도함수가 리간드장에 의하여 분리되는 폭이 크고 작은 것 때문으로 볼 수 있다.

이와 같은 계열은 O_h 착물이 아닌 경우에도 성립한다. 그러나 Δ값이 O_h 착물과 T_d 착물에서는 크기가 다르므로 같은 구조로 된 것만을 비교해야 한다.

같은 종류의 금속 이온에 대해서 Δ값을 비교해 보면, 예를 들어 Co^{2+}와 Co^{3+}와 같이 이온 전하가 크게 되면 Δ값도 크게 된다. 이것은 정전기적 모형으로서 다음과 같이 설명할 수 있다.

이온의 양전하가 크면 음전하를 띤 리간드가 금속 이온에 보다 가까워지므로

금속의 d 궤도함수는 보다 더 끌리게 된다. 따라서, e_g의 에너지는 보다 높아지며, t_{2g}의 에너지도 높게 되지만, 그 정도는 작을 것으로 예상된다. 결국 e_g와 t_{2g}의 에너지 차이는 크게 되는 것으로 생각할 수 있다.

$[CoF_6]^{3-}$와 $[Co(NH_3)_6]^{3+}$는 모두 Co^{III}의 O_h 착물이다. 그런데 $[CoF_6]^{3-}$는 상자기성으로 4개의 홀로된 전자가 있고, 이에 비해 $[Co(NH_3)_6]^{3+}$는 모든 전자가 쌍을 이루므로 반자기성이다. 이것은 자기저울의 실험으로부터 확인된 사실이다. 이러한 자기적 성질의 차이는 다음과 같이 생각하면 알 수 있다.

리간드 F^-의 Δ는 $13.1 \times 1000\ cm^{-1}$로서 작지만, NH_3의 Δ는 $22.9 \times 1000\ cm^{-1}$로 2배 정도 크다. 이러한 사실로부터 $[CoF_6]^{3-}$에서 Co^{III}는 유리된 이온에 가까운 성질을 가지게 되고, $[Co(NH_3)_6]^{3+}$의 Co^{III}는 리간드장에서 크게 영향을 받는 d 궤도함수의 구조를 가지고 있다고 예측된다.

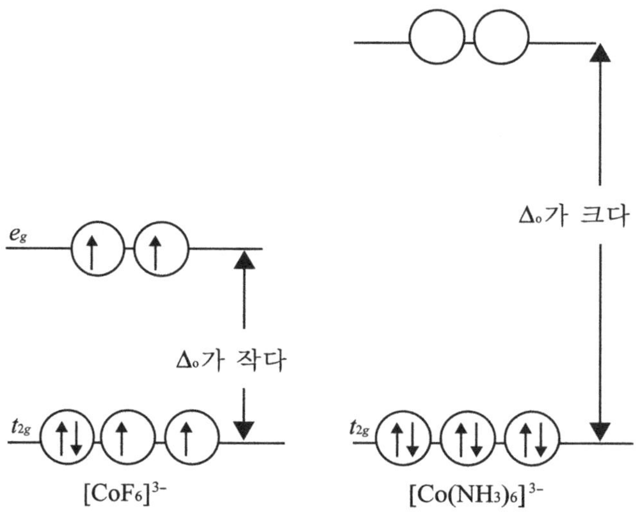

그림 4.14 약한 리간드장 착물 $[CoF_6]^{3-}$와 센장 착물 $[Co(NH_3)_6]^{3+}$의 전자배치

Co^{III}는 d^6 이온이므로 그림 5.12와 같이 $[CoF_6]^{3-}$에서는 6개의 d 전자가 5개의 궤도함수에 채워져서 4개의 홀전자를 가진다. $[Co(NH_3)_6]^{3+}$의 Co^{3+} 이온에서는 Δ가 크기 때문에 에너지가 높은 e_g 궤도함수에 전자가 들어가기보다는 각각 t_{2g} 궤도함수에 2개씩 짝을 지어 전자가 들어가는 것이 CFSE로 보면 보다 안정할 것으로 생각된다. 이처럼 $[CoF_6]^{3-}$에서와 같이 Δ가 작아서 d 전자의 배치가 유리된 이온과 같은 착물을 약한 리간드장 착물이라 하고, F^-와 같은 리간드를 약한 리간드장을 주는 리간드, 즉 **약한장 리간드**(weak field ligand)라

고 한다. 이런 형태의 착물에서는 전자 스핀이 될 수 있으면 평행한 전자배치를 가지고, 전체 스핀 각운동량은 큰 값을 가지기 때문에 높은 스핀(high spin) 착물이라 한다. 그 밖에 $[Mn(acac)_3]$, $[Mn(bpy)_3]Br$, $[Fe(acac)_3]$, $K_3[CoF_6]$, $[Co(phen)_3](ClO_4)_2$ 등이 높은 스핀 착물에 해당한다.

$[Co(NH_3)_6]^{3+}$와 같이 Δ값이 큰 착물을 강한 리간드장 착물이라고 한다. 이런 형태의 리간드장 착물에서는 금속 이온의 전자는 가능한 한 쌍을 이루려는 전자배치를 가지므로, 전체 스핀 각운동량이 적게 되므로 이러한 뜻에서 낮은 스핀(low spin) 착물이라고 한다. 이런 형태의 착물에는 $K_3[Fe(CN)_6]$, $[Fe(bpy)_3](ClO_4)_2$, $[Co(NH_3)_6]Cl_3$, $K_4[Cr(CN)_6]$, $K_3[Mn(CN)_6]$ 등이 있다.

같은 Co^{III} 착물에서도 $[CoF_6]^{3-}$와 $[Co(NH_3)_6]^{3+}$와 같이 세고 약한 두 가지 형의 리간드장 착물이 생기는 이유는 다음과 같이 생각하면 이해할 수 있다. 강한 리간드장 착물에는 Δ가 크기 때문에, CFSE가 전자들 사이의 반발 에너지와 스핀 교환 에너지에 의한 **짝지음 에너지**(pairing energy)보다 크게 된다. 그 때문에 6개의 전자가 쌍을 지어 t_{2g} 궤도함수에 들어가는 쪽이 에너지 적으로 안정해진다. 그렇지만 약한 리간드장 착물에서는 CFSE보다 Δ가 적기 때문에 Hund의 규칙에 따라서 5개 d 궤도함수에 분산되어 들어가는 쪽이 착물의 에너지가 더 안정하게 된다.

◎ 착물의 자기적 성질

같은 Co^{3+} 이온을 가진 $[CoF_6]^{3-}$와 $[Co(NH_3)_6]^{3+}$의 자기적 성질이 다른 것은 리간드장 이론으로 보면 잘 알 수 있다. Fe^{3+} 이온에 있어서도 마찬가지 성립된다.

$[FeF_6]^{3-}$에는 5개의 홀로된 전자가 있지만, $[Fe(CN)_6]^{3-}$에는 홀로된 전자가 1개뿐인 것이 실험적으로 알려져 있다. Fe^{III}는 d^5 이온이며, F^-는 약한장 리간드이고, CN^-는 가장 센장 리간드이다. 따라서, Co^{III}와 같이 그림 4.13과 같은 d 궤도함수의 전자배치를 고려하면 이것은 실험 결과와 잘 일치한다.

$[Fe(CN)_6]^{3-}$의 빈 e_g 궤도함수는 d^2sp^3 혼성 궤도함수를 만들어서 리간드 CN^-와의 공유 결합에 이용된다고 생각해도 좋다.

Ni^{II}는 d^8 이온이다. $[NiI_4]^{2-}$는 사면체 구조로 홀로된 전자가 2개 있다. 그렇지만, $[Ni(CN)_4]^{2-}$는 평면사각형 구조로서 홀로된 전자가 없다. 이러한 착물의 구조적 성질의 차이도 리간드장 이론으로 잘 설명할 수 있다.

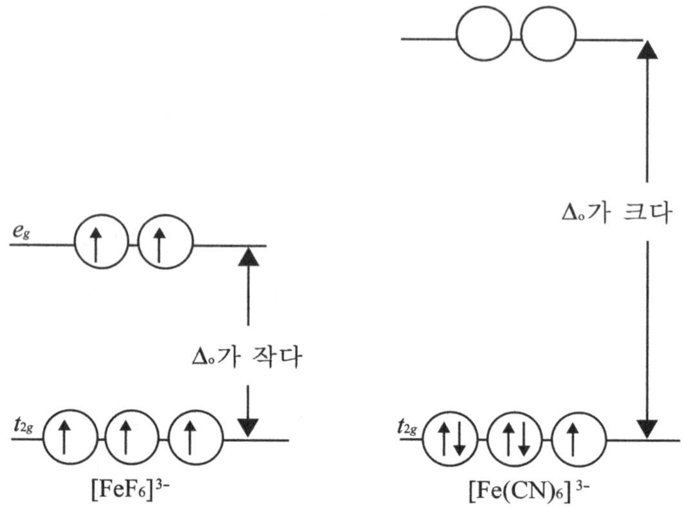

그림 4.15 높은 스핀 착물, $[FeF_6]^{3-}$ 과 낮은 스핀 착물 $[Fe(CN)_6]^{3-}$의 d 전자배치

Ni^{II}의 d 궤도함수는 T_d 리간드장에서 t_2와 e로 분열된다. 궤도함수의 에너지 순서는 O_h에서와 반대이며, T_d장에서는 e쪽이 에너지가 낮은 준위가 된다. 이 분열된 궤도함수에 8개의 전자를 에너지가 낮은 궤도함수에 따라서 순서로 채워 넣으면, 그림 4.16에서와 같은 전자배치로 되어 홀로된 전자가 2개 생긴다.

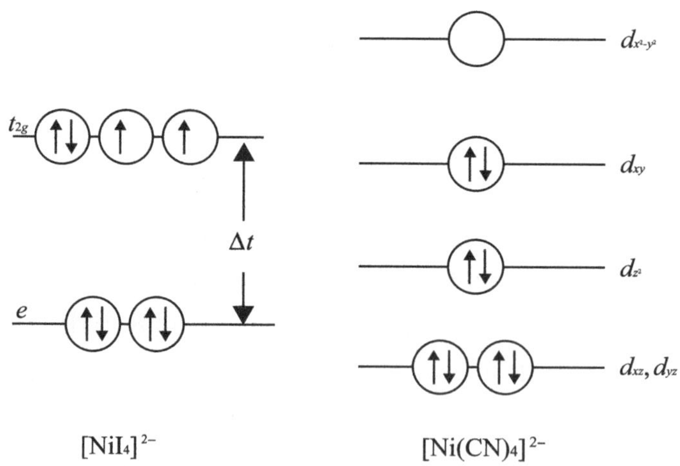

그림 4.16 사면체 착이온, $[NiI_4]^{2-}$와 평면사각형 착이온$[Ni(CN)_4]^{2-}$의 d 전자 배치

사각평면형 구조의 D_{4h} 리간드장에서는 T_d일 때보다 d 궤도함수의 축퇴가

보다 풀려서 그림 4.14와 같이 된다. CN^-는 센장 리간드이므로 $d_{x^2-y^2}$ 궤도함수의 에너지는 다소 높아진다. 따라서, 8개전자는 $d_{x^2-y^2}$궤도함수를 제외한 나머지 4개의 d 궤도함수를 채우게 되어 홀로된 전자는 없게 된다.

$[Ni(en)_3]^{2+}$는 O_h 착물로서 홀로된 전자가 2개 존재한다. 이러한 자기적 성질도 리간드장 이론으로 쉽게 설명할 수 있다.

리간드장에 의한 항의 분열

d^n 이온의 스펙트라항은 전체 궤도함수 운동량 양자수 L로 규정된다. 따라서, 어떤 항에 의한 파동 함수의 공간적 대칭성은 L로 결정된다고 생각해도 좋다. 이것은 원자 오비탈의 대칭성이 궤도함수 각운동량 l로 결정되는 것과 잘 일치한다. 이것으로부터 다음과 같은 항으로 갈라지는 양상이 기대된다.

d^n 이온에는 여러 가지 항이 있다. 이제 어떤 항에 주목하면 그 항과 같은 각운동량을 가진 원자 오비탈이 반드시 있다. 그 궤도함수의 축퇴도가 높으면 그 궤도함수는 어떤 대칭장의 형태로 분열된다. 처음에 생각한 항도 그 대칭장으로 분열되지만, 그 분열하는 방법은 궤도함수의 경우와 거의 같게 된다.

d^n 궤도함수는 O_h장에서 t_{2g}와 e_g로 분열된다. O_h장에 놓여 있는 이온의 d^2 배치로부터 생긴 D항은 d 궤도함수와 같이 삼중과 이중으로 축퇴된 준위로 되어 T_{2g}와 E_g항으로 분열된다. 항이 분열해서 생긴 준위의 기호로서는 T, E와 같이 대문자를 사용하여 궤도함수의 분열과 구별한다. 사용된 기호는 분열된 궤도함수와 같이 대칭 종류를 구별하는 **Mulliken** 기호이다. F항과 G항도 각 리간드장에서 f 궤도함수나 g 궤도함수가 분열하는 것과 같이 분리된다. 표 4.10에 d^n이 O_h장이나 T_g장에 놓여 있을 때 생기는 항의 분리 준위를 나타낸다. T_d장에서 생기는 분리 준위의 기호에는 g를 쓰지 않는다. 이것은 궤도함수의 경우와 같이 T_d에는 대칭 중심이 없기 때문이다.

표 4.10 d^n 배치로부터 일어나는 중요한 항 T_g와 O_h장에서의 분열

항	O_h장에서 분열된 준위	T_g 장에서 분열된 준위
S	A_{1g}	A_1
P	T_{1g}	T_1
D	E_g+T_{2g}	$E+T_2$
F	$A_{2g}+T_{1g}+T_{2g}$	$A_2+T_1+T_2$
G	$A_{1g}+E_g+T_{1g}+T_{2g}$	$A_1+E+T_1+T_2$
H	$E_g-2T_{1g}+T_{2g}$	$E+2T_1+T_2$

리간드장은 유리된 이온의 스펙트라항에 영향을 미쳐 착물에서 각 항의 에너지를 변화시켜 항을 분열시키기도 한다. 그러나 리간드장은 항의 스핀 다중도에는 어떤 영향도 주지 않는다. 따라서, 이중항에서 생긴 준위는 이중항이 있고, 삼중항에서 유도된 준위는 삼중항 뿐이다. 예를 들면, O_h장에 있는 d^1 이온의 ^2D항에서 생긴 준위는 ^2E_g와 $^2T_{2g}$이고, 같은 장에 있는 d^2 이온의 ^3F항에서는 $^3A_{2g}$, $^3T_{1g}$, $^3T_{2g}$가 생긴다.

이상에서 알아본 항의 분열은 d^n 이온이 자유 이온에 가까운 상태로 있는 경우와 유사한 약한 리간드장의 방법이라고 할 수 있다. 그러나 센 O_h장은 큰 Δ값 때문에 e_g 와 t_{2g} 궤도함수의 에너지는 크게 분열된다. 센장 리간드에서는 전자 사이에 작용한 반발 에너지도 무시할 수 있으므로 e_g와 t_{2g} 궤도함수에 전자가 들어가는 데 따라서 에너지 상태가 결정된다.

Ti^{2+}나 V^{3+}와 같이 d^2 이온을 예를 들어 알아보자. 이 이온은 모두 2개의 d 전자가 있으므로 센 O_h장은 $(t_{2g})^2$, $(t_{2g})^1(e_g)^1$, $(e_g)^2$의 세 가지 상태가 가능하다. 이 때 세 가지 상태의 에너지는 $(t_{2g})^2$이 가장 낮고 $(e_g)^2$가 가장 높다. 이와 같은 장에서는 항의 개념은 중요하지 않다. 그러나 어떤 항이 어떤 상태에 일치하고 있는가는 정해져 있다. 이온에 대해서 약한 O_h장에서 분열된 각 준위가 센장의 전자 배치와의 상관 관계를 그림 4.15에 나타낸다.

이 그림에서 중간 정도의 세기를 갖는 O_h장에서는 에너지 준위가 어떻게 될 것인가 정도는 대략 알 수 있다.

중간 정도의 O_h장에서 에너지 준위가 어떻게 되는가를 자세히 계산해서 그림으로 이 결과를 Tanabe-Sugano 도표[6]라 한다. 그 밖에 약한 O_h장에서 에너지 준위를 여러 이온에 대해서 계산하여 그림으로 결과를 나타낼 수 있다. 이것을 Orgel 도표라 한다. 이들의 도표는 전자 스펙트럼의 해석에 유용하지만 여기서는 더 이상 다루지 않는다.

6) 이 도표는 루비 레이저를 개발할 때 α-Al_2O_3에 포함된 Cr^{3+} 이온의 d 궤도함수의 에너지 준위에 대한 정확한 정보를 제공하여 개발을 성공적으로 이끌었다는 데 유명하다. 부록 참조.

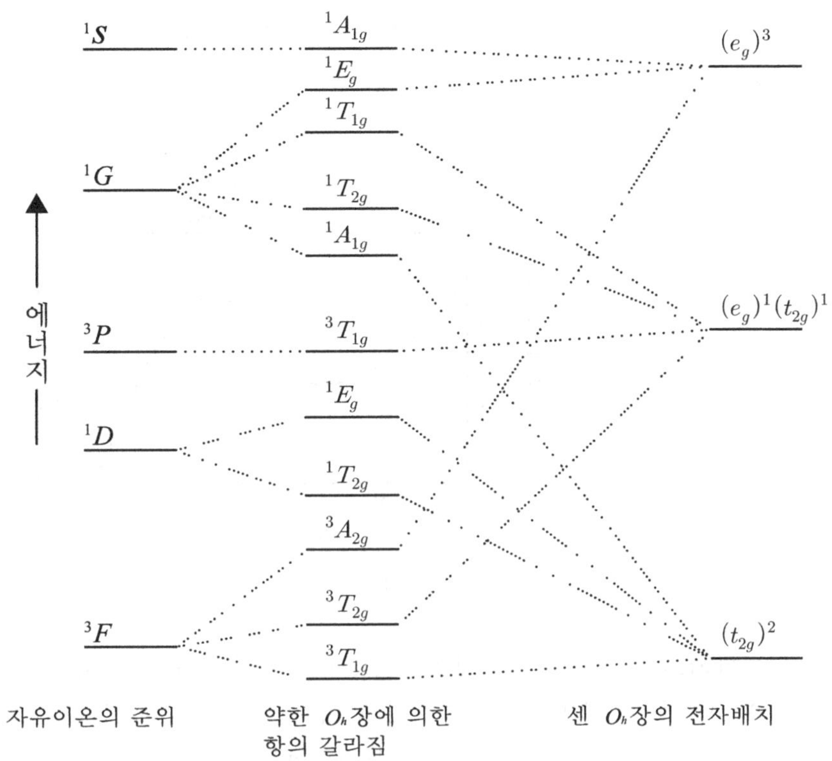

그림 4.17 d^5 이온에 의한 약한과 센 O_h장에 놓인 에너지 준위의 상관도

◎ 리간드장 이론과 전자 흡수 스펙트럼

착이온 $[Ti(H_2O)_6]^{3+}$의 전자 스펙트럼을 그림 4.16에 나타내었다. 이 스펙트럼은 2개의 흡수띠가 중첩된 폭이 넓고 어깨띠가 있다. 그들 흡수띠의 위치와 강도는 각각 20,300 cm^{-1}, ε_{max}=4.1[7]와 17,400 cm^{-1}에서 ε_{max}=2.5이다. $[Ti(H_2O)_6]^{3+}$는 자주색을 띠는데, 이 색깔은 이들의 흡수된 색깔의 보색이다. Ti^{III}는 d^1 이온이기 때문에 스펙트라 항은 ^2D뿐이고, 이들이 O_h장에서 E_g와 T_{2g}로 분리된다. 2×10,000 cm^{-1} 근처에서 관찰된 흡수띠는 이들 준위 사이에 일어나는 $d-d$ 전이에 일치한다. 두 준위에서 스핀 상태의 변화가 없기 때문에 이 전이는 스핀 허용의 **$d-d$ 전이**($d-d$ transition)라고 한다.

$[Ti(H_2O)_6]^{3+}$의 가시 흡수 스펙트럼이 2개의 흡수띠로 분열된 이유는 이 착이온이 일그러져 O_h 대칭성을 잃는 것으로 해석되고 있다. 만약 이러한 일그러짐이 일어나지 않으면 두 흡수띠의 중간의 19,000 cm^{-1} 근처에서 한 개의 흡수

7) ε_{max}는 몰흡광 계수의 최대값을 나타낸다.

띠가 나타날 것이다. 따라서, $[Ti(H_2O)_6]^{3+}$의 Δ는 표 4.7에 있는 값 19×1000 cm^{-1}이 된다.

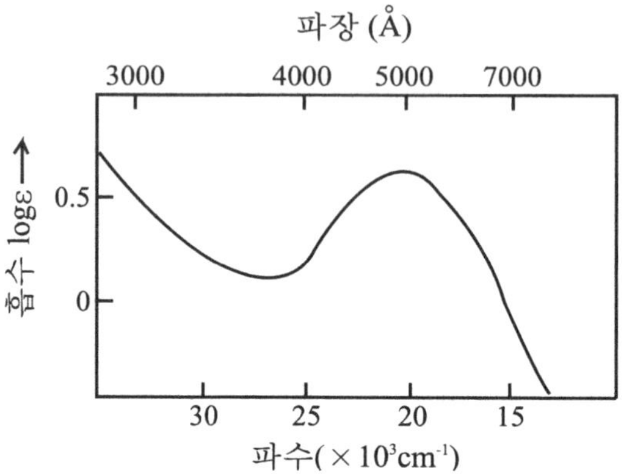

그림 4.18 $[Ti(H_2O)_6]^{3+}$ 이온의 전자 스펙트럼

$[Ti(H_2O)_6]^{3+}$ 착이온의 구조가 일그러진 이유는 Jahn-Teller 효과로 다음과 같이 생각할 수 있다. 이 착이온과 같이 비선형 분자에서는 궤도함수 부분에 축퇴된 전자 상태보다도 축퇴된 상태가 풀린 쪽이 바닥 상태로서 안정하다. 예컨대 $[Ti(H_2O)_6]^{3+}$에서 O_h 대칭과 같은 높은 대칭 구조를 생각한다고 해도 실제는 Jahn-Teller 효과에 의해서 궤도함수의 축퇴가 풀려진 대칭성이 낮은 구조를 가진 쪽이 안정하고, 이 착이온은 용액 중에서도 그와 같은 일그러진 구조를 가지고 있다.

$[V(H_2O)_6]^{3+}$에는 d^2 이온의 V^{3+} 이온이 있다. 이 착이온은 그림 4.17과 같은 $d-d$ 전이 흡수 스펙트럼을 나타낸다. 2개 흡수띠의 위치는 17,100 cm^{-1}와 25,200 cm^{-1}에 있다. d^2 이온의 에너지 준위는 그림 4.15와 같이 되고, 바닥상태 항은 ^3F이다. 이 항을 O_h장에서 $^3T_{1g}$, $^3T_{2g}$, $^3A_{2g}$의 세 개로 분열한다. ^3F와 같은 스핀 다중도를 가진 에너지의 높은 항에 ^3P가 있다. 이것은 O_h장에서 분열되지 않고 그대로 있지만, ^3F 이 분열되어 생긴 $^3A_{2g}$는 리간드장이 세게 되면 급격히 에너지가 증가되어 ^3P에서 생긴 $^3T_{1g}$보다 더 높게 된다.

이상에서 언급된 것들이나 H_2O가 비교적 센장 리간드인 것 등을 생각하면 $[V(H_2O)_6]^{3+}$에서 관찰된 2개의 흡수띠는 $^3T_{1g}(F) \rightarrow {}^3T_{2g}(F)$와 $^3T_{1g}(F) \rightarrow {}^3T_{1g}(P)$의 2개의 스핀 허용 $d-d$ 전이로 해석한다. 전자의 전이가 17,100 cm^{-1}로서 관찰된 흡수띠와 일치한다.

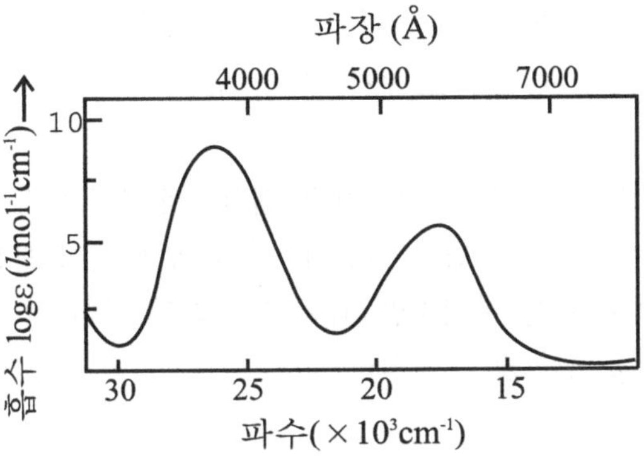

그림 4.19 $[V(H_2O)_6]^{3+}$ 이온의 전자 스펙트럼.

$^3T_{1g}(F) \rightarrow {}^3T_{2g}(F)$의 전이는 센 리간드장의 극한에서는 $(t_{2g})^2 \rightarrow (e_g)^1(t_{2g})^1$의 전이에 일치하고 있다. 따라서, 이 극한에서는 이 흡수띠의 파수가 Δ로 될 것이다. 그러나 실제로 이 착이온의 강한 장의 극한에 해당되지 않고 전자 간 반발의 에너지를 무시할 수 없다. 그것을 보정하면 Δ는 표 4.9과 같이 18.6×10^3 cm^{-1}가 된다.

Δ의 크기에 영향을 미치는 인자

전이금속의 $d-$궤도함수가 갈라지는 정도는 여러 가지 요인에 의해서 결정된다. 앞에서 살펴보았듯이 기하 구조, 리간드의 종류에 따라서 달라진다. Δ_o 값의 크기에 영향을 미치는 인자를 살펴보면 다음과 같다.

- **금속 이온의 산화 상태** 결정장 분열 에너지(Δ)와 짝지음 에너지는 금속 이온의 산화수가 증가할수록 커진다. 예를 들면, $[Ru(H_2O)_6]^{2+}$의 Δ_o값은 19,800 cm^{-1}, $[Ru(H_2O)_6]^{3+}$는 28,600 cm^{-1}이다. Mn^{2+}의 P는 285 kJ/mol인데, Mn^{3+}는 301 kJ/mol이다.

- **금속 이온의 성질** 같은 산화수를 가진 금속 이온은 같은 족에서 아래로 갈수록 Δ_o값이 증가한다. 즉, Δ_o의 크기는 $3d < 4d < 5d$순이다. 이 때 $3d$와 $4d$ 간의 차이는 50% 정도 증가하며, $4d$와 $5d$ 착물 사이는 약 25%가 증가한다. 따라서, 같은 족에서 아래로 갈수록 낮은 스핀이 되려는 경향이 보다 더 크다.

- **리간드수와 기하 구조** 이미 앞에서 알아보았듯이 4배위의 사면체 착물의 Δ_t

는 6배위의 팔면체 착물의 Δ_o에 비해 약 4/9임을 알았으며, 이들에 대한 구체적인 예는 표 4.6에서 알 수 있다.

- **리간드의 성질** 분광화학적 계열에서 결정장의 세기가 증가하는 순으로 나열하는 것이 가능함을 알았다. 한 금속 이온이 모든 리간드의 완전한 계열을 형성하는 것은 아니지만, 대체로 아래와 같이 Δ_o는 전자 주개 원자가 위로, 왼쪽으로 갈수록 증가한다.

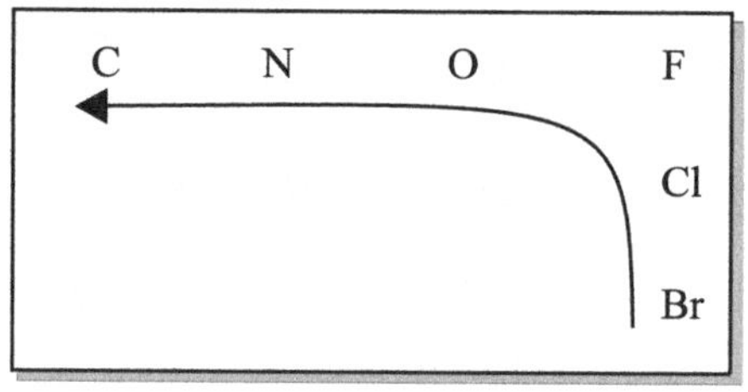

분자 궤도함수법

원자 내 전자의 움직임이 원자 궤도함수로 기술되는 것처럼, 분자 내 전자의 거동은 분자를 이루는 여러 개 원자에 퍼진 분자 궤도함수로 나타낼 수 있다. 분자 궤도함수의 본질은 분자 전체에 퍼져 있고, 그것도 분자의 모양에 따라서 자유롭게 변형될 수 있는 함수로서, 원자가 결합이론에서 고려한 결합성 궤도함수와 같이 제한된 성격이 주를 이루는 함수는 아니다. 수소 원자에서 처럼 분자의 Schrödinger 방정식이 풀어진다면 정확한 분자 궤도함수 이론(molecular orbital theory, MOT)을 얻을 수 있지만, 다전자계 분자에서는 그렇게 될 수 없으므로 근사적으로 해결할 수 밖에 없다.

LCAO-MO와 수소 분자

흔히 쓰고 있는 근사 분자 궤도함수는 LCAO-MO(Linear Combination of Atomic Orbitals-Molecular Orbitals)이다. 이 이론은 분자를 이루는 각 원자에 속하는 원자 오비탈의 선형결합(일차 결합이라 한다)을 취해서 분자 궤도함수를 근사적으로 해를 구하는 것이다. 원자 오비탈의 선형결합을 만들 때, 혼성 궤도함수의 경우와 같이 얼마간의 원자 오비탈을 혼합시키는 것을 의미한다. 분자 궤도함수에는 서로 다른 원자의 원자 오비탈이 주로 혼합의 대상이 되는 점이 혼성 궤도함수의 경우와 다르다. 복잡한 착물에 들어가기 전에 간단한 분자에 대한 분자 궤도함수의 개념이나, 그것에 사용되는 약속을 잘 알아둘 필요가 있다.

먼저, H_2 분자로써 LCAO-MO에 대해서 알아보자.

- **H_2의 분자 궤도함수** H 원자의 1s 궤도함수를 간단히 1s로 나타낸다. 2개의 H 원자를 기호 a, b를 써서 구별하고, 각각 1s 궤도함수를 $1s_a$, $1s_b$로 나타낸다. H_2의 분자 궤도함수를 LCAO 근사로 나타내면 다음과 같다.

$$\sigma_S = \frac{1}{\sqrt{2}}(1s_a + 1s_b) \tag{4.49}$$

$$\sigma_S^* = \frac{1}{\sqrt{2}}(1s_a - 1s_b) \tag{4.50}$$

σ_s는 s 궤도함수만으로 만들어진 $\sigma-$결합성 궤도함수(bonding orbital)이라 하고, 또한 σ_s^*는 같은 s궤도함수만으로 만들어진 $\sigma-$반결합성 궤도함수(antibonding orbital)을 나타낸다.

그림 4.18(a)에 나타낸 것처럼 σ_s는 2개 H 원자의 중간에서 파동함수가 서로 강화되어 전자밀도가 높은 영역이 생긴다. 이 중간에 있는 전자는 두 양성자로부터 인력을 받아 보통 양면 접착 테이프와 같은 역할을 하고 있다. 따라서, σ_s 궤도함수에 전자가 들어가면 H_a, H_b 원자가 따로 따로 존재하는 것보다는 계의 에너지가 낮아져 안정한 분자를 형성하므로 σ_s을 결합성 $\sigma-$궤도함수라 한다.

σ_s^*는 그림 4.18(b)과 같이 H_a와 H_b의 중간에 함수가 0이 되는 마디(node)면이 있다. 따라서, 중간의 전자 밀도는 엷어지고 양성자 간에 생기는 반발 에너지가 증가한다. 이 상태는 2개 원자가 떨어져 있는 경우 보다 에너지가 높아지므로 σ_s^*을 반결합성 궤도함수라고 한다.

2개 분자 궤도함수 σ_s와 σ_s^*의 에너지 준위는 그림 4.19와 같이 된다. σ_s는 고립 원자의 1s 궤도함수보다 에너지가 낮아지고 σ_s^*는 에너지가 높아진다. 이렇게 만들어진 분자 궤도함수에는 Pauli의 배타원리에 따라서 각 궤도함수에 2개까지 전자가 들어간다. 따라서, σ_s 궤도함수에 한 개의 전자를 가진 H_2^+ 이온보다 2개의 전자를 가진 H_2 분자가 보다 안정하다.

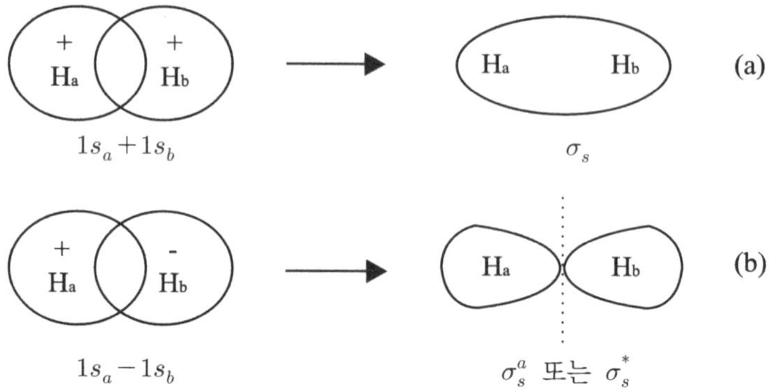

그림 4.20 H_2의 분자 궤도함수 σ_s와 σ_s^*

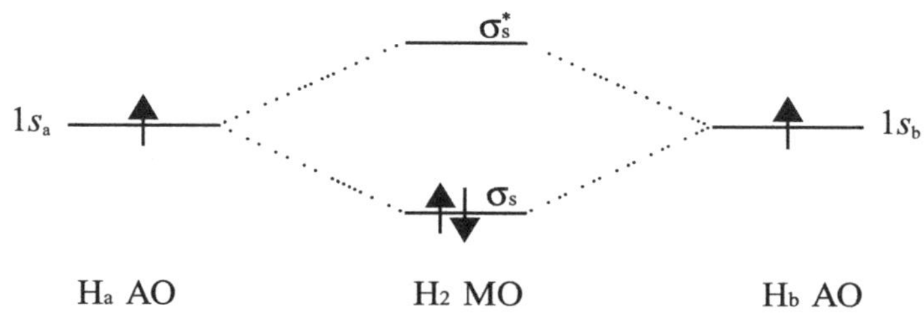

그림 4.21 H_2 분자 궤도함수의 에너지 준위

분자 궤도함수는 분자 전체에 퍼져 있는 궤도함수이다. 이 때문에 분자 궤도함수 이론은 벤젠 분자의 π 전자계와 같이 비편재화 된 전자계를 취급하기에는 매우 알맞고 많은 연구가 이루어지고 있다.

- **O_2의 분자 궤도함수** O 원자의 원자가 전자는 $2s^2 2p^4$이다. 내부 껍질의 $1s$ 전자는 O_2 분자에서도 각 O 원자에 편재되어 있다고 볼 수 있으므로 O_2의 σ형 분자 궤도함수는 $2s$와 $2p$ 궤도함수에서 다음과 같다.

$$\sigma_s = \frac{1}{\sqrt{2}}(2s_a + 2s_b) \tag{4.51}$$

$$\sigma_s^* = \frac{1}{\sqrt{2}}(2s_a - 2s_b) \tag{4.52}$$

$$\sigma_z = \frac{1}{\sqrt{2}}(2p_{za} + 2p_{zb}) \tag{4.53}$$

$$\sigma_z^* = \frac{1}{\sqrt{2}}(2p_{za} - 2p_{zb}) \tag{4.54}$$

여기서 $2s$나 $2p_z$는 산소의 원자 오비탈을 나타내며 원자를 구별하기 위해 a, b의 아래 첨자를 사용하였다.

σ_s와 σ_z^*는 $\sigma-$결합의 분자 궤도함수이며, σ_z^b와 σ_z^*는 O 원자의 $2p_z$ 궤도함수에서 만들어진 $\sigma-$결합의 결합성 궤도함수와 반결합성 궤도함수이다.

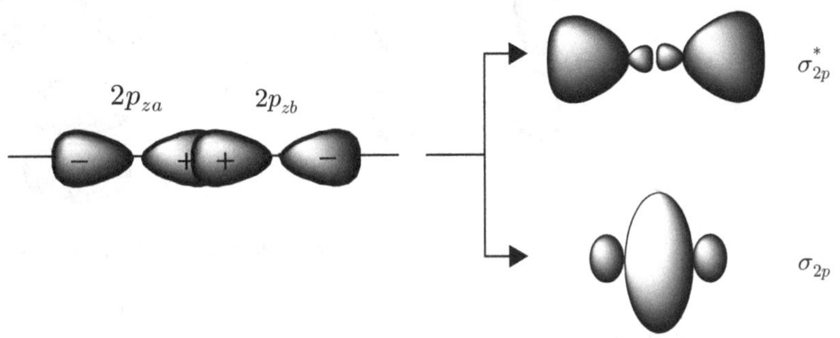

그림 4.22 p_z 궤도함수에서 만들어진 $\sigma-$결합

σ_s에는 2개 산소의 중간에 전자 밀도가 높은 영역이 있다. 그러나 σ_z^*에는 O_a와 O_b 중간에 파동 함수가 영이 되는 마디면이 있고, 그 영역의 전자 밀도는 낮다.

또한, O_2 분자에는 $\pi-$결합의 분자 궤도함수가 존재하는데, 그 분자 궤도함수는 다음과 같이 나타낼 수 있다.

$$\pi_x = \frac{1}{\sqrt{2}}(2p_{xa} + 2p_{xb}) \tag{4.55}$$

$$\pi_x^* = \frac{1}{\sqrt{2}}(2p_{xa} - 2p_{xb}) \tag{4.56}$$

$$\pi_y = \frac{1}{\sqrt{2}}(2p_{ya} + 2p_{yb}) \tag{4.57}$$

$$\pi_y^* = \frac{1}{\sqrt{2}}(2p_{ya} - 2p_{yb}) \tag{4.58}$$

π_x와 π_y는 축퇴된 π-결합성 궤도함수이고, π_x^*와 π_y^*도 축퇴된 $\pi-$반결합성 궤도함수이다. $\pi-$결합성 분자 궤도함수인 π_x와 π_y의 형태는 그림 4.23에 나타내었다. π_x는 O_a와 O_b 사이에 전자 밀도가 높게 되는 영역이 있으며, 궤도함수의 에너지도 낮다. π_x^* 는 2개 O 원자 사이의 결합축에 수직으로 마

디면이 존재하며, 궤도함수의 에너지는 높다. π_y와 π_y^*는 π_x와 π_x^*에서 x대신에 y만 바뀌었을 뿐 함수의 형태는 같다.

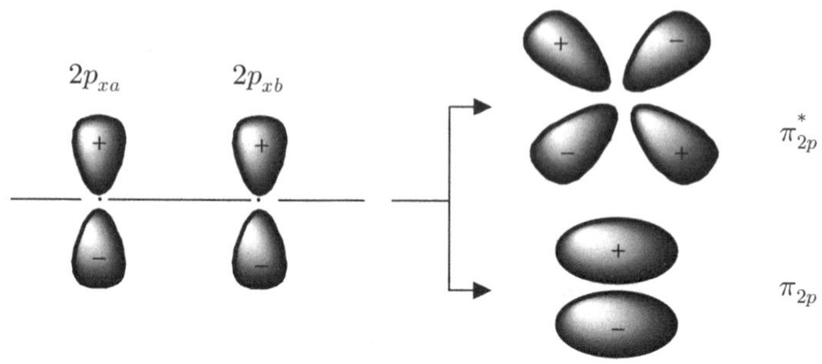

그림 4.23 p_x 궤도함수에 의한 $\pi-$결합 분자 궤도함수.

이렇게 만들어진 8개 분자 궤도함수의 에너지 준위를 그림 4.24에 나타내었다. 어떤 원자 오비탈로부터 어떠한 분자 궤도함수가 만들어지는가는 원자 오비탈과 분자 궤도함수를 점선으로 연결하여 나타내고 있다.

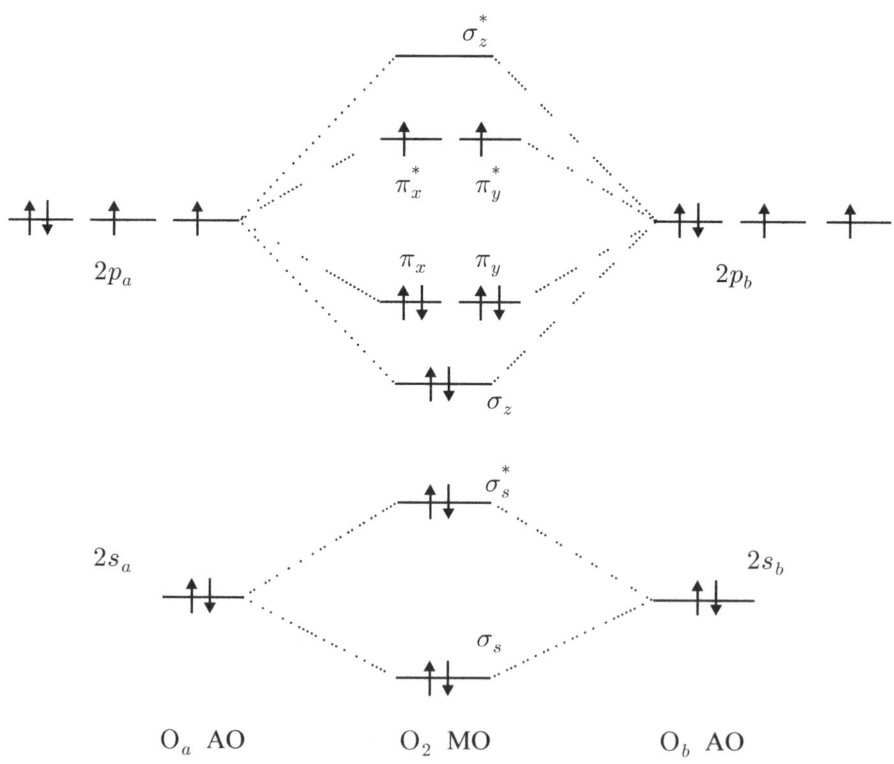

그림 4.24 O_2 분자 궤도함수의 에너지 준위와 바닥상태의 전자배치.

이제 분자 궤도함수의 전자배치에 대해서 알아보자.

O 원자는 6개의 원자가 전자를 가지므로 O_2의 분자 궤도함수에 들어가는 전자는 모두 12개이다. 이 전자들은 Pauli의 배타 원리에 따라서 에너지가 낮은 궤도함수로부터 순서대로 넣으면 π까지 각 궤도함수는 2개씩 전자를 채우게 된다. 나머지 2개 전자는 이중 축퇴된 π^* 궤도함수를 차지하게 될 것이다. 산소는 이러한 예측대로 상자기성을 띠고, 분자 1개당 2개 홀전자가 있는 것이 실험적으로 밝혀졌다. 산소의 상자기성은 단순한 옥테트규칙으로는 설명되지 않는 실험적 사실이었지만 분자 궤도함수 이론으로 설명이 가능하였다.

- **CN^-의 분자 궤도함수** CN^- 이온의 분자 궤도함수에 관계하는 원자 오비탈은 $2s$와 $2p$이다. 동핵 이원자 분자인 O_2는 대응하는 원자 오비탈의 에너지 준위가 같지만, 이핵 이원자 분자인 CN^- 이온은 C의 $2s$ 와 N의 $2s$ 궤도함수는 에너지가 서로 다르다. 즉, N가 C보다 더 전기음성적이므로 N의 원자가 전자는 대응하는 C의 원자가 전자에 비해서 에너지가 낮다. 따라서, CN^- 이온에서 원자 오비탈의 에너지 준위는 그림 4.23과 같이 된다. 따라서, 분자 궤도함수의 전자 배치는 원자가 전자는 전부 10개이므로 그림에서와 같이 $(\sigma_s)^2(\sigma_s^*)^2(\pi_{x,y})^4(\pi_z)^2$이 된다.

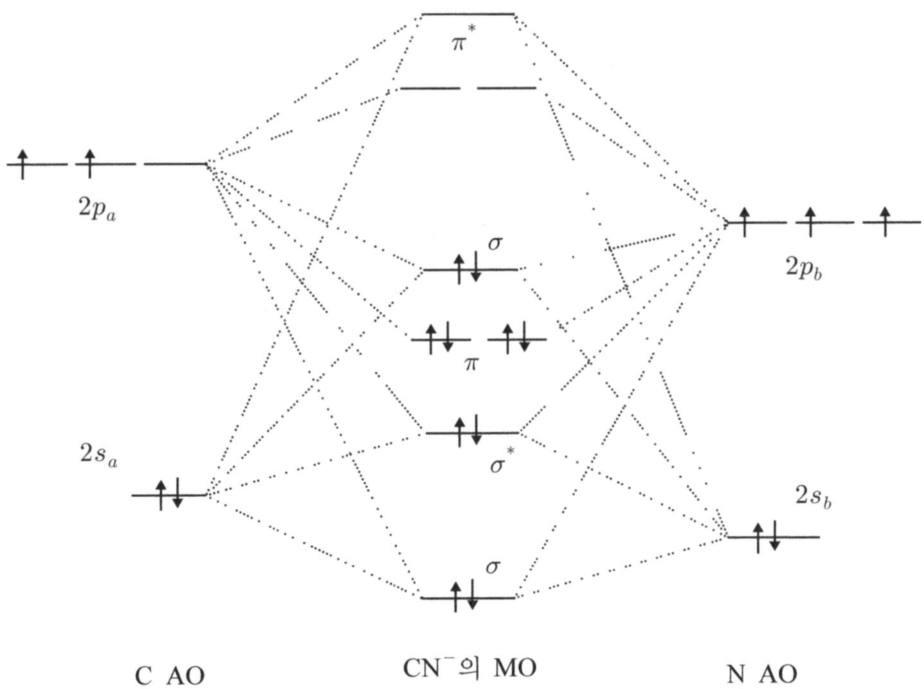

그림 4.25 CN^- 이온의 분자 궤도함수 에너지 준위와 바닥상태의 전자배치

팔면체 착물의 분자 궤도함수

이제 팔면체 착물인 $[Co(NH_3)_6]^{3+}$의 분자 궤도함수를 고려해 보자.

$[Co(NH_3)_6]^{3+}$의 분자 궤도함수는 중심금속 이온인 Co^{III}의 $3d$, $4s$ 및 $4p$ 궤도함수와 리간드인 암모니아 분자에 있는 6개 sp^3 혼성의 고립 전자쌍을 모두 함께 고려해야 한다. 착물의 분자 궤도함수는 $\sigma-$결합과 함께 $\pi-$결합성을 가진 리간드, 예를 들면 $\pi-$전자 주개인 Cl^- 등이나 $\pi-$전자 받개인 CN^- 등은 보다 많은 궤도함수를 고려해야 하므로 앞에서 예를 든 이원자 분자의 경우와 많이 다르다. 그 밖에도 중심금속인 Co^{III}에서 6개, 각 리간드에서 전자쌍이 있으므로 전체 리간드에서 12개의 전자를 갖기 때문에 모두 18개의 전자를 가지고 있다. 따라서, 이와 같이 복잡한 착물의 경우는 궤도함수의 대칭성을 이용하면 비교적 간단히 해결할 수 있다.

중심 원자가 가지고 있는 5개 d 궤도함수를 생각해 보자. 팔면체의 경우 이들 중 e_g 궤도함수, 즉 d_{z^2} 및 $d_{x^2-y^2}$은 리간드 쪽으로 양의 겹침이 일어나지만, t_{2g} 궤도함수는 리간드들의 사이에 있으므로 겹침이 되지 않는다. 따라서, LGO(ligand group orbital)은 다음과 같이 이루어질 수 있다.

e_g 궤도함수 중 $d_{x^2-y^2}$을 먼저 살펴보면,

$$\psi_{LGO,\,x^2-y^2} = \frac{1}{2}(\psi_{\sigma x} + \psi_{\sigma -x} - \psi_{\sigma y} - \psi_{\sigma -y}) \tag{4.59}$$

보다 간단히 나타내면

$$\sum\nolimits_{x^2-y^2} = \frac{1}{2}(\sigma_x + \sigma_{-x} - \sigma_y - \sigma_{-y}) \tag{4.60}$$

여기서 $\sum$와 σ는 각 LGO에 기여하는 원자 오비탈을 나타낸다. 다음으로 d_{z^2} 궤도함수의 LGO는

$$\sum\nolimits_{z^2} = \frac{1}{2\sqrt{3}}(2\sigma_z + 2\sigma_{-z} - \sigma_x - \sigma_y - \sigma_{-y}) \tag{6.61}$$

로 나타낼 수 있다.

금속의 t_{2g} 궤도함수는 $\sigma-$결합을 형성할 수 없는 비결합성 궤도함수(nonbonding orbital)에 속하므로 여기서는 고려할 필요가 없다.

이제 $[Co(NH_3)_6]^{3+}$와 같은 팔면체 착물의 분자 궤도함수의 에너지 준위 그림

을 구할 수 있다[8].

중심 원자의 $4s$ 와 $4p$ 궤도함수는 $3d$ 궤도함수에 비해서 리간드와 겹침이 크기 때문에 결합성 궤도함수인 a_{1g}와 t_{1u}의 에너지가 가장 낮으며, 반대로 a_{1g}^*와 t_{1u}^* 반결합성 궤도함수는 에너지가 가장 높다. $3d$ 궤도함수로 인해서 생기는 e_g와 e_g^* 궤도함수는 겹침이 작으므로 무게 중심에서 크게 변하지 않는다. t_{2g} 궤도함수는 비결합성 궤도함수이므로 아무런 변화가 없다. 그 결과의 에너지 도표를 그림 4.25에 나타내었다.

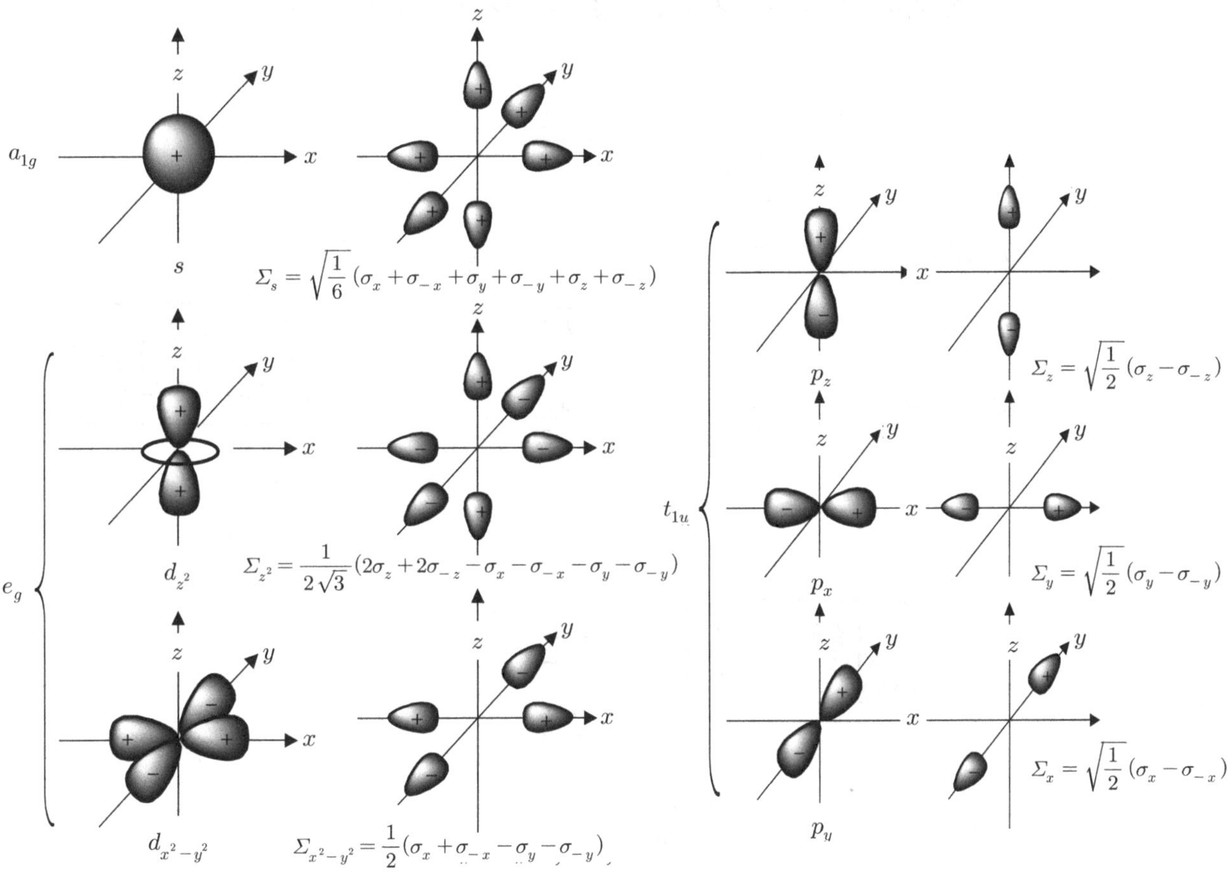

그림 4.26 중심 원자의 $d-$궤도함수와 같은 대칭성의 LGO.

8) 여기서는 근사적으로 다룬 것이므로 정성적인 관계만 볼 수 있다. 따라서, 근사적인 방법에서는 에너지의 순서가 불확실한 점도 있으나 그렇게 관심을 갖지 않아도 된다.

이제 착물의 MO에서 전자 배치를 고려해 보자.

$[Co(NH_3)_6]^{3+}$ 착이온은 6개 리간드의 질소 원자에 고립 전자쌍에서 12개와 중심금속인 Co^{3+}에서 6개 모두 18개의 전자를 가지고 있다. 따라서, MO에서 전자를 에너지가 낮은 순서로 채우면 전자배치는 $a_{1g}^2\ t_{1u}^6\ e_g^4\ t_{2g}^6$가 된다. 전자가 e_g^*에 들어가지 않고 t_{2g}에 쌍을 이루므로 반자기성을 띤다. 그러나 $[CoF_6]^{3-}$와 같이 Δ_o값이 적으면 전자 배치가 $t_{2g}^4\ e_g^2$로 되어 4개의 홀전자가 존재하므로 상자기성을 갖게 된다.

MOT와 CFT에서도 Δ_o 차이로 나누어지는 두 짝의 궤도함수를 생각하면 팔면체 착이온의 자기적 성질과 분광학적 성질을 설명할 수 있다.

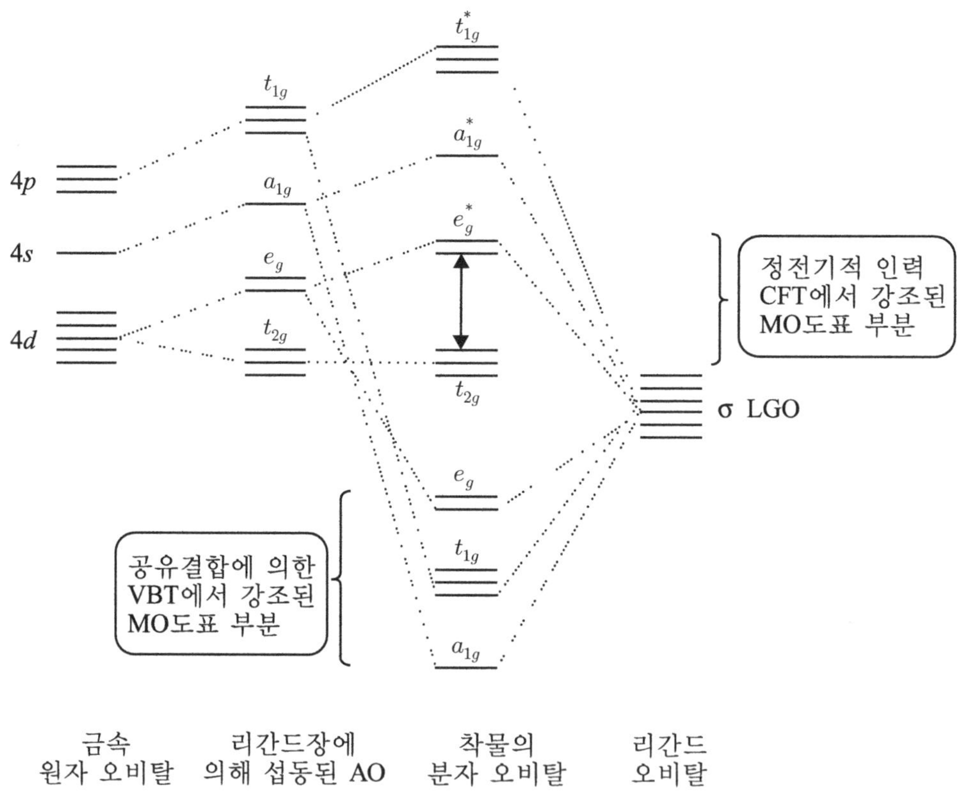

그림 4.27 π－결합이 없는 팔면체 착물의 MO 에너지 준위

이제 π－결합에 관계하는 리간드가 배위되었을 경우를 생각해 보자.

• **π－결합의 영향** 금속 착물에는 두 가지 형태의 π－결합이 있다. 리간드의

t_{2g} 궤도함수가 채워져 있는 경우와 반대로 비어 있는 경우를 생각할 수 있다. 그림 4.27의 (a)와 같이, 리간드의 t_{2g} 궤도함수에 전자가 채워져 있는 경우, t_{2g} 궤도함수의 에너지는 비어 있거나 부분적으로 채워져 있는 중심금속의 t_{2g} 궤도함수와 비슷하다. 따라서, 리간드-금속 주개 결합이 일어날 수 있다. 이러한 상황은 높은 산화수와 d 전자가 거의 없는 금속 이온과 F^-, Cl^- 및 OH^- 등과 같은 π 전자 주개 리간드와의 결합에서 잘 일어난다.

만약 금속이 몇 개의 d 전자를 가지고 있다면 이 전자들은 반결합성 궤도함수 t_{2g}^*에 들어가게 될 것이다. 따라서, 10Dq값은 $\pi-$결합이 없을 때보다 작아진다.

다른 형태의 $\pi-$결합은 (b)의 경우와 같이, t_{2g} 궤도함수에 전자가 채워져 있거나 거의 채워진 금속(낮은 산화수)과 낮은 에너지의 빈 궤도함수를 가진 리간드(P와 S처럼 빈 d 궤도함수나 CO, CN^-, NO^+ 및 1,10-phen 등에서 π^* 궤도함수)와의 결합에서 일어난다. 이들의 채워진 t_{2g} 준위들의 에너지는 결합의 결과로 감소되어 10Dq값을 증가시킨다.

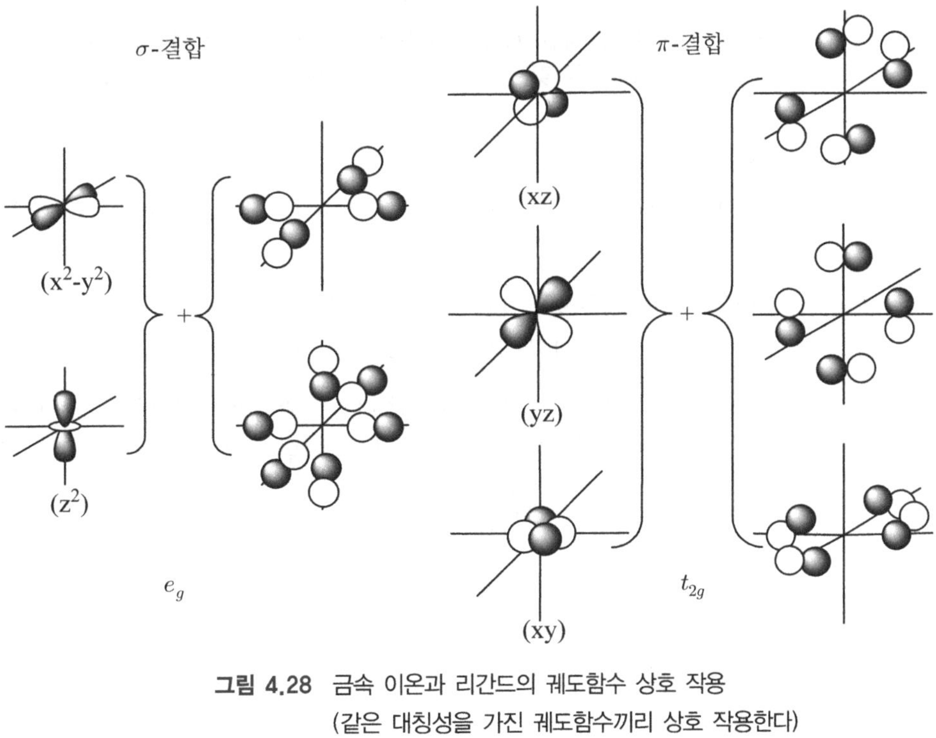

그림 4.28 금속 이온과 리간드의 궤도함수 상호 작용
(같은 대칭성을 가진 궤도함수끼리 상호 작용한다)

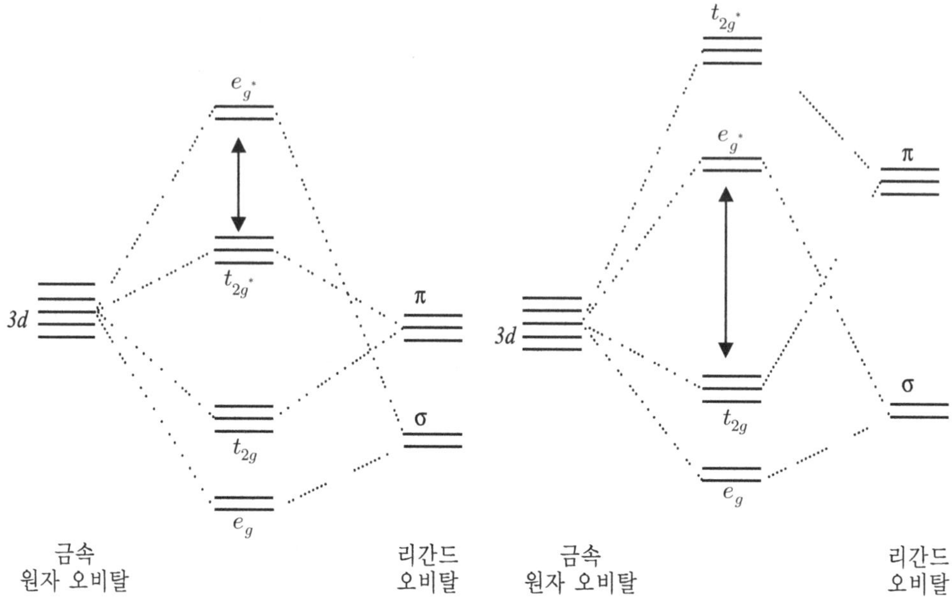

(a) 금속의 $3d$-궤도함수와 채워진 $t_{2g}(\pi)$ 리간드 궤도함수

(b) 금속의 $3d$-궤도함수와 비어있는 $t_{2g}(\pi)$ 리간드 궤도함수

그림 4.29 $\pi-$상호 작용에 의한 착물의 분자 궤도함수.
(a) 낮은 에너지를 갖는 채워진 리간드의 $\pi-$궤도함수에 의한 L-M 상호 작용.
(b) 높은 에너지를 갖는 비어 있는 π^*-궤도함수에 의한 L-M 상호 작용.

사면체 착물의 분자 궤도함수

$[CoCl_4]^{2-}$ 착이온으로 사면체 ML_4 착물(T_d 대칭)의 분자 궤도함수에 대해서 알아보자.

금속의 원자가 전자는 $4s$, $4p$, $3d$ 궤도함수를 가지며, 이때 5개의 $3d$ 궤도함수는 $e(d_{z^2},\ d_{x^2-y^2})$ 및 $t_2(d_{xy},\ d_{xz},\ d_{yz})$로 분열이 일어난다. 그리고 각 리간드($Cl^-$)에서 하나의 전자쌍 궤도함수($sp^3$ 혼성)에 의해서 형성된 4개 LGO에 의해서 4개의 $\sigma-$결합이 형성될 것이다. 이렇게 형성된 사면체 착물의 MO 도표는 그림 4.28에 나타내었다.

$[CoCl_4]^{2-}$ 착물에서 중심금속인 Co^{II}는 7개의 원자가 전자를 가지며, 각 리간드는 2개 전자를 제공하여 모두 8개의 전자를 제공하므로 합계 15개 전자를 가진다. 12개의 전자는 e 궤도함수를 포함하여 낮은 에너지의 분자 궤도함수에 전자를 채우고, 3개의 전자는 짝짓지 않은 상태로 t_2 궤도함수에 들어가게 될 것이다.

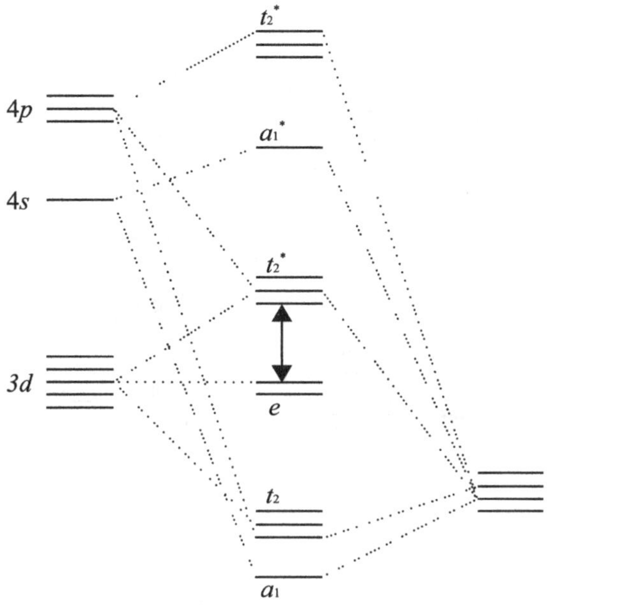

그림 4.30 사면체 대칭 착물의 $\sigma-$MO 도표.

평면사각형 착물의 분자 궤도함수

$[PtCl_4]^{2-}$는 붉은색의 평면사각형 착이온이다. Pt^{2+} 이온은 $5d^8$이며, Cl^-의 최외각 전자배치는 $3p^6$이다. 이 착이온의 분자 궤도함수에 관여하는 Pt^{2+}의 궤도함수는 $5p$, $6s$ 및 $6p$의 9개 궤도함수가 있고, 리간드의 궤도함수는 4개의 $3p$로 모두 12개이다.

이들 궤도함수가 선형 결합을 이루면 $[PtCl_4]^{2-}$의 분자 궤도함수는 모두 21개 얻어진다. 그들의 에너지 준위를 그림 4.29에 나타내었다.

주로 Cl^-의 $3p_\sigma$ 와 $3p_\pi$로 형성되는 각 분자 궤도함수는 각각 σ^b와 π가 대표적이다. σ^b 분자 궤도함수에는 Pt^{II} 이온의 $d_{x^2-y^2}$ 오비탈가 관여하고 있다.

평면사각형 구조는 d^8계 금속 이온의 착물에서 흔히 볼 수 있다. 이 착물은 금속으로부터 8개, 4개 리간드로부터 8개 합계 16개 전자가 MO를 채우게 된다. 이 때, 전자들은 낮은 에너지의 8개 MO를 차지할 것이므로 반자기성을 나타낸다.

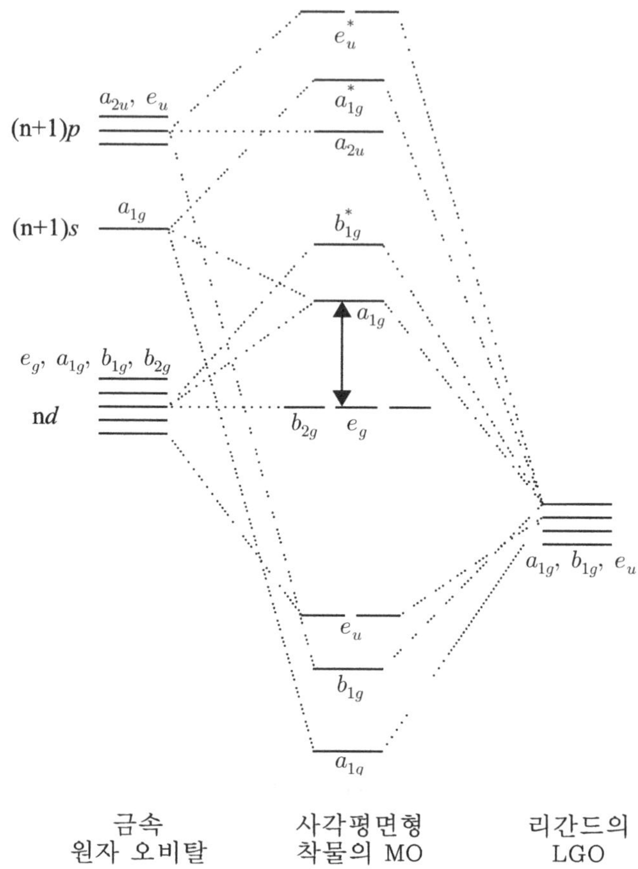

그림 4.31 평면사각형 착물, ML_4의 MO 도표

금속–금속 간의 결합

금속-금속 간의 결합 이론은, 1960년대에 들어서 종전의 단핵 착물에 비해서 금속 원자 간의 거리가 이상하게 짧은(그 금속 원소의 단체, 즉 금속 자체에서 금속 원자 간 거리보다 짧은 것을 하나의 고려 기준이 되었다) 다핵 착물이 발견되어 발전되었다. 이들 착물에는 금속 원자 간에 주로 d 궤도함수끼리 중첩에 의한 공유 결합성의 상호 작용이 존재한다. 이와 같은 착물의 전자 상태는 분자 궤도함수법으로 설명되어 왔다. 대표적인 예로서 금속 이온 간의 사중 결합이 존재하는 Re^{III}의 복핵 착물 $[Re_2Cl_8]^{2-}$를 들 수 있다.

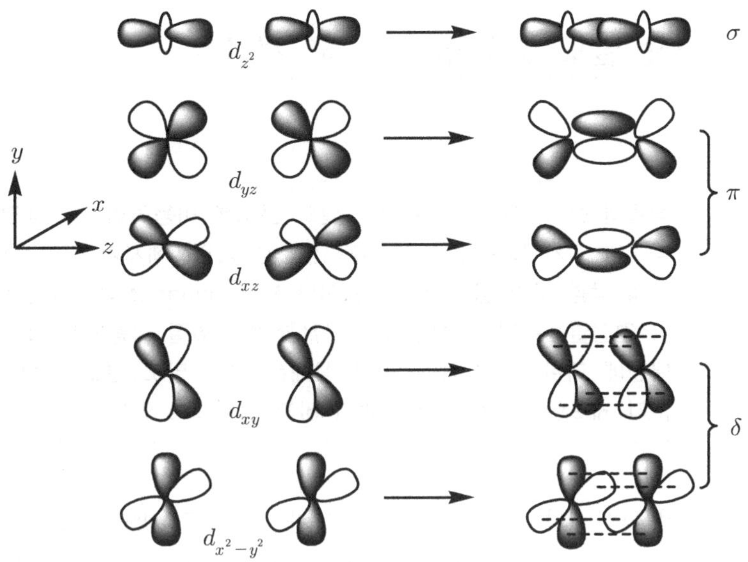

그림 4.32 금속-금속 간 결합에 의한 σ, π, δ -결합.

그림 4.30에서 나타낸 것과 같이 금속 이온이 서로 마주보고 있는 배치에서 금속-금속 결합축을 z축으로 보면, 5개 d 궤도함수가 각각 중첩되어 결합성, 반결합성 궤도함수가 형성되어 1개 $\sigma-$결합, 2개 $\pi-$결합, 2개 δ 결합 궤도함수가 생긴다. 그 중에서 $d_{x^2-y^2}$ 궤도함수는 리간드와의 결합에 사용되고, 금속 간 결합에는 관여하지 않는다. 나머지 4개의 결합성 궤도함수는 Re^{III}의 4개씩의 전자가 수용되어 σ, π, δ형의 사중 결합이 만들어진다.

3 전자 밀도 분포의 측정 및 계산

착물의 전자상태는 그의 전자 밀도 분포를 이용하여 나타내면 이해하기 쉽다. 착물의 전자 밀도 분포는 전자 상자성 공명, 핵자기 공명, 핵 다중극자 공명 등의 각종 자기 공명 스펙트럼이나 Mössbauer 스펙트럼 등의 방법을 이용하여 결정할 수 있다. 최근에는 정밀한 X선 회절 실험에서 팔면체와 사각평면형 대칭에 대한 AOM 계산 결과 상세한 전자 밀도 분포 그림을 얻어 비경험적 분자 궤도함수법의 계산 결과와 비교 검토되고 있다.

착물의 전자 밀도 분포는 여러 가지 실험적 방법으로 직접 구할 수 있어 착물의 전자상태를 기술하는 데 매우 효과적이다. 여기서 가장 흔히 연구되는 몇 가지 방법과 그 결과에 대해서 간단히 알아보자. 또한 비경험적 분자 궤도함수법을 이용한 계산에서 착물의 상세한 전자 밀도 분포를 얻을 수 있다. 이것에 대해서도 간단히 그 결과만을 소개한다.

전자 상자성 공명(EPR)과 전자 스핀 밀도

1945년에 Zavoisky는 $CuCl_2 \cdot 2H_2O$를 사용하여 처음으로 EPR 스펙트럼 측정에 성공하였다. NMR의 검출이 성공하기 1년 전의 일이다. 이 이후 EPR은 상자기성 착물이나 유기 라디칼의 연구에도 없어서는 안 될 중요한 실험 수단이 되고 있다.

- EPR 전자의 스핀 각운동량을 **S**라고 하면 전자는 다음과 같은 자기 모멘트 μ_B를 갖는다.

$$\mu_e = g\mu_B h^{-1} S \tag{4.62}$$

이 식에서, μ_B는 Bohr magneton을 나타내고, g는 전자의 g인자이다. 자유 전자의 g인자값은 2.0023이다. 세기가 H_0인 자기장에 전자를 놓으면 핵자기 모멘트의 경우와 같이 Zeeman 상호 작용 에너지 E_z^s는 다음과 같다.

$$E_z^s = g\mu_B m_s H_0 \tag{4.63}$$

스핀 양자수 m_s는 ±1/2값을 가지므로, 이 식에서 2개의 에너지 준위가 생기는 것을 나타내고, 준위 간의 에너지 차이 ΔE_z^s는

$$\Delta E_z^s = g\mu_B H_0 \tag{4.64}$$

이 된다.

ΔE_z^s는 그림 4.31과 같이 H_0에 비례한다. 전자는 이 값에 해당하는 라디오파의 에너지를 공명 흡수하는데, 이것이 EPR(electron paramagnetic resonance)이다.

준위 간의 전이는 NMR와 같이 자기 쌍극자 전이이고, 전이의 선택 규칙은 $\Delta m_s = \pm 1$이다.

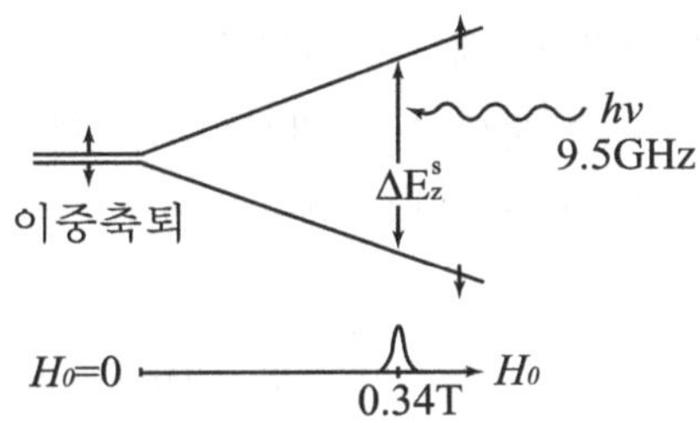

그림 4.33 전자 스핀의 Zeeman 분리와 EPR.

외부 자기장이 0.34T일 때, EPR의 주파수는 9.5GHz(9500 MHz)가 된다. 이것은 X밴드 영역의 마이크로파이다. EPR의 실험에서는 적은 외부 자기장에서 측정 가능한 이 영역의 마이크로파가 잘 이용된다.

- **EPR의 초미세 구조** 유기 라디칼들의 EPR 스펙트럼을 측정해 보면 몇 개로 분열된 공명선이 관찰될 때가 있다. 이것은 라디칼 중에 있는 자기 모멘트를 가진 원자핵과 전자 스핀과의 등방적인 자기 상호 작용에 의해 분리된 것이고, 이것을 EPR 스펙트럼의 초미세 구조(hyperfine structure, 약자 hfs)라 한다.

NaOH의 알코올 용액에서 존재하는, 세미퀴논 이온 라디칼의 EPR 스펙트럼을 측정해 보면, 강도비가 1 : 4 : 6 : 4 : 1의 그림 5.32에 나타낸 것과 같이 등방적으로 나란한 5개의 공명선이 관찰된다. 이것은 라디칼에 있는 4개의 양성자의 핵스핀에 의한 초미세 구조이다.

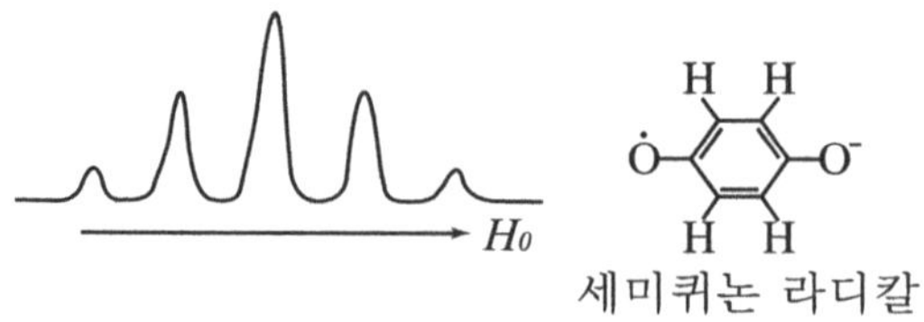

그림 4.34 세미퀴논 이온 라디칼의 EPR 스펙트럼.

전자스핀과 핵스핀의 등방적인 상호작용이 있으면 전자스핀의 자기 에너지 E^s는 다음과 같이 쓸 수 있다.

$$E^s = g\mu_B m_s H_0 + aM_I m_s \tag{4.65}$$

여기서 a는 초미세 결합 상수이고, M_I는 상호 작용을 하는 핵스핀의 전체 핵스핀 양자수이다. 세미 퀴논 이온 라디칼에는 4개의 양성자가 있어, 그들이 같은 상호 작용을 일으키므로 M_I는 ±2, ±1, 0의 5가지의 값을 가지며, m_s의 각 준위는 5개로 분열된다.
식 4.65 오른쪽 둘째 항은 페르미 접촉항 상호 작용 에너지를 나타내고, a는 다음과 같은 내용을 가진 상수이다.

$$a = \frac{8\pi}{3} g g_N \mu_B \beta_N |\psi(0)|^2 \tag{4.66}$$

여기서 g_N은 핵의 g 인자, 또한 β_N는 핵자기 모멘트이다.

핵의 위치에 놓인 전자 스핀 밀도를 나타내는 $|\psi(0)|^2$은 s 전자에서 유한값이지만, p 전자나 d 전자에서는 0이다. a를 가진 제 2항은 핵과 전자스핀이 접촉했을 때 나타나는 상호작용 에너지이고, 이것을 접촉항 상호작용이라고 하는 이유이다.
세미퀴논 이온 라디칼에서 전자스핀의 자기 에너지는 그림 5.33과 같이 분열된다. 이것은 NMR의 스핀-스핀 경우와 같다. 준위 간의 전이는 $\Delta m_s = \pm 1$, $\Delta M_I = 0$에서 일어나므로 실제로 관측되는 것과 같이 5개선의 스펙트럼이 얻어진다. 분열의 간격은 a이고, 이 값으로부터 H가 결합하고 있는 C 원자의 위치에 있는 스핀 밀도를 어림잡을 수 있다. 이 라디칼에는 C-H의 탄소 원자에 0.07의 스핀 밀도가 있음을 알 수 있다.

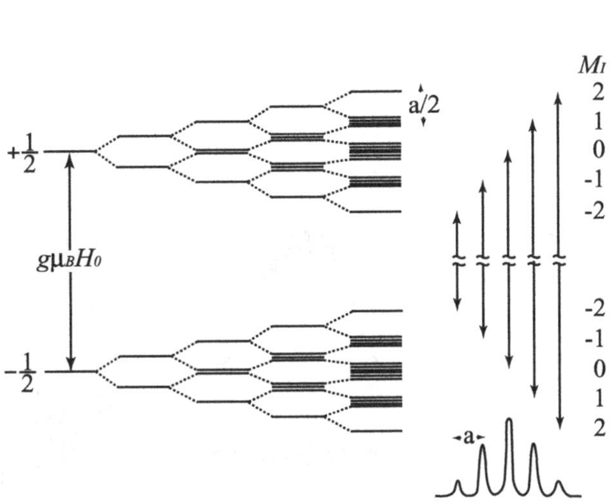

그림 4.35 세미퀴논 이온 라디칼의 초미세 상호 작용에 의한 전자 스핀 Zeeman 에너지 준위의 분열과 EPR 스펙트럼. 분열된 축퇴도가 EPR스펙트럼의 강도에 비례한다.

- $[IrCl_6]^{2-}$ 이온 초미세 상호 작용을 하는 여러 가지 핵종이 있으면, 얻어지는 스펙트럼은 복잡하다. 착물의 대부분은 이러한 핵종을 얼마간 가지고 있다. $[IrCl_6]^{2-}$도 같은 형태이다. 그러나 이 착물의 EPR 스펙트럼은 착물의 EPR 스펙트럼으로서는 간단한 편이다. 세미퀴논 이온 라디칼의 EPR 스펙트럼을 해석했던 때를 염두에 두고서, 이 스펙트럼을 자세히 살펴보면 복잡하지만 규칙성을 발견할 수 있다. 이 규칙성을 발견하는 것이 EPR 스펙트럼을 해석하는 열쇠이다. 일단 스펙트럼의 해석이 된다면 거기에 있어서 착물화학에 있어서 귀중한 정보가 얻어진다.

이 착이온에는 모두 핵스핀이 3/2인 이리듐 핵 ^{191}Ir, ^{193}Ir와 염소 핵 ^{35}Cl과 ^{37}Cl이 있다. Ir^{IV}은 $5d^5$ 이온을 가지므로, $[IrCl_6]^{2-}$와 같이 O_h장에 놓인 Ir^{IV}에는 1개의 홀로된 전자가 있어 그들의 EPR이 관측된다.

$Na_2[IrCl_6]{\cdot}6H_2O$를 같은 구조를 가진 반자기성 착물, $Na_2[PtCl_6]{\cdot}6H_2O$로서 1 : 200 정도의 비율로 이루어진 결정을 만든다. 이 단결정으로 EPR을 측정하면 구조를 가진 복잡한 스펙트럼이 얻어진다. 같은 형의 반자기성 착물을 섞는 이유는 다음과 같다. 상자기성 착물에는 홀로된 전자 간의 거리가 가까우므로 전자의 자기 모멘트 간의 강한 이방성 자기 상호작용이 일어난다. 그 때문에 EPR 스펙트럼의 폭이 넓게 되어 초미세 구조가 관찰되지 않는다. 거기에서 같은 형태의 반자기성 착물을 섞어서 이방성 자기 상호작용의 효과를 작게 하면 정밀한 스펙트럼을 관찰할 수 있다.

$Na_2[(Ir, Pt)Cl_6]{\cdot}6H_2O$결정으로 1개 Cl-Ir-Cl 축방향에 자기장 H_0을 걸어서 관

찰된 EPR 스펙트럼을 그림 4.34에 나타내었다.

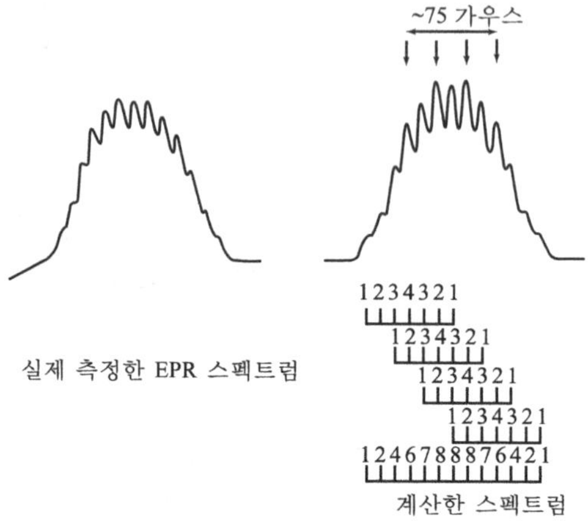

그림 4.36 $Na_2[(Ir, Pt)Cl_6]\cdot 6H_2O$에 Cl–Ir–Cl 축방향으로 외부 자기장을 걸었을 때, 실측된 EPR 스펙트럼과 Ir핵과 Cl 핵에 의한 hfs를 고려하여 계산한 스펙트라. $1G=10^{-4}T$이다.

그림 4.34과 같이 관찰된 스펙트럼은 강도비가 1 : 2 : 3 : 4 : 3 : 2 : 1인 7개 공명선이 4개로 중첩된 것을 알 수 있다. 7개 공명선은 자기장을 가한 방향에 있는 Cl(1)-Ir-Cl(2)의 2개의 염소 핵에 의한 초 hfs이다. 또한, 4개로 크게 분리되는 것은 핵스핀 $I = 3/2$의 Ir 핵에 있어 초미세 상호작용에 의한 것이다. 이 착이온에 대해서 초미세 상호작용 에너지 E^a는 다음과 같다.

$$E^a = a_{\rm Ir}\, m_s m_I({\rm Ir}) + a_{\rm Cl}\, i m_s [m_I\{{\rm Cl}(1)\} + m_I\{{\rm Cl}(2)\}] \tag{4.67}$$

여기서, $m_I({\rm Ir})$과 $m_I({\rm Cl})$은 각각 이리듐 핵과 염소 핵의 핵스핀 양자수를 나타내고, $a_{\rm Ir}$과 $a_{\rm Cl}$은 각각의 초미세 결합 상수를 나타낸다. 이리듐 핵에는 ^{191}Ir과 ^{193}Ir의 두 종류가 있지만, 이것들의 핵자기 모멘트값은 비슷하고, 같은 $a_{\rm Ir}$값을 나타낸다고 생각해도 좋다. 이와 같은 현상은 ^{35}Cl과 ^{37}Cl 핵에 있어서도 같다. 또한 이들 핵의 핵스핀은 모두 3/2이므로 각각의 핵스핀 양자수는

$$m_I({\rm Ir}) = \pm 3/2,\ \pm 1/2 \tag{4.68}$$

$$m_I\{{\rm Cl}(1)\} + m_I\{{\rm Cl}(2)\} = \pm 3,\ \pm 2,\ \pm 1,\ 0 \tag{4.69}$$

의 값을 가진다. 이 결과 전자스핀의 Zeeman 에너지 준위는 그림 4.35에 나

타낸 것과 같이, 식 4.70의 제1항에서 4개로 분열되고, 더욱이 각각의 준위가 제2항으로 7개로 분열한다.

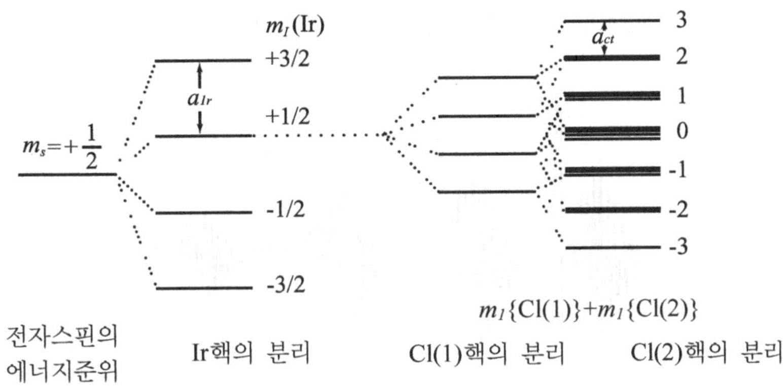

그림 4.37 전자 스핀의 $m_s = \pm 1/2$의 Zeeman 에너지 준위가 Ir, Cl(1), Cl(2)의 각 핵에서 분열되는 양상. Cl(1), Cl(2)핵에 의한 분열은 $m_I(\text{Ir}) = +1/2$의 준위에 있는 것만 대표적으로 나타내었다.

$[IrCl_6]^{2-}$에 의해서, 이와 같이 EPR 스펙트럼이 관찰된 사실은 이리듐의 홀로된 전자가 염소로 이동하고 있는 것을 나타내는 확실한 증거이다. Owen 등은 이 스펙트럼을 해석해서, Ir의 t_{2g}와 Cl의 $3p_\pi$의 사이에, 그림 4.39과 같은 d_π-p_π형의 $\pi-$결합이 있고, Cl 원자의 $3p_\pi$ 전자가 부분적으로 빈자리를 가진 Ir의 t_{2g} 궤도함수에 옮겨진 결과로서 Cl 원자에 있는 스핀 밀도를 대략 0.054값을 얻었다. 이것은 Ir-Cl 결합에 5.4%의 $\pi-$공유 결합성이 있는 것을 의미하고 있다.

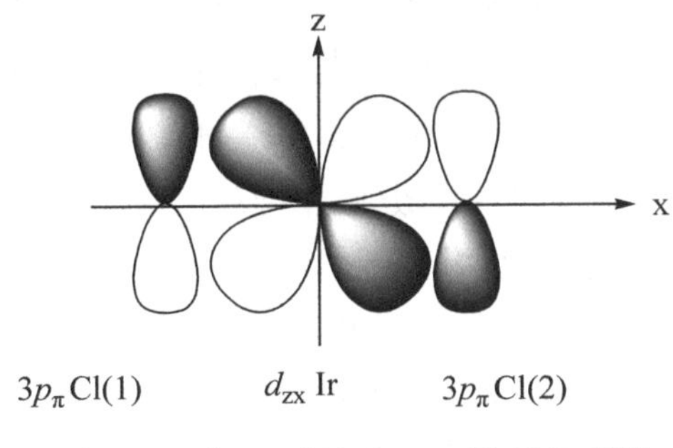

그림 4.38 Ir−Cl간의 $d_\pi - p_\pi$형 공유 결합.

- 비스(살리실알디미나토)구리(II) 이 착물의 Cu^{II}를 Ni^{II}로 바꾼 것은 반자기성이며, 구조는 Cu^{II} 착물과 같은 형태이다. 이 Cu^{II} 착물을 Ni^{II} 착물로서 1 : 200 정도의 비율로 묽힌 단결정을 만들어 EPR 스펙트럼을 측정하면 그림 4.37과 같은 스펙트럼을 얻을 수 있다.

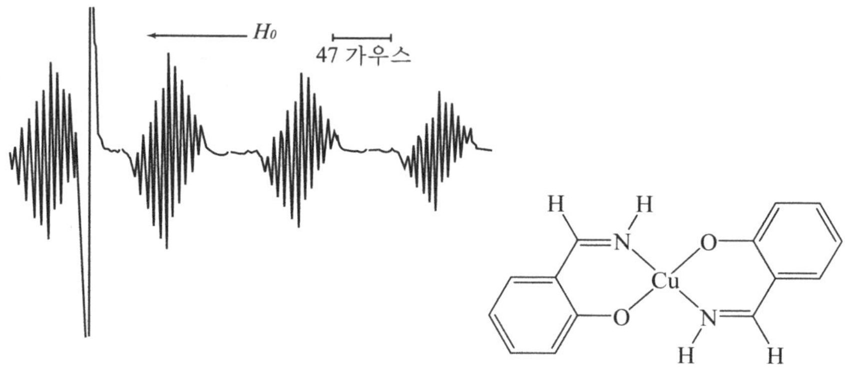

그림 4.39 비스(살리실알디미나토)구리(II)의 EPR 스펙트럼.

구리에는 ^{63}Cu와 ^{65}Cu의 천연 동소체가 있어, 이들 핵은 둘 다 3/2의 핵스핀을 가지고 있다. 그림 4.40의 스펙트럼은 ^{63}Cu를 농축한 시료에 대한 것이다. ^{65}Cu에 의한 분리가 없기 때문에 예리한 흡수선이 가늘게 쪼개져 있는 모양이 확실히 알 수 있는, 깨끗한 그림을 얻을 수 있다. 이 스펙트럼은 앞에서 언급한 $[IrCl_6]^{2-}$의 스펙트럼과 다르게 흡수의 미분형으로 나타내었다. 높은 자기장에서 강한 1개의 공명선은 자기장의 교정으로 사용한 표준 시료 DPPH[9]에 의한 것이다. 이 스펙트럼은 4개의 공명선 그룹으로 되어 있고, 각 그룹에는 강도비 1 : 2 : 3 : 4 : 5 : 6 : 5 : 4 : 3 : 2 : 1의 11개의 공명선이 있다. Cu^{II}은 $3d^9$ 이온으로 1개의 홀로된 전자가 있다. 관찰된 EPR 스펙트럼은 이 홀로된 전자 때문이다. ^{63}Cu의 핵스핀은 3/2이므로 전자 스핀의 에너지 준위는 ^{63}Cu 핵과 초미세 상호 작용에 의해 4개로 나누어지고, 그 결과 4개의 공명선이 관찰될 수 있다. 실제로 얻어진 스펙트럼이 4개의 공명선 그룹으로 되어 있는 것은 이 때문이다.

^{63}Cu 핵에서 분열된 EPR의 각 공명선은 2개의 ^{14}N 핵스핀(I=1)에 의한 강도비가 1 : 2 : 3 : 2 : 1인 5개 선으로 나누어진다. 이들의 공명선이 더욱이 2개의 양성자 스핀에 의해서 그림 4.38과 같이 나누어진다면 관찰된 스펙트럼과 같

9) 2,2-diphenyl -1-picrylhydrazyl, 이것은 매우 안정한 라디칼이다

이 강도 비를 가진 11개의 공명선으로 나누어진다. 이와 같이 제2, 제3의 핵으로 분열되는 것을 초 hfs(super hfs)라 한다. Ir 착물의 Cl에 의한 분열이 여기에 해당한다.

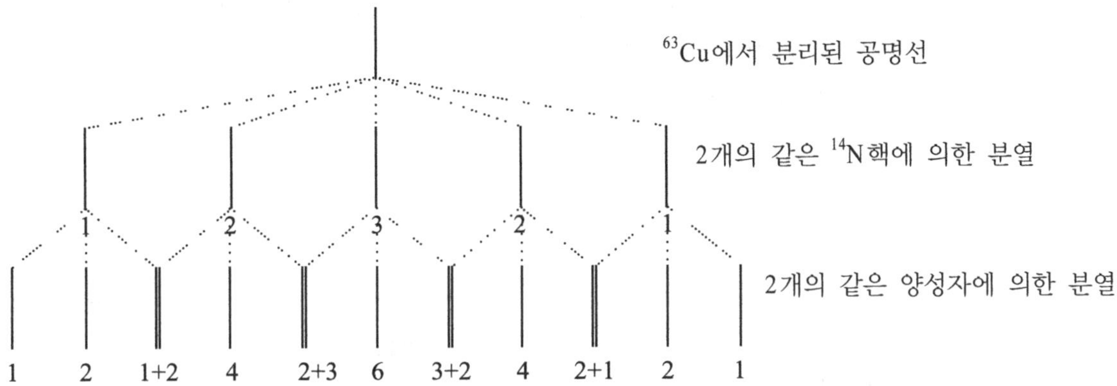

그림 4.40 ^{63}Cu 핵으로 분열된 공명선 1개가 2개의 같은 ^{14}N핵, 2개의 같은 양성자에 의해서 차례로 분열된 모양. 숫자는 상대강도를 나타낸다.

이 착물에서 N에 결합된 H를 D로 치환시켜, 그의 EPR 스펙트럼을 관찰해 보면 원래의 것과 같은 스펙트럼이 얻어진다. 또한 α위치의 C에 결합된 H를 CH_3기로 치환시킨 착물의 EPR 스펙트럼은 초 hfs에 2개의 양성자가 관계하지 않아 2개의 ^{14}N 핵 만에 의한 단순한 것이 된다. 그러므로 이 결과 전자 스핀과 상호 작용을 하는 양성자는 α위치에 C에 결합된 양성자로 볼 수 있다.

이 EPR 스펙트럼은 금속과 리간드가 공유 결합을 함으로써 금속의 홀로된 전자가 리간드로 이동되는 경우를 명확하게 나타내는 좋은 예이다. 또한 스핀 밀도는 배위 원자에 의해서 만이 아니고, 금속에서 멀리 떨어진 원자에서도 있다는 것을 보여 준다. 이것을 분자 궤도함수법으로 고찰하는 편보다 실제에 가깝다는 것을 뒷받침하고 있다.

^{1}H NMR로부터 얻은 전자 스핀 밀도 분포

상자기성 착물에서 리간드상의 전자 밀도는 리간드의 ^{1}H NMR에서 관찰되는 접촉 이동으로도 구할 수 있다. bis-[N,N'-di(p-tolyl)-2-amino-3,5,7-cycloheptatrieneaminato] nickel(Ⅱ)의 예를 그림 4.39에 나타내었다.

홀전자를 가진 분자의 ^{1}H NMR은 큰 화학적 이동을 나타낸다. 이것은 접촉 이동의 특징이다. 스핀 밀도를 보면 Ni^{II}의 홀전자가 착물 전체에 걸쳐 퍼져 있는 것을 알 수 있다. 스핀밀도의 부호에서 양은 +1/2 스핀, 음은 -1/2 스핀이 유발된 것을 나타낸다. Ni^{II}에 배위하고 있는 N 원자나, 그들에 결합된 C 원자에서도 어느 정도 홀로된 전자밀도가 있다고 할 수 있다. 그러나 그들의 원자에는 결합하고 있는 H 원자가 없기 때문에 이 방법으로는 홀로된 전자밀도를 측정할 수 없다.

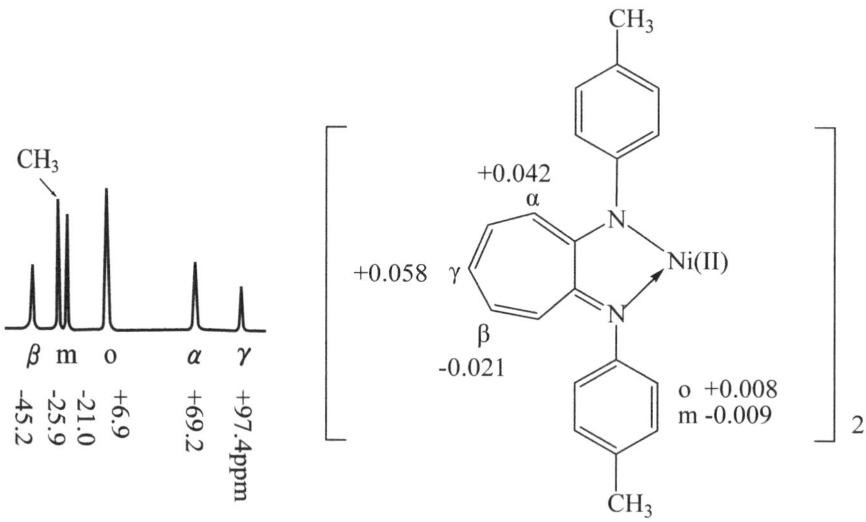

그림 4.41 bis-[N,N'-di(p-tolyl)-2-amino-3,5,7-cycloheptatrieneaminato] nickel(II)의 ^{1}H NMR 스펙트럼과 스핀밀도 분포.

정밀 X선 회절과 전자 밀도 분포

X선은 결정 내에서 전자가 상호작용을 하여 산란된 회절 현상을 나타낸다. 따라서, X선의 회절 강도에는 결합 전자의 정보도 포함되어 있다.

전이금속과 같은 무거운 원자의 결합 전자는 원자의 전체 전자수에 비하면 그 수는 적다. 이 약간인 결합 전자에 관한 정확한 정보를 얻기 위해서는 정밀하게 측정한 강도 자료를 가능한 한 많은 반사에 의해서 모으지 않으면 안 된다. 이렇게 해서 모은 자료를 전자 계산기를 이용해서 처리하면 결합 전자의 결합 분포상태를 볼 수 있다. 여기서는 실험 방법이나 자료의 처리 방법은 생략하고, 얻어진 결과만을 언급하고자 한다.

• $[Co(NH_3)_6]^{3+}$ **착이온**　그림 4.44에 이 착이온에 대한 X선 실험에서 결정된 D 합성 그림을 나타내었다. D 합성은 X선의 반사 강도 측정에서 구한 전자 밀도 분포 $\rho_0(x,y,z)$에서 결정을 이루고 있는 각 원자에 구형 대칭의 전자 분포를 가지고 있는 것으로서, 그들을 계산하여 얻어진 값 $\rho_c(x,y,z)$를 뺀 것이다. D 합성으로 얻어진 전자 밀도 분포를 $\Delta\rho(x,y,z)$로 나타내면

$$\Delta\rho(x,y,z) = \rho_0(x,y,z) = \rho_c(x,y,z) \tag{4.70}$$

가 된다. $\Delta\rho(x,y,z)$가 양인 영역에 결합 전자가 있다. 한편, 이것이 음이 되면 구형 대칭 분포를 하고 있는 전자가 그 부분에서 다른 장소로 이동된다.

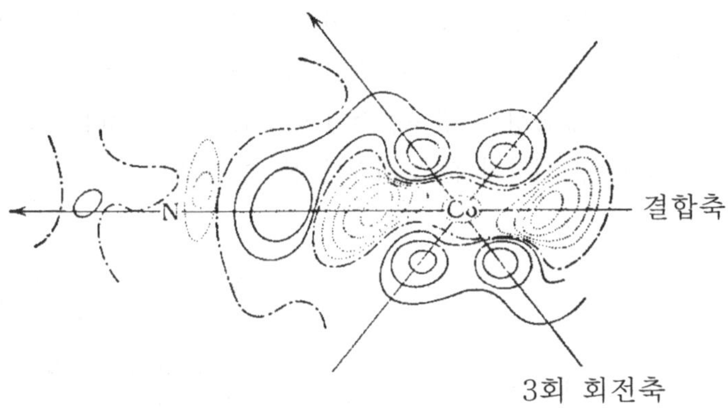

그림 4.42　$[Co(NH_3)_6]^{3+}$ 착이온의 D합성 그림

그림 4.40의 D 합성 그림은 Co-N 결합을 1개의 3회 회전축을 포함한 평면으로 자른 단면을 나타낸다. 등고선은 0.1 $Å^{-3}$의 간격으로 나타나 있고, 실선은 양의 밀도를, 점선은 음의 밀도를, 또한 자른선은 밀도 0을 각각 나타내고 있다.

Co와 N의 중간에 있는 전자밀도가 높은 산은 NH_3의 고립 전자쌍이 일부 Co에 공유되어 시그마 결합이 생겼기 때문이다. 이 산의 마루는 Co 핵에서 1.21 Å 떨어진 정도로서, 이 거리는 코발트의 공유결합 반지름에 일치한다. Co 핵을 중심으로 이 공유 결합 반지름을 가진 구를 만들어, 그 안에서의 전자수를 계산하면 26.3이 된다. Co 원자의 전자수는 27이므로 코발트에 있는 알짜 전하는 +0.7로서, 코발트의 전하는 잘 중화되어 있다. 이것도 Pauling의 전기 중성의 원리가 잘 성립되는 예이다.

그림 4.40을 보면 Co 핵 근처에 4개의 전자 밀도가 높은 산이 있다. 이들 산은 O_h 리간드장에서 분열된 Co의 $3d$ 궤도함수 내의 t_{2g}궤도함수를 차지하는 전자에 의해서 만들어진 것이다. 이와 같이 t_{2g}궤도함수의 전자 분포도가 구해진 것은 리간드장 이론의 타당성이 실험적으로 입증되는 것이다.

- **$[Co(CN)_6]^{3-}$ 착이온** $[Co(CN)_6]^{3-}$ 착이온의 D 합성 그림은 그림 4.41에서 나타내었다. 이제, 리간드에 대해서 살펴보자.
  C 원자와 N 원자의 중간에 전자 밀도가 높은 부분이 있다. 이것은 C-N 결합의 결합 전자를 의미한다. 또한 이 전자 밀도 분포는 결합축에 수직 방향으로 넓게 퍼져 있다. 이 퍼짐은 C-N 결합의 π 공유결합 전자에 의한 것이다. Co-C 간의 결합 전자도 $[Co(NH_3)_6]^{3+}$의 Co-N 결합 전자에 비하면 결합축에 수직인 방향으로 크게 퍼져 있음을 알 수 있다. 이 퍼짐은 Co-C 결합에 $d_\pi - p_\pi$형의 π 공유 결합이 있고, 코발트의 t_{2g}전자의 일부가 리간드 C-N의 반결합성 π 궤도함수에 이동되어진 것 때문이다. 이 착이온에서도 코발트의 t_{2g} 전자의 분포 상태를 볼 수 있다.

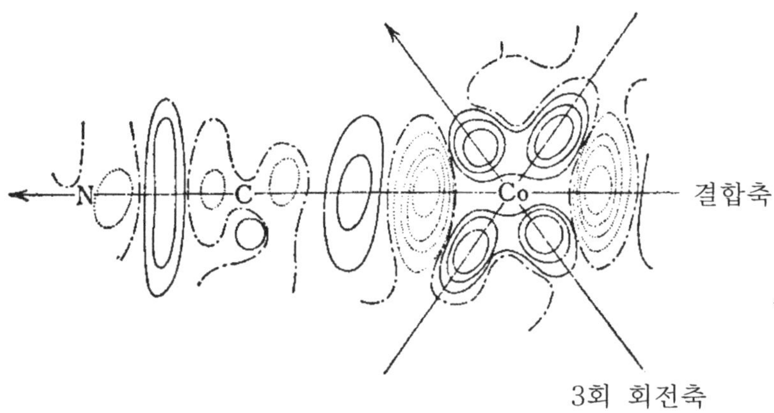

그림 4.43 $[Co(CN)_6]^{3-}$ 착이온의 D 합성 그림.

전자 밀도 분포의 이론적 계산

최근 전자 계산기의 눈부신 발달로, 대단히 많은 궤도함수의 계산이 가능해졌다. 착물에서 전체 전자수가 100 정도 또는 그 이상인 계에 대해서도 비경험적인 분자 궤도함수법의 계산이 이루어지고 있다. 이러한 계산에는 LCAO SCF MO법(Linear Combination of Atomic Orbitals의 약자, Self Consistent Field,

Molecular Orbital: Hartree - Fock 방법의 일종)이 잘 이용되고 있다.

SCF라는 것은 대칭성을 고려한 파동 함수에 대해서 전체 전자계의 에너지를 최소가 되는 조건의 것으로, 계산을 반복해서 최적 조건에서 일전자 파동 함수를 구하는 방법이다. 이렇게 얻어진 전자의 파동 함수에 전자의 스핀 함수를 포함한 것을 Hartree-Fock 함수라 한다.

$[Co(CN)_6]^{3-}$ 착이온에 대해서 전자 상태를 *ab initio* SCF MO법으로 계산하여, D 합성과 같이 처리를 하면 그림 4.42가 얻어진다. *ab initio*는 "처음으로"라는 뜻으로, 계산에 경험적인 파라미터는 일체 사용하지 않고, 전자의 전하나 Planck 상수로 된 기본적인 물리 상수만을 사용하여 궤도함수 계산을 수행한다는 의미가 있다.

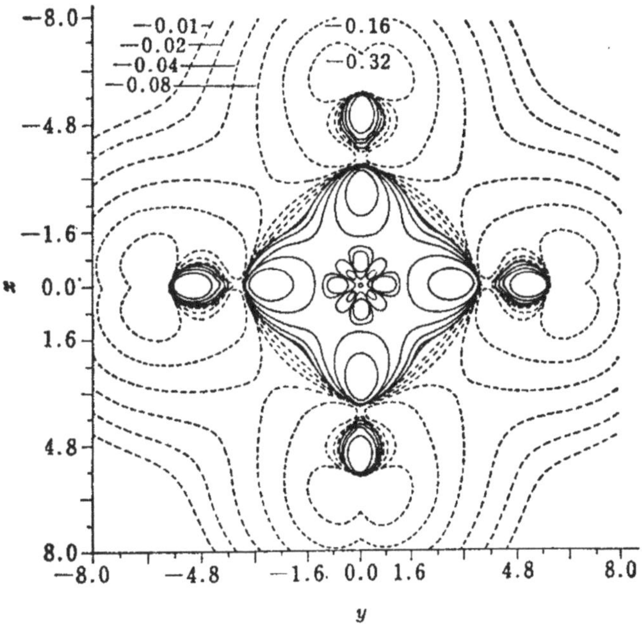

그림 4.44 *ab initio*법으로 계산한 $[Co(CN)_6]^{3-}$ 착이온의 전자 밀도 분포 그림. 구형 대칭인 각 원자가 착이온을 만들 때 전자 밀도 분포를 그림에서 나타낸다. 이 그림에서 xy 평면에서의 전자 밀도 분포가 나타나 있고, 좌표는 Co 핵을 원점으로 하여 a.u 단위로 되어 있다.

그림의 등고선은 ±0.01 $e/(a.u)^3$에서 처음으로 같은 간격으로 그리고 있다. a.u는 길이의 원자 단위를 나타내고, 1 a.u는 0.529 Å과 같다. D 합성 그림의 때와 같이 실선은 전자 밀도의 증가를, 또한 점선은 감소를 나타낸다. Co와 C 그리고 C와 N의 각 원자 사이에 전자 밀도가 높게 분포된 결합이 보인다. Co의 전자를 보면 Co-C 결합 축방향으로 밀도가 적고, Co-C 축과 45°를 이루는 방향의 밀도가 크다. 이것은 Co의 e_g 궤도함수의 전자는 C와 결합에 사용되고, t_{2g} 궤도함수의 전자는 그 자체 Co에 남아 있는 것을 나타낸다. 이것들의 특징은 X선 회절의 실험에서 구해진 전자 밀도 분포도와 잘 일치한다.

제5장

착물의 구조 결정

새로운 착물을 합성하면 먼저 착물이 원하는 물질인지 확인실험을 통해서 구조를 결정한다. 이것은 착물의 구조로부터 전자상태 또는 물리적 성질에 관한 자료의 의미를 생각하고 착물의 반응성을 이해할 수 있기 때문이다. 이 장에서는 흔히 사용하는 화합물의 확인 수단을 중심으로 착물화학에서 중요한 구조 확인방법에 대해서 알아보자.

1 가시 및 자외선 스펙트럼

가시 및 자외선 흡수 스펙트럼은 착물의 전자 전이에 기인한 것으로 중심금속과 리간드의 결합에 대한 정보를 제공해준다. 흡수 스펙트럼은 크게 리간드장 흡수 띠와 전하이동 흡수 띠로 구별되는데, 이들은 착물의 구조와 밀접한 관련이 있다.

- **초기의 연구** Co^{II} 염의 배위수가 6이면 용액의 색깔이 적자색이고, 6보다 적으면 청색이 된다. 예를 들면 염화코발트 수용액이 적자색을 띠는 것은 $[Co(H_2O)_6]^{2+}$에 의한 것이고, 같은 염화코발트의 염산용액은 $[CoCl_4]^{2-}$를 포함하는 청색이다.

Tsuchida[1)]는 코발트를 비롯해서 니켈, 크롬, 구리 등 120종에 달하는 착물의 흡수 스펙트럼을 측정하여 착물의 구조와의 관계를 조사하였다. 당시 얻어진 흡수 스펙트럼은 흡수띠의 위치(파장)를 비교적 정확하게 측정할 수 있었지만 흡수세기는 반정량적으로 밖에 측정할 수 없었다. 그러나 실험결과는 대부분 지금까지도 비교적 정확하다. 착물에서 얻어진 결과를 정리하면 다음과 같다.

○ 대체로 색깔을 띤 금속 착물의 수용액은 가시(약 750~400 nm) 및 자외선 영역(약 400~200 nm)에서 2개 흡수 띠를 나타낸다. *trans*-$[Co(NO_2)_4(NH_3)_2]^{2-}$이온은 3개 흡수 띠가 있다.

○ SCN^-과 같은 이온성염은 위 범위에서 특성 흡수 띠를 나타내지 않지만, 배위된 착물은 리간드에 의한 특성 흡수띠를 나타낸다.

○ 같은 중심금속 착물에서 리간드가 달라도 배위원자가 같으면 유사한 흡수 스펙트럼을 나타낸다. 예를 들면 $[Co(NH_3)_6]^{3+}$와 $[Co(en)_3]^{3+}$는 모두 배위원자가 N이므로 흡수 스펙트럼이 비슷하다.

○ 같은 금속의 착물에서 착이온의 구조가 비슷하면 흡수 스펙트럼의 형태가 비슷하다.

---

1) 착물화학의 관점에서 흡수스펙트럼은 1911년 Tsuchida에 의해서 처음으로 자세히 연구되었다.

○ 착물에서 리간드가 다른 리간드로 바뀌면 흡수 스펙트럼이 달라진다.

○ 기하 이성질체의 흡수 스펙트럼은 다르지만 광학 활성이성질체와 라세미체는 같은 흡수를 나타낸다.

착물의 흡수 스펙트럼

요즈음 흡수 스펙트럼은 자동 기록 분광광도계에 의해서 근적외선 영역(750 nm 이상)에서 자외선 영역(190 nm 정도)까지 측정이 가능하며, 흡수세기(강도)의 정량적 측정이 가능하다.

강도 I_0의 단색광(파장 λ)이 농도 c(mol/L)용액의 두께 d(cm)를 통과해서 강도 I로 흡수되면 흡광도 A(absorbance, extinction) 및 몰 흡광계수 ε(molar extinction coefficient)는 각각 식 5.1과 5.2와 같다.

$$A = \log I_0/I \tag{5.1}$$

$$\varepsilon = \frac{\log(I_0/I)}{c \cdot d} = \frac{A}{c \cdot d} \tag{5.2}$$

이것을 Lambert-Beer법칙이라 한다. 여기서 $I/I_0 = T$는 투광도(Transmittance)이다. 흡수 스펙트럼은 흔히 세로축에 $\log \varepsilon$, 가로축에 파수(wave number, cm^{-1})를 나타낸다.

- **선택규칙** 이온이나 착물에서 관측된 전자 스펙트럼(electronic spectrum)은 에너지준위 간에 전자의 전기 쌍극자 전이에 의해서 얻어진다.

  이제, 이온의 파동함수를 식 5.3으로 나타내면

$$\psi_{nlm_l} = \psi_{nl'm_l'}\psi_{m_s'} \tag{5.3}$$

그 이온에 있어 관측되는 전자 스펙트럼의 강도 I 는 전기 쌍극자 모멘트의 제곱에 비례한다.

$$I \propto \left| \int \psi^*_{nlm_l}\psi^*_{m_s}\mu\psi_{nl'm_l}\psi_{m_s'}d\tau ds \right|^2 \tag{5.4}$$

μ 는 전기 쌍극자 모멘트이다.

스핀 함수 ψ_{m_s}는 좌표를 포함하지 않으므로, 식 5. 4의 우변은 다음과 같이 바꿀 수 있다.

$$\left| \int \psi^*_{nlm_l} \mu \psi_{nl'm_l'} d\tau \int \psi^*_{m_s} \psi_{m_s'} ds \right|^2 \tag{5.5}$$

스핀에 대한 적분 $\int \psi^*_{m_s} \psi_{m_s'} ds$ 은 $\psi_{m_s} = \psi'_{m_s}$일 때 유한값을 가지며, $\psi_{m_s} \neq \psi'_{m_s}$ 에서 0 이 된다. 이것으로부터 전자스핀에 대한 전이 **선택규칙** (selection rules)이 얻어진다. 즉 이온의 스핀상태가 전이 전 후에 같을 때, 전자 스펙트럼은 강한 강도로 관측된다. 이것을 스핀 허용전이(spin allowed transition)이라 한다. 단일항 ↔ 단일항, 이중항 ↔ 이중항, 삼중항 ↔ 삼중항의 전이가 여기에 속한다. 그 밖의 약한 강도로서 단일항 ↔ 삼중항과 같은 스핀 금지 전이가 관찰 될 때도 있다. 이것을 스핀 금지전이(spin forbidden transition)라고 한다. 이것은 이온뿐만 아니라 분자나 착물까지 확장될 수 있다.

$\int \psi^*_{nlm_l} \mu \, \psi_{nl'm_l'} \, d\tau$ 적분 항을 자세히 살펴보면, 두 준위의 방위양자수의 차이 $l - l' = \pm 1$일 때 이 적분이 유한 값을 가지지만 그 외에는 영(0)이 됨을 알 수 있다.

따라서 원자나 이온의 전자 스펙트럼은 두 준위의 방위 양자수의 차이 Δl가 식 5.6과 같을 때 허용된다. 이 선택 규칙을 **Laporte 선택규칙**이라 한다.

$$\Delta l = l - l' = \pm 1 \tag{5.6}$$

$s \leftrightarrow p, p \leftrightarrow d$ 등의 전이가 허용되어 Laporte 금지 전이가 약하게 관측되는 경우도 있다. 착물이 아름다운 색을 가지는 것은 거의 대부분이 Laporte 금지인 $d - d$ 전이에 의한 것이다.

이상의 선택규칙을 전이금속의 전자 흡수 스펙트럼에서 흡광도를 비교하여 보면 다음과 같다.

ε	스핀	Laporte
$log\ \varepsilon = -2 \sim 0$	금 지	금 지
$log\ \varepsilon = 0 \sim 2$	허 용	금 지
$log\ \varepsilon = 3 \sim 5$	허 용	허 용

흡수띠의 종류

가시 및 자외선 영역에서 나타나는 전이금속 착물의 흡수 스펙트럼은 금속과 리간드의 결합에서 전자 전이로 얻어지는 스펙트럼이므로 전자 스펙트럼(electronic spectrum)이라고도 한다.

대표적인 전이금속 착물의 예로써, 낮은 스핀 Co^{III} 착물, $[Co(NH_3)_6]Cl_3$의 흡수곡선은 파수 $21 \times 10^3\ cm^{-1}$ 와 $29 \times 10^3\ cm^{-1}$ 근처에 강도($\log \varepsilon$)가 약 2 인 2개 흡수띠가 존재한다(그림 5.1). 장파장(낮은 파수)의 피크를 제 Ⅰ 흡수띠, 단파장의 피크를 제 Ⅱ 흡수띠라고도 한다. 또한 같은 그림의 곡선 (4), $K_3[Co(C_2O_4)_3]$에서 보여주는 가장 단파장(높은 파수)에 있는 센 흡수띠를, 제 Ⅲ 흡수띠[2)]라고 하기도 한다.

그러나 흔히 전이금속 착물에서 흡수띠의 원인에 따라서 **리간드장 흡수띠**(ligand field absorption band)와 **전하이동 흡수띠**(charge transfer absorption band)로 나누고 있다. 이 밖에 리간드 고유의 흡수띠가 착물을 형성하여도 나타나는 경우, 착이온과 반대이온(counter ion) 간의 이온쌍에 의한 **회합 흡수띠**(association band)가 새로이 나타나는 경우도 있다.

- **리간드장 흡수띠** 전자가 하나의 d 궤도함수에서 다른 어느 d 궤도함수로 전이될 때 나타나는 흡수띠를 리간드장 흡수띠(ligand field absorption band)라 한다. 다른 말로는 $d-d$ 전이 흡수띠($d-d$ transition band)라고도 한다. 이 흡수띠는 선택규칙(selection rule)에 따르면 Larporte 금지이지만, 특히 약한 스핀 금지 흡수띠(spin-forbidden absorption band)와 강한 스핀 허용 흡수띠(spin allowed absorption band)로 나누며, 그림 5.1의 제Ⅰ 흡수띠와 제Ⅱ 흡수띠는 스핀 허용 흡수띠에 해당한다.

2) 이들은 흡수띠의 원인이 밝혀지지 않았던 시대에 상용했던 이름이다.

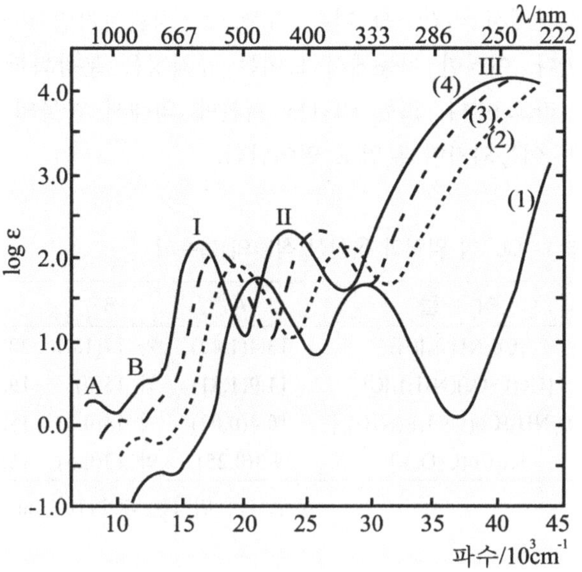

그림 5.1 코발트(Ⅲ)-암민과 옥살산 착물의 흡수 스펙트럼

(1) $[Co(NH_3)_6]Cl_3$ (2) $[Co(C_2O_4)(NH_3)_4]Cl$

(3) *cis*-$NH_4[Co(C_2O_4)_2(NH_3)_2]$ (4) $K_3[Co(C_2O_4)_3]$

그림 5.1의 왼쪽 아래 부분에 A, B로 나타낸 장파장 쪽의 약한($log\varepsilon$ 0.5이하) 흡수띠는 전자의 스핀 금지 흡수띠로서 진한 용액에서만 관찰된다. 각 흡수띠에 대한 해석은 그림 5.2에서 나타내었다.

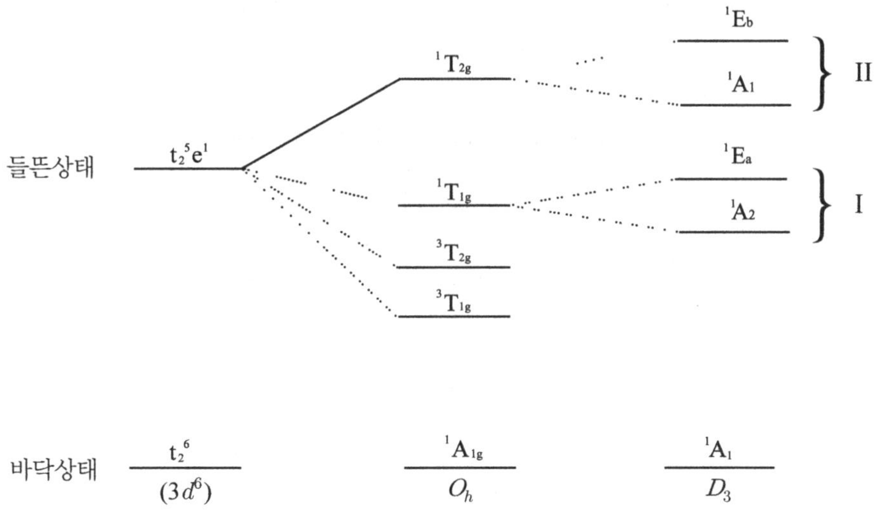

그림 5.2 $[Co(NH_3)_6]^{3+}$(O_h 대칭), $[Co(en)_3]^{3+}$(D_3 대칭)의 리간드장 흡수띠의 해석

착물에서 리간드를 다른 리간드로 치환시키면 리간드장 흡수띠 위치가 이동한다. 이러한 이동에서 보이는 규칙성을 **분광화학 계열**(spectrochemical series)이라고 한다. 또한 리간드 치환에 의해서 착물의 대칭성이 낮아지면 흡수띠가 이동되지만 분열도 일어난다.

표 5.1 Co^{III}의 암민과 옥살산 착물의 흡수띠

착 물	A	B	I	II	III
$[Co(NH_3)_6]Cl_3$	13.4(1.42)	약 17(1.8)	20.9(1.76)	29.4(1.68)	—
$[Co(C_2O_4)(NH_3)_4]Cl$	11.9(1.81)	약 15(0)	19.6(1.91)	28.0(2.11)	—
cis-$NH_4[Co(C_2O_4)_2(NH_3)_2]$	10.4(0.02)	약 14(0.3)	18.0(2.04)	26.0(2.30)	43(4.2)
$K_3[Co(C_2O_4)_3]$	9.3(0.25)	약 13(0.5)	16.6(2.17)	23.6(2.30)	41(4.1)

흡수띠의 위치는 파수(10^3 cm^{-1})이며, ( )안은 $\log\varepsilon$ 값이다

• **전하 이동 흡수띠** 착물에서 화학종 간의 전하이동은 리간드에서 중심금속으로 전자이동(LMCT) 또는 금속에서 리간드로 전자이동(MLCT)이 가능하다[3]. 이로 인하여 생기는 흡수띠를 **전하이동 흡수띠**(charge transfer band)라 하며 간단히 CT 흡수띠라고도 한다. 이 흡수 띠는 리간드 장 흡수띠보다 높은 파수(단파장)에 나타나며 대부분 강도도 큰 것이 많다.

먼저 리간드에서 금속으로 전하이동 흡수띠를 살펴보자.

그림 5.1의 곡선 (4)의 제Ⅲ 흡수띠가 리간드에서 금속으로의 CT 흡수띠에 해당한다. 몇 가지 팔면체 Co^{III} 착물의 흡수스펙트럼은 그림 5.3, 5.4 및 표 5.2, 5.3에 나타내었다.

표 5.2 Co^{III}의 클로로암민 착물의 흡수스펙트럼 자료

착물	I	II	III	IV
(1)$[Co(NH_3)_6]Cl_3$	21.05(1.78)	29.50(1.74)		
(2)$[CoCl(NH_3)_5]Cl_2$	18.73(1.71)*21.35(1.07)	27.44(1.72)	*36.50(2.65)	44.05(4.31)
(3) *trans*-$[CoCl_2(NH_3)_4]Cl$	15.90(1.63)*21.0(1.38)	*24.94(1.54)	*32.95(2.86)	39.47(4.39)

흡수띠의 종류와 위치는 파수(10^3 cm^{-1}), 강도는 ( )안에 $\log\varepsilon$ 으로 나타내었다

* 표시의 흡수띠는 흡수곡선의 해석에 의해서 존재하는 것을 알 수 있고 그림 5.3에서 곡선의 어깨띠에 해당한다.

3) LMCT: ligand to metal charge transfer, MLCT: metal to ligand charge transfer

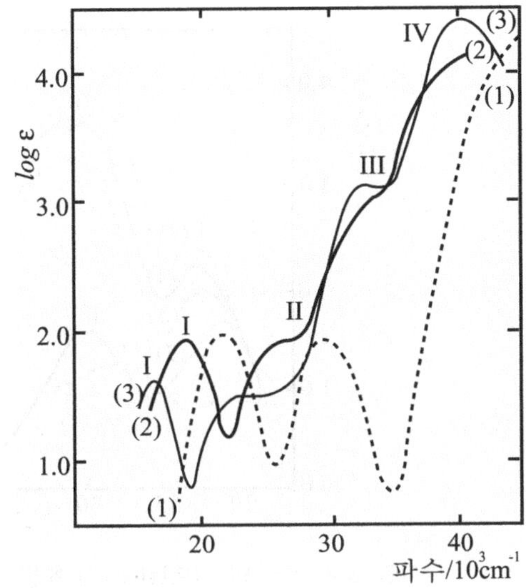

그림 5.3 Co^{III}–클로로암민 착물의 흡수 스펙트럼
(1) $[Co(NH_3)_6]Cl_3$ (2) $[CoCl(NH_3)_5]Cl_2$ (3) *trans*–$[CoCl_2(NH_3)_4]Cl$

그림 5.3에서 $[CoCl(NH_3)_5]^{2+}$ 와 *trans*-$[CoCl_2(NH_3)_4]^+$의 흡수띠는 표 5.2에서 알 수 있듯이, Ⅰ과 Ⅱ는 리간드 장 흡수띠, Ⅲ 과 Ⅳ는 리간드에서 금속으로 전하 이동 흡수 띠에 해당한다.

$[Co(NH_3)_6]Cl_3$ 착물에서 암모니아를 니트로기(NO_2^-)로 치환한 착물의 흡수 스펙트럼자료는 그림 5.4와 표 5.3에 나타내었다.

표 5.3 Co^{III}의 니트로 착물의 흡수스펙트럼 자료

착물	Ⅰ	Ⅱ	Ⅲ	Ⅳ
KNO_2	27.3(1.3)			
$[Co(NH_3)_6]Cl_3$	21.05(1.78)	29.50(1.74)		
$[Co(NO_2)(NH_3)_5]Cl_2$	21.84(2.00)		30.80(3.22)	41.90(4.14)
cis-$[Co(NO_2)_2(NH_3)_4]Cl$	22.51(2.20)		30.86(3.62)	42.70(4.28)
trans-$[Co(NO_2)_2(NH_3)_4]Cl$	22.72(2.37)		28082(3.68)	39.60(4.26)

흡수띠의 위치는 파수(10^3 cm^{-1})로서 강도는 $log\varepsilon$로 나타낸다.

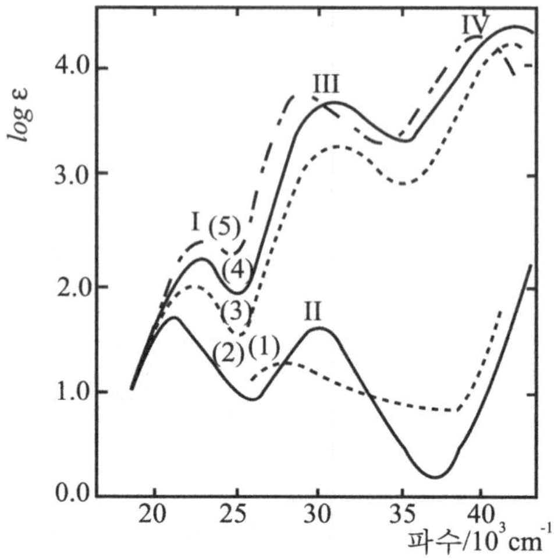

그림 5.4 Co^{III}의 니트로(NO_2^-) 착물의 흡수 스펙트럼
(1) KNO_2 (2) $[Co(NH_3)_6]Cl_3$ (3) $[Co(NO_2)(NH_3)_5]Cl_2$
(4) *cis*–$[Co(NO_2)_2(NH_3)_4]Cl$ (5) *trans*–$[Co(NO_2)_2(NH_3)_4]Cl$

NO_2^- 이온만 있는 KNO_2는 그림 5.4에서 알 수 있듯이 강한 흡수띠를 나타내지 않지만, NO_2^- 이온이 Co^{III} 이온에 배위되면 강한 흡수 띠가 나타난다. 그림 5.4에서 Ⅲ의 흡수띠는 이른바 제Ⅱ 흡수띠와 NO_2^-에 의한 전하이동 흡수띠가 중첩되어 강하게 나타내는 것으로 해석된다. Ⅳ의 흡수띠는 전하이동 흡수띠이며, NCS^- 이온에서도 같은 형태의 흡수띠를 가진다.

이제 금속에서 리간드로 전하이동 흡수띠의 예를 살펴보자.
π 결합을 형성하는 유기 리간드인 2,2′-bipyridine(bpy)와 1,10-phennantroline (phen) 등이 Fe^{II}와 같이 산화되기 쉬운 금속에 배위하면, 장파장 영역에서 금속에서 리간드로 전하이동에 의한 흡수띠가 관찰된다. bpy와 $[Fe(bpy)_3]Cl_2$의 흡수스펙트럼 자료는 그림 5.6, 표 5.4에서 나타내었다.

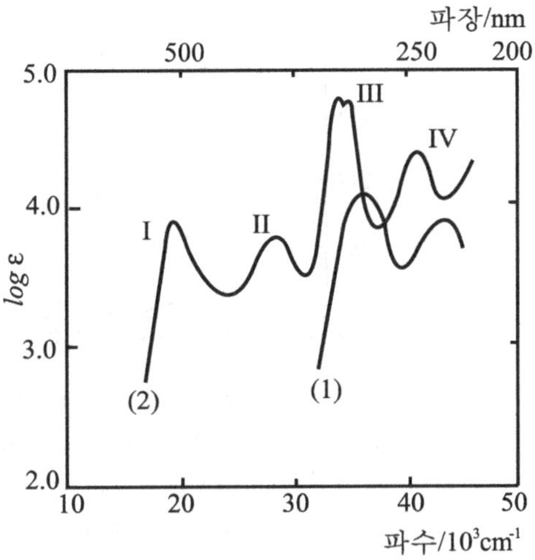

그림 5.5 bpy와 $[Fe(bpy)_3]Cl_3$ 착물의 흡수 스펙트럼
(1) bpy (2)$[Fe(bpy)_3]Cl_2$

리간드인 bpy에서 $\pi-\pi^*$ 전이가 가능하기 때문에 단파장(높은 파수)에서 흡수띠가 나타나지만, 리간드가 금속에 배위된 착물의 흡수 띠는 장파장으로 약간 이동되어 나타난다. Fe^{II} 착물의 흡수 스펙트럼은 금속에서 리간드로의 전하이동(metal to ligand charge transfer, I과 II), 리간드의 $\pi-\pi^*$ 전이(III), 전하이동과 $\pi-\pi^*$ 전이가 혼합(IV)이 각각 얻어진 것으로 해석된다.
착물의 색깔이 적색인 이유는 가시광선 영역에서 강한 흡수를 보이는 흡수띠 I 때문이다. 이와 같이 리간드가 배위된 착물의 전하이동 흡수 띠로 인하여 짙은 색깔을 띠는 까닭에 Fe^{II}의 비색 정량에 이용된다.

표 5.4 bpy와 $[Fe(bpy)_3]Cl_3$ 착물의 흡수 스펙트럼 자료

	I	II	III	IV
bpy			35.7(4.1)	43.2(3.9)
$[Fe(bpy)_3]Cl_3$	19.05(3.93)	28.74(3.80)	33.56(4.80)	40.49(4.44)

• **회합 흡수띠** 착물 양이온과 음이온 사이에는 회합에 의한 새로운 흡수띠를 회합 흡수띠(association absorption band)라 한다. 회합 흡수띠의 예는 그림 5.6에 나타내었다.

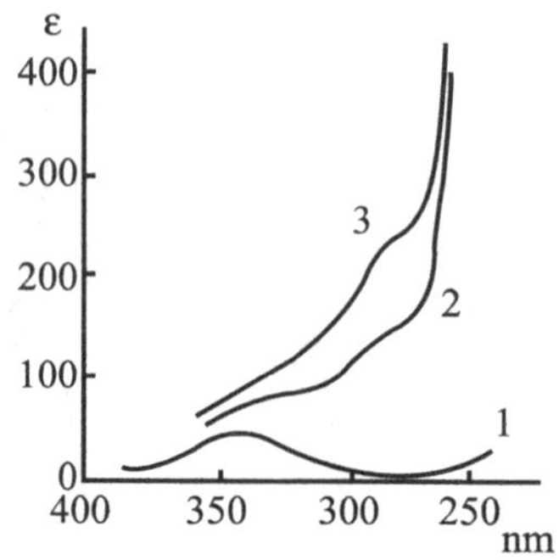

그림 5.6 I^-에 의한 착물의 회합 흡수띠
(1) $[Co(NH_3)_6](ClO_4)_3$ 0.003 mol
(2) I^-이온을 0.018 mol 가한 것
(3) I^-이온을 0.036 mol 가한 것

그림 5.6과 같이 $[Co(NH_3)_6]^{3+}$ 이온의 흡수스펙트럼은 반대이온(counter ion)인 I^- 이온의 농도를 증가시키면 파수 약 37×10^3 cm^{-1}(파장 270 nm)에서 새로운 흡수 띠가 나타난다. 이것은 착이온과 반대이온 간의 회합에 의해서 $\{[Co(NH_3)_6]I\}^{2+}$가 생성되기 때문이다. 이러한 회합 흡수 띠는 I^- 이온뿐만 아니라 $S_2O_3^{2-}$, NCS^-, CO_3^{2-} 등의 음이온에 의해서도 관찰된다. 또한, 회합 평형상수도 흡수스펙트럼으로 결정할 수 있다.

분광화학 계열

$[Co(NH_3)_6]^{3+}$에서 2개 NH_3를 $C_2O_4^{2-}$로 치환시킨 $[Co(C_2O_4)(NH_3)_4]^+$ 착물의 제1, 제2 흡수띠는 보다 낮은 파수로 이동하는 것을 알 수 있다. 계속해서 2개의 NH_3를 $C_2O_4^{2-}$로 치환시킨 *cis*-$[Co(C_2O_4)_2(NH_3)_2]^-$착물의 흡수띠도 장파장쪽으로 이동하며, NH_3를 모두 $C_2O_4^{2-}$로 치환시킨 $[Co(C_2O_4)_3]^{3-}$착물의 흡수띠도 장파장 쪽으로 이동되어 나타난다(그림 5.1). 이와 같이 리간드가 치환됨에 따라서 리간드장 흡수띠의 이동에 대한 아래와 같은 일련의 계열을 분광화학 계열(spectrochemical series)라 한다.

CN^- > NO_2^- > bpy, phen > en > NH_3 > py > ONO^- > H_2O, NCS^- >
$C_2O_4^{2-}$ (두 자리 리간드) > ONO_2^- > OSO_3^{2-} > OSO_3^{2-} > OH^- >
CO_3^- (두 자리 리간드) > $RCOO^-$ > F^- > Cl^- > Br^- > I^-

이 계열에서 앞부분에 있는 리간드, 예를 들면 NH_3를 뒤에 놓인 $C_2O_4^{2-}$로 치환시키면 착물의 흡수띠는 장파장 쪽으로 이동한다. 즉, 앞의 계열은 단파장 쪽의 흡수띠를 가지는 리간드에서 순서대로 장파장쪽의 흡수띠를 나타내는 리간드로 나열한 것이다.

일반적으로 흡수띠가 단파장에서 장파장으로 이동하면 그 물질의 색은 표 5.5에서와 같이 변화한다. 여기서 표 5.5의 위쪽을 옅은색(hypochromic) 계열, 아래쪽을 짙은 색(bathochromic) 계열이라 한다. 즉 황색은 옅고, 녹색은 짙은 색 계열이다. 따라서 분광화학 계열에서 앞에 있는 리간드를 포함하는 착물일수록 그 색이 옅어 진다고 할 수 있으므로 이것을 옅은 계열라고도 한다. 이처럼 리간드의 치환에 의해서 흡수띠의 위치가 변할 뿐만 아니라 강도도 변한다.

표 5.5 흡수띠의 위치와 물질의 색

흡수띠의 위치		물질의 색
<400nm	자외선 영역	무색
400~420	자주	황녹
420~500	남, 청	황, 황적
500~530	청녹, 녹	적, 적자
530~590	황녹, 녹	자주, 남색
590~640	녹, 황	청색
640~720	황적	청녹
720~800	암적	녹
>800	적외선 영역	무색

$[Co(C_2O_4)_3]^{3-}$의 흡수띠는 $[Co(NH_3)_6]^{3-}$ 보다도 강한 흡수를 하게 된다. 제1, 제2 흡수띠의 흡수세기 순서는 다음과 같다.

$$NCS^- > SO_3^{2-} > NO_2^- > CO_3^{2-} > C_2O_4^{2-} > en > OH^- > ONO^- > OSO_3^{2-} > Br^- > NH_3 > Cl^- > H_2O$$

이 계열에서 앞부분의 리간드일수록 강한 흡수, 즉 큰 몰 흡광계수를 가진다. 이것을 짙은 색 계열이라 한다. 이와 같이 옅은· 짙은 색 두 계열을 모두 분광화학계열이라 하였지만, 리간드장 이론에서 옅은 색 쪽이 잘 알려지게 되어 이 쪽만이 분광화학계열의 이름을 독점하게 되었다. 분광화학계열은 Co^{III} 착물에 의해서 발견되었지만 다른 금속에도 어느 정도 성립한다.

착물의 구조와 흡수 스펙트럼과의 관계

$[Co(NH_3)_6]^{3+}$ 착물에서 리간드 NH_3를 Cl^-로 치환하였을 때 착물의 구조와 흡수 스펙트럼은 어떤 관련성이 있는지 알아보자.

그림 5.3과 표 5.2에서 알 수 있듯이 리간드가 치환되면 장파장 영역에 있는 제1 흡수띠가 분광화학 계열에 따라서 이동하는 동시에 흡수띠가 분열된 형태로 나타난다. 암모니아 대신에 에틸렌다이아민(en)이 배위된 Co^{III} 착물에 대해서도 같은 양상을 보인다(그림 5.7, 표 5.6).

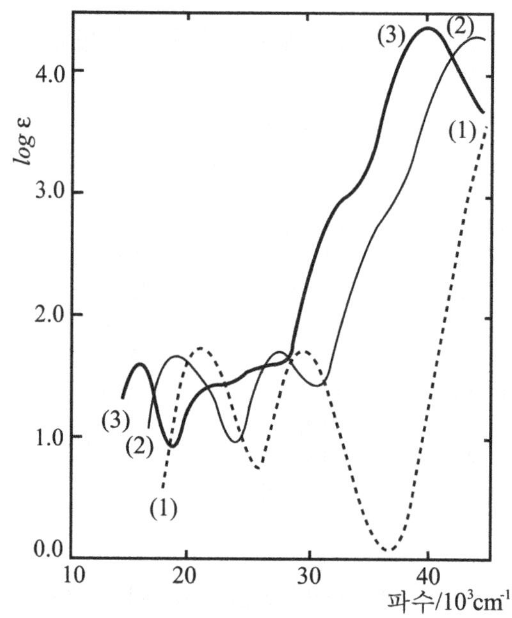

그림 5.7 $[Co(en)_2Cl_2]^+$ 착이온의 흡수 스펙트럼

(1) $[Co(en)_3]Cl_3$ (2) *cis*–$[CoCl_2(en)_2]Cl$ (3) *trans*–$[CoCl_2(en)_2]Cl$

표 5.6 코발트(Ⅲ)와 다이클로로비스(에틸렌다이아민) 착물의 흡수자료

착물	Ⅰ	Ⅱ	Ⅲ	Ⅳ
$[Co(en)_3]Cl_3$	21.47(1.99)	29.50(1.94)		
cis-$[CoCl_2(en)_2]Cl$	18.64(1.95) 16.12(1.61)	*25.52(1.84)	*32.02(2.77)	+
trans-$[CoCl_2(en)_2]Cl$	*22.49(1.46)	25.92(1.49)	25.92(3.12)	40.27(4.43)

+표시는 측정되지 않은 것이다.
* 표시는 스펙트럼의 해석에 의해서 존재가 밝혀진 것이다.
그림 4.8에서는 곡선의 어깨띠로서 나타나 있다.
$[Co(en)_3]Cl_3$은 단 파장쪽(높은 파수)에서 CT흡수띠가 있다.

이와 같이, 착물[CoA_6]에서 리간드 A를 다른 리간드 B로 치환시켜서 얻은 [CoA_5B], [CoA_4B_2], [CoA_3B_3] 등 착물의 흡수스펙트럼 변화를 분자궤도함수이론에 기초한 연구가 이루어 졌다.

그 결과에 의하면, [CoA_5B], *cis*-[CoA_4B_2], *trans*-[CoA_4B_2]에는 제1 흡수띠와 제 2 흡수띠는 2개로 분열된다. *mer*-[CoA_3B_3]에는 3개로 분열되지만 *fac*-[CoA_3B_3]에는 분열되지 않는다. 이 계산 결과는 그림 5.3, 5.7의 제1 흡수띠에 대해서의 실험 결과와 일치하고, 이것을 그림 5.8에 나타내었다. [CoA_2B_4], [$CoAB_5$]는 [CoA_4B_2], [CoA_5B]와 같은 결과를 가져오며 흡수강도는 실험결과를 참조하여 나타내었다.

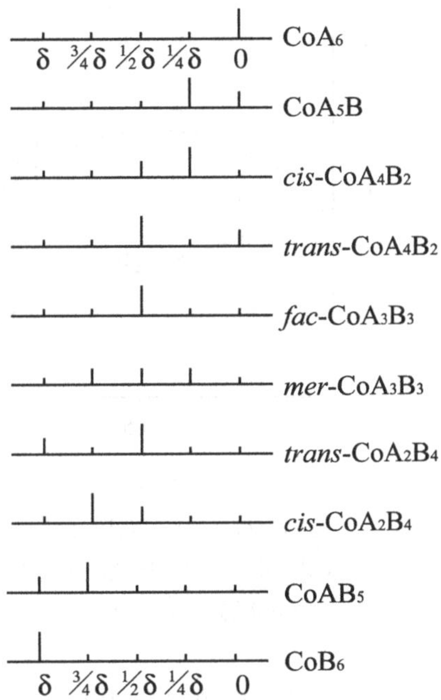

그림 5.8 코발트(Ⅲ) 착물의 제 1흡수띠의 분열 모형도.
CoA_6와 CoB_6의 흡수띠에서 위치 변화의 차이를 δ 로 하여
부분적으로 치환시킨 착물의 최대흡수 위치를 나타낸다.

가시 및 자외선 흡수스펙트럼은 착물의 중요한 성질이므로 새로운 착물을 합성하면 반드시 측정해야 된다. 그러나 이 흡수 스펙트럼의 측정만으로 착물의 구조를 밝히는 것은 어려우므로, 적외선 스펙트럼(IR), 핵자기 공명(NMR) 및 X선-구조 해석 등의 각종 방법을 사용하고 그들의 실험결과를 종합하여 구조를 판단한다.

용액에서 착물 생성반응

1921년 Tsuchida와 그의 공동 연구자들은 수용액 중에서 2 종류의 단순 염으로부터 착물이 형성되는 반응을 흡수스펙트럼을 이용하여 확인하는 방법을 제안하였다. 이것은 같은 농도의 A, B 두 염의 용액을 가지고 혼합한 부피가 같게 되도록 다음과 같이 나누어 섞어서 같은 cell로써 흡수스펙트럼을 측정한다.

A	:	100	95	90	···	10	5	0
B	:	0	5	10	···	90	95	100

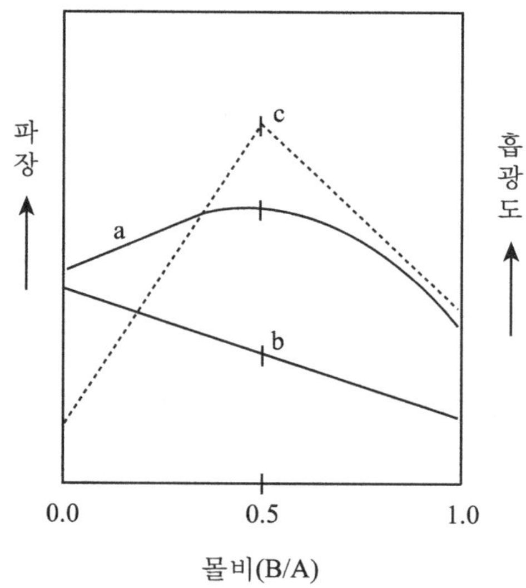

그림 5.9 용액에서 착물 형성의 검출법.
a와 b는 각각 착물생성의 유무와 일치한다.
c는 Job법의 예이다.

두 염 사이에 착물이 형성되면 혼합용액의 가시 및 자외선 영역에서 흡수띠의 파장을 조성에 따라 나타낸 그림 5.9의 곡선 a와 같이, 장파장 쪽으로 볼록하게 되고, 이 곡선의 꼭지점이 착물의 조성에 일치한다. 착물이 형성되지 않으면 흡수띠의 파장은 단조롭게 변화되어 b와 같이 된다.

이것은 1952년 프랑스의 Job이 제안한 방법으로 현재 연속변화법이라고 하는 것의 원형이다. 오늘날의 연속변화법에는 금속 M과 리간드 L을 앞에서 기술한 것과 같이 나누어 혼합용액을 만들고 흡수가 큰 파장에서 혼합용액의 흡광도를 측정한다. 흡광도를 세로축, 가로축에 L의 몰비를 표시하는데, 예를 들어 곡선 C와 같이 얻어진 경우에는 1 : 1의 착물 ML이 형성되는 것을 말한다.

M과 L간에 착물 ML_n가 생성될 때 M과 L의 혼합 전의 농도를 같은 a몰, 간단히 하기위해서 L의 부피 X에 대한 M의 부피(1-X)를 더한다. 즉, M과 L를 용액의 부피 합이 같게 되도록 혼합한다(X<1).

평형 상태에서 식 5.7과 같다.

$$M + nL \rightleftarrows ML_n \tag{5.7}$$

ML_n의 농도를 b라 하면, 이때의 M과 L의 농도는 식 5.8로 나타낼 수 있다.

$$\text{M의 농도} = a(1 - X) - b\ , \quad \text{L의 농도} = aX - nb \tag{5.8}$$

위의 평형상수 K는 식 5.9가 된다.

$$K = \frac{[ML_n]}{[M][L]^n} = \frac{b}{(a - aX - b)(aX - nb)^n} \tag{5.9}$$

$$b = K(a - aX - b)(aX - nb)^n$$

X를 변화시켜 ML_n의 량, b가 최대가 되는 조건을 구한다. 즉 $db/dX = 0$가 성립하는 조건은 식 5.10과 같으며, 이것이 착물의 조성이 된다.

$$n = \frac{X}{1 - X} \tag{5.10}$$

X = 0.5이면 n = 1, 즉 ML 1 : 1 착물을 형성한다. 이 연속 변화법은 흡수 스펙트럼 뿐만 아니라 전기 전도도법 등으로 측정할 수 있다.

2 원편광 이색성 스팩트럼

천연 유기물질은 대부분 광학 활성을 나타내지만, 용액에서 광회전성을 나타내는 무기 화합물은 실험적 방법으로 광학 분할을 한 금속 착물에서 볼 수 있다. 광학활성을 나타내는 착물의 절대 배열은 원편광 이색성(circular dichroism)과 밀접한 관련이 있다.

- **광회전성** 광원에서 나오는 단색광은 진행 방향에 수직인 평면 내에서 각 방향으로 진동하는 전자파이지만, 이것이 Nicol프리즘과 같은 편광체(polarizer)를 지나면 어떤 일정한 방향으로 진동하는 평면편광(plane-polarized light)이 된다(그림 5.10참조). 이 평면편광이 용매(예로서 물)를 통과한 뒤 다른 Nicol 프리즘 분석기(analyzer)에 들어간다. 이때 만약 분석기를 통과하는 편광의 진동방향이 편광체에서 나온 편광의 진동방향과 수직이 되면 분석기에는 광이 통과되지 않으므로 관측자의 시야를 어둡게 한다. 그러나 두 Nicol 프리즘을 통과하는 광의 진동 방향이 나란하게 되면 시야가 밝게 된다.

  물 대신에 천연 타타르산 수용액을 시료 관에 넣으면 시료 관을 나온 광의 진동 방향[4]은 그림 5.10과 같이 편광체의 편광면과는 어긋나게 된다. 따라서 분석기와도 직교되지 않아 시야는 어둡지 않고 다소 밝게 된다. 이 시야를 다시 어둡게 하기 위해서는 분석기를 관측자에서 보아 시계방향(오른쪽 방향)으로 회전시켜야 한다. 이 타타르산은 광학활성으로 우회전성(dextro-rotatory)이라 정의하고, d 또는 +(플러스)으로 나타낸다. 반대로 좌로 회전시켜야 시야가 어둡게 하면 이 시료는 좌회전성(levo-rotatory)이 있다고 하고, l 또는 −(마이너스)으로 나타낸다.

  분석기의 회전각(실험치)을 α°(deg), 시료 액의 길이를 d′(10 cm), 시료의 농도를 c′(g/mL)이라 하면

  고유 광회전도(specific rotation)[α](측정온도 t ℃, 측정 파장 nm)는 식 5.12와 같다.

---

4) 광의 진행 방향을 포함하는 평면을 편광면이라 한다.

$$[\alpha]_\lambda^t = \frac{\alpha}{c' \cdot d'} \tag{5.12}$$

이 시료 물질의 분자량(화학식량)을 M이라 하면 몰 광회전도(molecular rotation) [M]는 식 5.13과 같다.

$$[M]_\lambda^t = \frac{[\alpha]_\lambda^t \cdot M}{100} = \frac{\alpha \cdot M}{c' \cdot d' \cdot 100} \tag{5.13}$$

(1 mol/L의 용액이 액층 1 cm에서 나타나는 광회전 각도가 된다)

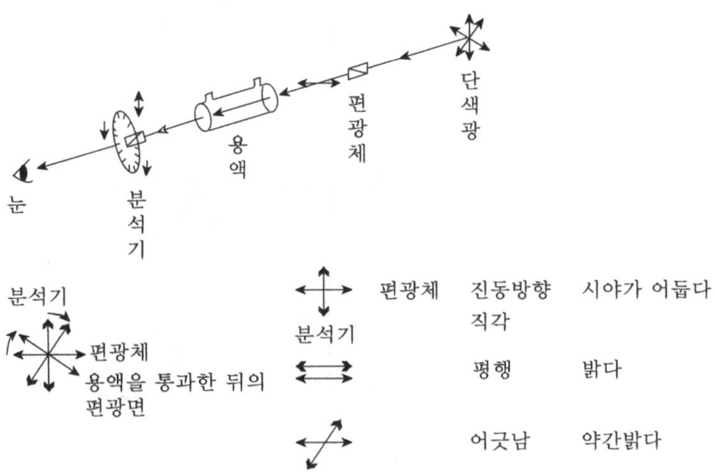

그림 5.10 광회전기의 원리

평면편광이 용액을 통과할 때 편광면이 회전되는 현상은 1911년 프랑스의 Arago가 수정(quartz)에 의해서 발견하였다. 또한, 1851년에는 Biot가 타타르산 수용액, 설탕 및 장뇌 등에 의해서 같은 현상이 나타나는 것을 발견하였다. 유명한 Pasteur가 포도산염을 우회전성과 좌회전성의 타타르산염으로 분할한 실험은 그 뒤 1848년이었다. 당시 Pasteur가 사용한 광회전계는 Werner가 1911년 사용한 것과 같이 눈으로 볼 수 있는 광회전계였지만, 현재에는 뒤에서 설명하겠지만 분광광도계와 결합시킨 자동 기록식의 광회전 분광계가 사용되고 있다.
광학 활성 물질의 광회전도는 파장에 따라서 달라지는데 이것을 회전분산(rotatory dispersion)이라 한다. 세로축에 몰 광회전도 또는 고유 광회전도, 가로축에 파수를 나타낸 곡선을 광회전 분산 곡선(optical rotatory dispersion

curve, ORD 곡선)이라 한다. 그림 5.11의 모형도를 나타낸 바와 같이, 광학 활성 물질이 들어있는 용액의 광회전도는 흡수띠(선택 흡수)가 없는 곳에서는 파장에 따라서 단조롭게 변하지만 흡수띠 부근에서 급한 변화를 보여주며, 흡수띠의 양끝에는 광회전성의 부호가 바뀐다. 앞의 것을 정상분산, 뒤의 것을 이상분산(또는 반전분산)이라고하며, 이 이상분산과 뒤에서 설명되는 흡수띠에서의 원편광 이색성을 합쳐서 Cotton효과(1896년, A.Cotton)라고 한다.

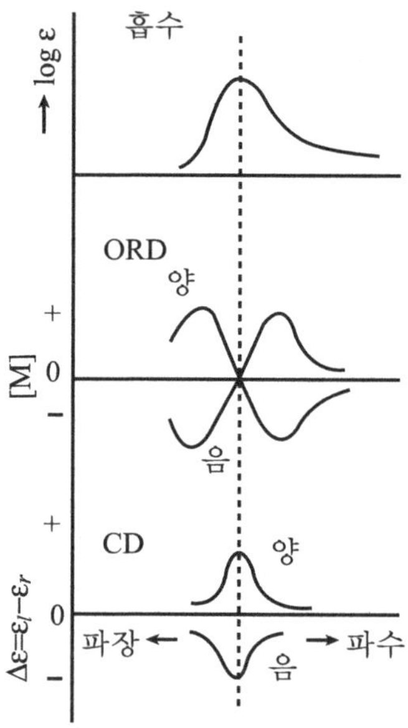

그림 5.11 전자흡수와 CD 스펙트럼 간의 관계 모형도.
CD의 양, 음은 ORD곡선에서 장파장의 부호와 일치한다.

흡수띠에서 장파장쪽의 광회전성이 양이 되는 이상분산을 양의 Cotton효과라고 하며, 반대의 경우를 음의 Cotton효과라고 한다(그림 5.11). Cotton효과의 예는 천연의 우회전성 타타르산의 흡수곡선, ORD곡선, CD곡선과 함께 그림 5.13에 나타내었다.

• **원편광 이색성** 평면편광은 어떤 일정한 방향의 진동 벡터를 가진 전자파이지만 이것은 벡터 선단에서 관측자가 보아서 왼쪽 또는 오른쪽의 나선형으로 진행되어 왼쪽과 오른쪽의 원편광에서 합쳐지는 것으로 생각할 수 있다.
광학 비활성 물질이 두 좌우 원편광을 통과할 때, 두 굴절율과 흡광계수는 차이가 없어 통과된 좌우 원편광이 합쳐지면 다시 처음과 같은 평면 편광

(plane polarized light)이 된다. 그러나 광학활성 물질이 통과할 때 두 굴절율이 달라서 통과속도가 다르게 되어 통과 후 합쳐서 생긴 평면편광의 편광면은 입사전의 편광면에서 회전되어 나타난다. 예를 들어 오른쪽 원편광에 대한 굴절률, n_r이 왼쪽 원편광에 대한 n_l보다 작게 되면 통과 후 편광면은 우회전이 되므로 이 시료는 우 회전성이 된다. 그 다음 시료의 흡수띠가 있으면 그 근처 파장에는 좌우 원편광의 흡수가 다르게 되어(이색성) 진폭의 감소 정도의 차이가 생겨서 통과 후, 두 원편광을 합성하면 타원편광(elliptically polarized light)이 된다. 더욱이 앞에서 설명한 복굴절의 차이보다 편광면의 회전을 일으키는 것에서도 원편광 이색성을 나타내기 때문이다. 이러한 관계는 그림 5.12, 13의 모형에서 나타낸 것과 같다.

(a) 광학비활성　　(b) 우회전성　　(c) 우회전성

그림 5.12 용액중의 좌우 두 원편광의 진행 모형도.

(a)는 속도가 같은 경우로 광학 비활성,

(b)는 우 원편광의 속도가 큰 경우로 우회전성, 우 원편광의 속도가 크고 게다가 좌 원편광 쪽이 센 흡수가 일어나지 않는 경우(우 원편광이 강함)

(c)는 우회전성으로 양의 CD를 나타낸다.

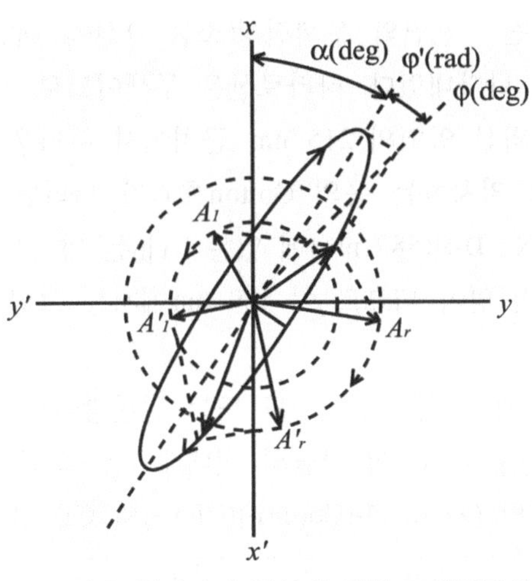

그림 5.13 좌우 원편광의 합성에 의한 타원편광의 생성.

광회전성이 있는 어떤 물질이 원편광 이색성(circular dichroism)을 나타내는 현상은 타타르산 크롬 칼륨 착물 용액에서 1896년 Cotton이 발견하였다.
어떤 물질 용액의 좌우 원편광에 대한 물 흡광계수를 각각 $\varepsilon_l, \varepsilon_r$라고 하면, 그 차이 $\Delta\varepsilon = \varepsilon_l - \varepsilon_r$가 원편광 이색성의 크기를 나타낸다. 시료용액의 두께를 d'(dm = 10 cm 단위), 농도를 c'(g/mL)라면 고유 광회전도(specific rotation)에 해당하는 고유 타원율(specific ellipticity) [φ]는 온도 t ℃, 파장 λ 에 대하여 식 5.14와 같다.

$$[\phi]_\lambda^t = \frac{\phi}{c' \cdot d'} \tag{5.14}$$

$(\mathrm{deg \cdot g^{-1} \cdot dm^{-1} \cdot cm^3})$($\varphi$ 는 그림 5.13 참조)

몰 광회전도(molecular rotation)에 해당하는 몰 타원율(molecular ellipticity) [θ]은, 분자량을 M이라 하면 식 5.15로 나타낼 수 있다.

$$[\theta] = M[\phi]/100 = \frac{M\phi}{100c' \cdot d'} \tag{5.15}$$

좌우 원편광의 물 흡광계수의 차이 $\varepsilon_l - \varepsilon_r$을 간접 또는 직접으로 구하는 각종 방법이 고안된 자동 기록장치가 시판되고 있다.

CD 스펙트럼

- **타타르산** 천연의 우회전성(소듐 D선에 대한) 타타르산이 흡수곡선을 그림 5.14에 나타내었다. 타타르산은 무색이므로 가시광선 영역에서는 흡수띠가 없고, 자외선 영역의 215 nm 근처에서 두터운 흡수곡선을 볼 수 있다. 그래서 이것에 일치하는 음의 Cotton효과가 나타난다. 가시광선 영역의 광회전도는 적고, Na D선(589 nm)에 있는 $[\alpha]_D$는 약 +14이고, 같은 파장에 일치하는 CD는 거의 영이 되므로 이 589 nm에서는 그림 5.12(b)에 해당한다.

- **코팔트(Ⅲ) 착물** 광회전도 또는 원편광이색성이 가장 잘 연구되어 있는 것은 $[Co(en)_3]^{3+}$이다. 이 착물의 절대배치는 X-선 회절 방법으로 결정되었지만, 우회전성의 $(+)_{589}$ Δ-$[Co(en)_3](ClO_4)_3$의 CD 스펙트럼을 흡수곡선과 함께 그림 5.15에 나타내었고, 참고로 Δ배열의 구조도 그림 5.16에 나타내었다. 또한 전자 흡수띠의 위치, 강도와 함께 CD의 최대값, 강도 등을 표 5.7에 나타내었다.

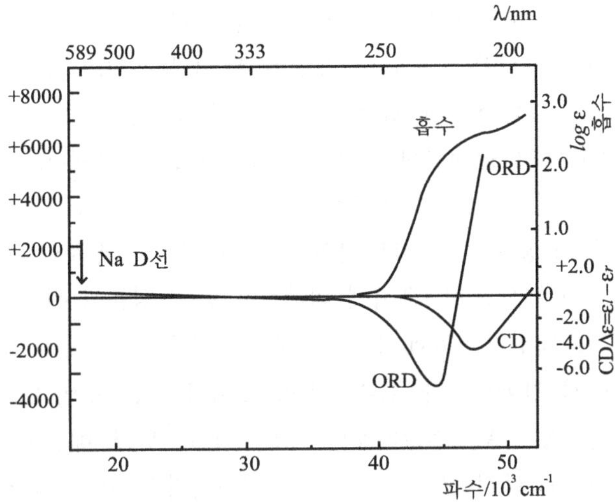

그림 5.14 타르타르산의 전자흡수, UV와 CD 스펙트럼

표 5.7 $(+)_{589}\Delta[Co(en)_3]^{3+}$ 수용액의 UV와 CD의 측정값

	A	B	I	II	CT(전하이동)
흡수	13.5(ε = 0.3)	17.0(ε = 1.0)	21.4(1.97)	29.5(1.93)	47.1(4.36)
CD	13.5(−0.0022)	16.5(+0.025)		28.6(+0.25)	47.4(−31)

위치는 파수(10^4 cm^{-1})로 나타내고, ( )안은 흡수(ε , logε), CD(Δε)의 강도*, [M]의 첨자는 측정 파장(nm)

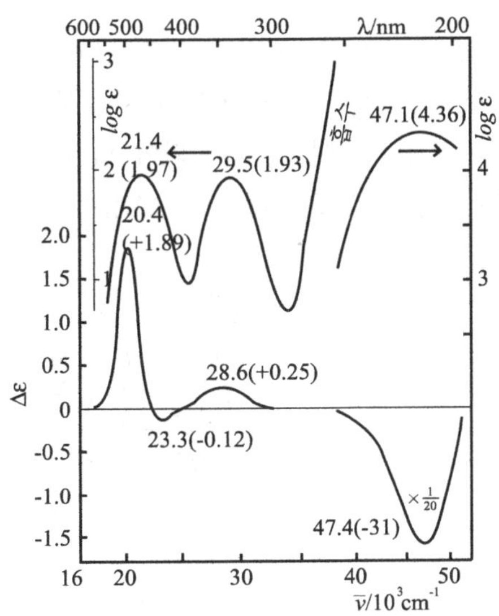

그림 5.15 $(+)_{589}$ Λ−$[Co(en)_3](ClO_4)_2$의 흡수 및 CD 스펙트럼

그림 5.14과 5.15에는 나타내지 않았지만, 흡수띠 I 보다 장파장(낮은 파수쪽)에 강도가 낮은 스핀금지 흡수띠 A, B가 있고, 그들의 CD도 측정할 수 있다(표 5.7). 그림 5.15에 있는 것처럼 흡수띠 I 은 큰 +와 −의 광회전도에 일치하는 Na D선(589 nm)에서 +의 광회전도를 나타낸다. 자외선 영역의 CT흡수띠는 대단히 큰 몰광회전도가 관찰된다. CD곡선을 보면 흡수띠 I 은 장파장 쪽의 큰 +성분(주성분)과 단파장 쪽의 작은 −성분이 측정되고, 흡수띠 II 는 작은 +성분이, 또한 CT띠에 의해서는 큰 −성분이 관측된다.

D_3 대칭인 $[Co(en)_3]^{3+}$ 착물의 리간드장 흡수띠에 대한 해석은 이미 그림 4.2에서 알아보았다. 흡수띠 I 와 일치하는 큰 +의 CD는 $^1E_a \leftarrow {}^1A_1$이고, 적은 CD는 $^1A_2 \leftarrow {}^1A_1$, 흡수띠 II 의 CD는 $^1E_b \leftarrow {}^1A_1$에 해당한다. 흡수띠 II 의 다른 성분 $^1A_1$($^1T_{2g}$에서 온 것)$\leftarrow {}^1A_1$은 자기쌍극자의 선택규칙에서 금지이기 때문에 나타나지 않는다. 따라서 그림 4.15, 표 4.7과 같이 흡수띠 I, II 에 일치하는 3개의 CD 띠가 나타난다.

CD와 절대배치의 관계

광학활성 착물의 절대배치는 단결정으로부터 X-선 회절 방법으로 결정하지만, 용액에서 착물의 구조는 X-선 결정구조해석으로 절대배치가 알려진 착물의 CD 스펙트럼 특징을 조사하여 경험적으로 배열을 알 수 있다.

그림 5.15에서 보았듯이 Λ형 $[Co(en)_3]^{3+}$의 흡수띠 I 에서는 CD의 주성분(장파장 쪽)의 부호는 +이다. 이 관계는 많은 착물에서 성립하는 것으로 알려져, 현재에는 5원 킬레이트 고리를 가진 $[Co(en)_3]^{3+}$와 같은 트리스 킬레이트형의 착물에 있어서는 흡수띠 I 의 CD의 주성분의 부호가 +이면 그의 절대배치는 Λ형으로 되는 규칙성이 잘 확립되어 있다. 따라서 앞의 부호가 +이면, 그 착물의 절대배치는 그림 5.16과 같이 Λ형이다. 표 5.8에 이들 예를 나타내었다.

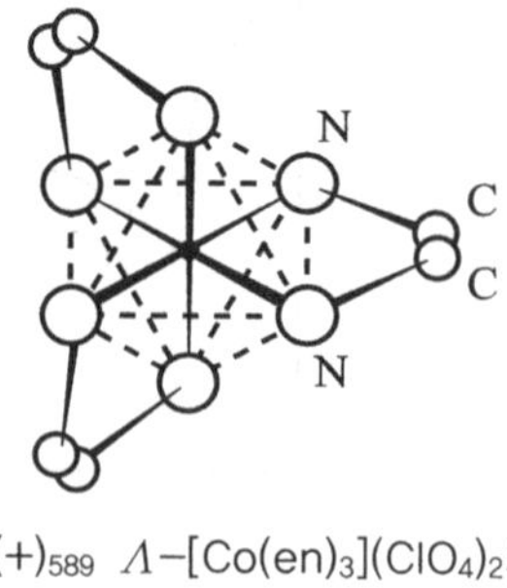

그림 5.16 $(+)_{589}$ Λ-$[Co(en)_3](ClO_4)_2$의 절대배치.

표 5.8 X-선에 의한 절대구조와 CD 극대값의 부호와의 관계

착물의 절대 배치	흡수띠 I 에서 CD의 주성분의 위치(강도)*
Λ-$[Co(en)_3]^{3+}$	20.04(+1.89)
Λ-$[Rh(en)_3]^{3+}$	31.3(+2.0)
Δ-$[Co(R\text{-}pn)_3]^{3+}$	20.28(−1.95)
fac-Δ-$[Co(ibn)_3]^{3+**}$	20.02(−2.99)
Λ-$[Co(C_2O_4)_3]^{3-}$	16.2(+3.30)

*위치는 파수(10 cm^{-1})을, ( )는 $\Delta\varepsilon$ 를 나타낸다.
** ibn = $H_2NCH_2C(CH_3)_2NH_2$

이 착물에는 *mer*와 *fac*의 구조가 있고 Δ와 Λ를 포함해서 모두 4 종류의 이성질체로 분리되어 있다. 이 규칙은 $[M(AA)_2b_2]$형의 킬레이트 착물에서도 잘 성립되지만, 6원 이상의 킬레이트 고리를 가진 착물의 경우에는 확실하지 않는 점이 있다. 이상에서와 같이 광학활성 착물의 절대배치(Δ 또는 Λ)와 그 착물의 흡수띠 I 에 해당하는 CD곡선의 최대 값의 부호는 일치한다.

3 진동 스펙트럼

착물의 형태는 대칭(symmetry)성으로 분류할 수 있다. 진동 스펙트럼(vibrational spectrum)은 착물의 대칭성에 민감하다. 따라서 진동 스펙트럼을 측정하면, 착물의 정성적인 기하구조를 알 수 있다. 진동 스펙트럼의 측정에는 적외선 흡수 스펙트럼(Infra-red absorption spectrum)과 라만 스펙트럼(Raman spectrum)이 잘 알려져 있다.

진동 스펙트럼은 착물의 구조에 아주 민감하다. 예를 들면 같은 4배위 착물에서도 정사면체 착물과 평면사각형은 아주 다르다. 그들 각각의 형태에서 고유의 스펙트럼을 가진다. 그러므로 진동 스펙트럼을 측정하면, 합성한 착물이 어떤 형태로 되어 있는지를 간단히 판단할 수 있다. 여기서는 진동 스펙트럼의 기본적인 것을 간단히 설명하고, 그 다음 구체적인 착물의 진동 스펙트럼의 예를 들어 기술한다.

기준진동(normal vibration)

N개의 원자로 구성된 분자의 진동방식(vibration modes)의 수는 3N-6개(선형분자는 3N-5)이다. 기준진동에서는 분자내의 각 원자는 그들의 평형위치의 주위의 어느 쪽도 같은 진동수에서 조화진동을 하지 않는다고 볼 수 있다. 다원자분자에서 겉보기로는 복잡한 분자의 운동도 이 기준진동의 중첩을 합해서 이해할 수 있다.

기준진동의 대부분은 적외선 흡수 스펙트럼과 라만 스펙트럼의 실험으로 관찰할 수 있다. 그러나 대칭성이 높은 정 팔면체 양이온성 착이온의 어떤 것은 두 실험 방법으로는 비활성인 진동형태도 있다.

- **적외활성과 라만활성** 분광학으로 관찰되는 기준진동에는 적외선 흡수 스펙트럼으로 관찰되는 것과 라만 스펙트럼으로 관찰되는 것 혹은 어떤 것은 2가지 방법에서 모두 관찰되는 것이 있다. 적외선 흡수 스펙트럼으로 관찰되는 기준진동의 진동형태는 적외활성(IR active)이라 하고, 라만 스펙트럼으로 관찰되는 진동형태를 라만활성(Raman active)이라 한다. 또한 예컨대 어떤 진동형태가 적외선 흡수스펙트럼으로 관찰되지 않을 때, 그 진동형태는 적외

비활성(IR inactive)이라 한다. 어느 기준진동이 적외 활성인가는 다음에 설명하는 것으로 판단할 수 있다.

◎ 적외선 흡수 스펙트럼

적외선은 교류 자기장을 가지고 있다. 분자가 진동에 의하여 변화하는 전기 쌍극자 모멘트를 가지고 있으면 빛의 교류 전기장과의 상호작용이 일어나 빛 에너지를 흡수한다. 이들이 적외선 흡수 스펙트럼(이하 IR 스펙트럼이라 한다)이다. 분자가 가지는 쌍극자 모멘트에는 영구 쌍극자 모멘트와 분자진동에 의해서 생기는 유발 쌍극자 모멘트가 있다.

CO와 같은 2원자 분자는 영구쌍극자 모멘트를 가지고 있고 아울러 진동에 의해서 그 크기가 변화한다. 그러므로 이핵 이원자 분자의 유일한 기준 진동인 분자의 신축진동(stretching vibration)이 적외선 활성이다[5]. 그러나 CO와 등전자적이나 쌍극자 모멘트를 가지지 않는 N_2 분자는 적외선 비활성이다. 동핵 이원자 분자인 H_2, F_2, Cl_2와 O_2 등도 역시 적외선 흡수를 보이지 않는다.

$[ICl_2]^-$와 같은 선형 $D_{\infty h}$대칭의 3원자분자 AX_2에는 그림 5.17에서 나타낸 3종류의 기준 진동이 있다. ν_1과 ν_2는 결합이 늘어나고 줄어드는 진동형태이고, 각각 대칭(symmetry) 신축진동, 비대칭(asymmetry) 신축진동이라고 한다. ν_3와 ν_4는 굽힘진동(bending vibration)으로 2중 축퇴된 형태이다. 선형 AX_2분자의 진동 자유도는 4이므로 이들이 기준진동의 전부이다.

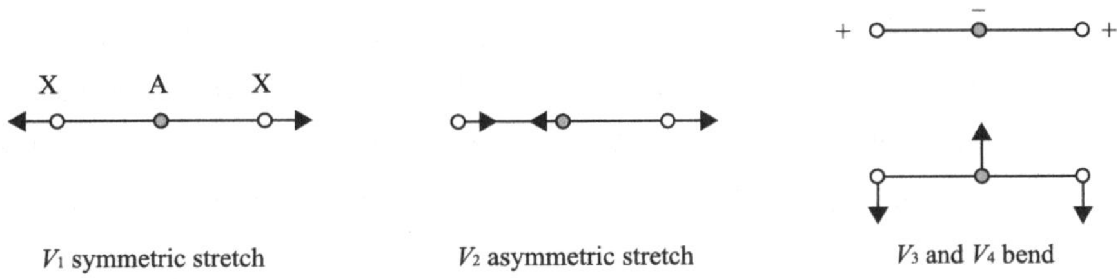

그림 5.17 선형 AX_2 분자(CO_2)의 기준진동.

선형 AX_2분자는 쌍극자 모멘트를 갖지 않은 분자이다. 그러나 ν_2, ν_3 및 ν_4의 진동형태는 진동에 의해서 분자가 변형이 되면, 분자에 쌍극자 모멘트가 유발된다. 따라서 이들의 형태는 적외 활성이다. ν_1에서는 진동에 의해서 분자가 변형되어도 분자는 대칭이므로 쌍극자는 유발되지 않는다. 이 때문에 이 형태는

5) CO의 흡수 진동수는 2134 cm^{-1}을 나타낸다.

적외선 비활성이다.

비선형 AX_2분자의 진동 자유도는 3이고, 이 분자에는 그림 5.18에 나타낸 것과 같이 3개의 기준진동이 있다. 선형분자와 다른 것은 ν_2가 비축퇴 형태인 정도로서 그 다음은 비슷하다. 그러나 이 분자에는 쌍극자 모멘트가 있기 때문에 모든 진동형태가 적외 활성이고, 선택규칙은 선형분자의 경우와는 다르다. 이 선택규칙의 차이를 이용하면 AX_2분자가 선형인지 비선형인지 구별할 수 있다.

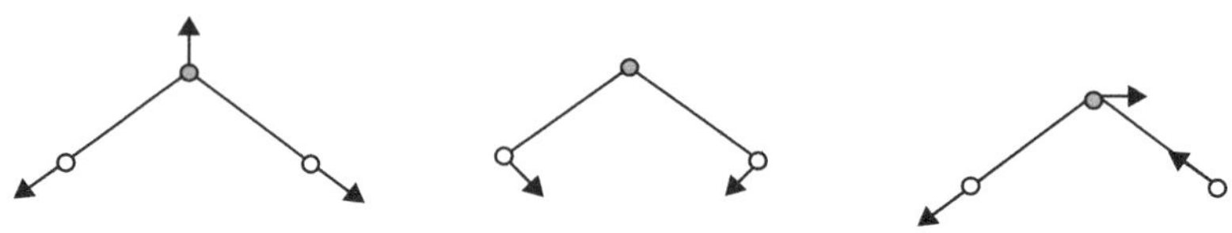

그림 5.18 비선형 AX_2 분자(H_2O)의 기준진동.

적외선 스펙트럼을 측정하면, 분자의 기준진동에 기인한 여러 가지 흡수띠가 관측된다. 어떤 기준진동에 속하는 흡수띠를 기본 흡수(fundamental absorption)라 한다. 이들은 바닥상태에서부터 가장 낮은 에너지의 들뜬상태로 들뜸으로 생긴 것이다. 그러나 약한 배음(overtone)[6], 조합(combination)[7] 및 차이(difference)[8] 흡수띠들이 나타나기 때문에 보통 스펙트럼은 복잡하게 나온다.

라만 스펙트럼

분자에 단색광을 쪼이면 산란광이 관찰된다. 입사광과 같은 파장의 빛이 산란되는 경우 그들을 Rayleigh 산란이라고 한다. 산란은 Rayleigh 산란만 있는 것이 아니다. 강도는 약하지만 입사광과는 다른 파장의 빛을 산란하는 것도 있다. 이 효과는 발견자인 C.W. Raman의 이름을 따서 라만효과라 한다. 라만 효과와 같은 파장의 피크는 빛을 어떤 분자에 특유한 것으로 이 피크의 크기에서 그 분자의 기준 진동의 파수를 구할 수 있다. 단색광의 광원에서 여러 가지 파

6) 배음(overtone)은 바닥상태로부터 기본 주파수의 정수배에 해당하는 더 높은 에너지 상태로 들뜸으로써 생긴다. 예를 들면 500 cm^{-1}에서 적외선 흡수는 1000 cm^{-1}에서 더 낮은 세기의 동반 피크(배음)를 나타낼 수 있다.

7) 한 분자의 두 진동 주파수(ν_1 및 ν_2)가 상호작용하면 새로운 주파수의 진동이 생기는 흡수띠 ($\nu_{comb} = \nu_1 - \nu_2$)이다.

8) 조합 띠와 유사하다. 한 분자의 두 진동 주파수(ν_1 및 ν_2)가 상호 작용하는 띠의 차이로부터 생긴 결과이다($\nu_{diff} = \nu_1 - \nu_2$).

장의 레이저(Laser[9]) 광원이 이용된다.

라만효과에 의해서 산란된 광을 분광하면 산란광의 스펙트럼을 얻을 수 있다. 이것이 라만 스펙트럼(Raman spectrum)이다. 라만 스펙트럼에서는 빛의 산란에 의해서 스펙트럼이 나타난다. 이것은 빛의 흡수에 의해서 스펙트럼이 나타나는 IR 스펙트럼과는 다른 상호작용에 의해서다. 이 때문에 라만 스펙트럼의 선택 규칙은 IR 스펙트럼과는 다른 것이 된다.

분자의 어떠한 진동형태가 라만활성인가를 가려내려면 간단한 분자진동형태의 대칭성을 고려하는 것이 중요하다. 그러나 이 책에서는 이 문제는 더 이상 다루지 않는다.

- **상호 배제규칙** 선형 AX_2 분자는 ν_1이 라만 활성 형태이고, ν_2와 ν_3는 모두 적외선 활성이지만 라만 비활성이다. 이들 분자는 대칭중심 i 을 가지고 있다. 일반적으로 분자가 대칭중심을 가질 경우, 적외선 활성인 진동방식과 라만 활성인 진동방식은 서로 배제적이다. 즉, 어떤 진동이 적외 활성이면 그 진동은 라만 비활성이고 라만 활성의 형태는 적외 비활성이다. 이것을 상호배제규칙(mutual exclusion principle) 이라 한다. 이 규칙은 착물과 같이 높은 대칭성을 갖는 분자들의 구조를 진동 스펙트럼으로 추정할 때 흔히 사용하는 중요한 규칙이다.

  대칭중심이 없는 비선형 AX_2분자의 진동 스펙트럼은 상호배제 규칙을 적용할 수 없다. 즉, 이 분자의 적외 활성인 3개의 진동형태가 모두 라만활성이다.

착물의 진동형태

착물의 기하구조인 정사면체 AX_4, 평면사각형 AX_4, 팔면체 AX_6 착물의 기준진동 형태와 물분자나 암모니아 분자가 배위된 착물에서 어떤 특징적인 진동형태가 나타나는지 알아보자.

- **정사면체 AX_4착물** 정사면체의 대칭성을 나타내는 기호는 T_d 이다. $AX_4(T_d)$ 착물의 기준진동은 그림 5.19에 나타내었다.

9) Laser는 Light Amplification by Stimulated Emission of Radiation의 약자이다.

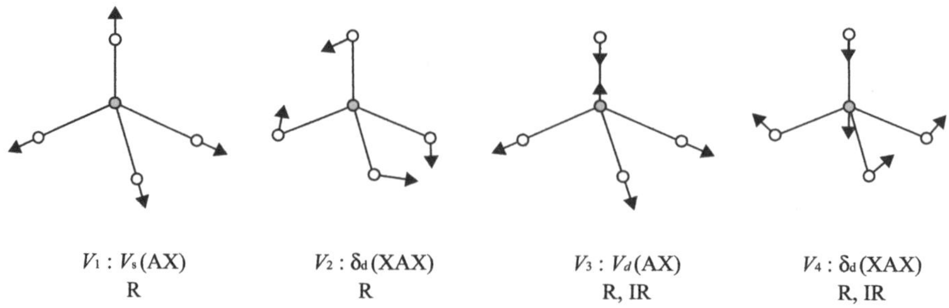

그림 5.19 정사면체 AX_4 분자의 기준진동 R는 라만 활성, IR은 적외활성을 나타낸다.

ν_s 와 ν_d는 전 대칭 및 축퇴 신축진동을 나타낸다. 신축진동에는 ν를, 또한 굽힘진동에는 δ를 쓴다. δ_d는 이중축퇴 굽힘진동이다. 축퇴진동에서 ν_2는 이중축퇴이고, ν_s와 ν_d는 삼중축퇴이다. 따라서 기준진동의 수는 전부 9개이고, 분자 내 진동의 자유도 9와 일치한다. T_d 착물에서는 모든 진동형태가 라만 활성이지만 적외선 활성형태는 ν_s 와 ν_d는 뿐이다. 이 착물에는 대칭중심이 없기 때문에 진동 스펙트럼은 상호 배제를 나타내지 않는다.

- **평면사각형 AX_4착물** $[AuCl_4]^-$와 같은 평면사각형 AX_4 착물은 대칭성을 나타내는 기호가 D_{4h}이므로 D_{4h}착물이라 한다. $AX_4(D_{4h})$ 착물의 기준진동을 그림 5.20에 나타내었다.

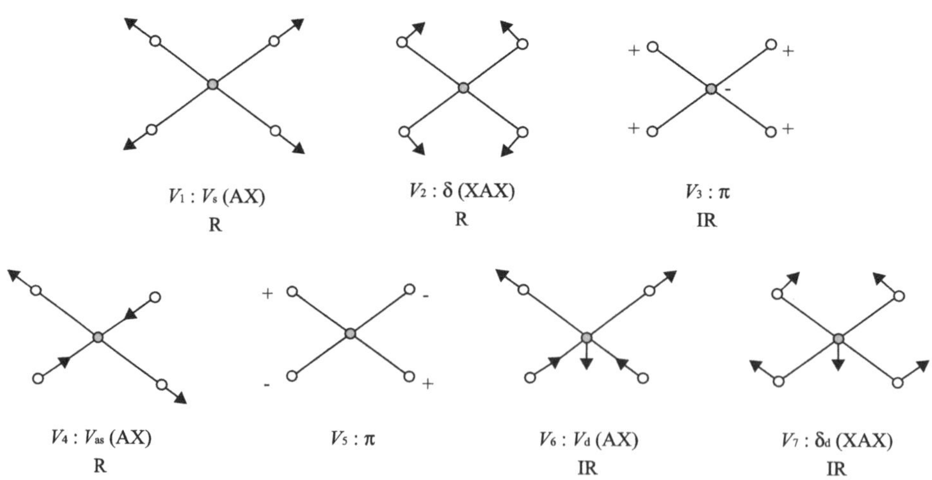

그림 5.20 평면사각형 AX_4 분자의 기준진동.

ν_s와 ν_{as}는 각각 대칭신축, 비대칭 신축진동을 나타낸다. π는 면의 굽힘진동이다. ν_1에서 ν_5까지는 비축퇴 형태이고 ν_6와 ν_7은 이중축퇴 형태이다. 따라서 기준진동은 9개가 되며 이들이 D_{4h} 착물의 모든 기준진동이다. 그림 5.21에서 ν_1, ν_2, ν_3의 형태는 라만활성이고, ν_3, ν_6, ν_7은 적외활성이다. ν_5는 두 스펙트럼에 비활성인 형태이다. 대칭중심이 있는 이 착물은 상호배제 규칙에 따른다.

합성된 착물 AX_4이 T_d 인지 혹은 D_{4h}인지 상호배제 규칙의 유무를 살펴보면 쉽게 판단할 수 있다.

- **정팔면체 AX_6착물** 정팔면체의 대칭성을 나타내는 기호는 O_h이다. 이 구조를 가진 착물에는 $[PdCl_6]^{2-}$나 $[PtCl_6]^{2-}$가 있다. 수소원자를 무시하면, NH_3가 C_3 축 주위를 빠르게 회전하고 있다고 하면, $[Co(NH_3)_6]^{3+}$도 이 O_h 착물의 하나이다. O_h 착물에 허용되는 기준진동을 그림 5.21에 나타내었다.

ν_1는 비 축퇴, ν_2는 이중 축퇴, 다른 것은 모두 삼중 축퇴의 형태이다. O_h 착물은 7개의 원자이므로, 분자 내 진동의 자유도는 15가 된다. 이들이 O_h 착물에 허용되는 기준진동의 모두이다.

ν_1, ν_2, ν_5가 라만활성 또한 ν_3와 ν_4는 적외선 활성 형태이다. 마지막에 있는 ν_6는 어느 것에도 비활성이다. 이 착물도 대칭중심이 있어 상호 배제 규칙이 성립된다.

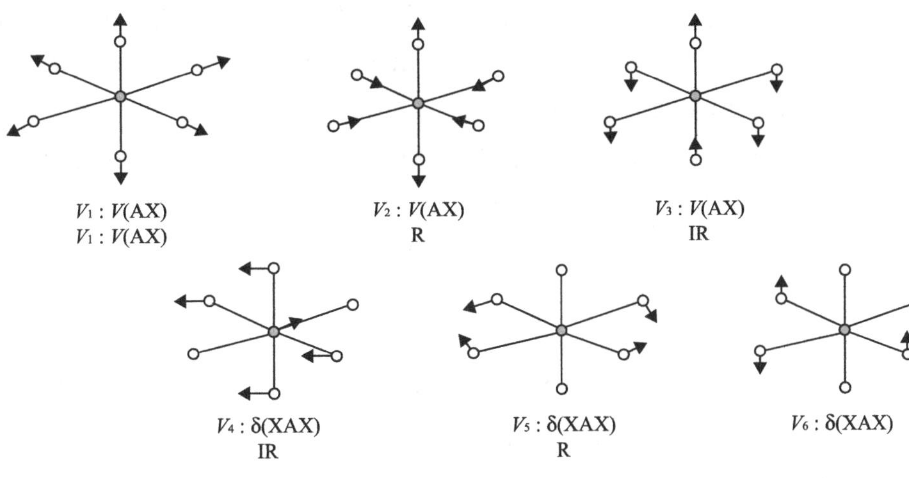

그림 5.21 정팔면체 AX_6 분자의 기준진동

표 5.9 정팔면체 AX_6형 이온의 기준진동 파수(cm^{-1})

착이온	ν_1(R)	ν_2(R)	ν_3(IR)	ν_4(IR)	ν_5(IR)
$[GeCl_6]^{2-}$	318	213	293	205	191
$[SnCl_6]^{2-}$	314	235	313	-	157
$[TeCl_6]^{2-}$	287	247	228	105	131
$[PdCl_6]^{2-}$	317	292	340	175	164
$[ReCl_6]^{2-}$	346	275	313	172	159
$[OsCl_6]^{2-}$	346	274	314	177	165
$[IrCl_6]^{2-}$	352	225	335	168	190
$[PtCl_6]^{2-}$	344	320	343	182	160
$[PdBr_6]^{2-}$	198	176	253	130	100
$[PtBr_6]^{2-}$	207	190	244	90	97

이러한 형태의 착물에서 관측된 분자 내 진동의 파수와 그에 해당하는 것을 표 5.9에 나타내었다. 이들은 모두 Cl이나 Br과 같이 무거운 원자가 배위된 착물로서 낮은 파수영역에 분자진동이 관측된다. 신축진동은 일반적으로 굽힘진동보다 높은 파수에서 나타난다. 중심금속이 백금족 원소(M^{IV})인 염소착물의 신축진동은 Sn^{IV}, Te^{IV}의 착물보다 높은 파수에서 나타난다. 이것은 백금족 착물의 배위결합이 보다 공유결합성이 큰 것이라는 것을 말한다.

배위분자의 진동형태

H_2O분자나 NO_2^- 이온과 같은 비선형 AX_2 분자가 금속 M에 배위된 착물의 기준진동을 구해보면, 그림 5.22과 같이 M-AX_2에 특징적인 몇 개의 진동형태가 나타난다. 이들의 형태는 $\rho_t(AX_2)$를 제외하고 모두 적외활성이다. $\nu_s(AX_2)$, $\delta(XAX)$ (AX_2는 가위진동), $\nu_{as}(AX_2)$의 각 형태는 AX_2분자의 분자 내 진동과 비슷하다. ν(M-X)는 AX_2가 금속에 배위되기 때문에 생긴 M-A신축진동이다. 나머지 3개 가로 진동 $\delta_r(AX_2)$, 세로 진동 $\rho_t(AX_2)$, 비틀림 진동 $\rho_w(AX_2)$는 모두 AX_2 분자의 회전진동으로 AX_2가 M에 배위되었기 때문에 분자 내 진동으로 볼 수 있다.

암모니아 분자가 배위된 암민착물도 그림 5.23와 같이 M-NH_3에 특징적인 진동형태가 있다. ν(M-N)과 $\rho_r(NH_3)$는 NH_3가 배위되었기 때문에 나타났으며, M-N신축진동과 NH_3 가로 진동이다. 그림에서 나타낸 진동형태는 적외 및 라만에 모두 활성이다.

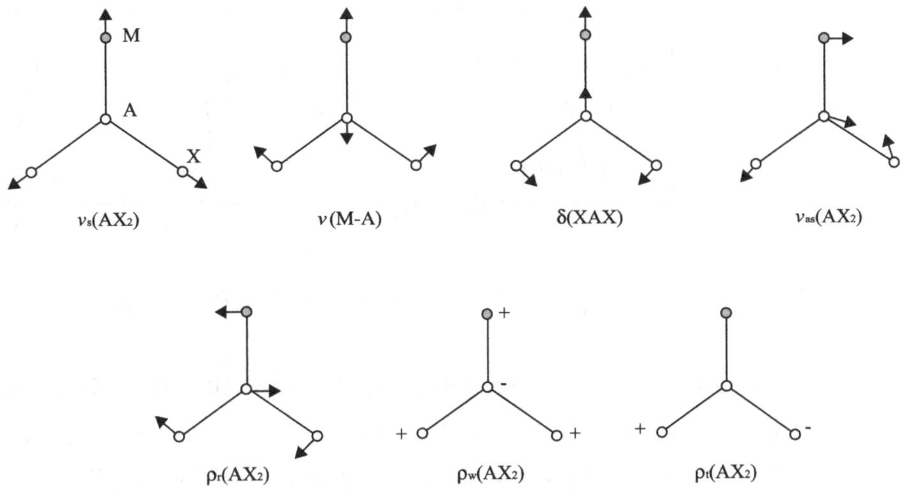

그림 5.22 M–AX$_2$의 진동형태.

그림 5.24는 $[Co(NH_3)_6]Cl_3$에서 측정된 IR스펙트럼을 나타낸 것이다. NH_3의 대칭과 비대칭 신축진동은 분리되지 않고, 하나의 넓은 흡수띠가 높은 파수 영역에서 관찰된다(가로축의 눈금이 다른 것에 주의하라). 파수 800 cm^{-1}의 낮은 파수 영역에서는 NH_3가 배위되었기 때문에 생긴 NH_3의 가로 진동을 보인 것이다.

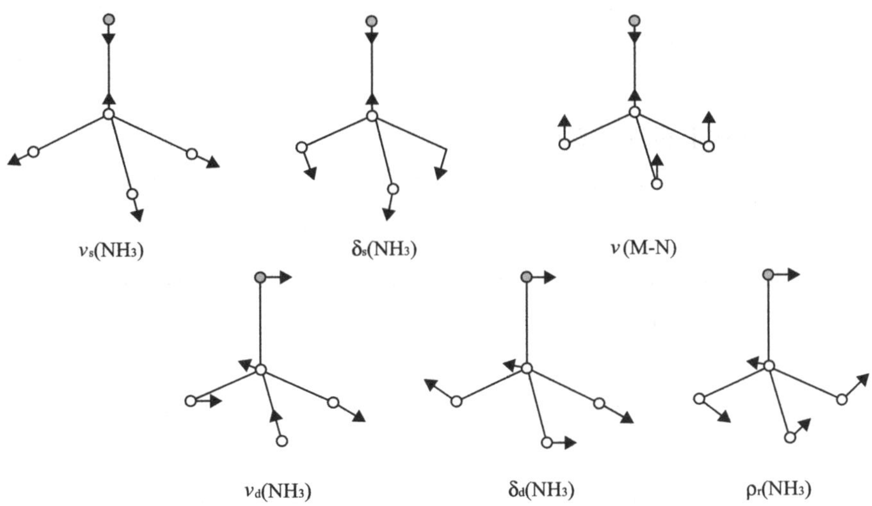

그림 5.23 M–NH$_3$의 진동형태.

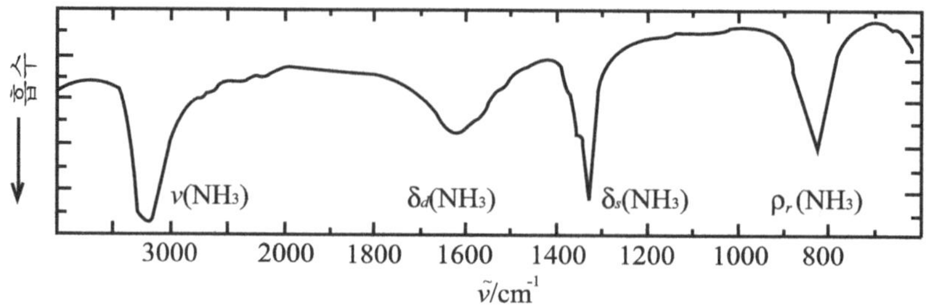

그림 5.24 $[Co(NH_3)_6]Cl_3$의 IR 스펙트럼.

표 5.10에서는 몇 가지 암민착물에서 관측된 IR스펙트럼의 흡수띠와 그들에 해당하는 모두를 나타내었다. NH신축진동은 높은 파수에, 또는 NH_3 가로 진동은 낮은 파수에 나타난다. $[Co(NH_3)_6]Cl_3$와에서 $[Co(NH_3)_6]Br_3$에서 $\nu_d(NH_3)$가 중첩되어 나타나기 때문이다.

표 5.10 암민착물의 진동흡수띠의 파수(cm^{-1})

화합물	$\nu(NH_3)$	$\delta_d(NH_3)$	$\delta_s(NH_3)$	$\rho_r(NH_3)$
NH_3	3414, 3336	1628	950	-
$[Ni(NH_3)_6](ClO_4)_2$	3397, 3312	1618	1236	620
$[Cr(NH_3)_6](ClO_4)_3$	3330, 3280	1622	1334	718
$[Co(NH_3)_6](ClO_4)_3$	3320, 3240	1630	1352	803
$[Co(NH_3)_6]Cl_3$	3070	1603	1325	818
$[Co(NH_3)_6]Br_3$	3120	1578	1318	792

착물의 진동 스펙트럼

이들은 모두 AX_4의 조성을 가진 착물이다. 이들 착물은 구조의 차이에 의해서 다른 진동스펙트럼을 나타내었다. 따라서 관측된 진동스펙트럼을 해석하면 착물의 구조를 추정할 수 있다. 여기서는 스펙트럼의 해석을 구체적으로 설명한다.

- **평면사각형 착물** 황색 $K_2[PtCl_6]$을 $K_2C_2O_4$로서 환원시키면 적색 막대모양의 결정인 $K_2[PtCl_4]$이 얻어진다. 이 착물의 IR 스펙트럼을 측정하면 파수 168, 191, 321 cm^{-1}에서 3개 흡수띠가 관찰된다. 한편 라만 스펙트럼은 이들 흡수띠와 일치하는 라만 선이 관찰되지 않고 다른 파수 196, 306, 333 cm^{-1}에서 3개의 라만선이 나타난다. 이것은 착물이 상호 배제규칙을 만족하고 있는 것

을 나타내며 착물에 대칭중심이 있는 것을 알 수 있다.

$[PtCl_4]^{2-}$는 5개 원자로 구성되어 있어 분자 내 진동 자유도는 9개이다. 역시 이 착이온의 대칭이 대칭중심을 가진 D_{4h}이면 7종의 기준진동이 있고, 그 중 3개 ν_1, ν_2, ν_4는 라만활성이고 ν_3, ν_6, ν_7 3개는 적외 활성이다.

이처럼 IR 또는 라만 스펙트럼에서 각 3개씩 다른 형태의 활성이라는 것은 앞에서 언급한 $K_2[PtCl_4]$의 실험결과와 잘 일치하며 평면사각형 구조를 가지고 있다는 유력한 증거이다.

$K_2[PtCl_4]$와 유사 착물에 의해서 얻어진 파수와 그에 해당하는 것을 표 5.11에 나타내었다. 할로젠 원자와 같이 무거운 원자가 배위된 착물에서는 분자 내 진동의 파수는 일반적으로 낮은 파수에 있고, 적외선 스펙트럼에서는 원적외선 영역에서, 또한 라만 스펙트럼에서는 광원의 파수에 가까운 곳에서 분자 내 진동이 관찰된다. 그 중에서도 굽힘 진동은 파수가 낮고 신축진동보다 낮은 파수에서 나타난다.

표 5.11 평면사각형 AX_4 착물에서 관찰된 진동형태의 파수(cm^{-1})

착이온	ν_1(R)	ν_2(R)	ν_3(IR)	ν_4(R)	ν_6(IR)	ν_7(IR)
$[ICl_4]^-$	288	128	-	261	266	-
$[PtCl_4]^{2-}$	333	196	168	306	321	191
$[PdCl_4]^{2-}$	310	198	-	275	336	193
$[AuCl_4]^{2-}$	347	171	-	324	356	173
$[PtBr_4]^{2-}$	205	125	135	190	232	135
$[PdBr_4]^{2-}$	192	125	130	165	260	140
$[AuBr_4]^{2-}$	212	102	-	196	252	100

- **정사면체 착물** $FeCl_3$의 진한 염산용액에 에틸에테르를 가하여 흔들어주면 에테르의 층이 옅은 황녹색이 된다. 이것은 에테르 층에서 염화철(Ⅲ)이 $[FeCl_4]^-$ 형의 착이온으로 유출되기 때문이다. 이 용액의 라만 스펙트럼을 측정하면 4개의 라만선이 관찰된다. $[FeCl_4]^-$가 정사면체 구조(T_d 대칭)로 되면, 전 대칭 신축진동 ν_1, 이중축퇴 굽힘진동 ν_2, 삼중축퇴 신축진동 ν_3, 삼중축퇴 굽힘진동 ν_4등의 기준진동이 라만 활성으로 실험결과와 일치한다.

실온에서 무색의 발연성 액체(mp −23 °C)인 사염화 티탄은 액체 상태에서 정사면체 구조의 $TiCl_4$ 분자이다. 이 분자의 진동 스펙트럼의 진동 해석에 의해서 정확히 설명할 수 있기 때문에, 이것을 참조하여 $[FeCl_4]^-$의 스펙트럼을 해석할 수 있다. 표 5.12에 $TiCl_4$와 $[FeCl_4]^-$ 및 그밖에 사면체 착물의 IR 스펙트럼의 파수와 해석을 나타내었다.

표 5.11 정사면체 AX_4 착물에서 관찰된 진동형태의 파수 (cm^{-1})

착이온	ν_1(R)	ν_2(R)	ν_3(R, IR)	ν_4(R, IR)
$TiCl_4$	388	119	498	139
$GeCl_4$	397	132	451	171
$ZrCl_4$	388	102	421	112
$[FeCl_4]^-$	330	106	385	133
$[FeCl_4]^{2-}$	-	77	286	119
$[MnCl_4]^{2-}$	-	78	284	118
$[CoCl_4]^{2-}$	-	82	297	130
$[NiCl_4]^{2-}$	-	79	289	112
$[CuCl_4]^{2-}$	-	77	267	136
$[GaCl_4]^{2-}$	346	114	386	149
$[GaBr_4]^{2-}$	210	71	278	102
$[GaI_4]^{2-}$	145	52	222	73

$TiCl_4$와 $[FeCl_4]^-$에 일치하는 형태의 파수를 비교해 보면 $TiCl_4$쪽이 $[FeCl_4]^-$ 보다도 높고, 그 중에서도 신축진동(ν_1, ν_3)의 파수에서 그 차이가 크다. Ti와 Fe의 질량은 크게 다르지 않으므로 이와 같은 큰 파수의 차이는 힘 상수의 차이라고 볼 수 있다. 아마 이 결과는 Ti-Cl 결합 쪽이 Fe-Cl결합에 비해서 결합이 현저히 강한 것을 의미한다.

유기 리간드의 적외선 스펙트럼

유기분자는 일반적으로 대칭성이 낮은 복잡한 구조를 가지고 있다. 이와 같은 유기분자에는 대부분의 진동형태가 적외선 활성이다. 그 때문에 분자의 구조에 관한 정보를, 측정이 비교적 쉬운 적외선 스펙트럼만으로 얻을 수 있다. 특히, 몇 개의 원자단(기)은 특성 흡수띠(characteristic absorption band)라는 특정적인 흡수를 나타내기 때문에, 그들을 유력한 수단으로 하여 유기분자의 구조를 추정할 수 있다.

- **특성 흡수띠** 메틸기(CH_3-)를 가진 분자는 2900 cm^{-1}근처의 넓은 흡수띠와, 1400 cm^{-1}에서 약한 이중선의 흡수띠를 나타낸다. 앞의 것은 CH_3 신축진동

이고, 뒤의 것은 CH_3의 굽힘진동에 의해서 각각 기인된 흡수띠이다. 이들 흡수띠의 파수는 CH_3기가 서로 결합되어 있는 서로 다른 원자단에 따라서 약간 변화되지만 어느 범위 내에서 일정한 값을 가진다. 이와 같은 특성 흡수띠의 존재는 앞에서 설명한 기준진동을 개념과 모순이 되는 것처럼 생각할지도 모른다. 그러나 복잡한 분자의 기준진동을 실제로 구하려면, 그 분자 중의 특정 원자단만이 주로 운동을 하고 나머지 부분은 상대적으로 정지하고 있다고 보면 얻을 수 있듯이, 몇 개의 진동 형태를 얻을 수 있다. 이미 설명한 M-AX_2나 M-AX_3의 각 진동 형태도 이러한 예이다. 이와 같은 형태를 다른 측면에서 보면, 진동 위치에너지가 특정 원자단에 편재되어 있는 형태이다. 그러나 문제의 원자단 이외의 부분은 완전히 정지되어 있지 않고, 같은 진동수에서 약간은 진동하고 있다. 그 진동의 방법은 분자에 따라서 다르기 때문에, 분자의 차이에 따른 특성 흡수띠의 피크가 관찰될 수 있다.

유기분자가 배위된 착물에 있어서도 특성 흡수띠는 이러한 사실은 아마 변하지 않을 것이다. 따라서 착물을 합성하였을 때, 리간드로 생각한 유기분자가 착물에서 확실히 들어 있는가 하는 것은 그 유기분자의 특성 흡수띠를 조사하므로 판정할 수 있다.

- **요소와 그 착물** 요소분자의 구조는, 수소까지 포함하여 평면인 것이 알려져 있다. 요소와 그의 Pd, Pt, Cr 및 Fe 착물에 의해서 관찰된 중요한 진동흡수띠의 파수와 그들의 해석을 표 5.13에 나타내었다. 해석한 것에는 그의 흡수띠에 관련된 주된 그룹진동을 나타내었다.

표 5.13 요소와 그의 몇 가지 금속 착물의 적외선 스펙트럼 자료

요소	$[Pd(urea)_2Cl_2]$	$[Pt(urea)_2Cl_2]$	$[Cr(urea)_6Cl_2]$	$[Fe(urea)_6Cl_2]$	해석
3450	3390	3390	3440	3440	
3350	3590	3290	3330	3340	$\nu(NH_2)$비결합
	3140	3130			
	3030	3030			$\nu(NH_2)$결합
1683	1725	1725	1555	1550	ν(C=O)
1471	1400	1395	1505	1490	ν(C-N)

높은 파수 영역에서는 NH_2의 대칭과 반대칭의 신축진동이 분리되어 나타나고 있다. Pd, Pt착물에서는 이들의 신축진동 두 짝이 관찰되는데, 낮은 파수 쪽의 한 짝은 배위된 NH_2에 의한 것으로 볼 수 있다. 즉 이들 착물에서 요

소분자의 N가 금속에 배위하고 있다. 이 두 착물의 ν(C=O)은 요소분자에서 보다 높은 파수에 있다. 이것은 NH_2가 배위되었기 때문에 위와 같은 해석을 입증할 수 있다.

Cr, Fe착물에서는 ν(C=O)의 파수가 요소분자에서 보다 낮게 된다. 이것은 요소분자의 O가 배위하여 C=O 결합이 약화되기 때문으로 해석되고, 이들 착물에서는 요소분자는 O로 배위된 것으로 결론을 내릴 수 있다.

- **비스(그리시나토) 착물** $[Ni(gly)_2]\cdot 2H_2O$결정은 그림 5.25에 나타낸 바와 같이, X-선 구조해석에 의해서 트랜스 형태의 사각평면 착물형 임이 밝혀졌다. 표 5.14에서 트랜스-비스(그리시나토)착물에서 측정된 IR스펙트럼의 파수를 나타내었다.

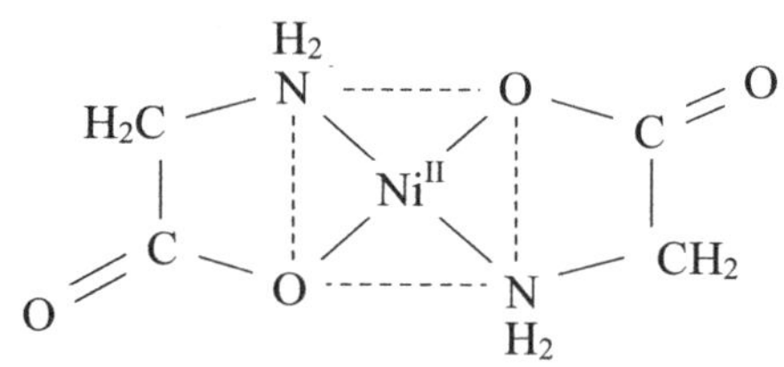

그림 5.25 *trans*–$[Ni(gly)_2]$의 구조

trans-$[M(gly)_2]$를 포함하는 4배위 착물은 매우 유사한 IR 스펙트럼을 가지며, 각 흡수띠는 표 5.14와 같이 해석된다. 이 결과에서 이들 착물은 모두 그림 5.25에 나타낸 것과 같은 구조를 가지고 있다는 것을 알 수 있다.

표 5.14 *trans*–$[M(gly)_2]$의 특성 IR 흡수띠의 파수(cm^{-1})

$[Pd(gly)_2]$	$[Pt(gly)_2]$	$[Ni(gly)_2]$	$[Cu(gly)_2]$	해석
3230 3120	3230 3090	3340 3280	3230 3260	$\nu(NH_2)$
1642	1643	1589	1593	ν(C=O)
1616	1610	1610	1608	$\delta(NH_2)$
1374	1374	1411	1392	ν(C-O)
1025	1023	1038	1058	$\rho_w(NH_2)$
771	792	630	644	$\rho_r(NH_2)$
550	549	439	439	ν(M-N)
420	415	290	360	ν(M-O)

◎ 기하 이성질체와 진동스펙트럼

착물 $[PdCl_2(NH_3)_2]$에는 시스와 트랜스의 이성질체가 있다. 이제 수소를 무시한 착물의 골격인 $[PdCl_2N_2]$만을 생각하면, 시스형은 C_{2v} 대칭이며, 트랜스형은 D_{2h} 대칭성을 가진다. 대칭성이 높은 착물은 비교적 단순한 진동 스펙트럼을 나타낸다. 실제로 시스와 트랜스 $[PdCl_2(NH_3)_2]$로서 IR스펙트럼을 측정하면 그림 5.26과 같은 그림을 얻을 구 있다.

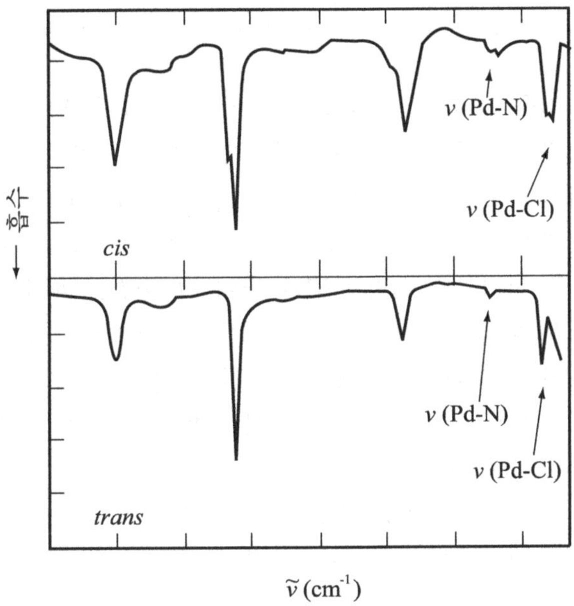

그림 5.26 *cis*–, *trans*–$[PdCl_2(NH_3)_2]$의 IR 스펙트럼

이 스펙트럼을 비교해 보면 시스형의 흡수띠에는 2개의 분열된 약한 흡수띠가 있지만, 이것에 비해 트랜스 이성질체의 흡수띠는 모두 예리하고 단순하다. 이와 같은 스펙트럼의 양상으로 기하이성질체의 구조를 추정할 수 있다.

4 자기적 성질과 자기화율

물질의 자기적 성질을 조사하면, 물질에 있는 전자의 거동을 알 수 있다. 전자의 거동은 물질의 구조에 영향을 받는다. 착물과 같이 복잡한 화합물 중에 있는 전자의 거동을 알고, 착물의 구조 또는 물리적 성질에 대한 정보를 얻기 위해서 자기모멘트(magnetic moment)의 측정은 크게 도움이 된다.

물질을 자기장(magnetic field)에 두면 그 물질에 힘이 미친다. 이러한 현상은 오래전부터 알려진 것이다. 물질에 작용하는 힘의 방향에 따라서 자기적 성질은 반자기성(diamagnetic)과 상자기성(paramagnetic)으로 나눌 수 있다.

반자기성 물질은 그 물질을 자기장의 밖으로 밀어내는 방향으로 힘이 작용한다. 즉 자력선은 그림 5.27과 같이 그 물질을 피해서 지나간다. 한편 상자기성 물질은 물질을 자장 안으로 끌어들이는 방향으로 힘이 작용한다. 이때 자력선은 물질의 가운데를 지나게 된다. 철(Fe)과 코발트(Co)와 같은 금속은 대단히 센 힘이 자기장 안으로 끌어들이는 방향으로 작용하며, 이러한 물질을 강자성(ferromagnetic) 물질이라고 한다.

착물의 자기적 성질은 착물의 구조와 전자배치 상태에 밀접한 관련이 있다. 이러한 상호 관련성을 이용해서 자기적 성질로부터 착물의 구조를 추정할 수 있다.

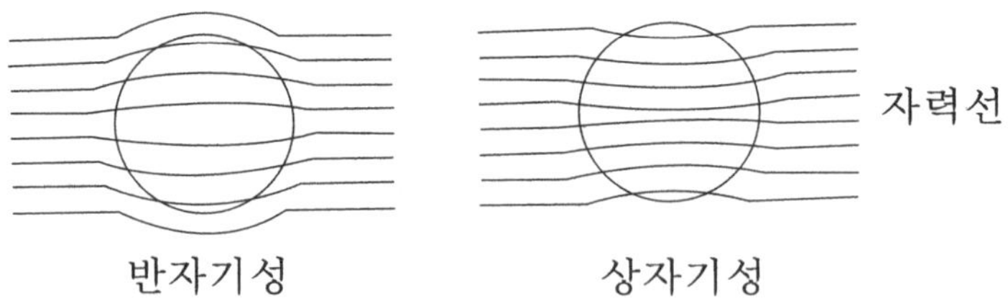

그림 5.27 자력선 안에서 반자기성 물질과 상자기성 물질.

- **자기화율** 물질을 세기가 H인 자기장 속에 두면 자기적 분극이 일어난다. 이 분극의 정도는 단위 부피당 자기 모멘트, 즉 자기화의 세기 I로 나타낼 수 있다. 물질이 외부 자기장에 의해 자기분극을 일으키면, 물질 중에서는 $4\pi I$의 자

기장이 외부 자기장에 H에 더 가해진다. H의 정확한 정의는 진공에서 자기장의 세기이지만, 착물과 같은 화합물의 자기적 성질을 다룰 경우에는 외부 자기장의 세기와 같이 둘 수 있다. 따라서 자기유도 B는 다음과 같이 나타낼 수 있다.

$$B = H + 4\pi I \tag{5.16}$$

자기장의 세기 H단위는 Orsted(Oe), 자기유도 B의 단위는 Gauss(G)이다. SI 단위계에서의 자기유도에는 Tesla(T)의 단위로 사용되며 1G는 10^{-4} T와 같다. 또한 자기장의 세기 단위로 가우스가 사용되기도 한다.

$$B = \varepsilon' H \tag{5.17}$$

비례상수 ε'는 전기의 유전율과 같다. 자기모멘트의 실험에서는 B/H보다도 I/H를 다루는 편이 편리하다. 식 5.16과 식 5.17로부터 식 5.8이 얻어진다. 여기서 χ_v는 부피 자기화율(magnetic susceptibility)이다.

$$\varepsilon' = 1 + \frac{4\pi I}{H} = 4\pi\chi_v \tag{5.18}$$

일반적으로 자기화율 χ_v로 되어 있는 값은 그 부피 자기화율의 것을 말한다. 이 때 반자기성 물질은 $\chi < 0$, 상자기성 물질은 $\chi > 0$이 되고 강자기성 물질은 $\chi \gg 0$ 이다. χ가 양의 값을 가지는 물질에서는 자력선이 진공에서 보다 그 물질 중에서 통과하기 쉽고, 반대로 χ가 음의 값을 가진 반자기성 물질에서는 자력선이 물질을 통과하기 어렵다. 반자기성 물질이나 상자기성 물질의 자기화율은 외부자기장 H에 무관하게 물질의 량과 관련이 있지만, 강자성 물질의 χ는 H의 함수이다.
착물의 자기모멘트를 다룰 때에는 부피 자기화율보다 그램 자기화율 χ_g이나 몰 자기화율 χ_M이 더 많이 쓰인다. 시료로 사용된 물질의 질량과 부피를 각각 m, v라 하면 그 물질의 밀도 ρ는 m/v이므로 그램 자기화율은 식 5.19가 된다.

$$\chi_g = \chi_v / \rho \tag{5.19}$$

또한, 물질의 분자량을 M라 하면 몰 자기화율은 식 5.20과 같이 쓸 수 있다.

$$\chi_M = M\chi_v/\rho \tag{5.20}$$

χ는 단위가 없는 물리량이지만, χ_g와 χ_M는 각각 $\mathrm{cm^3\ g^{-1}}$과 $\mathrm{cm^3\ mol^{-1}}$의 단위를 가지고 있다.

- **자기화율 측정** 자기화율의 측정에는 Gouy의 자기저울이 이용된다. 모형도를 그림 5.28에 나타내었다.

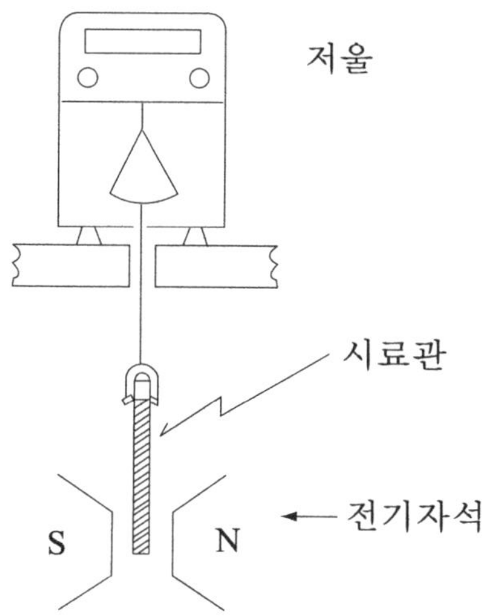

그림 5.28 Gouy의 자기저울

내부단면적 A의 유리로 만든 시료관에 뚜껑을 채우고 그림과 같이 저울의 추 아래에 둔다. 시료관의 바닥은 센 자기장 H(~40^4 G)를 가진 자석의 사이에 놓고, 시료의 윗부분은 무시할 정도로 약한 자장이 되도록 고안되어 있다. 전자석의 전원을 끊었을 때와 넣었을 때의 무게 차이를 m 그램이라 한다. 이 때 자기장이 있는 곳에서 시료에 작용하는 힘은 mg 가 되고, 시료의 부피 자기화율을 χ_v^s 이라 하면 식 5.21이 성립한다. 여기서 g는 중력 가속도이다.

$$\frac{1}{2}\chi_v^s A H^2 = \mathrm{mg} \tag{5.21}$$

상자기성과 반자기성 착물의 부피 자기화율은 $+10^{-3}$ ~ -10^{-6} 정도의 값을 가진다. χ_v^s가 10^{-5} 정도에서 질량 m 은 어느 정도일까?

시료의 단면적 A를 $0.200cm^2$(내경 5mm인 시료관)이고, H가 10^4G이면, 1G $=1dyn^{1/2}cm^{-1}$ 이므로 간단한 계산으로 m는 0.102g이 된다. 이것은 보통의 저울로 충분히 무게를 잴 수 있다.

부피 자기화율 χ_v^s는 A와 H의 값을 알면 식 5.21로부터 구할 수 있다. 몰 자기화율은 χ_v^s에 그 시료의 분자량을 곱해서 이들의 시료의 밀도로 나누면 구할 수 있다.

실험적으로 자기화율은 알고 있는 시료로써 자장을 걸었을 때의 무게 변화량 m^{st}을 잰다. 다음에 같은 시료 관을 사용해서 앞에서와 같은 조작으로 미지 시료를 잰 후 무게의 변화량 m^s을 잴 수 있다. m^s와 m^{st}비를 이용해서 미지 시료의 자기화율을 구할 수 있다.

- **반자기성** H_2O, NH_3, $P(CH_3)_3$와 같은 간단한 분자 또는 2,4-펜타다이온(아세틸아세톤, acac), 2,2′-비피리딘(bpy), 에틸렌다이아민(en)과 같은 유기분자의 대부분은 짝수 개의 전자를 가지고 있어, 이들 물질은 반자기성을 나타낸다. 반자기성 물질의 자기화율은 자장의 세기 및 온도에 의존하지 않는다.

반자기성은 자기장 중에서 운동하고 있는 전자에 의해서 기인된 것이다. 이것은 고 분해능의 NMR에서 관찰되는 반자기성 이동의 원인과 같다.

이제 n개 전자가 원자번호 Z인 원자핵의 주위에 있다고 하자. 여기에 자기장 H를 가하면, 그 자기장을 밀어내는 방향으로 전자 운동이 가속화되어 전류가 생긴다.

이 전류는 외부 자기장과 반대 방향인 자기장을 가지고, 이 계의 내부에서 관찰되는 자기장은 외부 자기장보다 적게 된다. 이와 같은 계의 몰 자기화율, χ_M^d은 식 5.22와 된다. 여기서 m은 전자질량, c는 광속도를 나타내고, $\overline{R_i^2}$은 i 번째 전자의 궤도함수 평균 제곱 반지름이다. 이 식에서 $|\chi_M^d|$는 원자가 클수록 크게 되는 것을 알 수 있다.

$$\chi_M^d = -(Ze^2N_A/6mc)\sum_{i=1}^{n}\overline{R_i^2} \qquad (5.22)$$

반자기성 자기화율은 근사적인 가감법칙이 성립한다. 따라서 분자의 반자기성

자기화율은 그 분자를 이루는 각 원자의 반자기성 자기화율의 합으로 계산할 수 있다. 반자기성 자기화율은 -10^{-5}정도의 작은 량이다. 예를 들면, N_2, CH_4, $C_6H_5CH_3$에서 관찰된 몰 자기화율의 값은 각각 $(-12.05,\ -17.4,\ -65.6) \times 10^{-6}\ cm^3mol^{-1}$이다.

상자기성 착물에 의해서 측정된 자기화율에는 반자기성 자기화율의 기여가 포함되어 있으므로 상자기성의 자기화율만 구할 때에는 반자기성 자기화율의 보정을 반드시 해야 한다.

- **상자기성** NO, NO_2와 같은 분자나 $[Ti(H_2O)_6]^{3+}$, $[Cu(NH_3)_4]^{2+}$, $[IrCl_6]^{2-}$ 등의 전이금속 착이온은 홀수개의 전자를 가지고 있어 짝짓지 않은 전자가 있다. 이와 같이 짝짓지 않은 전자가 있는 물질은 상자기성을 나타낸다. 이것은 전자가 가지고 있는 스핀 자기 모멘트를 상쇄하고 남는다.

  $V(acac)_3$, $[Cr(bpy)_3]^{2+}$, $[Fe(NH_3)_6]^{2+}$ 등은 짝수의 전자를 가지지만 상자기성을 나타내며 홀로된 전자가 존재한다. 이것은 이들 착물이 홀로된 전자가 있도록 하는 전자배치 상태를 취하고 있다는 것을 알 수 있다. 또한, $[FeF_6]^{3+}$와 $[Fe(CN)_6]^{3-}$에 있는 홀로된 전자의 수는 각각 5와 1임을 알 수 있다. 이들 착물의 중심금속은 모두 Fe^{III}이나 배위하고 있는 리간드의 종류에 따라서 착물의 전자상태가 큰 차이가 있음을 알 수 있다.

상자기성 자기화율의 온도 변화

상자기성 물질의 자기화율 χ^p은 대부분 경우 온도 T에 반비례하는 것으로 알려져 있다.

$$\chi^p = C/T \tag{5.23}$$

이것을 Curie법칙이라 하고 C는 물질에 고유한 상수로써 큐리상수라고 한다. $1/\chi^p$를 T 함수로서 도시하면 이 식은 원점을 지나는 직선이 된다.

$(NH_4)Fe(SO_4)_2 \cdot 12H_2O$, $(NH_4)[Fe(edta)]$, $[Cu(en)_2]SO_4 \cdot 4H_2O$ 등의 자기화율은 큐리법칙에 잘 따른다. 이 이유는 이들 물질 중에는 홀로된 전자를 가진 금속이온이 부피가 큰 리간드 또는 큰 음이온 때문에 서로 멀리 떨어진 배열을 가지고 금속이온 간에 일어나는 자기적 상호작용이 적게 되기 때문이다.

$1/\chi^p$에 대한 T의 직선이 원점을 지나지 않는 자기화율을 갖는 전이금속 착물의 예도 많다. 이와 같은 착물에서는 대부분 식 5.24에 잘 만족한다.

$$\chi^p = C/(T-\theta) \tag{5.24}$$

이 관계를 퀴리-바이스법칙이라 한다. 여기서 θ는 Weiss상수라 하며 양 · 음의 값을 갖는다. θ는 온도와 같이 K(Kelvin) 단위로 나타낸다. $K_3[MoCl_6]$, $Hg[Co(NCS)_4]$, $CuSO_4 \cdot 5H_2O$ 등의 χ^p는 퀴리-바이스 법칙에 따르고, 바이스상수 θ는 각각 −11, 10 및 0.7K이다.

유효 자기모멘트

원자나 이온에 존재하는 영구 자기 모멘트는 전자의 스핀에서 유래된 것과 전자의 궤도운동에서 유래된 것이 있다. 이제 여러 개의 홀로 된 전자를 가진 원자나 이온을 살펴보자. 그 계의 스핀 각운동량의 총합을 S라 하고 궤도각운동량의 총합을 L라 한다. 또한 각각의 양자수를 S, L로 나타내면, 이 계의 스핀 자기모멘트 μ^s와 궤도 자기모멘트 μ^L는 식 5.25와 식 5.26과 같이 쓸 수 있다.

$$\mu^s = 2\mu_B\sqrt{S(S+1)} \tag{5.25}$$

$$\mu^L = 2\mu_L\sqrt{L(L+1)} \tag{5.26}$$

여기서 μ_B는 Bohr magneton이라 하는 상수이고, 자기 모멘트를 나타내는 단위로 사용한다.

$$\mu_B = e\hbar/2mc = 9.27 \times 10^{-21} cm^2 Oe \tag{5.27}$$

이 단위는 erg Oe^{-1}을 갖지만 emu 단위를 사용하기도 한다. 여기서 m은 전자질량이다.

μ_B를 SI단위로 나타내면 식 5.28과 같이 된다.

$$(e\hbar/2m) = 9.27 \times 10^{-24} JT^{-1}(Am^2) \tag{5.28}$$

대부분의 원자나 이온, 특히 $3d$ 이온에서는 L와 S를 벡터 결합시킨 J가 전자계의 각운동량을 나타낸다.

$$L + S = J \tag{5.29}$$

따라서 J를 그의 양자수라면, 이와 같은 계의 자기모멘트 μ^J는 식(5.30)와 같다.

$$\mu^J = g\mu_B\sqrt{J(J+1)} \tag{5.30}$$

여기서 g는 Lande'의 g인자로써 다음과 같다.

$$g = 1 + \frac{J(J+1) + S(S+1) - L(L+1)}{2J(J+1)} \tag{5.31}$$

자기모멘트 μ^J를 가지는 이온을 포함한 분자 1몰이 온도 T에 있을 때 그 계의 상자기성 자기화율 χ(위 어깨 첨자 p는 생략) 식 5.32이 된다.

$$\chi_M = \frac{(N_A g\mu_B)^2}{3RT} J(J+1) \tag{5.32}$$

이 식은 χ_M이 온도 T에 반비례하는 것을 나타내고 퀴리법칙에 따른다. 식 5.32에서 자기모멘트 μ를 식 5.33과 같이 두면 고전적인 Langevin 식 5.34이 얻어진다.

$$\mu = g\mu_B\sqrt{J(J+1)} \tag{5.33}$$

$$\chi_M = (N_A\mu)^2/3RT \tag{5.34}$$

이 관계식으로부터 상자기성 몰 자기화율 χ_M을 측정하면, 자기모멘트의 실험값 μ_{exp}을 얻을 수 있다(식 5.35). 여기서 얻은 μ를 유효 자기모멘트 μ_{eff}라고 한다.

$$\mu_{\text{exp}} = \sqrt{3RT\chi_M}/N_A \tag{5.35}$$

이어서 J에 의한 에너지의 분열이 kT에 비해서 아주 적을 경우, 즉 $\Delta E_J \ll kT$의 경우를 생각해 본다. 이 조건에서는 전자계에 자장이 가해질 때,

전체 각 운동량 **J**가 자장의 방향으로 양자화 되지 않고 궤도와 스핀의 각운동량, L과 S가 독립적으로 자장의 방향으로 양자화될 것이다. 따라서 이 계의 몰 자기화율은 식 5.36이 되고,

유효 자기모멘트는 식 5.37로 나타낼 수 있다.

$$\chi_M = \frac{(N_A\mu_B)^2}{3RT}[L(L+1) + 4S(S+1)] \quad (5.36)$$

$$\mu_{eff} = \mu_B\sqrt{L(L+1)+4S(S+1)} \quad (5.37)$$

Ti^{III}, V^{IV}, Cu^{II} 등의 3*d* 이온에서는 궤도 자기모멘트를 잃어서 스핀 만에 의한 자기 모멘트가 관찰된다. 그 때의 유효 자기모멘트를 보아 자기마그네톤으로 표시하면 식 5.38이 된다.

$$\frac{\mu_{eff}}{\mu_B} = 2\sqrt{S(S+1)} \quad (5.38)$$

이제 3*d* 이온에 n개의 홀로된 전자가 있다면, S = n/2가 되므로 식 5.39를 얻을 수 있다.

$$\mu_{eff}/\mu_B = \sqrt{n(n+1)} \quad (5.39)$$

제 1 전이금속 착물의 기하구조와 자기적 성질은 표 5.15에서 나타내었다. 책에 따라서 μ_{exp}를 μ_{eff}로 표시한 것도 있다.

표 5.15에서 자기화율의 실험값은 μ_{eff}와 잘 일치한다. 그러나 Fe^{III}, Co^{II}, Ni^{II} 등의 착물에서는 실험값이 μ_{eff}보다 더 크게 되어 궤도 자기 모멘트의 기여가 큰 것으로 나타낸다.

4배위의 Ni^{II} 착물은 평면사각형과 사면체구조에서 자기 모멘트의 크기가 서로 다르다. 자기 모멘트의 이러한 차이를 이용해서 4배위 Ni^{II} 착물의 구조를 결정할 수 있다.

표 5.15 제1 전이금속 착물의 구조와 자기적 성질

금속의 전자배치	화합물	착물의 구조	n	μ_{eff}/μ_B	$\mu_{\exp(rt)}/\mu_B$
d^1	$(NH_4)_3[TiF_6]$	팔면체	1	1.73	1.78
d^2	$[VCl_4]$	사면체	1	1.73	1.62
	$[V(acac)_3]$	팔면체	2	2.83	2.80
d^3	$[Cr(NH_3)_6]Br_3$	팔면체	3	3.88	3.77
d^4	$[Cr(H_2O)_6](ClO_4)_2$	팔면체	4	4.90	4.97
	$[Cr(bpy)_3]Cl_2$	팔면체	2	2.83	2.92
d^5	$(NH_4)_2[Mn(H_2O)_6](SO_4)_2$	팔면체	5	5.92	5.88
	$\{N(C_2H_5)_4\}_2[MnCl_4]$	사면체	5	5.92	5.94
	$Na_3[FeF_6]$	팔면체	5	5.92	5.85
	$K_3[Fe(CN)_6]$	팔면체	1	1.73	2.25
d^6	$Na_3[CoF_6]$	팔면체	4	4.90	5.39
	$[Co(NH_3)_6]Cl_3$	팔면체	0	0	0
d^7	$[Co(H_2O)_6]Cl_2$	팔면체	3	3.88	4.82
	$Hg[Co(NCS)_4]$	사면체	3	3.88	4.33
	$K_2Ba[Co(NO_2)_6]$	팔면체	1	1.73	1.88
d^8	$[Ni(en)_3]SO_4$	팔면체	2	2.83	2.83
	$\{N(C_2H_5)_4\}_2[NiI_4]$	사면체	2	2.83	3.44
	$K_2[Ni(CN)_4]$	평면사각형	0	0	0
d^9	$[Cu(phen)_3](ClO_4)_2$	팔면체	1	1.73	1.96
	$Cs_2[CuCl_4]$	사면체	1	1.73	1.92

니켈(II), 구리(II) 착물의 자기모멘트와 구조

• 니켈(II)착물 4배위 Ni^{II} 착물의 구조에는 사면체와 평면사각형이 있다. 표 5.15를 보면 사면체인 $\{N(C_2H_5)_4\}_2[NiI_4]$는 n가 2로서 상자기성인데 평면사각형인 $[Ni(CN)_4]^{2-}$는 반자기성이다. 이것은 착물의 구조를 추정하는데 자기화율의 측정이 좋은 방법으로 사용되는 것을 의미한다.
사면체 구조의 니켈(Ⅱ) 착물은 대부분 청색을 띠며 $(AsMePh_3)_2[NiCl_4]$, $[NiBr_2(PPh_3)_2]$, 비스(N-아이소프로필살리실알디미나토)니켈(Ⅱ) (a)등이 있다. 평면사각형 니켈(Ⅱ) 착물은 비스(다이메틸글리옥시마토)니켈(Ⅱ) (b) 또는 (c)와 같은 β-디케톤 착물인 비스(1,5-헥사메틸-2,4-펜탄디오나토)니켈(Ⅱ)등이 있다. 이들 평면사각형 착물은 적색 또는 오렌지색 등 적색계열의 색깔을 띠는 것이 많다.

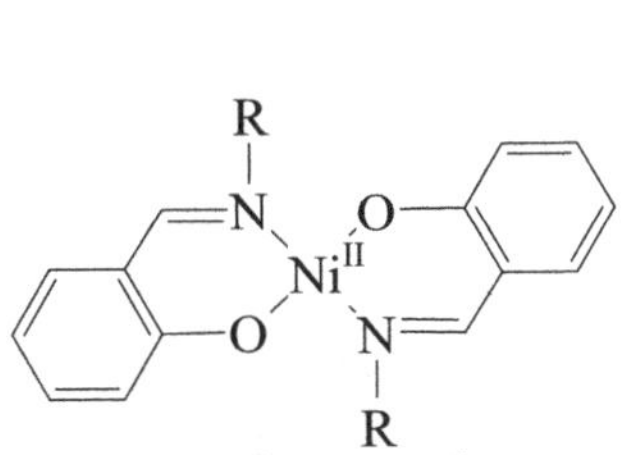

R: isopropyl

(a)

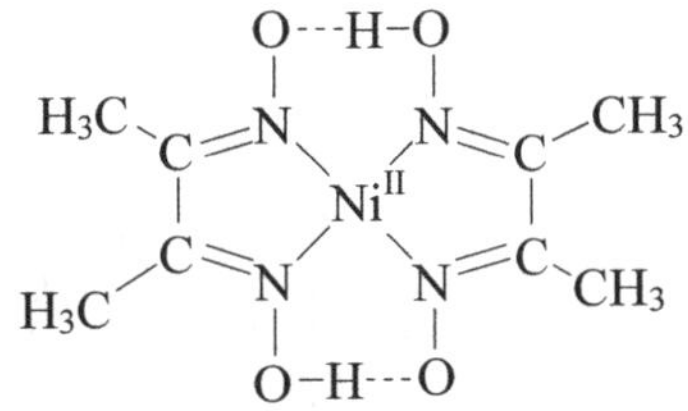

(b)

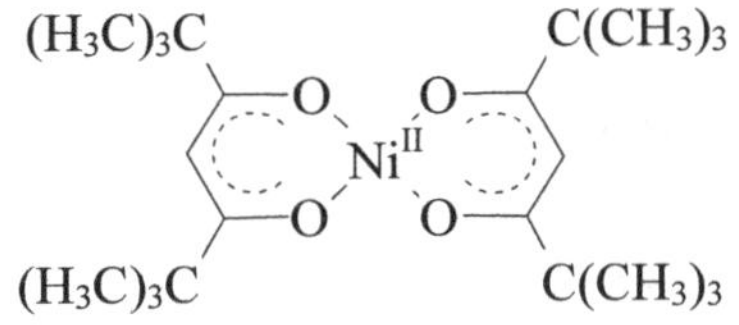

(c)

• **구리(II) 착물** 여러 가지 Cu^{II} 착물의 자기 모멘트 값은 측정온도를 변화시켜도 크게 변하지 않고 대부분 1.8 ~ 2.1 BM 정도를 갖는다. 또한 착물의 구조가 사면체로 되어도 배위수나 입체구조에 따라서 달라지지 않는다.

그러나 아세트산구리(Ⅱ) 1수화물과 같이 실온에서의 1.43 BM의 작은 자기 모멘트를 나타내는 것도 있다. 흥미롭게도 이 값은 온도를 내리면 계속 감소하여 (a)와 같은 이합체 구조를 가짐을 알 수 있다. 이 구조의 특징은 2개의 Cu^{II} 이온 간의 거리가 가깝기 때문에 Cu^{II}에 있는 홀로된 전자 간에 쌍을 이루어 서로 상대의 자기모멘트를 상쇄시키는 상호작용이 일어난다. 이러한 상호작용은 온도가 낮을수록 현저하게 된다. 따라서 Cu^{II}이온 1개에 해당하는 자기모멘트의 측정값은 측정 온도가 낮을수록 작게 된다.

피리딘-N-옥소가 배위된 염화구리(Ⅱ)착물 $[CuCl_2 \cdot C_2H_5NO]$에 의해서 실온에서 측정된 자기모멘트는 더 작아서 0.8 BM이 된다. 이 착물에 있어서도 Cu^{II}이온이 쌍을 이루고 있는 이합체 구조(b)의 존재가 X-선 구조 해석으로 확인되었다.

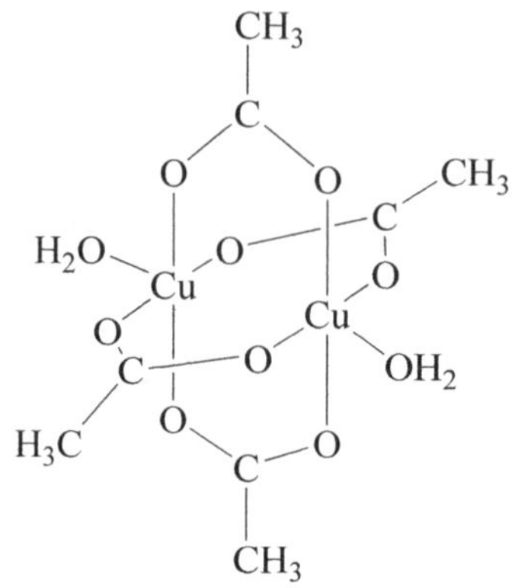

(a)

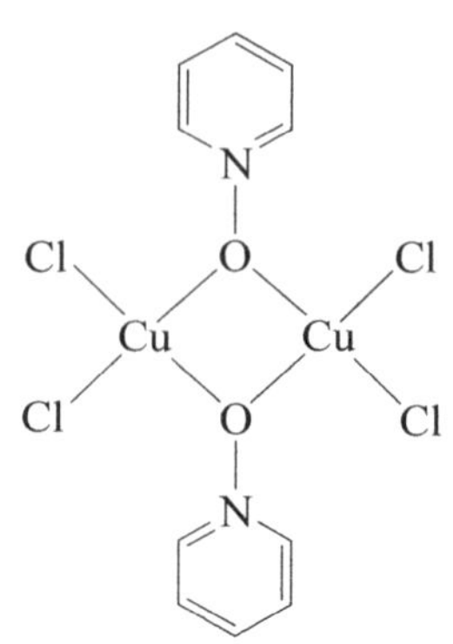

(b)

5 X-선 회절에 의한 구조해석

복수의 산란물질에서 산란된 전자파는 그 파장이 산란물질이 분포되어 있는 크기와 같은 정도이면 서로 간섭을 일으킨다. X-선 구조 해석법은 이 현상을 이용해서 결정을 구성하고 있는 분자(이온)의 기하구조를 밝히려는 것이다.

X-선 구조해석의 원리

입사광선 또는 산란광선의 단위 벡터를 각각 $\boldsymbol{s}_0$, $\boldsymbol{s}$라고 하고, $\boldsymbol{r}_j$ 만큼 위치벡터로 떨어진 점에서 어떤 산란물질에서 산란된 파가 서로 간섭해서 합성된 파는 식 5.40과 같이 나타낼 수 있다. 여기서 A_j 는 산란 진폭, λ는 빛의 파장이다.

$$\sum_j A_j \exp\{2\pi i \boldsymbol{r}_j \cdot (\boldsymbol{s}-\boldsymbol{s}_0)/\lambda\} \tag{5.40}$$

X선의 산란은 원자를 구성하고 있는 전자에 의한 산란만을 생각하면 된다. 전자에 의한 X선의 산란을 취급하는 것은 원자 내 전자의 위치가 불확정성원리에 따라서 확정할 수 없기 때문에, 어떤 장소에서 전자의 존재 확률, 전자밀도 $\rho(r)$을 고려한다. 따라서 어떤 원자에서의 산란은 원자의 전 공간에 걸친 적분으로 식 5.41과 같이 나타낼 수 있다.

$$\int \rho(r)\exp\{2\pi i \boldsymbol{r} \cdot (\boldsymbol{s}-\boldsymbol{s}_0)/\lambda\} \tag{5.41}$$

이것을 원자의 산란인자라고 한다. 거의 모든 원자에 대한 산란인자는 파동함수로부터 계산되어, $\sin\theta/\lambda$에 대한 표시로서 International Table에 나열되어 있다.

분자에 의한 산란도 같은 방법으로 구할 수 있지만, 분자 전체를 연속한 전자밀도 함수로서는 취급하지 않고 불연속인 다른 원자들의 집합체[10]로서 취급하는 것이 보통이다. 예컨대 원자의 산란인자 f_i를 이용하여 분자 산란인자는 식 5.42과 같이 나타낼 수 있다.

10) 예를 들면, 불연속인 금속, 질소, 탄소원자 등으로부터 형성된 것

$$F_{Molcule} = \sum_j f_j \exp\{2\pi i r_j \cdot (s - s_0)/\lambda\} \tag{5.42}$$

이와 같이 얻은 합성 산란광은 줄무늬를 이루고 불연속적인 회절점이 나타나지 않으므로 분자의 기하학적 구조를 아는 데는 불충분하다. 그러나 결정상태의 분자는 규칙적인 3차원 배열로 되어 있으므로 회절현상이 격자점에서만 일어나게 되고 회절점의 지수붙임이 가능하게 되었다.

3차원 방향의 반복단위, 즉 격자정수를 각각 a, b, c라고 하면 회절조건은 식 5.43으로 나타낸다(h, k, l은 임의의 정수).

$$\begin{aligned} a \cdot (s - s_0)/\lambda &= h \\ b \cdot (s - s_0)/\lambda &= k \\ c \cdot (s - s_0)/\lambda &= l \end{aligned} \tag{5.43}$$

이것을 Laue 식이라 하지만, 잘 알려진 Bragg 식 5.44와 같은 의미를 지닌다.

$$2d \sin\theta = n\lambda \tag{5.44}$$

이들 조건을 대입하면, 결정구조인자 F는 식 5.45로 나타낼 수 있다.

$$F(hkl) = \iiint_{\text{단위격자}} \rho(xyz) \exp 2\pi i (hx + ky + lz)\, dV \tag{5.45}$$

반대로 전자밀도 $\rho(r)$는 F를 푸리에 변환하여 식 5.46과 같이 구할 수 있다.

$$\rho(xyz) = \frac{1}{V} \sum_{h=-\infty}^{\infty} \sum_{k=-\infty}^{\infty} \sum_{l=-\infty}^{\infty} F(hkl) \exp\{-2\pi i (hx + ky + lz)\} \tag{5.46}$$

단위격자를 연속된 전자밀도 함수가 아니라 원자의 산란인자, f_i 를 갖는 원자 j 가 n 개 존재하는 것으로 보면 결정구조인자 F 는 식 5.47과 같이 둘 수 있다.

$$F(hkl) = \sum_{j=1}^{n} f_j \exp[2\pi i (hx_j + ky_j + lz_j)\} \tag{5.47}$$

여기서 x, y, z는 얻으려는 원자의 좌표이다.

X선 구조해석의 특징

회절현상에 의한 구조해석은 분광법 등에 의한 구조해석과 본질적으로 크게 다르다. 그것은 다른 방법은 실제공간의 현상을 취급하는 것이지만 역공간의 현상을 취급하기 때문이다. 실제공간과 역공간의 정보를 주고받음은 식 5.46과 5.47에서 나타낸 것과 같이 푸리에 변환, 역변환을 행한다. 일부 반사 점에 대한 정보에도 구조 전체의 정보가 포함되어있다. 반대로 구조의 극히 일부분의 정보를 얻으려면 모든 반사 점(역 격자 공간의 전체)을 관측해야 한다.

결정구조를 해석하려면 먼저 구조를 찾고자하는 화합물의 단결정을 만들어야 한다. 그런 다음 결정의 특징인 어떤 반복되는 양상(결정에서 단위격자의 크기와 대칭성-결정계와 공간군)을 결정한다. 이들 정보로부터 여러 방향으로 회절시킨 X선의 세기를 측정한다. 정밀도가 높은(고 분해능) 정보를 얻으려면 가능한 많은 수의 반사 점을 모을 필요가 있다. 반사 점의 수는 착물에 있어서도 수천이 넘는 것으로 알려져 있다. 그러나 이것만으로 구조가 결정되는 것은 아니다.

X-선 회절현상에는 위상문제와 같은 본질적인 문제가 있다. 예컨대, 실험적으로 관찰된 것은 회절 X-선의 세기 $I(hkl) = |F(hkl)|^2$이고 합성파의 위상에 관한 정보는 없다. 따라서 실험에서 얻은 자료를 이용해서 컴퓨터로 계산을 수행해야 한다. 우선, 부분구조의 모델을 설정하여 초기 위상을 넣고 푸리에 변환하여, 그 결과 얻어진 전자밀도 그림으로부터 화합물의 구조를 찾는다. 이 과정을 몇 차례 반복해서 정확한 구조를 찾아간다. 최종적으로 최소자승법을 사용하여 실제 측정값 $|F_o(hkl)|$와 계산 값 $|F_c(hkl)|$이 가능한 일치하도록 구조를 정밀화해 간다. 구조의 정확도는 R 인자로 식 5.48과 같이 나타낸다.

$$R = \sum |F_o| - |F_c| / \sum |F_o| \tag{5.48}$$

R 인자는 백분율로 표시되는데, 일반적으로 수 % 정도 값이면 신뢰할 수 있는 구조라고 할 수 있다.

단위격자의 전자밀도가 결정되면, 분자나 이온의 기하구조, 즉 원자간 거리, 결합거리, 결합각, 비틀림 각 등 다양한 정보를 얻을 수 있다. 더욱이 원자의 열진동모양이나, 결정내의 분자(이온) 서로 간의 상대적 배치 등 다른 물리적인 방법에서 얻기 어려운 정보를 얻을 수 있다. X-선 결정구조해석에 의해서 얻어진 착물 구조의 대표적인 예를 그림 5.29에 나타내었다. 각 원자의 상대적 배치, 열진동의 형태 등을 알 수 있다.

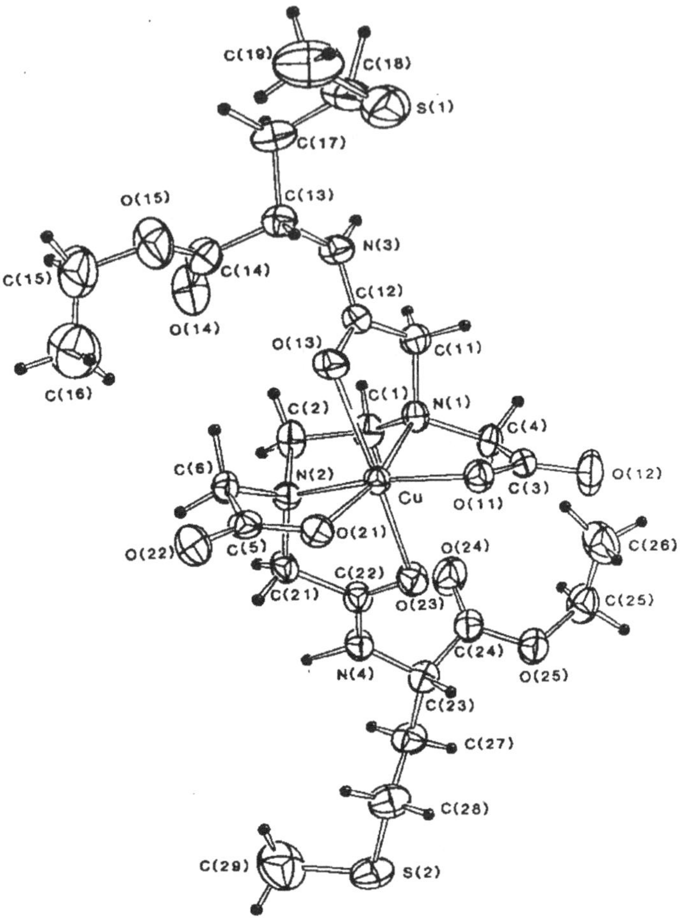

그림 5.29 광학활성 ΔΔΔ(+)-[N,N'-1,2-ethanediylbis[N-(carboxylmethyl)glycyl-L-methionine)ethylesterato]copper(II) sesquihydrate의 결정구조

◎ 착물의 X-선 구조해석

금속주위의 결합거리, 결합각의 대표적인 예는 표 5.16에서 나타내었다. 착물은 금속을 포함하고 있으므로 구조를 해석할 때 용이한 경우가 많다. 실제로 보통 유기화합물에 비해서 회절세기가 강하기 때문에 자료를 많이 모우기 쉬워서 정밀도가 높은 구조를 얻을 수 있다. 또한 위상을 결정할 때, 리간드의 배위원자인 질소, 산소 및 탄소와 비교하면 금속의 X-선 산란능력이 월등하게 큰 성질을 가진다[11]. 따라서 압도적으로 전자밀도가 높은 피크는 금속원자로 보아

11) Patterson법을 사용하거나 직접법을 사용하여도 압도적으로 금속의 전자밀도가 세므로 높은 피크가 얻어진다.

도 거의 틀림이 없기 때문에 초기구조를 결정하기 쉽다.

더욱이, 금속의 이상산란을 이용함으로서, 화합물의 카이랄성, 예컨대 화합물의 절대구조를 결정하는 것이 가능하다. 착물 중에서 금속보다 약간 원자번호가 큰 원자를 X-선 광원으로 이용하면, X-선이 원자에 의해서 흡수되어 산란된 X-선은 그의 파장과 원자들을 조합시키면 고유한 위상 차이가 생긴다. 이런 현상을 이상산란이라 한다. 이상산란이 있으면 원자의 산란인자는 복소수의 량을 가지게 되고, 그 결과 서로 거울상인 착물은 다른 회절세기를 나타나게 된다. 이것을 이용하여 착물의 절대구조를 결정할 수 있다. 절대배치의 결정은 화학반응과 관련되므로, CD 스펙트럼의 부호에 의해서도 결정할 수 있지만 모호한 경우가 있어 X-선의 이상산란법이 가장 좋은 방법이다.

표 5.16 대표적인 금속-리간드의 결합거리(Å)와 킬레이트 내의 결합각(°)

6배위 팔면체		
$Co^{III}N_6$ 형	Co-N	2.00 Å, N-Co-N 84°
$Cr^{III}O_6$ 형	Cr-O	1.95~1.97 Å, O-Cr-O 90~91°
$Cu^{II}N_6$형	Cu-N	2.16 Å(적도면), 2.06 Å(축 방향)
	Cu-O	1.93 Å(적도면), 2.38~2.48 Å(축 방향)
$Rh^{III}N_6$ 형	Rh-N	2.07~2.09 Å, N-Rh-N 83°
$Cr^{III}S_6$ 형	Cr-S	2.41~2.44 Å, S-Cr-S 82°
$Co^{III}N_5O_1$ 형	Co-N	1.96~1.99 Å, N-Co-N 86~93°
	Co-O	1.85~1.93 Å, N-Co-O 86°
$Co^{III}N_4O_2$ 형	Co-N	1.93~1.94 Å, N-Co-N 86~87°
	Co-O	1.91~1.95 Å, O-Co-O 89°
사면체		
$Co^{II}N_4Cl_2$ 형	Co-N	2.04~2.10 Å, N-Co-N 89~90°
	Co-Cl	2.25~2.27 Å

X-선 구조해석을 하려면 단결정을 만들지 못하면 안 되는 어려움이 있고, 결정 상태와 용액상태에서 분자가 같은 conformation(입체배치)을 가지는지 의문이 있지만, 이러한 문제를 해결할 수 있는 어느 정도의 정보를 제공하므로 훌륭한 수단이 된다. 최근 자동화된 이차원 검출기(CCD) 단결정 회절장치와 컴퓨터 소프트웨어가 개발되어 X-선 구조해석의 전문가가 아니라도 특별한 경우를 제외하고는 구조를 간단히 해석할 수 있다.

6 핵자기공명(NMR)

고전적 공명개념을 이용하는 핵자기공명(NMR)은 오늘날 실험화학 분야에서 가장 흔히 사용하는 분광분석법이다. 상자기성 착물은 NMR 측정이 어렵거나 경우에 따라서 사용할 수 없기 때문에 전자상자성공명(EPR)을 사용하는 것이 좋다.

NMR 장치는 최근 하드웨어와 소프트웨어가 모두 크게 발전되어 Fourier Transform NMR (FT-NMR)이 주로 사용되며 2차원에서 다차원 NMR을 이용하여 복잡한 반자기성 화합물의 용액상태 구조를 X-선 결정구조해석과 병행해서 결정할 수 있게 되었다.

핵자기공명의 원리

- **핵자기 모멘트** 많은 원자핵은 스핀이라는 성질을 가지며, 핵이 마치 회전하는 것처럼 행동한다. 홀수 원자번호와 홀수 질량을 가지거나 둘 다 홀수인 원자핵은 양자화된 스핀 각 운동량과 자기모멘트, μ 를 가진다[12]. 스핀을 가진 핵에서 허용된 스핀 상태는 양자화되어 있고 핵스핀 양자수, I로 나타낸다. 각각의 핵에서 I는 $+I$에서 $-I$까지 정수로 $2I+1$ 개의 스핀 상태를 가진다.

$$+I, (I-1), \cdots, (-I+1), -I$$

수소 핵(proton)은 스핀양자수 $I=\frac{1}{2}$를 지니며 2개의 허용 스핀 상태 $(-\frac{1}{2}, \frac{1}{2})$를 가지며, 염소 핵은 $I=\frac{3}{2}$이므로 4개 즉 $-\frac{3}{2}, -\frac{1}{2}, +\frac{1}{2}, +\frac{3}{2}$를 가진다. 외부자기장이 걸리지 않는 경우, 주어진 핵종의 모든 스핀상태의 에너지가 같아지고 스핀 상태의 점유도도 거의 같아진다.

전하를 가진 입자인 원자핵이 스핀 회전으로 자신의 자기장을 생성하므로 외부자기장이 걸리면 스핀상태의 에너지가 달라진다. 수소 핵스핀은 외부 자기

12) 스핀을 가진 일반적인 핵은 $^{1}_{1}H$, $^{2}_{1}H$, $^{13}_{6}C$, $^{14}_{7}N$, $^{17}_{8}O$, $^{19}_{9}F$ 등이 있다.

장에 대해 두 가지 배향이 가능한데 외부자기 장이 걸리면 두 배향의 에너지가 달라지게 된다.

그림 5.30는 양성자($I=1/2$)의 에너지 준위 도표의 예를 나타내었다. 이들의 에너지 준위는 자기장의 세기에 따라서 분열 폭이 달라진다(Zeeman분열). 외부 자기장과 나란한 핵종이 에너지를 흡수하여 외부 자기장에 대하여 스핀 배향을 바꿀 때 핵자기 공명현상이 일어난다.

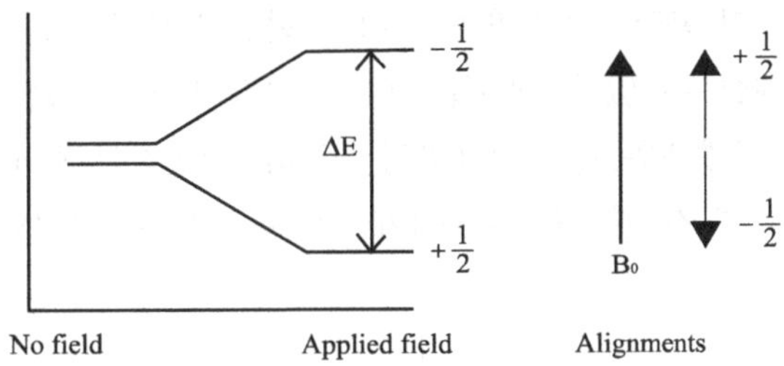

그림 5.30 양성자의 Zeeman 분열

이 때 에너지의 흡수는 양자화되는 과정으로 흡수된 에너지는 두 스핀상태의 에너지 차이로써 식 5.49와 같다.

$$E_{absortion} = (E_{-\frac{1}{2}} - E_{+\frac{1}{2}}) = h\nu \qquad (5.49)$$

실제로 이 에너지 차이는 외부 자기장 B_0의 세기 함수이다. 즉 외부 자기장이 클수록 가능한 스핀 상태간의 에너지 차이도 커진다. 에너지 준위의 갈라지는 정도도 핵종마다 다르다. 각각의 핵종은 서로 다른 전하량과 질량을 가지므로 각 운동량에 대한 서로 다른 비율의 자기 모멘트를 나타내므로 자기 회전비율(magnetogyric ratio), γ은 핵종에 따라서 다른 상수이다. 따라서 에너지 차이는 식 5.50으로 나타낼 수 있다.

$$\Delta E = f(\gamma B_0) = h\nu \qquad (5.50)$$

이 때 핵의 각 운동량은 $\frac{h}{2\pi}$ 단위로 양자화되어 있으므로

$$\Delta E = \gamma(\frac{h}{2\pi})B_0 = h\nu \qquad (5.51)$$

흡수된 에너지의 주파수에 대해서 정리하면 식 5.52와 같이 된다.

$$\nu = (\frac{\gamma}{2\pi})B_0 \tag{5.52}$$

양성자의 γ값을 대입하면 가려지지 않은 proton은 1 Tesla(10,000 Gauss)의 외 자기장에서 42.6 MHz 주파수의 파를 흡수한다.

- **핵자기 공명** 핵스핀의 전이는 회전 모멘트를 갖는 계(팽이)를 생각하면 쉽게 이해할 수 있다. 팽이는 지구중력장의 영향으로 축을 중심으로 흔들거리거나 또는 세차운동을 한다(그림 5.31a). 회전하는 핵도 걸어준 외부 자기장의 영향으로 회전 팽이와 유사하게 세차운동을 한다(그림 5.31b).

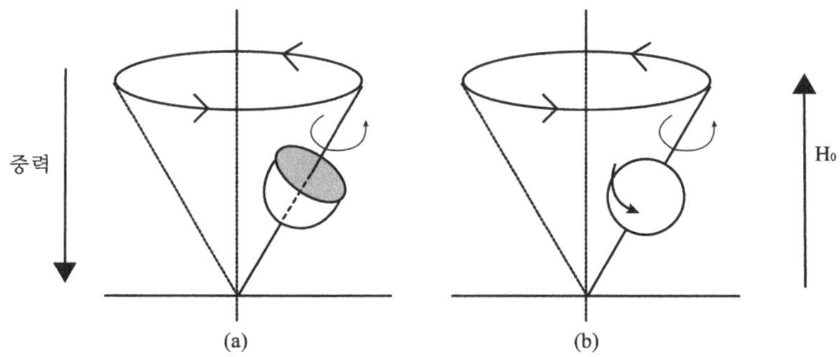

그림 5.31 팽이의 세차운동(a)과 핵스핀의 세차운동(b)

외부자기장이 걸리면 핵은 자신의 회전축을 중심으로 각 주파수 ω로 세차운동을 하는데, 이 주파수를 Larmor 주파수라고 한다. 양성자가 세차운동을 하는 주파수는 걸어준 자기장에 비례한다. 양성자에서 1.41 Tesla(14,000 Gauss)의 자기장이 걸리면 세차운동 주파수는 대략 60 MHz가 된다.

핵이 전하를 띠고 있으므로 세차운동을 하면 같은 주파수의 진동 전기장이 나타나는데 이 주파수의 라디오파 주파수가 세차운동 중인 양성자에 조사되면 그 에너지는 흡수된다. 이 때 2개 전기장의 상호 작용으로 에너지가 조사한 파로부터 핵으로 전달되면 스핀의 변화가 일어난다. 이 조건을 공명(resonance)이라고 하며 핵이 조사된 전자파와 공명을 일으킨다고 한다.

양성자에서 두 스핀간의 에너지 차이는 $\Delta E = h\nu$식을 이용하여 계산하면 2.39×10^{-5} kJ/mol로 계산된다. 이 에너지 차이는 너무 적기 때문에 실온에서 열 에너지만으로 두 스핀상태의 에너지 준위를 모두 채우기에 충분하다.

그러나 더 낮은 에너지 상태에 약간 더 많은 핵이 있다. 실제 계에서는 핵 스핀은 큰 집단을 이루고 있어 이 집단은 주위와 열평형상태에 있고, 핵은 볼쯔만 분포에 따라서 각 에너지 준위에 분포한다. 그 때문에 점유수의 차이가 생긴다.

한편, 이 집단에 속하는 자기모멘트는 같은 Larmor 진동수로 세차운동을 하고 있기 때문에, 점유수의 차이를 고려하면 그림 5.32a와 같이, 거시적 자기화 벡터 M_0 가 남게 된다. 이와 같이 계에 xy 평면 내에 진동수 ω_0의 회전 자기장을 만들어내는 전자파를 t_p시간 조사하면 에너지의 흡수가 생겨, 그 회전 좌표계 x' y' z'상에 거시적인 자기화 벡터 M_0 는 z 축에서 세차운동에 의해 $\Delta\theta$만큼 변화되어, 새로운 거시적 자기화벡터 M를 만들게 된다(그림 5.32b). 이 기울어진 각도는 $\Delta\theta = \gamma H_1 t_p$로 나타내고, $\Delta\theta$가 90°로 되는 시간의 조사를 90° 펄스(pulse, 충격파)라고 한다.

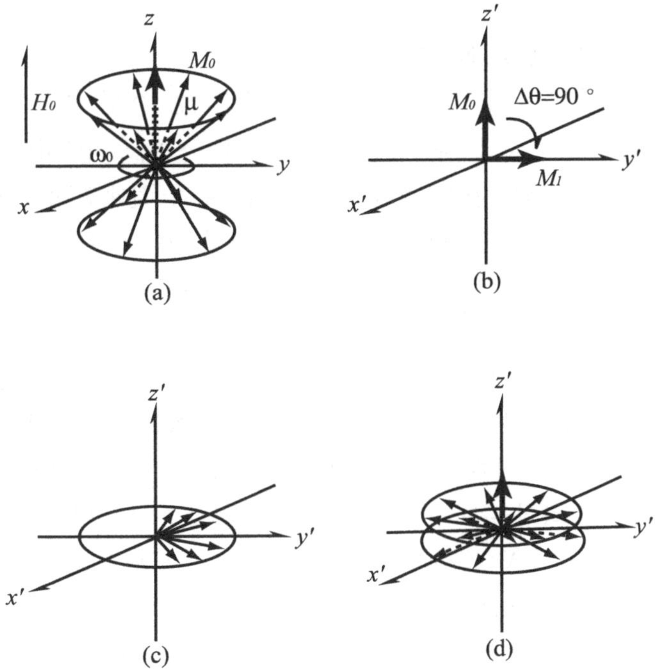

그림 5.32 (a) 핵스핀의 양자수. 1/2의 집단의 세차운동, 양의 값의 거시적 자기화, M_0는 H_0의 방향에 있다.
(b) 좌표계 x' y' z' 는 회전 자기장 H_1의 위에서 회전하고 있다. 90° 펄스로 거시적 자기화 M_0가 90° 도달된 직후.
(c) 가로 이완이 일어난다.
(d) 이어서 세로이완이 진행된다. 충분한 시간이 경과하면 그림(a)의 상태로 된다.

그런데 관측하고 있는 핵스핀에는 여러 가지 메커니즘[13])에 의해서 국부 자기장이 역할을 하고 있다고 해도 좋다. 분자가 용액 중에서 요동운동 결과 거시적 자기화 M 에는 이 국부 자기장이 작은 요동자기장 h로서 역할을 하게 된다. 거시적 자기화 M 은 이 요동자기장 h의 영향을 받아서 항상 원래의 평형자기장 M_0에 돌아오려고 하지만, 요동진동수 분포는 분자의 크기나, 용액의 점성 등에 의존한다. 이 이완과정에는 두 종류가 있으며, 제 1 과정은 거시적 자기화의 z 성분 M_z가 주위의 격자 계(열원)와 상호작용의 결과 원래로 돌아간 과정이며, M_z는 평형 값 M_0에 접근한다. 이 열평형의 접근을 특징짓는 시간을 스핀-격자이완 시간 T_1(혹은 세로 이완시간)이라 한다. 제 2 이완과정은, 거시적 자기화 M의 xy성분이 서로 들어가고 나오면서 점차로 0이 되는 과정으로 이 과정은 열원과의 에너지교환을 필요로 하지 않는다. 이 과정을 특징짓는 시간 T_2를 스핀-스핀 이완시간 혹은 가로이완시간이라 하고 T_2 는 T_1 보다 짧다(그림 5.34c,d).

푸리에 변환 NMR

하나의 종이 있다고 하자. 이 종소리는 어떤 주파수 ω_i의 음파성분이 어느 정도 세기 A_i를 나타내는지 알아보자. 소리를 저주파에서 고주파에 이르기까지 수많은 음의 차이 (소리굽쇠 = 음차) 로써 차례로 소리굽쇠를 두드리면서 공명 주파수를 찾으려 한다고 하자. 이 방법으로 확실한 종소리 스펙트럼 분포를 확인할 수 있지만, 이 방법은 수많은 소리굽쇠와 장시간의 측정시간이 필요하다. 한편 종에 마이크로폰을 설치하여 종을 한번 쳐서 마이크로폰의 신호를 오실로스코프로 본다고 하자. 오실로스코프에 나타나는 것은 한번 두드려서 나오는 여러 가지 주파수 ω_i의 음파가 맥놀이 현상을 일으키며 감쇄해가는 모양이 얻어질 것이다. 이때 가로축을 시간 축으로 하는 시간영역의 함수를 푸리에 변환하면 가로축이 주파수의 주파수 영역의 함수가 얻어진다. 이 함수는 특정 주파수 위치 ω_i에 A_i의 세기를 가진 몇 가지 스펙트럼 띠를 포함하며, 앞에서 언급한 소리굽쇠를 이용하여 얻은 스펙트럼과 본질적으로 같다.

NMR에서 공명은 진동수 ω_{obs}의 라디오파 펄스(90° 펄스)이다. 펄스는 횡파이고 여러 종류의 성분 파를 포함하고 있지만, 폭 Δt_p의 종파 펄스에서는 진동수 폭이 $\omega_{obs} \pm 1/\Delta t_p$ 의 사이에 들어온 모든 전자파를 포함하게 된다. 그 때문에

13) 예를 들면 스핀-스핀 결합이나, 스핀 쌍극자-스핀 쌍극자 상호작용, 분자 중의 전자 분포에 기인하는 분자 자기모멘트 등

화학적 환경이 달라서, 예컨대, 조금씩 진동수 ω_o가 다른(화학적 이동이 다름) 모든 핵스핀의 거시적 자기화를, 한 번에 90°로 기울게 할 수 있다. 기울어진 각에서 거시적 자기화는 이미 언급한 이완과정을 통해서 원래의 상태로 되돌아간다. FT-NMR은 90° 펄스후의 이 가로 자기화성분(M_x, M_y)의 유도자기 자유 감쇠(free induction decay: FID)를 검출한다. 가로 자기화는 공명진동수 ω_o가 라디오파의 진동수 ω_{obs}에 일치할 때, $M(t) = M_o \exp(-t/T_2)$로 표시된다. 실제측정에는 관찰 주파수 ω_{obs}는 공명주파수 ω_o로부터 벗어나기 때문에 ω_{obs} 의 회전자장 위에서 봐도 y'방향에 기울어진 거시적 자기화 M는 z' 축 주위를 천천히 Larmor 세차운동하게 되고, 각 가로 자기화성분의 감쇠는 $M_x(t) = M_o \cos(\omega_o - \omega_{obs})\exp(-t/T_2)$로 되어 물결치듯 감쇠하게 된다(그림 5.33). 이 감쇠를 푸리에 변환하여 진동수 영역에서 보면 공명선의 선폭이 $1/T_2$ 에 비례하여 로렌쯔 곡선이 $\omega_o - \omega_{obs}$ 위치에 나타난다.

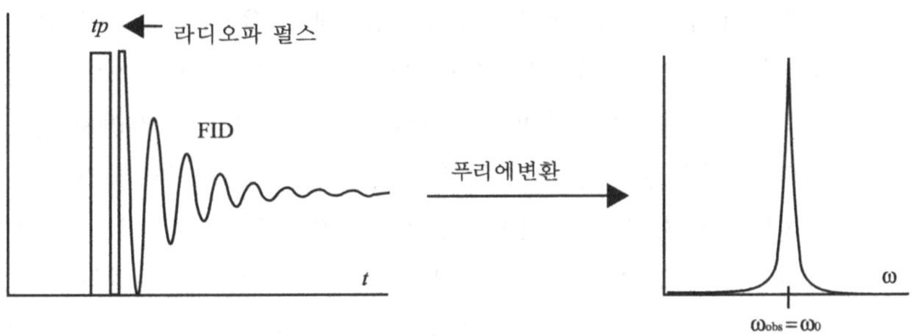

그림 5.33 FID와 푸리에 변환

고분해능 NMR에서 얻을 수 있는 정보

NMR은 보통 용액상태에서 측정한다. 이 같은 조건에서는 분자는 불규칙적으로 빠르게 운동하고 있어 분자에 포함된 각 측정 핵종은 충분히 평균화된 자기장을 만나면 예리한 공명선이 나타나게 된다(고분해능 NMR). 고분해능 NMR측정에 의해 얻을 수 있는 정보는 기본적으로 ① 흡수선의 화학적 이동 ② 흡수선의 세기 ③ 흡수선의 분열 ④ 흡수선의 선폭 등 4가지이다(그림 5.34).

고분해능 NMR에서는, 화학적 환경이 다른 핵은 다른 공명 주파수를 가져 분리가 된다. 이처럼 공명 주파수가 다른 것을 화학적 이동(chemical shift)이라 한다. 화학적 이동 δ 는 보통 TMS(tetramethylsilane)등 기준물질을 사용하여, 기준물질의 주 피크의 이동(Hz단위)을 관찰 주파수로 나눈 값을 ppm단위로 나타낸다. 보통 유기화합물에서 ^{1}H의 화학적 이동은 약 10ppm의 범위에 있고,

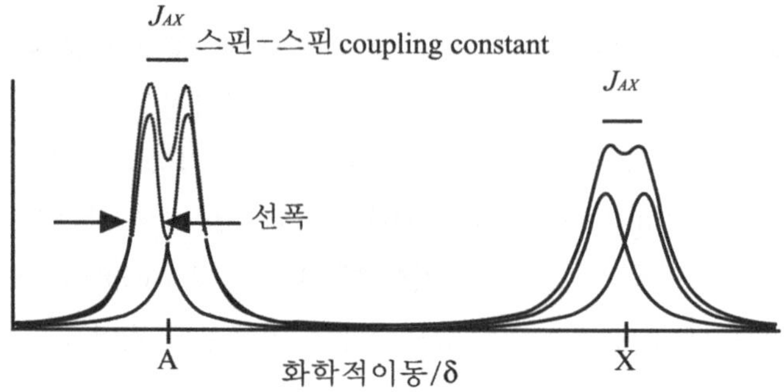

그림 5.34 고 분해능 NMR에서 얻을 수 있는 정보.

^{13}C에서는 200ppm 범위에 있다.

화학적 이동이 나타나는 원인으로 결합원자의 차이 혹은 공유결합성, 비편재화의 차이 등이 있다.

원자에서는 국소 반자기성 전류로 제 2 유도 자기장이 유발되고 이것은 걸어준 외부자기장의 반대방향으로 생성된다. 분자 내 각각의 양성자는 그것을 둘러싸고 있는 전자밀도에 따라서 외부자기장으로부터 가려져 있다. 핵 주위의 전자밀도가 클수록 외부 자기장에 반대방향인 유도 역 자기장도 강해진다. 이렇게 생성된 역 자기장은 핵이 외부에서 걸어준 자기장의 세기보다 작게 느껴지게 한다. 그 결과 핵은 조금 낮은 주파수로 세차운동을 한다. 각각의 양성자는 모두 분자 내에서 약간씩 다른 화학적 환경에 놓여 있으므로 전자에 의한 가리움(shielding)도 서로 다르고 그 결과 약간씩 다른 공명주파수를 가진다. 이처럼 전자의 가리움 정도를 가리움 상수, σ (또는 차폐상수)라고 한다.

σ 는 주로 2가지 항(요인)에 의해서 결정된다. 첫째 항은 핵 주위의 전자밀도를 포함한 반자기성 항으로 바닥상태에만 관여한다. 양성자의 화학적 이동은 거의 이 전자밀도 항이 지배적이다. 두 번째 항은 핵 주위 전자의 들뜬상태가 관여하는 항이다(상자기성 항: 뒤에 나오는 상자기성 이동과는 다르다). 양성자 이외에 무거운 원자의 핵은 앞에서 언급한 바와 같이 ^{13}C등에도 이항이 지배적이고, 화학적 이동이 대단히 크다. 화학적 이동은 유용한 정보로서, 예를 들면 핵이 양성자(^{1}H) 혹은 ^{13}C의 경우는 작용기마다 거의 특정한 값을 가지며, 이 값으로부터 분자가 어떤 작용기를 갖는지 추측할 수 있다. 특히 ^{1}H 에서는 공명선의 세기가 분자 내에서의 양성자 수에 비례하기 때문에 NMR에서 얻을 수 있는 정보는 더욱 증가한다.

고분해능 NMR은 핵스핀과 핵스핀이 짝지음(coupling)하기 때문에 일어나는 흡수선의 분리에 의해서 보다 많은 정보를 얻을 수 있다. 흡수선의 분리를 조사함으로서 어떤 흡수선이 나타나는 핵이 어떻게 다른 핵과 관련이 있는가를 알 수 있다.

예를 들면, 지금 어떤 양성자 H_A가 화학적 이동이 큰 다른 양성자 H_x와 직간접적으로 공유결합하고 있다고 하자. 이 공유결합의 세기는 H_A 와 H_x사이에 공유된 전자교환 상호작용 에너지 J_{AX}로 나타낼 수 있다. 이미 언급한 바와 같이 H_1만 정자기장 H_o 중에 놓여질 때 H_A 의 에너지 준위는 Zeeman분열로 E^+와 E^- 2개의 준위로 나누어진다. 그런데 A_X계에서는 H_x에 의한 섭동의 결과, H_x의 스핀양자수가 +1/2 혹은 −1/2에서 E^+ 상태는 E^{+-} 와 E^{++} 의 2개의 준위로 분열하고 또한 E^-의 상태는 E^{--}와 E^{-+}로 2개의 준위로 분열된다. 이 4개 준위 사이에서 허용되는 전이는 그림 5.35의 화살표로 나타내었다.

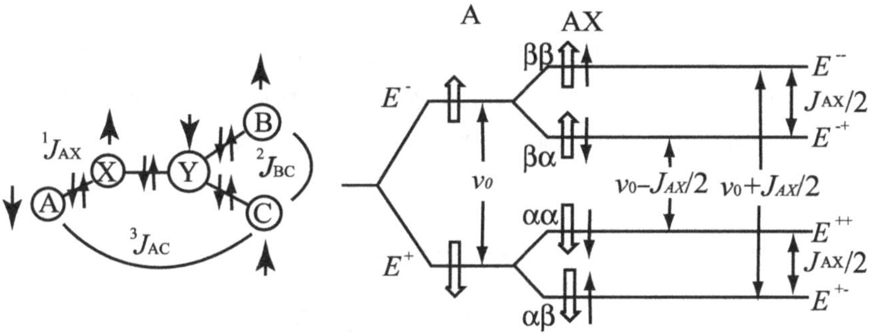

그림 5.35 (a) 공유결합과 핵 스핀의 배향
(b) 핵 A(I = 1/2)와 핵 X(I = 1/2)의 스핀 결합과 흡수선의 분열 선택규칙에 의해서 $\nu_0 - J_{AX}/2$의 흡수와 $\nu_0 + J_{AX}/2$흡수가 관측된다.

이 결과 AX계 에서는 H_A는 2선으로 분리된 흡수선을 만든다(그림 5.36 참고). 화학적 이동이 그렇게 큰 변화가 없을 때를 AB계라 하고 소위, doublet doublet(dd)형 스펙트럼이 나타난다. 이러한 예는 가장 간단한 예이다. H_A의 분열은 1 : 2 : 1 세기 비를 갖는 3선이 되고, 양성자수가 3개인 메틸기는 세기 분포가 1 : 3 : 3 : 1 비율의 4선으로 된다. 메틸기에 의한 분열모양은 표 5.16에서 나타내었다.

표 5.16 CH_3에 스핀 결합된 핵스핀 A의 분열

^1H의 스핀 배치	스핀 양자수	스핀 배치의 수
↑ ↑ ↑	1/2, 1/2, 1/2	1
↑ ↑ ↓	1/2, 1/2, -1/2	
↑ ↓ ↑	1/2, -1/2, 1/2	3
↓ ↑ ↑	-1/2, 1/2, 1/2	
↑ ↓ ↓	1/2, -1/2, -1/2	
↓ ↑ ↓	-1/2, 1/2, -1/2	3
↓ ↓ ↑	-1/2, -1/2, 1/2	
↓ ↓ ↓	-1/2, -1/2, -1/2	1

일반적으로 n개의 등가 양성자를 포함하는 원자단의 전체 핵스핀은 I = n/2가 된다. 그 결과 핵스핀 A의 흡수선은 2I + 1 개로 분열하고 세기 분포는 이항 분포가 된다. X가 이핵 종이라도 기본적으로는 사정은 변함이 없다. 포스핀(예를 들면 $(CH_3O)_3P$) 리간드를 갖는 유기금속 착물의 ^1H-NMR은 가끔 ^{31}P(I=1/2)에 의한 흡수선의 분리가 관찰되며, 반대로 ^{31}P-NMR에서도 ^1H에 의한 분리가 관찰된다. 표 5.17에 그 예를 몇 가지 나타내었다.

표 5.17 착물, 무기화합물, 리간드의 다중도

화합물	측정 핵	분열되는 핵	등가 핵의 수	분열 수
$(CH_3O)_3P$	^{31}P	^1H(I=1/2)	9	10
	^1H	^{31}P(I=1/2)	1	2
$[RhH(CN)_5]^{2-}$	^1H	^{103}Rh(I=1/2)	1	2
$PtHCl(PPh_3)_2$	^1H	^{195}Pt(I=1/2)	1	2
SiH_4	^1H	^{29}Si(I=1/2)	1	2
	^{29}Si	^1H(I=1/2)	4	5

- **이중 공명** 이중 공명(double resonance)은 스핀 커플링에 관계되는 중요한 방법이다. 이것은 1개 핵을 강하게 쪼여, 그와 동시에 이들과 스핀 커플링하는 다른 핵을 관찰하는 수단이다. 이 방법을 사용하면 스펙트럼 상에서 어떤 핵이 서로 커플링을 하는가에 대한 정보를 얻을 수 있다. 예를 들면 앞에서 언급한 AX계에서 H_X만을 선택적으로 강하게 쪼이면 H_X의 스핀은 그의 2개 Zeeman 준위 사이를 강제적으로 진동하게 된다. 그 결과 H_X가 H_A에 미치는 자기장이 평준화되

어 겉보기 상으로 H_A와 H_x의 스핀 커플링이 없어진다. 이것을 디커플링(decoupling)이라 한다. 디커플링은 동핵 디커플링(homo-nuclear decoupling)과 이핵 디커플링(hetero-nuclear decoupling)이 있다. 보통 ^{13}C-NMR을 측정하는 데는, ^1H의 커플링으로 스펙트럼이 매우 복잡하여 확인하기 어려운 경우가 많다. 이때 모든 ^1H 핵을 동시에 조사해서 ^1H의 영향을 제거하는 일을 수행한다. 이와 같은 디커플링을 양성자 노이즈 디커플링이라 한다[14].

디커플링은 매우 센 라디오파를 쪼이지만, 그렇게 강하지 않은 조사로 Zeeman 준위의 볼쯔만 분포를 변하게 하는 이중공명법이 있다. 이 방법에 해당하는 것이 nuclear Overhauser effect(NOE)의 측정 혹은 분극전이가 있다. 후자는 나중에 2차원 NMR과 같이 복잡한 펄스계열을 이용한다. NOE 효과는 디커플링할 때 잘 관찰되는 현상으로 디커플링을 수행한 측정과 디커플링을 하지 않은 측정에는 대응하는 ^{13}C의 흡수선의 세기가 다르다. 이것은 2개의 핵스핀이 공간적으로 접근하여 있으면 핵스핀과 핵스핀 쌍극자 상호작용에 의해 스핀상태의 교환이 이루어지기 때문에 일어난다(그림 5.36).

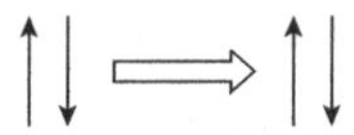

그림 5.36 스핀 쌍극자 상호작용에 의한 에너지의 이동

그 결과 조사된 핵 에너지가 비조사 핵으로 이동하여, 비조사 핵의 볼쯔만 분포가 변화하는 것이다. 이 쌍극자-쌍극자 상호작용에 의한 NOE의 세기는 스핀사이의 거리를 r라고 한다면, $1/r^6$에 비례한다. NOE는 같은 분자내의 핵스핀과 핵스핀의 공간적인 접근 정도에 관한 정보를 주며, 용액에서 분자구조를 알 수 있는 좋은 단서가 된다.

- **여러 가지 핵종** 가장 잘 측정되는 핵종은 ^1H와 ^{13}C(모두 $I = 1/2$)이다. 그 이외 핵으로서, $^{11}B(I = 3/2)$, $^{15}N(I = -1/2)$, $^{19}F(I = 1/2)$, $^{31}P(I = 1/2)$, 그리고 $^{77}Se(I = 1/2)$이나 $^{17}O(I = 5/2)$등이 자주 이용된다. 착물화학에서는 이들 핵종은 모두 리간드를 포함하는 것이 되고, 리간드의 배위상태에서의 구조, 리간드 교환반응을 연구하는데 많이 사용한다.

한편, 중심금속 이온도 스핀을 가지고 있어, 당연히 관측의 대상이 된다.

14) 디커플링에는 그밖에 디커플링 주파수를 양성자 영역에서 떼어내서 처리하는 operational decoupling이 있다.

NMR 검출 감도는 자기회전비 γ와 핵스핀, 천연 존재비 혹은 핵사중극자 모멘트의 유무에 의존한다. 핵사중극자 모멘트가 존재하는 것에는 이완시간이 짧게 되어 선폭이 넓어지기 때문에 측정이 곤란하다. 더욱이 상자성전자를 갖는 착물은 상자성 전자스핀과 핵스핀 사이의 쌍극자 상호작용에 의해 핵의 이완이 빨라져 선폭이 넓어져서 관측이 어렵게 된다. 금속원소의 핵으로서는 $^{195}Pt(I = 1/2)$, $^{63}Cu(I = 3/2)$, $^{113}Cd(I = 1/2)$, $^{199}Hg(I = 1/2)$ 등이 측정되었지만, ^{195}Pt 혹은 ^{63}Cu는 반자성 착물에만 한정된다. 금속원소의 NMR은 ^{195}Pt 나 ^{113}Cd 등의 예외를 제외하면, 결국 리간드의 관찰에서 얻어지는 풍부한 정보량에 비해서 그렇게 정보량이 많지 않고, 일반화되지는 않았지만 상대감도가 매우 낮아도, ^{103}Rh과 같이 핵스핀 1/2에서, 유기금속 착물화학에서 중요한 위치를 차지함에 따라 점차적으로 응용이 증가할 것이다.

착물에서 응용

착물화학의 영역에서 고분해능 NMR이 가장 위력을 발휘하는 것은 반자성 착물의 경우이다. NMR은 반자성 착물에서 착물 형성의 유무를 관찰할 수 있다. 착물의 반응, 리간드 교환반응, 리간드 이동 반응, 평형상태의 연구, 특히 구조 연구 등에 대해서 광범위한 정보를 제공한다.

착물을 이룬 후의 리간드는 유리된 상태보다 아주 큰 화학적 이동을 보일 때가 많다. 이미 언급한바와 같이 ^{1}H이외의 핵에서 이 이동은 차폐상수 중에서 상자기성 항에 지배적이고, 들뜬상태의 전자가 만든 자기장을 핵스핀이 대면하기 때문에 생긴다. 시아노 착물의 ^{13}C-NMR 측정에서 대부분의 착물은 유리된 시아노기보다 높은 자기장으로 50 ppm 이상 이동하는 것이 알려져 있다. σ-아릴 착물의 ^{13}C-NMR는 낮은 자기장으로 이동하고, π-알렌착물의 경우 높은 자기장으로 이동하는 것이 알려져 있다. 이러한 현상이 벤젠이나 에틸렌 등에서도 발견되고 있다. 금속 카보닐의 화학적 이동은 중심금속이온의 전하밀도에 민감하여, 중심금속이온이 양으로 하전할수록 높은 자기장으로 이동한다.

H^- 리간드가 배위된 착물은 가끔 그 생성확인이 번거롭지만, Pt의 H^-는 H 쪽에서 Pt쪽으로도 쉽게 확인할 수 있어 어느 쪽의 흡수선도 서로의 핵스핀에서 2개 선으로 분열한다.

착물의 리간드는 용액 중에서 가끔 빠르게 교환을 일으킨다. 이때 원래 다른 화학적 이동을 주는 리간드의 양성자는 각각의 위치에서 국소 자기장의 평준화된 자기장을 직면(보게)하게 되어, 교환이 빠른 극한 상황에서는 공명선이 1개가 된다. 금속카보닐 착물은 용액 중에서 가끔 CO의 빠른 교환을 일으키는 것이 알려지고 있어, 그림 5.37는 $Co_4(CO)_{12}$ 클러스터의 CO가 온도 증가에 따라 점점 교환을 빨리 하는 상태를 나타내고 있다.

NMR을 착물에 응용할 때 일반적으로 유기화합물의 NMR과는 달리 가끔 상자기성 화합물을 대상으로 측정할 때가 있다. 이와 같은 화합물에는 리간드의 NMR을 측정해도 때로는 폭이 넓은 흡수선(상자성 선폭)이 되고, 그것도 리간드만이 대응하는 위치에서 흡수선이 때로는 100 ppm이상 이동하기 때문에(상자기성 이동) 금속이온에 가까운 위치에 있는 양성자에서는 흡수선을 거의 확인할 수 없는 일이 생긴다.

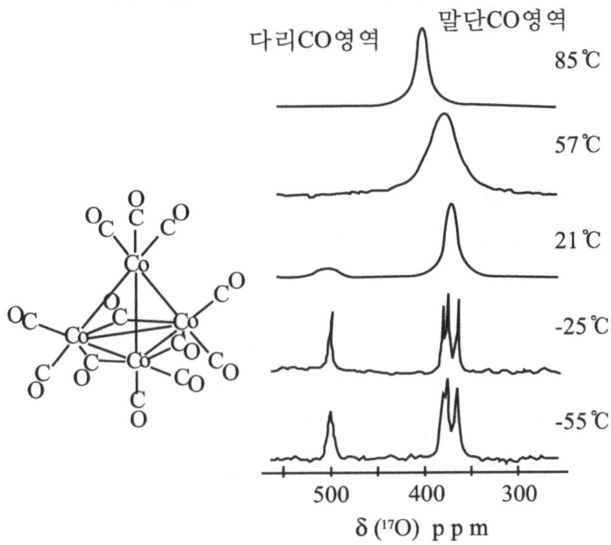

그림 5.37 $Co_4(CO)_{12}$의 온도변화 ^{17}O-NMR의 스펙트럼

이동의 원인은 등방성 접촉이동(페르미 접촉이동)과 이방성 유사접촉 이동 등 2가지가 있다. 전자는 금속이온상의 짝짓지 않은 전자의 스핀밀도가 공유결합을 통해서 리간드까지 침투되어 일어나고, 몇 개의 공유결합을 경유한 것에서는 영향이 적다. 후자는 핵스핀과 전자스핀의 쌍극자 상호작용에 기인하는 공간적인 것이다. 어느 쪽도 금속이온의 전자상태에 영향을 받아, 전자스핀의 g(EPR항 참조)나, 혹은 전자의 궤도각운동의 영향을 받아 복잡하다. 쌍극자상호작용의 경우는 g값 방향과 핵스핀 방향 혹은 양쪽의 거리에 의존하는 공간적인 것이다. 어느 쪽도 핵과 전자에너지의 주고받음의 결과, 핵스핀의 이완이 빨라지고 선폭이 넓게 된다. 페르미 접촉이동의 예로서 $(AsPh_4)_2[Fe_4S_4(SEt)_4]$을 그림 3.38에 나타내었다.

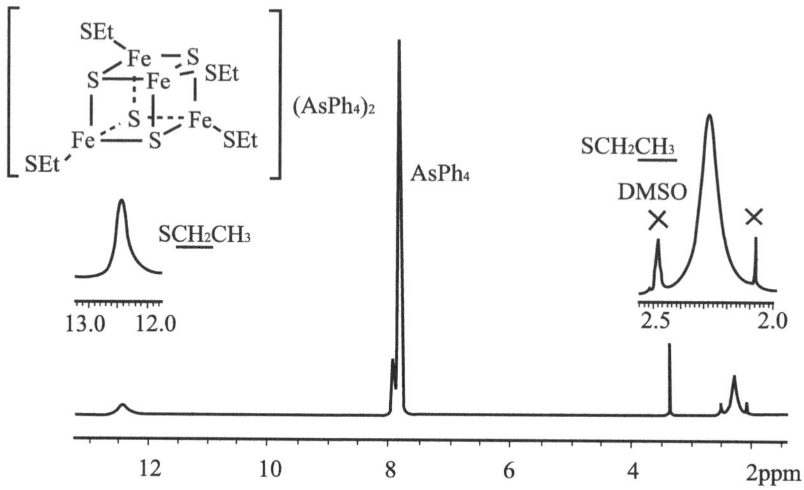

그림 5.38 $(AsPh_4)_2[Fe_4S_4(SEt)_4]$의 ^{1}H-NMR.

여기서는 SEt기의 β-메틸렌의 양성자가, 철-유황 클러스터의 상자기성 영향으로 보통의 메틸렌 양성자의 위치(포화탄화수소일 때 1.3 ppm)에서 12.43 ppm으로 크게 이동하고 또한 선폭도 넓어지고 있다. 이 양성자는 S-C의 2원자만 사이에 두지 않기 때문에 상자기성 영향이 크지만, 한편 메틸 양성자는 S-C-C의 3원자를 사이에 두기 때문에 그렇게 큰 영향을 받지 않고 원래의 위치에서 조금 이동한 2.27 ppm에 시그날이 나타난다. 3가 철이온(d^5)을 중심이온에 포함한 높은 스핀 포르피린 착물이나, 6배위 팔면체형의 2가 코발트(d^7) 착물 등에서는 보다 복잡하여 접촉이동과 유사접촉이동의 2가지 모두가 관여한다. 전자의 경우는 포르피린의 메조위치 양성자는 철이온의 상자기성 전자스핀($S = 5/2$)의 영향으로 큰 상자기성 이동을 받고, 보통의 메조위치 고리화합물의 양성자영역(10~11 ppm)에서 크게 벗어나서 1~3 ppm부근에서 나타난다.

2차원 NMR

펄스 제어기술과 미니 컴퓨터에 의한 고속 푸리에 변환기술의 개발로 최근 NMR은 눈부신 발전을 가져와 여러 가지 강력한 수법을 고안해 내고 있다. 이들 수법은 모두 복잡한 펄스계열을 이용하고 있으며, x' 또는 y'축에 따른 핵의 들뜸, 조사 핵의 선택, 펄스 간격, 및 검출까지 기다리는 시간, 검출시간 등을 자유롭게 제어한다. 그 결과 첫째, DEPT, INEPT(뒤에 설명)등 분극 전이(polarization transfer), 둘째, COSY 혹은 NOESY(뒤에서 설명)를 비롯한 2차원 NMR의 2가지 새로운 방법이 확립되어 복잡한 유기물의 흡수선을 지금까지와는 비교되지 않을 만큼 용이하고, 또한 확실하게 확인할 수 있게 되었다.

^{1}H 외에 ^{13}C 또는 ^{15}N는 자연 존재비가 적지만 자기화도 작아서 검출감도가 낮다. 분극전이는, ^{1}H의 큰 자기화를 ^{1}H-^{13}C(^{15}N) 의 스핀결합을 통해서 ^{13}C(^{15}N)로 이동시키는 방법으로, 주파수는 ^{13}C에서 감도는 ^{1}H와 비슷하게 측정할 수 있다. INEPT(insensitive nuclei enhanced by polarization transfer)는 ^{13}C 스펙트럼 상에서 1차, 2차, 3차, 4차 탄소를 확인 할 수 있기 때문에 복잡한 리간드를 취급하는 오늘날 착물화학에서는 없어서는 안 될 수단의 하나이다. 한편, 이 분극전이의 원리는 Si-H 등을 비롯하여 착물을 측정하는데 적용하기 시작하였으며 감도가 낮은 NMR의 결점을 보완하였다.

COSY(correlated spectroscopy) 혹은 NOESY(nuclear overhauser enhancement and exchange spectroscopy)를 비롯한 2차원 NMR(2D-NMR)은 Ernst등에 의해 발전된 새로운 NMR 기법이다. 이들 방법은 펄스를 연속적으로 조사하여, FID를 시간에 대해서 2차원화 한다. 이것을 푸리에 변환하여 주파수 영역에서 2차원화를 행하면, 공유결합을 사이에 두어도 공간적인 쌍극자 상호작용을 사이에 두어도 여러 가지 방법으로 상호작용하는 핵과 핵간의 새로운 피크(비교차 피크)가 나타나는 것이다. 현재 270 MHz 이상의 NMR장치는 COSY혹은 NOESY의 펄스계열이나, 해석하는 소프트웨어를 기본적으로 장착하고 있다.

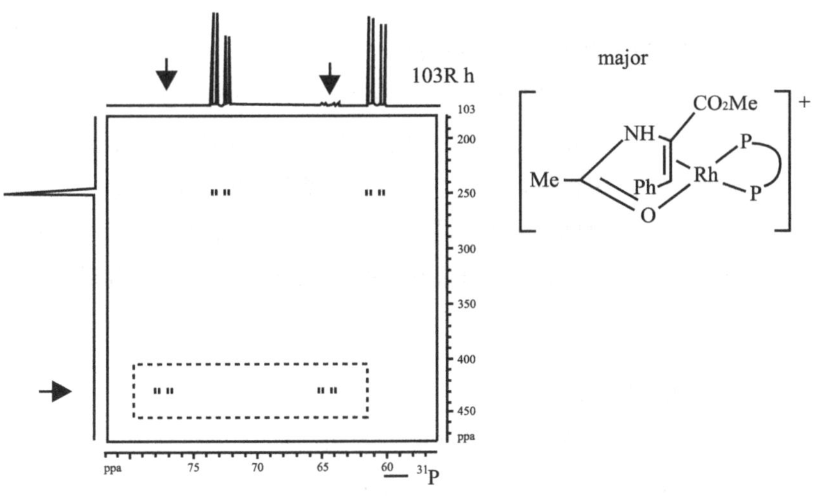

그림 5.39 2D-(^{31}P, ^{103}Rh)COSY의 예.

COSY는 2D-NMR의 기본으로, 공유결합에 의해서 스핀 결합된 핵스핀과 핵스핀의 대상을 찾는데 큰 도움을 준다(그림 5.39 참조). 복잡한 유기리간드를 갖는 반자기성 착물에서, 리간드의 결합양상을 보는데 일반 유기화합물과 같이 COSY가 유효하고, 많이 사용되고 있다. COSY를 금속 핵에 응용은 감도의 제약을 받고 일반적인 것은 아니지만, 그림 5.39에서 Rh 착물의 예를 나타내었다. ^{103}Rh 은 상대감도가 매우 낮지만, 이 예에서는 보다 감도가 뛰어난 ^{31}P의 세기를 빌리는 방법으로 주(major)성분으로 보는 것이 아니고, 보통 방법으로는 측정되지 않는 부(minor) 성분으로 보는 것이다. 2종류의 ^{31}P는 각각 ^{103}Rh의 영향으로 2개 선으로 나눠지고 있다. ^{1}H는 디커플링되어 있다.

마지막으로 NOESY에 대해서 알아보자. NOESY는 NOE차 스펙트럼을 2차원으로 나타내는 방법으로, 공간적으로 가까운(~5 Å 이내) 핵스핀과 핵스핀간의 교차 피크를 보여준다. 교차 피크의 세기는, 분자를 강체로 가정하면, 두 스핀간 거리 r의 6승에 반비례한다. 이것을 이용해서 표준 교차 피크의 세기를 기준으로 여러 가지 스핀간의 거리를 추정할 수 있어, 구조가 복잡한 착물이나, 거대고리형 착물, 착물의 분자인식 등을 연구할 수 있다. 오늘날에는 NOESY에서 얻은 거리정보를 토대로 단백질과 같은 거대분자의 용액 상에서 구조를, 컴퓨터 처리에 의해서 X-선 결정구조 해석에서 얻기 어려운 것을, 정확하게 구하는 것이 가능하게 되고 있다. 생체관련 물질의 착물, 포섭기능·분자인식기능을 가진 착물 혹은 금속 단백질 활성 사이트의 모델 착물, 초분자 등 결정을 얻기 어려운 착물의 구조를 추정하는데 반드시 필요한 방법이 될 수 있을 것이다.

금속착물의 EPR 스펙트럼

금속착물의 EPR(전자 상자기성 공명) 스펙트럼은 중심금속이온의 종류, 원자가, 높은 스핀, 낮은 스핀, 배위원자의 종류와 그 수, 리간드장의 대칭성, 배위결합에서 공유결합성, 들뜬 에너지 준위, 착물 내 혹은 착물 간 스핀-스핀 상호작용 등을 모두 반영한다. 따라서 짝짓지 않은 전자를 probe로서 사용하므로 EPR로부터 상자기성 금속착물의 구조에 관한 아주 유력한 정보를 손쉽게 얻을 수 있다.

EPR의 원리

EPR의 기본원리는 NMR과 같으며 NMR의 핵스핀이 전자스핀으로 바뀐 것이라고 생각하면 된다. 짝짓지 않은 전자를 자기장에 두면 스핀 에너지 준위 $(S_z = \pm 1/2)$로 분열된다(Zeeman효과: 그림 5.40). 일정한 진동수 ν의 마이크로파를 착물에 조사시켜 자기장 H 를 확인하면, Zeeman 분열의 크기 ΔE가 마이크로파의 에너지 $h\nu$와 같아질 때 전자스핀의 방향이 반전되어, $(S_z = \pm 1/2)$ 에너지 준위 사이의 전이가 관측된다(h는 플랑크 상수). 이것이 EPR스펙트럼이다.

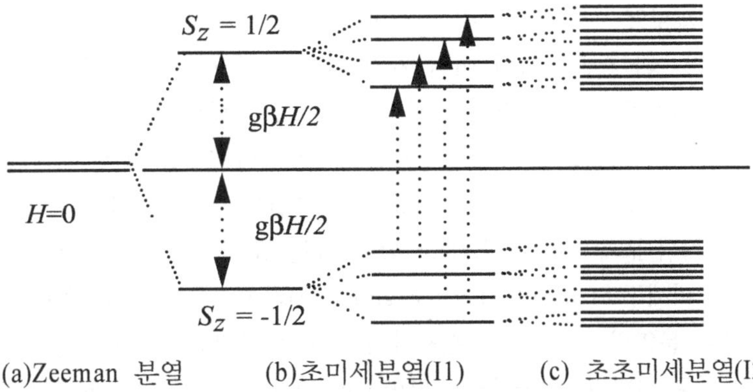

그림 5.40 S = 1/2, I_1 = 3/2, I_2 = 1일 때 스핀 에너지 준위.

ΔE는 착물 분자가 갖는 자기모멘트의 크기 $|\mu| = g\beta\sqrt{3/2}$ 와 자기장의 세기 H 에 비례하여 $g\beta H$로 나타낼 수 있다. β는 보어 자기 마그네톤 $9.2741 \times 10^{-24} J \cdot T^{-1}$이다. 또한, g는 g값(혹은 g인자)이며, 자유전자에서는 2.0023이 되지만, 착물에 구속된 전자는 착물의 특성에 대응하는 특유한 값을 갖는다. 금속 착물이 짝짓지 않은 전자를 2개 이상 가질 때 스핀간의 상호작용에 의해 스핀 에너지 준위는 더욱 복잡해서, 0 ~ 1 T(테스라)이상의 넓은 자기장 범위에서 착물 고유의 EPR 스펙트럼을 보여준다. 또한, 공명자기장이나 선폭이 현저하게 증가해서, 짝짓지 않은 전자가 있음에도 불구하고 EPR 가 관측되지 않는 경우도 있다.

- **g값과 그의 이방성** 금속착물에서 짝짓지 않은 전자(홀 전자)는 주로 중심금속이온의 d 혹은 f 궤도함수에 있지만, 이 때 자기모멘트 μ는 전자스핀의 자기모멘트 μ_s 뿐만 아니고 홀전자 자체의 궤도운동에 의한 자기모멘트 μ_1를 무시할 수 없게 된다. 실제 어느 정도 μ_1의 영향이 나타날까? 는 홀 전자가 존재하는 d 또는 f 궤도함수의 성격이나, 리간드의 공유결합성 정도에 따라 복잡하게 달라지고, 더욱이 자기장의 방향이 착물에 대해서 어떻게 향하고 있는가에 따라서도 변한다. 금속 착물의 g값이 2.0023에서 벗어나는 것은 이 μ_1영향 때문이고 축 대칭성을 갖는 금속착물의 경우, 대칭축에 따라서 자기장이 향하고 있을 때의 g 값을 $g_{/\!/}$, 대칭축에 수직한 방향의 g값을 $g_{\perp}$,으로 나타낸다. 착물이 사방대칭일 때, 착물의 g값은 3개 각각 서로에 수직축(주축) 방향의 g값을 g_1, g_2, g_3로 나타낸다. 이들 g값은 중심금속이온의 종류, 착물의 구조, 용매의 종류 등에 따라서 변화된다.

- **초미세분열** 전자는 아주 미세한 자석으로 생각할 수 있으므로, 착물에서 홀 전자는 환경에 따라서 여러 가지 자기적 상호작용을 받는다. 중심금속원자나, 배위원자가 각각 핵스핀 양자수 I_1, I_2되는 핵스핀을 가질 때 홀 전자의 스핀 에너지준위는 그들 핵스핀 자기 모멘트와의 상호작용에 의해서 다시 $2I_1+1$, $2I_2+1$개로 분열한다(그림 5.40). 이 분열은, $g_{/\!/}$, $g_{\perp}$에 대응해서 $A_{/\!/}$, $A_{\perp}$등으로 나타내고, 관측된 EPR스펙트럼에는 초미세구조(hyperfine structure) 혹은 초초미세구조(super hyperfine structure)라고 하는 미세분열이 관측되게 된다. 이들 분열의 크기는 홀 전자가 존재하는 분자궤도함수의 종류에 따라서 여러 가지로 변한다. 예를 들면, 평면 Cu(Ⅱ)착물 등과 같이 홀 전자가 $d_{x^2-y^2}$ 궤도함수에 있을 때 배위결합의 공유결합성이 증가함에 따라서 A가 증대하고, 동시에 배위원자의 핵스핀에 의한 초초미세분열이 크게 된다. 초초미세분열의 크기는 배위 원자에 있는 홀 전자 스핀밀도에 비례하기 때문에 금속이온과 배위원자의 공유결합성의 정도를 나타내는 중요한 값이 되고, 이와 같은 정보는 다른 분광학적인 수법으로는 얻을 수 없다.

다음에 EPR의 측정 예를 들어보자. 블레오마이신은 항암제로서 널리 사용되는 항생물질이다. 그림 5.41은 $Co^{Ⅱ}$-블레오마이신 산소착물의 EPR스펙트럼이다. 착물은 동결상태의 용액에서 혼잡하게 배향하고 있기 때문에 $g_{/\!/}$와 $g_{\perp}$ 성분은 겹쳐서 각각에 Co 핵스핀 ($I = 7/2$) 에 의해서 8개 초미세 분열이 관측된다. 스펙트럼으로부터 예견되는 g값과 A 값으로부터 Co^{2+}이온상의 홀 전자스핀은 산소분자로 이동하고 있음을 알 수 있다.

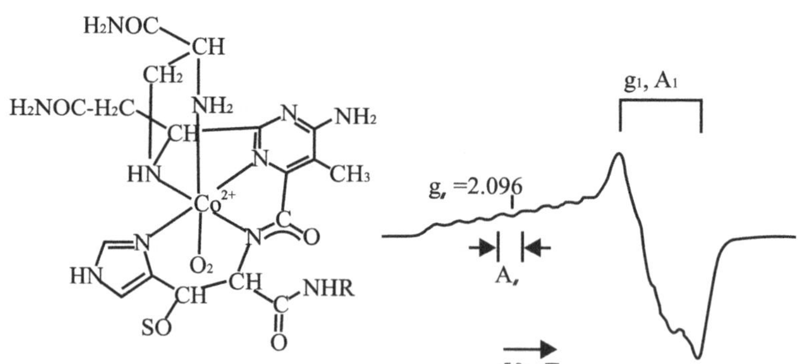

그림 5.41 코발트-블레오마이신 효소착물과 그의 EPR 스펙트럼.

블레오마이신은 $Cu^{Ⅱ}$ 이나 $Fe^{Ⅲ}$ 이온과도 안정한 착물을 형성하며, 그들의 EPR 스펙트럼의 해석 결과와 그 밖의 실험결과를 종합하여 착물 구조를 현재 그림 5.41과 같이 추정되고 있다. 그 결과 블레오마이신은 생체 내에서 철-산소 착물을 경유하여 산소원자를 활성화하고 DNA를 절단한다고 생각되고 있다.

7 그 밖에 다른 것(XAFS, CV)

XAFS

XAFS(X-ray absorption fine structure)는 싱크로트론 방사광의 이용이 가능하여 위상을 갖는 강도 크기의 백색 X-선이 얻어지게 된 결과, 최근 특히 비결정성 물질에 응용하게 된 수법의 하나이다. XAFS는 금속이온 주위의 배위원자의 종류와 결합거리를 거의 정확하게 알 수 있다. 또한 기하구조에 대한 정보를 알려준다. 착물 관련 분야의 이용이 매년 증가하고 있고, 담지촉매, 단백질중의 금속이온, 고분자 착물, 용존 상태의 착물, 생체물질과 같은 거대 리간드를 가진 결정성이 좋지 않는 착물 등의 구조연구에 없어서는 안 될 수법이 되고 있다.

X-선은 파장이 짧고 에너지가 높기 때문에 입자성이 큰 전자파이다. X선이 물질과 상호작용할 때, 전자나 X선의 산란 등을 비롯한 여러 가지 과정이 일어나지만, 가벼운 원소나, 짧은 X-선이 아니면 산란은 무시할 수 있을 정도로 적어, 흡수가 주요한 과정이 된다.

보통 분광법과 같이, 입사 X선(세기 Io)의 에너지를 연속적으로 변화시키면서 투과 X선의 세기(I)를 측정하면 그림 5.42와 같이 가로축을 에너지로 하고 세로축을 흡광도 -ln(I/Io)이 라고 하는 X 선 흡수 스펙트럼이 얻어진다. 이 그림에서 X-선 흡수가 현저하게 센 부분을 흡수 끝 이라 한다. 흡수 끝의 위치는 각 원소 특유한 것이므로 물질에 따라서 아주 작은 이동 값을 보인다. 한편, 중신금속이 같아도, 화합물에 따라 흡수 끝 전후에 미세한 흡수극대를 보이기도하고 또한 흡수 끝에서 50eV에 걸쳐서 그 스펙트럼 모양이 크게 변하기도 한다. 이 흡수 끝 근처의 미세구조를 흡수 끝 미세구조, XANES(X-ray absorption near edge structure)라 한다(그림 5.42c). 더욱이, 그 앞의 에너지가 높은 곳에서는 흡수 물결파가 보여, 이 물결파 부분(50eV ~ 약 1 keV)을 확장 X-선 흡수미세구조, EXAFS(extended X-ray absorption fine structure)라고 한다 (그림 5.42b).

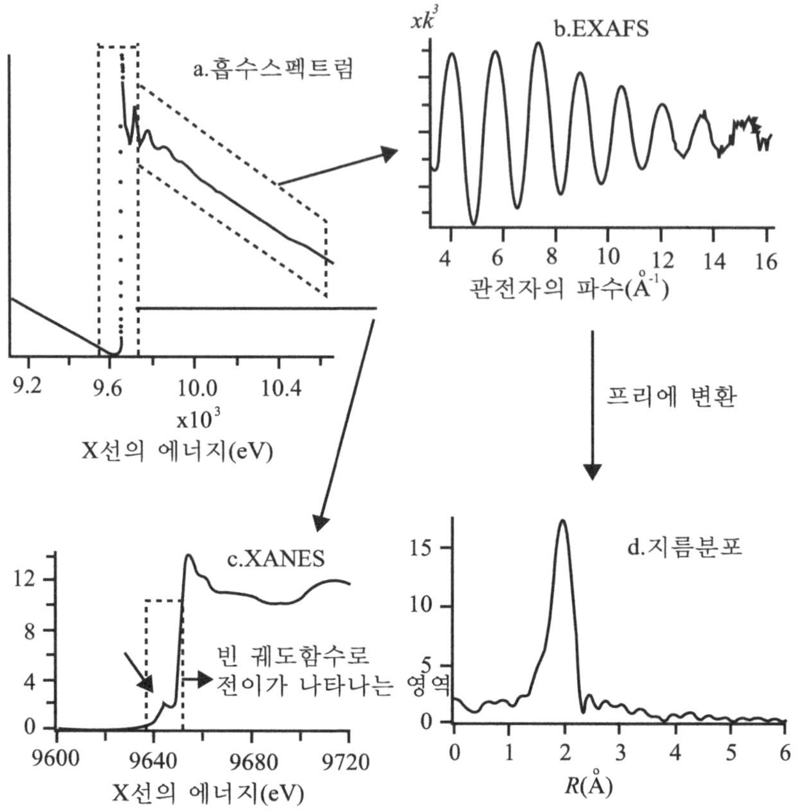

그림 5.42 XAFS의 흡수선과 edge 근처(XANES)의 모양, 또는 확장된 EXAFS.

XAFS의 원리

착물의 중심에 있는 금속이온의 내부전자는 고유의 이온화 에너지를 가지며, 그 에너지 보다 높은 에너지의 X-선을 조사하면, 금속이온은 X-선을 흡수하고 K 껍질이나 L 껍질 등의 내부껍질의 전자가 광전자로서 방출된다. 이 광전자 운동에너지는 흡수된 X-선 에너지와 흡수 끝 에너지의 차이에 상당한다. 광전자는 파동성을 함께 가지고 있어 구면파로써 발산되기 때문에 이 파가 주위의 배위원자(산란원자)에 의해서 산란되어 원래로 되돌아온다. 그 결과, 광전자파의 간섭이 일어나고, 이것에 의해서 X-선 흡수 스펙트럼의 파장에 의존하는 변조가 나타난다(그림 5.42a). 50 eV~1 keV 에서 보이는 물결파 만을 바탕에서 추출한 EXAFS 스펙트럼은(그림 5.42b) 광전자의 파수를(운동량)을 가로축으로 얻어지게 된다. 이 스펙트럼을 Fourier 변환하면, 지름분포(그림 5.42d)가 얻어 진다. 지름분포의 극대가 금속이온-리간드의 결합거리와 일치한다. 그 피크에 대해서 여러 가지 파라미터를 이용하여 배위원자의 종류와 수, 금속-배위원자간 거리 등을 최적화하여, 이들을 구 할 수 있다. 원자간 거리는 0.03~0.01Å의 정확도로 얻어지고, 배위수도 ±1정도의 정확도로 얻어진다. EXAFS의 해석은 그 추출이나, 최적화 등이 매우 임의성을 갖기 때문에 표준 시료를 이용한 파라메타의 준비 혹은 다른 수단과의 병행에 의한 판단이 중요하다.

조사한 X-선의 에너지가 크지 않고, 방출되는 광전자의 운동에너지가 작으면, 광전자는 인접한 배위원자 간을 여기저기 떠돌아다니는 것과 같이 다중산란을 일으킨다(그림 5.43 참조). 또한, 빈 궤도함수에도 일부 이전된다.

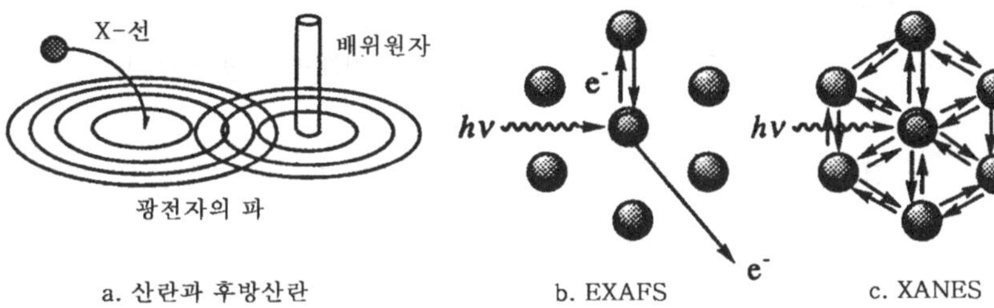

그림 5.43 EXAFS와 XANES의 차이(EXAFS의 광전자 에너지는 높다.)

이 때 예를 들면, 제1전이계열의 착물은 K껍질에서의 전자는 $3d$ 궤도함수(O_h 혹은 T_d 등 대칭성이 좋을 때)로 전이는 허용되지 않고, $4p$궤도함수(정방배위)는 허용된다. XANES 스펙트럼은 이들 다중산란의 모양이나, 빈 궤도함수로 전이가 반영되므로, 배위원자의 입체배치에 민감하게 대응하므로, 표준시료 등과 비교하면 착물의 기하구조를 알 수 있다. 이 XANES의 결과를 함께 생각하면 EXAFS의 해석은 보다 확실하게 된다.

순환 전압전류법(CV)

순환 전압전류법(cyclic voltammetry)은 UV 혹은 IR 흡수 스펙트럼과 마찬가지로 오늘날 착물화학의 연구 등에서 많이 사용되는 방법이다. 이것은 회절이나 분광법도 아닌 전자파를 사용하지 않는 전기화학적 방법이다. CV를 이용하여 얻을 수 있는 정보는 다른 분광학적 수단으로는 얻을 수 없는 착물의 산화-환원전위 값, 전극표면에서 착물의 전자이동 반응속도 또는 전자이동 후의 후속 반응성 등이다. 이것은 착물의 산화상태나 성질을 고찰하는데 매우 중요한 것이라는 점에서 특이한 지위를 차지하고 있다.

CV는 전위차계에 전위의 기록 장치를 부착시킨 것으로 원리와 조립이 비교적 간단하다. 장치를 만들려는 생각이 있다면 초보자라도 몇 십 만원의 비용과 몇 일간의 노력으로 전위차계를 만들 수 있다(그림 5.44).

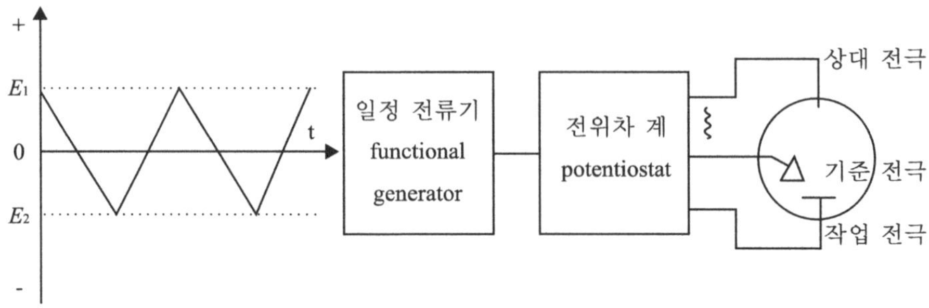

그림 5.44 전위차계와 일정 전류기

전위차계는 작업 전극의 전위를 용액(전해질과 착물을 포함)에서, 전극반응의 진행 여하에 관계없이 기준전극의 전위를 기준으로 언제나 설정전위를 같게 유지 할 수 있는 장치이다. 설정전위를 E_1 과 E_2 사이에서 직선적으로 기록하고, 곧 E_2 에서 E_1 으로 반환하면, 작업 전극의 전위는 E_1 과 E_2 사이를 왕복하는 것이 된다. CV에는 이와 같이 작업 전극의 전위를 삼각파 기록하면서, 작업 전극에서 일어나는 전극반응의 전류 값을 측정한다. 따라서 CV 차트의 가로축은 전위이고, 세로축은 전류 값이다(그림 5.45).

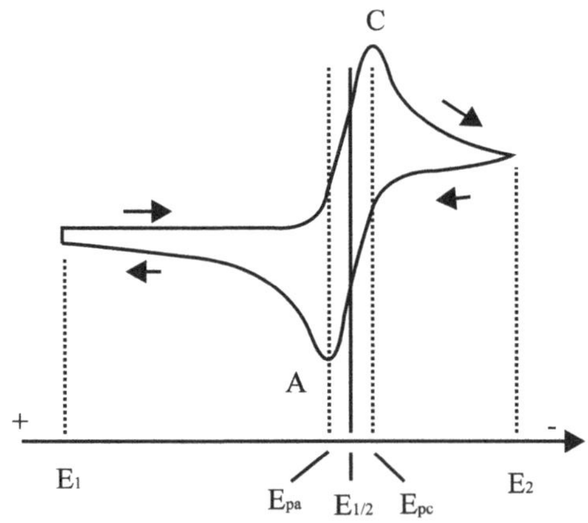

그림 5.45 CV의 그림.

CV의 전극에는 glassy carbon 전극, 금, 백금전극, 혹은 적하수은 전극이 잘 사용된다. 또한 매달린 수은전극도 일반적으로 이용하고 있다. 용매는 물이 외에 DMF, DMSO, 아세토니트릴, 디클로로메테인 등이 사용되지만, 전극과 짝지어 측정 가능한 전위영역이 다르기 때문에 주의가 요구된다. 기준전극으로 잘 사용하는 것은 포화 카르멜 전극(SCE), 은 전극 혹은 표준수소전극(NHE) 등이다. NHE는 물에서만 사용하지 않지만, 조작성도 좋지 않기 때문에 SCE가 많이 사용되고 있다.

이제 예를 들어, E_1을 +쪽으로 하고, E_2를 −쪽으로 하여, E_1 과 E_2 범위에서 가역적으로 산화 환원되는 착물의 CV 측정을 알아보자.

전위를 우선 E_1으로 설정한 상태에서 착물이 2가 상태라고 하자. 전위를 E_1에서 E_2로 scan하고, 계속해서 E2에서 되돌아 다시 E_1으로 돌아오면, 그림 5.47과 같이 cathode 피크 C와 anode 피크 A가 얻어진다. 전극의 전위는 E1에서 점차 내려가서 착물의 산화환원전위에 가까워지면, 전극에서 전자가 착물로 이동하기 시작하며, 환원전류(cathodic current)가 흘러, 1가 착물로 환원이 되기 시작한다. 이 전자의 흐름속도는 작업 전극의 전위와 착물의 산화환원 전위의 차이, 환원 전후 착물의 확산계수, 혹은 전압의 scan속도에 의존한다. 착물의 확산 때문에 실제의 피크는 착물의 산화환원 전위를 통과하면, 다시 전자의 이동이 적어져서 E_2에 도달한다. 그 사이에 작업 전극 부근에는 1가 착물이 한 곳으로 모여온다. 이 상태에서 전위를 다시 E_2에서 E_1로 scan하면, 이미 언급한 것과 같은 과정이 일어나지만, 이번에는 전극 부근에 축적된 1가 착물이 전극으로 방전하게 된다. 따라서 전류의 방향은 역전이 된다. 완전 가역 계에서는 E_{pc}와 E_{pa}의 차이는 1전자가 이동할 때는 25°C에서 약 60mV이고, 그 평균치가 산화환원 전위가 된다. 또한 피크 전류 값은 환원파와 산화파에서 균등하게 된다(그림 5.45)(반파전위를 $E_{1/2}$ 로 표시한다).

CV는 전극반응에서 생성된 산화종 혹은 환원종인 다른 화학종과의 반응성을 관찰하는데 매우 도움이 된다. 다른 산화환원계가 공존하는 실험이나, 산화환원반응에 따른 리간드 치환반응 실험은 CV의 가장 흔한 실험이라고 할 수 있고, 착물의 환원반응을 이용하여 CO_2의 고정 등, 흥미로운 연구가 CV를 이용해서 연구되고 있다.

CV의 파 모양 즉, 전류 값은 전극에서의 전자 이동속도, 전자이동에 관계하는 화학종의 농도와 확산속도, 후속반응에 관여하는 화학종의 농도와 후속반응속도 등에 의존하고 가끔 반응후의 화학종의 전극에의 흡착에 좌우되는 등 복잡하다. 전기화학적 방법으로 CV 이외에 펄스폴라로그래피, 미분 펄스 폴라로그래피, 회전백금전극을 이용한 폴라로그래피 등이 최근에 많이 사용되고 있다. 또한 전극반응을 일으키면서 UV-vis 스펙트럼을 관찰하는 것도 간단히 이루어진다. CV 뿐만 아니라 이들 여러 가지 종류의 방법을 병행함으로서 전극반응의 내용이 보다 확실하고 정확하게 알 수 있게 된다.

마지막으로 전기화학은 "전극반응"을 연구하는 것이며, 대부분 비파괴적인 것이 아니라는 것을 덧붙이고 싶다. 그렇기 때문에 산화환원종의 후속반응, 산화환원종의 전극에의 흡착, 용매내의 불순물에 의한 산화환원종의 변화 등 여러 가지 원인으로 가역적인 피크가 얻어지지 않을 때가 많다. 이런 때에는 망설이지 말고 용매를 정제하거나, 전극, 전해질, 용매 등을 바꾸거나 하여 다시 검토해야 한다.

제6장

용액중의 평형과 반응

용액에서 착물이 어느 정도 안정한가? 광 또는 열에너지에 의해서 리간드가 어느 정도 해리하기 쉬운가? 이러한 물음은 금속이온에 리간드가 배위된 착물형성 반응의 생성상수로부터 해결할 수 있다.
이 장에서는 용액에서 금속이온과 리간드로부터 착물이 만들어질 때의 생성상수(안정도 상수)의 개념 및 측정법, 생성상수와 착물의 구조와의 관계를 다룬다.

1 착물화학의 전개

착물의 생성상수

착물의 생성상수(안정도 상수)의 기초이론은 1941년 Bjerrum이 발표한 단계적 생성반응이론이다.

수용액에서 금속이온(M)은 수화되어 있기 때문에 리간드(L)가 배위하여 착물을 형성하는 반응은(전하는 생략) 물분자의 치환반응으로 생각할 수 있다.

$$M(H_2O)_n + L \rightleftarrows ML(H_2O)_{n-1} + H_2O \tag{6.1}$$

이 반응의 평형상수는

$$K = \frac{a_{ML} \cdot a_{H_2O}}{a_M \cdot a_L} \tag{6.2}$$

여기서 a_M, a_L, a_{ML}, a_{H_2O}는 각각 금속이온, 리간드, 착물 및 물의 활동도이다.

묽은 용액에서 물의 활동도 a_{H_2O}는 일정하므로

$$K^L_{ML} = K/a_{H_2O} = \frac{a_{ML}}{a_M \cdot a_L} \tag{6.3}$$

이 된다.

여기에 리간드 L이 하나 더 배위하면 다음과 같다.

$$ML(H_2O)_{n-1} + L \rightleftarrows ML_2(H_2O)_n + H_2O \tag{6.4}$$

흔히 H_2O는 생략하고 $ML + L \longrightarrow ML_2$로 나타낸다.

평형상수는 식 6.2와 같이 나타낼 수 있다.

$$K^L_{ML_2} = \frac{a_{ML_2}}{a_{ML} \cdot a_L} \tag{6.5}$$

4배위 혹은 6배위 착물의 형성은 단계반응으로 진행되어 아래와 같이 된다.

$$ML_{n-1} + L \longrightarrow ML_n \qquad (6.6)$$

$$K^{L}_{ML_n} = \frac{a_{ML_n}}{a_{ML_{n-1}} \cdot a_L} \qquad (6.7)$$

$K^{L}_{ML_1}$, $K^{L}_{ML_2}$, …, $K^{L}_{ML_n}$는 활동도를 이용하고, 열역학적 단계적 생성상수(thermodynamic consecutive(또는 stepwise) formation constant) 또는 열역학적 단계적 안정도 상수(thermodynamic consecutive stability constant)라 한다.

착물 형성반응에서 전체와 단계적 생성상수의 관계는 식 6.5에 식 6.3을 대입하면 알 수 있다.

$$K^{L}_{ML_2} = \frac{a_{ML_2}}{a_{ML} \cdot a_L} = \frac{a_{ML_2}}{K^{L}_{ML} \cdot a_M (a_L)^2} \qquad (6.8)$$

$$\beta_{ML_2} \equiv K^{L}_{ML} \cdot K^{L}_{ML_2} = \frac{a_{ML_2}}{a_M (a_L)^2} \qquad (6.9)$$

같은 형태로서

$$\beta_{ML_n} \equiv K^{L}_{ML} \cdot K^{L}_{ML_2} \cdots K^{L}_{ML_n} = \frac{a_{ML_n}}{a_M \cdot (a_L)^n} \qquad (6.10)$$

이 되고, β_{ML_n}은 $M + nL \rightleftarrows ML_n$ 평형반응의 열역학적 상수에 해당하고, 이것을 ML_n의 열역학적 총괄 생성상수(thermodynamic overall formation constant)라 한다.

실제 측정에서는 여러 가지 이온이 함께 공존하고 있는 복잡한 용액에서 활동도를 구하는 것은 어려우므로 활동도 대신에 농도를 이용한다.

활동도 계수를 일정하게 유지하기 위해서 적절한 중성 전해질(지지 전해질), 예를 들면 KNO_3, $NaClO_4$ 등을 가하여 일정한 이온강도[1)]를 유지한다. 이때 활동

1) 이온강도(μ)는 다음 식으로 정의된다. 단위는 몰 질량이다.

$$\mu = \frac{1}{2}\sum_i m_i^2$$

m_i와 z_i는 각각 이온종 i의 질량 몰농도와 전하이다. Σ는 용액중에 존재하는 모든 이온종의 합으로, 중성 화학종은 z_i가 0이므로 더하지 않는다. 묽은 용액에서 이온의 활동도계수는 이온강도에만 의존하는 것이 Lewis에 의해서 밝혀져 1921년에 도입된 개념이다.

도는 농도×활동도 계수이므로 농도에 비례하며, 활동도를 이용한 열역학적 생성 상수와 농도를 이용한 농도 생성상수와는 상관성을 가진다. 대체로 착물의 생성 상수는 이 처럼 농도를 사용했을 때의 상수로서 많은 자료가 보고 되어 있다.

이제 농도를 [ ]로 나타내면 착물 ML의 (농도)단계적 생성상수와 총괄적 생성상수는 각각 다음과 같다.

$$\beta_1 \equiv K^{L}_{ML} = \frac{[ML]}{[M][L]} \tag{6.11}$$

$$K^{L}_{ML_2} = \frac{[ML_2]}{[ML][L]} \ , \ \beta_2 \equiv K^{L}_{ML} \cdot K^{L}_{ML_2} = \frac{[ML_2]}{[M][L]^2} \tag{6.12}$$

일반식으로 나타내면,

$$\beta_n \equiv K^{L}_{ML} \cdot K^{L}_{ML_2} \cdots K^{L}_{ML_n} = \frac{[ML_n]}{[M][L]^n} \tag{6.13}$$

K^{L}_{ML}을 K_1, $K^{L}_{ML_2}$ 를 K_2, $K^{L}_{ML_n}$을 K_n로 나타내면

$\beta_2 = K_1 \cdot K_2$, $\beta_n = K_1 \cdot K_2 \cdot K_3 \cdots K_n$가 된다.

K_n과 β_n는 상용로그를 취해서 $\log K_n$, $\log \beta_n$ 형태로 나타내기도 한다.

리간드의 산 해리상수

H_mL(산성 형)에서 리간드 L은 식 6.14와 같이 양성자가 해리된 것으로 볼 수 있다.

$$H_mL \rightleftarrows L^{m-} + mH^+ \tag{6.14}$$

여기서 산 해리상수(acid dissociation constant)는 식 6.15로 나타낼 수 있다.

$$K_{a_m} = \frac{[L^{m-}][H^+]^m}{[H_mL]} \tag{6.15}$$

H_mL의 생성상수는 산 해리상수의 역수이므로 식 6.16과 같이 된다.

$$\beta_{H_mL} = \frac{[H_mL]}{[L^{m-}][H^+]^m} = \frac{1}{K_{a_m}} \tag{6.16}$$

산-염기 평형반응은 산 해리상수로써 흔히 설명하고, 역수의 로그를 취하여 $-\log K_{a_m} = pK_{a_m}$ 로 나타내기도 한다.

유기 화합물의 pK_a는 그 구조를 결정할 때 참고로 사용된다.

착물의 생성상수와 생성곡선

착물 ML, ML_2, ⋯, ML_n이 용액에서 생성될 때, Bjerrum은 생성계수 $\bar{n}$를 식 6.17과 같이 생각하였다.

$$\bar{n} = \frac{C_L - [L]}{C_M} \tag{6.17}$$

여기서 C_L을 리간드의 전체농도, C_M을 금속이온의 전체 농도, [L]을 금속과 결합하지 않고 유리된 리간드의 농도라 하면, 금속이온 1개당에 배위하는 리간드의 평균수 $\bar{n}$이다.

또한, $\bar{n}$은 식 6.18과 같이 나타낼 수도 있다.

$$\bar{n} = \frac{[ML] + 2[ML_2] + 3[ML_3] + \cdots + n[ML_n]}{[M] + [ML] + [ML_2] + \cdots + [ML_n]} \tag{6.18}$$

이 식에 $[ML] = \beta_1[M][L]$ ⋯ 등을 대입하여 정리하면

$$\bar{n} = \frac{\beta_1[L] + 2\beta_2[L]^2 + \cdots + n\beta_n[L]^n}{1 + \beta_1[L] + \beta_2[L]^2 + \cdots \beta_n[L]^n} = \frac{\sum_{n=1}^{n} n\beta_n[L]^n}{1 + \sum_{n=1}^{n} \beta_n[L]^n} \tag{6.19}$$

식 6.17과 6.19 으로부터 다시 식 6.20으로 나타낼 수 있다.

$$\bar{n} = \frac{C_L - [L]}{C_M} = \frac{\sum_{n=1}^{n} n\beta_n[L]^n}{1 + \sum_{n=1}^{n} \beta_n[L]^n} \tag{6.20}$$

여기서 C_L, C_M는 이미 알고 있으므로, L의 농도를 알면 (6. 20)에서 $\bar{n}$을 계산할 수 있다. 또한 [L]을 알고 있다면, (6.20)식을 이용해서 n개의 연립방정식을 풀어서 $\beta_1, \cdots \beta_n$을 구할 수 있다. 그러나 실제로는 n이 커지면 복잡하므로 직접 β_n을 구하지 않고 근사법을 이용한다.

$\bar{n} = n - 1/2$일 때 용액에서 존재하는 착물은 ML_{n-1}과 ML_n 뿐이므로 Bjerrum은 착물 형성의 각 단계가 분리되어 일어난다고 생각하여 이들의 농도가 같다고 보았다.

즉, $[ML_{n-1}] = [ML_n]$ 이므로

$$K^{L}_{ML_n} = \frac{[ML_n]}{[L][ML_{n-1}]} = \frac{1}{[L]} \tag{6.21}$$

$$\log K^{L}_{ML_n} = (-\log[L])_{\bar{n}=n-\frac{1}{2}} = p[L]_{\bar{n}=n-\frac{1}{2}} \tag{6.22}$$

이 되고, $\bar{n} = n - 1/2$일 때 $-\log[L]$가 $\log K^{L}_{ML_n}$이 된다. 즉 $\bar{n} = 0.5$일 때 $-\log[L]$값은 $\log K_1$이 된다.

$\bar{n}$와 $-\log[L] = p[L]$과의 관계를 나타내는 곡선을 Bjerrum은 생성곡선(formation curve)라 하였고, 이 곡선으로부터 생성상수를 구할 수 있다.

킬레이트 리간드가 금속에 배위되면 각 단계의 착물 생성이 나누어져 일어나므로 이러한 근사법을 이용할 수 있지만, Bjerrum이 연구한 암모니아 착물은 그림 6.1에서 알 수 있듯이 착물형성 단계가 중복되므로 이 방법을 그대로 사용할 수 없다. 이러한 경우에는 단계 근사를 할 필요가 있다.

질산구리의 수용액에 암모니아수를 가했을 때 형성되는 각 착물 $[Cu(NH_3)]^{2+}$, …, $[Cu(NH_3)_4]^{2+}$의 분포도는 그림 6.1에 나타내었다[2].

2) 수용액에서 H_2O가 배위된 $[Cu(NH_3)(H_2O)_5]^{2+}$, …, $[Cu(NH_3)_5(H_2O)_5]^{2+}$로 된 것이다.

두 종류의 리간드가 존재할 때에는 그들 사이에 금속과 결합하려는 경쟁이 생긴다. 킬레이트 적정은 이와 같은 예에 해당한다.

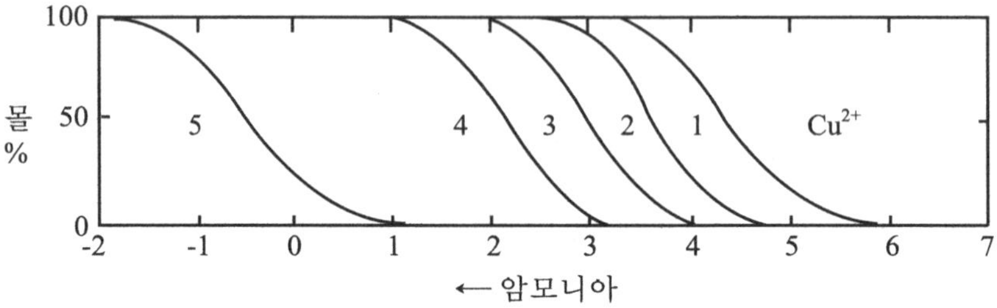

그림 6.1 구리(II)-암민 착물의 분포(18℃, 2 mol/L NH_4NO_3 용액) 착물 1, 2, 3, 4, 5는 각각 $[Cu(NH_3)]^{2+}$, $[Cu(NH_3)_2]^{2+}$, $[Cu(NH_3)_3]^{2+}$, $[Cu(NH_3)_4]^{2+}$, $[Cu(NH_3)_5]^{2+}$를 나타낸다. 가로축은 암모니아의 활동도 역수의 로그이고, 세로축은 각 착물의 몰 %이다.

생성상수의 측정법

착물의 생성상수는 여러 가지 실험적 방법으로 결정한다. 이 방법들은 전하와 물질균형 등의 조건을 이용하여 금속이온의 농도 [M], 리간드의 농도 [L]와 착물의 농도 $[ML_n]$을 구하여 생성상수를 결정한다.

착물 형성반응의 열역학적 생성상수는 2개 이상의 이온 강도에서 생성상수를 결정하고, 그 결과를 이온강도 0으로 외연장하여 구할 수 있다. 또한 몇 가지 온도에서 얻어진 열역학적 생성상수(β)로부터 ΔG^o(standard free energy), ΔH^o(standard enthalpy), ΔS^o(standard entropy)등을 계산할 수 있다.

$$\Delta G^o = -\mathrm{RT}\ln\beta \tag{6.23}$$

$$\frac{d\ln\beta}{d\mathrm{T}} = \frac{\Delta H^o}{\mathrm{RT}^2} \tag{6.24}$$

$$\Delta G^o = \Delta H^o - \mathrm{T}\Delta S^o \tag{6.25}$$

착물형성 반응의 ΔH^o 는 열량계를 이용하여 실험적으로 직접 측정하는 일이 많다.

- **pH 법** 약산인 리간드 H_lL 이 금속에 배위하여 착물을 형성하면 수소이온이 방출되어 용액의 pH가 바뀐다.

$$M^{n+} + mH_lL \rightleftarrows ML_m^{(lm-n)} + l\,mH^+$$

따라서 용액의 pH 변화를 측정하여 ML_m의 조성과 생성상수를 구할 수 있다. pH 측정에는 일반적으로 유리전극이 사용되지만, 알칼리 용액에서는 수소 전극을 사용하기도 한다. 측정된 pH는 수소이온 활동도의 로그값이므로, 수소이온의 농도를 계산하는 데 활동도 계수가 필요하고, 이때 Kielland 값(1937년)을 이용한다[3]. pH 법에 의한 측정을 8-aminoquinoline의 니켈(Ⅱ)착물의 생성상수 측정을 예를 들어 자세히 설명한다.

8-aminoquinoline의 산 해리 상수의 측정

리간드 L이 니켈(Ⅱ)에 배위된 착물의 생성상수(pH 3 ~ 4.5의 범위)를 구하려면, 먼저 같은 온도 및 이온강도에서 리간드이 산 해리 상수를 알고 있어야 한다.

리간드를 산으로 처리하여 1개 수소이온이 결합된 LH^+형을 만들면 좋다. 그래서 다음의 저장액을 만든다.

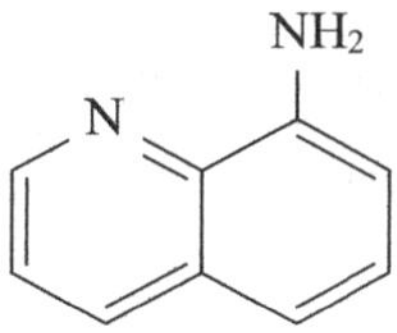

8-aminoquinoline

저장액: 8-aminoquinoline 0.005 mol/L, 과염소산 용액은 0.00725 mol/L,이 저장액에 NaOH와 $NaClO_4$를 가하여 묽힌다.

저장액	10 mL	혼합하여 50 mL로 묽힌다.(용액1)
NaOH(0.3766 mol/L)	0.100 mL	
$NaClO_4$ (1 mol/L)	5 mL	

$NaClO_4$는 이온강도를 0.1로 유지하기 위해 넣는다.

이때 수소의 전체농도 C_H는 리간드가 LH^+로 존재하므로(전하 생략)

3) 예를 들면 25℃, 이온강도 = 0.1에서는 수소이온의 활동도계수가 0.83이다.

$$C_H = [H] + [LH] \tag{6.26}$$

$$[LH] = C_H - [H] \tag{6.27}$$

이 되고, 리간드의 전체농도 C_L은 다음과 같이 된다.

$$C_L = [L] + [LH] \tag{6.28}$$

위 용액 1의 pH를 25℃에서 측정하여 $[H^+]$를 구하고, 식 6.26에 의해서 [LH]를 얻어서 [L]을 구한다.(표 6.1 참조)

다음 용액1의 NaOH 0.100 mL 대신 0.12 mL을 가한 용액 2를 만들고 같은 식으로 pH를 측정하여 계산한다. 이들의 결과를 식 6.15에 대입하여 계산한 pK는 표 6.1에 나타내었다.

몇 차례 반복하여 얻어진 실험값을 평균하여 8-aminoquinoline의 pK이 4.04를 얻을 수 있다(25℃, 이온강도 0.1).

표 6.1 8-aminoquinoline의 산 해리 상수

NaOH	pH	[H]	C_H	[LH]	[L]	pK
0.100	3.99	0.000123	0.000697	0.000574	0.000426	4.04
0.120	4.18	0.0000794	0.000546	0.000467	0.000533	4.04

니켈(II) 착물의 안정도 상수

실험조건을 측정온도 25℃, 이온강도 0.1($NaClO_4$)로 하여, Ni^{II} 이온, 리간드(8-아미노퀴놀린), 과염소산의 혼합용액을 만든다. 이들의 전체 농도를 각각 C_M, C_L, C_H 라고 하면 다음과 같은 관계식이 성립한다(전하는 생략).

$$C_H = [H] + [LH] \tag{6.29}$$

$$C_L = [L] + [LH] + [ML] + 2[ML_2] + 3[ML_3] \tag{6.30}$$

$$C_M = [M] + [ML] + [ML_2] + [ML_3] \tag{6.31}$$

$$\bar{n} = \frac{[ML] + 2[ML_2] + 3[ML_3]}{C_M} = \frac{C_L - [L] - [LH]}{C_M} \tag{6.32}$$

이 혼합용액의 pH를 측정해서 [H^+]를 알면 식6.29에서 [LH]을 알 수 있다. 또한, 리간드 L의 산해리 상수(식 6.15, 표 6.1 참조) pK를 이용하여 [L]를 구하여 식 6.32의 오른쪽에 대입하면 $\bar{n}$을 구할 수 있다.

실험에서 C_M, C_L, C_H를 변화시켜 만든 용액의 pH를 측정하고, 그 결과로부터 계산한 p[L](식 6.22참조)와 $\bar{n}$의 일부 자료는 표 6.2에 나타내었다.

표 6.2 8-아미노퀴놀린 니켈(II)착물의 안정도상수 측정 자료

pH	C_H	C_L	C_M	p[L]	$\bar{n}$
3.05	0.00136	0.00100	0.00157	4.61	0.44
3.10	0.00131	0.000962	0.00101	4.47	0.57
3.15	0.00136	0.00100	0.000524	4.26	0.83
3.22	0.00295	0.00300	0.000524	3.69	1.45
3.27	0.00257	0.00300	0.000524	3.57	1.54
3.69	0.00303	0.00500	0.000524	2.98	2.27
3.99	0.00227	0.00500	0.000524	2.80	2.41
4.14	0.00190	0.00500	0.000524	2.72	2.46

농도는 mol /L

이들 자료를 이용해서 p|L|에 따른 $\bar{n}$를 나타내면 그림 6.2와 같이 된다. 이 그래프에서 $\bar{n}$이 0.5, 1.5, 2.5에 대응하는 p[L]값 즉 K_1, K_2와 K_3는 각각 표 6. 3의 첫째 줄과 같다.

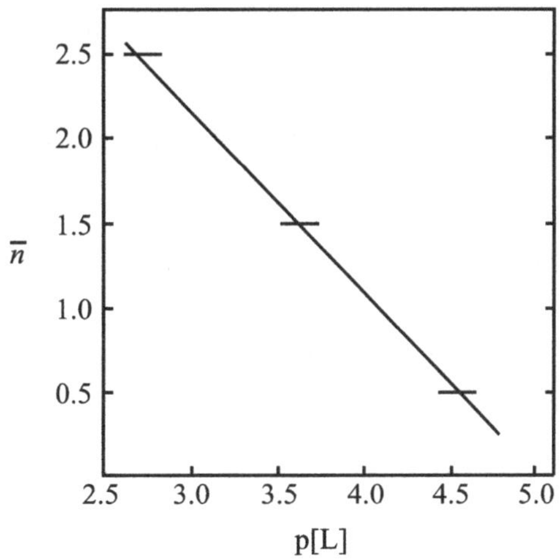

그림 6.2 8-aminoquinoline 니켈(II) 착물의 생성상수

표 6.3 8-aminoquinoline 니켈(II) 착물의 생성상수

생성상수	log K_1	log K_2	log K_3
그림 6. 2 에서 얻은 값	4.54	3.62	2.65
제 1차 근사	4.40	3.63	2.77
제 2차 근사	4.40	3.64	2.77

이 착물생성 평형은 NiL, NiL_2, NiL_3의 생성이 중복되어 일어나므로 식 6.21은 좋은 근사식이 될 수 없다. 따라서 단계적 근사법을 이용할 필요가 있다.

식 6.31을 식 6.21에 대입해서 K_1, K_2, K_3(식 6.11~6.13 참조)로 다시 쓰면, 식 6.19와 대응하는 식 6.33을 얻을 수 있다.

$$\bar{n} = \frac{K_1[\mathrm{L}] + 2K_1K_2[\mathrm{L}]^2 + 3K_1K_2K_3[\mathrm{L}]^3}{1 + k_1[\mathrm{L}] + K_1K_2[\mathrm{L}]^2 + K_1K_2K_3[\mathrm{L}]^3} \tag{6.33}$$

이것을 다시 정리하면, 식 6.34가 된다.

$$\bar{n} + (\bar{n}-1)[\mathrm{L}]K_1 + (\bar{n}-2)[\mathrm{L}]^2K_1K_2 + (\bar{n}-3)[\mathrm{L}]^3K_1K_2K_3 = 0 \tag{6.34}$$

$\bar{n}=0.5$에서 [M]와 [ML]이 같은 양이므로 K_1을 구할 수 있다. $\bar{n}=0.5$, log K_2 = 3.62, log K_3 = 2.651와 $p[\mathrm{L}]_{0.5}$(그림에서 구한다)을 식 6.34에 대입하면 보다 정확한 K_1값인 log K_1 = 4.40이 구해진다.

다음에 $\bar{n}=1.5$, log K_1 = 4.54, log K_3 = 2.65와 $p[L]_{1.5}$을 식6.34에 대입하면 log K_2 = 3.63을 얻을 수 있다. 이와 같이 단계적 근사를 하여 수 값이 변하지 않을 때 까지 반복해서 얻은 결과가 표 6.3의 셋째 줄에 있다.

- **분광 광도법** 용액에서 착물이 형성될 때 가시 및 자외선 영역의 스펙트럼이 변화하므로 이것을 이용하여 착물의 조성과 생성상수를 구할 수 있다[4).
금속과 리간드를 포함하는 용액의 흡광도는 유리된 금속, 리간드 및 생성된 착물의 흡광도가 함께 나타난다. 용액의 흡광도 A는 몰 흡광계수 ε, 농도 c, 용액의 두께 d의 곱으로 나타낸다.

$$A = \varepsilon \cdot c \cdot d$$

4) 착물의 조성을 결정하는 소위 연속변화법 등에 대해서는 제 4장(p.67)에서 설명하였다.

금속 M과 리간드 L 사이에 n개의 착물 $ML \sim ML_n$이 생성될 때, 어떤 파장에서 금속과 리간드를 포함하는 용액의 흡광도 A는 식6.35와 같이 된다.

$$A = \varepsilon_M[M] + \varepsilon_L[L] + \sum_{n=1}^{n} \varepsilon_{ML_n}[ML_n]$$

$$= \varepsilon_M[M] + \varepsilon_L[L] + \sum_{n=1}^{n} \varepsilon_{ML_n}\beta_n[M][L]^n, \quad (d = 1\ cm) \tag{6.35}$$

일반적으로 n개의 착물이 생성할 때 $\beta_1 \sim \beta_n$의 n개, ε_M, ε_L, ε_{ML} (n=1~n)의 n개 합계 $2n+2$개의 미지수를 구해야 한다. 따라서 n개의 β를 구하려면 pH법 등에 비해서 미지수가 많지만, 한편 흡광도 측정은 감도가 좋아서 묽은 용액에 대해서도 측정 가능하고, 또한 적당한 파장을 선택하면 착물 만의 농도를 쉽게 측정할 수 있다.

다음은 분광광도법으로 5-sulfosalicylic acid의 철(Ⅲ) 착물(산성에서 자주색, 알칼리성에서 황색)의 생성상수를 얻은 결과이다(25℃, 이온강도 0.1). 측정과 계산은 생략하였다.

$$\log \beta_1 = \log K_1 = 14.60 \qquad \log \beta_2 = \log(K_1 \cdot K_2) = 25.15$$

- **그 밖에 여러 가지 방법** 용액에서 금속이온과 리간드가 반응하여 착물이 생성되면 유리된 금속이온의 농도가 감소하여 폴라로그래피로 측정하면 반파전위가 음으로 이동한다. 이때 이동 값은 생성된 착물의 생성상수가 클수록 커진다. 이러한 관계를 이용하여 착물의 생성상수를 구하는 방법이 폴라로그래피법이다.

이 방법은 착이온의 전극반응이 가역적인 경우에만 제한되며, 예를 들면 카드뮴(Ⅱ)의 피리딘 착물에 대해서 다음의 생성상수가 구해졌다(25℃, 이온강도 0.1).

착물	$[Cd(py)]$	$\log \beta_1 = \log K_1 = 1.28$
	$[Cd(py)_2]$	$\log \beta_2 = 2.02$
	$[Cd(py)_3]$	$\log \beta_3 = 2.3$

그 밖에 전도도법, 열량계적정법, NMR적정법, 용해도법, 반응속도법, 이상분배법 등 여러 가지 방법으로 생성상수를 구할 수 있다.

착물의 생성상수에 영향을 주는 여러 가지 인자

착물의 생성상수는 측정조건(온도, 이온강도 등), 리간드의 구조 및 금속의 종류 등의 여러 가지 인자에 의해서 영향을 받는다.

- **온도** 착물의 생성상수는 용액 중에서 평형상수이므로 온도의 영향을 받는다. 표 6.4에 나타난 바와 같이 온도가 낮을수록 생성상수가 증가하는 것을 알 수 있다.

표 6.4 구리(II)의 암민착물의 생성상수
(25℃, 2 mol/L NH_4NO_3에서 측정)

온도(℃)	$\log \beta_1 = \log K_1$	$\log \beta_4$
10	4.47	13.65
20	4.34	13.23
25	4.27	13.05
30	4.17	12.63
35	4.11	12.46
39	4.05	11.94

- **이온강도** 착물의 생성상수는 용액의 이온강도에 따라서 변화되지만, 그 정도는 리간드의 종류에 따라 차이가 있다. 표 6.5에 몇 가지 예를 나타내었다.

표 6.5 이온강도 변화에 따른 착물의 생성상수 변화(25℃)

리간드	착물	생성상수	이온강도(μ)				
			0	0.1	0.5	1	2
NH_3	$Cu^{II}L$	$\log \beta_1$	4.04	-	-	4.12	4.24
	$Cu^{II}L_4$	$\log \beta_4$	11.75	-	-	12.6	13.00
en	$Cu^{II}L$	$\log \beta_1$	10.48	10.54	10.71	-	-
	$Ni^{II}L$	$\log \beta_1$	7.32	7.35	7.47	-	-
gly	$Cu^{II}L$	$\log \beta_1$	8.56	8.15	8.14	-	-
edta	MgL	$\log \beta_1$	9.12	8.79	-	-	-
	CaL	$\log \beta_1$	11.0	10.69	-	-	-
CH_3COO^-	$Cu^{II}L$	$\log \beta_1$	4.76	4.56	-	4.57	-
$C_2O_4^{2-}$	$Cu^{II}L$	$\log \beta_1$	6.23	4.84	-	5.53	-

대체로 유기 리간드에서 생성상수는 이온강도가 증가하면 감소하다가 다시 증가한다. 그러나 암모니아와 같은 염기성 리간드에서는 생성상수는 이온강도와 함께 서서히 증가된다. 아민류에서는 이온강도의 증가와 함께 생성상수도 증가한다.

간단한 아미노산에서는 이온강도의 증가와 더불어 생성상수는 감소하며, 대체로 이온강도 0.5에서 최소가 되며 그 후에는 다시 증가한다. 카복시산에서는 이온강도의 증가와 함께 생성상수는 감소해서 최소가 되었다가 그 후 다시 증가된다. 이상에서 언급한 것이 일반적인 경향성이다.

- **리간드의 구조 단계적 생성상수** 리간드가 금속과 결합하는 것은 배위한 물분자와 치환되는 것이므로, 금속에 배위되는 리간드 수가 증가할수록 착물의 단계적 생성상수는 감소한다.

25℃, $\mu = 0.5$에서 $[Ni(NH_3)_6]^{2+}$의 총괄 생성상수는

$$\log \beta_1 = 2.81 \quad \log \beta_2 = 5.08 \quad \log \beta_3 = 6.85$$
$$\log \beta_4 = 8.12 \quad \log \beta_5 = 8.89 \quad \log \beta_6 = 9.08$$

으로 되며, 각 단계의 단계적 생성상수는

$$\log K_1 = 2.81 \quad \log K_2 = \log \beta_2 - \log \beta_1 = 2.27 \quad \log K_3 = 1.77$$
$$\log K_1 = 1.27 \quad \log K_5 = 0.81 \quad \log K_6 = 0.15$$

이 된다.

이 처럼 단계적 생성상수의 감소는 암모니아가 니켈(Ⅱ)이온에 배위(수화)된 물 분자를 치환시켜 배위하는 것이 단계가 진행될수록 어렵다는 것을 의미한다.

- **킬레이트 효과** 같은 배위원자 N이 배위하는 경우, 한 자리 리간드인 NH_3 착물보다 두 자리 리간드인 en, 혹은 여러 자리 리간드인 dien, trien 등 킬레이트 리간드가 배위된 착물의 생성상수가 더 크다.

이와 같이 킬레이트 리간드가 배위된 착물이 한 자리 리간드가 배위된 착물보다 안정도상수가 증가하는 것을 **킬레이트 효과**(chelate effect)라 한다.

표 6.6 구리(Ⅱ)착물의 생성상수의 킬레이트 효과

리간드	총괄 생성상수(log β)(25℃)					
NH_3	4.24 (β_1)	7.83 (β_2)	10.80 (β_3)	13.00 (β_4)	12.43 (β_5)	- (β_6)
en		10.54 (β_1)		19.6 (β_2)		
dien			15.9 (β_1)			20.9 (β_2)
trien				20.1 (β_1)		
tetren					22.8(β_1)	
penten						22.1 (β_1)

* 암민착물은 이온강도 0.5, 다른 것은 0.1에서 측정

표 6.6에서 알 수 있듯이, 같은 수의 배위원자를 가진 구리 착물의 총괄 생성상수는 암민착물, $[Cu(NH_3)_4]^{2+}$의 생성상수 β_2보다 에틸렌다이아민착물, $[Cu(en)_2]^{2+}$의 생성상수 β_1가 더 크고, 같은 형태인 $[Cu(en)_2]^{2+}$의 β_2는 $[Cu(NH_3)_4]^{2+}$의 β_4보다 크다. penten 착물의 β_1가 tetren 착물의 β_1보다 적은 것은 구리착물이 z축 방향으로 늘어난 팔면체 구조를 가져, 다섯 번째 리간드의 결합이 약하게 되기 때문이다(Jahn-Teller 효과).

안정한 6배위 팔면체인 코발트(Ⅲ)의 암민과 에틸렌다이아민의 착물은 en 착물의 안정도 상수가 현저하게 큰 값을 나타낸다.

$[Co(NH_3)_6]^{3+}$ 35.21(log β_6)

$[Co(en)_3]^{3+}$ 48.68(log β_3) 25℃, μ = 0.5

또한, 킬레이트 고리의 크기에 따른 생성상수의 변화는 표 6.7에서 알 수 있듯이 제1 전이계열인 구리(Ⅱ)와 니켈(Ⅱ)에서 5원 킬레이트 고리 착물이 6원 고리보다 더 안정한 것을 알 수 있다.

표 6.7 5원 고리 킬레이트와의 생성상수의 비교(25℃, μ =0.1)

리간드	Cu^{II}		Ni^{II}		
	log β_1	log β_2	log β_1	log β_2	log β_3
en(5원 고리)	10.54	19.6	7.35	13.54	17.71
tn(6원 고리)	9.75	16.9	6.31	10.60	12.30
ox(5원 고리)	4.84	9.21	3.7*	6.6*	-
malonic acid(6원 고리)	5.05	7.8	3.24	4.90	-

* μ = 1.0

이와 같이 킬레이트 리간드가 한 자리 리간드보다 생성상수가 큰 착물을 만든다.
이제 같은 생성상수를 갖는 착물에서 용액에 있는 유리된 금속 이온의 농도를 계산하여 비교해 보자. 예를 들어 한 자리 리간드(L)의 log β_2와 두 자리 리간드(Z)의 log β_1이 모두 10이고, 용액의 농도는 0.001 mol/L이라고 가정하면

$$\beta_2 = \frac{[ML_2]}{[M][L]^2} = 10^{10} \ , \ \beta_1 = \frac{[MZ]}{[M][Z]} = 10^{10}$$

이 10^{10}이라는 생성상수는 큰 값이므로, 해리된 [M], [L], [Z]의 농도는 대단히 적고, [ML_2]와 [MZ]는 모두 0.001 mol/L일 것이다. ML_2 1 mol이 해리되면 M이 1 mol이고 L이 2 mol이 되므로, [L] = 2[M]를 대입하면

$$\frac{0.001}{4[M]^3} = 10^{10} \qquad [M] \cong 3 \times 10^{-5} \text{ mol/L(한 자리)}$$

같은 방법으로

$$\frac{0.001}{[M]^2} = 10^{10} \qquad [M] \cong 3 \times 10^{-7} \text{ mol/L(킬레이트)}$$

이 된다. 두 착물의 생성상수는 같지만, 킬레이트 착물은 한 자리 리간드가 배위된 착물에 비해 유리금속 이온의 농도가 100분의 1이 된다는 것을 알 수 있다.

- **엔트로피 효과** 착물의 생성상수 β 와 생성반응의 표준 자유에너지 변화 ΔG^o, 표준 엔탈피 변화 ΔH^o 및 표준 엔트로피 변화 ΔS^o와의 관계식은 식 6.23 ~ 6.25에서 나타내었다.

이제 $[M(NH_3)_6]^{2+}$와 $[M(en)_3]^{2+}$ 착물의 예를 들어 알아보자.
두 착물에서 리간드의 배위원자는 N이므로 같은 금속일 경우 두 착물의 결합에너지는 거의 같다고 가정할 수 있다.

$$\Delta H^o_{(NH_3)_2} \fallingdotseq \Delta H^o_{en} \qquad (6.36)$$

식 6.23 ~ 6.25로부터 식6.37의 관계식을 얻을 수 있다.

$$RTln\beta_{en} - RTln\beta_{(NH_3)_2} = T\Delta S^o_{en} - T\Delta S^o_{(NH_3)_2} \tag{6.37}$$

$[Ni(H_2O)_6]^{2+}$에 $6NH_3$ 또는 3en의 치환반응으로부터 얻은 팔면체 착물, NiN_6^{2+}의 형성반응은 식 6.38과 6.39와 같이 나타낼 수 있다.

$$[Ni(H_2O)_6]^{2+} + 6NH_3 \rightleftharpoons [Ni(NH_3)_6]^{2+} + 6H_2O \tag{6.38}$$

$$[Ni(H_2O)_6]^{2+} + 3en \rightleftharpoons [Ni(en)_3]^{2+} + 6H_2O \tag{6.39}$$

한 자리 리간드가 치환되면 반응전후의 입자수(분자수)가 변하지 않지만(식 6.38), 두 자리 리간드가 치환되면 생성물의 분자수가 증가되므로(식 6.39) 엔트로피가 증가하며 ΔS^o_{en}쪽이 크게 될 것으로 생각된다.

$$\Delta S^o_{en} > \Delta S^o_{NH_3}$$

따라서

$$\beta_{en} > \beta_{(NH_3)_2}$$

이 된다.
실제로 다음과 같이 두 자리 리간드가 치환된 착물이 생성상수가 크다.

$[Ni(NH_3)_6]^{2+}$ β_6 = 9.08 (25℃, μ =2.0)
$[Ni(en)_3]^{2+}$ β_3 = 18.44 (25℃, μ =1.0)

이와 같이 암모니아와 에틸렌다이아민이 배위된 착물에서 엔탈피 변화(ΔH^o)는 큰 영향을 미치지 않지만, 엔트로피 변화(ΔS^o)가 생성상수에 큰 영향을 주게 된다. 이 때문에 킬레이트 효과를 엔트로피 효과라고도 한다.
이러한 니켈(Ⅱ)와 구리(Ⅱ) 착물에서 킬레이트 효과에 기여하는 열역학적 파라미터를 표 6.8에 나타내었다.

$$[Ni(NH_3)_6]^{2+} + 3en \rightleftharpoons [Ni(en)_3]^{2+} + 6NH_3$$

$$[Cu(NH_3)_4(H_2O)_2]^{2+} + 2en \rightleftharpoons [Cu(en)_2(H_2O)_2]^{2+} + 4NH_3 \tag{6.40}$$

위의 두 반응에서 엔탈피 변화는 15 ~ 17 kJ/mol이지만, 엔트로피 변화 26.1 ~ 36 kJ/mol이라는 것은 엔탈피가 거의 같은 정도로 킬레이트 생성에 기여하고 있음을 알 수 있다.

표 6.8 니켈(Ⅱ), 구리(Ⅱ) 착물에서 킬레이트 효과의 열역학적 기여(300 K)

	$-\Delta H^o$ (kJ mol^{-1})		ΔS^o (J $mol^{-1}K^{-1}$)		$T\Delta S^o$ (kJ mol^{-1})		$-\Delta G^o$ (kJ mol^{-1})	
$[Ni(NH_3)_6]^{2+}$	100	} 17	−163	} 121	−48	} 36	52	} 50.0
$[Ni(en)_3]^{2+}$	117		−42		−12		105	
$[Cu(NH_3)_4(H_2O)_2]^{2+}$	92	} 15	−58	} 87	−17.4	} 26.1	74.2	} 37.6
$[Cu(en)_2(H_2O)_2]^{2+}$	107		29		8.7		111.8	

또한 암모니아와 에틸렌다이아민 착물의 생성 ΔH^o는 다소 차이가 있어 두 리간드의 N과 Ni의 결합을 같은 양상으로 생각하는 것은 적절하지 않다. 배위원자로써 N을 가진 리간드로써 암모니아 대신에 메틸아민과 같은 1차 아민과 에틸렌다이아민을 비교하는 편이 더 적절하다.

표 6.9 methylamine과 ethylenediamine의 카드뮴(Ⅱ)착물의 열역학적 상수(kJmol^{-1})

	log β	$-\Delta H^o$	$T\Delta S^o$	$-\Delta G^o$
$[Cd(en)_2]^{2+}$	10.62	56.5	4.10	60.6
$[Cd(CH_3NH_2)_4]^{2+}$	6.55	57.3	−19.95	37.3

생성상수 : 25℃ , μ = 2.1

카드뮴(Ⅱ) 착물의 경우, 엔탈피 변화는 비슷하지만 엔트로피는 크게 다르고 생성상수의 차이 예컨대 킬레이트 효과는 분명히 엔트로피 효과에 의한 것이라고 말할 수 있다.

- **리간드의 산 해리상수** 리간드가 금속이온에 배위하는 능력은 양성자와 결합하는 능력, 즉 산해리상수의 역수로서 구할 수 있다. 금속이온과 양성자는 리간드와의 경쟁관계에 있으므로 실제 착물의 생성상수와 리간드의 산 해리상수 간에는 일정한 관련이 있는 것을 볼 수 있다. 대표적인 예로서 프탈산 유도체의 구리와 니켈 착물의 실험 결과를 그림 6.3에 나타내었다.

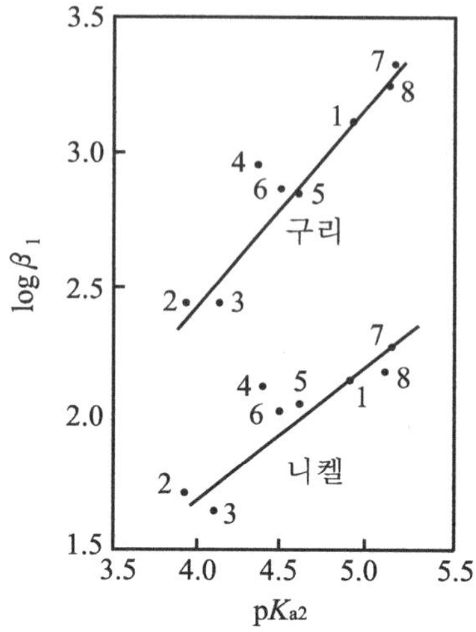

그림 6.3 구리(II)와 니켈(II)의 프탈산 유도체 킬레이트의 logβ_1과 pK_{a2}의 관계
1) 프탈산 2) 3-니트로 3) 4-니트로 4) 3-브로모
5) 4-브로모 6) 3-클로로 7) 4-메톡시 8) 4-에톡시프탈산

착물의 생성상수($\log\beta_1 = \log K_1$)은 프탈산의 pK_{a_2}가 감소됨에 따라서 감소한다. 즉 산 해리가 일어나기 어려운 리간드(K_{a_2} 값이 적은 즉, pK_a가 큰 리간드)일수록 안정한 착물을 만드는 경향을 가지는 것을 알 수 있다.

금속의 성질

- **2가 금속의 계열** 서로 다른 금속이 같은 리간드와 결합할 때 생성상수에는 일련의 규칙성이 있다. 잘 알려진 것은 2가 금속에 있어서 Irving-Williams 계열로써 표6.10의 에틸렌디아민 착물의 생성상수에서 보여주는 것처럼 다음과 같은 순서이다.

$$Mn^{2+} < Fe^{2+} < Co^{2+} < Ni^{2+} < Cu^{2+} >> Zn^{2+}$$

표 6.10 에틸렌다이아민 착물의 안정도 상수 (25℃, μ =0.5)

	$\log\beta_1(\log K_1)$	$\log\beta_2$	$\log\beta_3$
Zn^{2+}	5.87	10.97	13.03
Cu^{2+}	10.71	20.04	-
Ni^{2+}	7.47	13.82	18.13
Co^{2+}	5.96	10.8	14.1
Fe^{2+}	4.34	7.66	9.72
Mn^{2+}	2.77	4.87	5.81

이것은 아민 외에 배위 원자가 O, S를 배위원자로 하는 착물에서도 성립한다. 이 계열은 결정장 안정화 에너지로써 설명할 수 있다. 2가 금속의 팔면체 착물 ML_6 의 결정장 안정화에너지는 높은 스핀(약한 장 리간드)의 경우

$d^4(Cr^{2+})$	$0.6\Delta_o$	$d^7(Co^{2+})$	$0.8\Delta_o$	$d^{10}(Zn^{2+})$	$0.0\Delta_o$
$d^5(Mn^{2+})$	$0.0\Delta_o$	$d^8(Ni^{2+})$	$1.2\Delta_o$		
$d^6(Fe^{2+})$	$0.4\Delta_o$	$d^9(Cu^{2+})$	$0.6\Delta_o$		

로 되어, d^8에서 최대가 된다. 여기에 $Cu^{2+}(d^9)$에서는 Jahn-Teller 효과 때문에 여분의 안정화를 가져와 보정이 되어야 하고, 이들을 $d^{10}(Ca^{2+})$에서 $d^{10}(Zn^{2+})$까지 직선으로 증가될 것으로 생각되는 착물의 생성엔탈피에 대해서

$$Zn^{2+} < Cu^{2+} > Ni^{2+} > Co^{2+} > Fe^{2+} > Mn^{2+}$$

이라는 계열이 얻어진 것으로 생각된다.

실제 수용액에서 금속이온과 배위된 물 분자 간의 결합거리로부터 수화된 착이온의 결합에너지를 구하면, 이들 2가 금속이온의 실험적으로 얻어진 수화엔탈피 변화에 대한 일련의 계열이 얻어진다. 즉 Irving-Williams 계열은 Jahn-Teller 효과를 고려한 금속이온 리간드 간의 결합거리의 변화, 즉 결합에너지의 변화 순서로서 이해할 수 있다.

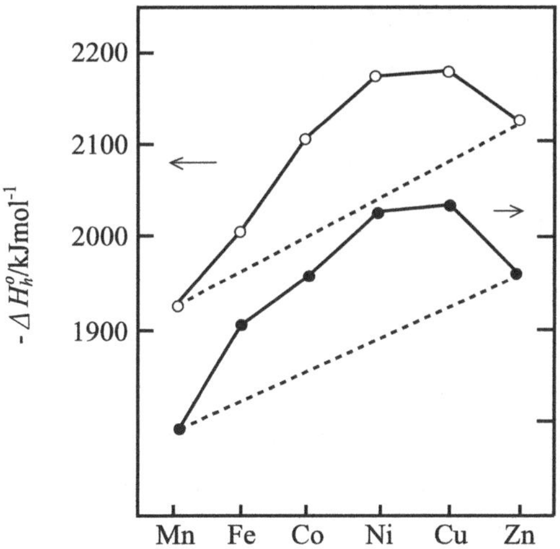

그림 6.4 2가 금속이온의 수화엔탈피 변화(ΔH_h^o)와 결합에너지(ΔH_{bond}^o).

그림 6.4에서 ΔH_h^o 와 ΔH_{bond}^o 의 차이는 이들의 2가 이온(이온반지름 약 3.5×10^{-8} cm)이 25℃, 진공상태에서 물로 이동할 때의 자유에너지 변화와 거의 같다.

- **그 밖의 다른 금속** 2가 이외 금속의 생성상수에 대해서는 리간드에 따라서 순서가 바뀐다. 3가 금속의 아세틸아세톤(acac) 착물에서는 다음과 같은 순서로 감소하고

2,4-pentadione(acethylacetone)

$$Fe^{3+} > Ga^{3+} > Al^{3+} > Y^{3+} > Pr^{3+} > Ce^{3+} > La^{3+}$$

또한, 2가 금속과 희토류 금속을 포함해서 OH^- 또는 F^- 착물에서

$$Mg^{2+} > Ca^{2+} > Sr^{2+} > Ba^{2+}\ ;\ Sc^{3+} > Y^{3+} > La^{3+}$$

의 계열이 알려져 있어 주기율표에서 같은 족 원소에서는 이온반지름이 작을수록 생성상수가 크게 된다. 더욱이 비슷한 이온반지름을 갖는 금속에서는 산화수가 증가할수록 생성상수가 크게 되는 경향이 있다.

표 6.11 이온반지름이 비슷한 원소의 생성상수

edta(25℃, μ =0.1)			OH^-(25℃, μ =1.0)		
금속	이온반지름	$\log \beta_1$	금속	이온반지름	$\log \beta_1$
Na^+	1.16 Å	1.66	Ag^+	1.29 Å	3.55
Ca^{2+}	1.14	10.69	Hg^{2+}	1.16	8.7(μ =0.5)
Y^{3+}	1.03	18.09	Tl^{3+}	1.20	13.0
Th^{4+}	1.14	23.2			

킬레이트 적정법

1945년 스위스 Schwarzenbach는 에틸렌디아민 4아세트산(H_4edta) 등의 리간드를 이용한 킬레이트 적정(chelatometric titration)을 개발하였다. edta를 예를 들어 기초이론에 대해서 간단히 알아보자.

edta는 4 염기 산으로 H_4Y로 줄여 쓰지만, 수용액 중에서 다음과 같은 양쪽성 이온(zwitter ion)으로 pH가 크고, 알칼리성이 되면서 단계적으로 해리되어 여섯 자리 리간드로 작용한다.

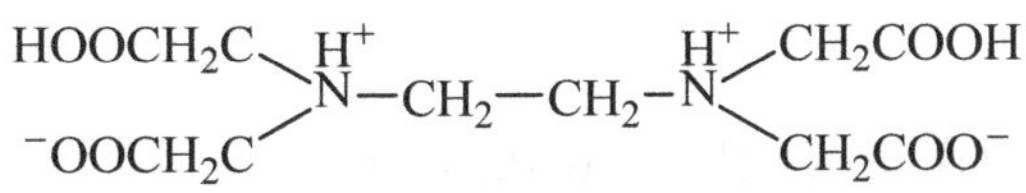

H_4Y

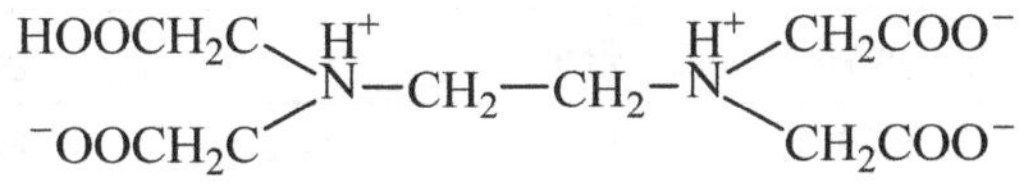

H_3Y^-

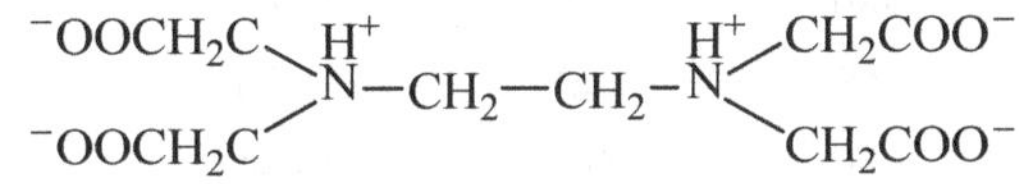

H_2Y^{2-}

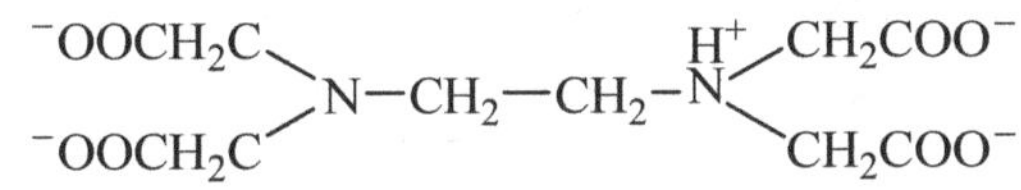

HY^{3-}

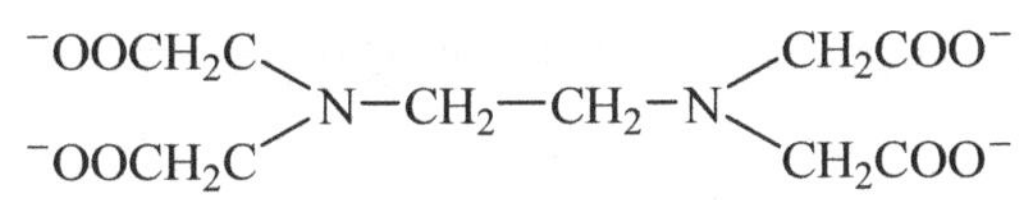

Y^{4-}

edta의 각 단계적 산해리 상수는 식 6.41~6.44로 나타낼 수 있다.

$$K_{a_1} = \frac{[H_3Y^-][H^+]}{[H_4Y]} \tag{6.41}$$

$$K_{a_2} = \frac{[H_2Y^{2-}][H^+]}{[H_3Y^-]} \tag{6.42}$$

$$K_{a_3} = \frac{[HY^{3-}][H^+]}{[H_2Y^{2-}]} \tag{6.43}$$

$$K_{a_4} = \frac{[Y^{4-}][H^+]}{[HY^{3-}]} \tag{6.44}$$

온도 25℃, 이온강도 0.1에서 실험값, K_a을 구하여 역수의 로그값인 pK_a로서 표시하면 다음과 같다.

$$pK_{a_4} = 10.17,\quad pK_{a_3} = 6.11,\quad pK_{a_2} = 2.68,\quad pK_{a_1} = 2.0$$

edta는 여섯 자리 리간드로써, 대부분 금속과 1:1의 비로 착물로 만들며, 그 생성상수 β_1를 표 6.12에 나타내었다.

표 6.12 EDTA착물의 생성상수 β_1(25℃, μ =0.1)

금속	log β_1	금속	log β_1	금속	log β_1
Mg^{2+}	8.83	Fe^{2+}	14.27	Fe^{3+}	25.0
Ca^{2+}	10.61	Mn^{2+}	13.81	Co^{3+}	41.4
Sr^{2+}	8.68	Cu^{2+}	18.70		(μ =0.5)
Ba^{2+}	7.80	Zn^{2+}	16.44	La^{3+}	15.46
Co^{2+}	16.26	Cd^{2+}	16.36		
Ni^{2+}	18.52	Pb^{2+}	17.88		

금속이온, 리간드의 전하를 생략하면 생성상수 β_1은

$$\beta_1 = \beta_{MY} = \frac{[\mathrm{MY}]}{[\mathrm{M}][\mathrm{Y}]}$$

이 된다.

표 6.12에 나타낸 생성상수는 Y^{4-}의 것이지만 낮은 pH에서 HY^{3-}, H_2Y^{2-}, H_3Y^{-}이 생성되므로, 금속이온 M과 결합되지 않은 edta의 전체농도 $[Y']$는 식6.45와 같다(전하 생략).

$$[\mathrm{Y'}] = [\mathrm{Y}] + [\mathrm{HY}] + [\mathrm{H_2Y}] + [\mathrm{H_3Y}] + [\mathrm{H_4Y}] \tag{6.45}$$

또한, 높은 pH에서 금속 이온도 가수분해가 일어나 수산화 착물 M(OH), $M(OH)_2$, …, $M(OH)_n$가 생성된다. 더욱이 Y 이외의 다른 리간드 L이 존재하면 ML, ML_2,…, ML_l 도 생성된다.

예를 들면, Mg^{2+}이온의 킬레이트 적정은 암모니아-염화암모늄 완충용액에서 수행한다. 이때 각종 부반응이 진행되어 MY_m^{-4}를 생성하는 주반응과 서로 경쟁한다. edta와 결합하지 않는 금속이온의 전체농도를 [M']이라 하면(전하 생략)

$$[M'] = [M] + [M(OH)] + \cdots + [M(OH)_m] + [ML] + \cdots + [ML_l] \qquad (6.46)$$

생성된 킬레이트의 전체 농도를 [(MY)']로 두면

$$M' + Y' \rightleftarrows (MY)' \qquad (6.47)$$

의 평형상수는 식 6.48과 같다.

$$\beta_{(MY)'} = \frac{[(MY)']}{[M'][Y']} \qquad (6.48)$$

이것을 조건 생성상수(conditional formation constant)라 하고 다음과 같이 나타낼 수 있다.

$$[M'] = [M]\cdot\alpha_M \ , \ [Y'] = [Y]\cdot\alpha_Y \ , \ [(MY)'] = [MY]\cdot\alpha_{MY} \qquad (6.49)$$

$$\beta_{(MY)'} = \frac{[MY]\cdot\alpha_{MY}}{[M]\cdot\alpha_M[Y]\cdot\alpha_Y} = \frac{[MY]}{[M][Y]}\cdot\frac{\alpha_{MY}}{\alpha_M\cdot\alpha_Y} = \beta_{MY}\cdot\frac{\alpha_{MY}}{\alpha_M\cdot\alpha_Y}$$

α_M, α_Y, α_{MY}는 각각 금속이온 M, edta(일반적으로는 킬레이트 시약 Y), 킬레이트 착물 MY의 부반응 계수(side reaction coefficient)라고 한다. 부반응이 일어나지 않는 경우, 이들 α 는 1이 되고 부반응이 일어나는 경우 1보다 크게 된다. 이러한 생각은 킬레이트 적정에만 한정되지 않고 일반적으로 2종 이상의 금속 또는 리간드를 포함하는 평형의 연구에 모두 적용된다.

킬레이트 적정에서 종말점은 대부분 금속의 농도에 따라서 색깔이 달라지는 유기화합물을 이용하여 구한다. 이것을 금속착색 지시약(metallochromic indicator)라 한다. 이것은 킬레이트 리간드로서 작용하는 유기색소로서, 예를 들면 에리오크롬블랙 T(H_3ebt)는 다음과 같은 구조식을 가지고 있다.

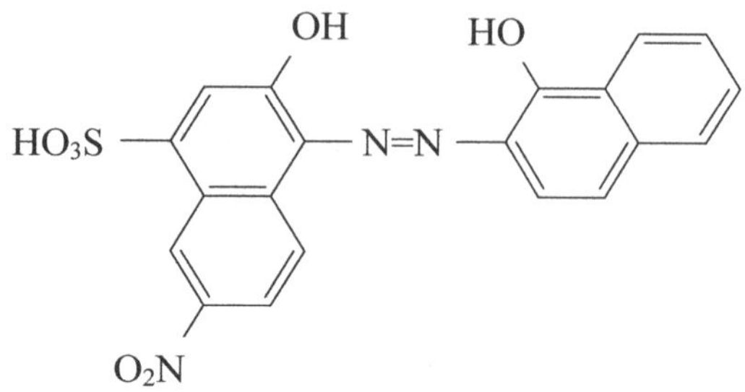

H_3ebt의 구조식

이 지시약은 pH 6이상에서 술포닐기가 해리되어(H_2ebt^-) 적색이 되고, pH 7~11에서는 OH 1개가 더 해리되어 $Hebt^{2-}$(청색)이 되며, pH 12이상에서 나머지 OH가 해리되어 ebt^{3-}(황적색)이 된다.

예를 들면 pH 10인 Mg^{2+} 용액에 H_3ebt를 가하면 1 : 1 킬레이트 착물이 형성되어 용액은 적색을 띤다. 이 용액을 edta(Y)로 적정하면 Mg^{2+}이온이 Y에 더 잘 결합하게 되어 MgY가 형성된다[5]. 따라서 종말점에서 $Hebt^{2-}$로 되어 적색에서 청색으로 바뀐다. 이것을 킬레이트 적정(chelate titration)이라 한다.

하아드와 소프트 산과 염기(HSAB)

비슷한 구조의 리간드에서 배위원자(주개, donor)만 다를 경우, 같은 금속에서 생성상수가 어떻게 변화하는가에 대해 1958년 Ahrland 등에 의해서 다음의 경험적인 규칙성을 발견하였다.

표 6.13 금속의 친화력 순서

	a형 금속	b형 금속
질소 족	N >> P > As > Sb	N << P > As > Sb
산소 족	O >> S > Se > Te	O << S ~ Se ~ Te
할로젠 족	F^- >> Cl^- > Br^- > I^-	F^- << Cl^- < Br^- < I^-

표 6.13과 같이 주기율표에서 각 족의 첫 번째 원소, 즉 할로젠에서는 F^-, 질소족에서는 N, 산소족에서는 O에 의해서 가장 안정한 착물을 만드는(친화력이 센)금속을 a형 금속, 이와 달리 제2, 제3번째 원소인 Cl^-, P, S 등에 의해서 강한 친화력을 나타내는 금속을 b형이라 한다.

5) MgY착물의 조건 생성상수가 $[Mg(ebt)]^-$착물의 조건 생성상수보다 크기 때문이다.

생성상수의 실제 예를 표 6.14에 나타내었다.

표 6.14 O, S, Se를 배위원자로 하는 M^{2+} 금속 착물의 생성상수 $\log \beta_1$
(25℃, μ =0.1)

리간드	Cu	Ni	Zn	Cd	Pb	Mn	Co
$CH_2(CH_2COOH)_2$	2.4	1.6	1.6	2.0	2.8	1.5	1.6
$O(CH_2COOH)_2$	3.9	2.6	3.6	3.3	4.4	2.4	2.6
$S(CH_2COOH)_2$	4.3	4.0	2.9	2.6	3.6	1.7	3.3
$Se(CH_2COOH)_2$	3.6	2.9	2.1	2.3	3.2	1.6	2.3

O < S > Se : $Cu^{2+}(d^9)$, $Ni^{2+}(d^8)$, $Co^{2+}(d^7)$ (b형)
O > S > Se : $Pb^{2+}(d^{10}s^2)$, $Cd^{2+}(d^{10})$, $Zn^{2+}(d^{10})$, $Mn^{2+}(d^5)$ (a형)
이 4종류의 리간드에 대해서 $Zn^{2+} < Cu^{2+} > Ni^{2+} > Co^{2+} > Mn^{2+}$가 성립한다.

이 a, b 형의 구별을 다른 원소로서 조사하면 그림 6.5와 같이 된다(희토류 원소는 제외).

H																	He
Li	Be											B	C	N	O	F	Ne
Na	Mg											Al	Si	P	S	Cl	Ar
K	Ca	Sc	Ti	V	Cr	Mn●	Fe●	Co●	Ni●	Cu●	Zn●	Ga	Ge	As	Se	Br	Kr
Rb	Sr	Y	Zr	Nb	Mo●	Tc●	Ru●	Rh○	Pd○	Ag○	Cd●	In●	Sn	Sb	Te	I	Xe
Cs	Ba	La*	Hf	Ta	W●	Re●	Os●	Ir○	Pt○	Au○	Hg○	Tl○	Pb●	Bi●	Po●	At	Rn
Fr	Ra	Ac*															

* 란타넘계열와 악티늄계열
아무런 표시가 없는 것은 a형 원소, ● 표시는 리간드 또는 배위수에 따라서 a 또는 b형 원소, ○ 표시는 b형 원소

그림 6.5 주기율표에서 a와 b 원소.

Lewis 산-염기 개념에 따르면, 산은 전자쌍 받개이고 염기는 전자쌍 주개이므로, 착물을 만드는 금속이온은 Lewis 산이고, 리간드는 Lewis 염기이다. Ahrland 등의 분류에 의하면 a형의 Lewis 산에 대한 친화력이 큰 N, O, F 등의 배위 원자는 분극성이 적고 전기음성도가 크므로, 테니스공에 비유하면 하아드(hard) 염기라 말할 수 있다. 반대로 P, S, Cl 등은 분극성이 크고, 전기음성도가 적으며, 산화가 잘 되므로 소프트(soft)염기라 한다.

즉 루이스 산에 대한 친화력은

a형 원소 (하아드 산)

$$N \gg P > As > Sb$$
$$O \gg S > Se > Te$$
$$F^- \gg Cl^- > Br^- > I^-$$

b형 원소 (소프트 산)

$$N \ll P > As > Sb$$
$$O \ll S \sim Se \sim Te$$
$$F^- \ll Cl^- < Br^- < I^-$$

이 되고, Pearson의 분류는 표 6.15와 같이 된다. 표 6.15에는 그림 6.5의 결과가 포함되고 있으며, 이 고찰에서 하아드 산은 하아드 염기와 소프트산은 소프트 염기와 안정한 화합물을 만들기 쉽다고 할 수 있다(soft-soft interaction). 이러한 개념을 간단히 HSAB(Hard and Soft Acids and Bases)라 한다.

표 6.15 중요한 루이스 산의 분류(pearson)

하아드 산	소프트 산
H^+, Li^+, Na^+, K^+, Be^{2+}, Mg^{2+}, Ca^{2+}, Sr^{2+}, Al^{3+}, Ga^{3+}, La^{3+}, Cr^{3+}, Co^{3+}, Fe^{3+}, As^{3+}, Si^{4+}, Ti^{4+}, Zr^{4+}, I^{7+}, I^{5+}, Cl^{7+}, RPO^{2+}, RSO_2+, SO_3, HX(수소결합을 하는 분자) 등	Cu^+, Ag^+, Au^+, Hg^+, Pd^{2+}, Cd^{2+}, Hg^{2+}, Tl^{3+}, BH_3, $GaCl_3$, I^+, Br^+, RO^+, I_2, Br_2, O, Cl, Br, I, N, M, (금속원자) 등
중간에 해당하는 것	
Fe^{2+}, Co^{2+}, Ni^{2+}, Cu^{2+}, Zn^{2+}, Pb^{2+}, Sn^{2+}, Sb^{3+}, Bi^{3+}, Rh^{3+}, Ir^{3+}, $B(CH_3)_3$, SO_2, NO^+, Ru^{2+}, Os^{2+}, R_3C^+, C_6H_5, GaH_3	

여기서 언급한 루이스 산염기의 하아드, 소프트를 정량적으로 표현하기 위해서 염기성 상수(H)와 전자 주개성 상수(E_n)라는 파라메타가 제안되었다. H는 양성자 에 대한 친화력의 척도, E_n는 전자 주개성 척도로서, 각각 하아드, 소프트의 정도를 나타내는 것이다. 한자리 리간드 L의 1 : 1 착물의 생성상수 K_1을

$$\log K_1 = \alpha E_n + \beta H \tag{6.50}$$

로 나타내고, E_n과 H를 추정하여, α와 β를 계산할 수 있다. 이 계산에 의하면, 소프트 금속은 α 가 1.5보다 크고, 하아드 금속은 α 가 1.0이하가 된다.

2 치환반응

이 절에서는 착물중의 리간드 치환의 활성 및 비활성의 문제, 리간드 치환반응의 메커니즘, 배위 용매분자의 교환, 착물의 생성반응, 금속 치환반응 등을 다루었다.

금속착물을 촉매로 이용하는 반응은 폴리올레핀의 합성이나, 일산화탄소, 에틸렌 등으로부터 각종 공업원료의 제조에서 의약품 등 정밀화학제품의 합성에 이르기까지 여러 가지 합성에 이용되고 있다.

치환 활성과 치환 비활성

착물에서 리간드의 치환반응의 용이성에 대한 기준은 1952년 Taube의 제안에 따라서 실온, 0.1 mol/L 용액에서 1분 이내에 반응이 끝나는 경우를 치환 활성(labile), 그 보다 느린 경우를 비활성(inert)이라 한다[6]. 이와 같이 치환 활성 및 비활성은 리간드의 종류보다 오히려 중심금속의 d 전자수와 관련이 있으며, 연구결과들을 참고하여 표 6.16에 나타내었다.

표 6.16 팔면체 착물의 치환반응 속도에 의한 분류

	(A) 거의 대부분 빠르다.	(B) 리간드나 용매에 의해 차이가 많다.	(C) 거의 대부분 느리다.
이온	알칼리금속, 알칼리토금속, 희토류원소의 대부분. Cr^{II}, Mn^{II}, Co^{II}, Cu^{II}, Zn^{II}, Cd^{II}, Pb^{II}, Ti^{III}, V^{III}, Fe^{III}, Tl^{IV}	V^{II}, Fe^{II}, Ni^{II}, Ru^{II}, Os^{II} 희토류 원소의 일부 Ru^{III}, Al^{III}, Ga^{III}, In^{III}, Tl^{III}, Mo^{IV}, Si^{IV}, Ge^{IV}, Sn^{IV}	Cr^{III}, Mo^{III}, Co^{III}, Rh^{III}, Ir^{III} Re^{IV}, Ir^{IV}, Pd^{IV}, Pt^{IV}
구별	d^0, 낮은 산화수의 d^{10} 높은 스핀의 대부분	높은 산화수의 d^{10} 높은 스핀의 일부 d^3, d^6, d^8의 일부	d^3의 일부 낮은 스핀의 대부분

6) 치환 활성도를 결정하는 주요 요인은 금속이온의 산화수, 금속이온을 갖는 d 전자수, 킬레이트 효과 등에서 보이는 것과 같이 실제 치환하여 들어오는 리간드나, 떨어져나가는 리간드의 영향, 트랜스 효과 등 치환되지 않은 리간드의 영향, 금속 간 결합을 가질 때의 영향 등을 들 수 있다.

높은 스핀(약한 리간드장), 낮은 스핀(센 리간드장)착물의 예를 들면, 높은 스핀 착물로서 치환이 빠른 것은

d^5: $[Mn(H_2O)_6]^{2+}(t_{2g}^3e_g^2)$

d^6: $[Fe(H_2O)_6]^{2+}(t_{2g}^4e_g^2)$

d^7: $[Co(H_2O)_6]^{2+}(t_{2g}^5e_g^2)$

낮은 스핀 착물로써 치환이 느린 것은

d^3: $[Cr(bpy)_3]^{3+}(t_{2g}^3)$

d^5: $[Fe(CN)_6]^{3-}(t_{2g}^5)$

d^6: $[Co(NH_3)_6]^{3+}(t_{2g}^6)$, $[CoF_6]^{3-}$는 높은 스핀 착물이다.

d^7: $[Co(CN)_6]^{4-}(t_{2g}^6e_g^1)$

등이 있다.

리간드 치환반응

리간드 치환반응은 중심금속의 d 궤도함수의 전자 수 혹은 그 배치(높은 스핀 혹은 낮은 스핀)에 영향을 받는다. 유기화합물의 친핵 치환반응에서 S_N1 및

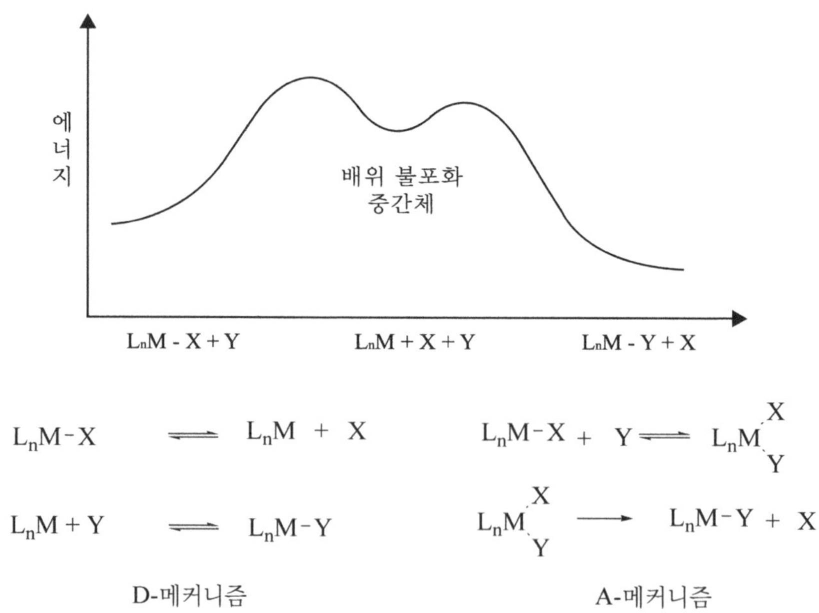

그림 6.6 리간드 치환반응에 의한 D와 A 메커니즘.

S_N2 메커니즘에 대응해서 착물의 리간드 치환반응에서도 해리 메커니즘(dissociative mechanism, D-메커니즘)과 회합 메커니즘(associative mechanism, A-메커니즘)이 알려져 있다. 이들은 그림 6.6에서 보여주는 것과 같이 각각 배위수가 낮은(또는 높은) 중간체를 경유하는 단계반응이다.

이들 메커니즘에서도 중간체가 형성되는 초기단계의 반응속도가 모두 느리므로, 이 단계가 치환반응의 속도결정단계이다. 중간체는 빠르게 치환되어 생성물을 만든다.

한편, 앞에서 언급한 2가지 메커니즘과는 다르게, 결합의 끊어짐과 새로운 결합의 생성이 병행해서 진행되기 때문에 명확한 중간체가 존재하지 않는 경우를 교환 메커니즘(interchange mechanism, I 메커니즘)으로 분류한다. 교환 메커니즘은 다시 반응의 활성화 에너지가 결합을 끊는데 이용되는 I_d(해리형 교환)메커니즘과 결합생성에 이용되는 I_a(회합형 교환)메커니즘으로 분류된다. 이들 메커니즘에서는 배위수가 감소되거나 증가된 상태가 전이 상태로서 반응에 관여하고 있다.

실제 치환반응에서는 반응중간체의 검출이나, 반응속도에 바탕을 두고 D 메커니즘과 I_d 메커니즘(또는 A와 I_a 메커니즘)으로 구별할 때도 있지만, 이 장에서는 D와 I_d을 합하여 해리적 치환반응과, A와 I_a을 합한 회합적 치환반응의 2가지로 대별하여, 구체적으로 반응이 어느 쪽에 속하는가에 대해서 주로 알아볼 것이다.

- 해리적 치환반응
  - D 메커니즘
  - I_d 메커니즘 ⎫ I 메커니즘
- 회합적 치환반응
  - I_a 메커니즘 ⎭ I 메커니즘
  - A 메커니즘

해리적 치환반응에서는 반응속도가 절단되는 배위결합의 안정성에 주로 의존하는데 비해서, 회합적 치환반응은 새롭게 형성되는 배위결합의 안정성에도 의존하기 때문에 어느 정도의 리간드 치환반응이 일어나고, 반응속도를 비교하면 앞에서 언급한 2가지 메커니즘 중에서 어느 것인가를 밝힐 수 있다. 구체적인 예를 알아보겠지만 일반적으로 6배위 팔면체 착물의 치환반응에서는 해리, 회합 메커니즘이 모두 알려져 있지만 해리 메커니즘의 예가 더 많다. 4배위 평면사각형 착물의 치환반응은 회합 메커니즘으로 진행한다.

팔면체 착물의 치환반응

치환 비활성인 낮은 스핀 Co^{III} 착물은 치환반응이 비교적 느려서 반응속도의 측정이 용이하기 때문에, 오래전부터 치환반응 메커니즘에 대한 연구가 많이 이루어졌다.

산 가수분해반응(수화반응) 음이온성 리간드 X^-를 포함하는 착물, $[Co(NH_3)_5X]^{3+}$ ($X=Cl^-$ 등)의 가수분해 반응 혹은 $[Co(NH_3)_5(H_2O)]^{3+}$의 물(H_2O) 교환반응은 pH=1 정도의 수용액에서 빠르게 진행된다.

$$[Co(NH_3)_5X]^{2+} + H_2O \rightarrow [Co(NH_3)_5(H_2O)]^{3+} + X^- \quad (6.51)$$

$$[Co(NH_3)_5(H_2O)]^{3+} + H_2O^* \rightarrow [Co(NH_3)_5(H_2O^*)]^{3+} + H_2O \quad (6.52)$$

식 6.51 반응은 가역적이고, 과량의 X^- 이온 존재 하에서는 $[Co(NH_3)_5(H_2O)]^{3+}$에서 H_2O의 음이온 치환반응(anation)이 관찰된다.

$$[Co(NH_3)_5(H_2O)]^{3+} + X^- \rightarrow [Co(NH_3)_5X]^{2+} + H_2O \quad (6.53)$$

가수분해 반응은 착물의 농도에 1차 속도식에 따르며 반응속도에 대한 H_2O 농도의 기여를 구할 수 없다. 그러나 가수분해(식 6.51)와 음이온 치환반응(식 6.53)의 각각 반응속도에서 X 종류에 대한 의존성은 표 6.16과 같이 큰 차이가 있는데 가수분해반응은 X에 따라 크게 변하지만 역반응인 음이온 치환반응의 반응속도는 X에 따라서 변화가 작다.

표 6.16 $[CoX(NH_3)_5]^{2+}$의 산 가수분해반응과 $[Co(NH_3)_5(H_2O)]^{3+}$의 X에 따른 음이온 치환반응의 반응속도상수

X	수화 반응 $k_1(s^{-1})$	음이온화 반응 $k_2(s^{-1})$
H_2O	5.8×10^{-6}	1.0×10^{-4}
Cl^-	1.7×10^{-6}	2.1×10^{-5}
N_3^-	2.1×10^{-9}	1.0×10^{-4}
NCS^-	5.0×10^{-10}	1.6×10^{-5}

따라서 이 두 반응에서는 반응물의 배위결합이 끊어지는 것이 속도결정단계에 포함되는 해리적 메커니즘이 제안되고 있다. 이와 관련해서 $[Co(NH_3)_5(H_2O)]^{3+}$의 H_2O 리간드가 용매중의 물 사이의 교환반응 활성화 부피 $\Delta V^{\ddagger}$가, 1.2 $cm^3{\cdot}mol^{-1}$로 양의 값을 가지는 것으로 보아 해리적인 메커니즘이 맞는 것으로 보고되어 있다.

$[CoCl(NH_3)_5]^{2+}$는 이성질체가 없지만 $[CoCl_2(en)_2]^+$의 경우에는 이성질체가 있고 또한 광학활성 착물도 얻어지므로 그들이 수화된 경우의 생성물은 어떤 입체구조를 가질 것인가 매우 흥미롭다.

X가 음이온일 경우 L과 X에 따른 결과를 표 6.17에 나타내었다.

표6.17 $[CoLX(en)_2]^{n+}$의 수화 생성물의 비

cis 착물		
L	X	생성물 (cis)
OH^-	Cl^-	100%
Br^-	Cl^-	100
Cl^-	Cl^-	100
NCS^-	Cl^-	100
NO_2^-	Cl^-	100

trans 착물			
L	X	생성물 *cis*	생성물 *trans*
OH^-	Cl^-	75	25%
Br^-	Cl^-	50	50
Cl^-	Cl^-	35	65
NCS^-	Cl^-	50~70	50~30
NO_2^-	Cl^-	0	100
NH_3	Cl^-	0	100

$[CoLX(en)_2]^{n+}$의 X가 해리 메커니즘(d 메커니즘)에 의해서 치환되면, 중간에 5배위의 사각뿔 또는 삼각쌍뿔형을 거친다. 그림 6.7에서 보여주듯이 사각뿔을 지나면 *cis* 착물은 100% *cis* 착물이 만들어지고, 삼각쌍뿔형을 거치면 *cis*와 *trans*의 혼합물이 생긴다. *trans*형 착물은 사각뿔을 지나면 100%의 *trans*, 삼각쌍뿔을 거치면 66.7%의 *cis*와 33.3%의 *trans* 이성질체가 얻어지게 된다.

실제로 얻어진 결과(표 6.17)와 비교하면, *trans* 이성질체의 경우에는 반응 중에 리간드의 재배열이 일어나서, 그림 6.7, 6.8과 같은 간단한 확률 계산과는 일치하지 않는다.

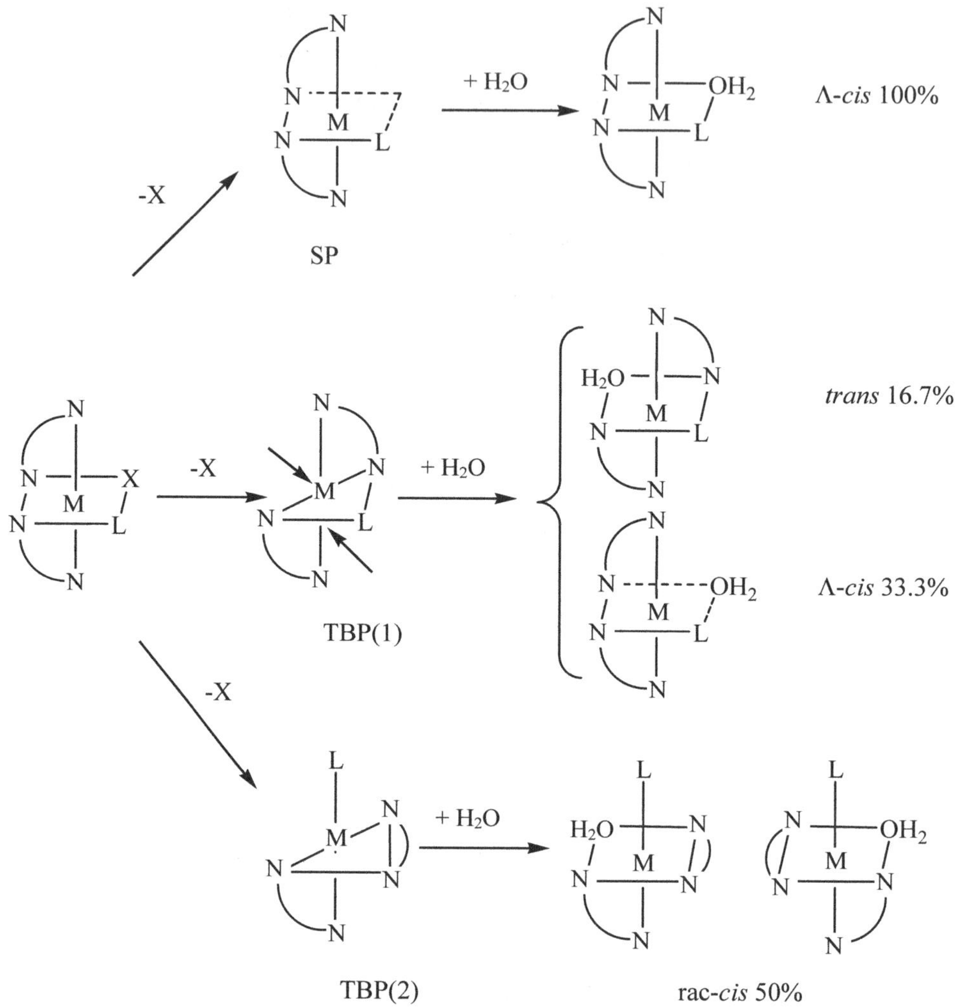

그림 6.7 Λ-*cis*-$[CoLX(en)_2]^{n+}$가 *d*-메커니즘으로 치환될 때 입체구조 변화의 예상. 이성질체는 삼각쌍뿔의 경우 Λ-*cis* 33.3%, rac-*cis* 50%, *trans* 16.7% 이고, 사각뿔의 경우는 Λ-*cis* 100%로 추산된다. ↑표시는 H_2O가 들어가는 위치.

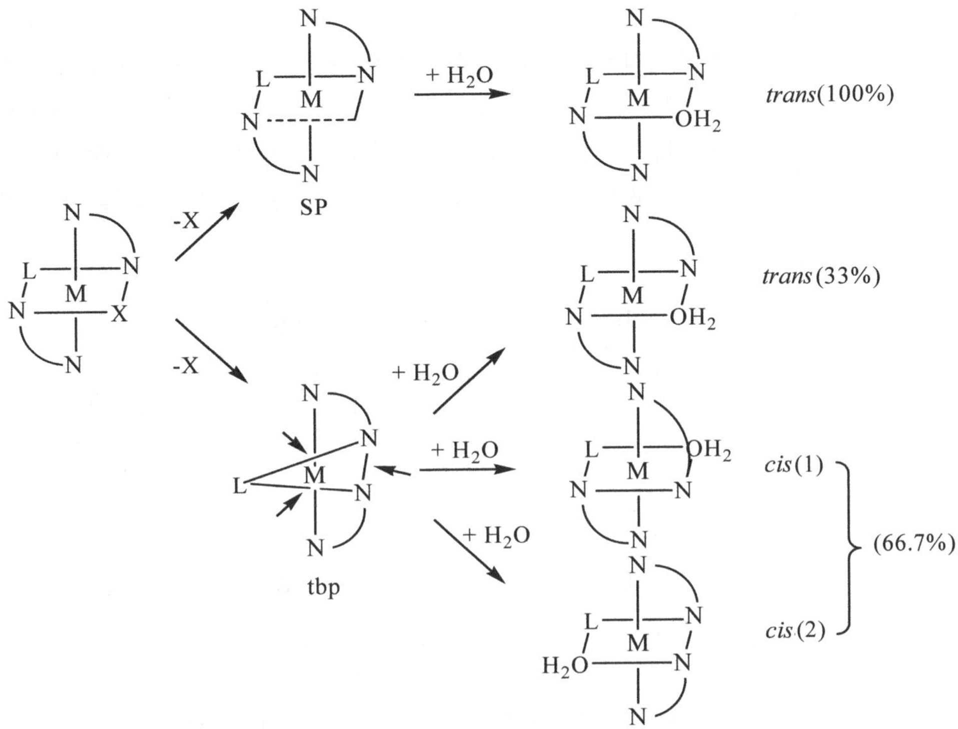

그림 6.8 *trans*–$[CoLX(en)_2]^{n+}$가 *d*–메커니즘으로 치환될 때 입체구조 변화의 예상.

• **염기 가수분해 반응** $[CoX(NH_3)_5]^{2+}$는 pH=10 이상의 수용액에서는 빠르게 가수분해하여 $[Co(OH)(NH_3)_5]^{2+}$ 이 생성되며, 이 반응속도는 앞에서 언급한 산성조건에서의 수화와는 달리, 착물과 OH^-이온 각각의 농도에 대해서 1차 속도식을 따른다.

$$[CoX(NH_3)_5]^{2+} + OH^- \rightarrow [Co(OH)(NH_3)_5]^{2+} + X^- \tag{6.54}$$

$$\text{반응속도} = k_{obsd}\ \{[CoX(NH_3)_5]^{2+}\}[OH] \tag{6.55}$$

$$[CoCl(NH_3)_5]^{2+} + OH^- \rightleftarrows [CoCl(NH_2)(NH_3)_4]^+ + H_2O$$
$$[CoCl(NH_2)(NH_3)_4]^+ \rightarrow [Co(NH_2)(NH_3)_4]^{2+} + Cl^-$$
$$[Co(NH_2)(NH_3)_4]^{2+} + H_2O \rightarrow [Co(OH)(NH_3)_5]^{2+}$$

이 반응은 회합적 치환반응은 아니고, 그림 6.9에서 보여주는 D_{cb} 메커니즘 (conjugated base mechanism; 짝염기 메커니즘)에 의해서 일어난 것이다. 즉,

OH^-이온에 의한 암민 리간드의 양성자 해리반응에 의해 아미드(NH_2^-)리간드를 갖는 중간체가 생성되어, 반응물의 짝염기인 이 중간체로부터 리간드 X의 해리적 치환반응이 진행된다. 여기서는 아미드 리간드는 π -주개(비공유 전자쌍을 포함하는 N의 p 오비탈과 Co의 d 오비탈와의 상호작용)성이 크기 때문에 삼각쌍뿔 구조를 갖는 5배위 중간체를 안정화시키는 역할을 하고 있다.

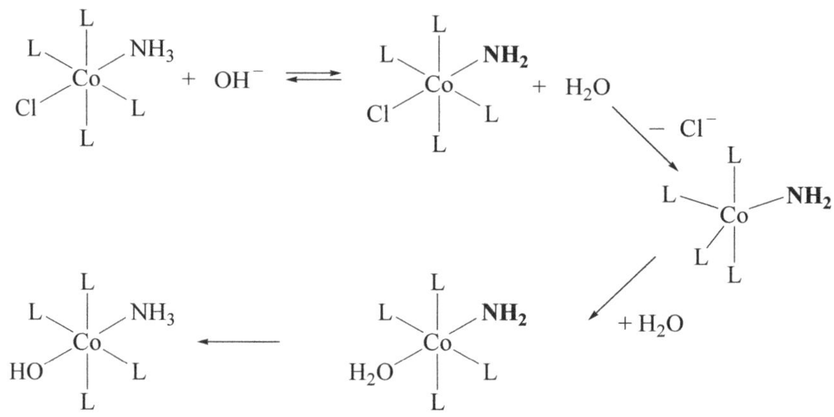

그림 6.9 D_{cb} 메커니즘에 의한 Co 착물의 염기성 가수분해반응
(L은 반응에 직접 관계하지 않는 NH_3 리간드)

$[CoX(NH_3)_5]^{2+}$에서 염기 가수분해의 속도상수 k_{OH}는 크며 실험값은 표6.18의 log k_{OH}와 평형상수 K의 역수의 로그값 간에는 산 가수분해 때와 같이 직선 관계(LFER)가 성립한다. 그래서 이 직선의 기울기는 1이 된다. 이 사실은 수화반응과 같이 염기 가수분해도 해리 메커니즘으로 진행되는 것을 나타내는 하나의 증거가 될 수 있다.

표 6.18 $[CoX(NH_3)_5]^{2+}$의 염기 가수 분해 반응의 k_{OH} 와 역반응의 평형상수

K(25℃)

X^-	k_{OH}(mol/L·s^{-1})	평형상수 K(mol^{-1})
NO_3	5.72(1.0)	0.08(1.0)
I	3.7(1.0)	1.12(1.0)
Br	1.40(1.0)	0.35(1.0)
Cl	0.25(1.0)	1.11(1.0)
F	5.1×10^{-3}(0.12)	~100(0.12)
N_3	1.6×10^{-4}(0.5)	8.3×10^{2}(0.5)
NCS	1.0×10^{-4}(0.5)	2.7×10^{3}(0.5)

Co^{III}착물의 치환반응은 모두 해리 메커니즘으로 진행되지만, $[M(NH_3)_5(H_2O)]^{3+}$ (M = Cr, Rh)에서 배위된 물의 교환반응은 그 활성화 부피 $\Delta V^{\ddagger}$가 음의 값을 갖기 때문에 회합 메커니즘으로 이해하고 있다. 6배위의 Cr^{III}, Ru^{III} 착물에서는 리간드의 종류에 따라 해리 또는 회합 메커니즘을 갖는다.

평면사각형 착물의 치환반응

Ni^{II}, Pd^{II}, Pt^{II}, Rh^{I}등 d^8계 4배위 평면사각형 착물의 치환반응은 Pt^{II} 착물에 의한 반응메커니즘 연구가 많이 이루어졌고 그 결과를 기초로 회합 메커니즘으로 진행된다는 것이 밝혀져 있다. 즉, 치환반응속도는 이탈하는 리간드의 종류에 따라 아주 다르다.

예를 들면 $[Pt(dien)Cl]^+$(dien = 다이에틸렌트라이아민)에서 Cl의 피리딘에 의한 치환반응속도 상수는 $[Pt(dien)(CN)]^+$에 비해 약 2000배 크다. 또한, 반응의 입체특이성도 높아 회합 메커니즘과 일치한다. 이때 반응경로는 사각뿔구조 보다도 안정한 삼각쌍뿔 구조의 중간체를 경유한다고 생각된다(그림 6.10).

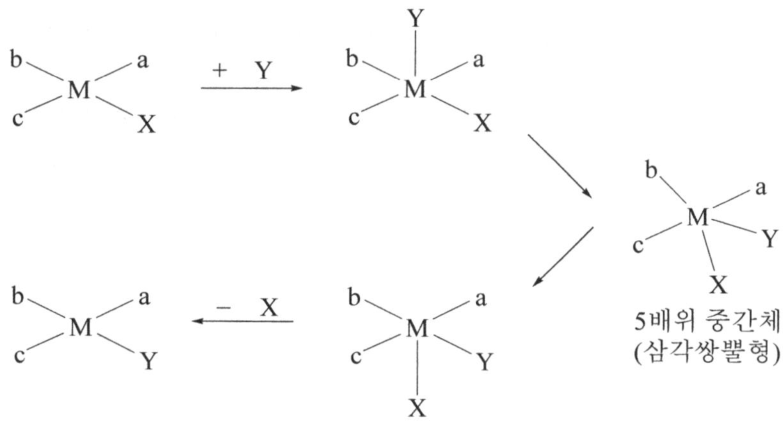

그림 6.10 사각평면형 착물의 치환반응 메커니즘

Cl^- 리간드를 갖는 Pt^{II} 착물의 메탄올 중에서 각종 음이온성 리간드에 의한 치환반응은 그림 6.11과 같이 리간드에 따라서 달라진다.

$$trans\text{-}[PtCl_2(py)_2] + Y^- \rightarrow trans\text{-}[PtCl(Y)(py)_2] + Cl^- \quad (6.56)$$

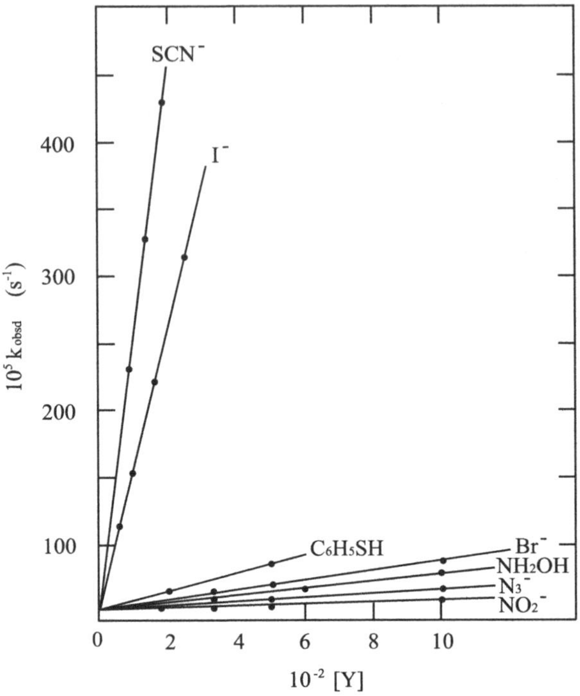

그림 6.11 *trans*-[$PtCl_2(py)_2$]의 리간드 치환반응에서 각종 리간드(Y)의 농도와 속도상수의 관계

유사 1차 반응속도상수와 리간드의 농도는 어느 리간드에서도 직선관계에 있다. 각각의 기울기는 리간드의 친핵성에 따라서 변하고, 반응속도는 다음과 같이 나타낸다.

$$\begin{aligned} \text{반응속도} &= k_{obsd}\,[PtCl_2(py)_2] \\ &= k_1[PtCl_2(py)_2][Y] + k_2[PtCl_2(py)_2] \end{aligned} \qquad (6.57)$$

이것은 회합적 치환반응으로 리간드가 직접 치환되는 경로(반응속도상수 k_1)와 Cl^-이온이 용매인 메탄올로 치환된 후에 다시 피리딘으로 치환이 일어나는 2단계 반응(반응속도 상수 k_2)이 독립적으로 일어나고 있기 때문이며, 후자의 반응에서는 메탄올에 의한 치환반응이 속도결정단계이기 때문에 반응속도는 착물의 농도에만 의존한다.

◎ 트랜스 효과

trans-[$PtCl(X)(PEt_3)_2$]와 피리딘과의 반응에 의해 Cl^- 리간드의 치환반응속도

는 표 6.19에서와 같이 반응자리가 트랜스 위치에 있는 리간드 X의 종류에 크게 의존한다.

표6.19 *trans*–$[PtCl(X)(PEt_3)_2]$의 피리딘 치환반응에 의한 *trans*–$[Pt(X)(py)(PEt_3)_2]$ 생성에서 리간드 X가 반응속도상수에 미치는 영향($k_{obsd} = k_1 + k_2[py]$)

X	$k_1(s^{-1})$	$k_2(M^{-1}s^{-1})$	T(℃)
H^-	1.8×10^{-2}	4.2	0
CH_3^-	1.7×10^{-4}	6.7×10^{-2}	25
$C_6H_5^-$	3.3×10^{-5}	1.7×10^{-2}	25
Cl^-	1.0×10^{-6}	4.0×10^{-4}	25

사각평면형 착물의 치환반응은 트랜스에 있는 리간드가 치환반응에 주는 영향이 크며 그 크기를 **트랜스 효과**(trans effect)[7)]라고 한다. 이 트랜스 효과는 치환반응에 의한 착물의 합성에 중요한 결과를 초래한다. 예를 들면, 다음의 $[Pt(NH_3)_2Cl_2]$ 착물의 합성에서, 반응물과 첨가한 리간드에 따라서 다른 기하이성질체를 얻을 수 있다.

Peyrone 반응

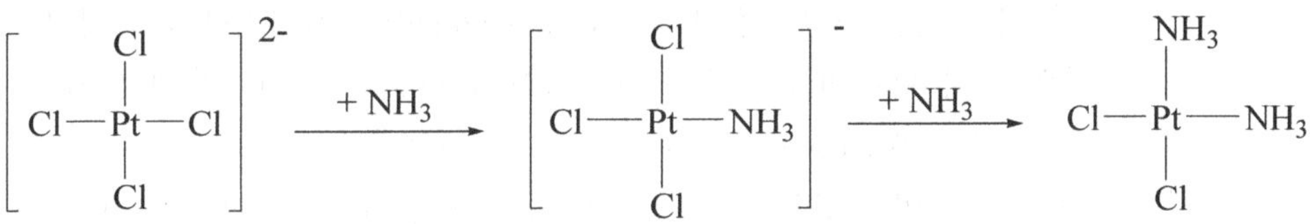

(6.58)

Jϕrgensen 반응

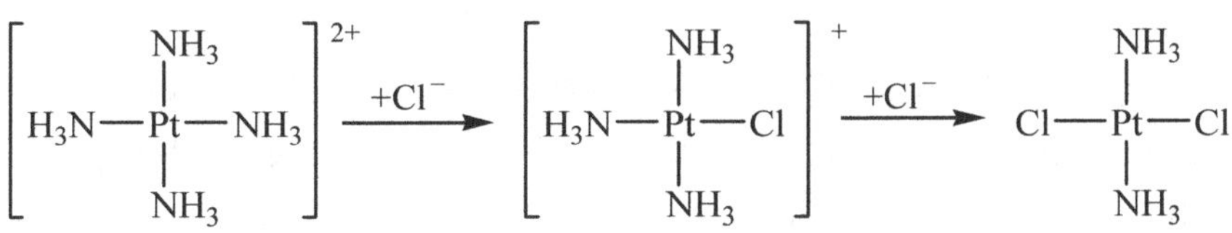

(6.59)

7) 1926년 Il'ya Il'ich Chernyaev는 당시 알려진 여러 가지 백금(Ⅱ) 착물의 치환반응으로부터 '금속원자에 배위된 음성 그룹(negative group)이 그것의 트랜스 위치에 있는 리간드의 결합을 약화시킨다.'고 일반화시킨 소위 트랜스 효과를 제안하였다. 원자의 트랜스 효과는 금속성에 반비례하고 그들의 전기음성도에 비례한다고 하였다.
요즈음 트랜스 효과(trans effect)는 트랜스 위치에 있는 다른 리간드를 치환 활성화시키는 효과 즉, 속도론적 효과를 말한다. 이에 반해 열역학적 효과를 트랜스 영향(trans influence)라고 한다.

이것은 Cl^-이온 리간드의 트랜스 효과가 NH_3보다 크기 때문이며, 이것을 포함해서 일반적으로 트랜스 효과의 순서는 다음과 같이 나타낼 수 있다.

$$CN^- \approx CO \approx C_2H_4 \approx NO^- > H^- \approx CH_3 \approx PR_3 \approx SR_2 > NO_2^- > I^- > SCN^- > Br^- > Cl^- > C_5H_5N > R-NH_2 \approx NH_3 > OH^- > H_2O$$

일반적으로, H^-, CH_3^-이온 등의 $\sigma-$주개 능력이 큰 리간드 혹은 $\pi-$받개 능력이 큰 올레핀, 카보닐 등과 같은 리간드는 트랜스 효과가 크다. 트랜스 효과의 원인은 분자궤도함수 계산으로 중간체의 구조를 포함해서 논의되고 있다. 정성적으로는 서로에 트랜스 위치의 리간드가 배위결합에서 동일한 d 궤도함수를 사용하기 때문에 서로 결합의 안정성에 주는 영향이 큰 때문이다. 그 원인은 중심금속과 리간드의 종류에 따라서 $\sigma-$주개 균형에 바탕을 둔 $\sigma-$트랜스 효과와 $\pi-$역 주개(back donation)에 기인한 $\pi-$트랜스 효과 등을 들 수 있다.

◎ $\pi-$전자 받개 리간드의 치환반응

CO 혹은 올레핀 등과 같은 $\pi-$전자 받개 리간드의 치환반응은 이들 리간드를 가진 유기 전이금속 착물의 합성법으로 잘 알려져 있는 반응이다. CO 혹은 올레핀 리간드는 $\pi-$역 결합($\pi-$back bonding)이 배위결합의 안정성에 기여하는 것으로 대부분 비극성 유기용매 중에서 반응이 일어나기 때문에 그 치환반응 메커니즘은 Werner형 착물과 구별하여 논의해야 한다.

사면체 착물인 $Ni(PR_3)_4$는 일산화탄소와 반응하여 리간드의 일부가 카보닐로 치환되어 $Ni(CO)_n(PR_3)_{4-n}$ 이 생성된다.

$$Ni(PR_3)_4 + nCO \longrightarrow Ni(CO)_n(PR_3)_{4-n} + (4-n)PR_3 \qquad (6.60)$$

생성물의 안정성은 비교적 $\sigma-$전자주개 능력이 큰 포스핀 리간드와 $\pi-$전자 받개 능력이 큰 카보닐 리간드의 니켈에 대한 전자중성의 원리(주고받음의 균형)에 영향을 받아서 $Ni(L)_4$ (L = PMe_3, PEt_3)와 일정한 압력의 CO와 반응하여 $Ni(CO)_2(PR_3)_2$가 생성된다.

한편, 카보닐 착물과 포스핀과의 반응에서도 치환반응이 일어난다. 6배위 팔면체 구조를 갖는 $Cr(CO)_6$는 2개 혹은 3개의 카보닐 리간드가 포스핀으로 치환되지만, 대부분의 경우 1차 생성물은 각각 시스 혹은 *fac* 구조를 갖는다.

$Cr(CO)_6$ + L ⟶

(L = PPh_2Cl)

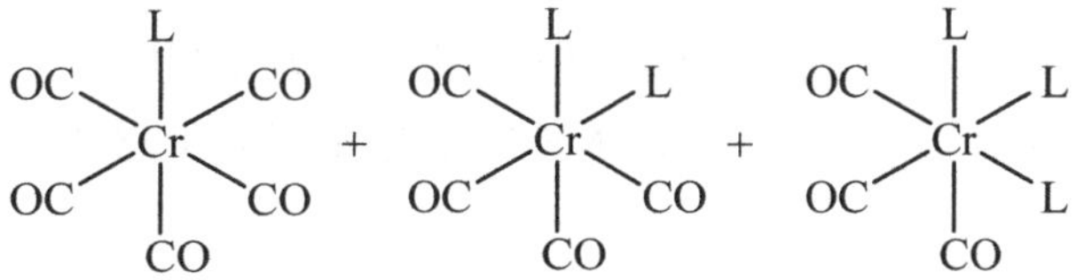

(6.61)

이것은 서로 트랜스 위치에 있는 CO 리간드는 π − 전자 받개 성질이 작은 포스핀의 트랜스 위치에 있는 CO보다도 약한 배위결합을 하기 때문이고, 일종의 트랜스 효과에 의한 것이라고 말할 수 있다. 이들 Ni^0, Cr^0 착물은 배위적으로 포화되어 있고, 치환반응은 해리 메커니즘으로 진행한다.

상호 교환형 리간드 치환반응

두 착물 분자 사이에 2개 다리결합 리간드를 가진 중간체를 경유하여 리간드가 교환되는 반응을 상호교환(metathesis) 치환반응이라 한다.

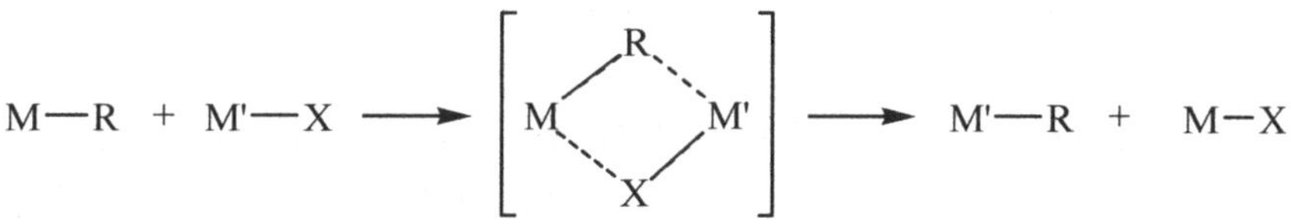

(6.62)

이 반응은 이온이 해리하기 어려운 리간드를 가진 착물의 치환반응이나 용매화능력이 낮은 비극성 용매에서 많이 보인다. 다리결합이 쉬운 할로젠 리간드의 치환에서 흔히 보이지만 전형금속 알킬화합물(예를 들면 RMgX, Grignard시약)과 전이금속의 염(할로겐 화합물 등)으로부터 전이금속 알킬 착물의 합성반응이 여기에 해당한다.

$$\textit{trans}\text{-NiBr}_2(\text{PEt}_3)_2 + \text{PhMgBr} \longrightarrow \textit{trans}\text{-Ni(Br)Ph(PEt}_3)_2 + \text{MgBr}_2 \quad (6.63)$$

$$\text{WCl}_6 + 6\text{MeLi} \longrightarrow \text{WMe}_6 + 6\text{LiCl} \quad (6.64)$$

이 반응에서 소프트한 알킬 리간드가 전이금속에 배위하는 것이 유리하기 때문에 치환반응이 쉽게 진행된다. 위에서 언급한 반응메커니즘과 관련해서 다리결합의 알킬 리간드를 가지는 각종 전이금속의 다핵착물이 알려져 있다.

양성자성 화합물에 의한 리간드 치환반응

음이온성 리간드를 갖는 착물과 양성자성 화합물과의 반응에 의해서, 양성자이동을 수반하는 리간드 치환반응이 알려져 있다. Ru^{II} 하이드록소 착물이나, Pt^{II} 메톡소 착물은 H_2S, HCN과의 반응에 의해서 머캅토 혹은 사이아노 착물이 얻어진다.

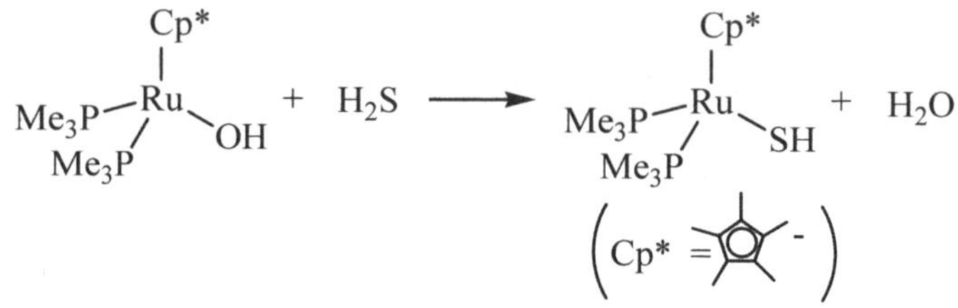

(6.65)

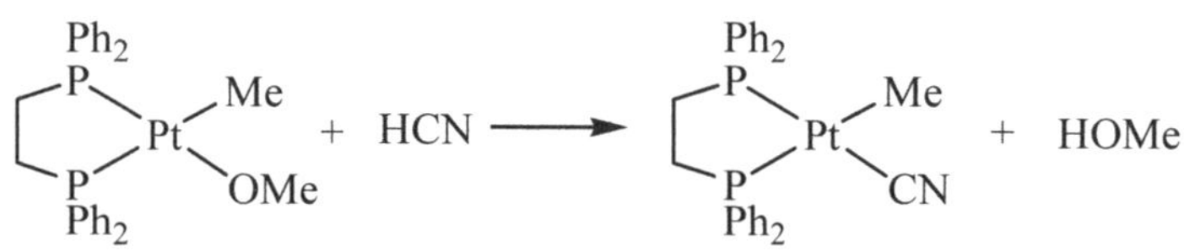

(6.66)

이들 반응은 가역적이고, 그 평형상수는 배위결합의 상대적인 안정성과 관련이 있다.

Ti, Zr 등 전이계열의 앞부분에 있는 유기 전이금속 착물은 앞에서 기술한 반응과 같이 수소교환을 수반한 리간드치환이 쉽게 이루어지지만, 비양성자성 화합물과도 반응한다.

다음에 나타낸 것과 같이, Zr^{IV} 착물은 하이드로실란과의 반응으로 시릴 리간드의 치환이 이루어지고, Lu^{III} 메틸 착물은 동위원소로 표시한 메테인과 반응하여 메틸 리간드의 치환을 이루어진다.

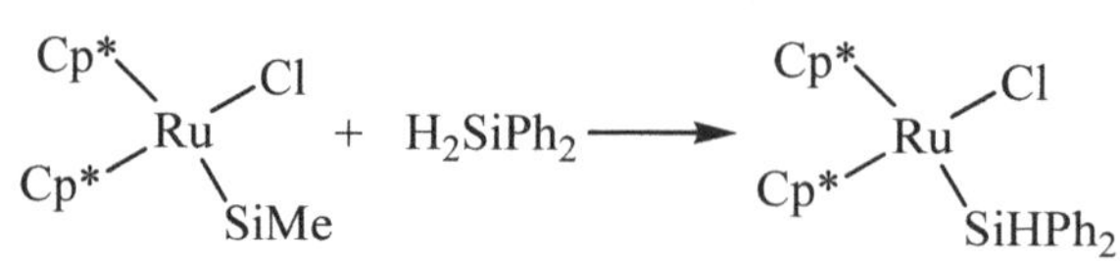

(6.67)

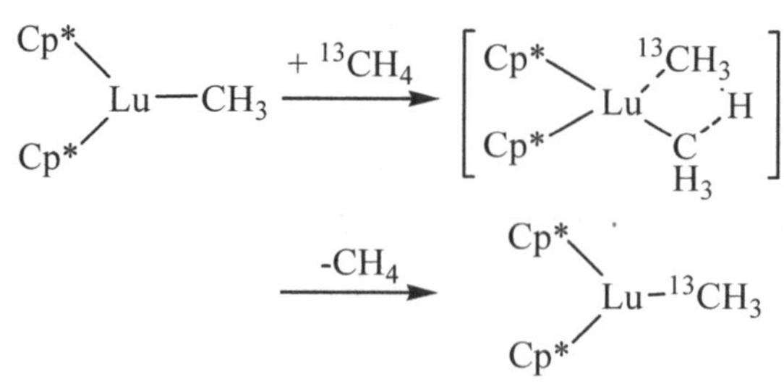

(6.68)

4중심 전이상태를 거치는 이 반응은 금속 착물에 의한 규소-수소, 탄소-수소 결합의 활성화 반응이라고 생각할 수 있지만, 산화성 첨가반응에 의한 탄소-수소결합의 활성화 반응과 다른 메커니즘으로 진행된다.

◎ 금속 치환반응

한 착물의 중심금속이 다른 금속과 치환되는 금속 치환반응에는 2가지 메커니즘이 가능하다. 첫째 리간드가 금속에서 모두 떨어져나가 다른 금속이온과 결합하는 반응이다.

$$\mathrm{ML} \rightleftarrows \mathrm{M} + \mathrm{L} \tag{6.69}$$

$$\mathrm{L} + \mathrm{M'} \longrightarrow \mathrm{M'L} \tag{6.70}$$

둘째 여러 자리 리간드에서 금속과 결합된 배위원자의 일부가 해리되어 다른 금속과 결합한 다리결합의 중간체가 만들어지는 메커니즘이다.

$$\mathrm{M} - \mathrm{L} + \mathrm{M'} \longrightarrow \mathrm{M} - \mathrm{L} - \mathrm{M'} \longrightarrow \mathrm{M} + \mathrm{L} - \mathrm{M'} \tag{6.71}$$

후자의 예로 Ni^{II}의 edta 착물이 Zn^{II}으로 치환되는 반응이 있다. Margerum (1962) 등의 연구는 분광 광도법으로 pH 3~5에서 수행되었다.

$$\left\{\begin{array}{c}[\mathrm{Ni(edta)}]^{2-} \\ \Big\updownarrow \ \text{fast} \\ [\mathrm{Ni(Hedta)}]^{-}\end{array}\right\} + \mathrm{Zn}^{2+} \xrightleftharpoons{k_f} \left\{\begin{array}{c}[\mathrm{Zn(edta)}]^{2-} \\ \Big\updownarrow \ \text{fast} \\ [\mathrm{Zn(Hedta)}]^{-}\end{array}\right\} + \mathrm{Ni}^{2+} \tag{6.72}$$

식 6.72의 왼쪽에서 오른쪽으로 진행되는 반응의 속도상수 k_f(25℃)는 1.5×10^{-4} mol/L·min^{-1}이다. 이 반응과 비슷한 반응은 Cu^{II} 이온에서 일어나지만, 그 반응 속도 상수 k_f(25℃)는 0.98 mol/L·min^{-1}로서 약 6500배로 Ni-Cu일 때가 빠르다.

이 반응에서는 $[Ni(edta)]^{2-}$ 착물의 일부에 Zn이 결합된 중간체가 만들어지고, 그들에서 Ni^{II} 이 떨어지는 단계가 속도 결정단계가 된다. 이 중간체 구조를 추정하기 위해서 edta의 부분적인 구조를 갖는 아세트산이온, 글리신이온, 이미노이아세트산 이온과 Cu^{II} 또는 Zn^{II}과 1 : 1 착물의 생성상수 $\log K_1$를 비교 하면 표 6.20과 같이 이미노이아세트산 착물의 $\log K_1$의 비율이 3,300이 되고, 위의 속도상수의 비율이 6,500에 가깝다. 이와는 달리 아세트산과 글리신에서는 이 비율이 적다.

표 6.20 몇 가지 산 리간드를 가진 Cu와 Zn 착물의 K_1 비교

	Cu 착물 $\log K_1$	Zn 착물 $\log K_1$	K_1의 비
아세트산	1.65	1.03	4.2
글리신	8.38	5.42	910
이미노이아세트산	10.55	7.03	3,300

따라서 반응속도의 차이는 이미노이아세트산을 부분구조로서 가지고 있는 중간체의 안정도 차이에 의한 것으로 생각되며, 반응 중간체는 다음의 구조를 가지는 것으로 추정된다.

3 전자이동 반응

착물간의 전자이동 반응, 즉 산화-환원반응에는 1전자 반응과 2전자 반응이 있고, 1전자이동 반응의 메커니즘에는 내부 배위권과 외부 배위권형이 있다.

용액내에서 금속이온 간에 전자를 주고받는 반응, 즉 한 착물에서 다른 착물로 전자가 이동하는 반응 메커니즘은 내부 배위권형과 외부 배위권형의 2가지 형태가 있다.

용액에서 금속이온은 그 주위의 리간드 또는 배위된 용매분자를 끌어들인다. 이것을 내부 배위권(inner coordination sphere) 간단히 내부권이라 하고, 다음으로 이 바깥을 둘러싼 용매분자가 있는 범위를 외부 배위권(outer coordination sphere) 간단히 외부권이라 한다. 착물에서 리간드의 치환반응이 일어나는 곳은 내부권이고, 착 양이온과 음이온의 회합 등은 외부권에서 일어난다.

용액에서 전자이동에 의한 산화-환원반응 메커니즘으로 외부권형 반응 메커니즘과 내부권형 반응 메커니즘에 대해서 알아보자.

외부권형 반응 메커니즘

Fe^{II} 착물과 Ir^{IV} 화합물과의 반응은 분자간의 빠른 전자이동에 의해서 산화-환원반응이 일어나 Fe^{III} 와 Ir^{III} 착물이 생성된다.

$$[Fe(CN)_6]^{4-} + [IrCl_6]^{2-} \longrightarrow [Fe(CN)_6]^{3-} + [IrCl_6]^{3-} \qquad (6.73)$$

이들 두 반응물은 모두 치환 비활성으로 리간드 치환반응 등 다른 화학반응이 일어나지 않고 산화-환원과정에서 반응속도는 아주 빠르다.[8)] 이 처럼 중심금속 사이에 화학반응을 수반하지 않고 단지 전자이동만 일어나는 것을 외부배위권형 전자이동(outer coordination sphere electron transfer)이라 한다.

Fe^{II}, Fe^{III}의 헥사아쿠아 착물은 모두 낮은 스핀으로 치환 비활성이지만 빠르게 외부배위권형 전자이동에 의해 산화-환원(전자의 자체교환)이 일어난다.

$$[Fe(OH_2)_6]^{3+} + Fe^{*}(OH_2)_6]^{2+} \longrightarrow Fe(OH_2)_6]^{2+} + Fe^{*}(OH_2)_6]^{3+} \qquad (6.73)$$

동위원소 표시를 이용한 실험에서, 이 반응의 활성화 에너지, $\Delta G^{\ddagger}$는 32 $kJmol^{-1}$로 얻어졌다. 반응경로는 그림 6.12(a)의 모형에서 보여준다.

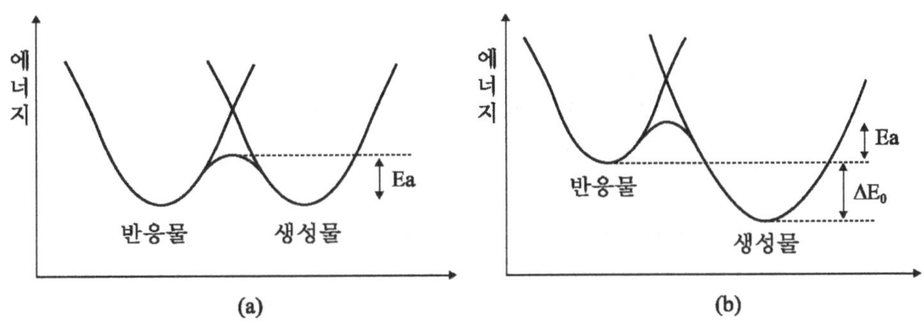

그림 6.12 동핵 금속착물의 전자이동(a)와 이핵 금속착물의 외부배위권 메커니즘에 의한 산화-환원반응(b)의 에너지 도표.

이 반응에서 전자가 이동할 때 금속중심의 위치변화는 없다(Franck-Condon의 원리). 반응의 활성화 에너지는 전이상태에 도달할 때까지 각 반응물의 재

8) 25°C에서의 속도상수는 $k = 1.2 \times 10^5\ M^{-1}s^{-1}$ 이다.

배열(Fe^{II}-O결합이 줄어들고, Fe^{III}-O결합이 늘어나는 등)에 필요한 에너지에 해당한다.

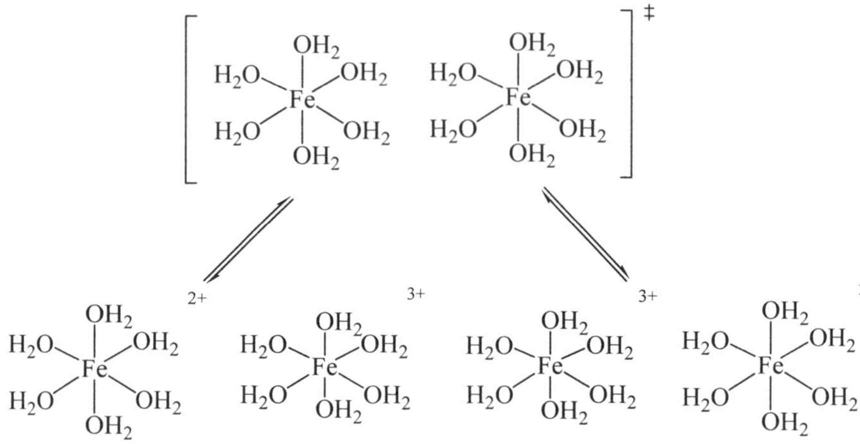

그림 6.13 두 착물 사이에 전자이동이 일어나기 위해서 금속-리간드의 거리가 같은 활성화물을 형성해야 한다. 즉, 착물에서 Fe-O결합의 신장과 압축이 각각 일어나야 한다.

한편, 그림 6.12(b)에서 알 수 있듯이 중심금속이 다른 이핵착물 사이의 전자이동에서 활성화 에너지는 반응물 각각의 재편성 에너지, 반응물과 생성물의 에너지 차이 ΔE_o와도 관련이 있다. 이 점에 대해서 Marcus가 체계적으로 이론적 연구를 수행하여 활성화 에너지와 반응 속도상수를 계산에 의해 예측할 수 있음을 보여주었다. 구체적으로는 ΔE_o는 산화-환원 전위, 재편성 에너지는 전자의 자체 교환반응의 속도상수로부터 추정할 수 있기 때문에, 이들을 이용하여 반응 속도상수의 계산 혹은 실험값과의 비교 등이 이루어지고 있다.

잘 알려진 외부권형 메커니즘에 대한 연구의 예는 표 6.21에 나타내었다.

표 6.21 외부권 반응메커니즘에 의한 전자이동 반응

반 응	측정조건	속도상수 ($M^{-1}s^{-1}$)
$[Co(NH_3)_6]^{2+}$- $[Co(NH_3)_6]^{3+}$ (n~3.6)	6.45℃, 이온강도 = 0.1	$< 2 \times 10^{-10}$
$[Co(H_2O)_6]^{2+}$- $[Co(H_2O)_6]^{3+}$	0.1℃, 황산이온에 의한 이온강도	2.4
$[Ru(NH_3)_6]^{2+}$- $[Ru(NH_3)_6]^{3+}$	25℃, 이온강도 = 0.013, D_2O	8.2×10^2
$[Fe(CN)_6]^{4-}$- $[Fe(CN)_6]^{3-}$	32℃, 0.25M	9.2×10^4
	0.1℃, 1×10^{-4}M	6.0

표 6.21에서 알 수 있듯이, 외부권형 반응도 빠른 것과 느린 것이 있다. 예를 들면 CoⅡ-CoⅢ-암민 착물의 반응은 느리며, $[Co(H_2O)_6]^{2+}$- $[Co(H_2O)_6]^{3+}$의 반응은 암민착물의 10^{10}배 정도 빠르다. 이것은 물이 약한 장 리간드이므로 낮은 스핀 $[Co(H_2O)_6]^{3+}$이 높은 스핀 착물로 되기 쉽기 때문으로 생각된다.

루테늄-암민 착물의 반응(예3)은 코발트-암민 착물의 경우와 달리 두 착물 모두 낮은 스핀으로 t_{2g} 궤도함수에 1개 전자의 차이뿐이다.

$[Ru(NH_3)_6]^{2+}$	t_{2g}^6	RuⅡ - N 2.144 Å	차이 0.04 Å
$[Ru(NH_3)_6]^{3+}$	t_{2g}^5	RuⅢ - N 2.104 Å	

따라서 Ru-N의 길이 차이(0.04 Å)가 적기 때문에 전자이동을 일으키는 데 요구되는 에너지도 적어, 반응이 코발트 착물에서 보다 훨씬 빠르게 일어난다.

착이온의 영향을 받는 예(예4)는, 두 착물 모두 치환 비활성이다. 반응속도는 두 착물의 농도에 비례하며 k는 2차 반응 속도상수이다.

$$\text{속도} = k[Fe(CN)_6]^{4-}[Fe(CN)_6]^{3-} \tag{6.74}$$

32℃, 농도 0.25 mol/L에서 ^{14}N NMR 측정으로 구한 k는 9.2×10^4 $mol/L{\cdot}s^{-1}$이다. 속도는 알칼리 금속($Cs^+ > Rb^+ > K^+ \sim NH_4^+ > Na^+ > Li^+ > H^+$), 알칼리 토금속 ($Sr^{2+} > Ca^{2+} > Mg^{2+}$)의 영향을 받아 다음과 같은 활성화물(activated complex)을 거쳐서 전자이동이 진행된다고 생각된다.

$$[KFe^{III}(CN)_6]\cdots K\cdots[Fe^{II}(CN)_6]^{4-} \tag{6.75}$$

이 반응을 0.1℃, 1×10^{-4} mol/L인 묽은 용액에서 철의 방사성 동위원소를 이용해서 측정한 속도상수는 작아, 농도 0으로 외삽하면 6.0 $mol/L{\cdot}s^{-1}$인 작은 값이 된다.

내부권형, 외부권형의 어느 메커니즘으로 전자이동이 일어나는 가를 판정하는 근거로 다음과 같은 경우에는 외부권형 메커니즘으로 반응이 일어난다고 알려져 있다.

- ○ 양쪽 착이온의 리간드 치환반응보다 전자이동 반응이 현저히 빠른 경우, 이때에는 리간드 치환보다도 전자이동 쪽이 먼저 일어난다.
- ○ 중심금속의 산화상태 차이에 의한 금속-배위원자 간에 거리의 차이가 적

고, 또한 전자 스핀다중도의 재배열에 필요한 에너지가 비교적 적을 때.

ㅇ 한쪽 착이온이 치환활성이지만, 다른 착이온에 다리를 형성하는 리간드가 없는 경우.

내부 배위권형 메커니즘

전자이동 과정에서 리간드 교환반응을 수반하는 산화-환원반응을 내부 배위권형 메커니즘이라 한다. 대부분 착물의 산화-환원반응은 이 경우에 해당한다. 산 수용액에서 $[CoCl(NH_3)_5]^{2+}$와 $[Cr(H_2O)_6]^{2+}$의 산화-환원반응은 식 6.76과 같이 진행된다.

$$[CoCl(NH_3)_5]^{2+} + [Cr(H_2O)_6]^{2+} \longrightarrow [Co(NH_3)_5(H_2O)]^{3+} + [CrCl(H_2O)_5]^{2+} \quad (6.76)$$

$$[CoCl(NH_3)_5]^{2+} + [Cr(H_2O)_6]^{2+} \rightleftharpoons [(NH_3)_5Co{-}Cl{\cdots}Cr(H_2O)_5]^{4+} + H_2O$$

$$\longrightarrow [(H_3N)_5Co{\cdots}Cl{-}Cr(H_2O)_5]^{4+} \xrightarrow{H^+} [Co(H_2O)_6]^{2+} + [CrCl(H_2O)_5]^{2+} + 5NH_4^+ \quad (6.77)$$

여기서 $[Cr(H_2O)_6]^{2+}$는 치환활성이지만 Cr^{III} 착물은 치환 비활성이고, 생성물인 $[CrCl(H_2O)_5]^{2+}$는 $[Cr(H_2O)_6]^{3+}$ 와 유리된 Cl^-이온과의 반응에서 생성되지 않기 때문에, $[CrCl(H_2O)_5]^{2+}$이 생성되는 것은 이 반응이 다리결합 Cl^-이온 리간드의 중간체를 경유하는 내부배위권형 메커니즘으로 진행한다는 것을 말해준다.

이 전자이동의 반응은 빠르므로, 두 착물을 혼합한 다음 아주 빠르게 흡광도를 측정하여 (stopped flow method) 속도상수를 구할 수 있다. 할로젠의 다른 펜타암민 착물의 결과는 표 6.22에 나타내었다.

표 6.22 $[CoX(NH_3)_5]^{2+}$의 Cr^{2+}에 의한 환원속도

(25℃, 이온강도=0.1)

코발트(Ⅲ) 착물	속도상수($mol^{-1}dm^3s^{-1}$)
$[CoF(NH_3)_5]^{2+}$	2.5×10^5
$[CoCl(NH_3)_5]^{2+}$	6×10^5
$[CoBr(NH_3)_5]^{2+}$	14×10^5
$[CoI(NH_3)_5]^{2+}$	30×10^5

할로젠이 F, Cl, Br, I의 순으로 바뀌면 코발트 착물의 안정도가 낮아져 반응속도가 증가 된다.

그밖에 내부권형 반응의 몇 가지 예를 표 6.23에 나타낸다.

표 6.23 내부권형 전자이동 반응의 예(25℃, 이온강도 0.1)

	반응계	속도상수($mol^{-1}dm^3s^{-1}$)
(1)	$V^{2+}(aq)$-$[CoF(NH_3)_5]^{2+}$	3.95(μ = 2.0)
(2)	$Cr^{2+}(aq)$-$[Co(SCN)(NH_3)_5]^{2+}$	0.8×10^5(인접공격)
(3)	$Cr^{2+}(aq)$-$[Co(SCN)(NH_3)_5]^{2+}$	1.9×10^5(원격공격)

* 이들 반응은 빠르기 때문에 stopped flow 법으로 반응용액을 혼합하여 흡광도를 측정하는 방법으로서 연구되어 있다.

표 6.23의 (1)에서는, V^{2+}에 배위된 물분자의 치환에 의해 활성화물이 만들어지는 단계가 속도 결정 단계로 생각되는 반응이다.

$$V^{2+}(aq) + [CoF(NH_3)_5]^{2+} \longrightarrow [(H_2O)_{n-1}V^{II}\text{-F-}Co^{III}((NH_3)_5]^{4+} + H_2O \qquad (6.78)$$

이 반응 전체의 속도상수는 3.95 mol/L·s^{-1}(25℃)로서, V^{2+}(aq)에 배위된 물의 치환속도 90 s^{-1}(25℃)와 거의 비슷하므로, 식 6.78이 속도 결정 단계가 된다. 할로젠이 다른 펜타암민 $[CoX(NH_3)_5]^{2+}$, X=Cl, Br, I 착물과 $V^{2+}(aq)$의 반응은 $[CoF(NH_3)_5]^{2+}$와 달리 모두 외부권형 반응이다.

표 6.23에서 (2)와 (3)은 $Cr^{2+}(aq)$이 S배위의 SCN^-를 포함하는 $[Co(SCN)(NH_3)_5]^{2+}$과 반응 할 때, S와 N중에 어느 것을 공격하는가에 따라서 생성물이 다른 반응이다.

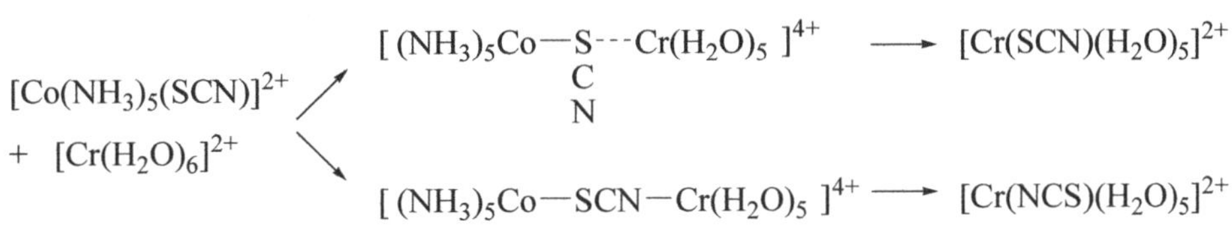

(6.79)

식 6.79에서 위 식은 Cr^{2+}이 SCN^-의 Co^{3+}에 가까운 S를 공격하므로 인접 공격(adjacent attack)이고, 아래 식은 먼 N을 공격하는 것으로 원격 공격(remote attack)이라 한다. 인접 공격 쪽이 Cr^{2+}와 반응하기 어려워서 속도상수가 적다. 실제 반응에서는 양쪽 반응이 함께 일어나고, Cr^{III}의 (-SCN)과 (NCS)의 두 착물이 생성된다.

내부배위권형의 전자이동은 ① 다리결합 리간드를 갖는 전구체의 형성, ② 전구체의 금속 간 전자이동, ③ 다리결합 리간드의 한 결합이 끊어져서 생성물 생성 등을 포함한 다단계 반응을 거친다. 따라서 전 과정의 활성화 에너지를 구하여 어느 단계가 속도결정 단계인지를 알 필요가 있다. 예를 들면, ②가 속도 결정 단계인 반응은 외부배위권 반응에서 이용한 것을 적용할 수 있으며 계산적으로 활성화 에너지의 주요한 단계를 알 수 있다. 한편, ①이 속도결정 단계인 반응에서 반응속도는 다리결합 리간드가 반응물의 배위권에 새롭게 치환되는 속도가 지배적이므로 착물의 치환반응성이 반응속도 고찰에서 중요하다.

전기화학적인 산화-환원 반응

전극의 산화 혹은 환원에 의해서 금속착물을 산화 또는 환원시킬 수 있다. 이들은 실험적으로 CV 등을 측정하여 산화환원의 전위를 결정하거나 혹은 반응을 해석할 수 있다.

Ferrocene, $Fe(C_5H_5)_2$는 0.15 V(vs. SCE: 수용액에서)로 비교적 작은 환원전위를 가지며, 쉽게 1개 전자가 산화된 철(Ⅲ)중심을 갖는 페리시늄형의 비스시클로펜타다이에닐철(I)을 생성한다.

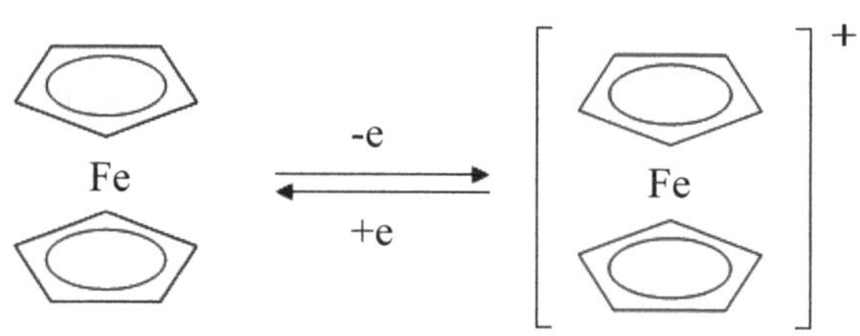

페리시늄의 산화전위가 높아서 보통 더 이상 산화되지 않는다. 그러나 그림 6.13(a)의 페로센 유도체는 전극산화에 의해서 페리시늄 형을 경유하여 2전자 산화생성물로 안정하게 된다. 이것은 알킬이 치환된 시클로펜타다이에닐 리간드의 전자주개성이 증가된 것과 아세토니트릴의 배위에 의해서 높은 산화상태가 안정화된 때문이다.

(a)

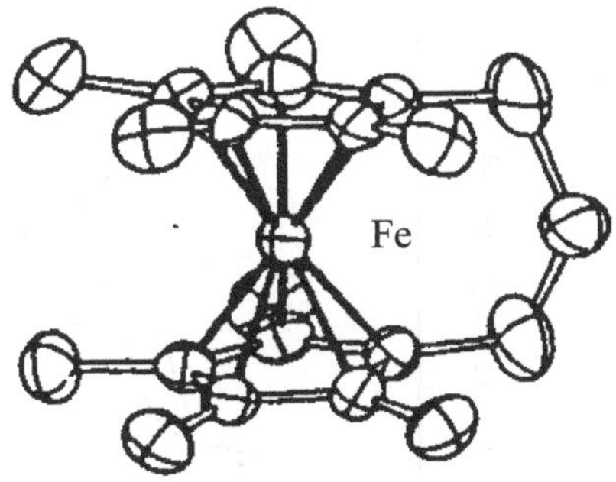

(b)

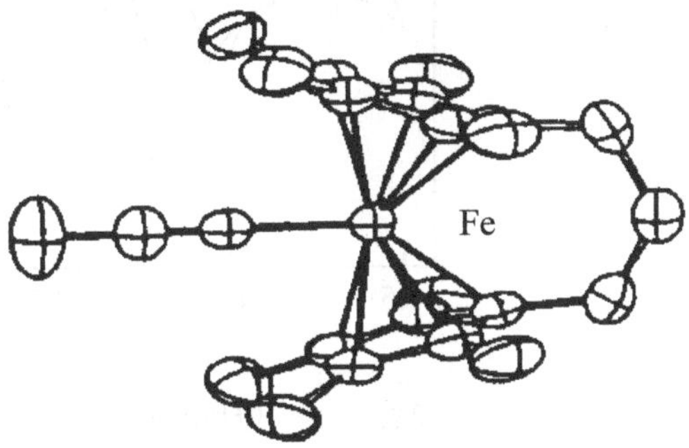

그림 6.13 trimethylene으로 다리결합된 페로센 유도체(a)와 아세토니트릴이 배위된 2전자 산화물(b)의 결합구조.

2개의 페로센을 가진 분자의 산화환원은 구조에서 보다 흥미로운 결과를 보여준다. 2개 시클로펜타디에닐 리간드를 2개 아세틸렌기에 결합시킨 화합물 A의 CV는 2개의 산화-환원 피크가 각각 관찰된다. 한편 1개의 아세틸렌기로 리간드가 연결된 화합물 B는 1종류의 산화-환원 피크를 나타낸다(그림 6.14). 이러한 실험결과에 대한 해석으로 앞의 것은 1 전자 산화된 Fe^{II}-Fe^{III}의 구조를 갖는 혼합원자가 상태에서 분자내의 철원자간의 가역적인 전자이동이 빠르게 일어나 2개의 철 원자가가 균등화되기 때문에, 이것이 계속해서 1개 전자가 산화되는데 요구되는 전위가 처음의 산화환원 전위보다도 높기 때문으로 볼 수 있다. 화합물 B의 1전자 산화생성물인 혼합원자가 상태는 전자교환이 느려서 2개 철의 산화는 독립하여 일어나기 때문에 각각이 Fe^{II}(페로센형)에서 Fe^{III}(페리시늄형)으로 산화는 같은 전위에서 일어난다. 그밖에 많은 비페로세닐, 비페로세니렌 유도체의 혼합 원자가상태의 전자이동은 뫼스바우어 스펙트럼 등을 이용하여 연구되고 있으며, 전자이동반응과 분자구조와의 관련이 밝혀지고 있다.

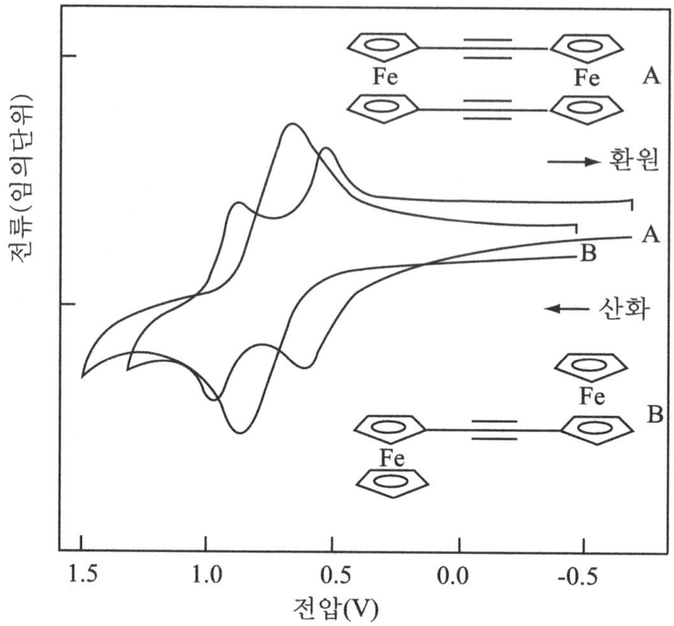

그림 6.14 아세틸렌기를 가진 복핵 페로센의 CV 그림

이와 같이 2개의 산화수를 갖는 금속중심을 갖는 혼합 원자가상태에서 금속간의 전자이동이 빠르게 일어나기 때문에 원자가가 균등화된 상태로서 관측되는 사실은 1차원 백금다핵 착물이나 μ-옥소 3핵 철(혹은 루테늄 또는 망간) 착물에서도 알려지고 있다.

유기화합물에 의한 착물의 산화-환원 반응

착물의 산화-환원반응은 금속착물을 반응물로 사용하는 이외에 산소, 과산화물, 전자주개성 유기화합물 등 각종 반응물에 의해서도 일어난다. 이들 반응의 형태나, 메커니즘은 다양하지만, 예를 들면, 다음의 반응이 알려지고 있다.

$$4[Co(H_2O)_6]Cl_2 + 4NH_4Cl + 20NH_3 + O_2 \rightarrow 4[Co(NH_3)_6]Cl_3 + 26H_2O \quad (6.80)$$

$$2[Co(CN)_5]^{3-} + R-X \rightarrow [CoR(CN)_5]^{3-} + [CoX(CN)_5]^{3-} \quad (6.81)$$

4 리간드의 반응

착물이 외부에서 가하는 시약과 화학반응에 의해 새로운 결합을 형성하거나, 리간드의 산화환원반응이 일어나는 것이 알려지고 있다. 이들은 금속 착물을 이용한 유기 또는 무기화합물의 합성반응 메커니즘을 이해하는데 중요하다. 한편 이들 반응에는 다소 차이가 있어도 금속에 배위함으로서 리간드의 구조 혹은 전자상태의 변화를 가져오기도 하므로 이와 관련된 화학반응도 흥미롭다.

아민 리간드의 반응

Werner 착물에서 가장 일반적인 리간드인 1차 아민은 그 자체로 높은 친핵 반응성을 갖지만, 배위된 아민도 어느 정도 친핵 반응성을 가지고 있어 결합형성 반응에 관여한다. 식 6.82와 같이 Ni^{2+}이온 존재 하에서 트라이에틸렌테트라아민(trien)을 글리옥살(OHC-CHO)과 반응시키면, 다이이민구조를 포함하는 거대고리 리간드를 갖는 Ni 착물이 얻어진다.

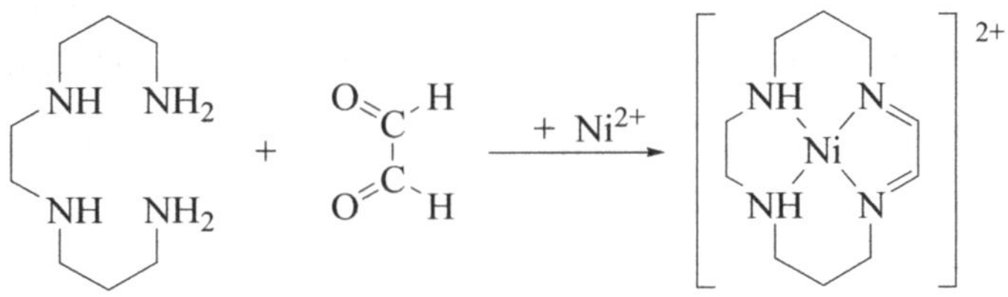

(6.82)

이 반응에서는, trien이 니켈에 배위된 상태에서 그의 1차 아민의 질소원자가 글리옥살의 카보닐 탄소에 친핵반응으로 새로운 C=N결합이 형성된다. 금속이 존재하지 않을 때는 선형 중합체를 시작으로 하는 부생성물의 생성이 예상된다. 이 경우, 고리생성물이 비교적 좋은 수율로 얻어지는 것은 아민이 Ni에 평면 4배위하여, 글리옥살의 2번째 카보닐기가 좋은 선택성을 가져 분자 내에 남은 1차 아민과 반응하여 결합을 형성하기 때문이다. 이와 같이 리간드 반응에 있어서, 금속에서 리간드의 구조와 반응에 관여하는 외부로부터의 기질배향 등이 잘 조정되는 반응을 주형반응(template reaction)이라 한다.

$[Ni(en)_3]^{2+}$는 아세톤과 반응으로 이민 혹은 2차 아민을 포함하는 4자리 거대고리 리간드를 갖는 착물을 생성한다.

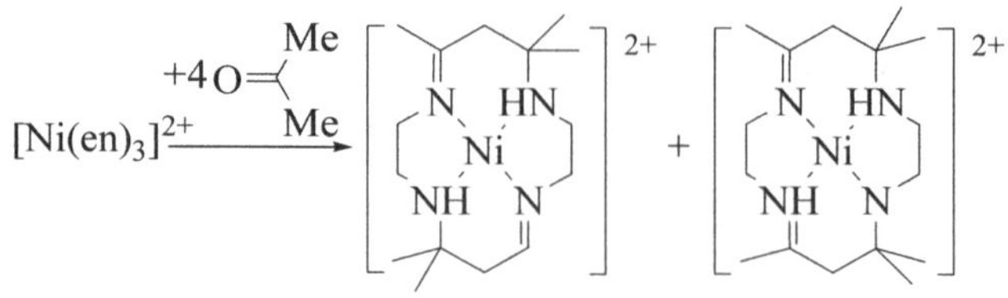

(6.83)

이것은 알돌형태 반응을 포함하는 주형반응이며, 아세톤 이합체와 같은 디아세톤알콜 혹은 α,β-불포화 케톤도 같은 반응을 일으켜 고리 리간드를 갖는 착물을 생성한다. 같은 반응은 Cu^{2+}, Fe^{3+}이온을 비롯하여 각종 전이금속에서 알려져 있다.

이러한 반응에서 생성된 착물의 C=N결합을 수소화한 후 CN^-이온을 첨가하여 중심금속을 제거하면, 거대고리 폴리아민을 얻을 수가 있다. 거대고리 폴리아민류는 각종 기능을 갖는 금속착물의 지지 리간드로서 널리 사용되고 있다. 한편, 금속에 배위한 폴리아민의 2차 아민부분을 산화제에 의해 탈수소하여 이민으로 변환하는 것도 가능하다.

아미노산 리간드의 반응

각종 금속 착물을 이용하면 아미노산의 에스테르 가수분해가 촉진된다는 것이 알려져 있다. 다이아민 혹은 폴리아민 리간드를 갖는 Co^{III} 착물을 이용하는 반응에서 아미노산 에스테르나 펩타이드의 가수분해 반응 및 반응 메커니즘에 대한 연구가 이루어져 있다.

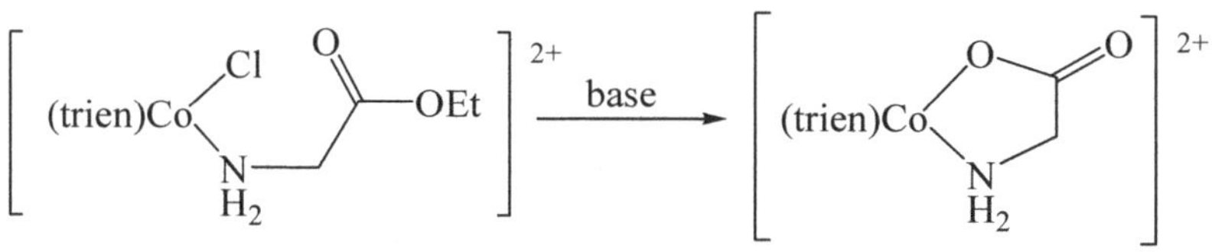

(6.84)

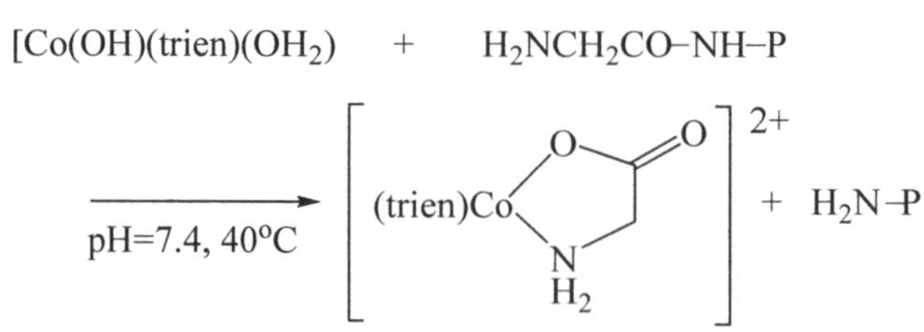

(6.85)

(trien = triethylenetetramine, P = peptide chain

이들 반응에는 생체반응에 관련된 펩타이드 절단과정의 메커니즘에 관한 지식을 얻을 수 있다. 카이랄 폴리아민 리간드를 갖는 Co^{III} 아미노산 착물의 부분 입체이성질체를 분리하여 광학활성인 아미노산 착물을 얻을 수 있다. 더욱이 그림 6.15에서 보여주는 것과 같이 폴리아미노산을 사용할 경우 염기성 조건하에서 아미노산의 비대칭 탄소의 에피메리화(epimerization)가 일어나는 것을 이용하여 그 비대칭 변환을 일으킬 수 있다. 또한 프로카이랄한 아미노말론산 유도체가 배위한 착물의 입체선택적 탈탄산반응도 아미노산 리간드의 비대칭 합성법으로 알려져 있다.

(1) 카이랄의 변환

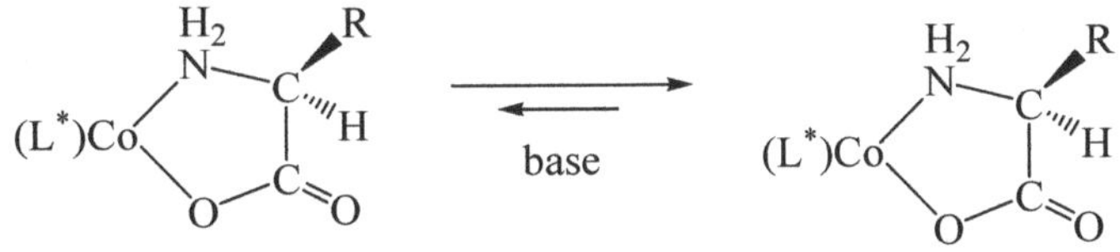

(2) 카이랄탄산의 이탈

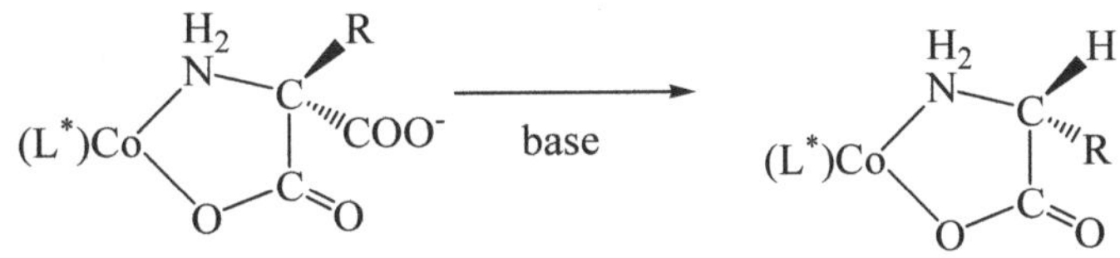

그림 6.15 Co^{III} 착물에 의한 아미노산의 카이랄 변환과 프로 카이랄인 아미노알킬말론산의 탈탄산(L*는 카이랄인 테트라아민 리간드)

앞의 폴리아민 리간드와 마찬가지로 아미노산 리간드의 아미노메틸렌기 부분의 산화에 의해 이민을 생성할 수 있다.

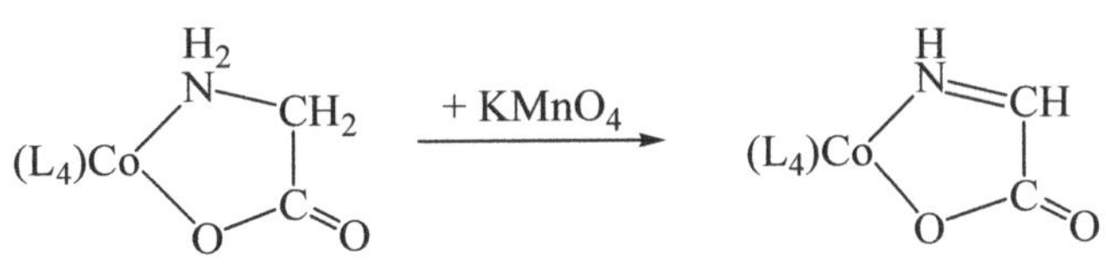

(L_4=2,3,2-tetraamine 유도체) (6.86)

이 반응에 의해 보통의 방법으로는 합성을 할 수 없는 이미노카르본산 리간드를 착물에서 합성할 수 있게 되었다.

제7장

유기금속 화학

이 장에서는 금속과 탄소가 직접 결합하는 화합물 즉, 유기금속 화합물 그 중에서도 주로 유기전이금속 착물의 합성방법, 결합, 구조 및 반응 등을 다룬다. 그리고 각종 화학반응에서 금속착물의 촉매작용 등을 간단히 소개하고 아울러 착물화학의 전망에 대하여 살펴본다.

1 유기금속 화학의 기초

유기금속 화학의 역사

유기금속 화학은 다른 화학분야에 비해 급속한 성장을 가져온 화학의 한 분야이다. 먼저 유기금속 화학의 역사적 변천과정을 대표적인 몇 가지 화합물을 들어 표 7.1에 나타내었다.

표 7.1 유기금속화학의 발전과정

연도	유기금속 화학의 역사
1827	Zeise염 $K[(C_2H_4)PtCl_3]$의 발견
1868	Schutzenberger, 첫 카보닐착물 형성, $PtCl_2(CO)_2$
1890	Mond, $Ni(CO)_4$합성
1891	Mond와 Berthelot, $Fe(CO)_5$의 합성
1925	Fischer-Tropsch 합성과정 발견 Reihlen, 1, 3-butadiene-iron tricarbonyl 합성
1938	Roelen, 코발트 촉매의 옥소화 과정 발견
1938	Calvin, 아세테이트구리에 의한 퀴논의 수소화, 균일촉매 발견
1938	Lucas와 Winstein, 은-올레핀 착물연구
1939	Iguchi, 로듐에 의한 수소화 균일촉매 발견
1938~1945	Reppe's 그룹, 많은 균일촉매계 발전시킴
1951	Orgel, Pauling 과 Zeise, 금속카보닐의 역결합 설명 Kealy와 Pauson과 Miller등 페로센 $(\eta^5\text{-}C_5H_5)_2Fe$ 발견
1952	Wilkinson, Rosenblum, Whiting, Woodward 등 페로센 샌드위치 구조 제안 F. O. Fischer cobalticinium 양이온 설명. Cotton과 Wilkinson, 유동성분자 $C_5H_5Fe(CO)_2C_5H_5$
1955	Halpern, 균일촉매 수소화반응 메카니즘 연구 Ziegler 와 Natta, 금속촉매에 의한 올레핀 중합 반응 발견
1956	Longuet-Higgins 와 Orgel 안정한 싸이클로부타다이엔 착물 예견
1958	$[CpMo(CO_3)]_2$ 와 구조 발견, 리간드 다리결합 없는 금속-금속 결합 Criegee 와 Hubel, 안정한 싸이클로부타다이엔 합성
1959	Shaw 와 Chatt, 산화성 첨가 반응 연구
1961	Crowfoot-Hodgkin, 비타민 B_{12} 조효소의 X선-구조분석 Vaska : Vaska Complex, $IrCl(CO)(PPh_3)_2$
1964	Fisher- 첫 카르벤착물의 분리 Banks, 올레핀 메타합성 반응 발견
1965	Allen 과 Senoff- 첫 이질소착물 발견 G. Wilkinson, R. S. Coffey, Wilkinson 촉매 발견

최초의 유기 전이금속 착물은 1827년 덴마크에 약제사 Zeise가 합성한 아주 안정하고 합성이 쉬운 백금과 에틸렌의 화합물인 Zeise염이다. 그로부터 약 50년이 지난, 1890년에 Mond에 의해서 발견된 니켈과 일산화탄소로부터 $Ni(CO)_4$의 합성법이 알려졌다. 1900년 초, 아연, 마그네슘 및 납 등의 알킬과 아릴착물이 합성되기 시작하여, 그와 비슷한 전이금속 착물의 연구에 더욱 용기를 주었다. 이렇게 발전된 유기금속 화학은 무기화학과 유기화학의 경계영역으로서, 많은 금속과 탄소결합을 가진 유기금속화합물이 합성되어 그의 반응성과 구조가 밝혀지게 되어 학문의 한 영역으로 자리 잡게 되었다.

유기금속 화합물

유기금속 분자(organometallic molecule)는 1개 이상의 탄소원자가 직접 금속원자에 결합되어 만들어진 화합물(M-C)을 말한다. 유기금속 화학은 무기화학의 한 분야로써 유기화학과 재료화학에서 중요한 역할을 수행한다. 또한, 생화학과 분석화학 분야에서도 다소 적지만 중요한 역할을 담당하고 있다. 대표적인 유기금속화합물은 금속알킬, 금속아릴, 금속 카보닐(M-CO), 금속시안화물(M-CN) 및 금속-카바이드 화합물(예를 들어 CaC_2) 등이 있으며, 또한 P, S 등을 전자주개로 하는 화합물도 넓은 의미에서 유기금속 화합물에 포함된다.

유기금속 화합물은 금속에 따라서 일반적으로 Na, K, Rb, Cs 및 Mg 등의 이온결합성 화합물과 Zn, Cd 및 Hg와 Al을 제외한 Ⅲ족, Ⅳ족 및 Ⅴ족의 전형금속 화합물, 전이금속 화합물 등으로 구분이 된다. 그리고 금속에 결합하는 리간드는 주로 금속에 결합하는 탄소수에 따라서 다음과 같이 분류한다.

1 탄소결합 리간드: $-CH_3$, $-C_6H_5$, $-CR{=}CR_2$, $-C_5H_5$, -C=CR, -C(O)R 및 carbene($:CX_2$)
2 탄소결합 리간드: olefin -C=C-, $-C{\equiv}C-$
3 탄소결합 리간드: σ-aryle 또는 σ-enyl(σ $-CH_2-CH_2-CH_2$)
4 탄소결합 리간드: 1,4-butadiene, cyclobutadiene
5 탄소결합 리간드: cyclopentadienyl
6 탄소결합 리간드: benzene

유기금속 화합물의 합성

- 금속-카보닐 화합물

금속-카보닐 화합물은 일산화탄소를 포함하는 화합물로써 여러 가지 촉매반응 및 유기금속화합물의 전구물질의 합성에 이용된다.

- **M-CO의 결합** 일산화탄소는 Lewis 구조에서 각 원소에 하나의 전자쌍을 가지고 있어 금속에 대하여 전자주개로써 작용할 수 있다.

$$:C\equiv O:$$

일산화탄소가 전이금속에 결합할 경우 2가지 요소에 의해서 결합이 형성된다. 첫째, 일산화탄소의 분자궤도함수에서 HOMO에 해당하는 탄소의 고립전자쌍이 금속의 빈 d 궤도함수에 전자쌍을 제공하여 σ 결합을 형성한다. 둘째, σ 결합 형성으로 금속의 전자밀도를 증가시켜서, 금속의 채워진 d 궤도함수가 일산화탄소의 빈 π^* 궤도함수로 전자를 제공하여 π 역결합(π -back bonding 혹은 back donation)이 형성된다. 이 두 요소는 서로 협동적(synergitic)으로 작용하며, 특히 낮은 산화상태를 가진 전이금속과 쉽게 결합을 형성한다.

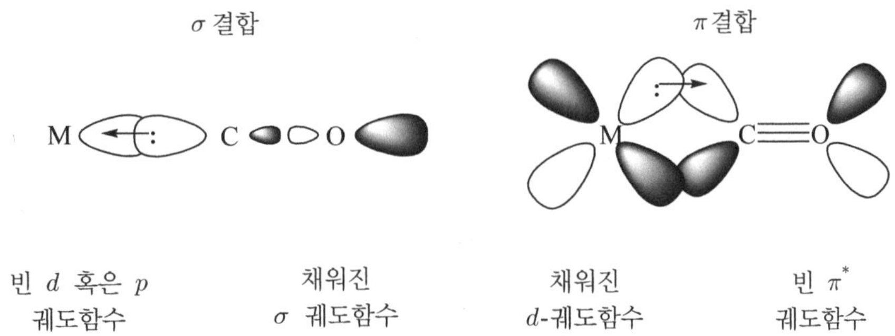

그림 7.1 M-CO 결합에서 궤도함수의 겹침

이와 같이 낮은 산화상태의 금속과 결합을 잘 형성하는 리간드를 π전자 받개 리간드(또는 π산 리간드)라고 하며, CO, CN^-, NO^+ 및 NOR 등이 있다. 이들 리간드는 모두 빈 π^*궤도함수를 가지고 있어, 그림 7.1과 그림 7.2에서 보는 바와 같이 금속의 채워진 d 궤도함수와 결합을 형성하며, 그 결과 M-C

간의 결합차수는 증가되고 CO간의 결합차수는 감소된다.

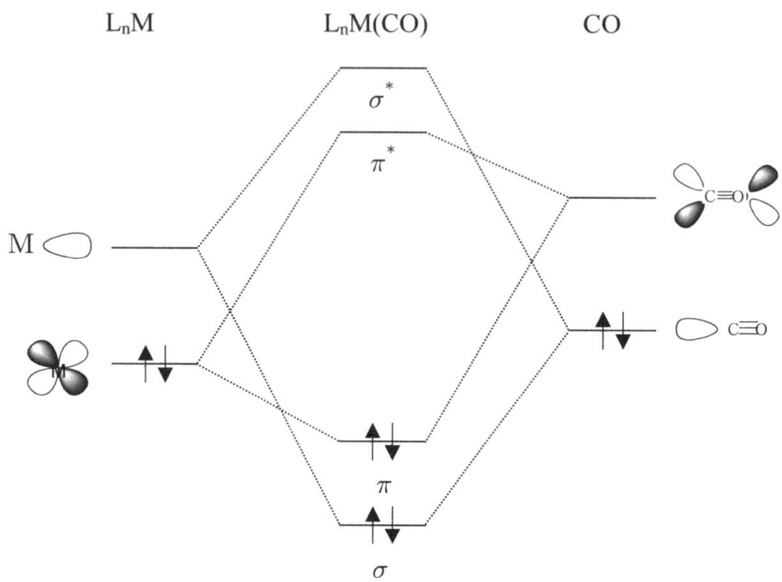

그림 7.2 L_nM–CO의 MO 도표.

CO의 전형적인 결합형태는 M-CO와 같은 형태의 말단결합이다. 그러나 그림 7.3과 같은 궤도함수의 겹침에 의해서 다리결합을 형성하는 경우도 알려져 있다.

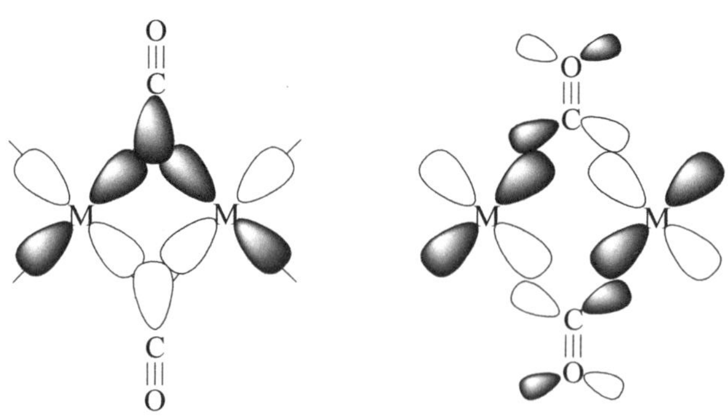

그림 7.3 M–(CO)–M 결합에서 궤도함수의 겹침

이러한 결합형태는 적외선 스펙트럼에 의해서 쉽게 확인이 가능하다.

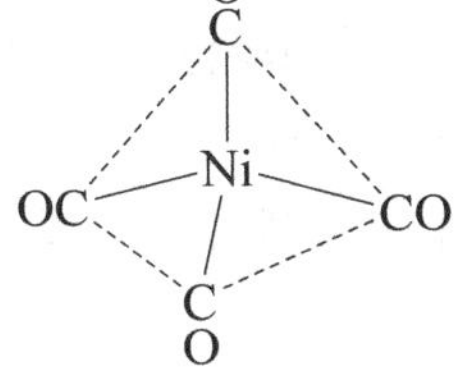

Free CO : d_{CO} = 1.128 Å, ν_{CO} = 2143 cm^{-1}
Terminal CO : 2120~1850 cm^{-1}
d_{CO} =1.12~1.18 Å, ν_{CO} = 2057 cm^{-1}

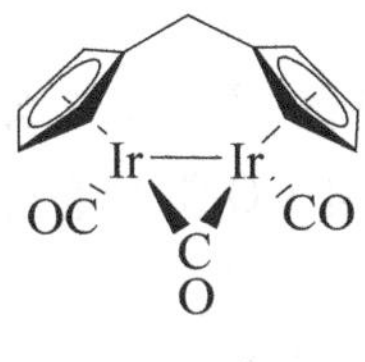

μ^2-Bridging CO : 1850~1750 cm^{-1}
d_{CO} =1.17~1.22 Å,
ν_{CO} = 2002(s), 1959(w), 1776(m) cm^{-1}

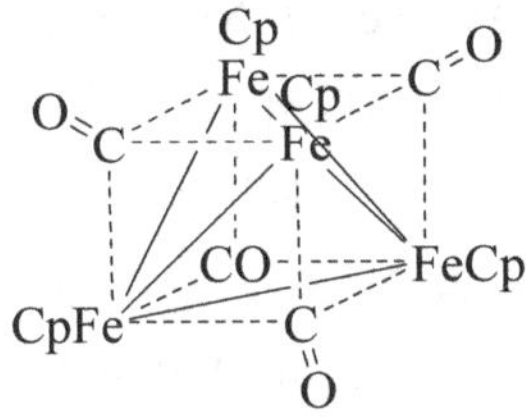

μ^3-Bridging CO : 1730~1620 cm^{-1}
d_{CO} =1.197~1.209 Å,
ν_{CO} = 1620 cm^{-1}

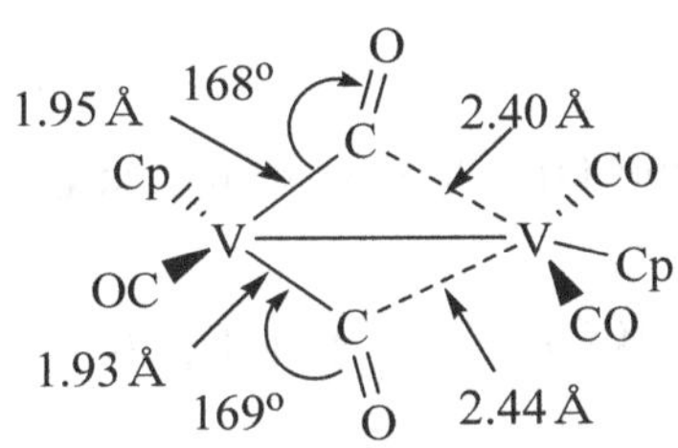

Semibridging CO(μ^2와 같으나 비대칭)
ν_{CO} = 1871, 1832 cm^{-1}

금속-카보닐 착물의 적외선 스펙트럼은 중심금속의 음전하가 증가할수록 CO의 신축진동이 약 100 cm^{-1} 정도 감소한다. 그리고 금속에서 다른 리간드의 σ-주개 능력이 좋을수록(π-받개 능력이 나쁠수록) CO의 신축진동이 감소하는 경향을 보인다.

전이금속의 카보닐 화합물, $M(CO)_6$은 흔히 다른 화합물의 합성에서 출발물질로 많이 쓰인다.

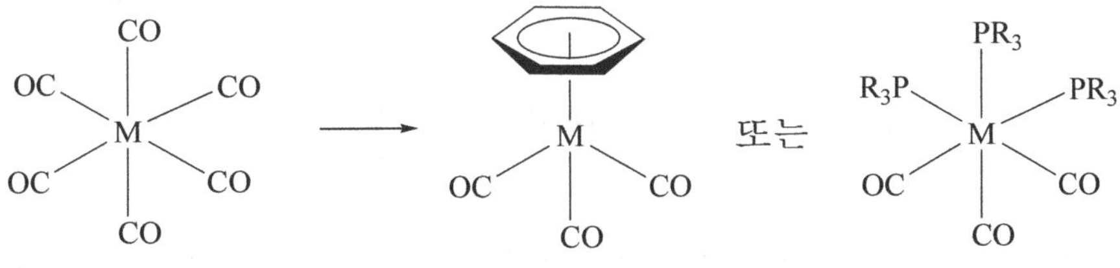

M = Cr, Mo, W

이 때 면상에 있는 CO는 다른 리간드와 쉽게 치환될 뿐만 아니라, 나머지 카보닐은 산화 또는 열분해를 억제하여 착물의 안정화를 돕는다. 또한 IR에서 CO의 신축진동 흡수띠를 해석하여 착물의 구조나 전자상태를 해석하기 용이하다. 따라서 금속-카보닐 화합물 및 그의 유도체의 물리적 및 화학적인 연구가 많이 이루어지고 있다.

- **M-CO의 합성** 금속 카보닐 화합물의 합성은 CO를 금속에 직접 반응시키거나 환원제(자체 환원도 있다)와 금속염 존재 하에서 CO를 반응시키는 환원성 카보닐화 반응 등 2가지 방법을 흔히 사용한다.

온화한 조건에서 CO와 직접 반응하는 금속인 Fe 와 Ni은 직접 반응에 의해 합성하거나 전구물질을 CO 존재 하에서 환원시켜서 합성할 수 있다. 가장 잘 알려진 카보닐 화합물은 Ni 금속에 직접 일산화탄소(CO)를 반응시켜 합성한 $Ni(CO)_4$이다. $Ni(CO)_4$는 열분해가 잘 일어나므로 금속 Ni의 정제에 이용된다.[1] 철 및 텅스텐 카보닐 화합물의 합성에 대한 반응식은 다음과 같다.

$$Ni^0 + 4CO \xrightarrow[1atm]{25^oC} Ni(CO)_4 \quad \text{무색 액체, b.p. } 34^oC \tag{7.1}$$

$$Fe^0 + 5CO \xrightarrow[200atm]{200^oC,\ 15hr} Fe(CO)_5 \quad \text{황색 액체, b.p. } 103^oC \tag{7.2}$$

$$WMe_6 + 9CO \longrightarrow W(CO)_6 + 3Me_2CO \tag{7.3}$$

또한, 금속염으로부터 카보닐 화합물의 합성은 무수 아세트산 용매에서 CO와 수화된 아세트산염을 H_2로 환원시켜서 수화된 물을 아세트산으로 변화시키는 것이다.

$$2Co(CH_3CO_2)_2(H_2O)_4 + 8(CH_3CO)_2O + 8CO + 2H_2 \longrightarrow Co_2(CO)_8 + 20CH_3COOH \tag{7.4}$$

또한, 무수염일 경우 환원제로 알루미늄, Al을 이용하기도 한다.

1) 1888년 영국 ICI(Imperial Chemical Industries)에서 CO에 대해서 연구하던 Ludwig Mond는 금속 니켈에 접촉하였을 때 기대하지 않았던 무색 휘발성 물질, $Ni(CO)_4$이 합성되고, 이 물질을 가열하면 열분해반응에 의해서 순수한 니켈을 얻을 수 있음을 발견하였다. 이것이 잘 알려진 Mond법이다.

$$CrCl_3 + Al + 6CO \xrightarrow[C_6H_6]{AlCl_3} Cr(CO)_6 + AlCl_3 \quad (7.5)$$

금속-알킬(M-C, σ-결합) 화합물

금속-탄소, M-C의 σ-결합은 알킬 또는 아릴 등의 금속 화합물을 말한다. 전이금속-알킬 화합물은 올레핀의 polymerization, hyroformylation과 같은 중요한 유기금속반응에서 다양한 역할을 한다.

최초 금속-알킬 화합물은 1848년 Frankland가 'ethyl radical'을 만들기 위해서 Zn과 CH_3CH_2I를 반응시켰을 때 EtZnI와 $ZnEt_2$가 분리된 것이다. 전이금속-알킬 화합물은 1907년 Pope에 의해서 처음으로 $PtMe_3I$가 보고 되었지만, 화합물의 구조는 50년이 지날 때까지 밝혀지지 않았다. 그 후 전형금속과 유사한 전이금속-알킬 화합물을 합성하기 위한 많은 노력이 있었지만 착물을 안정화시키는 π-산 리간드가 존재하지 않을 때 전이금속-탄소의 σ-결합이 본질적으로 불안정하여 1950년대 말까지 실패를 거듭하였다. 이들 화합물의 합성이 성공되지 못한 이유는 M-C결합의 열역학적 안정성[2] 이 아니라 속도론적 안정도 때문이었다.

- **M-알킬의 안정도** 1960년대에 이르러 상황이 변화되어 π-리간드가 없는 금속-알킬 화합물이 합성되어 M-C 결합 엔탈피가 알려지기 시작하였다. 표 7.1 에서 몇 가지 금속 화합물의 결합 해리 엔탈피 D를 나타내었다.

표 7.1 M-C 화합물의 생성 엔탈피 및 결합 해리 엔탈피

전형금속-알킬	$\Delta H_f/kJ\ mol^{-1}$	$D/kJ mol^{-1}$	전이금속-알킬	$D/kJ mol^{-1}$
CMe_4	-167	358	$Ti(CH2Bu^t)_4$	198
$SiMe_4$	-245	311	$Zr(CH2Bu^t)_4$	249
$GeMe_4$	-71	249	$Hf(CH2Bu^t)_4$	266
$SnMe_4$	-19	217	$TaMe_5$	261±5
$PbMe_4$	+136	152	WMe_6	160±6

일반적으로 M-C 결합 엔탈피(결합 세기)는 전형원소에서 원자번호가 증가할수록 감소하지만 전이원소에서 증가한다. 전이금속 알킬의 M-C 결합 엔탈피

2) M-C결합의 해리에너지는 20~70 kcal/mol 정도이다.

(150~300 kJ mol^{-1})은 전형원소의 엔탈피와 비슷하며 탄소-요오드(C-I) 결합의 세기와 거의 같다.

- **M-알킬의 결합** 간단한 알킬은 중심금속에 1개 혹은 2개 전자를 제공하는 σ－주개이다.

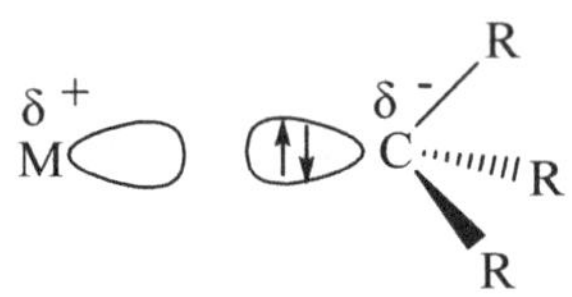

그림 7.4 M-알킬의 결합

간단한 금속-알킬에서, M-R 결합거리는 190~220 pm 정도로써 탄소와 금속의 공유반지름 합(r_C = 77 pm, r_M ~120 pm)과 비슷하다. 일반적으로 제 1 전이계열 금속에서는 10~20 pm 정도 작은 값을 가진다.
또한, alkyl은 그림 7.5의 Al-알킬 화합물과 같이 다리결합 리간드로도 작용한다.

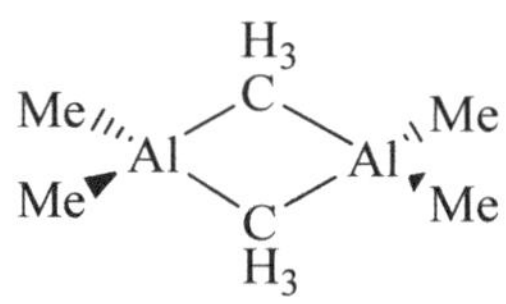

그림 7.5 Al_2Me_6의 구조

- **M-알킬의 합성** 금속-알킬 화합물은 다음과 같은 몇 가지 경로에 의해서 합성한다.

  ○ 금속-할로젠 화합물의 알킬화 반응
  탄소 친핵시약(nucleophile, R^-)으로 RLi, RMgX(혹은 R_2Mg), ZnR_2, AlR_3, BR_3 및 PbR_4등을 사용한 상호 교환반응에 의해서 알킬화한다. 가장 널리 사용하는 합성방법이다.

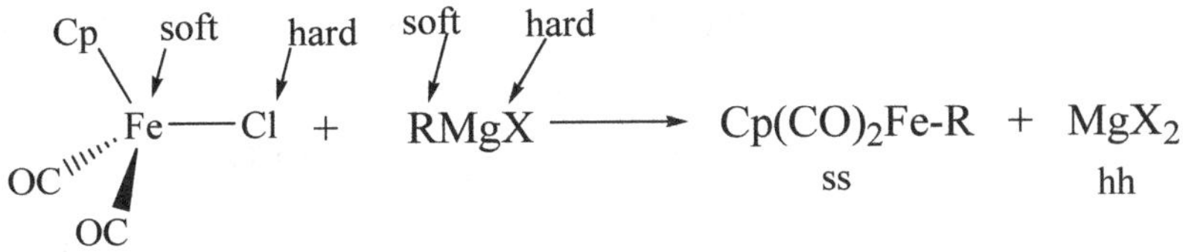

(7.6)

$$CrCl_3 \xrightarrow[\text{THF}]{AlMe_3} MeCrCl_2(thf)_3 \xrightarrow[\text{THF}]{RLi} MeCrR_3 \quad (7.7)$$

$$TiCl_4 \xrightarrow[\text{ether}]{MeLi} (ether)_2TiMe_4 \xrightarrow{dmpe} (dmpe)TiMe_4 \quad (7.8)$$

○ 산화성 첨가반응(oxidative addition)

이 반응은 가장 일반적으로 포스핀에 의해서 안정화된 낮은 산화상태($16e^-$ 혹은 보다 작은) Ir^{I}, Ni^{0}, Pd^{0} 및 Pt^{0} 착물, 즉 불포화 배위된 화합물에서 잘 일어난다.

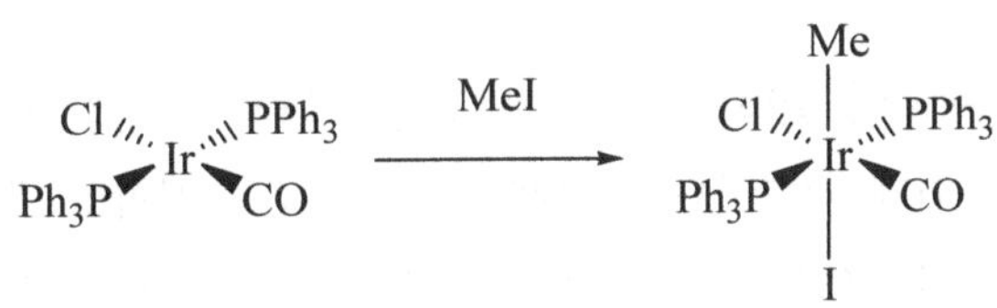

(7.9)

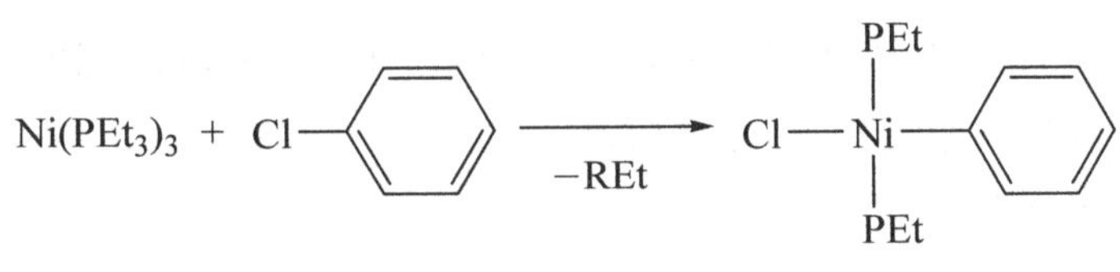

(7.10)

○ 삽입반응(insertion) 및 이탈반응(deinsertion)

일반적으로 올레핀의 삽입반응을 의미하며, M-X결합에 에틸렌의 삽입반응이 잘 알려져 있다.

$$M-X \ + \ CH_2CH_2 \longrightarrow M-CH_2CH_2-X \quad (7.11)$$

그렇게 흔히 사용하는 반응은 아니지만 아실화반응 중간체로부터 CO의 이탈반응으로부터 얻을 수 있다.

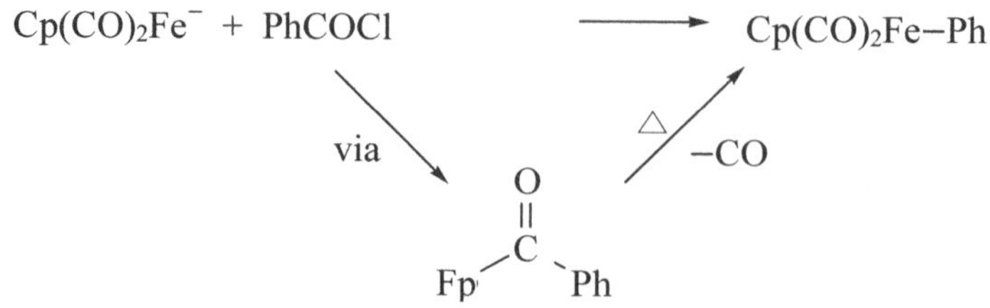

(7.12)

금속-알켄(M-alkene π－결합) 화합물

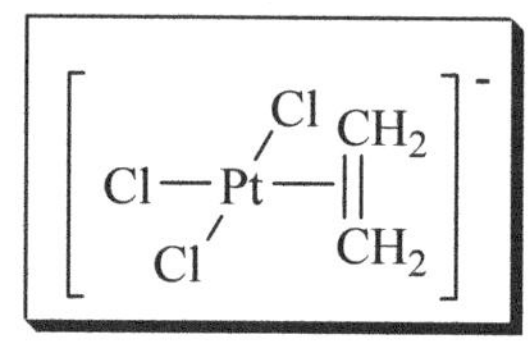

금속-알켄 착물로 처음 알려진 것은 1827년 덴마크의 약제사인 Zeise에 의해서 에탄올 용액에서 Pt^{II}와 Pt^{IV}염화물에 KCl을 반응시켜서 얻은 노란색 착물, $K[PtCl_3(C_2H_4)]$이다[3]. 이 화합물은 $SnCl_2$를 촉매로 하여 K_4PtCl_4수용액에 에틸렌을 불어 넣으면 쉽게 만들어진다. d^8(Pd^{II}, Rh^{I} 및 Ir^{I} 뿐만 아니라 d^{10}(Cu^{I} 및 Ag^{I}) 도 비슷하게 합성된다. 첫 유기전이금속 착물인 Zeise 염이 발견되어 100년이 지나는 동안 정확한 구조나 성질이 밝혀지지 못했었다.

- **M-alkene의 결합** 불포화된 π－전자를 가진 알켄류는 낮은 산화수를 갖는 금속과 쉽게 결합한다[4]. 알켄류는 채워진 π결합성 궤도함수와 빈 π^*반결합성 궤도함수를 가지고 있다. 따라서 이들 리간드와 금속 원자 간의 결합은 그림 7.6 에서와 같이 알켄류의 채워진 π결합성 궤도함수에서 금속의 빈 궤도함수로 전자를 밀어주는 σ결합과 알맞은 대칭성을 가진 채워진 금속의 궤도함수에서 리간드의 빈 π^*반결합성 궤도함수에 전자를 역으로 제공하는 π결합이 동시에 일어난다.

---

3) 1827년 덴마크 제약사 W. C. Zeise는 에탄올 용액에서 K_2PtCl_4를 가열 환류하여 흔하지 않은 착물을 얻어 원소분석에 따라서 그 조성이 $KPtCl_3(C_2H_4)$ 착물 임을 밝혔다. 이 실험의 중요성이 한동안 인식되지 못하였으나 백금-에틸렌 착물로써 최초의 유기-전이금속 화합물의 예이다.
4) 올레핀 착물의 결합은 Dewar-Chatt-Duncanson 모델에 의해서 설명된다.

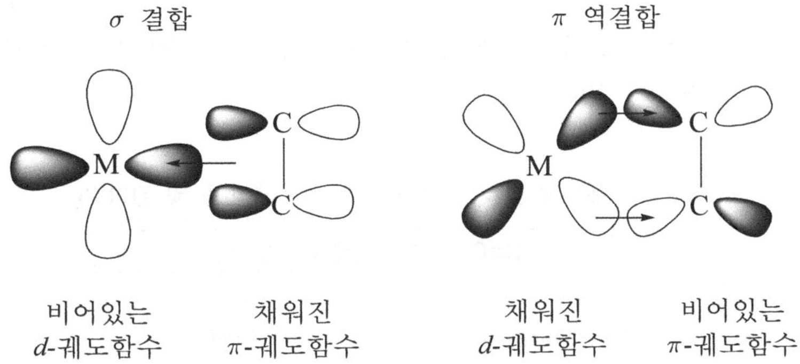

그림 7.6 M−C_2H_4 결합에서 궤도함수의 겹침

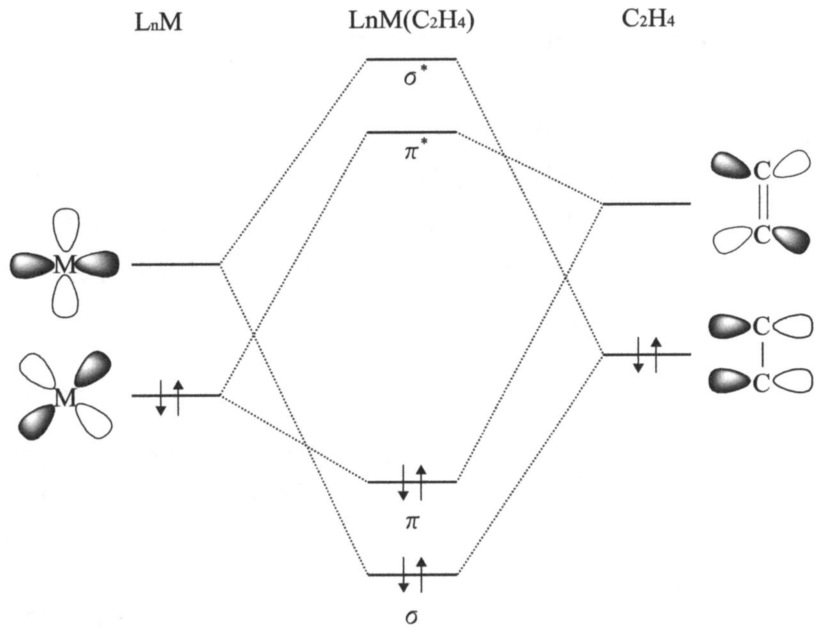

그림 7.7 $L_nM-C_2H_4$의 MO 도표.

따라서 알켄의 π 결합성 궤도함수에서 전자밀도는 감소하고, π^* 반결합성 궤도함수의 전자밀도는 증가하므로, 알켄의 탄소-탄소 이중결합성이 약화되며, 또한 금속에 나란한 두 개의 금속-탄소결합은 같은 거리에 있다는 것을 알아두어야 한다. 이러한 화합물을 π−착물(π−complex)이라 한다.

올레핀은 CO와 유사하게 C=C의 π^* 궤도함수로 π−역 결합이 일어나므로 C=C 결합이 약화된다(길이가 길어짐). 따라서 C=C 결합의 신축진동 흡수띠는 낮은 파수에 이동되어 나타난다. 그러나 CO와는 달리 진동수의 위치가 다른 작용기의 특성 흡수띠와 중복되거나 강도가 낮기 때문에 확인하는데 어려움이 있다.

표 7.2 에텐과 몇 가지 착물의 C=C 신축진동 및 결합길이

	C=C 신축 진동수(cm^{-1})	$r_{C=C}$ (Å)
유리된 C_2H_4	1623	1.335
$[(C_2H_4)_2Ag]BF_4$	1584	
$K[PtCl_3(C_2H_4)]$	1516	1.375
$CpRh(C_2H_4)_2$	1493	

- **M-알켄의 합성** 금속-알켄 화합물은 다음 몇 가지 방법으로 합성할 수 있다.

  ○ 리간드 치환반응

  알켄은 약한 전자주개 리간드이지만 π-결합 경쟁이나 18-전자보다 많은 경우 리간드 치환에 의해서 합성할 수 있다. 또한, 흔치 않지만 전자가 많은 낮은 산화수를 갖는 전반부 전이금속은 좋은 π-산 리간드인 알켄을 선호하는 경향이 있다.

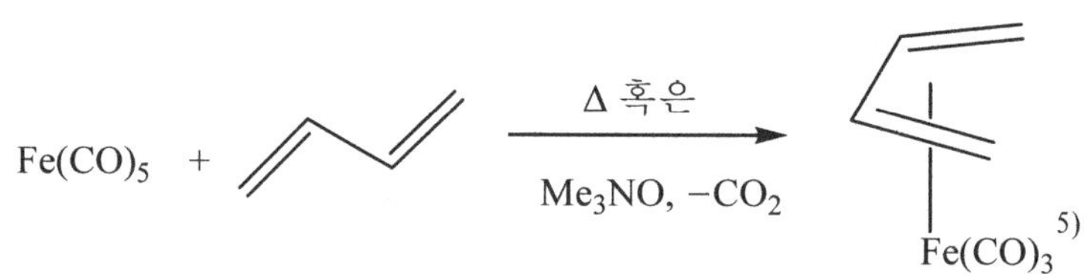

(7.13)

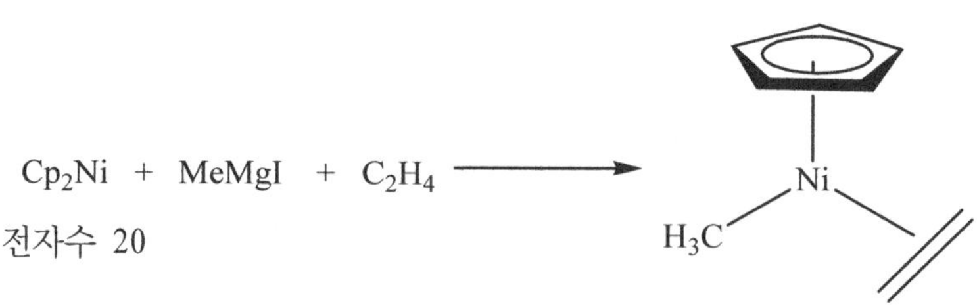

원자가 전자수 20

원자가 전자수 18

(7.14)

---

5) Me_3NO의 산화반응은 CO를 온화한 조건에서 제거하는데 흔히 사용한다. CO는 산화되어 CO_2로 된다. 이 반응은 MeCN 용매에서 수행한다.

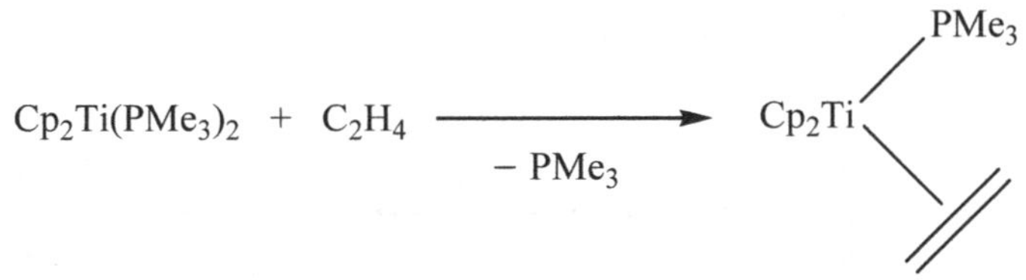

(7.15)

○ 첨가반응

배위적으로 불포화된 착물은 산화성 첨가반응에 의해서 알켄 착물을 합성할 수 있다.

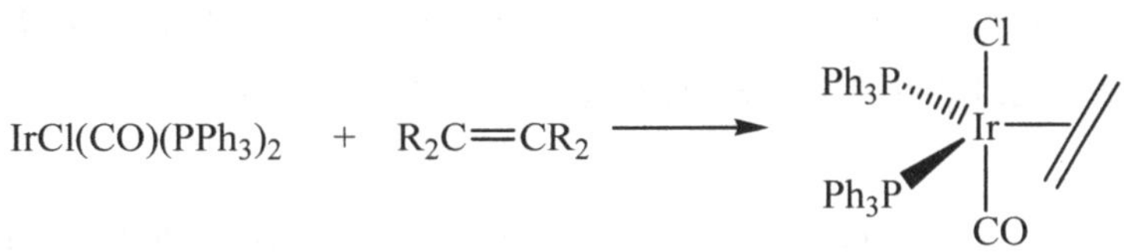

(7.16)

○ 환원반응

일반적인 알켄 화합물은 알켄 존재하에서 알칼리 금속 또는 마그네슘 시약으로 금속을 환원시켜 합성할 수 있다. 특히, 다이엔(dienes)은 한 자리 알켄 보다 더 좋은 π－전자 받개이며 낮은 산화상태의 전반부 전이금속과 안정한 착물을 이룬다.

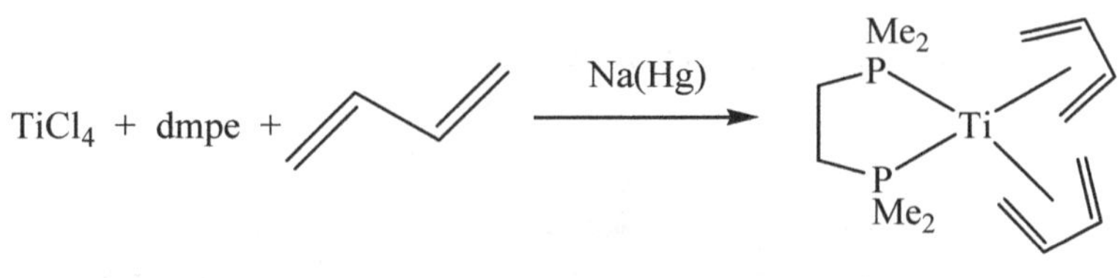

(7.17)

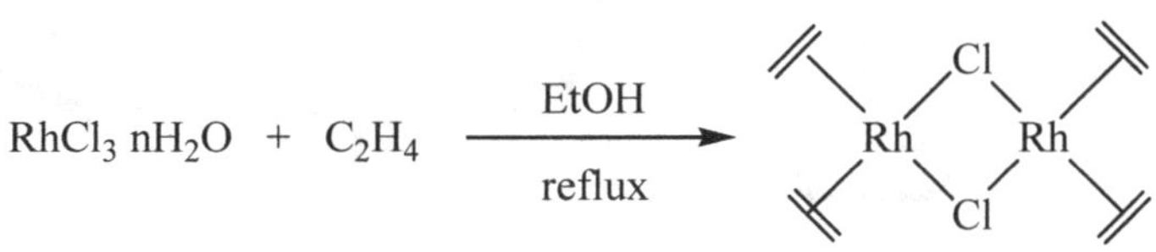

(7.18)

• **메탈로센 화합물** 화학식이 C_5H_5인 cyclopentadienyl(Cp)은 음이온(1－)성 리간드이다. Cp가 배위된 페로센, Cp_2Fe은 독자적인 두 그룹에 의해서 처음으로 합성되었다. Pauson등은 fulvalene을 합성하기 위해 사이클로펜타다이엔 유도체의 Grignard시약과 염화철을 반응시켰으나 예상밖의 안정한 오렌지색 결정을 얻었다. 이 화합물의 구조는 아래와 같이 철과 사이클로펜타다이엔의 시그

마결합형태임을 제안하였다.

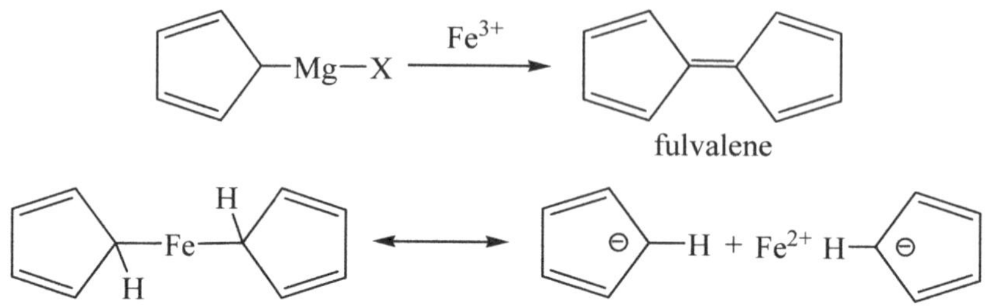

(7.19)

또한, 기체반응을 연구하던 Miller등은 고온에서 사이클로펜타다이엔(Cp)과 철가루를 직접 반응시켜 같은 화합물을 합성하였다.

$$Fe + 2(R_3NH)Cl \longrightarrow FeCl_2 + 2R_3N + H_2$$

$$FeCl_2 + 2C_5H_6 + 2R_3N \longrightarrow Fe(\eta^5\text{-}C_5H_5)_2 + 2(R_3NH)Cl \qquad (7.20)$$

Wilkinson과 Fisher등은 Fe-C의 시그마 결합을 갖는 화합물이 안정할 수 없다고 생각하고, 사이클로펜타다이엔의 5개 탄소원자가 철의 아래위에 놓인 샌드위치(sandwich) 모형을 제안하였다. 이밖에 하프 샌드위치 혹은 다양한 화합물이 알려져 있다. 이러한 이유로 이들 화합물을 한 때 "sandwich compounds"로 불렀으나 지금은 metallocenes이라 한다.

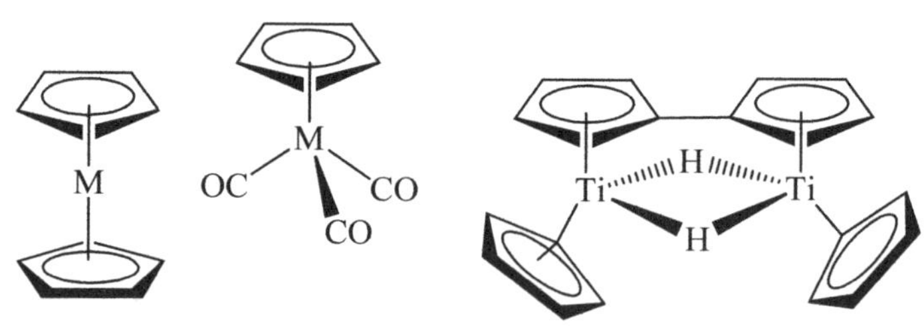

그림 7.8 Cp-M의 다양한 결합형태

- **M-Cp의 결합** Cp의 일반적인 결합은 η^5 형태[6]로, 전이금속 착물에서 η^5-Cp 리간드는 그림 7.9과 같이 몇 가지 공명구조가 가능하다.

6) η^5 는 penta hapto 또는 five ita로 읽는다.

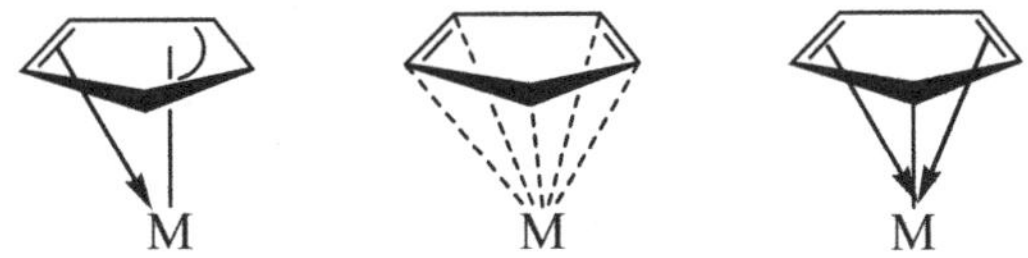

그림 7.9 Cp-M의 공명구조

Cp-M 착물의 결합을 분자 궤도함수 이론으로 살펴보자.
리간드 Cp의 MO는 그림 7.10과 같이 3가지 형태의 분자 궤도함수가 가능하다.

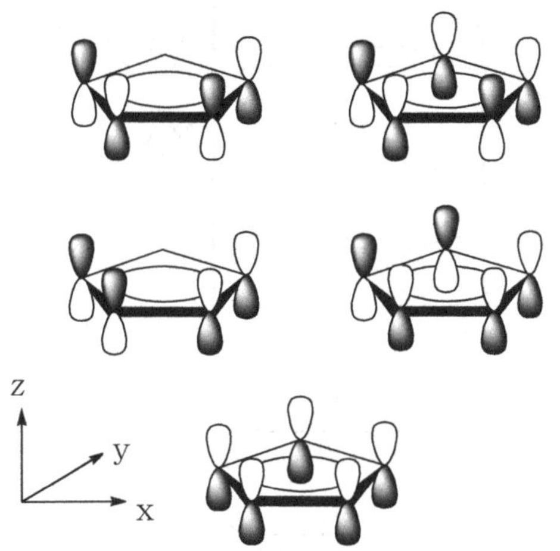

그림 7.10 Cp의 MO 그림

가장 낮은 에너지를 가진 궤도함수, a_1은 금속의 어떤 $d-$궤도함수와도 중첩이 크게 일어나지 않고 다만 d_{z^2}와 약간의 중첩이 가능하다. 축퇴된 e_{1g} 궤도함수는 금속의 d_{xz}와 d_{yz} 궤도함수와 겹침이 잘 일어나 강한 $\pi-$결합을 형성한다. e_{1u}는 금속의 p_x, p_y 와 중첩이 일어난다. 금속의 $d_{x^2-y^2}$과 d_{xy}는 리간드의 e_{2g}와 다소 결합이 가능하지만 매우 결합이 약하여 거의 비결합성에 가깝다.
일반적인 메탈로센, Cp_2M 화합물의 MO는 그림 7.11에 나타내었다.

- **M-Cp의 합성** 메탈로센 화합물로서 처음으로 알려진 것은 ferrocene, [bis(η^5-cyclopentadienyl)iron(Ⅱ)]이다. 이 화합물은 끓는점이 249℃이고, NaOH수용액과 진한 HCl에도 반응하지 않는 안정한 화합물이다. 화합물의 구조는 X-선 결정구조 해석에 의해서 밝혀졌다.[7)]

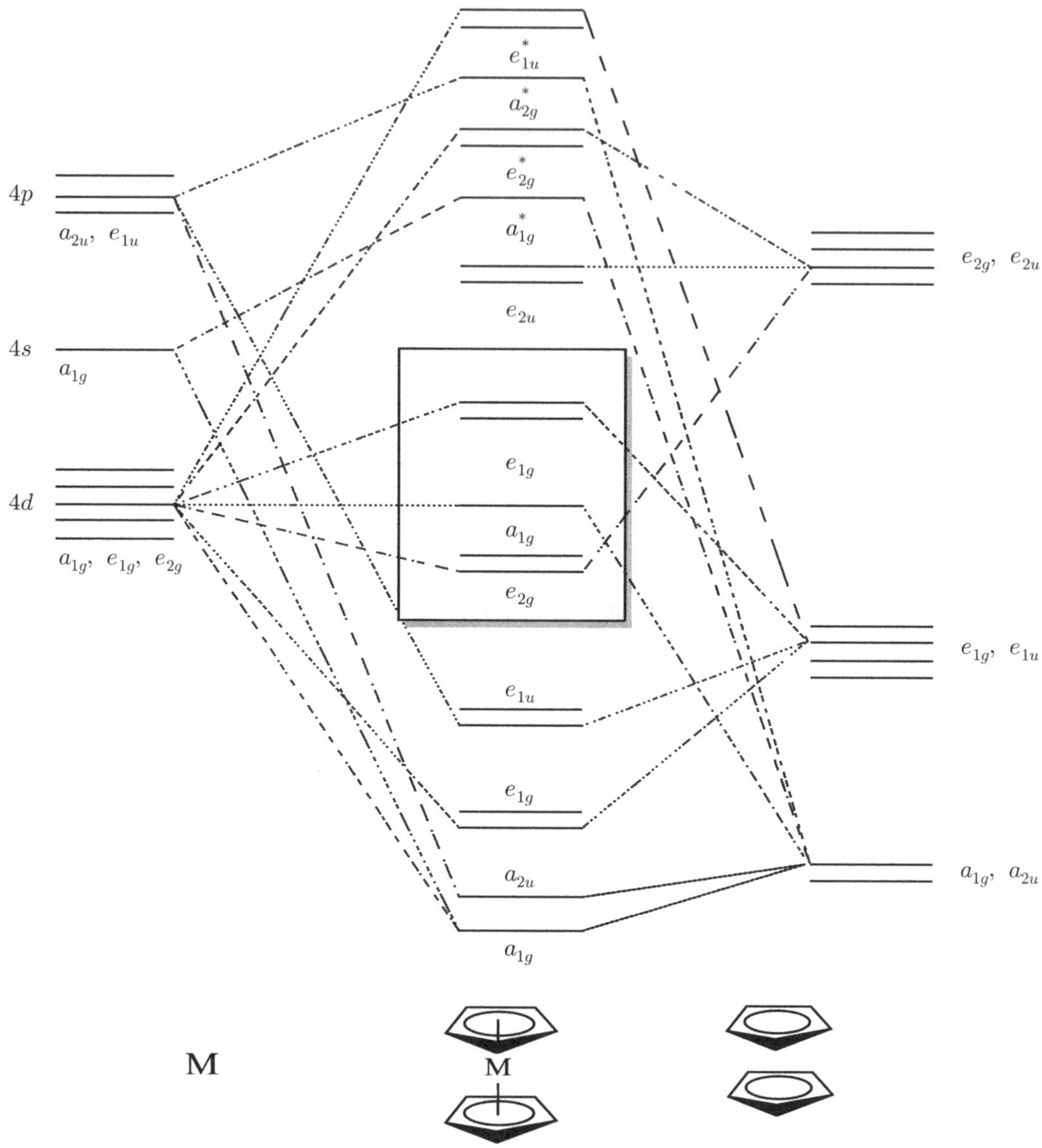

그림 7.11 Cp-전이금속 착물의 MO 도표.

대부분의 Cp 착물은 cyclopentadiene(b.p. 170℃)으로부터 쉽게 합성할 수 있다. CpH로부터 합성하는 방법은 다음 몇 가지 방법이 잘 알려져 있다.

7) 독일의 E. C. Fisher 교수와 영국의 G. Wilkinson 교수는 metallocene의 선구적인 연구 성과로 1973년 노벨화학상을 수상하였다.

○ 강염기 조건[8]에서 CpH의 탈수소화 반응

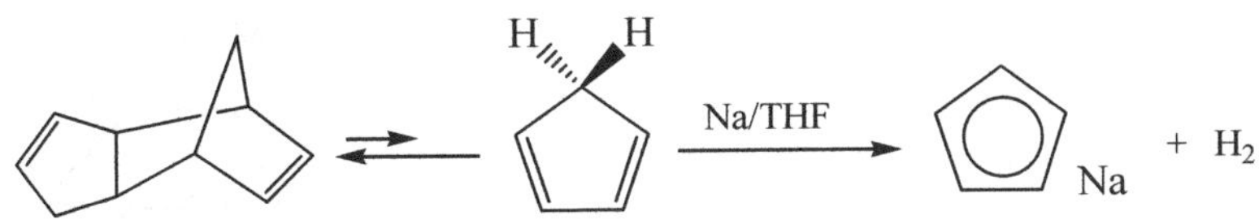

$$NaCp + L_nMX \longrightarrow CpML_n + NaX \tag{7.21}$$

○ 금속 전구물질로써 H_2 제거반응에 의한 CpH 환원

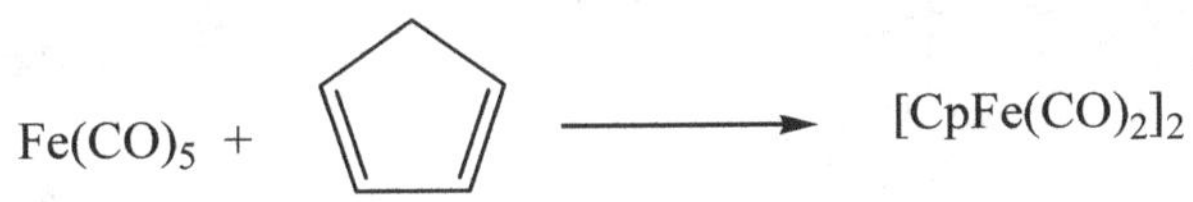

(7.22)

○ Cp고리와 금속과의 반응

$$\underset{\text{green}}{FeCl_2} + 2C_5H_5Na \xrightarrow{\text{ether}} \underset{\text{orange}}{Fe(C_5H_5)_2} + 2NaCl \tag{7.23}$$

◉ M−H₂ 화합물

이수소 착물, M-H_2은 수소분자가 중심금속에 두개 σ−전자주개로 작용한 전이금속 화학종을 말한다. 아래와 같이 수소분자가 산화성 첨가반응에 의해서 금속-수소화합물을 형성한 것이다. 사실 많은 수소화합물은 아래와 같이 평형상태로 존재한다.

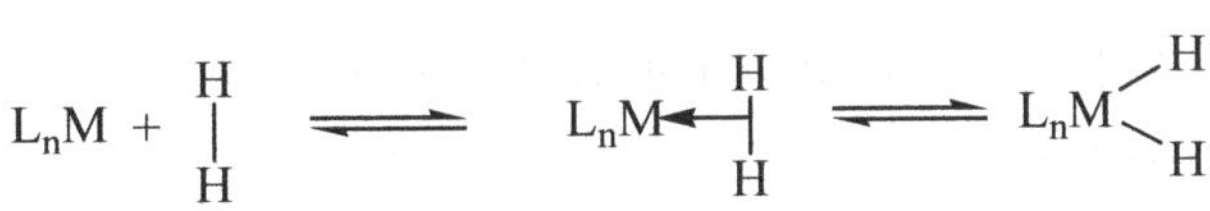

(7.24)

• **M−H_2의 결합** 이수소 착물의 결합은 보란에서와 같이 3c-2e 결합으로 간단히 설명할 수 있다. H_2 분자는 중성의 2개 σ−전자주개로 작용하며, 또한 채워진 금속 궤도함수로부터 이수소의 σ^* 궤도함수에 역주개 결합을 형성한다.

---

8) n-buthyllithium, KOH 혹은 알칼리금속에 의한 강염기 조건

이수소 착물의 MO는 그림 7.12와 같다.

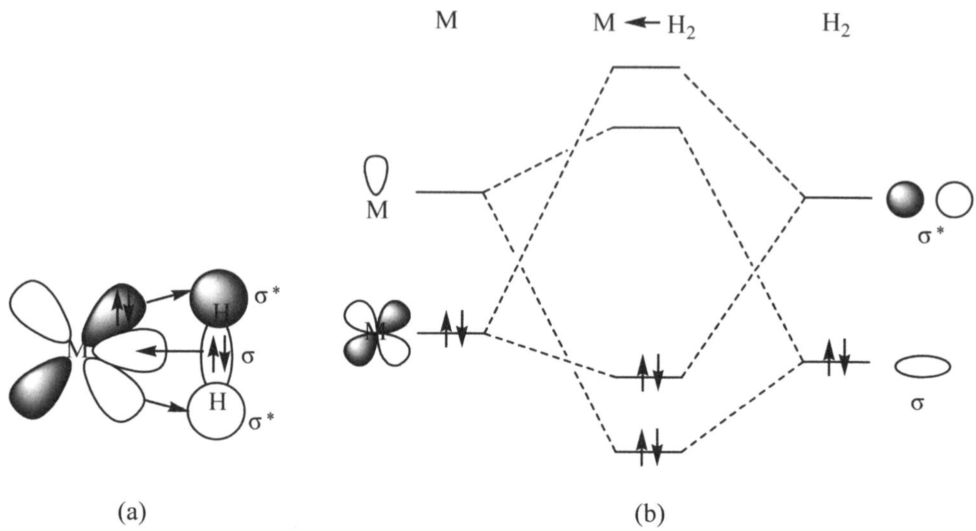

그림 7.12 M–H_2의 결합(a) 및 MO 도표(b)

그밖에도 많은 유기 금속착물의 합성법이 알려져 있으나, 여기서 더 이상 다루지 않는다.

이제 유기금속화합물에서 많이 적용되는 결합규칙에 대해서 알아보자.

18 전자 규칙(The 18-electron rule)

주석, Sn과 같은 전형원소는 4개의 원자가 전자를 가지고 있어 4개 $\sigma-$결합으로 안정한 분자, $SnMe_4$를 형성한다. $SnMe_4$ 분자가 안정하고 $SnMe_3$ 분자는 불안정하다는 것은 팔우설(octet rule)[9]로 설명할 수 있다. 그러나 전이금속에서는 18-전자 규칙으로 유사하게 안정성을 예측할 수 있다.

배위화학의 일반적인 결합이론에서 예측할 수 있듯이, 유기금속 착물 또는 $\pi-$산 리간드와 전이금속의 착물들은 일반적으로 그의 구조와 반응성에서 여러 가지 금속이온의 우선적인 배위수와 금속의 $d-$전자배치의 효과를 아는데 18 전자규칙을 사용할 수 있다.

9) 중심원소의 결합수는 중심원소에 8개 전자가 결합함으로써 다음에 오는 최고의 원자번호를 갖는 0족 (18족) 원소의 전자배치를 가진다.

전이금속은 바로 앞 주기의 영족기체의 전자배치와 같은 내부 핵의 전자배치를 가지며, 원자가 껍질은 5개의 d 궤도함수, 1개의 s 궤도함수 및 3개의 p 궤도함수를 가진다.

기체상의 Cr 원자가 액체나 고체와 같은 응축상이 될 때, 핵으로부터 아주 멀리 떨어진 $4s$ 전자는 이웃 원자들과 큰 전자-전자 간 반발을 일으키게 되어 $3d$ 궤도함수와 에너지의 역전이 일어나 $3d^6$ 인 원자가 껍질의 전자배치로 된다. 이러한 정전기적 반발은 $3d$ 전자의 짝지음 에너지보다 크다[10]. 따라서 크롬원자가 다른 원자와 결합할 때 원자가 궤도함수인 $3d, 4s$ 및 $4p$ 궤도함수는 완전히 채울 때 원자가 껍질은 18개 전자를 가지게 되고, 이 분자에서 크롬은 Kr의 전자배치로 된다. 이것을 소위 18 전자 규칙(18-electron rule)[11]이라 한다.

전이금속 원소의 전자배치

전이금속 원소	기체상의 Cr 원자	응축상의 Cr 원자
[18족기체 핵]	[Ar 핵]	[Ar 핵]
$(n-1)d^m ns^{1 \text{or} 2}\ np^0$	$3d^5 4s^1 4p^0$	$3d^6 4s^0 4p^0$

전이금속들은 전자주개로 작용하는 리간드와 결합하여 그들의 원자가 궤도함수에 전자를 채우는데 처음 금속이온의 전자와 리간드에서 제공받은 전자수의 합이 영족기체의 전자배치인 18개를 가지려고 한다. 이와 같이 금속이 영족기체의 전자배치와 같이 18 전자배치를 가지는 것을 18 전자 규칙 또는 EAN(Effective Atomic Number)[12]규칙이라고 한다. CO와 같이 금속과 강하게 결합하는 π -전자주개 리간드를 갖는 유기금속 착물은 고전적 착물(Werner형)보다 18 전자 규칙에 잘 따른다.

리간드 종류에 따른 EAN규칙에 적용되는 전자수를 표 7.2에 나타내었다.

---

10) 많은 교과서에서 산화수가 0인 전이금속의 전자배치는 예를 들어 Ti(0) : [Ar]$3d^2 4s^2$, Fe(0) : [Ar]$3d^6 4s^2$ 로 나타내지만, 이들이 화학적 환경에 놓이면 $4s$ 궤도함수의 에너지가 언제나 $3d$ 궤도함수의 에너지 보다 높아진다. 따라서 Ti(0)의 전자배치는 [Ar]$3d^4$이고, Fe(0)의 전자배치는 [Ar]$3d^8$으로 된다는 점을 알아두어야 한다.

11) 금속의 d-전자와 리간드로부터 제공받은 전자 수 및 착물의 전체 전하수의 합이 다음에 오는 18족기체의 전자배치에 해당하는 18개가 되면 안정한 착물이 된다.

12) 1923년 N.V. Sidgwick(1873~1952)과 T.M. Lowry(1874~1936)가 제안한 전자적 관점에서 착물을 해석하려고 하였다. 착물의 형성을 Lewis 산-염기간의 결합으로 생각하여, 착물에서 'effective atomic number'(EAN: 금속이온의 전자수와 리간드에 의해서 제공한 전자수의 합)이 18족기체 배열이 될 때까지 리간드가 배위된다고 보았다. 이것은 오늘날 이 이론의 중요성은 줄어들었지만 몇 가지 유기금속 착물(CO, NO)에서 여전히 중요하게 다루어지고 있다.

표 7.2 18전자 규칙에 대하여 리간드가 기여하는 전자의 수

화학종	중성 (공유결합)	산화상태 (이온성)
σ－리간드		
$-CH_3$, $-CH_2R$, $-CR{=}CR_2$, aryl , amide $-NR_2$	1	2
PR_3, CO, RNC, olefins, acetylenes, carbene	2	2
π－리간드		
 (allyl) 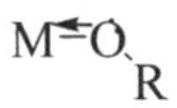 (sp^2 alkoxide)	3	4
 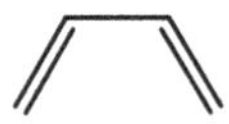  (1,5-COD) acetylenes(가끔)	4	4
 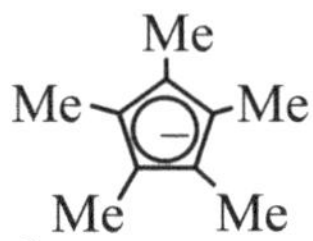  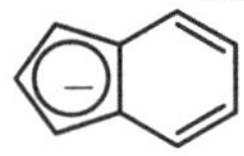 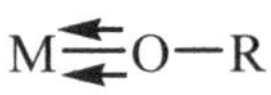 (Indenyl) (선형 alkoxide)	5	6
Arenes(benzene etc.)	6	6
C_7H_7 	7	6(양이온) 8(음이온)
cyclooctatetraene(COT)	8(max)	10(2-)

• **EAN 규칙에 따른 계산의 예** EAN 규칙에 따른 계산은 공유결합과 이온결합 관점의 2가지 방법에 의해서 계산할 수 있다.

첫째, 형식전하를 고려하지 않는 공유결합의 관점

음이온(혹은 양이온성) 리간드를 언제나 중성 라디칼로 취급하고, 중심금속의 산화수를 영(0)으로 취급하여 계산한다.

둘째, 형식전하를 고려한 이온결합의 관점

형식 전하를 고려하여 금속은 양이온으로 리간드는 음이온으로 취급하여 계

산한다.

예를 들면 페로센, $Fe(C_5H_5)_2$과 같은 착물에서 각 화학종의 형식전하는 Fe^{2+}와 $C_5H_5^-$ 이지만, 실제 공유결합성이 크므로 Fe는 +0.2, 각 C_5H_5는 −0.1로 공유결합성 모델이 더 적합하다.

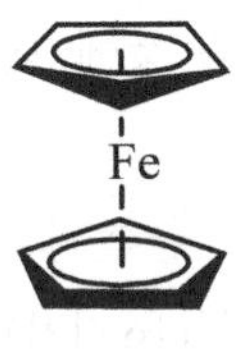

이온결합		공유결합	
Cp^-	6 e^-	Cp	5 e^-
Fe^{II}	d^6	Fe^0	d^8
Cp^-	6 e^-	Cp	5 e^-
합계	18 e^-	합계	18 e^-

그 밖의 몇 가지 계산의 예는 다음과 같다.

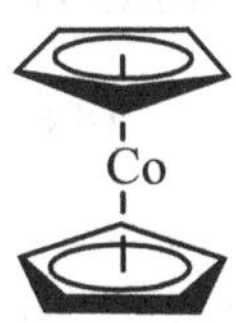

이온결합		공유결합	
Co^{II}	7 e^-	Co	9 e^-
$2Cp^-$	12 e^-	2Cp	10 e^-
합계	19 e^-	합계	19 e^-

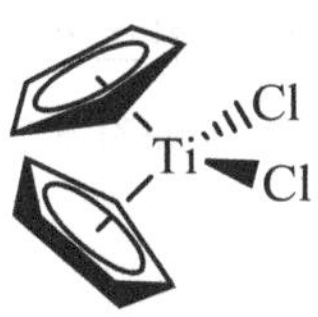

이온결합		공유결합	
Ti^{IV}	0 e^-	Ti	4 e^-
$2Cl^-$	4 e^-	Cl	2 e^-
$2Cp^-$	12 e^-	Cp	10 e^-
합계	16 e^-	합계	16 e^-

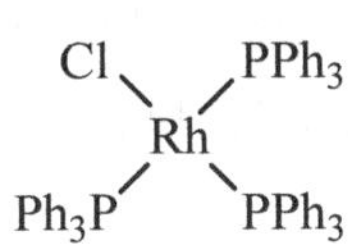

이온결합		공유결합	
Rh^{I}	8 e^-	Rh	9 e^-
Cl^-	2 e^-	Cl	1 e^-
$3PPh_3$	6 e^-	$3PPh_3$	6 e^-
합계	16 e^-	합계	16 e^-

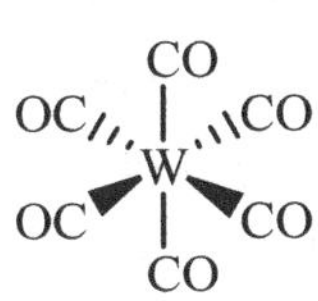

이온결합		공유결합	
W^0	6 e^-	W	6 e^-
6CO	12 e^-	6CO	12 e^-
합계	18 e^-	합계	18 e^-

2 유기금속 착물의 반응

앞 절에서 유기금속 착물의 결합 및 합성에 대하여 간단히 알아보았다. 이제 유기금속 화합물의 응용분야를 이해하기 위해서 몇 가지 반응형태, 즉 첨가반응, 산화성 첨가반응 및 환원성 제거반응, 삽입반응 등에 대해서 알아보자.

첨가반응(addition reaction)

$[RhH(CO)(PPh_3)_2]$와 같은 d^8계 평면사각형 착물(16전자)은 촉매로서 중요한 역할을 한다. 이러한 착물은 16개의 전자를 가지고 있어 영족기체 배열을 이룰려면 2개의 전자가 부족하다. 따라서 하나의 리간드가 첨가되어 18전자계 착물를 이룰 수 있다.

$$[RhH(CO)(PPh_3)_2] + PPh_3 \rightleftharpoons [RhH(CO)(PPh_3)_3] \qquad (7.25)$$
$$16\ e^- \qquad\qquad\qquad 18\ e^-$$

역반응은 평면사각형 착물로 되돌아가는 것으로도 잘 알려져 있다. 일반적으로 평면사각형 $[Pt(NH_3)_4]^{2+}$ 착물에서는 다섯 번째 리간드가 첨가된 착물이 만들어지지 않으므로 이러한 5 배위 착물은 치환반응의 중간체일 것이다.

산화성 첨가반응

전이금속 착물과 화합물 A-B가 반응하여, A-B 간의 공유결합이 파괴되어 새로운 중심금속과 A, B사이에 각각 결합이 생성하는 반응을 **산화성 첨가반응**(oxidative addition reaction)이라 한다(그림 7.13).

생성된 착물은 음이온성 리간드 A^-, B^-를 포함해야 하므로, 반응에 의해서 중심금속의 산화수는 단지 2가 증가한다. 산화성 첨가반응은 전자수가 많은 낮은 산화상태의 전이금속 착물에서 많이 알려지고 있으며, Ir^{I}의 Vaska 착물은 다음 식과 같이 수소분자와 반응하여 수소-수소결합이 끊어지고 H^-가 시스위치에 배위한 착물을 만든다.

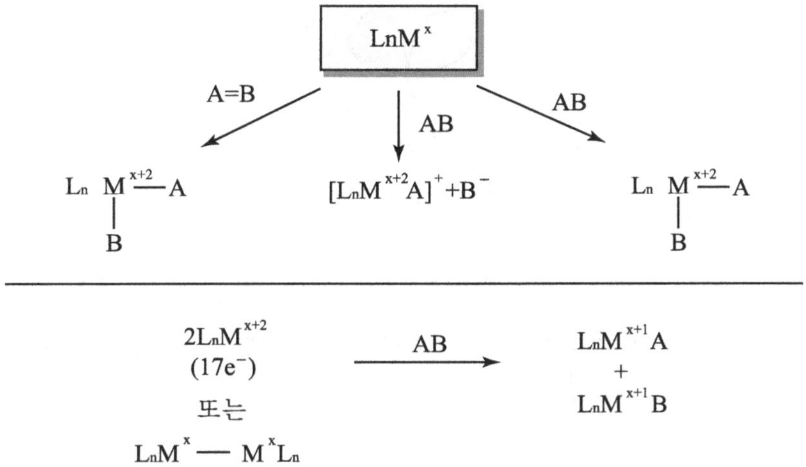

그림 7.13 L_nM^x 착물과 AB의 산화성 첨가반응

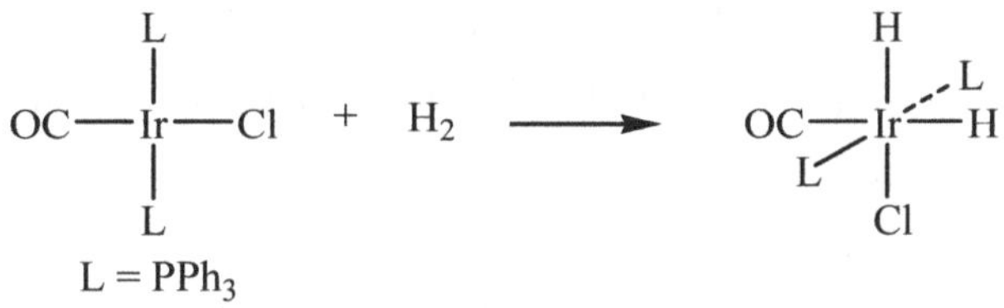

(7.26)

이 반응에서 중심금속이 수소화 되어 생성된 착물은 2개의 H^- 리간드를 갖는 Ir^{III} 착물로써 반응에 의해서 중심금속의 산화수가 증가하였다. 수소원자의 산화성 첨가는 기질의 활성화에 따라 2개의 금속-수소결합의 형성이 일어나는 협동반응 메커니즘으로 진행되며 수소는 시스위치에 첨가된다.

$RhCl(PMe_3)_3$에 대한 수소의 산화성 첨가의 반응경로에 대해서 분자 궤도함수의 계산에 의한 이론적 연구도 이루어졌다. 그림 7.14에서 보여준 것과 같이 전이상태에서 금속의 d_π 궤도함수에서 수소분자의 반결합성 궤도함수로 역 주개가 안정화에 기여하므로 반응이 쉽게 진행된다. 최근 이러한 전이상태 구조를 가진 수소원자가 배위한 전이금속 착물, $W(CO)_2(PR_3)_3(\eta^2\text{-}H_2)$[13]등이 분리되어 착물의 구조 및 성질로부터 수소의 산화성 첨가반응에 대한 앞에서 설명한 협동메커니즘이 입증되었다.

Vaska 착물은 요오드화메틸에 의한 산화성 첨가반응도 알려져 있다. 이 반응은 트랜스 첨가로 진행되어 메틸 또는 요오드 리간드를 서로에 트랜스 위치에 갖는 Ir^{III} 착물이 1차 생성물로 얻어지는 것이 밝혀졌다.

---

13) $\eta^2\text{-}H_2$은 옆으로(side-on) 배위된 수소원자를 나타낸다.

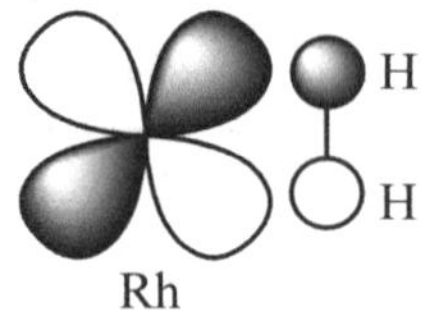

그림 7.14 Rh—H_2의 산화성 첨가반응의 전이상태

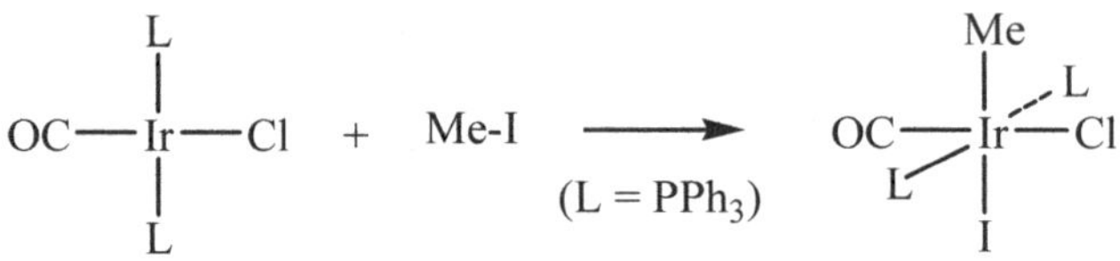

(7.27)

유기할로젠 화합물의 산화성 첨가반응에는 수소분자의 산화성 첨가와 비슷한 메커니즘, 즉 탄소-할로젠 결합이 중심금속에 의해 거의 협동적으로 끊어져 금속-탄소, 금속-할로젠 결합을 형성하는 메커니즘 또는 라디칼 중간체를 경유하는 메커니즘 등이 가능하다. 이들 메커니즘은 금속, 리간드 및 기질 등에 따라서 달라진다.

식 7.24에서 브롬민화벤젠을 기질로 이용할 때, 그림 7.15에서 나타낸 라디칼 메커니즘으로 진행한다는 것이 밝혀져 있다. 즉, Vaska 착물과 반응에서 생성된 페닐라디칼과 반응에 의해 Ir^{II}의 라디칼 중간체가 생성되고, 이것이 브로민화벤젠과 반응하여 생성물이 만들어지는 것은 물론 페닐 라디칼을 재생되는 연속적인 과정에 의해서 산화성 첨가반응이 진행된다.

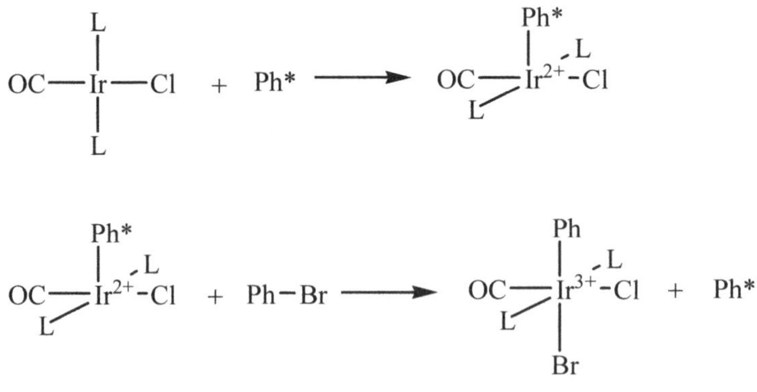

그림 7.15 라디칼 메커니즘에 의한 Vaska착물의 브로민화벤젠의 산화성 첨가반응

유기할로젠 화합물, 수소이외에도 많은 화합물이 산화성 첨가반응으로 이루어지지만, 탄화수소의 탄소-수소결합도 배위적으로 불포화된 금속중심을 갖는 착

물과 반응한다. 사이클로펜타다이에닐($C_5H_5^-$) 혹은 그 유도체가 배위된 다이하이드리도 Rh^{III} 착물은 빛을 쬐면 탄화수소와 반응하여 알킬(하이드리도)로듐(I) 착물이 생성된다.

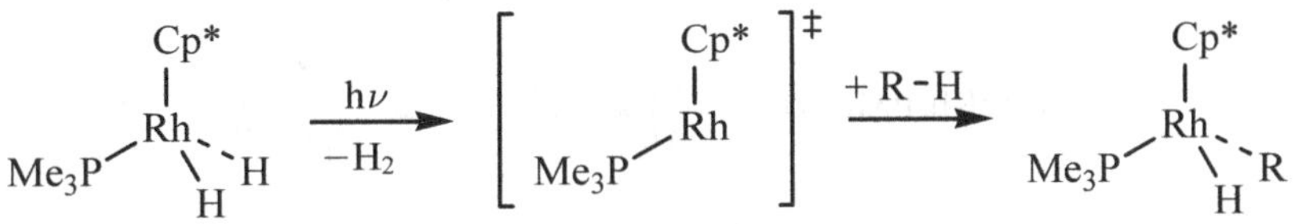
(7.28)

에너지 도표(그림 7.16)에 나타낸 것과 같이, 이 반응은 용매 또는 기질이 배위한 중간체에서 배위적으로 불포화된 전이상태 $Cp^*Rh(Me_3)$을 경유하여 진행되는 것이 밝혀졌다.

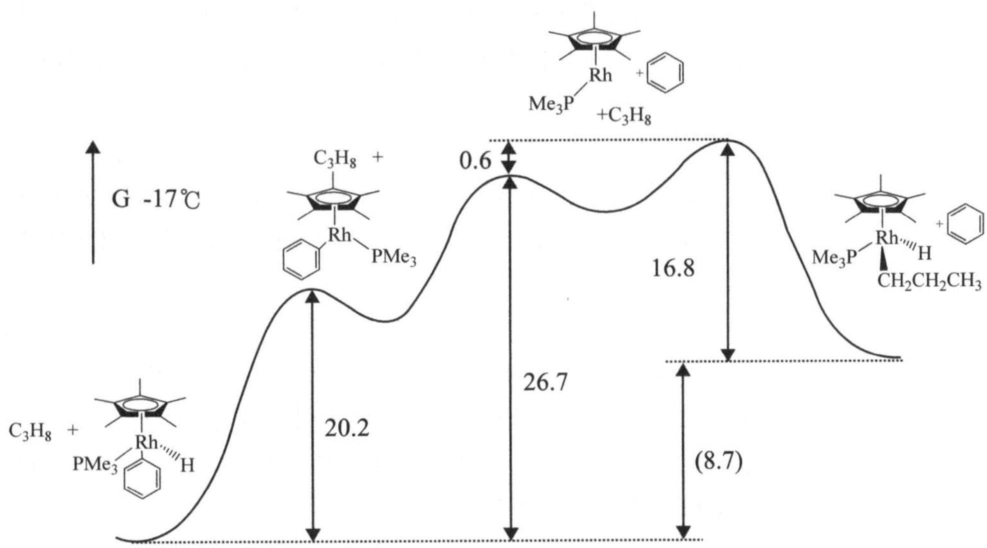

그림 7.16 C–H 결합 활성화의 에너지 도표.

전이금속 착물과 탄화수소와의 반응에서 탄소-탄소결합의 산화성 첨가가 일어나는 경우는 적다. 그것은 탄소-탄소 결합의 해리에너지가 크다는 것과 일반적인 것보다 일어나기 쉬운 탄소-수소결합의 산화성 첨가반응과의 경쟁이기 때문이다. 그러나 큰 비틀림이 있는 작은 고리 혹은 이중고리 화합물은 Rh, Pt 등의 착물과 반응하여 탄소-탄소결합의 산화성 첨가에 의한 착물이 생성물로 얻어진다.

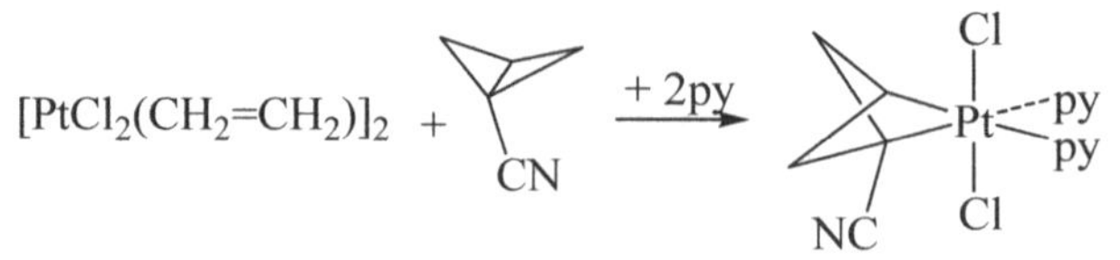

(7.29)

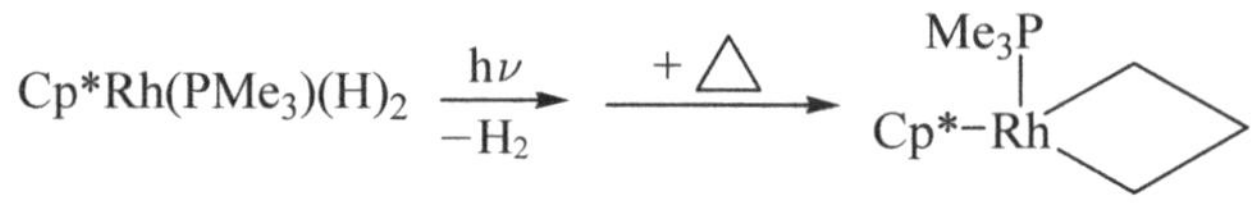

(7.30)

이 경우에는 비틀림에 의한 높은 에너지를 갖는 기질에 대해서 산화성 첨가 생성물의 안정성이 상대적으로 높기 때문에 반응이 쉽게 진행된다.

산화성 첨가반응의 다른 예로는 공업적으로 이용되는 메탄올에서 아세트산을 만드는 방법이 알려져 있다. 산화성 첨가반응은 형식적으로 환원성 제거반응의 역반응이며, 다음 몇 가지 중요한 원리에 따르는 것을 기억해 두어야 한다.

- 산화성 첨가반응은 화학종이 좋은 2 전자 환원 짝을 가질 때 쉽게 일어난다. 바꾸어 말하면 출발물질과 최종물질의 산화상태가 상대적으로 안정한 것을 말한다. 예를 들면 Fe^{III}와 Fe^{V}는 일반적으로 잘 일어나지 않지만 Ir^{I}와 Ir^{III}에서 잘 일어난다.
- 중심금속이 환원된 형태일수록 산화성 첨가반응이 더 잘 일어난다.
- 금속 M에 A-B의 산화성 첨가는 A-B, M-A 및 M-B의 결합세기에 따라서 달라진다. 예를 들면 알케인(alkane)의 산화성 첨가반응은 할로젠화 알킬보다 적게 일어난다. 알케인에서 C-H결합은 M-H와 M-R(R=alkyl)의 결합에 비해서 매우 강하다[14].

◉ 환원성 제거반응

전이금속 착물, A-M(L)$_n$-B 에서 2개 리간드 A, B 리간드가 금속으로부터 제거되어 공유결합을 형성한 분자 A-B가 만들어지며, 아울러 중심금속의 산화수가 감소하는 반응을 **환원성 제거반응**(reductive elimination reaction)이라 한다. 환원성 제거반응은 협동메커니즘으로 진행하는 산화성 첨가반응의 역반응에 해당한다.

14) D_{H-H} = 104 kcal/mol, D_{M-H} = 50~60 kcal/mol D_{R-H} = 100 kcal/mol, D_{M-C} = 30~40 kcal/mol

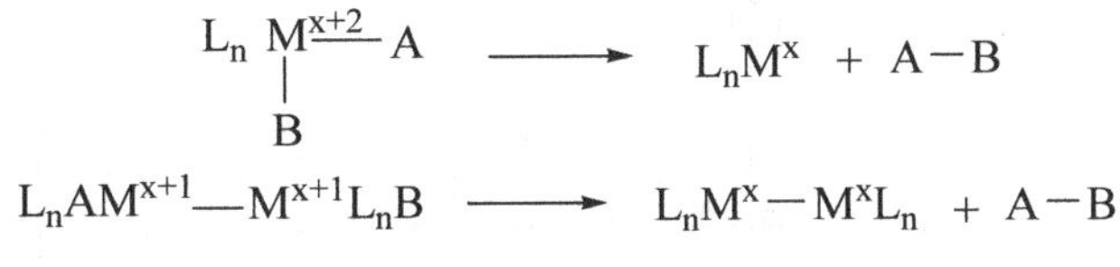

그림 7.17 L_nM_xAB의 환원성 제거반응

식 7.28에서 생성된 Ir-H_2 착물은 환원성 제거에 의해 쉽게 수소분자를 방출하여 Vaska 착물을 재생하는 것으로 알려져 있으며, 이 반응계에서 수소의 산화성 첨가와 환원성 제거는 가역적이다.

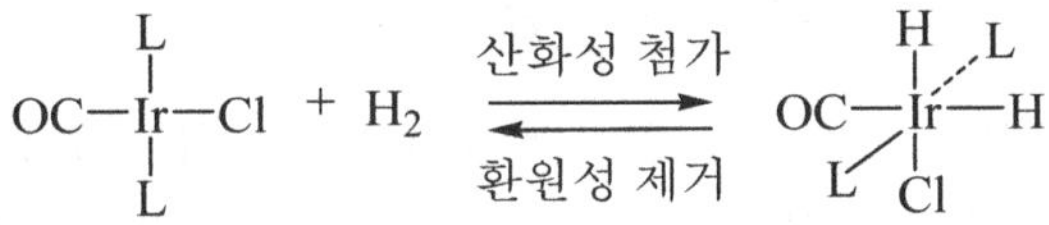

(7.31)

협동적인 산화성 첨가반응이 시스형 첨가인 것과 같이 환원성 제거는 서로 같이 시스위치에 있는 리간드에서 주로 일어난다. 겉보기에 트랜스 위치의 리간드가 coupling할 때 반응의 전 단계에서 이성질화가 일어나는 경우가 많다.

환원성 제거반응에서 가장 중요한 반응은 다이(혹은 폴리)알킬 전이금속착물에서의 탄소-탄소결합 형성에 따른 탄화수소의 환원성 제거이지만, 그 실험적 혹은 이론적인 연구가 가장 자세하게 이루어진 것은 d^8의 전자배치로 평면사각형 구조를 갖는 니켈, 팔라듐, 백금의 다이알킬 착물이다.

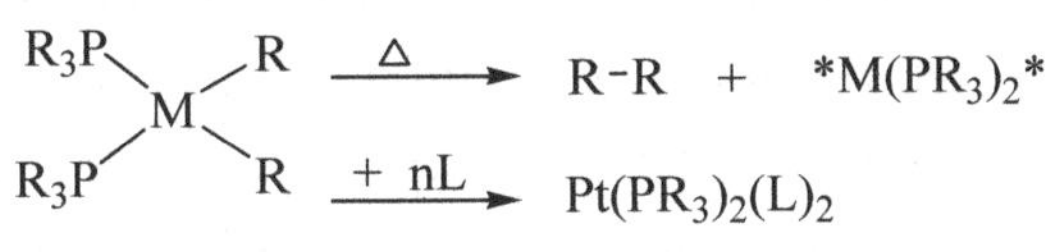

(M=Ni, Pd, Pt; L=olefin, PR'$_3$) (7.32)

시스구조의 다이알킬 착물에서의 환원성 제거는 비교적 쉽게 이루어진다는 것이 실험과 이론적 계산에서 밝혀졌지만, 그 메커니즘이나 전이상태의 구조는 그렇게 간단한 것은 아니다. 예를 들면 그림 7.18에서와 같이 포스핀 리간드가 해리된 3배위 중간체에서 Y자 모양의 전이상태를 경유하는 메커니즘이 Au^{III}, Pd^{II} 착물의 환원성 제거반응으로 제안되었다. 이 경우 포스핀 리간드를 반응계에 첨가하면 환원성 제거는 현저히 억제되고, 3배위 구조에서 반응하는 것이 4배위

구조에서 직접 환원성 제거보다 유리하다.

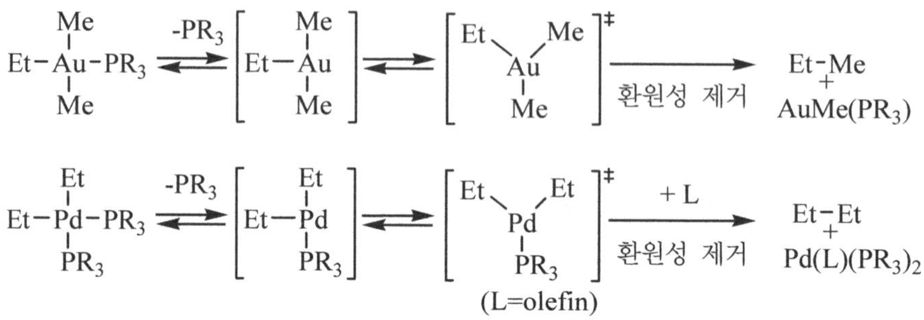

그림 7.18 포스핀 리간드의 해리를 수반하는 Pd^{II}, Au^{III} 다이알킬 착물의 환원성 제거반응 메커니즘

한편, 4배위 Ni^{II} 메틸(알릴)착물의 열역학적인 환원성 제거에서는 포스핀 등의 첨가에 의해 반응이 촉진되기 때문에 첨가 리간드가 배위한 5배위 중간체에서의 환원성 제거반응 메커니즘이 제안되었다.

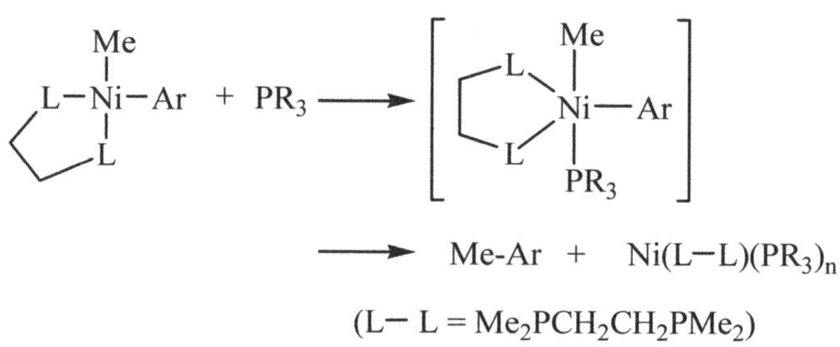

(7.33)

이와 같이 3배위 혹은 5배위 중간체에서 환원성 제거가 쉽게 일어나는 것은 분자궤도함수의 계산으로도 확인되었다. 환원성 제거의 반응성은 배위구조 이외에 리간드의 종류, 중심금속의 산화수, 혹은 전자상태 등과 관련이 있다.

환원성 제거반응은 리간드에서 중심금속으로 전자이동이 중요하기 때문에, 리간드의 전자 주개능력이 좋을수록, 금속의 산화수가 높아 전자를 받아들이기 쉬울수록 반응이 쉽게 일어난다. 예를 들면, 다이메틸-Pt^{II} 착물은 실온에서 전혀 환원성 제거반응이 일어나지 않지만, 트라이메틸-Pt^{IV} 착물은 환원성 제거반응이 일어나 생성물로 에테인이 만들어진다.

또한, 전자 끌기 치환기를 갖는 올레핀을 첨가하면, 알킬니켈 착물의 환원성 제거반응이 촉진된다. 저온에서 올레핀이 배위한 중간체가 확인되었다. 여기서 중간체로 전자밀도가 낮은 올레핀이 배위하면 Ni의 d 궤도함수의 에너지 준위가 낮아지기 때문에 쉽게 환원성 제거가 일어나는 것으로 해석된다.

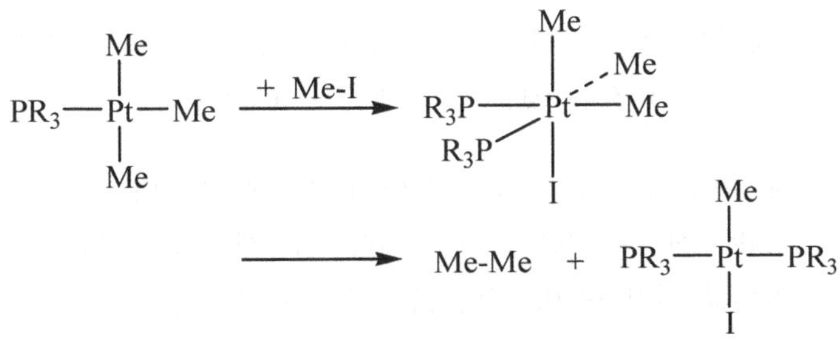

(7.34)

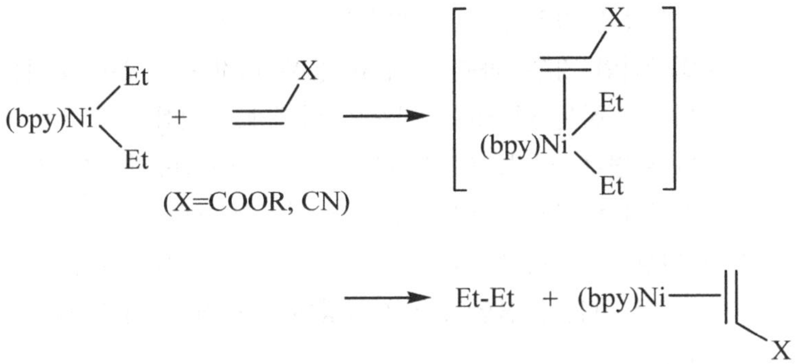

(7.35)

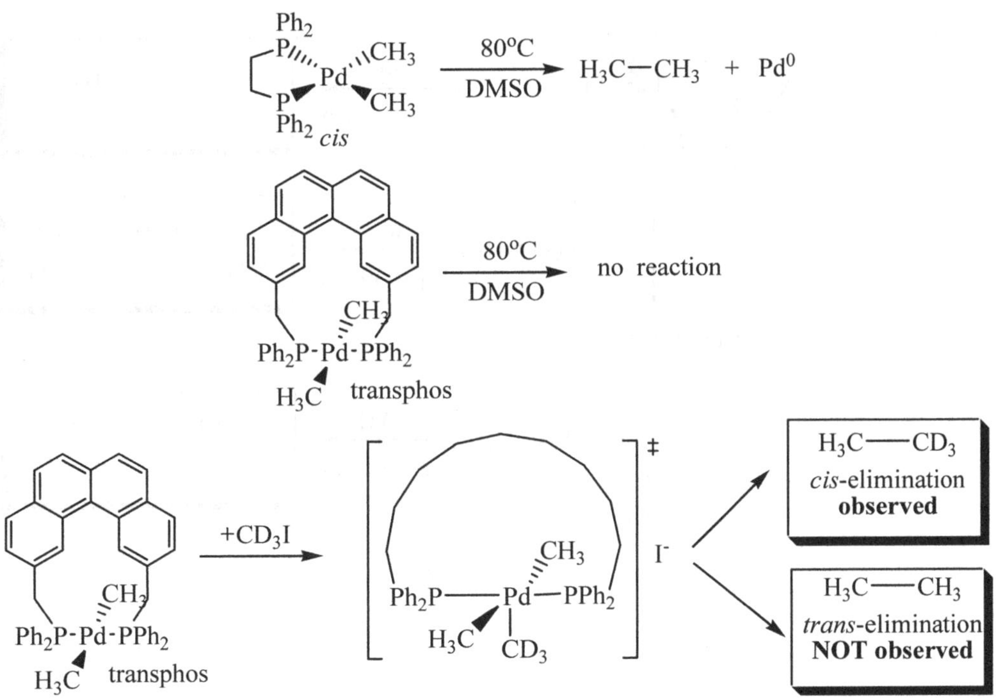

Scheme 1

환원성 제거반응은 형식적으로 산화성 첨가반응의 역반응이며, 다음 몇 가지 중요한 원리에 따르는 것을 기억해 두어야 한다.

○ 제거되는 그룹은 서로 시스(*cis*) 위치에 있어야 한다.
Stille 등[15]은 다음과 같은 반응으로 제거되는 그룹이 시스위치에 있을 때 환원성 제거반응이 일어나는 것을 확인하였다.

○ Phosphine과 같이 첨가하는 리간드는 환원성 제거반응에서 억제, 촉진 또는 영향을 미치지 않는 역할을 할 수 있다.
- 일반적인 경우, 환원성 제거반응은 리간드의 우선 해리를 요구한다. 이때 더 첨가하는 리간드는 반응의 억제제로 역할을 한다.
- 다른 경우, 리간드의 첨가는 환원성 제거반응을 촉진시킨다. 첨가되는 리간드가 5배위 중간체에서 상호 시스위치에 놓이게 한다.

○ 환원성 제거반응은 높은 혹은 불안정한 산화상태에서 잘 일어난다. 사실 안정한 착물이 불안정한 산화상태로 산화된 것은 환원성 제거반응이 잘 된다[16].

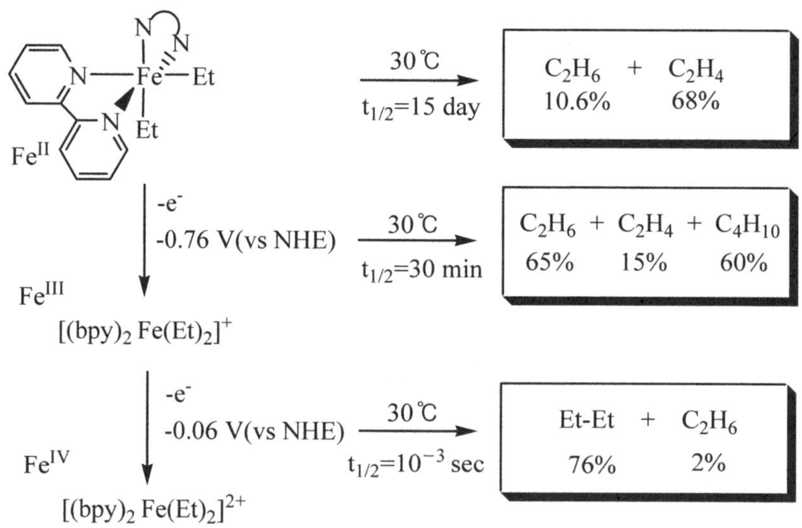

Scheme 2

15) *Gillie, Stille J. Am. Chem. Soc.* 1980, *102*, 4933
16) Kochi et. al., *Organometallics* 1982, *1*, 155

삽입반응

삽입반응(insertion reaction)은 같은 착물에서 다른 M-L결합에 형식적으로 한 리간드(배위적으로 불포화된 리간드)가 삽입되는 것에서 유래되었다. 삽입반응의 일반식은 다음과 같다. 여기서 U는 불포화 리간드이다.

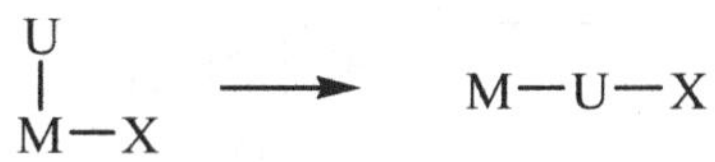

$U = CO, C_2H_4, C_2R_2, NO, CR_2, CNR, RCN, O_2, CO_2$
$X = H$, alkyl, aryl, OR, NR_2 (7.36)

삽입반응의 실제 결과는 새로운 U-X결합의 형성으로 배위수가 1이 감소하는 결과를 초래한다. 이 반응의 역반응이 deinsertion 반응이다.

- **메커니즘** 일반적으로 금속-알킬결합에 CO의 삽입반응은 아래와 같이 M-CO에 methyl 이동과 M-C결합에 CO이동의 두 메커니즘이 가능하다[17].

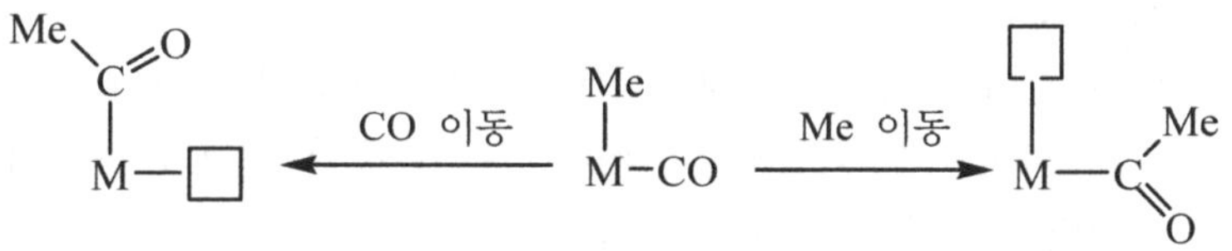

(7.37)

이러한 반응 메커니즘은 다음 몇 가지 반응에서 methyl이 이동되는 것으로 밝혀졌다.
$CH_3Mn(CO)_5$와 ^{13}CO를 반응시키면 *cis*-$(CH_3CO)Mn(^*CO)(CO)_4$이 유일하게 얻어지는 실험적 사실과 생성물인 *cis*-$(CH_3CO)Mn(^*CO)(CO)_4$의 열분해반응에서 시스와 트랜스 화합물의 존재 비가 2 : 1임이 밝혀져 methyl 그룹의 이동임을 재확인하였다.

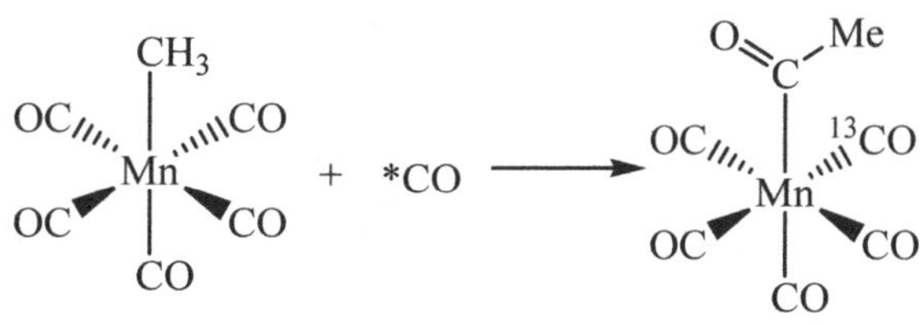

(7.38)

17) Calderazzo, *Ang. Chem. Int. Ed. Eng.* 1977, 16, 299

아세틸 그룹의 시스위치에 있는 CO를 ^{13}CO로 바꾸어 서로 다른 메커니즘으로 진행될 때 예상되는 생성물을 나타내었다.

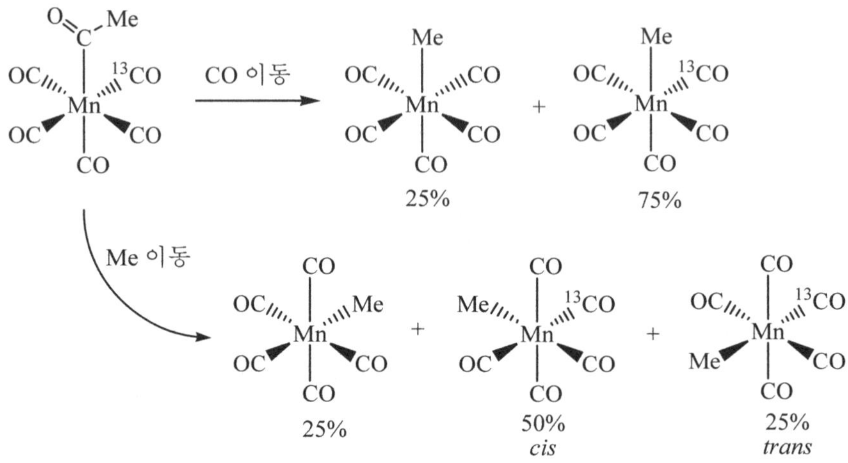

(7.39)

여러 가지 반응에는 금속-리간드 결합에 작은 분자 X-Y를 삽입시키는 1, 1과 1, 2삽입이 가능하다.
이와 같이 금속-리간드의 결합에 다른 화학종이 첨가되는 반응을 삽입반응이라고 하며, 메커니즘적인 의미보다는 반응의 결과를 중요시한다. 여러 가지 삽입반응은 가역적이고, 이 역반응을 제거반응이라고 한다.

- **올레핀의 삽입반응** 일반적인 올레핀의 삽입반응은 M-alkyl 혹은 M-H에서 일어난다.

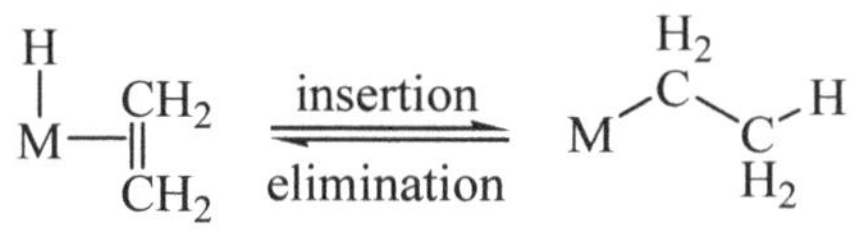

(7.40)

이 반응의 역반응을 β－수소 제거반응(β－hydrogen elimination)이라 한다.

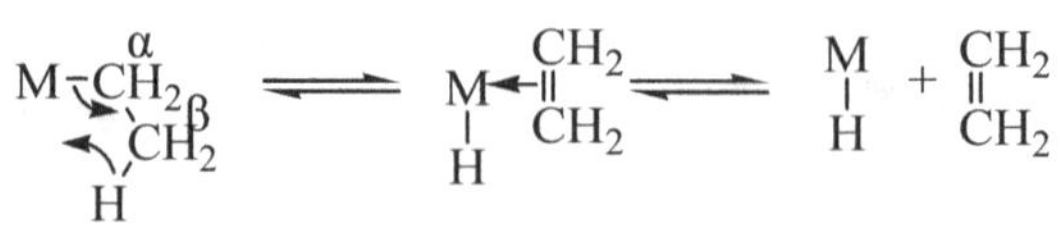

(7.41)

그 메커니즘은 다음과 같다.

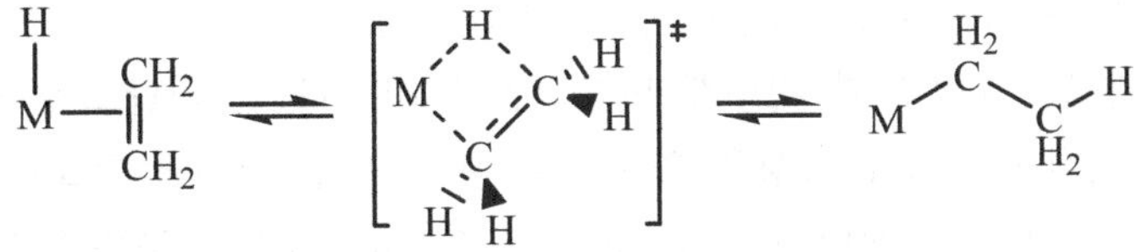

(7.42)

카보닐 리간드의 반응

카보닐 리간드는 배위된 탄소원자의 친전자성으로, 중심금속에 의존하지 않고 여러 종류의 친핵제과 반응하여 결합형성을 일으킨다. 예를 들면, $Cr(CO)_6$과 메틸 리튬과의 반응에서는 카보닐 리간드에 메틸기와 리튬이 첨가한 음이온성 착물이 얻어진다.

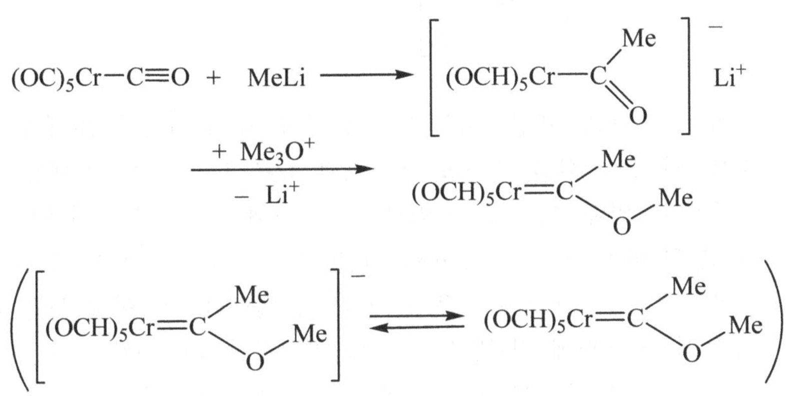

(7.43)

이 착물의 공명구조로부터 금속-탄소결합이 이중결합성을 띠고 있는 것을 시사하지만, 실제 이것을 메틸양이온과 반응시켜 산소원자를 메틸화시킨 생성물은 카르벤이 배위한 착물의 구조를 갖는다. 비슷한 착물은 Mo, W외에 Fe, Pt 등 주기율표 후반의 전이금속에서 널리 알려져 있다. 또한 카보닐 리간드는 알콕사이드(RO^-)나 아민 등 친핵제와도 쉽게 반응하여 각각 C-O, C-N결합 형성반응을 일으킨다.

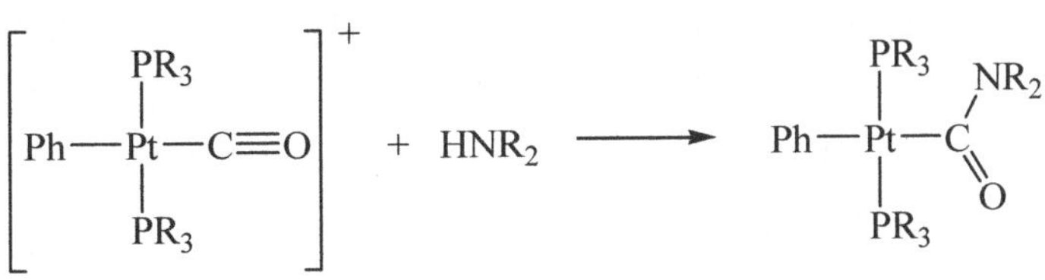

(7.44)

카보닐 리간드를 가진 양이온성 백금착물은 2차 아민과 반응하여 중성의 카바모일(carbamoyl) 착물이 얻어진다. 이런 종류의 반응은 전이금속 착물을 촉매로 하는 카보닐화 반응의 핵심단계로서 중요하다.

카보닐 리간드와 친핵제 반응과는 달리 카보닐 리간드와 알킬 리간드의 반응에 의한 C-C결합 형성을 일으키는 예도 있다. 카이랄 구조를 갖는 에틸(카보닐)철 착물은 일산화탄소 존재 하에서 프로피오닐철 착물을 만든다.

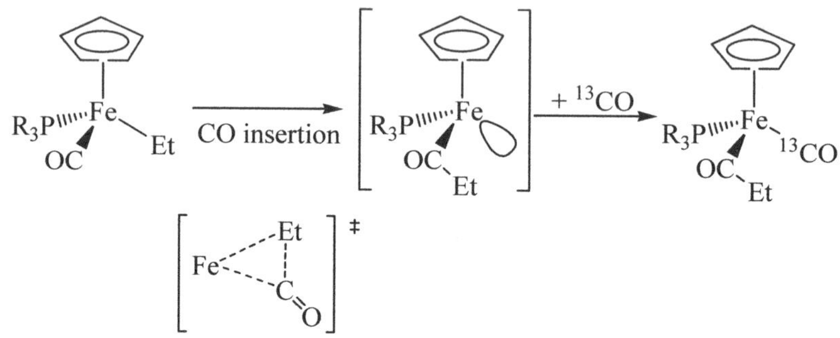

(7.45)

이것은 카보닐 리간드로의 에틸기 친핵반응이 아니라 철-에틸 결합에 카보닐 리간드의 협동 삽입반응으로 앞에서와 같은 3-중심 전이상태를 거치는 것으로 생각할 수 있다. 이 반응은 입체배열이 그대로 유지되기 때문에 에틸 리간드가 카보닐의 배위 자리에 이동하여 삽입반응이 일어나는 메커니즘이 유력하다.

카보닐 리간드이외에도 유기 리간드인 올레핀, $\pi-$아릴 등은 각종 친핵제에 의해 불포화결합에 첨가반응을 일으킨다. 또한, Cp 리간드 혹은 벤젠 리간드는 친핵제에 의한 수소이동이나 치환반응을 각각 일으킨다. 이것들은 유기기가 배위되어 친전자성이 높아진 결과로 생각된다.

3 전이금속 착물에 의한 촉매반응

지난 반세기 동안 유기금속화학의 눈부신 발전의 원동력은 여러 가지 종류의 유기반응에서 전이금속의 촉매작용 능력을 갖기 때문이었다. 물론 촉매의 기능은 반응이 쉽게 일어날 수 있도록 활성화 에너지를 낮추는 역할을 하는 것으로, 촉매로 쓰이는 화학종은 재생이 되며, 화학량론 적으로 소비가 없이 반복효과를 갖는 것이고 선택적이어야 한다. 촉매반응은 균일하게 일어나든가 불균일하게 일어난다. 여기서는 불균일 촉매계의 예로는 Zeigler Natta 촉매만을 소개하고 나머지 반응은 모두 균일촉매 반응을 소개한다.

불균일계 촉매: Ziegler-Natta 촉매

전이금속 촉매에 의한 에틸렌의 고분자화반응은 1955년 Ziegler에 의해서 $TiCl_4$와 $AlEt_2Cl$의 혼합물을 사용한 것이 첫 예이다. 이후 Natta에 의해서 프로필렌의 입체선택적인 고분자화반응이 발견되어 빠르게 발전되었다.[18)]

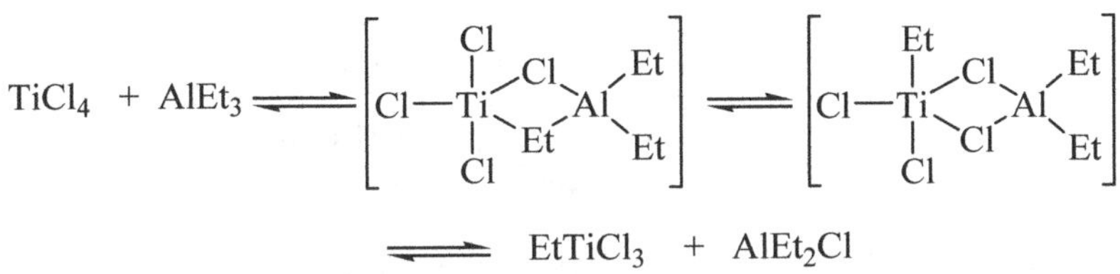

(7.46)

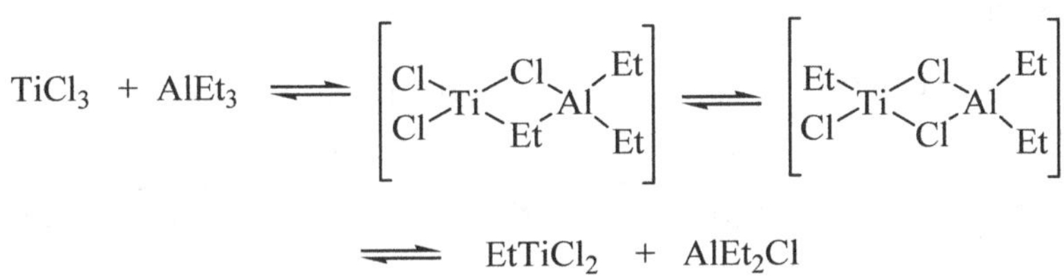

(7.47)

불포화 배위된 $Ti(Et)Cl_n$ 착물은 에틸렌과 같은 리간드를 받아들이는 Lewis 산으로 작용한다. 이 반응은(수소원자 대신에)에틸기가 에틸렌으로 이동하는 것을 제외하면 Wilkinson촉매의 방법과 거의 같게 진행한다.

---

18) Karl Ziegler와 그의 공동연구자들은 고압솥에서 에틸렌과 triethyaluminum을 사용하여 하나의 Al-C 결합에 에틸렌을 첨가하여 긴 사슬의 알루미늄 알킬을 얻으려고 했다. 그런데 긴 사슬의 알루미늄 알킬이 얻어지지 않고 1-butene 만 얻어지는 것을 확인하였다.

(1)

$$C_2H_4 + C_2H_4 \xrightarrow{\text{"Ni", AlEt}_3} CH_3CH_2CH{=}CH_2 \quad (2)$$

이러한 실험결과는 이전 실험인 수소화반응의 촉매로 사용했던 '니켈' 때문으로 생각하고, 다른 전이금속을 사용하기로 하였다. 1953년 말 Ziegler 그룹은 zirconium acetylacetonate를 사용하여 높은 분자량을 가지는 폴리에틸렌이 합성된다는 것을 확인하였다. 이어서 $TiCl_4$와 $AlEt_3$의 혼합물이 에틸렌의 합성에 더 효과적인 촉매로 작용한다는 것을 밝혔다. 당시 이 발견은 실로 놀라운 것이었다. 이 혼합 촉매계에 대한 정보를 Milan Polytechnic Institute에 있던 G.Natta가 적용하여 프로필렌의 중합반응에 적용하여 규칙적인 입체배열을 갖는 고분자합성에 성공하였고, 에틸렌, 프로필렌등의 공중합에 성공하였다.
Ziegler와 Natta가 공동연구를 수행하여 10년이 지난 후 1963년 Nobel 화학상을 수상하였다.

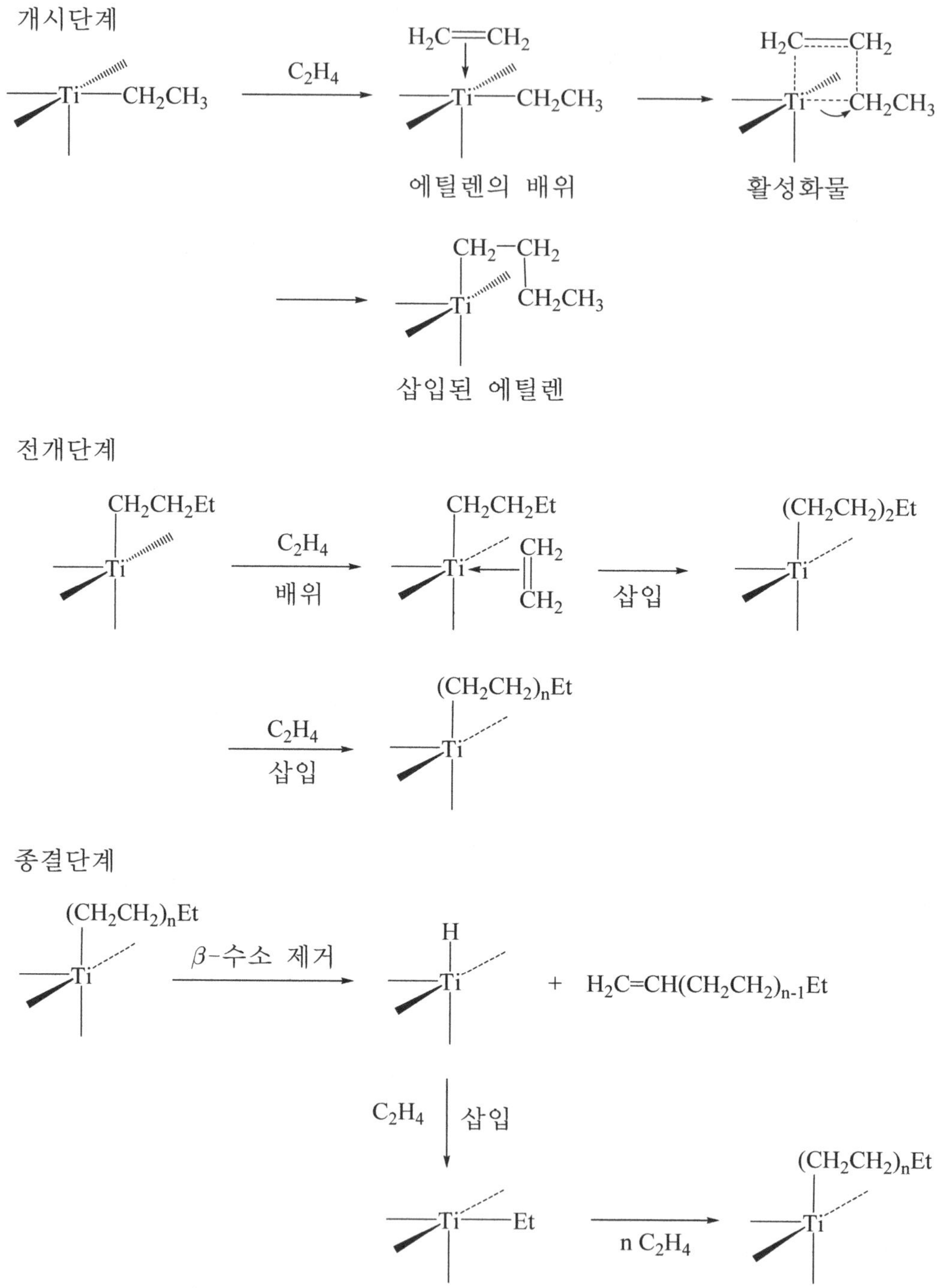

그림 7.19 폴리에틸렌 합성에서 Ziegler-Natta 촉매 반응 메커니즘

공업적으로 이용되는 촉매는 무기화합물에 담지된 불균일계이다.

최근 폴리올레핀 유도체 합성의 촉매로써 Cp 유도체가 배위한 지르코늄과 유기 알루미늄 화합물로 된 균일계 촉매가 우수한 중합계로 발견되었으며, 그 반응 메커니즘에 대해서도 분자적 관점에서 연구되었다.

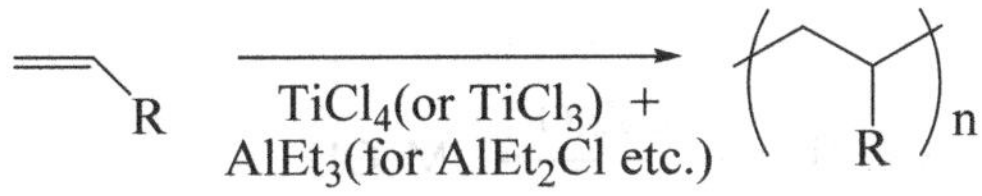

(7.48)

이들 연구결과에 의하면, 그림 7.19와 같이 중합에서 활성화물은 양이온성 지르코늄 착물이고, 지르코늄 중심에 올레핀이 배위된 폴리머 생장말단에 삽입되는 경로로 중합이 진행된다고 알려져 있다.

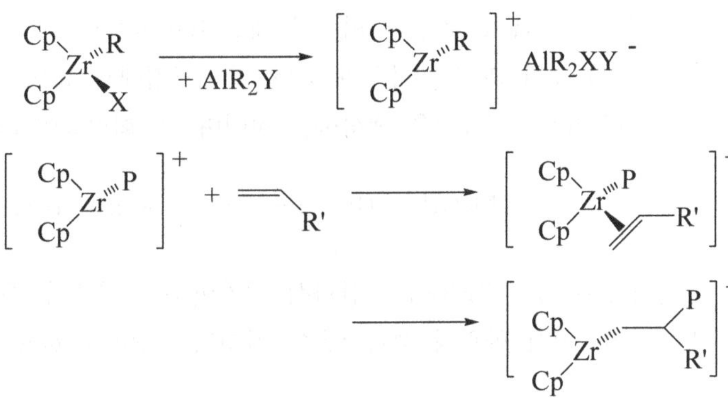

(CP : cyclopentadienyl ligand, P : polymer chain)

그림 7.19 균일계 올레핀 중합촉매의 반응 메커니즘

최근 폴리에틸렌의 중합반응은 4족의 메탈로센과 조촉매인 methylaluminoxane (MAO)를 사용하여 높은 수율로 합성되고 있다. polystyrene은 $CpTiCl_4$/MAO와 같은 촉매를 사용하였을 때 높은 수율로 얻어진다.

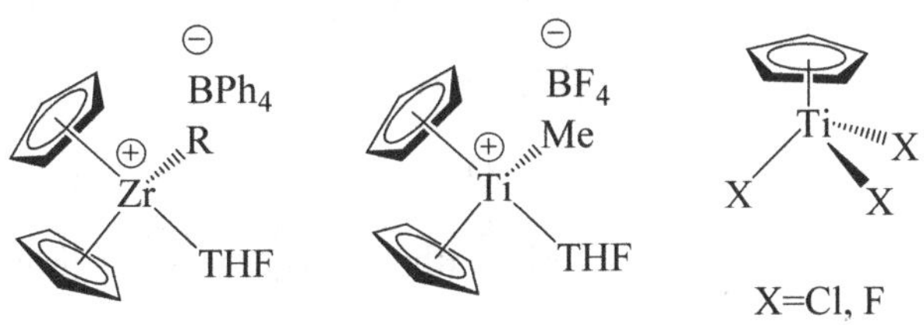

X=Cl, F

R=Me, CH_2Ph

그림 7.20 여러 가지 폴리에틸렌의 중합 촉매들

Monsanto 과정

Monsanto acetic acid 과정은 공업적으로 아세트산을 합성하는 중요한 과정이다. 이 반응은 촉매 존재하에서 합성가스(CO/H_2 혼합물)로부터 만든 메탄올을 CO와 반응시켜 아세트산을 합성한다. 이 반응에서 중요한 단계는 메탄올의 CO 결합에 CO의 삽입반응 즉, 메탄올의 카보닐화 반응이다.

$$CO/H_2 \xrightarrow{Cu/ZnO} MeOH$$

$$MeOH + CO \xrightarrow[180\,^{\circ}C,\ 30\sim 40\ atm]{Rh\ cat,\ I^-} H_3C{-}C(=O){-}OH \quad 99\% \qquad (7.49)$$

이 과정은 초기 Wacker process로 알려진 합성반응을 크게 개선한 것이다. 아세트산이 Monsanto 과정에 의해서 매년 100만톤 이상이 생산되고 있다. 이 반응의 촉매적 순환 과정은 다음과 같다. 촉매과정에서 요오드화 이온의 역할은 메탄올로부터 요오드화메틸을 생성하는 것이며, 이 화학종이 Rh 촉매와 반응한다.

$$MeOH + HI \longrightarrow MeI + H_2O \qquad (7.50)$$

생성된 MeI는 Rh촉매와 산화성 첨가반응에 의해서 중간체의 acyl 착물을 만든다. 계속해서 환원성 제거반응이 진행되어 acetyl iodide가 만들어진다.

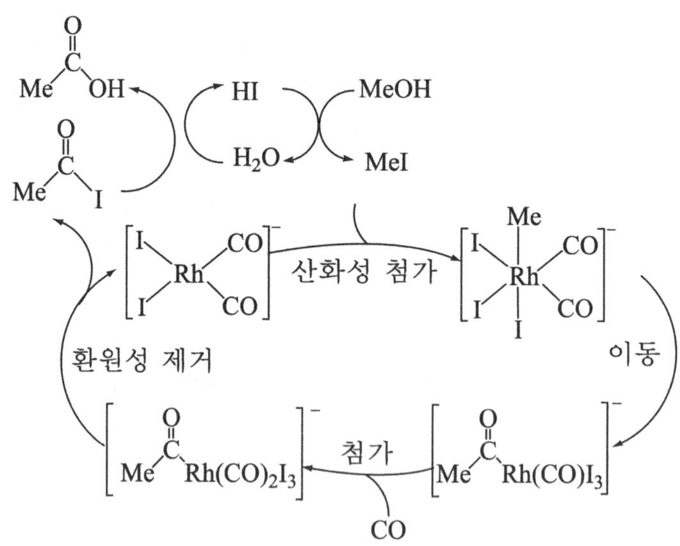

그림 7.21 Monsanto Acetic Acid 과정

얻어진 acetyl iodide는 다른 촉매작용에 의해서 가수분해반응이 진행되어 아세트산이 만들어진다.

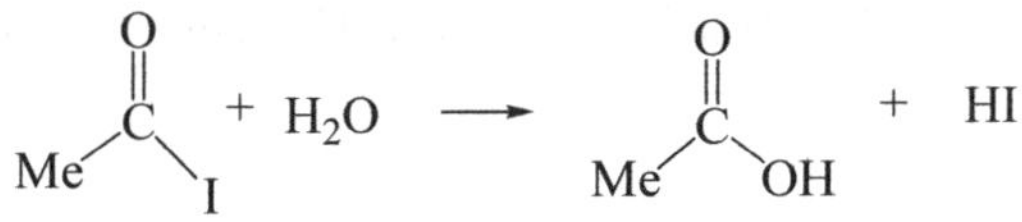

[19](7.51)

올레핀의 수소화반응

수소화반응(hydrogenation)은 화학합성에서 매우 중요한 역할을 담당하며, 균일 수소화반응(homogeneous hydrogenation)[20] 의 중요성은 날로 증가하고 있다.

올레핀과 수소기체의 반응은 열역학적으로 유리하지만 상온·상압에서는 반응이 일어나지 않는다.

$$H_2C{=}CH_2 \; + \; H_2 \longrightarrow H_3C\text{-}CH_3 \qquad (7.52)$$
$$\Delta H^o = -136 \text{ kJmol}^{-1}, \quad \Delta G^o = -101 \text{ kJ mol}^{-1}$$

그러나 금속니켈, 구리, 팔라듐 혹은 백금과 같은 전이금속 혹은 이들 착물의 존재 하에서 반응은 빠르고 완전하게 일어난다. 이처럼 올레핀 및 여러 가지 불포화 물질의 수소화반응에서 전이금속은 촉매 역할을 한다. 요즈음은 올레핀의 균일 촉매화 반응이 공업적으로 크게 중요하지 않으나, 비교적 적은 규모로 Rh 촉매를 사용하여 입체특이성을 갖는 물질의 합성에 많이 이용된다.

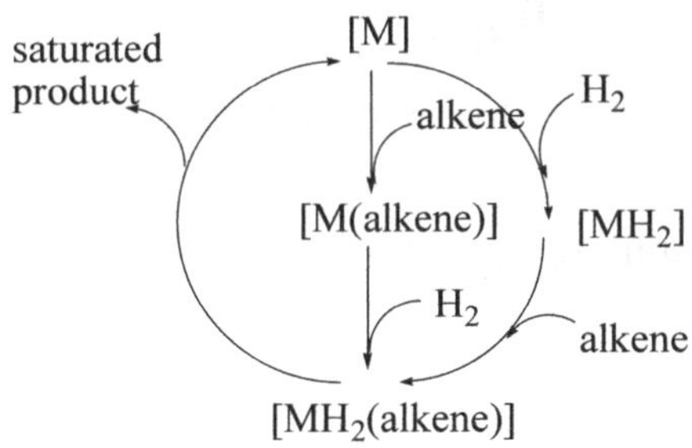

Scheme 1

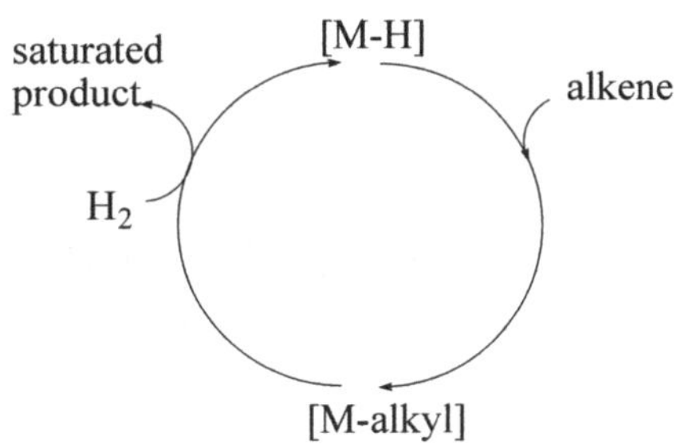

Scheme 2

---

19) 이 반응에서 촉매로 작용하는 $RhCl_3 \cdot 3H_2O$는 매우 값비싼 물질이며, I_2는 값이 싸지만 승화성 물질이다. 다른 할로젠이나 할로젠 화합물은 거의 사용하지 않는다.
20) 균일촉매를 사용한 불포화 유기화합물의 수소(H_2) 첨가반응을 의미한다.

올레핀의 수소화반응에서 가장 잘 알려진 촉매는 1964년 Wilkinson과 Goffey가 각각 비슷한 시기에 독립적으로 개발한 소위 Wilkinson촉매, $RhCl(PPh_3)_3$로서 산화성 첨가반응, 수소이동 및 환원성 제거반응이 연속적으로 진행되는 닫힌 고리계 반응이 잘 알려져 있다. 여기서는 Tolman촉매 순환과정만을 간단히 소개하였다.

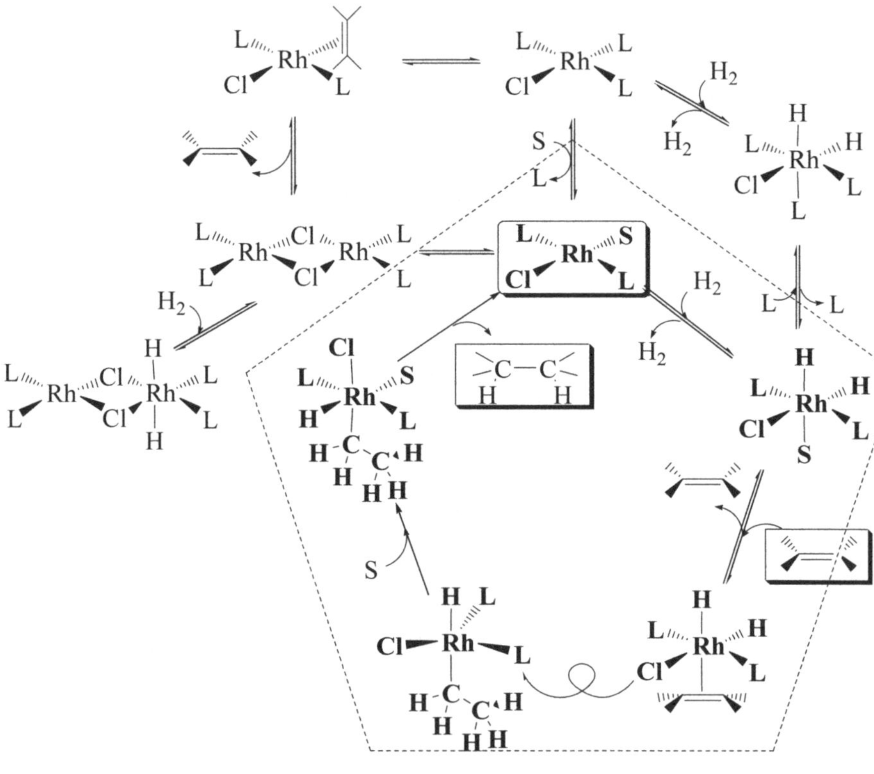

그림 7.22 Tolman Catalytic Loops

그밖에 광학활성 리간드인 DIPHOS 및 CHIRAPHOS, DIOP 등을 포함하는 착물의 비대칭 촉매반응이 알려져 있다.

올레핀의 산화반응(Wacker 공정)

일찍이 1894년 Phillips에서는 $PdCl_2$ 촉매를 사용한 에틸렌의 산화반응에서 아세트알데히드가 합성되지만, 반응이 정량적으로 진행되어 팔라듐 금속의 침전이 생성되는 것을 밝혔다. 1956년 독일 Wacker-Chemie 계열의 Consortium für Elektrochemische Industrie에서 새로운 촉매공정이 개발되어 당시 아세틸렌으로부터 만들어지는 것을 에틸렌으로 전환되는 계기를 마련하였다. 이와 같이 에틸렌의 산화 촉매반응을 통해서 알데히드를 제조하는 방법을 Wacker 공정이라 한다.

이 때 알데히드 생성물은 출발물질인 올레핀과 같은 수의 탄소를 가지며, 전체 반응은 식 7.53과 같이 나타낼 수 있다.

$$\begin{aligned}
C_2H_4 + PdCl_2 + H_2O &\longrightarrow CH_3CHO + Pd^0 + 2HCl \\
Pd^0 + 2CuCl_2 &\longrightarrow PdCl_2 + 2CuCl \\
2CuCl + 2HCl + 1/_2O_2 &\longrightarrow 2CuCl_2 + H_2O \\
\hline
C_2H_4 + 1/_2O_2 &\longrightarrow CH_3CHO \\
(\Delta H = -243\ \mathrm{kJ\ mol^{-1}})
\end{aligned} \tag{7.53}$$

이 반응의 촉매 순환과정은 다음에 나타내었다.

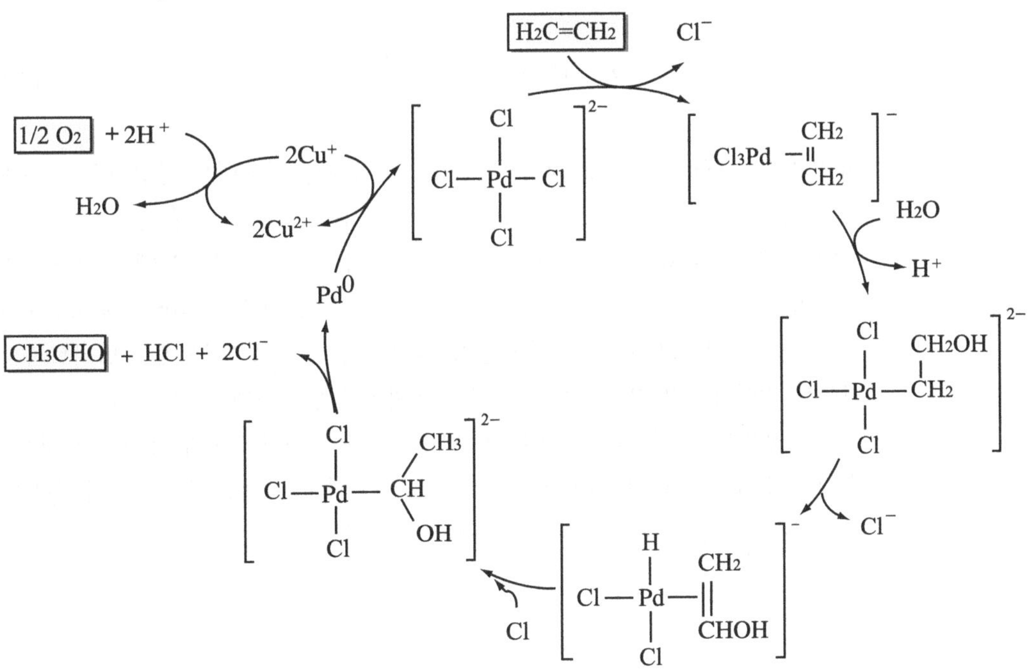

그림 7.24 Wacker 공정의 촉매 순환.

합성가스의 반응

1970년대 유류 파동이후 유기공업화학은 석유화학의 원료물질인 알케인을 대체할 수 있는 합성가스(synthesis gas)[21] 반응에 관심을 가지게 되었다.

착물을 촉매로 사용하여 합성가스로부터 에틸렌글리콜, 에탄올, 아세트산 비닐 등의 합성법이 개발되었다.

$$CO + H_2 \xrightarrow{\text{촉매}} CH_3OH \xrightarrow{CO/H_2} CH_3CH_2OH + H_2O \qquad (7.54)$$

메탄올은 고체촉매, Fe_3O_4로 공업적으로 쉽게 얻어지지만, 에탄올 이상의 알코올은 균일촉매계, $Co_2(CO)_8$을 이용하여 160~180℃, 300기압의 조건에서 합성가스를 메탄올로 처리하면 얻어진다.

- **수성가스 이동반응** 수성가스 이동반응은 합성가스 중의 수소 비율을 높이기 위해서 행하는 반응으로 식 7.53과 같다.

$$CO + H_2O \rightleftharpoons CO_2 + H_2 \qquad (7.55)$$

이 반응은 Fe_3O_4 또는 Cu/ZnO와 같은 고체 촉매를 이용해서 공업적으로 행해지고 있지만, 최근 $Fe(CO)_5$ 또는 $Pt(i\text{-}Pr_3P)_3$ 등의 균일 촉매가 이용되고 있다.
균일 촉매인 $Fe(CO)_5$에서 제안된 촉매반응 메커니즘은 그림 7.25에서 나타내었다. 먼저 OH^- 이온이 금속에 결합된 CO의 탄소원자에 친핵 공격(nucleophilic attack)을 하여 $(CO)_4Fe(COOH)^-$를 생성한다. 얻어진 금속-카르복시산에서 탈카르복시화 반응이 일어나려면, 먼저 CO가 떨어져 빈자리가 만들어져야 하기 때문에 β-제거 반응은 일어나지 않는다. 그 대신에 탈수소화가 일어나 CO_2가 제거되고 다시 금속에 수소가 결합하여 $HFe(CO)_4^-$가 얻어진다. 이 음이온성 수소화물의 수소화반응에 의해서 H_2가 방출되어 촉매 순환이 일어난다.

---

21) 석탄으로부터 얻은 코크스를 공기와 수증기의 존재 하에서 가스화한 것으로 CO와 H_2의 혼합물을 말한다. 혼합물의 기원 때문에 수성가스(water gas)라고도 한다. 가스램프를 사용했던 19세기에는 가정용으로 자주 사용하였으나 일산화탄소의 유독성 때문에 오늘날은 찾아보기 어렵다.

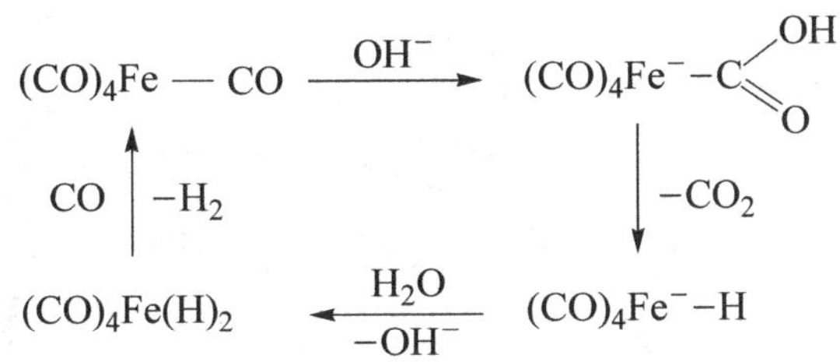

그림 7.25 $Fe(CO)_5$ 촉매에 의한 수성가스 이동반응 메커니즘

올레핀의 히드로포밀화 반응(옥소법)

일산화탄소는 불포화결합을 가지지만 반응성이 낮아 반응을 시킬려면 촉매를 이용해서 활성화하는 것이 필요하다. 공업적으로 올레핀의 하이드로포르밀화, 카보닐화와 Koch반응에 의한 탄산합성 등에서 많이 이용되어 왔다. 석유자원의 부족과 원유 값 상승에 따라 일산화탄소를 출발물질로 하는 반응의 중요성이 다시 부각되었다.

이 방법은 1938년 독일 Rolen에 의해서 발견된 것으로 착물을 촉매로 한 가장 오래된 것이지만 알데히드의 합성 가운데 공업적으로 중요한 방법이다.

$$RCH{=}CH_2 + CO + H_2 \xrightarrow{[Co]\ 또는\ [Rh]} RCH_2CH_2CHO + RCH(CH_3)CHO \quad (7.56)$$

촉매로서 코발트카보닐 화합물이 사용되었지만 최근 로듐촉매를 사용하는 예가 증가되고 있다.

이 반응은 Wacker 과정과는 달리 이중결합에 H_2 와 CO를 첨가되는 반응으로 높은 압력(200 기압), 온도(90 ~ 140℃)에서 용매의 존재 하에서 진행된다. 미세한 Co가루나 Co 염을 촉매로 사용할 수 있다. 이 물질은 배위와 환원에 의해서 $Co_2(CO)_8$로 된다.

촉매활성은 $HCo(CO)_4$에서 나타나는데, 다음 반응에 의해서 진행된다.

$$Co_2(CO)_8 + H_2 \rightarrow 2HCo(CO)_4 \quad (7.57)$$

이 반응의 촉매순환 고리는 다음과 같다.

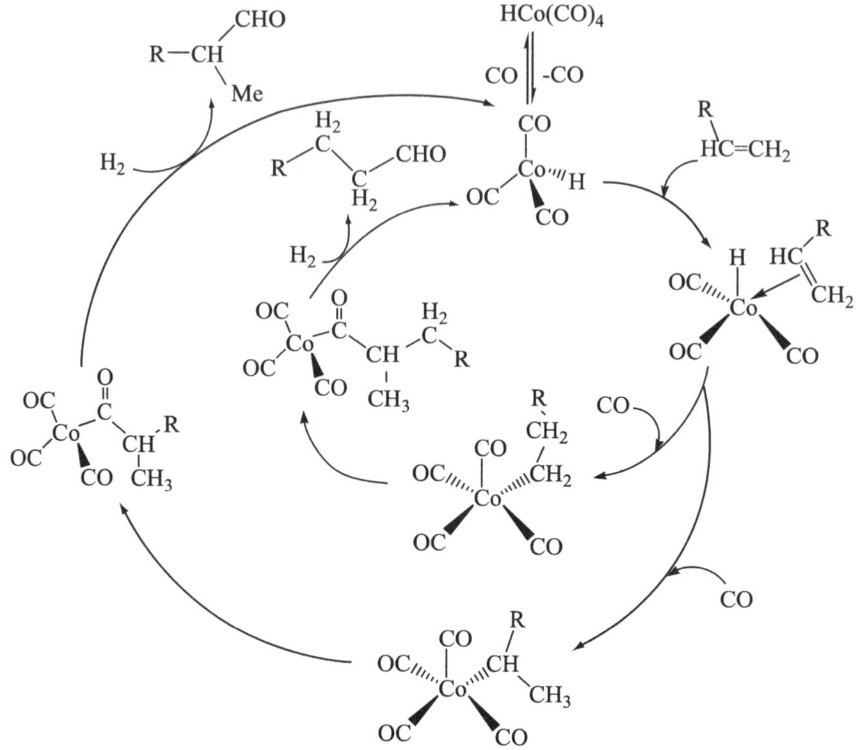

그림 7.26 알켄의 하이드로포르밀화반응의 촉매 순환으로부터 곧은 사슬형 알데히드(내부 고리)와 가지달린 알데히드(외부 고리)의 합성.

활성촉매의 분해를 방지하기 위해서 높은 압력을 가해준다. 이 반응은 촉매로서 금속카보닐을 사용하는 가장 중요한 공업적 합성과정이다. 이 반응의 주된 반응은 코발트 착물에서 해리된 CO가 코발트와 알킬그룹 사이에 삽입되는 반응이다.

불포화 배위된 $HCo(CO)_3$에 프로필렌이 π－결합하여 Co-H 사이에 삽입되면 프로필 코발트 착물이 얻어진다. 이 때 삽입되는 방향에 따라서 곧은 사슬형(내부 고리) 또는 가지달린 알킬기(외부 고리)가 생성되기도 한다.

제8장

생물무기화학

이 장에서는 최근 많은 관심을 끌고있는 생물무기화학분야 중에서 생리활성금속착물과 금속단백질 및 금속효소에 대해서 다룬다.

전통적으로 생물과 관련된 화학은 유기화학으로 분류되지만 무기화학의 지식도 역시 중요하다. 우리가 지금 책을 읽는 동안 숨을 쉬는데, 이 때 대기 중의 산소를 호흡하는데 헤모글로빈에 있는 철 원자가 중요한 역할을 한다. 그리고 책을 읽는 동안 정보는 세포막을 통해서 Na^+와 K^+ 이온의 이동에 의해서 전기 신호로 바뀌어 두뇌로 끊임없이 전달된다.

이처럼 식물이나 동물에서 무기화학 특히 13가지 원소가 중요한 역할을 수행하는데, 이 장에서는 그림 8.1과 같이 생물체에서 대표적인 금속이온의 역할을 주로 다룬다.

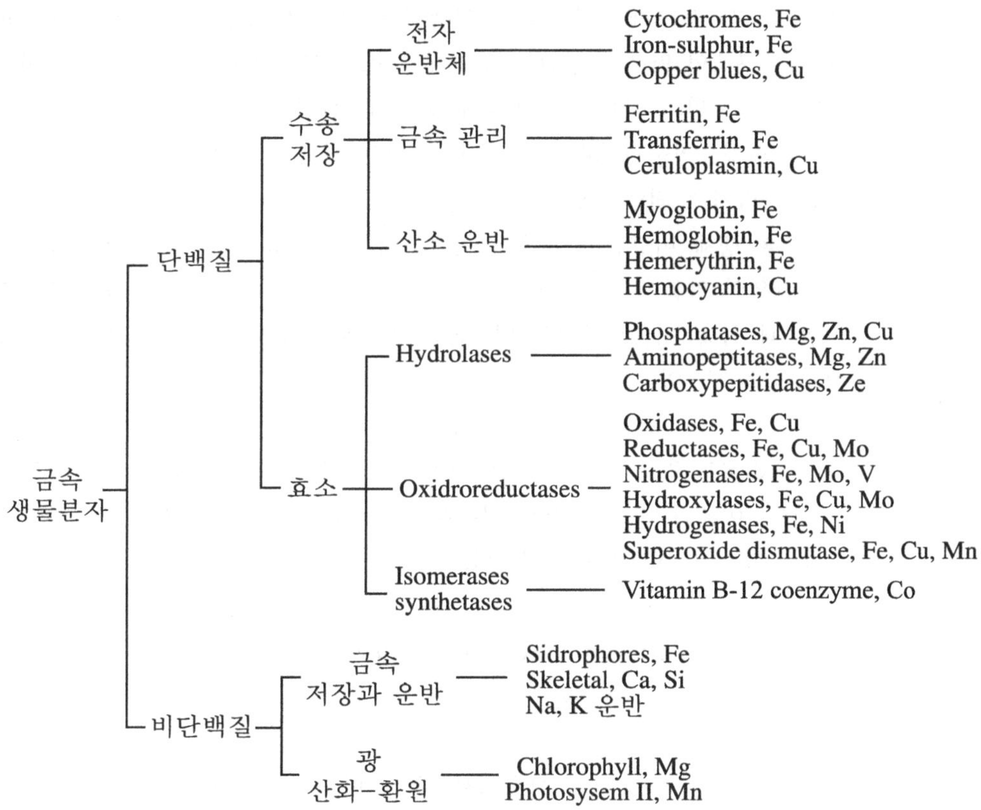

그림 8.1 금속 생물분자의 분류

1 생리활성 금속착물

금속과 의약품

금속을 약으로 사용한 예는 BC 1500년경 고대 이집트에서 진사(황화수은)가 불로 장수 약품으로 사용되었으며, 그리스에서 비소화합물이 강장제나 조혈제로 사용되었다. 중세연금술의 16세기, 스위스 의화학자 Paracelsus(1493-1541)는 질병은 무기화합물을 투여하여 치료할 수 있다고 생각하여 As, Hg, Cd, Fe, Cu 및 Sn 등을 포함한 금속함유 의약품의 조제를 시도하였다. 금속이 곧 약이라는 개념은 근래의 Pt을 포함하는 항암제 시스플라틴, Au를 함유한 경구 항 류머티스제 오라노핀의 개발을 가져오게 되었다. 한편, 중금속 오염으로 인하여 금속은 곧 환경오염물질(pollutant)로서 취급되어지기 때문에 금속이 약과 같다는 개념은 사라지게 되었다[1].

그 후 생체 미량원소 혹은 금속착물의 생리활성 등에 대한 연구가 진행되어, 금속함유의 약품에 대한 관심이 높아지고 있다. 금속을 의약품과 관련시켜서 생각할 때 금속 이온으로서의 약, 금속 착물로서의 약, 혹은 킬레이트 치료법 등으로 나눌 수 있다.

- **금속이온의 약품** 금속이온은 일반적으로 수축 또는 부식 등 국소작용을 일으키며, 이온화 경향이 적은 금속은 수축(단백질 응고)작용, 큰 금속은 부식(상피 층의 파손)작용을 보여준다.

$$\text{Bi}\sim \text{Pb} < \text{Fe} < \text{Al} < \text{Zn} < \text{Ag} < \text{Cu} < \text{Sn} < \text{Hg}$$

← 수축작용 부식작용 →

이들 성질을 교묘하게 이용해서 옛날부터 금속이온이 약으로 이용되고 있다.

- **약으로써 금속 착물** 배위화학이나 생물무기화학의 발전으로 전통 약품이 개량되어 많은 금속 착물이 약품으로 이용되고 있다. 대표적인 금속 착물이 약으로 사용되는 것을 표 8.1에 나타내었다.

1) 금속 카드뮴, 수은 중독에 의한 미나마타병(Minamata disease) 혹은 이타이이타이 병 등

표 8.1 금속착물의 약품

금속	화합물명	약리작용
Al	Sucralfate(Aluminium sucrose sulphate) Aspirin aluminium	제산, 항 궤양 하열, 진통
As	Arsenic trioxide	항종양
Au	Sodium aurothiomalate Aurothioglucose Auranofin	항 루머티스성 관절염
Bi	Bismuth subsalicylate Sodium thioglycolate bismuth	제산, 항 궤양
Fe	Sodium ferric gluconate complex Ferrous fumarate	악성빈혈 치료제
Hg	Fluoracaine Ophthalmic Solution Thimerosal	이뇨제
Pt	Cisplatin Carboplatin	항암제
Sb	Sodium antimony tartrate Rasburicase	항종양
Zn	Zinc eugenolate	치과(충전제)
Co	Cyanocobalamin	악성빈혈

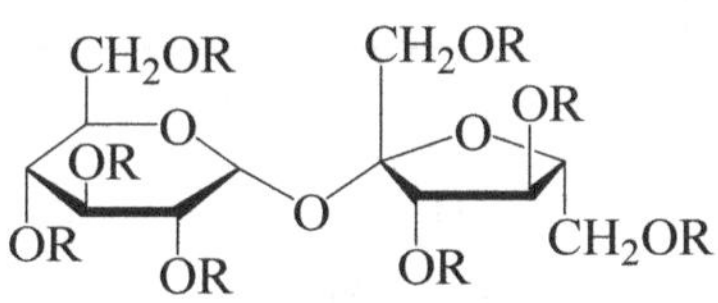

$R=SO_3[Al_2(OH)_5]\cdot xH_2O$

Sucralfate

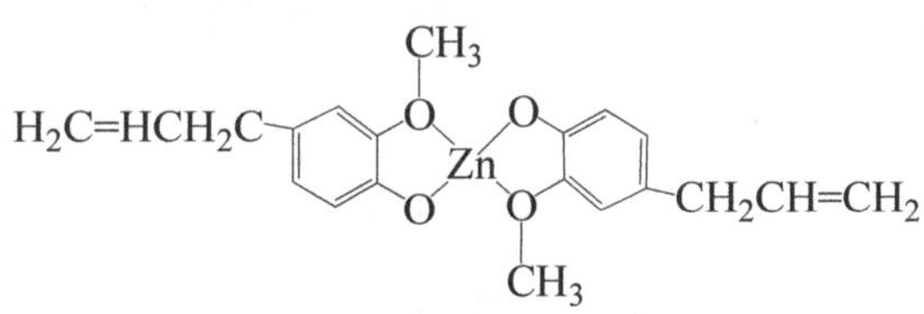

Zinc eugenolate

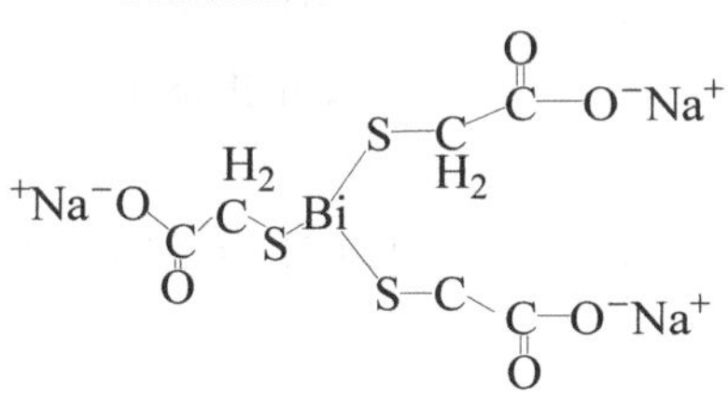

Sodum thioglycolate bismuth

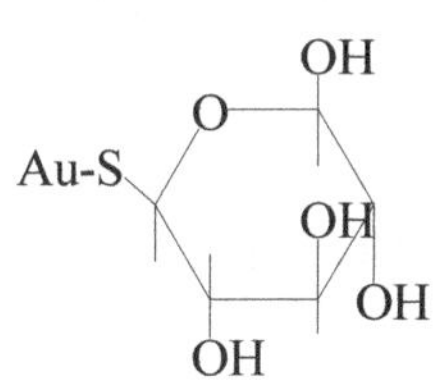

Aurothioglucose

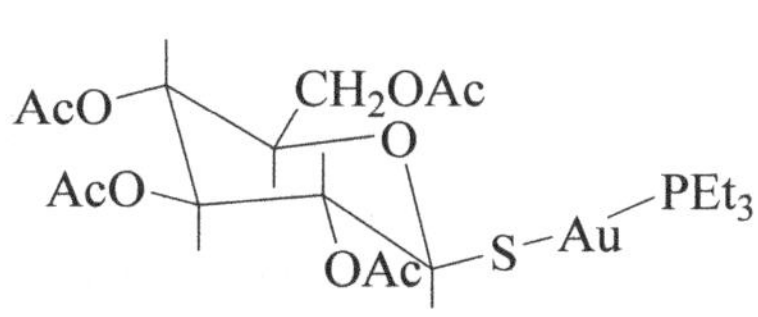

auranofin

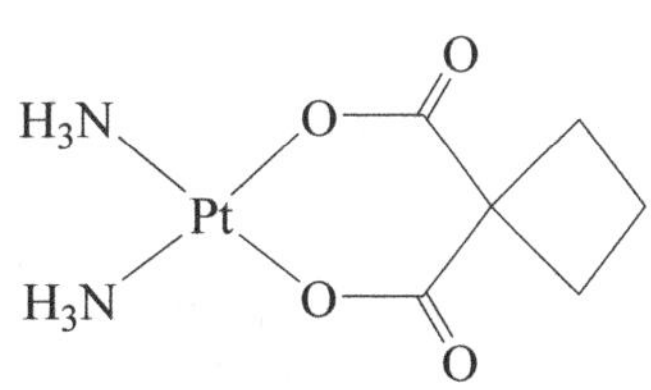

carboplatin

• **킬레이트 치료(chelate therapy)** 금속이온의 과부족에 기인한 질병이 많이 알려져 있다(표 8.2). 특히 과량의 금속이 체내 축적된 것을 제거하기 위해서 여러 구조의 리간드가 이용된다.

표 8.2 금속이온의 과부족에 기인한 질병

금속	결핍 증	과잉 증
Ca	뼈와 치아의 부전증 골다공증	백내장, 담석, 동맥경화
Co	피로, 설사, 빈혈	천식과 폐질환, 적혈구증가
Cu	혈장농도 감소, 조혈작용 장애, 탈모증	피로, 혼수, 우울증. 신장염, 간경화, 조직노화, 윌슨씨병
Cr	글루코스 이상 대사	피부염, 기관지염, 폐암유발
Fe	빈혈	편두통, 고혈압, 백혈병
Li	성장, 조혈장애, 간(肝)중 원소변동	
Mg	발육부진, 심근경색	요독증, 감각소실
Mn	골격기형, 성기능장애	운동실조
K	설사, 구토, 요산증	조직손상, 신부전
Se	면역억제, 용혈성 빈혈, 관절염	저색소성 빈혈, 백혈구 감소, 생리불순
Na	설사, 에디슨 병	
Zn	소인병, 성기능저하, 탈모증, 미각이상	

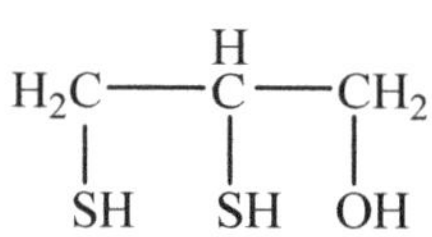

2,3-dimercapto-1-propanol

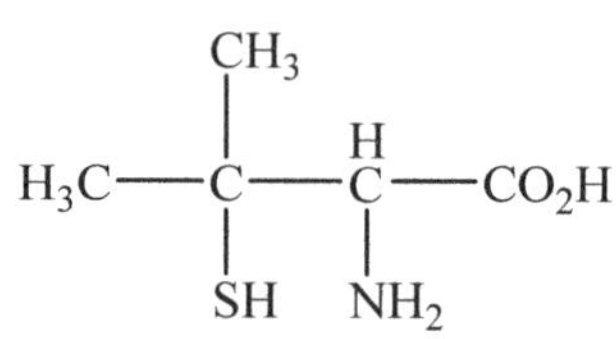

D-phenicillamine

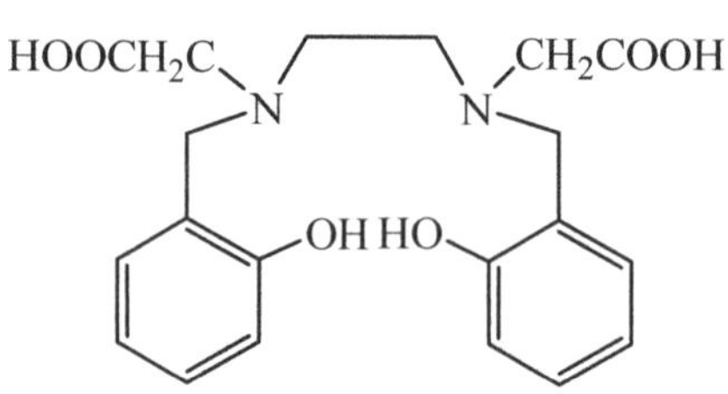

BHBEDA(N,N'-bis(2-hydroxy benzyl)ethylenediamine-N,N'-diacetic acid)

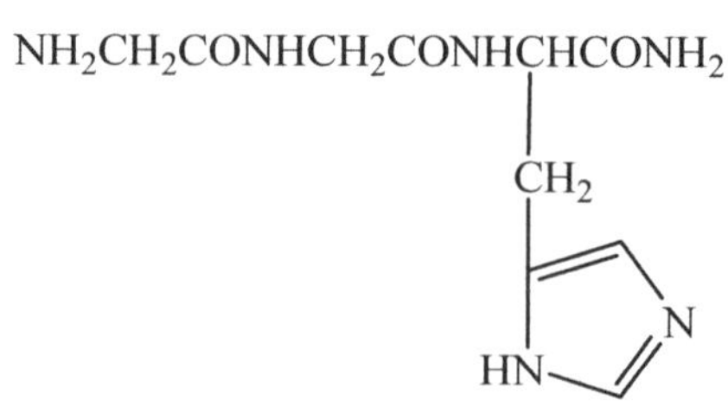

GlyGlyHisNH$_2$

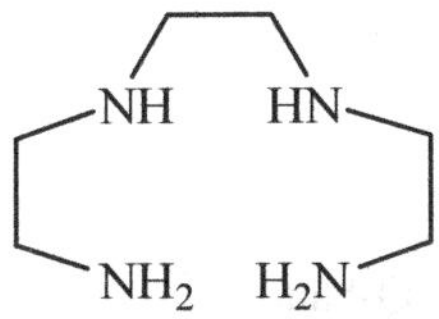

1,8-diamino-3,6-diazahepane

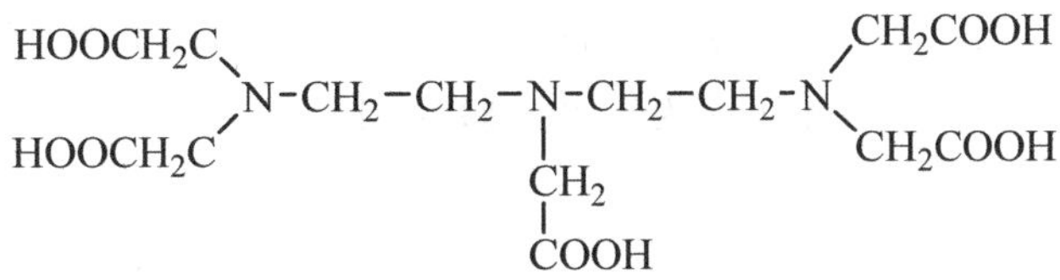

DPTA

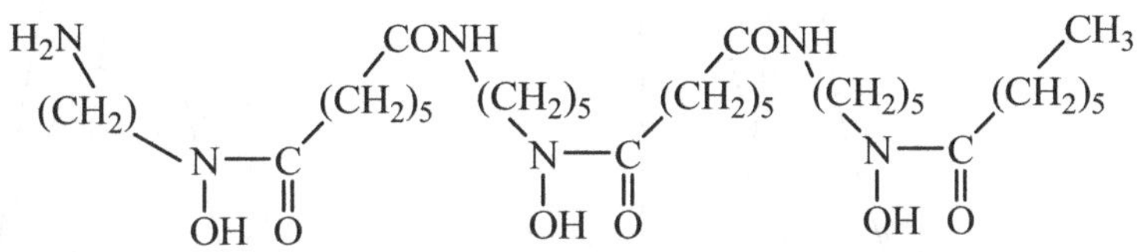

disferrioxamine (철의 체내 제거제)

이들은 세포나 조직에 들어가서 리간드-금속-단백질 3차원 착물을 형성한 후, 안정도상수의 차이에 의해서 단백질로부터 금속을 분리시켜 리간드-금속착물로서 인체 밖으로 금속을 배출시키는 킬레이트 치료법으로 알려져 있다. 예를 들면, Cu가 간에 축적된 윌슨병[2]의 치료에는 리간드로서 BAL[3]의 일종인 2,3-dimercapto-1-propanol 혹은 페니실아민(penicillamine) 등을 사용하고, 조직 내 과량의 Fe를 제거하는 데는 데스페리옥사민이나 페놀성 화합물 등이 이용되고 있다. 그 외에 약리작용 메커니즘에 금속킬레이트가 관여하는 예가 많이 알려져 있다.

광역학적 치료 요법(photodynamic therapy)

광합성 반응을 주도하는 녹색식물 혹은 광합성 세균은 광 증감제로서 포르피린이나 포르피린 유도체를 포함하고 있다. 포르피린은 그림 8.2와 같이 400~420 nm에서 Soret띠의 강한 흡수가 있고, 500~650 nm에도 Q 때의 흡수가 있다. 흡수띠의 분자 흡광계수는 Soret 띠에서 30만, Q 띠에서 수만 정도로 대단히 크다. 이와 같이 포르피린은 가시영역에서 큰 흡광계수를 가지고 있어, 가시광선을 사용한 광증감제로 높은 활성을 갖는다. 생체에 그다지 손상을 입히

2) 윌슨병은 구리 대사와 관련된 유전자인 'ATP7B'에 돌연변이가 생겨, 구리가 간에서 담도로 배출되지 못하고 계속 축적되면서 간에 손상을 입히다 결국 간경화를 일으키는 병이다.

3) British Anti-Lewisite, Lewisite 는 $ClCH{=}CHAsCl_2$

지 않는 가시광선영역의 빛을 이용하여 종양의 검출 및 치료에 포르피린을 이용하는 것은 이 때문이다.

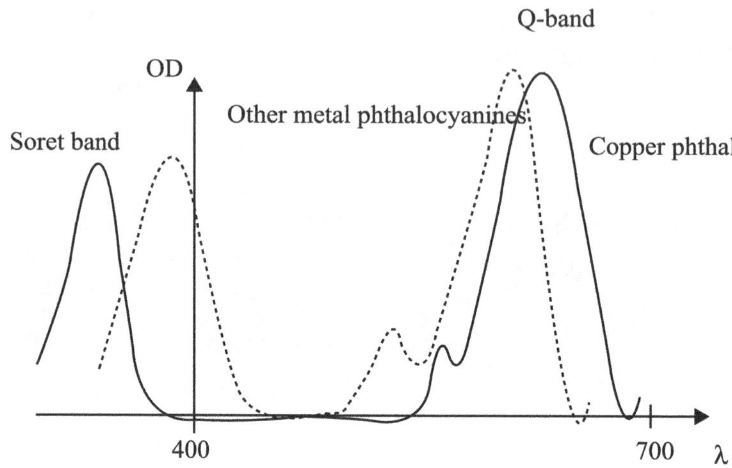

그림 8.2 Cu 및 금속-phthalocyanine 착물의 흡수스펙트럼

광역학 치료 요법이란 암 환자에 미리 종양 친화성인 빛 감수성 물질(광 증감제)을 투여하여, 암세포에 광 증감제가 높은 농도로 존재할 때, 빛을 조사하여 선택적으로 암세포를 파괴시키는 방법이다. Dougherty등이 헤마토-포르피린 유도체(HpD, 헤마토-포르피린을 가수분해하여 얻은 혼합물) 혹은 다이헤마토-포르피린 에테르(photofrin Ⅱ로 시판되고 있다)와 같은 종양에 친화성이 높은 물질을 발견하여 종양 검출과 치료에 이용할 수 있음을 보여주었다.

이상 언급한 포르피린은 가시광선 조사에 의해 630 nm의 형광이 방출되기 때문에 이 형광을 측정하면 높은 감도에서 종양검출이 가능해진다. 또한 사람의 대장암 등 종양에 따라서 종양조직 자체가 어떤 종류의 포르피린을 함유하고 있어 HpD등과 같은 포르피린을 투여하지 않아도 형광을 방출하는 것도 있다.

종양세포를 이식한 담낭 암이 발생된 쥐를 이용한 실험에서 630 nm의 형광이 측정되었다. 이 형광은 프로토 포르피린 Ⅸ 혹은 아연-프로토 포르피린 Ⅸ가 종양세포에 축적된 것에 기인한다. 종양세포가 혈액중의 헴으로부터 Fe원자를 빼냈기 때문이라고 생각하고 있다. 또한 담낭 암 쥐의 혈장에서도 630 nm의 형광이 관찰되었다. 그림 8.1은 종양이식 후의 일수와 형광세기와의 관계를 나타낸 것이다. 암의 진행기라고 생각되는 시기에 형광의 세기가 현저하게 증가하고, 종양세포의 증식이 활발하게 되며 형광을 방출하는 포르피린의 양도 증가하고 혈장 중에서 용출되는 포르피린의 량도 증가한다고 생각하고 있다. 이와 같이 암 발생 때문에 혈장중의 포르피린 농도가 증가하는 것을 이용하여 혈장중의 포르피린을 암 진단 지표로 이용하는 것이 제안되고 있다.

광역학적 치료에 오래전부터 사용되고 있는 광증감제로 HpD가 있다. 그러나 HpD는 여러 가지 혼합물로 존재하고, 부작용으로 광선 과민성이 강하게 나타나는 등의 결점이 있다. 따라서 여러 종류의 약리활성 물질을 확인 하던 중 방선균의 배양액에서 아연-포르피린의 유사 화합물(zincphyrin, 구조는 그림 8.3)을 분리·정제하였다.

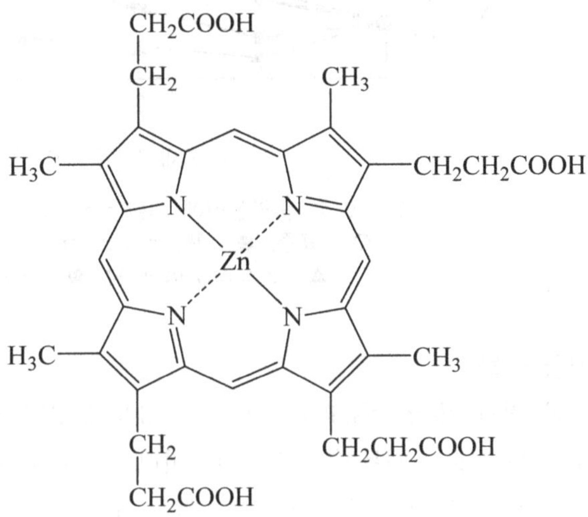

그림 8.3 Zincphyrin의 구조

담낭 암에 걸린 쥐를 사용하여 zincphyrin을 복강 안에 투여하고, 이것을 할로젠 램프로써 빛을 쪼여 종양의 크기를 측정하였다. 그림 8.4은 종양을 이식한 후의 일수와 종양의 크기와의 관계를 보여준다. 이를 비교하기위해 HpD를 사용한 것도 함께 나타내었다. zincphyrin을 접종했을 때 암세포의 증식이 극적으로 억제되어 빛 치료 효과가 큰 것을 그림 8.4에서 분명히 알 수 있다.

최근, 포르피린 또는 포르피린 유도체 화합물보다도 조직 투과성이 좋은 장파장의 빛을 사용할 수 있는 광증감제가 개발되고 있다. 프탈로시아닌은 HpD 등 종래의 감광색소와 비교하였을 때, 조직 투과성이 좋은 650~700 nm 장파장 쪽에서 최대흡수를 보이고 광 들뜸 3중항 상태의 수명이 길기 때문에 광화학치료에 유용성이 주목받고 있다. 중심금속으로 아연, 알루미늄, 칼륨 등을 갖는 프탈로시아닌이 검토되고 있다. 술폰기를 가진 수용성 아연 프탈로시아닌에서도

650 nm부근의 빛을 사용하면 좋은 광 세포 살상효과가 나타나고 있다. 결합된 술폰기의 수에 따라서 그 효과가 다르며, 이것은 프탈로시아닌의 친수성과 소수성의 균형이 세포를 침투하는데 큰 영향을 미치는 것으로 생각된다.

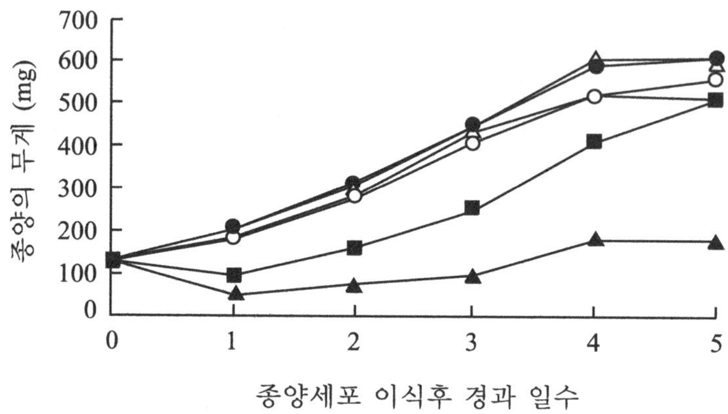

그림 8.4 종양생장에 대한 zincphyrin과 HpD의 효과
○ : 표준, ● : 광, △ : zincphyrin, □ : HpD
▲ : zincphyrin + 광, ■ : HpD + 광

백금 착물

백금 착화합물인 cisplatin[4)]과 그의 유도체(그림 8.5)들은 아주 좋은 항 종양 활성을 나타내기 때문에, 신장, 폐, 머리, 경부, 자궁, 고환, 난소 등의 암 치료제로 가장 많이 사용되고 있으며, 특히 구미 각국에서 많이 사용되고 있는 항암제중의 하나이다. cisplatin이 1983년부터 항암제로 허가받은 이래, 지금까지 여러 항암제를 투여했을 때, 치료가 어려웠던 많은 종류의 고형암(딱딱하게 굳는 암)에 대해서 좋은 약효를 발휘하는 등, 이와 같은 항암제에 의한 암 치료 성적향상에 크게 공헌하고 있다.

1885년 합성된 cisplatin은 1965년에 항암효과가 나타난다는 것이 우연히 발견된 화합물로써, 그 항암작용은 DNA에 결합하여 그의 복제를 억제하므로 효과가 발휘된다고 생각되고 있다.

4) *cis*-diamminedichloroplatinum(II), $(NH_3)_2PtCl_2$의 백금착물. Rosenberg 등에 의해서 항암성이 발견되었으며, 미국 Bristol사의 상품명으로 cisplatin 또는 *cis*-DDP라고 한다.

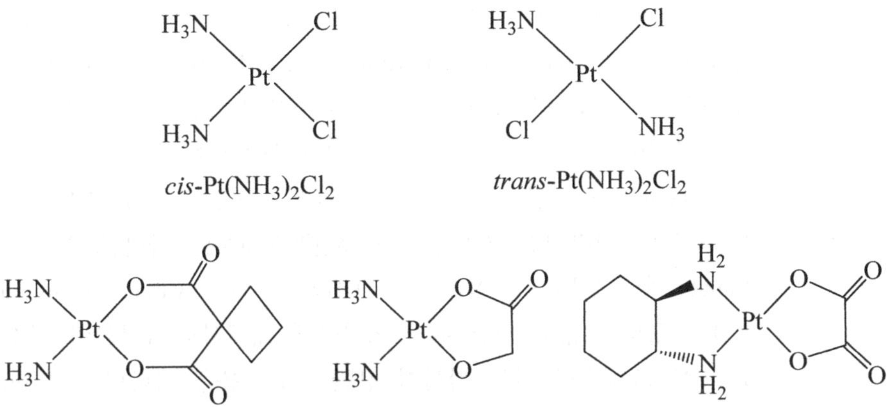

그림 8.5 백금착물의 구조.

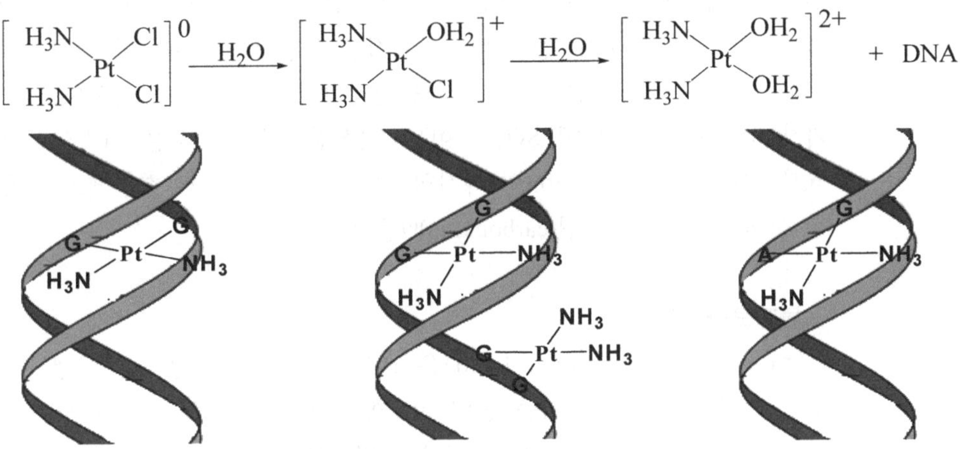

그림 8.6 cisplatin-DNA의 결합 형태

cisplatin은 세포내에서 착물의 Cl이 H_2O와 치환된 수화물로 변환된 후 DNA와 다리결합을 이룬다(그림 8.6). cisplatin은 친핵성 물질과 반응성이 크고, DNA를 구성하는 염기 중에서도 주로 퓨린염기(구아닌 혹은 아데닌)에 결합하지만, 그 중에서도 특히 높은 친핵성을 보여주는 구아닌의 7번째 자리 질소와 결합하여 다리를 형성하기 쉽다. 이중나선형 고리의 DNA중에 형성된 다리는 한 쪽 DNA에서 다리를 형성하는 단일고리 연결(intrastrand closslink)과 두 가닥의 DNA고리 사이의 다리를 형성하는 이중고리 연결(interstrand closslink)이 있다. 세포내에 형성되는 cisplatin과 DNA와의 결합형식은 단일고리 연결이 대부분을 차지하고 있으며, d(GpG)의 부가생성물이 전체 약 60%, 그리고 d(ApG)의 부가 생성물이 약 30%이며, 이중고리 연결이 1%이하로 밝혀졌다. cisplatin의 기하 이성질체인 *trans*-diamminedichloroplatinum(II)도 마찬가지로 DNA중에서 다리를 형성하지만, DNA의 복제를 제어하는 작용이 낮고 항암작용은 거의 없다. 이와 같이 조금이라도 구조가 다르면, DNA복제에 대한 작용은 크게 달라진다.[5)]

cisplatin유사 화합물의 구조와 항암작용과의 관계를 검토한 결과에 의하면, 백금착물의 일반적인 기본구조를 $[X_2]Pt[Y_2]$(X는 아민류, Y는 음이온 리간드: cisplatin의 경우는 X = (NH_3), Y = Cl)라 할 때, *cis*-diamminedichloroplatinum(II)에만 한정되지 않고 다른 유사 Pt착물에 대해서도 X부분이 질소주개인 아민으로 또한 *cis*배위를 갖는 착물이 강한 항암작용을 나타낸다. 또한, Pt 착물은 Y부분이 Pt에서 떨어져서 처음으로 DNA나 단백질 등의 생체내 고분자와 결합하기 때문에 Y부분은 Pt에서 떨어지기 쉬울수록 더 유리하다. Pt로부터 떨어지기 쉬운 순서는 $H_2O > Cl^- > Br^- > I^-$이지만, Y부분이 H_2O인 경우 암세포 내에 들어가기 전에 떨어서, 혈액에서 단백질등과 결합하기 때문에 항암효과가 낮아진다. 그 때문에 Y부분은 어느 정도 안정성이 필요하고, 일반적으로 Cl^-이온이 가장 유효하고 그 밖에 SO_3^{2-} 이온, 옥살산, 말론산 혹은 아스코르빈산 등도 효과적이다. 또한, cisplatin의 유사화합물에서 임상적으로 항암제로 사용되고 있는 물질에는 카보플라틴(carboplatin)[6)]등이 있다.

블레오마이신

블레오마이신(bleomycin, BLM)은 1966년에 발견된 항암성 항생물질로서 편평 상피암이나 악성 임파종 등의 치료에 현재 임상적으로 널리 사용되고 있다. 블레오마이신은 여러 종류의 새로운 아미노산과 당을 포함한 분자량이 약 1500 정도의 당펩티드이다.

---

5) 시스플라틴의 항암작용은 2000년 독일의 Hermann E. Gaub 연구팀이 원자 현미경 기술(atomic force microscopy, AFM)에 의해서 밝힌 바에 의하면, 시스플라틴이 DNA를 물리적으로 안정화시켜 세포분열(cell division)을 억제하기 때문에 나타나는 것이다.
DNA의 이중 나선은 분해과정을 동반하지 않아도 일단 구조 변화가 일어나고 이중 나선이 느슨해지면 각각의 가닥이 분리해 두 개의 단일 나선이 형성되어 큰 유동성을 가지는 것으로 알려져 있었다. 그러나 시스플라틴을 처리하면 DNA의 안정성(stability)이 증가하여 DNA 가닥의 분리를 완벽하게 저해하는 것으로 드러났다. 이와 같은 메커니즘을 통해 세포 분열을 저해한다는 것이다. 즉, 시스플라틴이 DNA를 물리적으로 안정시켜 유전 정보의 해독 과정 자체가 일어나지 않도록 유도하고, DNA로부터 유전 정보가 해독되지 않으면 세포의 분열도 더 이상 일어날 수 없게 된다. 세포 분열이 일어나지 않는다는 것은 종양 세포의 생장 자체를 억제하는 결과를 빚음으로써 시스플라틴의 항암 작용이 발현될 수 있다
6) *cis*-diammine(1,1-cyclobutanedicarboxylato)platinum(II)

블레오마이신은 미생물 배양액에서 Cu^{II} 착물로 분리되었지만[7], 실제 치료에서는 구리가 없는 탈 구리 화합물이 사용된다. 체내에 투입된 블레오마이신은 Fe^{II} 착물을 형성하여 산소를 활성화하고, 그 활성산소에 의해 DNA의 디옥시리보즈 부위를 절단하여 항암작용을 나타낸다고 알려져 있다. 블레오마이신의 분자구조는 기능면에서 다음과 같은 4가지 단위로 나누어 생각할 수 있다(그림 8.7).

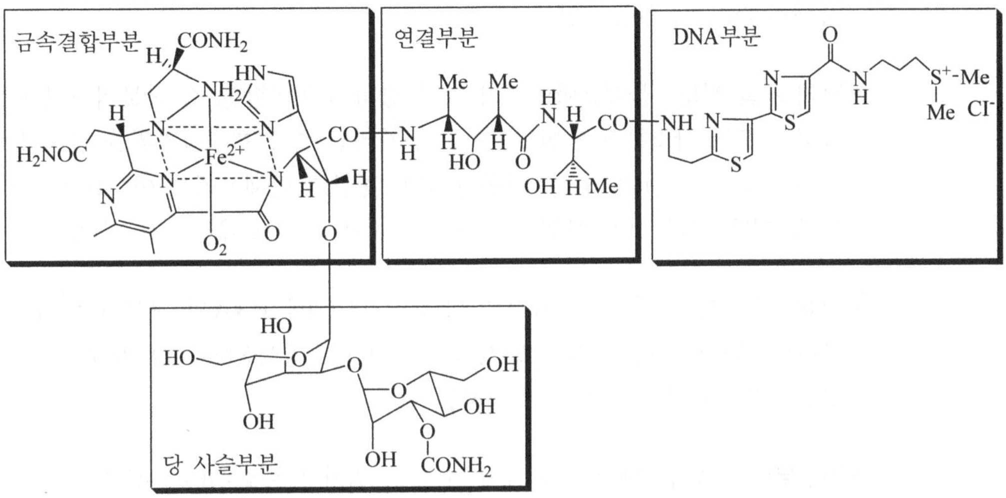

그림 8.7 블레오마이신 철(II) 착물의 구조와 각 부분별 역할

- **금속결합 부분** 블레오마이신은 β-아미노알라닌-피리미딘-β-하이드록시히스티딘 부분에 포함되어 있는 5개 질소가 Fe^{II}에 배위되어 사각피라미드 구조를 갖는 착물임이 EPR, NMR을 비롯한 여러 가지 실험 자료로부터 확인되었다[8]. 이 Fe^{II} 착물은 산소를 활성화시켜 Fe^{III}-O_2^-에 가까운 활성 산소종을 생성하여 DNA를 절단한다[9]. 블레오마이신-철착물의 Fe^{III}/Fe^{II} 산화-환원전위는 $E^{o'} = 129 \pm 12$ mV vs. NHE이므로, NADH($E^{o'} = -318$ mV), 아스코르빈산($E^{o'} = -58$mV), 시스테인(Eo' = −340mV) 등 생체내의 환원제에 의해 Fe^{III} 착물에서 Fe^{II} 착물

7) 구리(Ⅱ) 착물인 플레오마이신(phleomycin)은 분자유전학 실험에서 사용되는 선택성 시약으로 연구용으로 사용되며, 임상에는 사용되지 않는다.
8) BLM은 다섯자리 리간드이므로 Fe(Ⅱ)에 배위되어 붉은색의 사각피라미드형 착물, BLM-Fe(Ⅱ) 을 형성한다. 이 착물은 공기 중에서 쉽게 산화되어 BLM-Fe(Ⅲ) 착물을 형성하며 이 때 빈자리에 O_2가 배위하여 팔면체를 이룬다. 이 화합물은 불안정하여 성질이 알려져 있지 않으나 생물학적으로 중요한 물질이다.
9) 비티아졸 부분은 DNA의 G와 친화성을 가지므로 이것과 결합하면 발생한 활성 산소종에 의해서 산화적으로 DNA의 GT 또는 GC부분을 선택적으로 절단하여 DNA의 복제를 방해한다.

로 쉽게 환원되어 재순환이 가능하다. 블레오마이신-철 착물이 재순환하여 촉매 작용으로 산소를 활성화하는 양상은 EPR 측정으로 관찰할 수 있다.

금속결합 부분의 축상 리간드인 β-아미노알라닌아미도부분의 카바모일(carbamoyl)기는 생체 내에 존재하는 산소에 의해 가수분해하여 카복시기로 되고, 불활성인 다이아미드 블레오마이신을 생성한다. 이때 축상 리간드로서 아미노기 대신에 카르복시기가 배위되기 때문에 철 착물이 산소를 활성화하지 못한다고 생각하고 있다.

- **당의 사슬 부분** 블레오마이신이 가진 당의 고리역할은 철 착물의 6번째 배위자리에 오는 산소분자를 받아들이는 공간적인 틈을 형성하기위한 입체적 인자로 되어있다. 또한 블레오마이신은 어떤 종류의 암세포에 모여 그곳에 축적되지만, 이때 당의 고리 부위가 중요한 역할을 한다고 추측되고 있다.

- **DNA 결합부분** 블레오마이신은 비티아졸에 의해 DNA의 구아닌 염기의 2-아미노기를 인식하는 것으로 생각된다. 또한, 양이온(cation) 부분은 DNA를 정전기적 인력에 의해서 상호작용을 한다.

- **연결부분** 블레오마이신 분자의 중앙에 위치하는 γ-아미노산에서 트레오닌(threonine)에 걸친 부분은 금속결합부위와 DNA 결합부위를 적절한 거리와 위치관계로 연결시켜주는 연결부분이다. 즉 블레오마이신에서 비티아졸 부분이 DNA에 결합될 때, 철-산소부분을 절단된 디옥시리보즈 근처로 가져오는 것이 연결부분의 역할이다.

  이와 같이 블레오마이신은 4개 부분이 각각의 역할을 하며, 각 부분이 연동적인 역할을 하면, 암세포 중에서 DNA의 구아닌 염기 근처의 디옥시리보즈가 산화 절단되어 암세포를 괴멸한다. 블레오마이신은 항암작용이 있기 때문에 대단히 합리적인 목적으로 만들어진 금속 착물형성 분자이다.

핵의학 영상진단시약

방사성 동위원소(RI)로 표시된 의약품(방사성 의약품)을 진단시약으로 이용하는 핵의학 영상진단이 근래의 컴퓨터 영상기술 발달에 의해서, X선, MRI 혹은 초음파 영상진단과 함께 빠르게 발전하고 있다.

핵의학 영상진단은 인체에 투여한 방사성 의약품의 체내거동을 방사능 지표로 하여 체외 측정기로 시간경과에 따라 측정 2차원 혹은 3차원 영상으로 추적하여 이루어지는 비침투적인 진단방법이다. 더욱이 최근의 생명과학의 진보를 뒷받침하고 있는 RI 추적연구법을 의료에 응용한 것이다. 이 진단원리에서는 분명한 형태적 변화의 진단을 주로 하고 있는 다른 화상진단과 다르게, 핵의학 진단은 극소 병변조직의 생리적·생화학적 변화에 대한 진단정보를 얻을 수 있다는 것이 큰 특징이며 방사성 의약품의 역할은 매우 크다.

방사성 의약품 표지 RI에는 인체에 대한 영향이나 혹은 측정상의 난점으로 ^{11}C, ^{123}I 등의 유기표지 RI와 함께 ^{99m}Tc, ^{111}In 등의 짧은 반감기, 낮은 에너지 γ 선, 혹은 짧은 반감기의 포지트론금속 RI가 주로 사용된다. 짧은 반감기 RI 표지 방사성 의약품의 임상적 이용에는 신속하고 조작법적으로 쉬워 조제가 매우 유리하기 때문에 이점에 탁월한 금속 RI 표지 방사성 의약품이 사실상 임상 사용에 있어서 주역이며, 최전선의 방사성 의약품의 위치를 차지하고 있다. 현재 사용되고 있는 주요한 금속 RI와 그들의 방사성 성질을 표 8.3에 나타내었다.

표 8.3 방사성 의약품 사용의 중요 금속 RI

RI	반감기	붕괴형식(γ 에너지; MeV)
^{62}Cu	9.7min	$\beta +$
^{67}Ga	78.2h	γ (0.0913, 0.0933, 0.185, 0.209, 0.300, 0.393)
^{68}Ga	68.3min	$\beta +$
^{82}Rb	1.3min	$\beta +$
^{99m}Tc	6.0h	IT, γ (0.140)
^{111}In	2.83day	γ (0.171, 0.245)
^{201}Tl	73.5h	EC, γ (0.167, 0.135)

최근 ^{99m}Tc을 중심으로 하는 표 8.3의 금속을 대상으로 새로운 생리적·생화학적 진단기능을 가진 금속 착물의 연구, 즉 이들 금속 RI를 구성원소로 하는 약품개발 연구가 활발하게 진행 중에 있다. 그 중에서 가장 대표적인 것은 그림 8.8의 뇌혈류 진단시약, ^{99m}Tc-HM-PAO, ^{99m}Tc-ECD를 비롯한 심근 혈류 진단시약, PTc-MIBI, ^{99m}Tc-DMPE 등이 있다.

PTc-PAO, ^{99m}Tc-ECD 등은 모두 공통적으로 뇌 안으로 다른 화합물이 들어오는 것을 방어하는 필터 역할을 하는 뇌 혈액 관문을 통과시키기 위해서 중성의 견고한 화학구조 물질로 고안된 것이다. 이들은 관문 통과 후에 각 착물이 독특한 메커니즘에 의해 뇌 안에서 화학변화를 일으켜 즉시 극소부분에 정류하는 성질을 갖는다. 이 화학구조를 기초로 뇌 안에서 착물의 거동으로 극소 뇌내 혈류의 변화에 대한 진단정보가 방사능 측정영상으로 얻어진다. 심근 혈류진단시약인 ^{99m}Tc-MIBI와 ^{99m}Tc-DMPE은 각각 착물을 형성하였을 때 산화수가

+1이고, 지용성이 높고, 가능한한 견고한 화학구조를 가진 금속착물로 고안하여 합성되었다. 뇌혈류 진단용 착물의 경우와 마찬가지로 이 화학구조가 임상영상에 필요한 심근으로의 선택적인 쌓임과 심근 극소에서의 정류거동과 기본적으로 관계가 된다.

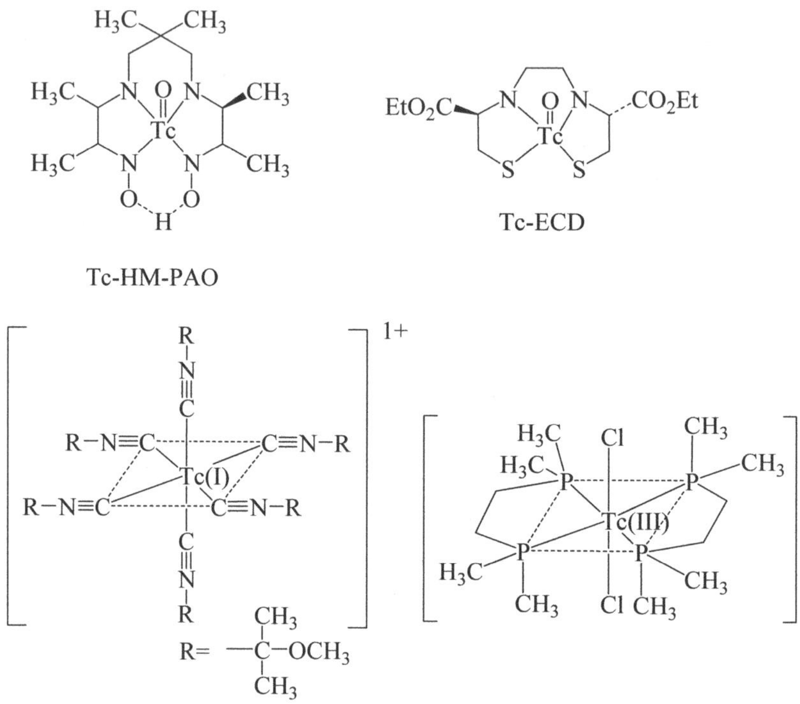

Tc-HM-PAO　Tc-ECD　Tc-MIBI　Tc-DMPE

그림 8.8 뇌와 심장혈류 진단용 ^{99m}Tc 착물

^{99m}Tc-HM-PAO를 투여한 후 촬영한 뇌의 단층영상을 그림 8.9에 나타내었다.

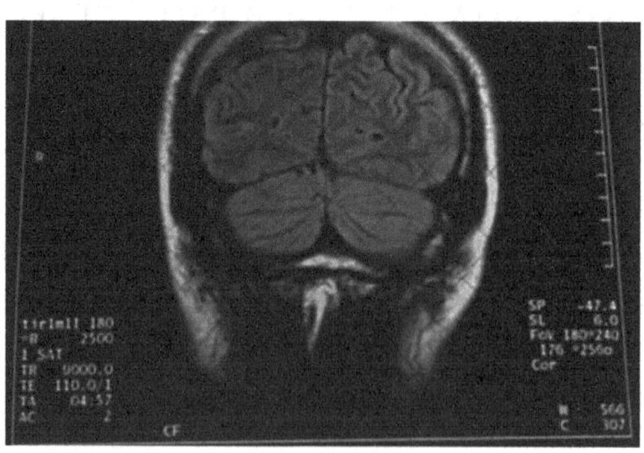

그림 8.9 조영제에 의한 뇌 MRI 영상

현재, 이들의 혈류진단시약 사용으로 뇌 혹은 심장질환의 진단은 일반화되었지만, 한편 이와 같은 견고한 금속 RI 착물의 기초적 연구를 바탕으로 한 이런 2개 기능성 킬레이트제의 연구가 이루어져, ^{99m}Tc 뿐만 아니고, ^{111}In, ^{67}Ga 등의 각종 금속 RI를 대상으로 표지 단백질의 임상응용이 가능하게 되었다.

2개 기능성 킬레이트제는 spacer를 사이에 두어 안정한 금속 RI 킬레이트형성 부분과 단백질간의 결합을 독립적으로 갖는 대표적인 화합물은 그림 8.10에서 나타내었다. 최근에는 더욱 각 구조부분에 각각 금속 RI의 체내동태 제어에 대한 고안이 더해진 새로운 2개 기능성 킬레이트제가 개발되고 있다. 현재 2개 기능성 킬레이트제를 이용한 각종 금속 RI 표지 항 종양항체에 의한 면역 암진단, 더욱이 치료에 관한 연구가 매우 주목을 받고 있다. 동시에 핵산, 펩티드, 그 외 의약품을 포함하는 각종 생리활성물질을 모체로 하는 금속 RI 표지 방사성 의약품의 연구가 활발하게 이루어지고 있다.

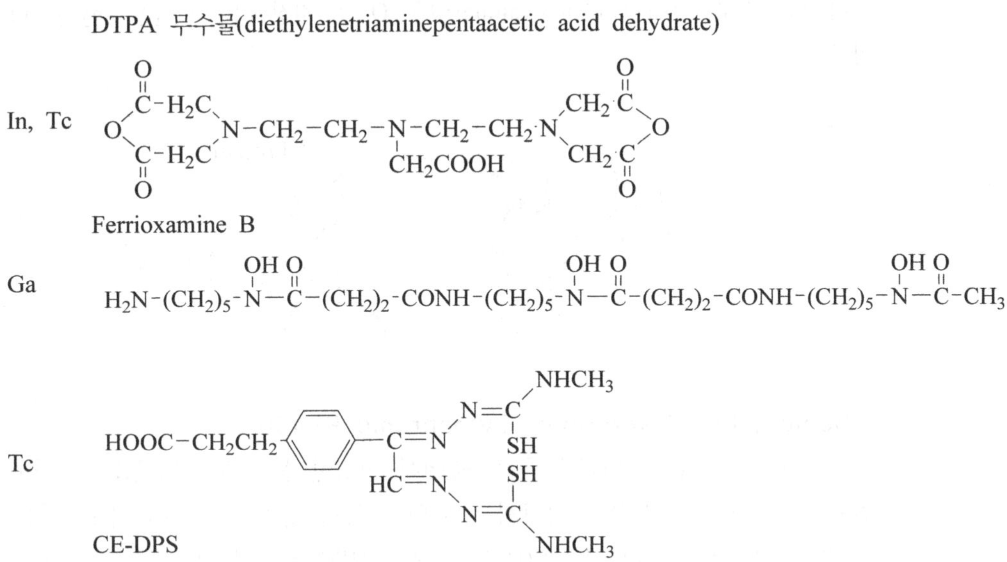

그림 8.10 2가지 기능성을 가진 킬레이트 시약

이상의 금속 RI 표지 방사성 의약품은 극히 한정된 것이므로 암에 선택적 집적을 보여주는 ^{67}Ga 구연산, ^{99m}Tc-다이머켑토 호박산 착물을 비롯하여, 신장의 계구체 여과, 담관 이행 등 특이한 체내거동을 나타내는 금속착물 등의 RI용 금속착물도 많이 연구되고 있으며, 진단시약으로 실용화 되고 있다.

2 금속단백질과 금속효소

생체내 대부분의 단백질이나 효소는 금속이온과 착물을 형성하고 있다. 착물에서 금속이온은 산화-환원 반응에 의해서 효소단백질의 기능을 발휘하고, 효소단백질과 기질을 연결하며, 효소단백질의 안정한 구조를 보호하여 활성화시키는 역할을 한다.

산소 운반 및 저장 착물

호기성 동식물은 대기 중의 O_2를 호흡을 통해서 생체 내의 운반과 저장, 그리고 생체반응에서 발생하는 CO_2를 방출할 화합물이 필요하다. 생체 내에서 O_2를 운반하는 대표적인 물질이 철단백질로 알려진 hemoglobin, hemerythrin, 그리고 구리 단백질로 알려진 hemocyanine이다. O_2를 저장하는 착물은 myoglobine이 있다.

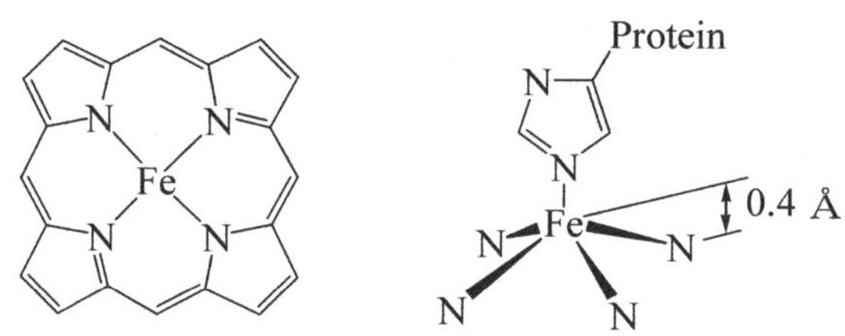

Hemoglobin, Myoglobin, Cytochrome P-450

생체에 존재하는 전이금속 착물 중에서 선명한 붉은색의 혈색소는 '헤모글로빈의 활성중심인 헴'이다. 여기서는 헴의 기능을 중심으로 생체 산소분자 이용에 깊게 관계하는 헤모글로빈(Hb), 미오글로빈(Mb), 사이토크롬 P-450에 대해서 알아보자.

우리가 호흡할 때, 산소운반체로 작용하는 헤모글로빈(Hb)에 있는 철 원자에 산소분자가 결합하여 각 세포조직으로 운반되는 것은 잘 알려진 사실이다. Hb는 미오글로빈의 대략 4합체로써 분자량이 약 65,000정도이며, 4개의 단백질 사슬과 결합한 4개 헴 원자단으로 구성되어 있다. 한편, 미오글로빈(Mb)은 Hb의 단량체로써 주로 근육세포 중에 존재하며 산소를 저장하는 역할을 한다. 2개 단백질 구조의 모형도를 그림 8.11에서 나타내었다.

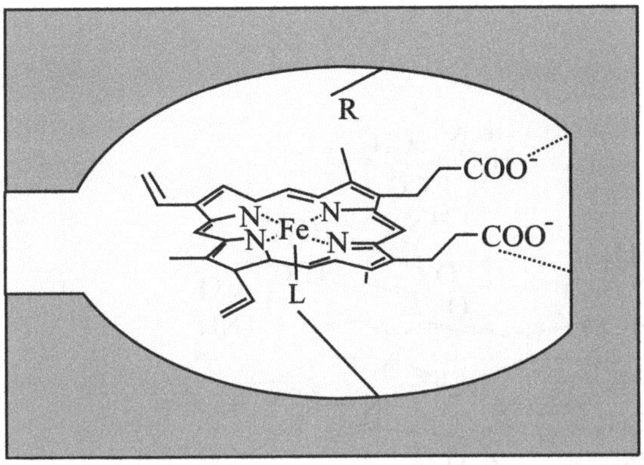

	Hb, MB	시토크롬 P-450
L	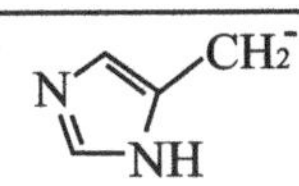	$^{-}S\text{-}CH_2^{-}$
R	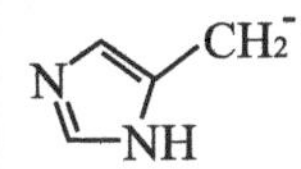	$HO\text{-}CH(CH_3)^{-}$

그림 8.11 미오글로빈의 모형도

미오글로빈은 중심에 d^6 계인 높은 스핀상태의 Fe^{II}를 가진 헴(프로트포르피린 Ⅸ의 Fe^{II} 착물)이 있고, 축상 리간드(L)로서 히스티딘의 이미다졸(Im)을 갖는 여섯 번째 리간드가 제거된 팔면체 착물(사각뿔 형)의 구조를 가진다. 철 원자는 포르피린 평면 위에 42 pm에 놓여있다. 옥시헤모글로빈(oxy-Hb) 또는 옥시미오글로빈은 낮은 스핀상태의 팔면체구조를 가진다.[10] 산소분자(O_2)가 흡·탈착을 일으키는 곳은 축 상으로, 맞은편의 리간드는 소수성 환경으로 되어있다. 그래서 약간의 거리를 두고 R로서 Im기가 존재하고 있다. 보통 2가 산화상태를 갖는 철(Fe^{2+}) 원자에 O_2분자가 결합(oxy-Hb) 또는 해리(deoxy-Hb)가 이루어진다.

산소 운반이라고 하는 흥미로운 기능과 특징적인 구조는 어떤 관계가 있는 것일까?

먼저 헴과 산소와의 결합은 O_2에서 헴-철의 e_g 궤도함수로 전자주개와 철 원자의 d궤도함수에서 O_2의 p_π 혹은 π^* 궤도함수로 전자를 역 제공(back donation)하는 즉, 두 방향에서 결합이 일어나기 때문에 생긴다. 3가 상태의 철(Fe^{3+})은 결합능력이 거의 없다. 또한 축상 리간드 Im은 철에 어느 정도 $\sigma-$전자 주개 역할을 하므로 O_2 친화성을 높이는 요인이 되고 있다.

초기 Hb의 화학적 모델 연구에서 단순한 철 포르피린만을 이용하였을 때는 Hb의 기능 재현이 곤란하였다. 이것은 풍부한 전자를 가진 2가 헴에서 산화제인 O_2로 전자이동이 일어나, 3가 헴과 O_2^- 가 생성되기 때문이다. 그래서 O_2 결합부분의 소수성 환경을 고려하여 모델을 구성하게 되었다. 대표적인 예는 그림 8.12의 착물이 있고, 면의 한쪽에 철 원자를 둘러싸고 있는 부피가 큰 소수

10) 배위수 6인 팔면체 Fe^{2+}의 이온반지름은 낮은 스핀상태에서 75 pm이지만, 높은 스핀상태에서 92 pm이다.

성 치환기가 도입되어 있다.

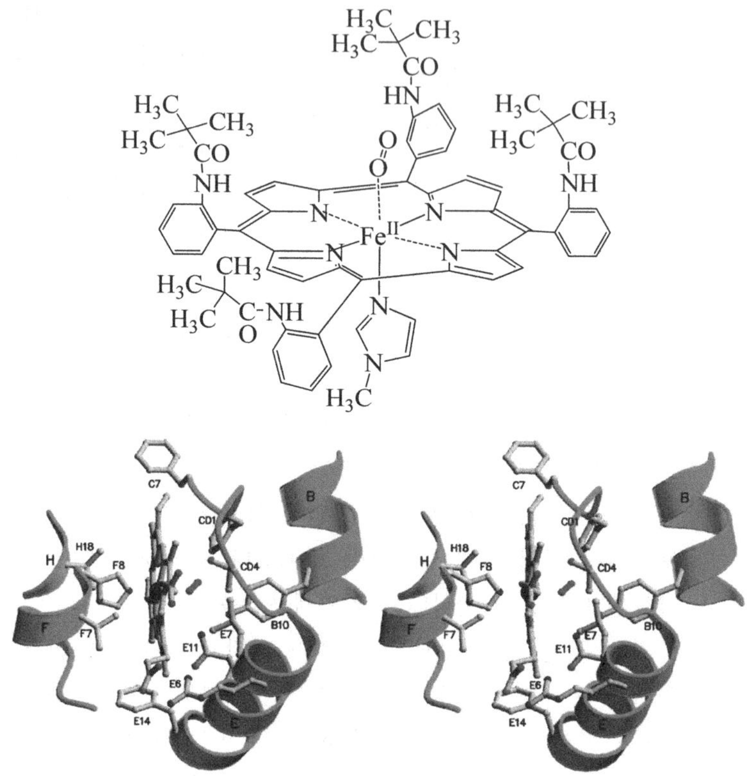

그림 8.12 옥시헤모글로빈의 picket-fence 구조(위) 및 입체구조(아래)

이 착물은 Hb와 마찬가지로 실온에서 O_2와 가역적으로 결합을 이루고 있는 것을 알 수 있으며, 이런 연구 등으로부터 O_2 결합부위에 소수성 보호환경의 중요성이 밝혀지게 되었다. O_2 결합부분에 있는 Im기의 N-H와 O_2가 수소결합을 형성하고 있는 것이 Mb-O_2 착물의 중성자 산란구조해석의 실험결과로부터 알려졌다. 따라서 이 라디칼(radical)도 O_2-Fe 착물의 안정화에 관여하고 있다고 추정된다.

Hb이나 Mb에 의해 세포 안으로 도입된 O_2는 에너지 생성 등 여러 가지에 이용되지만, 그중에서 한 가지는 생물합성 과정에서 O_2로부터 직접 전구체 분자에 그 산소원자를 도입하는 생체 내 반응이다. 그것을 담당하는 대표적인 효소가 cytochrome P-450이며, 스테로이드 등 생리적 중요성이 높은 여러 종류의 내재성 물질을 합성하는 중요한 단계의 역할을 담당한다.

또한 약물 등 외부에서 첨가되는 물질을 간장에서 산소첨가나 환원에 의한 화학적 변화를 일으켜 체외 배설이 쉬운 형태의 물질을 만드는 것도 이 효소이다. 이것은 2개 전자를 이용해서 산소분자를 환원시켜 화학적으로 비활성인 탄화수소의 수산화반응 일으킬 정도의 강한 반응성을 가진다. 이러한 효소들은 구조가 다르면 크게 다른 특징을 갖는다. Hb 등 대부분은 축상 리간드로 Im이 배위하고 있지만, P-450은 축상 리간드로 시스테인의 싸이올레이트($R-S^-$)가 배위하고 있다. 또한 활성부분은 큰 소수성 환경으로 되어 있다. 근처의 극성 아미노산 잔기로는 트레오닌의 수산기(R = OH)가 주요한 것으로 생각된다.

반응성을 지배하는 구조적 요인은 우선 축상 리간드가 싸이올레이트인 것을 들 수 있다. P-450은 다른 헴 단백질과 물리·화학적 성질 자체가 여러 가지 점에서 다르다. 예를 들면, 광 흡수스펙트럼에서 헴(Fe^{2+})-CO 착물의 최대 흡수띠는 420 nm부근에서 나타나는데 비해, P-450에서는 450 nm[11]와 365 nm부근에서 피크가 두 개로 갈려져 있으며, 자기적 성질도 다르다. 이처럼 스펙트럼과 자기적 성질의 큰 차이는 헴의 전자구조 차이를 그대로 반영한다. 이것은 $R-S^-$의 Fe 리간드장에 주는 영향이 다른 것에서보다 극단적으로 크기 때문이다.

현재 P-450의 활성중간체 구조는 직접적인 정보가 거의 없기 때문에 분명하지 않지만 다른 효소로부터의 유추 혹은 모델연구로부터 높은 원자가의 옥소철 포르피린(O=Fe, Por)일 것이라고 추측되고 있다. 이 생성에는 O_2^- 헴 착물의 O-O 결합의 끊어짐이 필요하고, 이 단계에서 $R-S^-$의 높은 전자의 π 주개성이 기여하고 있다고 생각하고 있다.

다음으로 활성부위의 높은 소수성에 관해서는 우선 기질도 소수성이 높은 것이 많기 때문에 그런 이해가 유리하다고 할 수 있다. 또 소수성 환경과 축상 리간드의 양쪽모두가 활성종의 구조 혹은 반응성에 영향을 주고 있다고 추정되지만 아직 명확한 것은 아니다.

광합성세균 시토크롬 c_2

cytochrome c_2는 분홍색 광합성세균으로 존재하며, 광합성의 초기과정 전자전달계에서 기능하고 있다. 1개의 헴 c를 포함하고 있으며, 그 분자량은 10,000~13,000이고, 표준 산화환원전위는 +0.35V부근이다.

cytochrome c_2는 그 기능상 C형 시토크롬 그룹에 속하고 생리적으로는 헴철의 $Fe^{2+} \rightleftarrows Fe^{3+} + e^-$ 산화환원반응에 의해 전자전달이 이루어진다. 일반적으로 시토크롬 c는 미토콘드리아의 호흡 고리에 있어서 시토크롬 bc_1 복합체에

11) 450 nm에서 흡수 파장을 갖는 것으로부터 P-450의 이름이 유래되었다.

서 전자를 받고, 이것을 시토크롬 c 산화효소에 전달한다. 한편 광합성세균에 있어서 시토크롬 c_2의 전자전달의 주 경로는 시토크롬 bc_1 복합체에서 전자를 광합성반응 중심 복합체로 전달하는 것으로 광 들뜸에 의해 산화된 박테리아-클로로필이 환원된다.

이제까지 미토콘드리아의 시토크롬 c, 광합성세균의 시토크롬 c_2 및 여러 종류의 cytochrome의 입체구조가 X선 해석에 의해 밝혀졌다. 그림 8.12에서 대표적인 시토크롬 c_2의 입체구조를 보여준다.

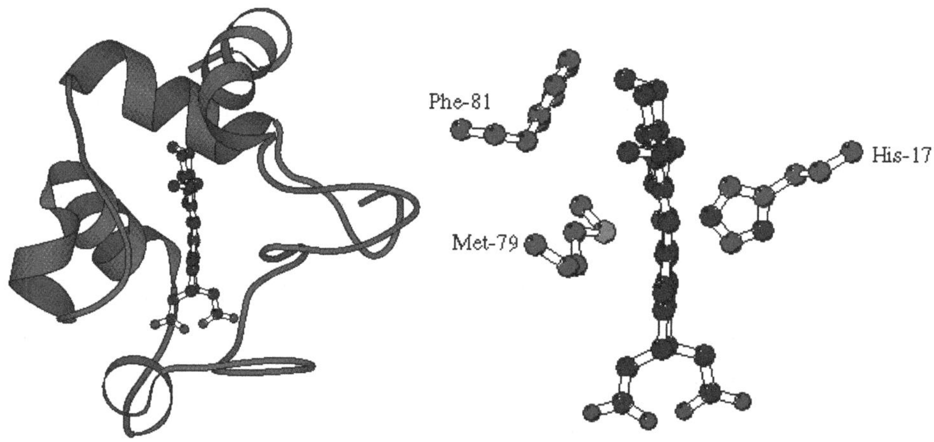

그림 8.13 홍색 광합성 세균 Rhopseudomonas viridis의 시토크롬 c_2의 구조
(a) 전체구조, (b) 헴 주변의 구조. 헴과 주변의 아미노산 잔기를 나타내었다.

이 시토크롬 c_2는 107개 잔기로 되어있고, 분자량은 12,300이고, 표준 산화환원전위는 +0.285V이고, 다른 시토크롬에 비해서 약간 낮다. 여러 C형 시토크롬은 그 1차구조가 서로 공통적으로 같은 성질이 많지만, 그들의 폴리펩티드의 접힌 돗자리 모양도 이 그룹에서와 거의 비슷하다.

분자의 중심에 헴 c를 두고, 폴리펩티드 사슬이 이것을 둘러싸고 있다.(그림 8.13a) 헴은 그의 2위와 4위축 사슬에서 폴리펩티드 사슬의 2개 시스틴 잔기와 싸이오에터 결합하고 있다. 이 싸이오에터 결합에는 C형 시토크롬 류에서 특징적으로 보존되어 N 말단부분에서 10~20 잔기에서 나타나는 -Cys-X-Y-His-라고 하는 배열 2개의 시스틴이 사용된다. 더욱이 이 배열의 히스티딘 잔기는 헴 철에서 축상의 5번째 b리간드가 되고, Fe-N결합을 형성하고 있다. 또 헴 철에서 축상의 6번째 리간드는 C 말단부분에서 10~20잔기 당 위치하는 메티오닌에서 Fe-S 결합을 만들고 있다.

이와 같이, C형 시토크롬에서는, 헴은 4개의 공유결합으로 주위의 폴리펩티드사슬과 결합되어 있고 헴 철은 6배위 구조를 갖게 된다(그림 8.13b). 또한 헴에서 2개의 프로피온산기는 그 1개가 분자 표면에 있고, 다른 1개는 폴리펩티드사슬의 소수성 내부에 오도록 위치하고 있어 그 결과 헴 평면의 한끝이 분자표면으로 노출되어, 이 방면으로 전자가 전달된다고 생각하고 있다(그림 8.13a의 화살표). 이들은 헴(B형으로 그 가지사슬은 주위의 폴리펩티드사슬과 공유결합을 만들지 않는다)이 제5 배위자리의 히스티딘에 의해 단지 1개의 공유결합밖에 만들지 못하며, 2개의 프로피온산기가 함께 분자표면에 노출되어 있는 헤모글로빈이나, 미오글로빈과 크게 다른 점이다. C형 시토크롬은 그 전자전달기능 때문에, 다른 분자의 접촉이 용이하도록 이와 같은 헴의 배향을 취하고 있다고 생각된다.

시토크롬 c_2는 막 내재성 단백질인 광합성 반응 중심복합체로 전자를 전달한다. 이들 일련의 전자전달에 공동 역할을 하여 광합성 막의 양측에서 전위와 양성자 농도의 기울기가 생겨 ATP합성의 구동력이 생겨난다. 광합성세균 Rhodopseudomonas viridis의 반응중심 복합체는 막 단백질로서는 처음으로 그 완전한 입체구조가 X선 결정해석으로 밝혀졌다. 이것은 H, M, L라고 하는 마지막 부단위(sub-unit)와 4분자의 헴을 갖는 친수성 C형 시토크롬 부단위로 구성된다. 이것에 더하여, 박테리아-클로로필 등 많은 전자전달성분을 포함하며, 총 분자량이 14만 이상의 거대한 단백질복합체이다. 그림에서 보여준 시토크롬 c_2 는 그 반응중심의 C형 시토크롬 부단위에 전자를 전달한다. 즉 양 단백질 분자에 접근 회합하는 것으로 헴에서 헴으로 전자를 전달한다. 이때 각각 단백질의 헴 상호배치가 전자전달의 메커니즘을 이해하는데 중요하다.

비헴 철 단백질

철단백질에는 포르피린 핵을 갖지 않은 단백질이 많이 있는데, 그들을 총칭하여 비 헴 철단백질이라고 한다. 이러한 비 헴 철단백질은 전자전달, 산소분자의 운반과 저장, 산화, 산소화 및 철의 운반과 저장 등과 같은 다양한 기능을 가지고 있다. 비 헴 단백질에는 헴단백질에서 볼 수 없는 4배위의 사면체 혹은 5배위의 삼각쌍뿔 구조를 가지는 철 중심이 있다. 착물의 형태는 단핵 착물 뿐만 아니라 클러스터 즉 이핵, 3핵, 4핵 혹은 다핵 착물도 존재한다. 철의 산화상태는 3가로 모두 높은스핀 상태이다. 여기서는 이미 구조가 밝혀져 착물화학분야에서 활발히 연구되고 있는 것들에 대해 알아볼 것이다.

전자 전달기능을 갖는 비 헴 철단백질로서는 생체 계에 널리 존재하는 철-황

단백질(Fe-S단백질)이 있다. 이들은 철 원자에 단백질의 네 개의 시스테인 잔기들의 슬포히드릴기(싸이올레이트, S-Cys)와 무기 황(S^{2-}: 다리결합 원자로 작용)이 배위된 사면체구조를 가지고 있다. 금속중심의 구조는 그림 8.14에서 보여주는 것과 같이 (a) 단핵의 [Fe(S-Cys)$_4$]형, (b) 이핵인 [Fe_2S_2(S-Cys)$_4$]형, (c) 삼핵인 [Fe_3S_4(S-Cys)$_4$]형 및 (d) 4핵 큐반-꼴(cubane-like)인 [Fe_4S_4(S-Cys)$_4$] 등의 4 종류로 나눌 수 있다.

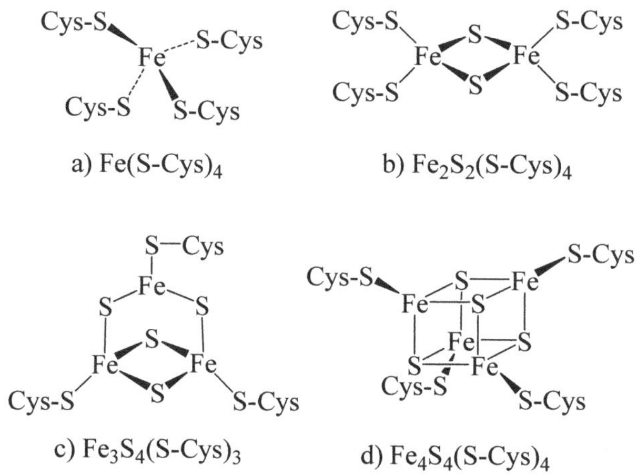

a) Fe(S-Cys)$_4$ b) Fe_2S_2(S-Cys)$_4$ c) Fe_3S_4(S-Cys)$_3$ d) Fe_4S_4(S-Cys)$_4$

그림8.14 철-황 단백질에서 금속중심의 구조

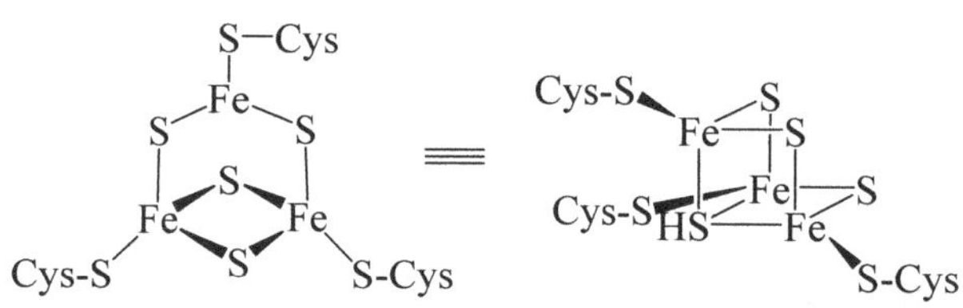

전자전달에는 산화-환원전위($E_{1/2}$) 혹은 전자 이동속도가 중요한 의미를 갖는다. 산화-환원전위는 −570 ~ +350 mV 넓은 범위로 알려져 있다. [Fe_2S_2(S-Cys)$_4$]형에서 철이온의 산화상태의 조합은 $Fe^{2+}\cdot Fe^{3+}$ 와 $Fe^{3+}\cdot Fe^{3+}$, [Fe_4S_4(S-Cys)$_4$]형은 $3Fe^{2+}\cdot Fe^{3+}$, $2Fe^{2+}\cdot 2Fe^{3+}$ 혹은 $Fe^{3+}\cdot 3Fe^{3+}$ 등 3가지이며, 혼합원자가 상태가 산화-환원에 관여하고 있다. 산화-환원전위의 변화에는 여러 가지 이유를 고려할 수 있다. 모델 화합물 등의 연구에서 예를 들면, 금속중심의 배위 환경, 주변 단백질의 환경, 배위된 싸이올레이트(thiolate)와 아미드수소와의 수소결합 등이 산화-환원전위에 중요한 영향을 미친다고 알려져 있다.

Fe-S단백질은 전자전달기능 이외에 nitrogenase 혹은 일부의 hydrogenase 등에서 금속중심이 반응활성부분으로서 작용하고 있다. 최근 질소화제의 몰리브덴-철단백질의 결정구조로부터 몰리브덴 이온 1개를 포함하는 FeMo-황 클러스터 중의 철이온에 질소분자가 결합하여 암모니아로 환원되는 메커니즘이 제안되어 있다(질소고정).

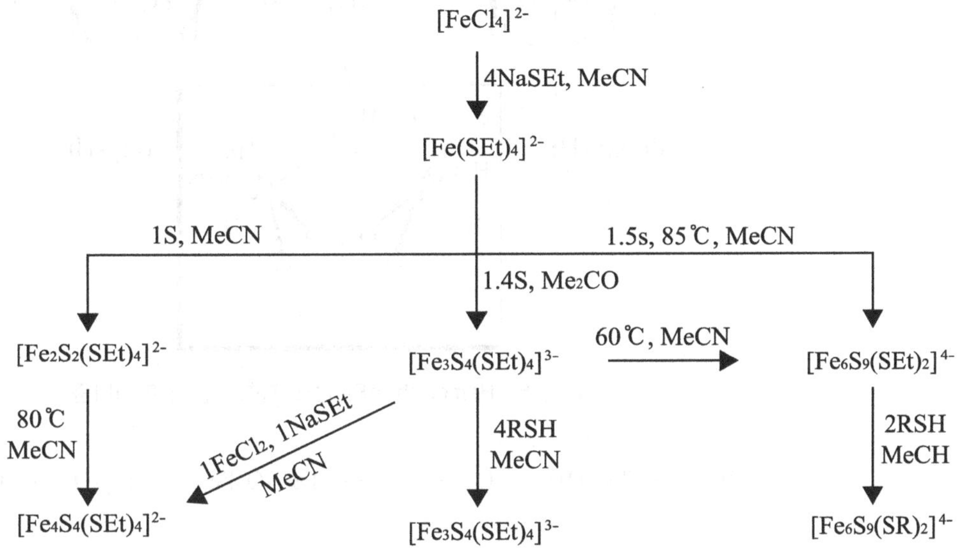

그림 8.15 Fe-S 클러스터 모델 화합물의 합성 경로

- Hemerythrin(Hr) 헴에리트린(Hr)은 헤모글로빈과는 달리 포르피린 고리가 없지만, 활성중심은 이핵 철 착물이다. Hr은 바다 무척추동물의 혈액 등에 존재하며 산소운반 혹은 저장기능을 가지고 있다. 분자량은 108,000으로 6개의 부단위(sub-unit)로 되어있다. 산소 친화성은 헤모글로빈에 비해 10배정도 크고, 부 단위간의 협동효과 혹은 기공(pore) 효과는 거의 없다. 그림 8.16에서 보여주는 것과 같이 deoxy-Hr은 2개 Fe^{II}이온이 존재하며 서로 3겹 다리구조를 취하고 있다. 하나의 철은 6배위이고 다른 하나의 철 이온은 불포화된 5배위 구조를 가진다. 산소분자가 5배위 철이온에 결합하면 중간체를 거쳐서 모두 Fe^{III}으로 된 oxy-Hr 구조를 가진다. 여기서 생성된 HO_2^-이온은, 옥소다리기와 수소결합으로 안정화되고 있다고 생각된다.

  산화능력을 갖는 것으로서, 예를 들면, ribonucleotide reductase(RR)가 있다. RR은 모든 생물에 포함되어 있어, ribonucleotide를 deoxyribonucleotide로 환원시킨다. 2종류의 부 단위는 B1, B2로 되어있고, B2는 여러 복핵 철 사이트를 포함하고, 다음과 같이 산소의 활성화에 의해 tyrosine을 tyrosyl 라디칼로 산화한다.

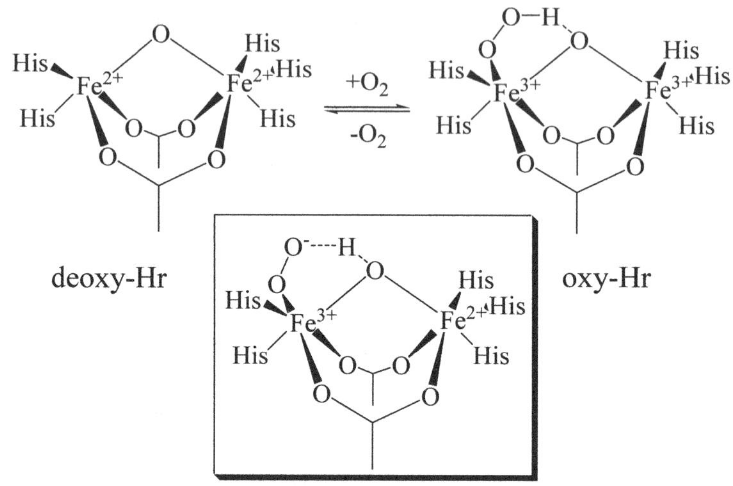

그림 8.16 Hemerythrin의 산소 흡착 · 탈착 메커니즘

$$2Fe^{2+} + Tyr\text{-}OH + O_2 + e^- \rightarrow Fe^{3+}\text{-}O\text{-}Fe^{3+} + Try\text{-}O^- + OH^-$$

이 tyrosyl 라디칼은 B1 sub unit에서의 ribonucleotide의 환원을 개시시킨다. 3가 3가형의 구조로 알려 있다. 2개의 철이온은 비틀린 팔면체구조를 가지며, Hr와 마찬가지로 옥소 혹은 glutamate 잔기의 carboxylate 다리를 갖지만, carboxylate 다리는 1개뿐이다.

철의 저장과 운반은 페린[12] 혹은 트랜스페린이 각각 수행한다. Fe^{3+}이온은 쉽게 가수분해해서 불용성의 수산화철로 되기 때문에 생체 계에서 이용하기 힘들다. 철이온을 쉽게 이용하는 것으로는 앞에서 언급한 철단백질이 있다. 페린은 Fe^{3+}이온의 산화와 가수분해로부터 생성되는 FeO(OH)핵(철이온은 수천개)을 가지며, 그 주위를 24개의 sub unit로 된 단백질 껍질이 덮고 있다. 철이온이 필요하면, 생체 중에 있는 킬레이트, 예를 들면 트랜스페린이 그것으로부터 철이온을 가져온다.

운반은 트랜스페린이 수행한다. 분자량은 약 80,000으로 2개의 철 결합부분을 갖는다. Fe^{3+} 이온과의 회합상수는 $10^{20}M^{-1}$이상이다. Fe^{3+}이온은 6배위 구

12) 생물체에 골수, 간장, 취장 등 체내 넓게 분포되어 있는 수용성 철 단백질이다.

조을 가지고 있다. 티로신, 히스티딘 혹은 아스파라긴산 잔기에서 2개의 페놀레이트, 이미다졸 혹은 카르복실기가 4개의 배위자리를 차지하고 있다. 남은 2개의 배위자리에는 탄산이온 혹은 탄산이온과 물분자가 배위하고 있다. 여기서 탄산이온은 대단히 중요한 역할을 한다. 즉 탄산이온이 없을 경우, 철이온의 결합은 약하고, 또 철이온의 결합에 대한 선택성은 저하된다.

이상으로 다양한 기능을 갖는 여러 가지 비 헴 철단백질이 발견되고 있다. 그러나 비 헴 철 단백질에 대한 연구의 역사는 아직 짧고, 그들 구조, 작용 메커니즘은 불분명한 점이 많다. 아직 그 역할은 밝혀지지 않았다.

구리함유 효소

- Superoxide dismutase 생체반응에서 생기는 초과산화 음이온, 과산화수소, 그리고 그들로부터 생기는 OH· 와 같은 활성 산소 화학종[13](reactive oxygen species, 그림 8.17)에 의한 산화적 손상에 대한 세포의 방어 작용을 수행하는 것이 초과산화물 불균등화 효소(Superoxide dismutase, SOD)이다. SOD는 초과산화물의 불균등화반응으로 산소(O_2)와 과산화이온(O_2^{2-})을 생성하는 반응의 촉매이다.

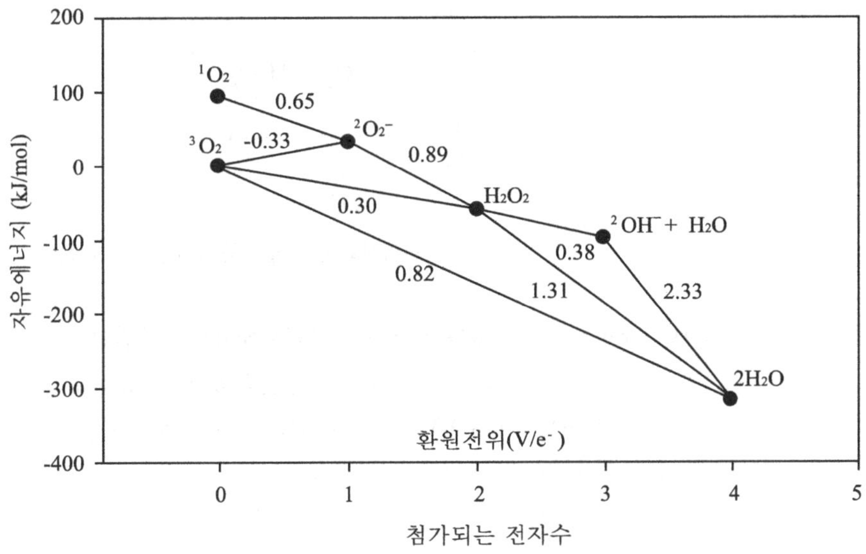

그림 8.17 이 산소 화학종의 자유에너지와 환원전위 값.
(Sawyer, D.T. Oxygen Chemistry; Oxford University Press: 1991)

13) 산소분자는 일반적으로 3중항 산소 $^3O_2$이나, 전자배치 상태에 따라서 1중항 산소 $^1O_2$, O_2^-(superoxide), O_2^{2-}(peroxide)이온과 같은 활성 산소 화학종이 있으며, 그밖에 히드록시라디칼(OH·), 퍼히드록시라디칼(O_2H·), 과산화수소(H_2O_2), 알콕시라디칼(RO·), 히드로퍼옥시드(ROOH) 등이 있다.

이 효소는 초과산화 라디칼 두 개가 과산화수소와 분자상태의 산소로 전환되는 반응을 촉매작용으로 초과산화 라디칼을 없앤다. 진핵생물에서는 이 효소가 2가지 형태로 존재하는데 미토콘드리아에 있는 망간을 함유하는 형태와 구리-아연에 의존하는 세포액 형태가 있다. 이 효소의 산화형태는 초과산화 이온에 의해서 환원되어 산소를 형성한다. 반응에서 생기는 환원형태는 두 번째 초과산화 이온과 반응하여 과산화수소를 발생시킨다. 과산화수소는 그림 8.17과 같이 모든 생물에 존재하는 헴 단백질로써 물과 분자상태의 산소로 불균등화 반응의 촉매로 작용하는 카탈라아제(catalase)[14]에 의해서 없어진다.

$$O_2^{\dot{-}} + O_2^{\dot{-}} \xrightarrow[2H^+]{SOD} O_2 + H_2O_2$$

$$2H_2O_2 \xrightleftharpoons{catalase} O_2 + 2H_2O$$

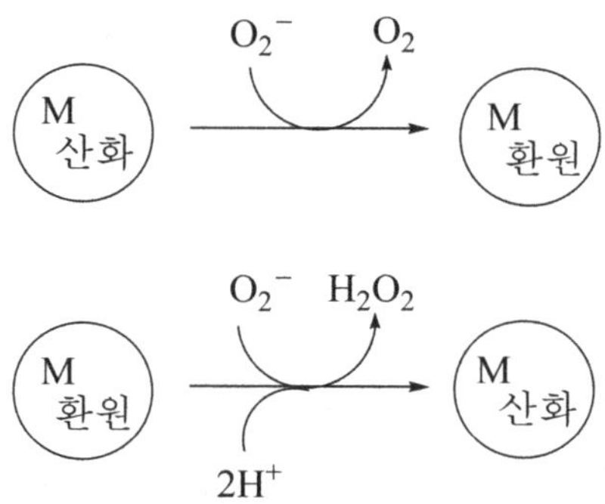

그림 8.18 초과산화물의 불균등화반응 메커니즘

1969년 Fridovich가 Cu를 함유하고 있는 SOD을 발견한 이래, 현재까지 여러 종류의 생물에서 형태가 다른 SOD가 발견되었다. 주로 함유하고 있는 금속에 따라 크게 Fe-SOD, Mn-SOD, Cu/Zn-SOD의 3종류로 나눈다.

Fe-SOD와 Mn-SOD는 같은 sub unit로 된 이합체 혹은 사합체이고, 각각의 아미노산 배열은 서로 같은 성질이 많고, 일부의 세균 SOD에서는 Mn과 Fe 금속을 교체하여도 활성은 그대로 유지되고 있어 배위 환경도 비슷하다. Fe-SOD는 혐기성 세균(O_2기체를 싫어하는), 호기성(O_2기체를 좋아하는)세균 등의 원생

14) 동식물체 조직에 있는 분자량이 약 22~26×104인 4합체로, 헴 부분은 프로토포르피린(Ⅳ)의 높은 스핀형 Fe^{III} 착물로 이루어져 있다.

생물[15])이나 혹은 식물에 존재하며 오래된 발효 혐기성 세균에도 있다. Mn-SOD는 혐기성세균, 호기성세균 등의 원생생물에 있기도 하고 또 진핵생물인 미도콘드리아에도 있다. Fe-SOD, Mn-SOD 모두 분자량은 42,000 혹은 85,000으로 1개 sub unit 중 1원자의 금속을 가진다. 3종류 SOD의 초산화물 불균등화반응의 속도상수(2 × 10^9 $M^{-1}s^{-1}$), 겉보기의 초산화물에 대한 K_m값(0.08~0.35 mM)의 차이는 보이지 않는다. 그러나 Fe-SOD와 Mn-SOD는 pH 8 이상에서 활성이 낮아지고, Cu, Zn-SOD에 비해서 적용되는 pH 범위가 좁다. Fe-SOD, Mn-SOD의 착물구조는 3개의 His잔기와 1개의 Asp잔기가 금속에 배위하고 있다(그림 8.19). 금속의 가수가 변화에 의해서 초산화물의 불균등화를 촉매한다고 생각하고 있다. Mn-SOD의 활성중심의 금속주변은 His, Tyr, Phe, Trp 등의 방향족 아미노산 잔기에 둘러싸여 있다.

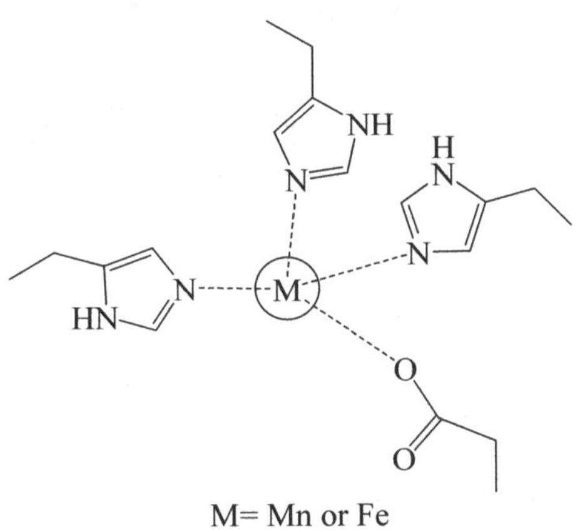

그림 8.19 M-SOD의 활성중심

Cu, Zn-SOD는 같은 sub unit로 된 이합체이고 분자량이 32,000으로, Fe-SOD, Mn-SOD 과의 아미노산 수준에서 서로 같은 성질은 적다. 1개 sub unit중에 1개 Cu원자와 1개 Zn원자를 가진다. Zn은 효소의 입체구조 유지에 관여하고 있으며, 이를 Co금속으로 치환시켜도 활성에 변화가 없다. 한편 Cu는 활성에 필수금속으로 다른 금속으로 바꾸면 안 된다. 이 SOD는 척추동물, 무척추동물, 진균, 점균, 피자식물, 과자식물, 이끼식물, 양치식물에 들어있으며, 거의 모든 호기성균, 진핵조류, 원생동물에는 없다. 그러나 예외로 *Photobacterium leiognathi, Paracoccus denitificans, Caulobacter crescentus*의 3종류 호기성 세

15) 원핵생물이라고도 한다.

균에는 Fe-SOD, Mn-SOD 등 함께 들어 있다. 또한 진핵조류에도 Chara, Nitella, Spirogyra 에도 발견되고 있어, 어떤 SOD가 어떤 생물에 들어있는가는 대기중의 산소농도와 생물진화과정 에 관련되어 주목을 받고 있다.

Cu, Zn-SOD는 배위화학적으로 주목받는 효소로, 특징적인 복핵 착물구조을 가지고 있다(그림 8.20). 즉, Cu는 4개의 His잔기의 이미다졸이 배위된 비틀린 평면사각형 구조를 가지며, 한편 Zn은 3개의 His잔기 혹은 1개의 Asp잔기가 배위된 정사면체구조를 형성하고 있다. 그래서 1개의 이미다졸이 2종류의 금속간에 위치하여, 각각에 배위결합된 복핵착물의 구조를 가지고 있다.

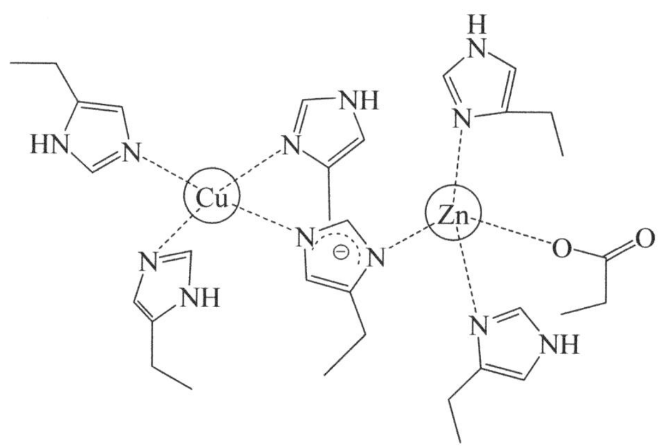

그림 8.20 Cu-SOD, Zn-SOD의 활성중심

소(cow)의 적혈구 Cu, Zn-SOD 의 경우, Val 45가 Cu의 한 면을 덮어 씌어진 것 같이 자리를 하고, 다른 면은 열려있어, 일반적으로 H_2O가 느슨하게 결합하고 있다. Zn은 단백질 중에 쌓여있어 기질이 접근하기 힘든 환경을 하고 있다. 이 Cu, Zn-SOD효소의 바깥쪽은 마이너스(-) 전하로 덥혀 있어, 초산화물(Supeoxide)은 전하의 반발에 의해 보다 접근하기 힘든 상태이다. 그러나 활성부분 입구에는 플러스(+)전하를 가지는 Arg 141이 차지하고 있어, 초산화물을 끌어들이고, 더욱이 Cu 금속에 배위한 초산화물을 고정하는 기능을 갖는다. 이 Arg 141을 site-directed mutagenesis로 다른 아미노산으로 바꾸면, SOD활성은 크게 낮아진다. 활성중심 근처의 환경은 소수성이다.

초산화물이 염증, 허혈질환 등의 질병에 관여하기 때문에 SOD를 의약품으로 사용하는 연구가 많이 이루어지고 있다. 그러나 Cu, Zn-SOD 는 혈중 반감기가 5~6분으로 짧아 그 적용은 장해가 되고 있다. 그렇기 때문에 Cu, Zn-SOD을 수정하여, 그것을 의약품에 이용하려는 시도가 제약회사를 중심으로 이루어지고 있다.

- Plastocyanin 녹색식물이나 조류 등의 광합성은 공통의 중간물질들에 의해서 연결된 두 광반응계[16](Ⅰ와 Ⅱ)에 의해서 이루어진다. 정상적인 조건에서 전자는 광반응계 Ⅱ를 통해서 흐르고 다음으로 산화적 인산화반응의 Q-시토크롬 c 산화환원효소와 상동성을 가진 막에 결합된 복합체를 통해서 광반응계 Ⅰ로 연결된다.
  광반응계 Ⅱ가 생성한 플라스토퀴놀(QH_2)은 자신의 전자를 제공하여 광반응계 Ⅰ에서 끝나는 전자사슬에 연결한다. 이 전자들은 한번에 하나씩 틸라코이드 내강에 있는 구리 단백질인 Plastocyanin으로 옮겨진다.

$$QH_2 + 2Pc(Cu^{2+}) \longrightarrow Q + 2Pc(Cu^{+}) + 2H^{+}$$

틸라코이드 내강

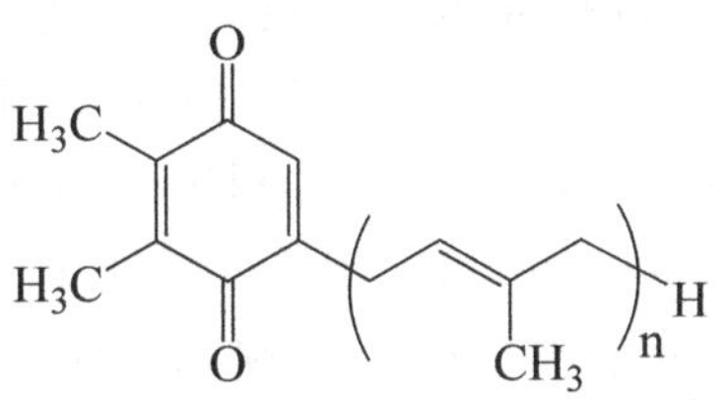

(n=6~10)

플라스토퀴논
(산화형, Q)

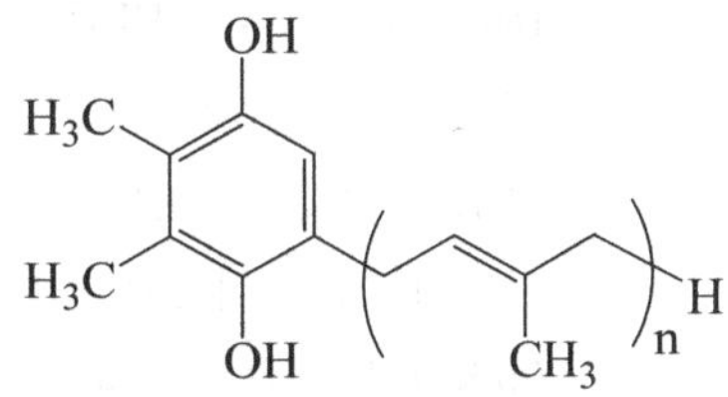

(n=6~10)

플라스토퀴놀
(환원형, QH_2)

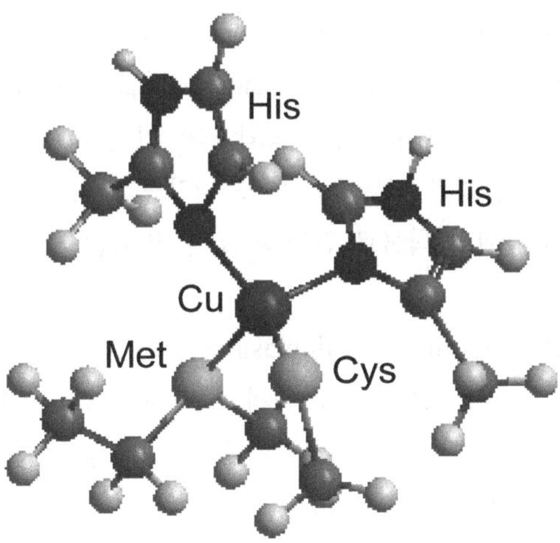

그림8.21 plastocyanin의 구조

16) 광반응계 Ⅰ은 700 nm보다 짧은 파장의 빛에 반응하며, 광반응계 Ⅱ는 680 nm보다 짧은 파장의 빛에 반응한다.

플라스토퀴놀로부터 오는 두 개의 양성자는 틸라코이드 내강으로 방출된다. 이 때 전반부의 플라스토퀴놀은 한번에 전자 한 개씩을 제공하며 플라스토퀴논으로 산화된다. 플라스토퀴놀에서 나온 전자는 Fe-S단백질을 통해서 흐르면서 산화형 플라스토시아닌을 환원형으로 전환한다. 플라스토시아닌은 그림 8.21과 같이 작은 수용성 단백질로서 뒤틀린 사면체 배열에서 한 개의 시스테인 잔기, 두 개의 히스티딘 잔기, 그리고 메티오닌 잔기에 결합된 한 개의 구리이온을 가지고 있다.

Plastocyanin은 이러한 배위구조를 바탕으로 보통의 Cu^{II} 착물에서 나타나지 않는 600 nm부근에서 강한 흡수띠(2000~6000 $M^{-1}cm^{-1}$)를 가지며, EPR에서 Cu의 초미세 결합상수($A_{\parallel}$값 0.0035~0.0063 cm^{-1})가 대단히 작으며, 매우 높은 산화환원전위 180~380 mV(vs. NHE)를 가진다. Plastocyanin의 이러한 특이한 성질을 재현하는 모델 합성이 활발히 시도되었다. 그러나 Cu^{2+} 이온이 정팔면체구조에서 Jahn-Teller 효과로 평면성이 높은 평면 사각형 배위구조(비틀린 팔면체형, 사각뿔, 평면형 등)를 가지기 쉽고 비틀린 사면체형을 가지기 어려울 뿐만 아니라, Cu^{II} thiolate 착물의 Cu-S결합은 쉽게 끊어지고 열에 안정성이 낮기 때문에 지금까지 합성·분리된 Cu^{II} thiolate 착물은 별로 없다. 또한 그 배위구조 역시 사각평면 구조로 plastocyanin의 분광학적 성질을 재현하는데 실패하였다. 이 구조에서 plastocyanin 활성부분의 이상한 배위구조는 구리이온을 둘러싼 견고한 단백질 사슬에 의해서만 안정화된다고 생각한 적도 있다. 그러나 최근 사면체 배위구조를 안정화할 수 있는 삼각대 리간드 hydrotris(3,5- diisopropyl-1-pyrazoyl)borate를 이용하여, 푸른-구리단백질의 분광학적 성질을 잘 재현하는 Cu^{II} thiolate 착물 $[Cu(SC_6F_5)(HB(3,5\text{-}iPr_2pz)_3)]$이 처음으로 합성·분리되어 분자구조가 결정되었다. 이 합성 모델 착물의 성공은 합법적인 목적으로 분자 설계된 저분자량 인공 리간드를 이용하여 단백질내의 특이한 배위구조를 저분자량 합성 착물로 안정화 할 수 있다는 것을 증명하고 있다.

• **Ceruloplasmin** Ceruloplasmin은 동물 혈청 중에 포함된 청색 구리단백질이다. 그 생리기능은 정확하게 알려지지 않았지만 다른 구리 효소에 구리공급 저장 원, 철의 대사, 혈액중의 디아민 등의 산화 등에 관여하는 것으로 알려져 있다. Ceruloplasmin은 Laccase 혹은 ascorbate oxidase와 마찬가지로 3종류의 구리를 1분자 중에 포함하고 있으며, 각각 다음과 같은 분광학적 혹은 자기적 성질을 나타낸다.

Ceruloplasmin에는 2개의 다른 환경 Type Ⅰ 구리, 1개의 Type Ⅱ 구리 혹은 1쌍의 Type Ⅲ 구리가 포함되어 있고, 그 중에서 Type Ⅱ 구리와 Type Ⅲ 구리가 삼각형의 3핵 사이트를 형성하고 있는 것으로 밝혀졌다. Type Ⅰ 구리는 plastocyanin의 절에서도 언급하였지만 600nm부근에 센 흡수띠가 나타나고 $A_{\parallel}$ 값이 이상하게 작다. Type Ⅱ 구리는 가시영역에 특징인 흡수띠가 없고 보통 Cu^{II} 착물의 전형적인 EPR 스펙트럼을 나타낸다. Type Ⅲ 구리는 350nm부근의 흡수띠가 있고 2개의 구리가 짝을 형성하여 그 사이에 반강자성 상호작용이 작용하기 때문에 EPR 불활성이 된다. 그러나 정확한 구리의 함량, 자세한 구조 더욱이 작용메커니즘 등에 대해서는 명확하지 않은 점이 많다.

- Tyrosinase Tyrosinase는 동물, 식물, 미생물계에 널리 분포하고 있으며, 페놀류를 orthoquinon으로 산화시키는 1원자 산화 첨가효소이다. 휴면상태에서 과산화수소나 혹은 환원형에서 산소를 도입하면, 산화형 tyrosinase가 된다. 산화형 tyrosinase의 분광학적 혹은 자기적 성질은 앞에서의 언급한 Type Ⅲ 구리로 분류되고, 산소는 μ-과산화의 상태에서 2개의 구리사이에 배위하고 있는 것으로 밝혀졌다. 여러 연구자들에 의해 μ-과산화 복핵 구리착물의 합성과 그 반응성으로부터 tyrosinase의 반응메커니즘을 밝히려는 시도가 활발히 진행되어 왔다. 그러나 μ-과산화 착물 자체는 열에 안정하지 못해 합성·분리가 불가능하여 그 반응성의 상세한 것은 아직 밝혀지지 못하였다.

  Plastocyanin 모델 착물은 삼각대 리간드를 이용하여 분광학적 성질이 산화형 tyrosinase와 아주 비슷한 μ-과산화 착물 $[Cu(HB(3,5\text{-}iPr_2pz)_3)]_2(O_2)$가 합성되었다. 이 화합물의 분자구조는 과산화 이온이 2개의 Cu^{2+}이온에 등가로 배위한 $\mu\text{-}\eta^2:\eta^2$ 형태의 배위형식을 갖는 것으로 밝혀졌다. 이와 같은 이상한 배위형식의 과산화물의 존재는 극히 최근 산화형 tyrosinase와 거의 비슷한 성질을 갖는 산소운반체 헤모글로빈 중에서 X-선 결정 구조해석에 의해서 확인되었다. μ-과산화 착물과 페놀류와의 반응이 자세하게 연구되어, 과산화 이온과 페놀의 산-염기 치환반응으로 페녹소 중간체의 생성, 계속해서 페녹시 라디칼의 구리 배위권 안에서 선택적인 반응으로 tyrosinase의 촉매반응이 진행한다고 제안되고 있다.

아연함유 효소

- Zinc-finger 다양한 기능을 갖는 단백질 중에서 DNA의 염기서열에 특징적인 구조를 식별하여 그 곳에 결합하고, 유전자 정보가 나타남을 제어하는 단백질이 있다. 이 핵산결합 단백질 혹은 유전자 제어 단백질에 아연이 배위된 작은 영역(domain)의 존재가 밝혀져서 그 구조와 기능에 대해 화학과 생화학의 양면에서 많은 관심이 쏟아지고 있다.

• **아연결합 모티프** 바이러스 혹은 미생물 유래의 여러 종류의 핵산결합 단백질의 아미노산 서열에서 Cys-X_2-Cys-X_4-His-X_4-Cys, Cys-X_{2-4}-Cys…His-X_{3-4}-His, Cys-X_2-Cys-X_{13}-Cys-Cys-X_2-Cys 과 같은 금속결합 영역이 있어, 이들 서열 중에 시스틴 잔기의 티올기와 히스티딘잔기의 이미다졸기를 통해서 Zn^{2+}이온이 배위된 이른바 Zinc-finger[17]라고 하는 구조 도메인이 형성되고 있다.
X-선 결정구조해석 혹은 고 분해능 NMR 등 여러 가지 물리화학적 방법에 의해 현재까지 3가지 형태의 서로 다른 Zinc-finger 구조가 알려지고 있다(그림 8.17). 첫 번째 그룹은 전사인자인 Zif 268[18], 혹은 Sp1로 발견된 2개의 시스틴 과 2개의 히스티딘이 ZnⅡ 에 사면체로 결합한 형태이다. 두 번째 그룹은 GAL4[19] 라고 하는 전사인자로 인정되기 때문에 Cys-X_2-Cys-X_6-Cys-X_6-Cys-X_2-Cys-X_6-Cys와 같은 아미노산서열을 가지며, 2개의 Zn^{2+}이온이 6개의 시스틴을 통해서 결합하고, 그중에 2개의 시스틴 중의 황원자는 양쪽의 아연으로 다리모양의 리간드가 되어 금속클러스터를 형성하고 있는 형태의 구조를 갖는다. 세 번째 그룹은 glucocorticoid 수용체 와 같은 스테로이드 핵 수용체(nuclear receptor)의 Zinc-finger가 Zn^{II}에 결합하여, 그것도 Zinc-finger 도메인으로 된 이합체를 형성하고 있는 형태이다.

• **DNA의 결합 형식** 구조적으로 다른데도 불구하고, 아연결합 모티프(motif)인 3가지 형태는 모두 DNA의 주 그룹에 세로로, 표적 염기와 상호작용하고 있다. 아연결합은, 이들 인식 헬릭스의 아미노 말단이나, 카르복시 말단의 간격으로 구조면에서 중요한 기능을 한다. 이들 Zinc-finger구조의 DNA 결합방법은 다르지만 기본적으로는 Zif 268이 DNA와의 결합에서 나타나는 것과 같이 1개의 Zinc-finger가 3개의 DNA염기서열을 인식하고 있다(그림 8.22).
일반적으로, Zinc-finger 단백질은 주 그룹을 따라서 DNA주위를 둘러싸서 인접한 한개 Zinc-finger 도메인이 DNA의 표적 염기부분과 상호작용하고 있다. 스테로이드 핵수용체에서는 Zinc-finger로 호모(homo) 이합체를 형성하여,

---

17) Zinc finger는 하나의 Zinc 이온에 결합하는 네 개의 아미노산을 가지고 있는 손가락(finger) 모양의 단백질 부위로써 TFⅢA를 포함한 전형적인 Zinc finger는 두개의 시스테인 다음에 두개의 히스티딘으로 이어지는 네 개의 아미노산을 보유하고 있음. Zinc fingers는 DNA의 3개 염기쌍 서열에 부착하는 단백질 부위로서 인위적 전사인자의 효과발현 도메인이 게놈상의 적절한 조절부위로 가도록 길잡이를 해주는 역할을 함.
18) Carl Pabo등이 X-선 회절법을 이용하여 생쥐 단백질 Zif 268과 DNA간의 복합체 구조를 규명하였다. Zif 268 단백질은 DNA 이중나선의 큰 홈에 알맞게 서로 인접한 세 개의 Zinc finger를 갖는다.
19) GAL4 단백질은 갈락토스 대사에 관련된 유전자들의 발현을 조절하는 효모의 활성인자이다.

DNA 1개의 표면상의 대칭적 구조를 가진 염기서열 표적부위에 결합한다. GAL4의 DNA 결합 도메인 또한 DNA 상에 대칭으로 이합체로 되어있다. Zinc-finger 도메인은 DNA 결합 단백질과 DNA 과의 사이에 염기서열 특이 상호작용을 매개할 뿐만 아니라, 중심적인 역할을 한다. 왜 아연 결합 도메인이 이와 같이 이용되고 있을까? 아마 대답은 Zn^{II}의 사면체 기하구조를 이용함으로써, DNA 결합에 유리한 단백질 접은 돗자리구조가 촉진되기 때문일 것이다.

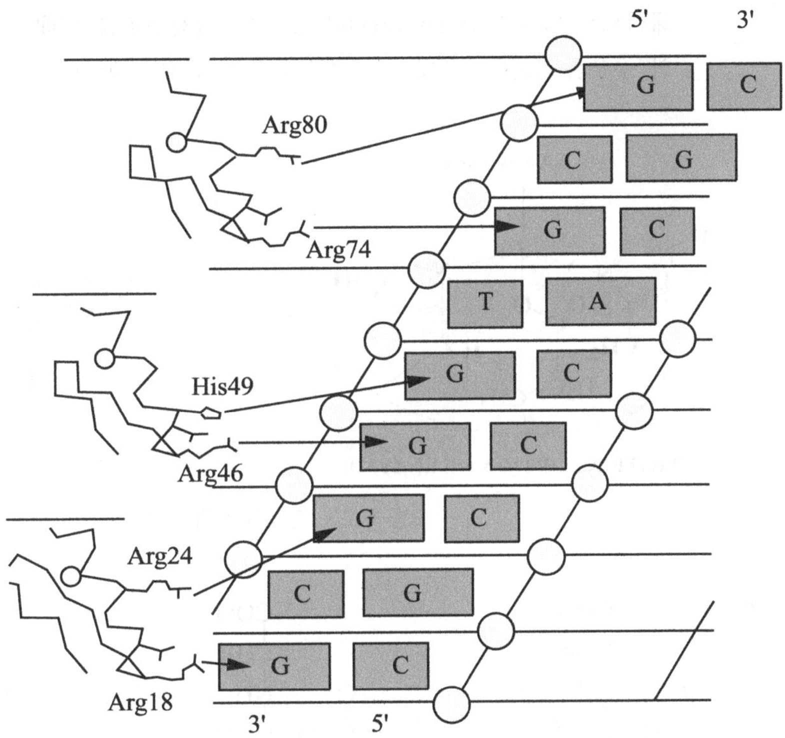

그림 8.22 Zif 268의 아미노산기에 의한 DNA염기의 인식

Carboxypeptidase, Alcohol dehydrogease, Carbonic anhydrase

아연은 필수영양소의 하나로써, 생체 내 미량원소 중에서는 많이 포함되어 있다. 아연을 구성 성분으로 하는 효소는 지금까지 300종류이상 알려져 있다. 아연효소에는, Zn^{II} 이온이 활성중심으로 기능하는 것과 활성중심은 아니지만 단백질의 구조형성에 중요한 역할을 하는 것 등 2종류가 있다. Zn^{II} 이온은 4배위의 사면체구조를 가지지만, 활성중심일 때는 4개의 리간드 중에 3개는 단백질에서 온 것이고, 남은 1개는 물분자 혹은 기질에서 온 리간드이다. 아연이온은 Co^{II}

이온 혹은 Mn^{II} 이온으로 교환 가능한 경우가 많다. 아연이온을 활성중심으로 하는 효소 중에서 입체구조 등 연구가 진행되고 있는 carboxypeptidase A, alcohol dehydrogease, carbonic anhydrase 등 3 종류에 대해 알아보자.

- Carboxypeptidase A 단백질 혹은 펩티드를 분해하는 효소는 많이 알려지고 있어 활성중심으로 아연이온을 갖는 것도 많다. 카르복시 말단 펩티드 가수분해 효소(Carboxypeptidase)가 그 하나이고 단백질 혹은 펩티드 아미노산 잔기를 카르복시 말단에서 한 개의 잔기씩 절단하는 효소이다. X-선 결정구조 해석으로 알려진 carboxypeptidase A의 입체구조를 원래대로 작성한 활성중심의 구조를 그림 8.23에서 보여준다(수소원자는 생략).

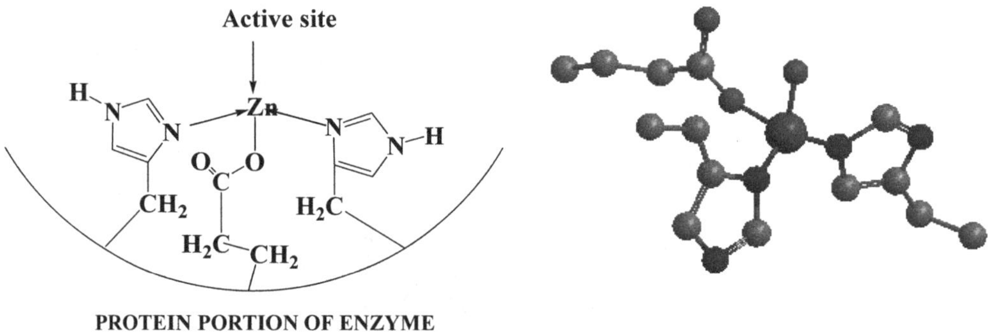

그림 8.23 활성중심의 구조

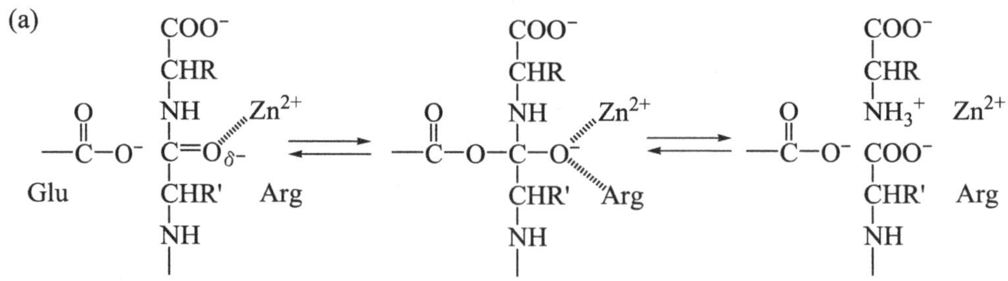

(b)

$$Zn\text{-}OH_2 + CO_2 + H_2O \rightleftharpoons Zn\text{-}OH^- + CO_2 + H_2O + H^+ \rightleftharpoons$$

$$Zn\text{-}HCO_3^- + H_2O + H^+ \rightleftharpoons Zn\text{-}OH_2 + HCO_3^- + H^+$$

그림 8.24 (a) Carboxypeptidase에 의한 가수분해
(b) Carbonic anhydrase에 의한 반응

Zn^{II} 이온에는 효소의 히스티딘 잔기유래의 이미다졸기가 2개, 글루타민산 잔기유래의 카르복실기 1개와 더욱이 물이 1분자 배위하고 있으며, 4배위 사면체구조를 형성하고 있다. 기질이 결합할 때는 기질의 펩티드 결합의 카보닐 산소가 물분자와 치환하여, 아연이온에 배위한다. Zn^{II} 이온은 루이스산으로 카보닐기의 전자를 끌어들이며, 분극이 된 카보닐탄소에 글루타민산 잔기의 카보닐기가 친핵적으로 반응하여, 산무수물형의 중간체를 형성하며, 더욱이, 이것이 물분자로 가수분해되어, 펩티드 결합이 절단된다고 생각된다(그림 8.24a).

• Alcohol dehydrogease alcohol dehydrogease는 알코올에서 NAD로 수소원자의 이전을 촉진하여 알코올을 산화시키는 촉매로 사용된다. alcohol dehydrogease는 sub unit당 2개의 Zn^{2+}이온을 가지고 있다. 한쪽은 활성중심에 위치하고, 다른 한쪽은 활성중심에서 떨어진 곳에 위치하여, 효소의 구조형성에 중요한 역할을 한다. 모두 4배위 사면체구조를 형성하고 있지만, 후자에 대해서 활성중심의 Zn^{2+}이온은 시스테인의 thiolate기 2개와 히스티딘의 이미다졸기, 더욱이 물분자가 배위하고 있다. 기질인 알코올이 이 물분자와 치환되어 알콕사이드 이온이 Zn^{2+}이온에 배위한다. ZnP이온은 루이스산으로서 C-O결합의 분극을 촉진하고, 알코올 분자에서 NAD로 수소원자의 전이를 촉진한다고 생각된다.

• Carbonic anhydrase 탄산 탈수효소(carbonic anhydrase)는 그림 8.25와 같이 활성중심의 Zn^{2+}이온에 3개의 히스티딘의 이미다졸기와 물분자가 배위한 4배위 사면체구조를 가진다.

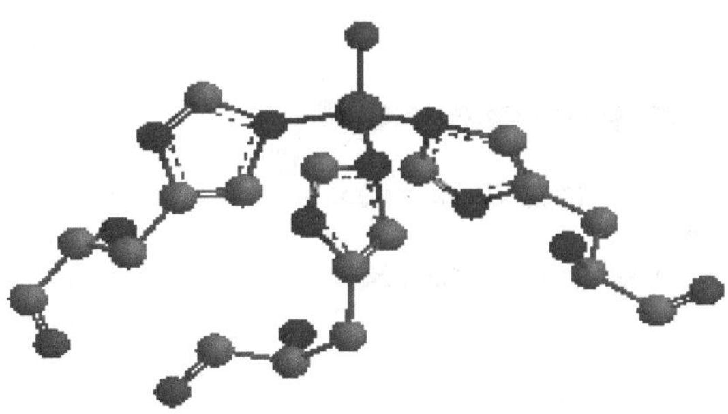

그림 8.25 활성중심의 구조

이 효소에는 Zn^{2+}이온에 배위한 물분자가 양성자를 해리하고, 이것이 이산화탄소와 반응한다는 메커니즘이 제안되어 있다(그림 8.24b).

이상에서 언급한 내용 이외에도 활성중심구조가 밝혀진 것이 많지만, 이들의 반응 메커니즘을 이해하기 위해서는 모델화합물을 이용한 연구도 많이 진행되고 있다.

Metallothioneins

Metallothioneins의 정의와 구조적 특징

Metallothioneins이란 금속(metallo-)과 티올기(시스틴잔기)(-thio-)에 많은 저분자량의 단백질(-nein) 라는 구조적 특징 때문에 부쳐진 이름으로 금속결합 단백질이며, 그 단백질에는 효소나 호르몬 등의 생물학적인 활성은 없다. 포유동물 중에 존재 혹은 유도 합성된 metallothioneins은 모두 61개의 아미노산으로 구성되어 있고, 하나의 사슬인 폴리펩티드로 되어 있다. N말단의 아세틸화된 메티오닌에서 시작하는 폴리펩티드 사슬 상에는 그림 8.26a에서 보여주는 것과 같이 20개 시스테인이 정해진 위치에 배열되어 있다. 더욱이 일반적으로는 시스테인 이외 구성 아미노산의 조성이 다른 2종의 이소 단백질이 존재하지만, 모두 방향족아미노산을 포함하지 않는 등 특징이 있다.

Metallothioneins의 배위구조

metallothioneins이 착물 화학적으로 가장 특징적인 것은 금속과 티올기간의 배위결합하고 있는 머캅토 결합이다. metallothioneins중에 존재하는 20개의 티올기는 모두 머캅토 결합으로 금속과 배위하고 있다. 역으로 metallothioneins으로 결합하고 있는 금속리간드는 모두 티올기이다. 카드뮴과 아연의 경우 metallothioneins 한 분자에는 모두 7개의 금속이 결합되어 있지만, 이들 금속에는 각각 4개의 티올기가 배위하여 사면체형의 구조를 가진다. 또한, 금속은 3개와 4개로 나누어져서

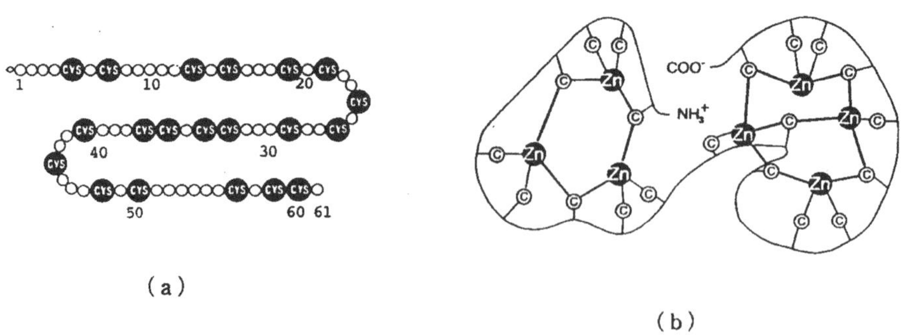

그림 8.26 metallothioneins산 1차 배열 중에 차지하는 시스틴 잔기의 유치(a)와 2개의 클러스터에 의한 배위구조(b)

각각 클러스터를 형성하고 있다. (그림 8.26b) 구리는 1가로 환원된 후에 결합하고, 이 경우에도 모두 티올기가 배위하고 있지만 metallothioneins 1분자 당 결합할 수 있는 금속의 수는 카드뮴이나 아연보다 많다.

아연결합 단백질에서 metallothioneins의 특징

metallothioneins에서 가장 중요한 금속은 아연이다. 생물학과 착물화학 관점에서 단백질에 결합된 아연의 배위구조에 따라서 6종류로 분류한다. 첫째, 4개의 티올기(시스테인의 S)가 배위하고 단백질의 고차원 구조를 유지하고 있는 구조, 둘째, 효소의 활성중심으로 히스티딘의 N, 아스파라진 산(aspartic acids)이나, 글루타민산(glutamic acids)의 O, 그리고 시스틴의 S등 3개가 리간드로 배위하고, 남은 1개가 물을 배위하고 있는 구조, 셋째, 많은 수의 금속이 관여한다. 넷째, 4개의 S가 배위한 구조가 연속적으로 있는 트위스트(twist)로 부르는 구조, 다섯째, 2개의 S와 2개의 N가 배위한 구조가 연속적으로 있는 finger라고 부르는 구조, 여섯째, 4개의 S가 배위한 가교구조를 갖는 클러스터라는 구조이다.

효소활성을 나타내려면, 활성 수(active water)가 배위하고 있는 둘째 또는 셋째 구조가 필요하다. metallothioneins은 금속이 2개의 클러스터로 나누어져 결합한 구조를 가지며 여섯째 분류에 속한다. 따라서 착물화학적으로 효소활성이 있다고는 생각되지 않는다.

Metallothioneins의 생물학적 역할

생체 내에서 카드뮴의 결합단백질로써 발견되어, 1960년에 그 구조적 특징이 알려질 때부터 어떤 생물학적인 역할을 하는 단백질인가에 대해 여러 방면에서 연구되고 있다. 첫째, 유해금속을 해독하는 단백질이라는 설은 카드뮴 혹은 수은 등 생체 내에 유해한 중금속이 투여될 때 체내에서 합성되어 metallothioneins에 결합하고 있는 이들 금속은 독성을 나타내지 않기 때문에 널리 인정되는 가설이 있다. 둘째, 필수 중금속의 항상성 유지에 관여하는 단백질이라는 설은 생체 내에서 아연 혹은 구리를 흡수, 저장, 수송 등 여러 경우에 이 단백질이 관여하고 있을 가능성이 높기 때문이며, 이것도 널리 인정되고 있는 역할이다. 셋째, 급성기 단백질(acute phase protein)이라는 설이 있다. 이것은 금속뿐만 아니라 모든 종류의 스트레스에 의해서 이 단백질이 합성된다는 것 때문에 제안되었지만, 금속과의 직접적인 관계에 대해서는 아직 확실하지 않다. 넷째, 시스테인을 다량 함유하기 때문에 티올기가 라디칼 혹은 알킬화제의 scavenger로써 글루타티온보다 유효하게 작용하기 때문에 상정되고 있는 역할이다. 이들 이외에도 많은 역할이 추정되고 있는 다기능 단백질이 있다.

다양한 metallothioneins의 구조

포유동물에서 널리 발견되는 metallothioneins은 가장 전형적인 metallothioneins으로 class I로 분류되고 있다. 한편, 무척추동물 등에서는 class I과 같은 아미노산의 구성이나, 혹은 배열은 다르지만, DNA → RNA → 단백질이란 경로의 정보흐름으로 직접 합성되는 class Ⅱ로 분류되는 "metallothioneins"이 존재한다. 또한, 식물이나 어떤 종류의 미생물에는 글루타티온의 폴리머(polymer)로 간주되는 글루타민산과 시스테인의 단위가 반복되어, 글리신으로 끝나는 γ-EC 펩티드라고 하는 class Ⅲ으로 분류되는 metallothioneins이 존재한다.

Metallothioneins 유전자의 발현(실제로 나타남)조절

포유동물의 metallothioneins 유전정보는 2개의 인트론으로 나누어져 3개의 action에 보존되고 있으며, 그 5-윗 쪽에 있는 제어 영역의해 발현이 조절되고 있다. 이 조절영역의 염기서열에는 금속에 응답해서 metallothioneins 구조 유전자의 전사를 제어하고 있는 배열이 여러 개 있으며, 이들을 금속응답배열(metal responsive element, MRE)라고 부른다. 금속에 대해서는 수용체 단백질있고, 이 단백질이 제어단백질로 MRE에 결합하여 전사를 제어하고 있다. 이 제어 배열은 아연과 같은 독성이 낮은 금속에 때문에 발현을 제어할 수 있기 때문에, 목표로 생각하고 있는 단백질의 구조유전자 발현을 제어하는 배열로 유전공학에서는 널리 사용하고 있다.

제9장

착물의 재료화학

일상생활에서 만나는 여러 가지 재료는 물론 각종 산업에서 활용되고 있는 물질들은 유기화합물이거나 무기화합물 또는 착화합물들이다. 최근 화학자들에게 관심을 끌고 있는 나노화학(NT)도 역시 착물화학과 밀접한 관련이 있다. 여기서는 착물을 기초로하는 고체촉매와 착물과 연관된 21세기 화학에 대해서 다루었다.

1 착물을 기초로 하는 고성능 고체촉매

촉매는 화학공업에서 가장 많이 사용되고 있을 뿐만 아니라, 자동차나 발전소의 배기가스 정화, 스토브 등 가정에서 사용하는 기기, 머리염색(hair color)등 개인용품에 이르기까지 일상생활의 여러 분야에서 사용되고 있다.

고체촉매는 활성성분과 담지 등 몇 가지 종류의 성분으로 된 혼합물이다. 자동차 배기가스의 정화에 이용되는 Pt/Al_2O_3 촉매에서 활성성분은 백금이고 담지는 알루미나이다. 활성성분의 역할은 원하는 반응을 쉽게 진행시키거나, 반응이 일어나지 않게 하는데 있다. 담지의 역할은 촉매반응에서 활성 혹은 선택성 증대, 촉매의 수명연장이나 기계적 강도의 증대 등에 있다.

고체촉매는 활성성분과 담지성분이 함께 섞여서 어떤 종류의 반응 장소를 만드는가? 하는 문제가 중요하다. 따라서 촉매의 성능은 촉매의 세공(pore 작은 구멍)구조나 비표면적, 촉매를 구성하고 있는 성분의 조성, 또는 성분의 혼합 · 분산성, 성분 입자의 크기(particle size)와 구조 등에 의해서 결정된다. 세공은 반응 장소의 출입문 역할로 반응물이나 생성물을 체(sieve)로 걸러 분리시키는 동시에 반응 장소를 촉매독의 오염으로부터 보호한다. 표면적이나 성분의 혼합 · 분산성은 반응 장소의 수와 그 효율적인 이용에 영향을 준다. 성분의 구조나 크기는 반응 장소의 성질을 결정하지만, 성질은 또한 혼합 · 분산성 등에 따라서 영향을 받는다. 그러므로 촉매 물성을 설계 · 제어하는 방법의 문제가 곧 성능 좋은 촉매를 얻는 결정적인 요인이 된다.

고체촉매의 물성을 설계 · 제어하는 문제는 착물화학의 지식이나 혹은 방법이 문제해결에 크게 도움이 된다. 고체촉매나 세라믹의 대부분을 차지하고 있는 금속산화물의 주된 생성반응은 가수분해 · 탈수 · 중축합반응에 의해서 이루어진다. 그러나 금속이온에 미리 가수분해가 잘 일어나지 않는 즉, 치환되기 어려운 여러 자리 유기 리간드가 배위되면, 탈수축합반응으로 생성되는 산화물에 유기물이 남아 있게 된다. 이것을 연소시키면 배위된 유기 리간드의 크기나 혹은 리간드의 량에 따라서 적절한 세공이나 표면적을 갖는 촉매를 얻을 수 있다.

금속이온의 반응성은 리간드에 따라서 변하지만, 다리결합을 하는 리간드가 금속이온을 서로 연결하는 것을 이용하면 혼합성이 좋은 균일한 성질을 가지며, 분산성이 우수한 촉매를 얻을 수 있다. 실제 이와 같은 방법으로 복합 산화물 촉매에서 각 성분이 원자 · 분자수준으로 섞여진 균일 촉매를 얻고 있다. 담지

금속촉매에서는 활성금속과 담지금속이 결합되어 있기 때문에 활성금속 간의 응집이 억제되어 고분산화 촉매를 얻을 수 있다. 촉매를 만들 때 활성성분인 금속이온을 크기가 큰 리간드가 배위된 착물을 이용하면 고분산화 시킬 수 있다. 담지촉매에서 성분의 분산성은 그 크기와 관련성이 있기 때문에, 고분산화 방법은 입자의 직경 제어에 이용된다.

촉매 구조의 설계 · 제어는 먼저 촉매의 전구체인 착물 또는 클러스터를 합성하는 일이 중요하다. 여러 종류의 단일 혹은 복합 알콕사이드 착물, 카르복시산 착물, 다이케톤 착물 등이 이러한 목적으로 사용한다. 또한 여러 자리 리간드가 배위된 착물의 구조적 특징을 이용하여 촉매의 구조 혹은 입자크기를 설계하는 것이 가능하다. 예를 들면, 여러 자리 유기 리간드 존재 하에서 금속이온의 탈수중합반응을 일으키면, 금속이온의 특정위치가 리간드로 고정되어 중축합반응의 방향 또는 반응의 진행정도가 제한되기 때문에 특정한 구조를 가진 산화물 클러스터가 중간체로서 생성되고 결국 원하는 구조 혹은 입자크기를 갖는 산화물 촉매를 얻을 수 있다. 이러한 입자크기의 제어 방법은 입자간 틈에서 생기는 세공 설계에도 도움이 된다. 그림 9.1는 루테늄/구리/실리카 촉매표면의 주사형 전자 현미경 사진이다.

그림 9.1(a)은 염화루테늄과 염화구리 수화물의 에탄올용액에 다량의 에틸렌글리콜(ethyleneglycol)과 테트라에톡시실란(tetraethoxysillane)을 반응시킨 후, 물을 첨가하여 가수분해를 시킨 다음 생성된 겔을 건조하여 수소(H_2) 환원으로 활성화시켜서 얻은 촉매의 주사형 전자현미경 사진이다. 그림(b)는 같은 루테늄과 구리의 에탄올용액을 실리카와 함께 침전시켜 소위 이제까지 사용된 함침방

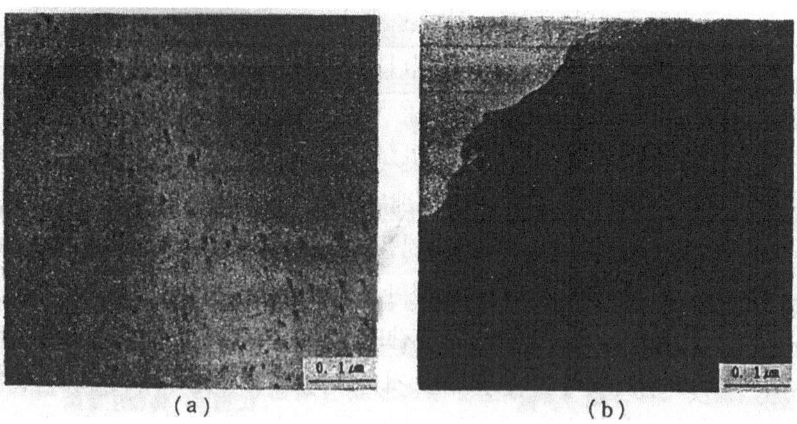

그림 9.1 Ru/Cu/Si 촉매 표면의 주사형전자현미경(SEM) 사진

법으로 얻은 촉매의 주사형 전자 현미경 사진이다. 금속입자가 그림 9.1(a)에서는 작은 크기의 입자가 일정하게 고분산화 되어 있는데 반해서, 그림 9.1(b)은 크고 작은 입자가 각각 저분산화 되어 있음을 알 수 있다.

벤젠의 수소화 반응에 의한 사이클로헥산의 합성에서 (a)는 (b)보다 수배의 반응활성과 수율을 보여준다. 촉매를 만들 때 (a)에서는 에틸렌글리콜이 루테늄이나 구리에 배위하여 이들 금속들을 부피가 큰 착물로 만드는 동시에, 이들 금속과 규소를 결합시키기 때문에 촉매의 활성화 과정에서 금속들이 응집되기 어려워 실리카에 고도의 분산이 이루어진다.

앞의 언급했듯이 용액 중에서 금속이온은 모두 착물을 형성하기 때문에, 용액상태에서 촉매의 제조 방법은 착물화학의 지식이 필수적이고, 그것을 기초로 하여 촉매를 만들면 보다 정밀한 고체촉매를 설계할 수 있다.

착물 기반의 고 기능성 세라믹

세라믹(ceramics)이라는 말은 원래 요업에서 생산되는 물질 모두를 부르는 말로 사용하였지만, 최근에는 금속을 포함하는 화합물(산화물, 탄화물, 질화물 등)로 된 무기재료를 모두 넓은 의미에서 세라믹이라 한다. 비교적 잘 알려진 기능성 세라믹의 예를 표 9.1 에 나타내었다.

표 9.1에서 보여주는 것과 같이, 각 세라믹들은 특징적인 기능을 가지며 고유한 용도로 사용되는 것을 알 수 있다. 그 형태도 벌크(어느 정도의 크기를 갖는 덩어리를 가리키는 것)이외에 박막 혹은 코팅, 섬유, 분말 등 다양하다는 것을 알 수 있다. 비소화갈륨(GaAs)은 보통 세라믹으로는 분류되지 않지만, 앞서 말한 넓은 의미에서 세라믹에 포함된다. 센서, 자동온도 조절장치, 자기콘덴서, IC 기판용 세라믹 등, 특히 근래에 발전한 전자재료로 이용되는 것을 자기세라믹(Electroceramics)라고 하지만, 이들 세라믹 제조에 그 특성을 나타나게 하기위해 원료의 순도나 제조과정에 특별한 기술이 필요하게 된다. 특히 이런 세라믹은 대부분 여러 성분으로 구성되어 있어, 그 성분의 제어가 매우 중요하다.

표 9.1 세라믹 재료의 형태와 용도

재료	형태	용도
Al_2O_3	단결정, 벌크, 막	IC기판, 보호막, 공구
SiO_2	단결정, 벌크, 막, 섬유	발신소자, 광학재료, IC절연막
TiO_2	단결정, 막, 분말	광학재료, 센서, 화장품
ZrO_2-Y_2O_3	벌크, 막	연료전지, 산소센서, 공구
$LiNbO_3$	단결정, 막	표면탄성소자(강유전체)
$BaTiO_3$	막, 벌크	자동온도 조절장치, 자기콘덴서
$Pb(Ti,Zr)O_3$	막, 벌크	비 휘발 메모리 등(강유전체)
$Y_3Fe_5O_{12}$	단결정, 막 등	자기테이프 메모리 등(강자성체)
$YBa_2Cu_3O_{7-x}$	막, 섬유	초전도체
AlN	벌크, 막	IC 기판, 박막압전소자
GaAs	막	고속연산소자, 반도체
SiC	벌크, 막, 섬유	고온 구조재, 내열섬유

- **세라믹의 성형** 금속이 단일물질인 경우에 금속본래의 성질인 연성과 전성을 이용하여 성형하는 것이 가능하지만, 단단하고 잘 부스러지는 세라믹을 실용화하기 위해서는 세라믹을 합성하고 동시에 성형할 필요가 있다. 이러한 문제의 해결을 위해서 금속화합물(착물)이나 유기금속화합물이 사용된다. 이들의 대표적인 예는 표 9.2에 나타내었다.

표 9.2 배위화합물과 유기금속화합물이 관련된 세라믹의 합성·성형 방법

형상	성형법	배위화합물 관련 재료
벌크(단결정, 다결정)	분말소결, 졸-겔법	원료분말합성에 착물의 이용 알콕사이드 등
박막, coating	화학기상석출 (CVD)	알콕사이드, 디케토나토착물 유기금속화합물
분말	졸-겔법 균일침전법 스프레이법	알콕사이드, 킬레이트 착물 타르타르산 착물, 금속염의 가수분해 가용성 금속착물
섬유, fiber	졸-겔법 유기물 열분해	알콕사이드, 금속염 등 유기실리콘화합물(폴리실란)

전통 요업의 원료는 주로 천연점토 또는 광석이었다. 이러한 천연원료는 매장량이 한계가 있을 뿐만 아니라 출토지역에 따라 조성이 다르고 불순물이

포함되어 있는 경우가 많다. 천연원료를 사용하여 얻은 제품은 부가가치가 높은 전자재료 등의 용도로 사용할 수 없다. 그러므로 고부가 가치 산업에 필요한 인공분말이 개발되기 시작하였다. 인공분말은 천연원료에서 없는 조성을 포함시킬 수 있어, 이 방법으로 얻어지는 세라믹은 새로운 우수한 성질을 가지므로 **뉴-세라믹**(new-ceramics)이라 부른다.

원료분체가 갖추어야할 성질은 입자의 직경이 작고 고른 분포를 가지고, 매질에 잘 분산되고, 불순물이 적으며, 특히 복합화합물의 경우 원소의 분포가 일정한 것 등이다. 또한 표 9.1에서 보여주는 것과 같이 다 성분 원소로 된 재료도 있지만, 그들의 성분비율을 엄격하게 제어하여 제품 전체의 원소분포가 균일하지 않으면 안 된다. 각 성분분체를 섞어서 높은 온도에서 소결하면, 원소는 고체 확산에 따라 이동하여 만일 큰 입자를 이용하면 완전히 고체반응이 일어난다고 단정할 수 없다. 처음부터 모든 원소가 균일하게 분포된 분체를 얻을 수 있다면 이러한 걱정은 없어진다. 그러므로 이들 조건을 만족하는 분체를 얻기 위한 과정으로서 균일침전법이 개발되었다. 이 방법은 수산화물이나 타르타르산 착물 등 불용성염의 침전을 이용하여 조성이나, 침전의 형태를 제어하는 방법이다. 그 외에 스프레이 법이나 뒤에 설명하는 졸-겔 방법 등의 분말합성법이 개발 연구되고 있다. 또한, 이러한 용도로 사용되는 대표적인 화합물은 금속 알콕사이드(metal alkoxide)이다. 알콕사이드를 원료로 하는 세라믹 합성법을 모두 알콕사이드법이라 한다.

알콕사이드의 가수분해를 주의 깊게 제어하면 가수분해에 이어서 축중합이 일어나 알콕사이드 폴리머를 포함하는 졸(Sol)을 얻을 수 있다. 이렇게 얻어진 졸을 더욱 가수분해하여 중합하면 유동성이 없는 겔(Gel)로 바꿀 수 있다. 이와 같이 졸에서 겔로 전환하여 형상을 만드는 방법이 졸-겔 법(sol-gel method)이다. 이 방법을 이용하면 벌크, 막, 분체, 섬유 등 다양한 형상을 갖는 재료를 합성할 수 있다.

알콕사이드의 반응성이나 기능성(functionality)을 제어하는 등의 목적으로 킬레이트제(아세틸아세톤 등의 $\beta-$다이케톤. 글리콜, 알칸올아민 등)를 이용하는 경우가 많다. 또한, 여러 가지의 금속성분을 동시에 포함하는 이중 알콕사이드(double alkoxide)도 존재하여, 이들 알콕사이드는 증류로 정제할 수 있다. 전형적인 예로서 $Al_2Mg(OPr^i)_8$ 혹은 $LiNb(OEt)_6$이다. 이들 착물은 조성이 정해진 화합물이며, 이들로부터 금속조성이 빈틈없이 꼭 들어맞게 정해진 $MgAl_2O_4$(스피넬)이나 $LiNbO_3$(니오브산리튬)이 얻어지게 된다. 왜 이것이 이중 알콕사이드로 존재하며, 휘발성을 가지는지 흥미롭다.

막의 합성에서 종종 이용되는 화학적 과정은 화학기상 석출(chemical vapor deposition: CVD)법이 있다. 기체상의 화학반응을 이용하여 막이나 분체를 합성하는데 원료로 할로젠 화합물 등이 이용되지만, 유기금속화합물이나 착물도 자주 원료로 이용된다. 실리콘(Si), 티탄(Ti), 지르코늄(Zr), 탄탈럼(Tl) 등 3~5족 혹은 13~15족 원소의 알콕사이드는 안정하고 휘발성이 좋아 CVD원료로 좋지만, 그 밖의 원소들은 불안정하고 비휘발성 고체가 대부분이다. 이러한 원소들은 아세틸아세토네이트(acac)와 같은 킬레이트 화합물을 이용한다. 이온반지름이 큰 금속원소의 acac 착물은 분자간의 회합 때문에 휘발성이 낮아서, 입체장애가 큰 킬레이트 리간드로 테트라메틸헵타디오나토(디피파로일메타나트)금속 착물이 이용된다. 이트륨(Y), 바륨(Ba), 구리(Cu) 등의 디피파로일메타나트 착물을 원료로 사용하여 $YBa_2Cu_3O_{7-x}$등 초전도체 막을 합성하려고 시도되고 있다. 또한, 비소화 칼륨 등 과 같은 III-V 화합물이나, 황화 카드뮴 등의 II-VI 화합물의 박막은 트라이알킬 칼륨이나, 다이알킬 카드뮴 등의 유기금속 화합물과 수소화 비소(As) 혹은 황화수소 등과의 기체반응으로 합성할 수 있고, 이것을 유기금속화합물로부터 화학기상 석출이라고 하는 의미에서 OMCVD (organometallic chemical vapor deposition)이라고 한다.

이상의 내용에서 배위화학이나 유기금속 화학이 고체 무기재료 합성과 깊은 관계가 있다는 것을 알 수 있다.

희토류 착물의 새로운 전개

Ce에서 Lu까지 4*f* 전자를 갖는 일련의 원소를 란타넘족(lanthanide)이라 하고 여기에 La을 포함시킨 한 계열을 란타넘계열(lanthanoide) 원소, 더욱이 Sc 와 Y를 포함시킨 것이 희토류 원소(rare earths)라 한다. 이들 원소는 보통 +3이온으로 되기 쉬우며, 희토류 착물은 대개 3가 화합물이 많다. 희토류 이온의 일반적인 성질은 표 9.3에 나타내었다.

란탄계 이온, Ln^{3+} 의 최외각 전자배치는 모두 ns^2np^6(n = 3~5)이며, 이들의 화학적 성질은 서로 비슷하다. 따라서 높은 순도의 희토류 원소를 얻으려면 원광 중에 섞여있는 희토류 원소를 잘 분리해야 한다. 희토류 원소의 분리방법은 이온교환, 용매추출 등 복잡한 작업이 요구된다.

희토류 이온에서 공통적인 화학적 성질은 염기성을 띠며 강한 산소 친화성을 가진다. Ln^{3+}의 이온반지름은 다른 금속의 이온반지름에 비해서 비교적 크다. 또한 란탄계 수축[1](lanthanide contraction)으로 La에서 Lu까지의 원소 간에서는 이온반지름이 원자번호와 함께 일정비율로 감소하여 보다 다양한 배위환경의 실현이 가능하게 되었다. 그 때문에 희토류 착물은 다른 금속 착물에서 찾아볼 수 없는 특이한 분자구조를 갖는 경우가 많다. 예를 들면, 희토류의 프탈로시아닌 혹은 포르피린 착물에서 Ln^{3+} 이온은 고리중심에 들어가지 않고 샌드위치형태의 구조로 된다. 이런 특이성은 희토류 이온의 염기성, 산소 친화성 혹은 Ce, Eu, Yb 등에서 보이는, 산화-환원 특성과 함께 탁월한 촉매특성을 나타낸다. 희토류 펜타다이에닐착물의 촉매를 이용한 중합반응에서 분자량이 크고, 높은 입체적 규칙성을 갖는 것이 밝혀졌다. 또한, 희토류이온은 핵산의 가수분해에도 활성이 높고, 인공 효소를 만드는데 희토류 착물의 응용도 기대되고 있다.

표 9.3 희토류이온(Ln^{3+})의 일반적인 성질

원소	전자배치(이온)	산화전위(V vs. NHE)			8배위 이온반지름(Å)
		Ⅰa)	Ⅱb)	Ⅲc)	
Sc	$3d^1 4s^2 (3s^2 3p^6)$	1.880			1.01
Y	$4d^1 5s^2 (4s^2 4p^6)$	2.370			1.16
La	$5d^1 6s^2 (5s^2 5p^6)$	2.522			1.30
Ce	$4f^1 5d^1 6s^2 (4f^1 5s^2 5p^6)$	2.483		−1.74	1.28
Pr	$4f^3 6s^2 (4f^2 5s^2 5p^6)$	2.462		~−2.86	1.27
Nd	$4f^4 6s^2 (4f^3 5s^2 5p^6)$	2.431			1.25
(Pm)	$4f^5 6s^2 (4f^4 5s^2 5p^6)$	2.423			1.23
Sm	$4f^5 6s^2 (4f^5 5s^2 5p^6)$	2.414	1.55		1.22
Eu	$4f^7 6s^2 (4f^6 5s^2 5p^6)$	2.407	0.43		1.21
Gd	$4f^7 5d^1 6s^2 (4f^7 5s^2 5p^6)$	2.397			1.19
Tb	$4f^9 6s^2 (4f^8 5s^2 5p^6)$	2.391			1.18
Dy	$4f^{10} 6s^2 (4f^9 5s^2 5p^6)$	2.353			1.17
Ho	$4f^{11} 6s^2 (4f^{10} 5s^2 5p^6)$	2.319			1.16
Er	$4f^{12} 6s^2 (4f^{11} 5s^2 5p^6)$	2.296			1.14
Tm	$4f^{13} 6s^2 (4f^{12} 5s^2 5p^6)$	2.278			1.13
Yb	$4f^{14} 6s^2 (4f^{13} 5s^2 5p^6)$	2.267	1.15		1.13
Lu	$4f^{14} 5d^1 6s^2 (4f^{14} 5s^2 5p^6)$	2.255			1.12

a) $Ln(s) = Ln^{3+}(aq) + 3e^-$ b) $Ln^{2+}(aq) = Ln^{3+}(aq) + e^-$
c) $Ln^{3+}(aq) = Ln^{4+}(aq) + e^-$

1) $4f$ 혹은 $5f$ 전자들의 낮은 차폐효과 때문에 유효핵전하가 증가하여 원자번호가 증가함에 따라서 원자 혹은 이온반지름이 감소한다.

한편, Ce^{3+}에서 Lu^{3+}이온까지 Ln^{3+} 이온은 외부 퍼짐이 비교적 적은 4*f* 궤도함수에 전자를 가지며, 이런 전자전이로 인하여 특징적 발광을 얻을 수 있다. 예를 들면 Eu^{3+} 혹은 Tb^{3+} 이온의 β-다이케톤 착물은 진한 붉은색 혹은 초록색 빛을 각각 나타내기 때문에 $Y_2O_2S:Eu^{3+}$등의 무기화합물 형광물질과 비교하면, 성형, 가공성에서 뛰어난 유기발광 재료로써 주목을 받고 있다. 또한 푸른색 영역에 센 발광을 나타내는 Eu^{3+} 이온(Eu^{3+}이온의 1전자가 환원된 이온)의 크라운에테르 착물도 최근 개발되어 빛의 삼원색(RGB)을 겸비한 컬러용 유기발광재료가 합성되는 계기가 되었다.

한편, $LnCl_3$을 필두로 하는 희토류 염화물은 $AlCl_3$등 금속산화물과 기체상 착물을 형성하여 양호한 발광특성을 보여주고 있기 때문에 휘도가 큰 방전램프나 혹은 새로운 형태의 기체 레이저로서 주목받고 있다.

또한 희토류 착물의 발광현상을 이용한 극미량 분석법으로서 시간 분해 형광(time resolved fluorescence)법이 제안되고 있다. 이것은 Eu^{3+}이온 등의 킬레이트 착물을 표지시약으로 생체내의 극미량성분을 시간 분해 형광 측정법으로 정량하기 때문에 지금까지 알려진 방법과 비교하면 감도와 안전성 면에서 우수하다.

희토류 착물은 발광특성 뿐만 아니고 자기적으로도 흥미로운 특성을 나타낸다. 예를 들면, 많은 4*f* 궤도함수에 홀 전자를 갖는 Eu^{3+}이온 혹은 Gd^{3+}이온의 킬레이트 착물은 NMR의 화학적 이동 시약으로 잘 알려져 있다. 또한 Gd^{3+}이온의 킬레이트 착물은 NMR 신호인 완화시간(T_1)을 저하시키는 효과가 있어, 이미 DTPA 착물(그림 9.2)은 자기공명영상진단(magnetic resonance imaging; MRI)용 조영제로 실용화되고 있다. 현재는 이들보다 아주 뛰어난 조영감도를 갖는 희토류 착물계 MRI용 조영제가 개발되고 있다.

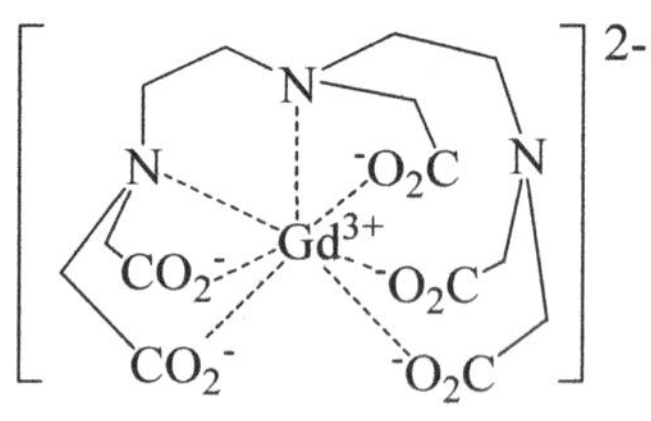

Gd-DTPA

그림 9.2 Gd-DTPA 착물의 구조
DTPA: 다이에틸렌트라이아민펜타아세트산

금속 착물을 이용한 새로운 다차원 초전도체의 개발

전기저항이 영(zero)이 되는 초전도체는 1911년 수은에서 처음으로 발견된 이래 오래 동안 연구되어 왔다. 초전도 현상은 대부분 절대영도에 가까운 온도에서 일어나지만, 초전도로 전이하는 온도(T_c)가 높은 것이 연구대상이 되어왔다. 금속이나 합금과 달리 1980년에 처음으로 유기화합물의 초전도체가 합성되었고, 1986년 이래, 란타넘(La), 바륨(Ba), 구리(Cu) 산화물 등의 세라믹에서 아주 높은 T_c을 나타내는 것이 발견되어 초전도체 개발의 새로운 길이 열렸다. 여기서는 초전도체로서 금속착물이 관련된 예를 알아보자.

금속이온 혹은 금속착이온을 포함하는 유기화합물의 전도체가 많이 알려져 있으며 그중에는 초전도체도 있다. 황이나 셀레늄을 많이 포함한 유기분자는 좋은 전자주개(donor)이고, BEDT-TTF(1)인 라디칼 양이온은 $[BEDT\text{-}TTF]_2^+X^-$ 형태의 염을 형성하며 전도체로서 잘 알려져 있다.

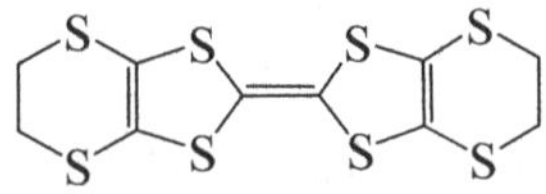

1

대부분의 전도체는 실온에서 1 × $(1\sim10^2)S\cdot cm^{-1}$ 의 전도도를 갖는 금속 전도성을 나타내고 90K보다 높은 온도에서 반도체도 있지만 이들 염 중에서 초전도체가 많이 발견되었다. T_c가 높은 것은 $[BEDT\text{-}TTF]_2[Cu(NCS)_2]$ (상압, T_c = 10.4 K) 혹은 $[BEDT\text{-}TTF]_2[Cu\{N(CN)_2\}Cl]$ (0.3 kbar 가압, T_c = 12.8 K)등 있다. 이들 염에서 전도성에 관여하는 것은 2차원 상으로 배열한 유기주개 분자이다. 즉 분자 내에 황 원자가 접근하여 분자 간 상호작용이 전기전도 경로를 형성한다. 이와 같은 초전도를 나타내는 전자상태와 주개 분자배열을 형성하는 데는 그 반대이온으로 금속착물 음이온이 중요한 역할을 한다. 금속착물은 다양한 산화수와 구조를 취할 수 있어서, 라디칼 양이온 분자가 고체 내에서 새로운 쌓임이 일어날 무한한 가능성을 가지고 있다.

최근 새로운 분자성 초전도체에 속하는 축구공 모양의 클러스터 C_{60} 화합물에서도 금속이온이 중요하다. 처음에 K_3C_{60}이 초전도체(상압, T_c =19.3K)로 되는 것이 발견되었지만, T_c는 결정의 단위격자 크기에 따라 변한다. Na_2CsC_{60}에서는 T_c가 10.5K이고, 암모니아 가스를 통과시키면 $(NH_3)_4Na_2CsC_{60}$이 생성되어, Na^+ 이온 주위에 암모니아 분자가 배위되어 양이온의 크기가 커져 단위격자가 커지고 T_c는 약 31K로 올라간다.

층상구조를 갖는 TaX_2 혹은 NbX_2(X = S, Se)의 층 사이에 아민을 삽입하면 초전도성을 나타낸다. 최근 발견된 새로운 층간 화합물인 $SnSe_2[Co(C_5H_5)_2]_{0.33}$은 특이하다. 층상의 $SnSe_2$는 본래 반도체이지만, 유기금속착물인 코발토센을 삽입하면, 층간에서는 산화된 상태로 그림 9.3에서 보여주는 것과 같은 배향을 가져 이 층간화합물은 T_c가 6.1K의 초전도체가 된다.

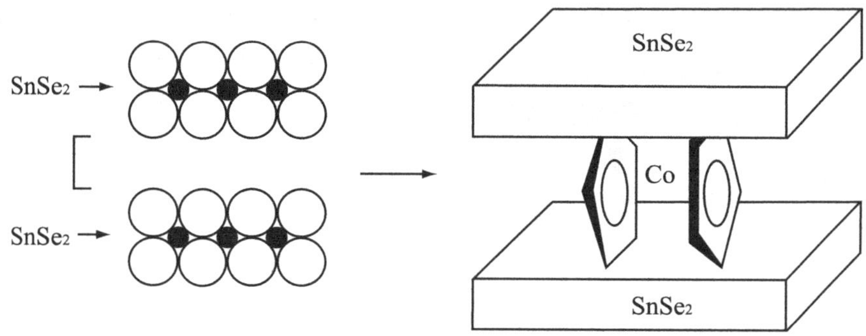

그림 9.3 $SnSe_2$ 층상구조와 $SnSe_2[Co(C_5H_5)_2]_{0.33}$ 분자의 배향

금속 착물 자체가 결정 내에서 분자 간 상호작용으로 전기전도 경로를 형성하여 우수한 전도체가 되고, 저온에서는 초전도체가 되는 것으로 알려져 있다. 대부분은 황을 포함하고 있는 $C_3S_5^{2-}$이온 리간드(2)를 갖는 금속착물이 있다.

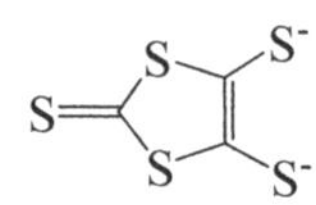

2

평면형태의 $[M(C_3S_5)_2]^{0.5-}$(M은 Ni^{II} 혹은 Pd^{II} : 반대 양이온은 Me_4N^+, $Me_2Et_2N^+$, $C_6H_4S_4^+$ 등) 착물을 가압(~7 kbar)하면 초전도체가 된다(T_c = 1~6K). 그림 9.4는 $(C_6H_4S_4)[Ni(C_3S_5)_2]_2$의 음이온 간 상호작용을 나타낸다. 대부분의 초전도체는 리간드에 황 원자를 사이에 두고 2차원적 전기전도 경로를 형성한다. 현재 금속착물의 초전도체는 많이 알려져 있지 않지만, 리간드 2의 황을 셀레늄으로 바꾼 $C_3Se_5^{2-}$이온 금속 착물 혹은 이들 리간드를 갖는 부피가 큰 금속착물과 같은 새로운 초전도체에 대한 연구가 이루어지고 있다.

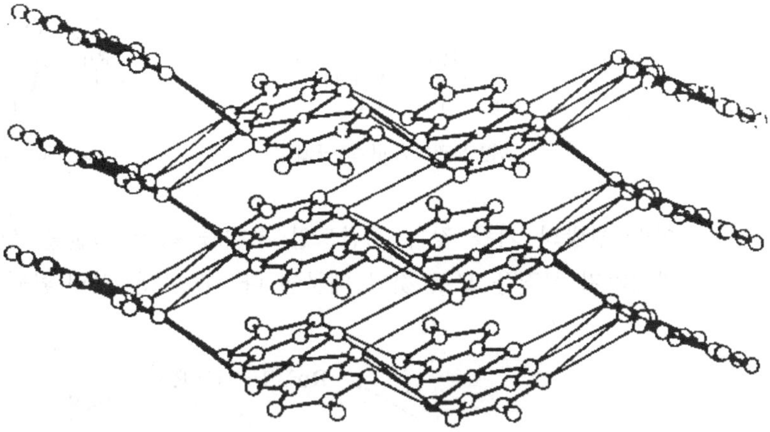

그림 9.4 $(C_6H_4S_4)[Ni(C_3S_5)_2]_2$에 의한 착물 음이온의 층상구조

유기분자 또는 금속착물은 2차원 혹은 3차원 분자간 상호작용으로 전기전도성을 띠기 위해서 황이나 크고 분극능력이 보다 좋은 셀레늄 혹은 텔루륨 원자를 사이에 끼우는 것이 유효할 것이다. 이들 원자를 다량으로 포함하고 있는 리간드가 배위된 금속착물은 모양과 산화상태가 다양하여, 전도체나 초전도성이 발견될 가능성이 있다.

분자 히스테리시스

분자 하나하나가 과거의 사건을 기억하는 것이 가능할까?

과거를 기억하는 분자가 발견되면, 분자 1개에 정보를 써넣을 수 있어, 알려진 기억매체에 비해 훨씬 고밀도의 기억저장이 가능할 것이다. 뿐만 아니라 인간은 물론 모든 자연현상이 기억현상과 관련될 수가 있다. 최근 분자 하나가 히스테리시스(履歷, hysteresis) 거동을 하는 것이 발견되었다. 이것은 분자 1개가 과거를 기억하는 것을 처음으로 실증한 것으로 「분자 히스테리시스」라고 부르는 현상이다.

이 현상을 이해하기 위해 금속착물의 산화-환원거동에 대해서 알아보자. 그림 9.5에 sulfido-ruthenium을 보여준다. 이 착물에 전극을 통해서 특정 전위를 걸어주면 착물을 산화 또는 환원시킬 수 있다. 착물이 산화 또는 환원되어도 착물의 구조는 변하지 않고 산화전위와 환원전위 모두 같은 0.5V이다. 한편, 그림 9.6에서 보여주는 sulfoxido-ruthenium 착물은 Ru^{II}에서 황의 배위가 안정하여 산화전위는 1.0V이고, 이것이 산화되면 황 배위 착물은 불안정하여 보다 안정한 산소배위 착물로 구조가 바뀐다. 이러한 변화와 함께 산화－환원 전위도 0.0V로 변한다.

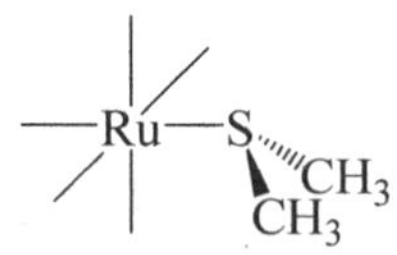

그림 9.5 Sulfido–Ru

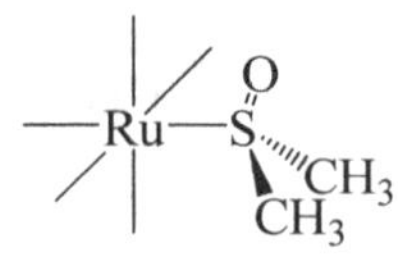

그림 9.6 Sulfoxido–Ru

이런 쌍방의 기를 갖는 리간드인 루테늄 복핵 착물을 생각해 보자. 이것은 앞의 2가지 성질을 모두 갖기 때문에 다음과 같은 산화-환원거동을 갖는다.

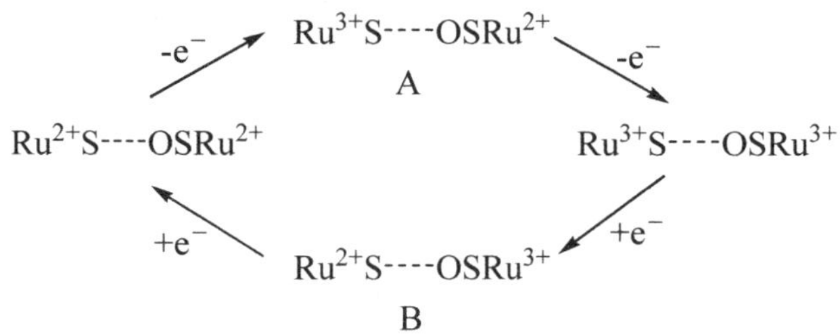

이 산화-환원거동에서 중간 산화상태인 5가 이온은 산화된 A이온과 환원된 B이온이 가능하고, 설파이드의 배위구조와 달리 B 이온의 구조는 6가 이온과 아주 비슷하다. 예컨대 5가 이온은 그 전의 상태구조를 가지고 있어서, 과거의 상태를 기억하고 있는 것이 된다. 보다 학문적으로 보면, 2중 안정상태 각각이 장의 섭동방향에 의존하여 존재한다. 이들 관계를 알기 쉽게 이온의 산화수와 설파이드의 배위구조 관계를 그림 9.7에 나타내었다. 이것은 자기 히스테리시스 곡선과 비슷하기 때문에 이와 같은 성질을 「분자 히스테리시스」라고 한다. 분자 1개가 과거를 기억하고 있는 것을 처음으로 입증한 것이다.

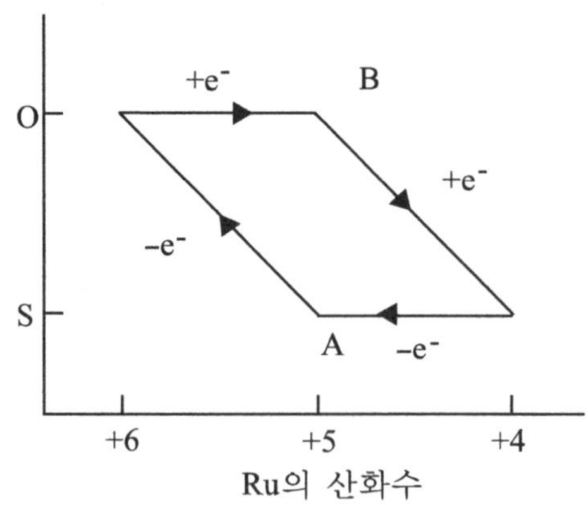

그림 9.7 이온의 산화수와 구조와의 관계

「분자 히스테리시스」가 발견된 것은 최근으로 어떻게 고 밀도 기록에 응용될 것인가는 앞으로 해결해야할 과제이다. 그러나 기억분자가 발견된 자체의 의미는 매우 크다. 최근 다른 분자나 단백질에서도 발견되었다. 앞으로 자연과학의 여러 현상에서 「분자 히스테리시스」와 관련된 연구가 많이 수행될 것으로 예상된다.

초전도성 전이금속 착물

분자결정이 절연체(insulator)라고 하는 일반적인 상식과 달리 금속의 전자가 그 결정 내에 존재한다는 것이 부분산화 형태의 1차원 백금착물에서 처음으로 증명되었다. 이처럼 고체화학에서 전이금속 착물의 전도성은 중요한 연구과제 중의 하나이다.

1980년 유기 초전도체(super conductor)가 처음 발견된 이래, 오늘날까지 급속하게 증가된 분자성 초전도체는 대개 π－전자를 갖는 금속들이다. 이들 π－분자성 금속결정에서는 센 결합 근사 띠 계산에 의한 Fermi준위가 실제 실험적으로도 확인되므로서 최근 이 분야의 이해가 빠르게 진전되었다.

혼합원자가 구리착물 DCNQI-Cu화합물(그림 9.8)의 구조 분석으로, 전이금속 원자의 d 전자가 π－금속전자와는 독립적으로 역할하기 때문에, 분자성 결정의 물성에 등장하는 화합물의 존재도 최근에 밝혀졌다. 따라서 전이금속 착물에 많은 관심을 끌고 있다.

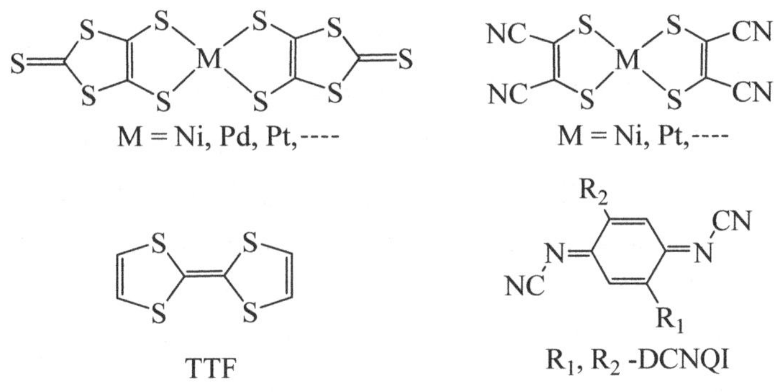

그림 9.8 전이금속 착물 전도체의 구성분자

금속착물 결정연구의 중요한 성과로 7가지 초전도체 개발에 관한 예는 표 9.4에서 나타낸 다이싸이올렌 착물 $M(dmit)_2$ (M = Ni, Pd)이다. 분자성 금속결정인 부분 산화형태 백금착물에서 처럼 $5d_{z^2}$ 궤도함수의 분자 간 중첩으로 금속결합이 형성되는 것이 아니라 전이금속 착물의 초전도체는 분자면 간 거리가 길고, 분자 간 상호작용은 중심금속이 아니라 주로 리간드인 S의 $3p_z$ 궤도함수의 분자 간 겹침에 의한 것이다. 중심금속의 d_π 전자와 리간드의 p_π 전자의 혼성으로, 분자전체의 π－결합성 경계궤도함수를 형성한다. π금속전자를 갖는 전이금속 착물은 $M(mnt)_2$ (M = Pt, Ni)전도체 연구에서 처음으로 알려졌다.

표 9.4 $M(dmit)_2$ (M=Ni, Pd, Pt) 착물 초전도체

		Tc	Pc
1986	$(TTF)[Ni(dimt)_2]_2$	1.6K(7 kbar)	5.5 kbar
1987	$[(CH_3)_4N][Ni(dimt)_2]_2$	5 K(7 kbar)	3 kbar
1988	α '-$(TTF)[Pd(dimt)_2]_2$	6 K(20 kbar)	16 kbar
1988	α -$(TTF)[Pd(dimt)_2]_2$	1.7K(22 kbar)	-
1991	β -$[(CH_3)_4N][Pd(dimt)_2]_2$	6.2K(6.5 kbar)	6 kbar
1992	$[(CH_3)_2(C_2H_5)_2N][Pd(dimt)_2]_2$	4 K(2.4 kbar)	2 kbar
1993	$(EDT\text{-}TTF)[Ni(dimt)_2]_2$	1.3K(1 kbar)	-

전이금속 착물 분자로 구성된 초전도체는 Cassoux 등이 보고한 (TTF) $[Ni(dmit_2)]_2$ 이 처음 알려진 예이다. 이 계는 전통적인 π－주개분자 TTF을 이용하고 있는 점, TTF와 $Ni(dmit)_2$가 서로 나란하게 분리되어 쌓인 층상형태의 칼럼(평면분자를 겹쳐쌓은 구조)을 형성하고 있다고 하는 점에서 (TTF)(TCNQ) 이래 유기전도체 연구의 흐름이 시작되었다. 그러나 Cassoux등은 당초에 긴밀한 S…S 골격이 3차원적으로 둘러싸여 있다는 것에 주목하고, 이 시스템은 3차원 금속이라고 생각하였다. 한편 전도띠을 형성하고 있는 $Ni(dmit)_2$ 분자 궤도함수의 대칭성을 고려하여, 분자간의 가로방향 상호작용이 상쇄되어 1차원으로 되는 것을 보여주었다. 이 결론은 실험적으로도 뒷받침되어, 강한 결합 근사 띠이론을 기초로 한 분자설계적 분석의 유효성을 입증하였다. TTF-Pd시스템도 기본적으로 Ni와 같다. Cassoux등의 $(TTF)[M(dmit)_2]_2$와 이미 보고된 유기 초전도체는 모두, TTF 유사 π－주개분자를 구성요소로 하는 시스템이다. 금속착물 분자만 전기전도를 담당하는 시스템에서도 역시 초전도가 실현될 수 있다는 것을 보여주었다. 3가지 예(표 9.4 참조)중에 2가지 $([CH_3)_4N][M(dmit)_2]_2$ (M = Ni, Pd)계는 같은 형태의 구조를 가진다. $M(dmit)_2$는 층이 쌓여 칼럼이 형성되지만 칼럼이 2개로써 입체적으로 교차된 칼럼이 만들어진다. π－주개 분자를 포함하지 않는 상압 초전도체는 아직 발견되지 않았지만, $[(CH_3)_2(C_2H_5)_2N][Pd(dmit)_2]_2$는 약 2 kbar정도의 압력에서 초전도가 되기 때문에 상압 초전도체를 발견하는 것도 그렇게 어려운 일은 아니라고 생각된다. 사실, 최근 π－주개분자(EDT-TTF)를 포함하는 시스템이

지만, 전이금속 착물의 상압 초전도체, (EDT-TTF)[Ni(dmit)$_2$]가 발견되었다.

이상 전이금속 착물 초전도체 연구 현황에 대해 언급하였다. 지금까지 연구로 전이 금속 착물 분자만 홀로 전도를 담당하는 계에서도, 유기전도체와 마찬가지로 초전도가 실현 가능하다는 것이 입증되었다. 그러나 유기화합물에 비해서 연구된 화합물의 범위는 좁고, 앞으로 보다 넓은 범위의 화합물을 조사할 필요가 있다. 전이금속 착물 자체는 아니지만, 분자성 초전도체의 T_c를 한번에 33K로 올린 C_{60} 초전도체를 생각하면, 아직 많은 유망한 화합물 군이 잠재하고 있음에 틀림없다. 또 전도성 전이금속 착물 결정이 소위 리틀-모델(Little model)에 입각한 고온초전도체 개발의 본보기의 하나라고 생각하고 있는 것은 장래의 물성화학의 목표를 생각하는데 없어서는 안 될 사항이다.

강자성 착물

일정한 규칙적인 구조를 갖는 금속 착물의 집합체에서 기대되는 「집합효과」의 하나는 강자성[2)]현상이다. 그림 9.9는 상자성 금속이온이 함께 모일 때 자기특성의 변화를 나타낸 것이다.

1개의 상자성이온을 갖는 착물은 자기모멘트가 어느 한 방향을 향하고 있다. 만일 2개 이상의 상자성 금속이온이 충분하게 접근하면, 금속이온 간에 자기적 상호작용으로 스핀이 서로 반대평형으로 배열하는 반강자성과 평형으로 배열하는 강자성이 나타난다. 인접한 상자성 금속이온간의 강자성적 상호작용을 2차원 또는 3차원 벌크로 확장하면, 개개의 금속이온의 스핀이 한 방향으로 배열한 스핀상태가 생겨, 자발적인 자화율을 보여주는 「페로」자성체가 얻어진다. 인접하는 금속이온간의 자기적 상호작용이 반강자성이라도 다른 스핀(s_A와 s_B)인 2종류 상자성금속[3)]을 상호 배열한다면, s_A와 s_B의 차이만큼 스핀을 한 방향으로 배열한 것과 동등하다. 이것이 「페리」자성이다. 일반적으로 페로 자성체와 페리자성체를 모두 강자성체라고 한다.

---

2)

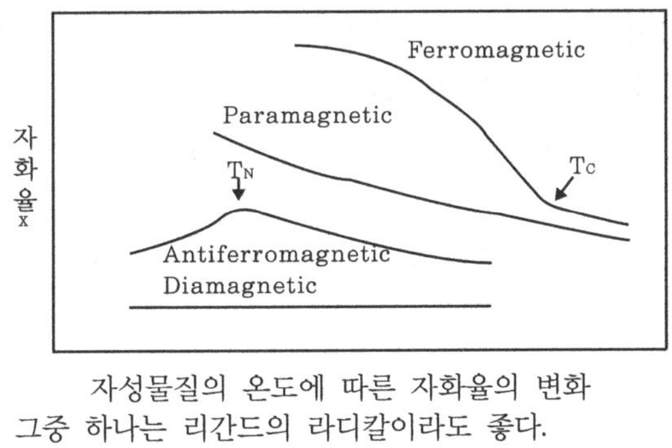

자성물질의 온도에 따른 자화율의 변화

T_C : 큐리온도
T_N : 닐온도

3) 그중 하나는 리간드의 라디칼이라도 좋다.

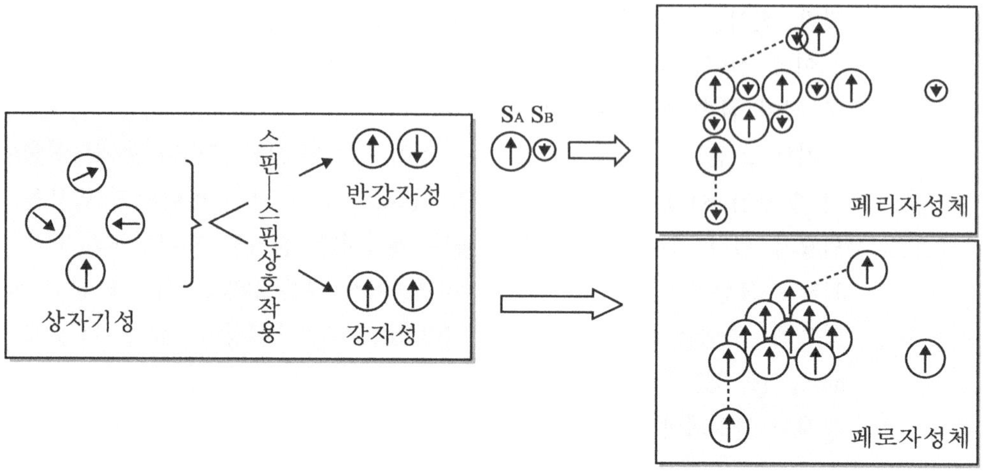

그림 9.9 상자성, 반강자성, 강자성, 페리강자성, 페로강자성체의 관계

착물에서 강자성체를 만드는 데는 2차원 내지 3차원의 높은 질서구조를 벌크에 걸쳐서까지 달성시키는 것과 인접한 금속이온 간에 자기 상호작용을 일으키게 할 필요가 있다. 인접하는 이온 간의 자기적 상호작용이 강할수록 자기전이 온도 Tc(상자성에서 스핀 질서상태가 되는 온도)는 높아진다. 강자성 착물을 만드는 방법의 하나는 1차원 페로 또는 페리 자성 사슬을 만들어 이것을 겹쳐 쌓는 것이다. $Fe(Cp^*)_2$[4]과 TCNE[5]에서 $[Fe(Cp^*)_2]^+$ 와 $TCNE^-$이 상호 배열한 전하이동형의 1차원 페로 자성 사슬이(그림9.10a) 얻어진다. 사슬사이에도 약한 강자성 상호작용이 작용하여 T_c가 4.8K인 강자성체가 된다. 금속이온을 적당한 디리형 라디칼로 연결하면 1차원 사슬을 만들기 쉽다(그림 9.10b). T_c가 사슬내와 사슬간의 자기적 상호작용, 즉 양쪽에 의존하므로, 다리 라디칼을 선택하여 사슬내의 상호작용을 세게 할 수 있다.

1차원 사슬간의 자기적 상호작용은 언제나 강자기성이 된다고 말할 수 없다. 실제로는 사슬 간 상호작용은 가끔 반강자기성이고, 벌크 전체에서는 반강자기성으로 되는 것이 많다. 그곳에 2차원 또는 3차원 구조의 착물 집합체를 단숨에 만들게 하는 방법이 고안되고 있다. $[Cr(ox)_3]^{3-}$는 옥살산기(ox)로 3개의 2가 금속이온 M^{II}을 결합시켜, Cr와 M의 상호배열로 된 집합체, $\{NBu_4[MCr(ox)_3]\}x$ (M = Mn, Fe, Co, Ni Cu ; NBu_4^+ = 테트라부틸암모늄), (그림 9.11)으로 쉽게 만들어 진다. 이들은 T_c가 6~14K로 강자성체가 된다. $[M(CN)_6]^{n-}$와 제 2의 금

4) Cp*: pentamethylcyclopentadienyl
5) TCNE : tetracyanoethylene

속이온을 조합시키면, 암염형의 3차원격자가 형성된다. 프루시안블루(감청) $KFe[Fe(CN)_6]$가 그 대표적인 예이고, 이 경우에는 Fe^{II}가 반자성이기 때문에 자성체로는 되지 않는다. 상자성 금속이온을 선택하면, $Mn^{II}Mn^{IV}(CN)_6$ (T_c = 48.7K)나 혹은 $CsNi[Cr(CN)_6]$ (T_c =90K)와 같이 T_c가 높은 상자성체로 얻어지고 있다. 착물에서 만들어지는 자성체는 자석으로서 금속(합금)혹은 금속산화물 자성체와는 도저히 미치지 못할지도 모른다. 그러나 착물의 특성(빛, 열 응답성. 리간드장에 의한 스핀제어, 분자수식(modified)의 용이성 등을 살리면, 새로운 자성재료로서 그 발전이 기대된다.

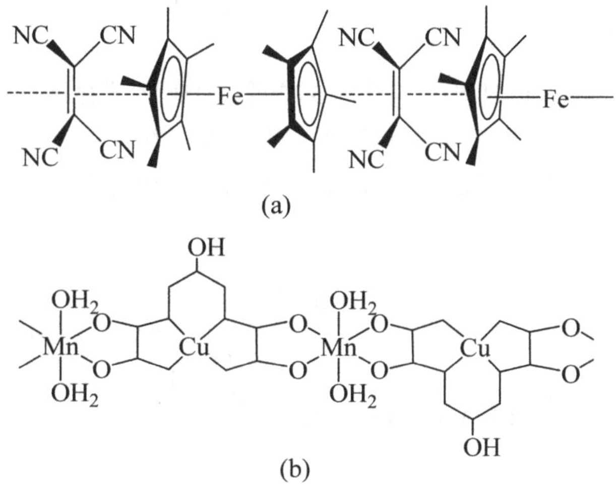

그림 9.10 1차원 페로 자성체 사슬(a)와 다리결합(b)

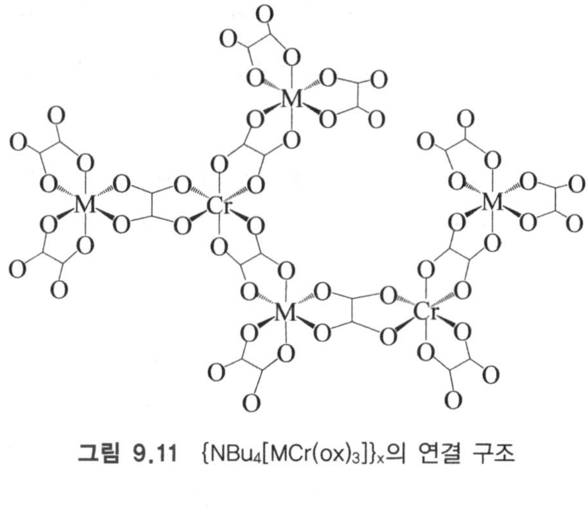

그림 9.11 $\{NBu_4[MCr(ox)_3]\}_x$의 연결 구조

강유전성 금속착물 액정

강유전성이란 외부에서 전기장을 작용하지 않았는데도, 개개 전기 쌍극자모멘트가 일정하게 같은 방향으로 가지런히 정렬하여, 자발적인 분극이 존재하는 것과 같은 물질의 행동을 말한다. 액정에서 처음으로 이런 행동이 확인된 것은 1975년 (*S*)-DOBAMBC로 약칭되는 화합물 1이다. 실제로 액정은 오늘날 표시소자(device)로 널리 사용되고 있다.

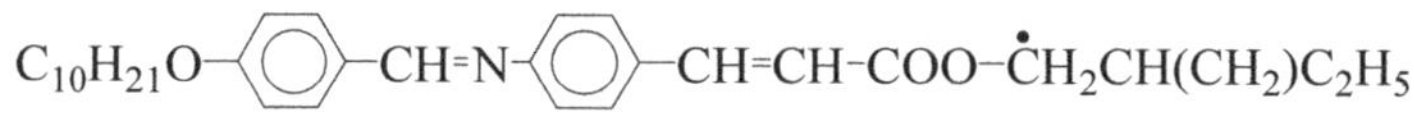

1

더욱이, 액정은 차세대 디스플레이를 지배할 것이라고 알려져 보다 넓게 각종 정보기기에 이용하려는 활발한 연구가 이루어지고 있다. 그중에서도 강유전성 액정은 빠른 속도의 감응능력이나, 기억성질을 갖는 새로운 재료로서 기대되고 있다.

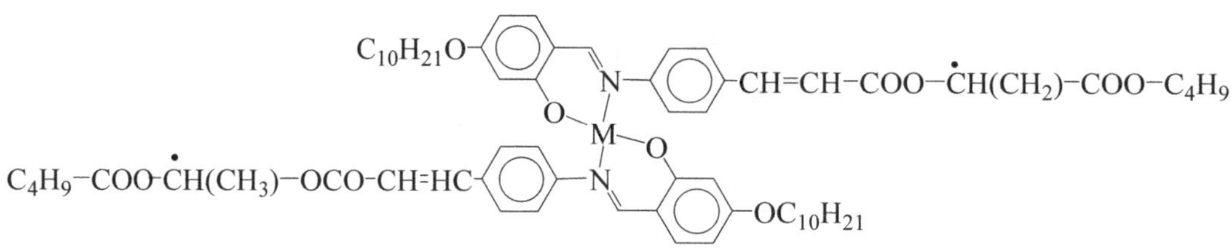

2

$$\text{M=Cu}: \quad K \xrightarrow{109^{o}C} S_C^* \xrightarrow{120^{o}C} S_A \xrightarrow{160^{o}C} I$$

$$\text{M=VO}: \quad K \xrightarrow{125^{o}C} S_C^* \xrightarrow{137^{o}C} S_A \xrightarrow{178^{o}C} I$$

한편, 금속착물 액정은 새로운 착물의 물성 개발 목표중의 하나이다. 이 연구는 특히 1980년대 후반부터 급속하게 진전을 보이고 있으며, 액정연구의 흐름에 대응하여 새로운 강한 유전성 물질을 찾는데 많은 노력을 하고 있다. 그 예는 화합물 2이다. 이것은 DOBAMBC와 아주 비슷한 리간드를 이용하여 강 유전성 금속착물 액정의 연구가 활발히 이루어지고 있다.

액정은 어떤 원리에 의해서 강한 유전성이 나타나는 것일까? 고체물질을 가열하면 보통 용해되는 동시에 결정을 구성하는 입자의 3차원 배열이 깨어져 유동성인 액체로 변한다. 그러나 어떤 종류의 물질은 1차원 배열이 그대로 남아 있기도 하고 구성분자의 방향이 가지런하게 배열하기도 한다. 액체이면서, 결정과 비슷한 이방성을 갖는 이러한 상을 액정(liquid crystal)이라고 한다. 액정의 전기 광학적 효과가 표시소자로 응용될 수 있는 것은 액정이 외부전기장에 대해 이방적인 응답을 나타낼 수가 있고, 동시에 그것이 빠르게 가역적으로 일어나게끔 유동성을 가지고 있기 때문이다. 2의 구조식 아래에 나타낸 도식은 2의 결정(M = K 임)을 가열하면 카이랄 Smectic C(Sc^*) 혹은 Smectic A(S_A)의 각 상을 경유하여, 보통의 액체(I)로 전이하는 것을 의미한다.

강유전성을 나타내는 Sc^*상에서 분자배열과 자발적인 분극이 나타나는 방법을 알아보자.

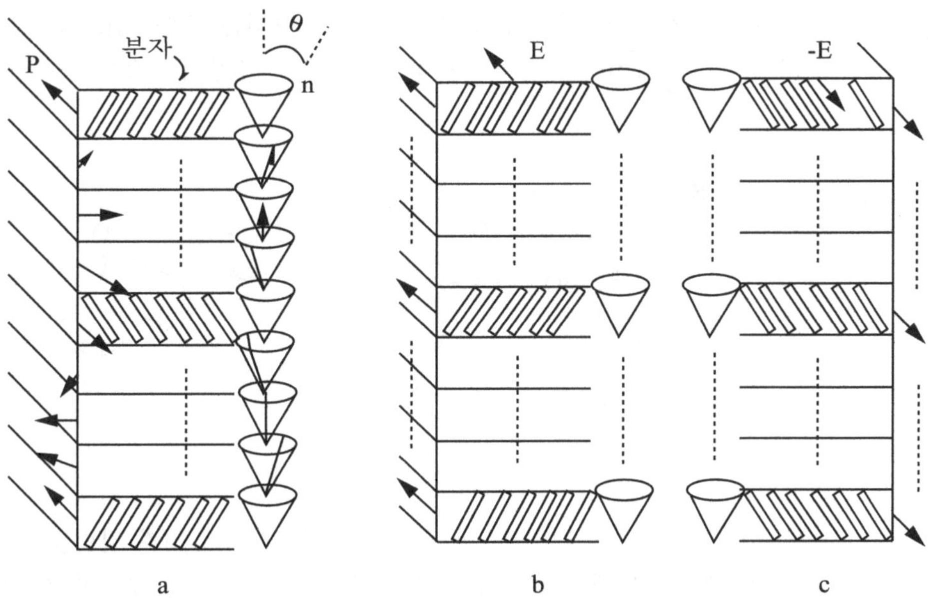

그림 9.12 Sc^*상의 분자배열과 자발적 분극이 나타나는 모델

그림 9.12a에서 나타낸 모델에서 막대모양의 분자가 열운동을 하면서도 가로축을 향해 가지런하게 정열하고 있어, 각 층 내에서 분자의 위치는 무질서하지만, 전체적으로 층상으로 배열하고 있는 것을 알 수 있다. 이 가지런한 방향을 배향 백터, n 라고 하고, 이것은 층의 법선에 대해 각 θ을 이루는 분자 기울기면을 형성한다. 대칭성을 고찰하여 카이랄 분자의 이런 배열에는 개개분자의 쌍극자 모멘트(주로 카보닐기에 기인한다고 생각된다)는 분자 기울기면에 수직한 일정방향을 향하는 확률이 높아서 결국 각 층중에서 자발적인 분극, P가 생기는 것을 알 수 있다. 그러나 액정전체에서는 n에서 나선상으로 분포하기 때문

에 그 피치(pitch)에 걸쳐서 평균하면 분극은 0이 된다. 이 나선구조를 해소하는 교묘한 방법은 엷은 막으로 만들어 표면을 안정한 상태로 만드는 것이다(그림 9.12b, c). 이렇게 하면 P가 양방향으로 향하는 두 가지의 상태가 안정하게 되고, 외부전기장 E의 방향을 변화 시켜주면 교환(switching)이 가능하게 된다.

화합물 2의 분자는 카이랄 중심을 가지며, 분자 장축의 수직방향으로 영구 쌍극자모멘트 성분을 가지고, Sc*상을 형성하는 등 강 유전성 액정물질의 3가지 조건을 만족시키고는 있지만, 자발적인 분극의 크기, 교환 속도 등의 문제점에 대해서는 리간드 단독일 때가 오히려 우수하다. 그러나 전이금속 중심과 관계가 있는 자기적, 광학적 성질을 모두 가지고 있기 때문에 앞으로 전개되는 연구에 기대를 하고 있다.

위의 3가지 조건은 막대모양 분자에 적용되는 것이지만, 별도로 낮은 대칭 액정에서 강유전성을 일어나게 하려는 연구도 진행되고 있다.

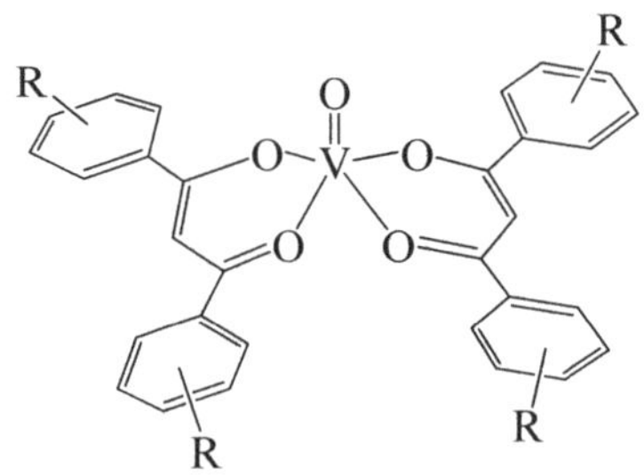

3

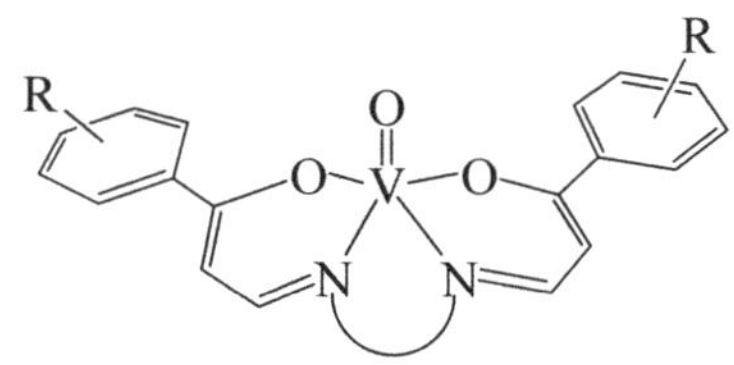

4

즉, 화합물 3과 4가 적당한 유도체라면 분자가 겹쳐져 칼럼을 형성하여 데스코틱 액정으로 될 가능성이 있다고 알려지고 있다. 큰 분극이 기대되는 메탈옥소결합을 포함하는 이것이 분자 면에서 돌출되어 있는 것으로부터, 칼럼을 형성했을 때 같은 방향으로 가지런하게 정열이 되어 칼럼방향으로 자발적인 분극을 갖는 것이 아닐까? 하는 기대를 갖게 한다. 구체적으로 어떤 구조의 액정에서도 전기장에 의해서 분극 반전 등의 현상이 가능할까? 여기에는 아직 검토해야할 점이 많다. 그러나 실제로 강한 유전적 행동을 발견하였다는 예비적인 보고도 있어, 배위결합을 직접 이용하려는 시도로 기대를 모우고 있다.

압력에 민감한 착물

대기압 하에서 눈에 뛰게 특징적 성질은 나타나지 않지만 압력을 가하면 극적으로 성질이 변하는 착물이 있다. 그 대표적인 예가 그림 9.13과 같은 금속-

다이온다이옥시메이트착물이다. 이들 화합물들은 분석화학 등 실험에서도 사용되기 때문에 화학을 공부하는 사람들의 주위에 대단히 친근감 있는 물질이다. 그중에서도 백금-디메틸글리옥시메이트 착물[$Pt(dmg)_2$]는 압력증감에 아주 민감하게 응답하여, 전기·광학적 성질이 현저하게 변한다.

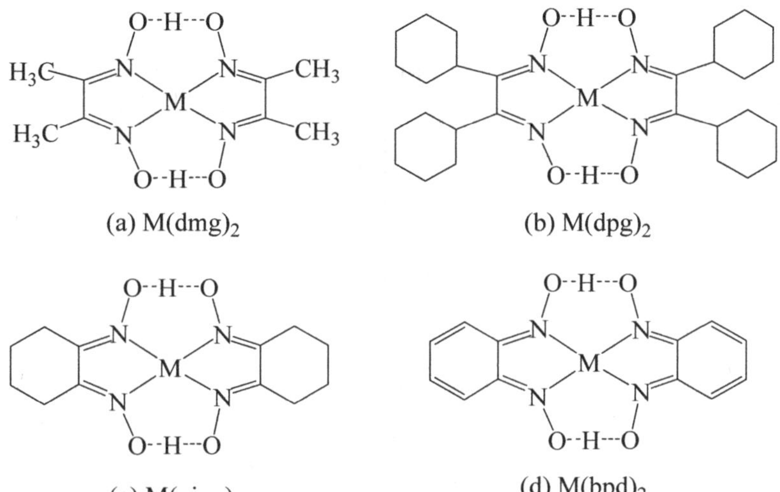

(a) $M(dmg)_2$ (b) $M(dpg)_2$ (c) $M(niox)_2$ (d) $M(bpd)_2$

그림 9.13 M-dionedioximate 착물의 분자구조

$Pt(dmg)_2$는 사방정계에 속하는 결정구조를 가지며, 침상 축(c축)방향으로 중심금속에 고리형태로 겹쳐 쌓인 1차원 물질이다. 대기압 하에서 Pt-Pt 간 거리는 3.26 Å으로 약한 금속-금속결합이 존재한다. 고압에서는 c축(금속이 겹친 방향)이 최대로 줄어들기 쉽다. 그 결과 고압에서는 금속-금속결합이 강하여 물성을 크게 변화된다.

그림 9.14는 고압 하에 놓인 $Pt(dmg)_2$ 단결정의 c축 방향의 전기 저항률을 나타낸 것이다.

$Pt(dmg)_2$는 대기압에서 10^{15} Ω·cm의 저항을 가지며 절연체이다. 압력을 가하면 저항은 급격하게 감소하여 약 6.5 GPa(65kbar, 6.5만 기압)에서 10^{-2}Ω·cm에 도달한다. 이러한 10^{17} 정도의 저항변화는 보통의 유기물이나 무기물에서 쉽게 발견되지 않으므로 대단히 흥미로운 성질이다. 5 GPa 하에서 온도변화에 대한 저항의 변화를 측정하면, 온도를 올리면 저항도 올라가고 절연체의 성질에서 금속의 성질도으로 변하는 것이 밝혀졌다. 이와 달리 6 GPa 하에서 저항은 온도가 올라갈수록 낮아져 금속의 성질에서 반도체의 저장값으로 전이하는 것을 보

여준다. 이와 같이 고압 하에서 절연체-금속-반도체로 전이하는 것은 $Pt(bqd)_2$나 혹은 $Pt(niox)_2$에서도 관측되고 있지만, Ni과 Pd 착물에서는 발견되지 않았다. 백금착물의 가전자 띠는 백금의 $5d_{z^2}$ 궤도함수에서, 전도띠는 $6p_z$ 궤도함수에서 형성된다. d_{z^2} 이나 p_z 궤도함수는 z축 방향으로 퍼짐을 갖는다. 또한 z축 방향이 가장 수축되기 쉽기 때문에 압력효과가 매우 크게 된다.

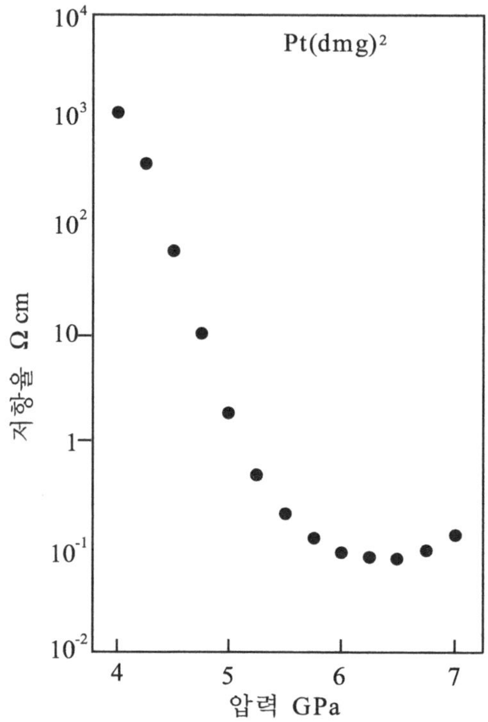

그림 9.14 고압하에 놓인 $Pt(dmg)_2$ 단결정의 c축 방향의 저항률

그림 9.13의 착물들은 모두 아름다운 색깔을 지니고 있다. 가시영역에서 중심금속의 d_{z^2} 궤도함수에서 p_z 궤도함수로의 전이에 기인하는 흡수띠가 존재한다. 예를 들면 $[Pd(niox)_2]$ 착물은 460 nm 부근에서 흡수봉우리를 갖는다. 이 흡수띠는 압력에 매우 민감하여 압력을 가하면, 460 nm에서 700 nm까지 가시광선 전 영역을 이동한다. 또 이러한 이동과 함께 다양한 색깔변화가 관찰된다. 대기압의 노랑색에서 주황색(1.4 GPa), 붉은색(2.3 GPa), 적자색(3.3 GPa), 푸른색(4.5 GPa), 초록색(5.9 GPa), 담황색(8 GPa)으로 변한다. 흡수봉우리의 파장은 압력에 따라서 거의 직선적으로 변한다. 색과 압력과의 관계가 정확하게 결정되

면 색에 따라서 압력의 값을 반 정량적으로 알 수 있다. 이것은 마치 pH 시험지를 사용하여 반 정량적으로 pH를 아는 것과 비슷하다. 압력에 따라 현저하게 색깔을 변화시키는 물질을 압력 지시약(pressure indicator)라 한다.

그림 9.13에 열거된 착물들은 최대흡수 파장이나 그 압력에 대한 이동의 크기가 다르기 때문에 여러 압력영역에서 압력 지시약의로서 설계가 가능하다. 이러한 착물은 고압 하에서 특이한 행동을 보이고 절연체－금속－반도체로 전이의 메커니즘을 규명하는 기초연구나 압력센서 등의 응용연구에도 대단히 흥미로운 착물들이다.

2 착물이 조절하는 21세기의 화학

에너지 변환 착물

에너지 변환은 광, 화학, 전기, 열 및 운동 에너지 등 각종 에너지 간의 상호 변환을 말한다. 이들 중에서 21세기 중요한 에너지 변환은 자원·환경 문제와 관련되기 때문에 인류의 고도 문명사회가 이대로 발전하고 지속할 것인가? 라는 심각한 문제를 포함하고 있다. 이러한 분야에서 에너지 변환에는 착물이 중요한 역할을 한다.
이 절에서는 차세대로 목표를 좁혀, 새로운 에너지자원의 개발, 환경문제의 해결, 공업원료 자원의 획득에 대해서 착물이 어떤 역할을 발휘할 것인지? 에 대해서 알아보자.

21세기 새로운 에너지 자원은 자연계의 에너지 순환과 조화로운 시스템이라는 측면에서 인공광합성으로 태양에너지를 화학에너지로 변환하는데 주목하고 있다.

광 에너지를 화학에너지로 바꾸어 연료를 만들기 위해서는, 연료가 환원형태 화합물이므로 전자공급원인 환원제가 필요하다. 새로운 에너지 자원의 관점에서 경제적 가치가 있는 환원제는 물(H_2O)뿐이다. 물의 환원력은 아주 약하기 때문에 물이 가지고 있는 전자의 퍼텐셜을 광 에너지로 높여서 환원반응을 일으켜야 한다.

광합성은 물이 지닌 전자의 환원력을 태양의 가시광선으로 높여, 이산화탄소(CO_2)를 환원시켜 탄수화물로 만드는 광화학적 에너지 변환 시스템이다. 물은 식 9.1에서와 같이 전자공급원으로 작용하며, 이 때 산소분자가 발생한다. 식물에서는 Mn 착물이 촉매로 작용한다. 전자의 퍼텐셜을 높이는 것은 엽록체에 있는 클로로필(Mg-포르피린 착물)로써, 가시광선을 흡수해서 들뜬상태로 되고, 그것에서 전자가 수용체로 계속해서 전달(광 들뜸은 2단계이다)되어, 환원력이 높은 NADPH이 얻어진다(여기에 붙잡혀있는 퍼텐셜이 높은 전자를 e-*로 나타낸다). 이것이 CO_2를 환원하여 탄수화물이 생성한다.

$$2H_2O \xrightarrow{\text{Mn 착물}} 4e^- + 4H^+ + O_2 \tag{9.1}$$

$$4e^- \xrightarrow{\text{Mg 착물}} 4e^{-*} \tag{9.2}$$

$$CO_2 + 4e^{-*} + 4H^+ \longrightarrow (1/6)(C_6H_{12}O_6) + H_2O \tag{9.3}$$

이와 같이 광합성을 단순화한 인공적인 시스템의 예는 그림 9.15에 나타내었다. 여기서 광 들뜸 시스템은 1단계(P)만 생각하였다. 산화부분(전자주개 쪽)은 물을 산화하여 산소를 발생하기 위한 촉매(C_2)이고, 환원부분은 CO_2를 환원시켜 환원생성물을 만드는 촉매(C_1)이며, 그 사이를 전자전달 시스템(T_1, T_2)이 연결한다. 이들을 하나의 시스템으로 만드는 것은 아직 없고 앞으로 해결해야 할 일이지만 C_2, C_1, P의 역할로는 금속 착물이 유력한 후보로 떠오르고 있다. 또

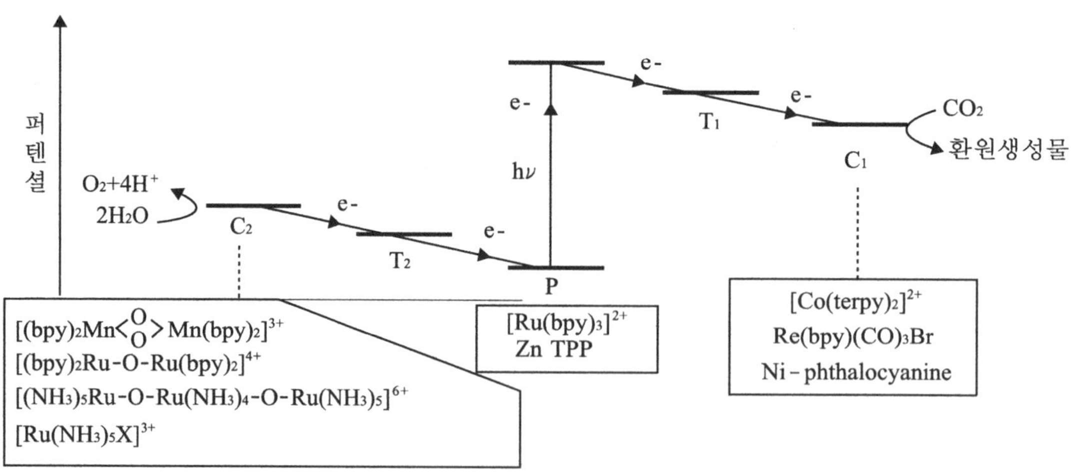

그림 9.15 인공광합성 시스템과 인공광합성에 이용되는 금속착물의 예

한 이들의 반응을 모두 균일용액 시스템에서 이루어지게 하는 것은 불가능하기 때문에 불균일계촉매의 설계가 필요하다.

C_2 에서는 2분자 물의 4개 전자반응이라고 생각하면, 다핵 착물이 유력한 후보이다. 그림 9.15에서 보여준 Mn 이나 Ru 다핵착물 촉매는 고분자막에서 활성이 높다. C_1의 반응은 반대편 C_2의 반응이 물에서 일어나므로, 물에서 환원은 H^+이온의 환원으로 H_2가 발생하는 것이 우선이므로 이것을 억제시켜 CO_2를 환원시켜야 한다. Co, Re, Ni 등 착물의 촉매를 고분자막에 분산시켜 이용하면, 물에서는 CO_2가 선택적으로 환원되어 개미산이나 CO가 생성된다. P는 그렇게 많지 않지만 바닥·들뜬 두 상태의 준위 혹은 반응성으로부터 $Ru(bpy)_3^{2+}$이나 Zn-TPP[6] 를 들 수 있다. 광 들뜬상태의 전자이동반응에 대해서는 활발한 연구가 이루어지고 있다.

그림 9.15를 시스템화하여 인공광합성을 구축한 예는 아직 알려져 있지 않지만, P로서 n-CdS 반도체 전극을 사용하고, 이 전극위에 C_2로 Ru 삼핵착물(Ru-red)을 분산시켜서 고분자막으로 피복하고, 지시전극으로 백금(C_1)전극을 사용한 광-전기화학계에서 CO_2 대신에 H^+이온을 환원하여 H_2를 물과 가시광선으로부터 얻는 반응이 현실화되고 있다. 이러한 시스템의 실현은 앞으로 연구과제이지만 착물화학이 주요한 역할을 하는 것은 틀림이 없다.

◉ 클로로필 착물의 구조와 광합성에서 역할

엽록소로 알려진 클로로필은 녹색 고등식물, 조류, 광합성 세균 등 자연계에 널리 분포하고 있는 색소로써 태양에너지를 화학에너지로 변환시키는 광합성의 주역을 담당하고 있다. 광합성은 지구상에서 거의 모든 생명에너지의 원천이고, 광 에너지 변환의 구조는 인간이 알고 있는 지식보다 훨씬 더 정교하게 만들어져 있다.

클로로필은 그림 9.16과 같은 분자구조를 가지며 소수성의 긴 사슬 탄화수소와 친수성 chlorine 고리로 되어있고 같은 분자 내에 케토카보닐 등의 주개와 Mg^{2+}이온 과 같은 받개를 함께 가지기 때문에 여러 종류의 회합물질을 형성하기 쉽다. 클로로필이 엽록체에서 미묘하게 배향, 배열하여 반응중심 이합체 혹은 antennae 회합물질을 형성하는 것은 이와 같은 클로로필 분자의 화학구조 때문이다.

고등식물에서는 엽록체의 thylakoids 막 중에 2개의 반응중심(PS I 혹은 PS II)과 그들을 연결하는 전자전달 사슬로된 복잡한 광합성 계를 갖는다. 이 두

6) Zn-TPP: Zinc-tetraphenylporpyrin

개의 반응중심은 서로 다른 최대 흡수파장을 갖는 클로로필 a(Chl) 이합체이고, P700은 700 nm에서 최대 흡수를 가지며, P680은 680 nm에서 최대 흡수를 갖는다. 반응중심 클로로필 이합체의 구조에 대해서는 아직 자세히 밝혀지지 않았지만, 광 들뜸에 의해서 한쪽 Ch1에서 다른 Chl으로 전하이동이 일어나 (Chl·Chl → $Chl^{+}\cdot Chl^{-}$) 전하분리가 일어난다. 식물은 2개의 반응중심을 이용하여, 낮은 에너지의 적색광으로 2단계 들뜸이 일어나서 자외선에 해당하는 높은 에너지의 전하분리로 물은 산화되고 이산화탄소는 환원된다.

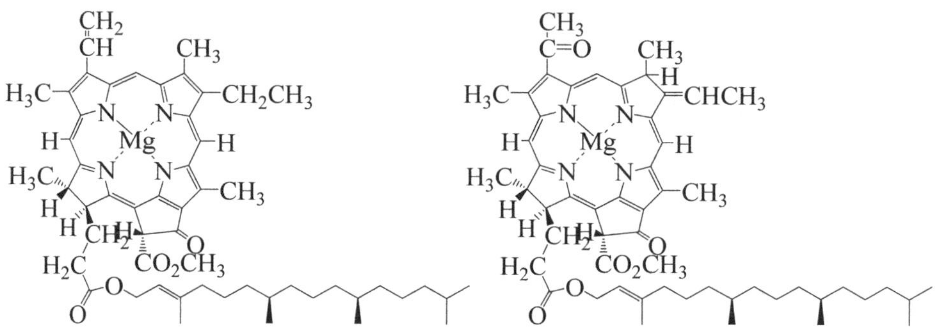

Ch1　　　　BC

그림 9.16 클로로필분자의 화학구조

최근, Deisenhofer, Michel 및 Huber 등은 반응중심을 1개 밖에 갖지 않은 황홍색 세균의 Chromatium이라는 광합성 세균의 반응중심을 결정화시켜 X선 회절에 의해 3 Å 정밀도로 구조해석을 하였다. 3개의 polypeptide(단백질)와 그림 9.17 (a)와 같은 공간적 배위를 갖는 cytochrome heme(He) 4분자, Bacteriachloropyl(BC) 4분자, Bacteriapheophytin(BP) 2분자, none heme iron 1원자, 그리고 quinone 2분자의 회합으로 생긴 초분자 착물(supramolecular complex)이라는 것이 알려져, 이들 색소분자의 단백질 중에서의 공간배치 모양이 그것을 둘러쌓고 있는 단백질의 구조와 함께 밝혀졌다. 이것은 매우 획기적인 일이다.

반응중심 BC 이합체가 광 들뜬상태로 되면, 전하분리가 일어나 전자가 한 방향으로 방출되어, 그림 9.17(b)에서 나타낸 것과 같이 전자의 흐름이 관측된다. 전하분리에 필요한 BC 이합체가 회전축을 따라 한 쌍이 형성되고 그 외 색소분자도 단백질에 의해 회전 대칭형으로 공간 배치되어, 매우효율이 높은 고체상태의 광 전환소자(태양전지)로서 "설계"되어 있는 것으로 생각된다.

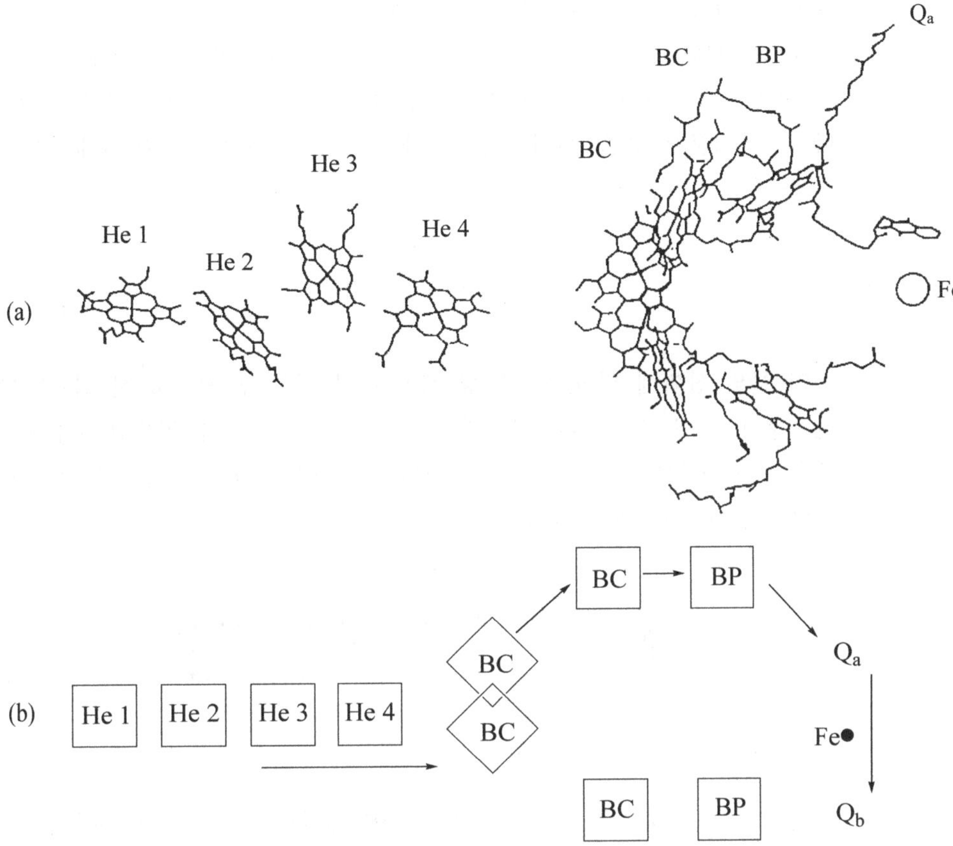

그림 9.17 붉은색 광합성 세균의 반응중심 복합체 단결정의 X-선 구조해석에 의해서 얻어진 단백질 중의 광합성 색소의 입체배치(a)와 광전자변환에 의한 전자의 흐름(b)

광합성에서 망간착물의 역할

녹색식물의 광합성은 흡수된 에너지를 이용하여 공기 중의 이산화탄소를 환원시켜 유기화합물(주로 당)을 합성하는 과정이지만, 이때 환원에 필요로 한 전자주개 화합물로써 물이 이용되며 부산물로 산소가 방출된다.

$$6CO_2 + 6H_2O + h\nu \longrightarrow (CH_2O)_6 + 6O_2 \tag{9.4}$$

녹색식물의 엽록체는 이산화탄소를 환원시키는 광화학계 I(PS I)와 물을 산화시키는 광화학계 II(PS II)가 전자전달계 계열로 연결된 기능을 하고 있는 것으로 알려지고 있다. 그래서 PS II 에서 빛을 흡수하여 물을 산화시켜 산소를 발생하는 반응의 촉매로 작용하는 효소를 산소 발생 착물(oxygen-evolving complex, OEC)이라고 하며, 이것은 막에 결합된 단백질 복합체로서 존재하며, 4원자의 망간이온과 1~2 원자의 칼슘이온을 포함하고 있는 것으로 알려져 있다. 이때 2분자 물을 산화시켜 1분자 산소를 생성하는 데는 4개 전자 산화가 필요하다.

$$2H_2O \longrightarrow O_2 + 4H^+ + 4e^- \qquad (9.5)$$

이 물의 산화에 의한 산소발생 계에 대한 많은 연구에서, 산소는 다른 5개의 산화상태 S_0~S_4를 가지며, 1분자의 산소를 생성하는데 필요한 4개의 +전하를 계속 축적하므로, 이것은 효소에 존재하는 여러 개의 망간이온이 높은 산화수로 산화되기 때문에 가능하다고 생각된다.

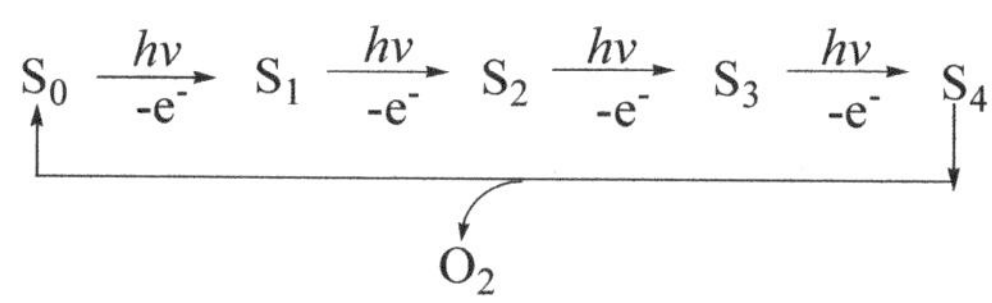

이 망간함유 효소는 단독으로 단백질에 결합되어있지 않기 때문에 그들을 분리하기 어려워 결정구조가 아직 밝혀지지 않았다. 그러나 최근 EXAFS, EPR 또는 NMR 등의 기기로 연구한 결과에 의해서 망간이온의 산화상태와 배위환경 혹은 망간이온 간의 거리가 밝혀지고 있다. 이와 같은 상황에서 많은 단핵, 이핵, 삼핵 혹은 사핵 착물의 구조를 가진 모델 화합물이 합성되어 그들의 구조와 기능이 보고되었다.

이때 산소발생 계에서 가장 중요한 과정은 2분자 물(또는 수산화이온)의 산소원자가 망간이온에 배위한 다음, 계속해서 산화되면서 어떤 방법으로 이들 사이에서 산소-산소결합이 형성되는가?이다. 여기서 이러한 점에 주목하여 사핵 망간 모델화합물의 2가지 예를 소개한다.

우선 하나는 $[Mn_4(O)_6(TACN)_4]^{4+}$[7]에 의한 "Mn_4O_6-admantane"형 착물과 "Mn_4O_4-cubane"형 착물에 관한 것으로 그 모델 메커니즘을 그림 9.18(a)에 나타내었다. 이 Scheme에서 Jahn-Teller 일그러짐을 갖는 cubane형 구조를 취하고 있는 착물이, $S_0 \rightarrow S_1$ 혹은 $S_1 \rightarrow S_2$로 전이하는 사이에 산화된다. 계속해서 $S_2 \rightarrow$

7) TACN: 1,4,7-triazacyclononane

S_3 전이 사이에 2 분자의 물이 도입되며, 이때 cubane형 구조가 admantane형 구조로 변한다. 이 상태가 더욱 산화되어($S_3 \rightarrow S_4$), 다리 리간드인 산소(O^{2-})사이에 결합이 생겨, 계속해서 산소분자를 방출한다. 이 때 각각 S_i(i = 0~4)상태에서 망간이온의 산화수는 다음과 같이 변화하는 것으로 제안되고 있다. S_o: $3Mn^{III}$, Mn^{IV}, S_1: $2Mn^{III}$, $2Mn^{IV}$, S_2: Mn^{III}, $3Mn^{IV}$, S_3: $4Mn^{IV}$, S_4: $3Mn^{IV}$, Mn^{V}.

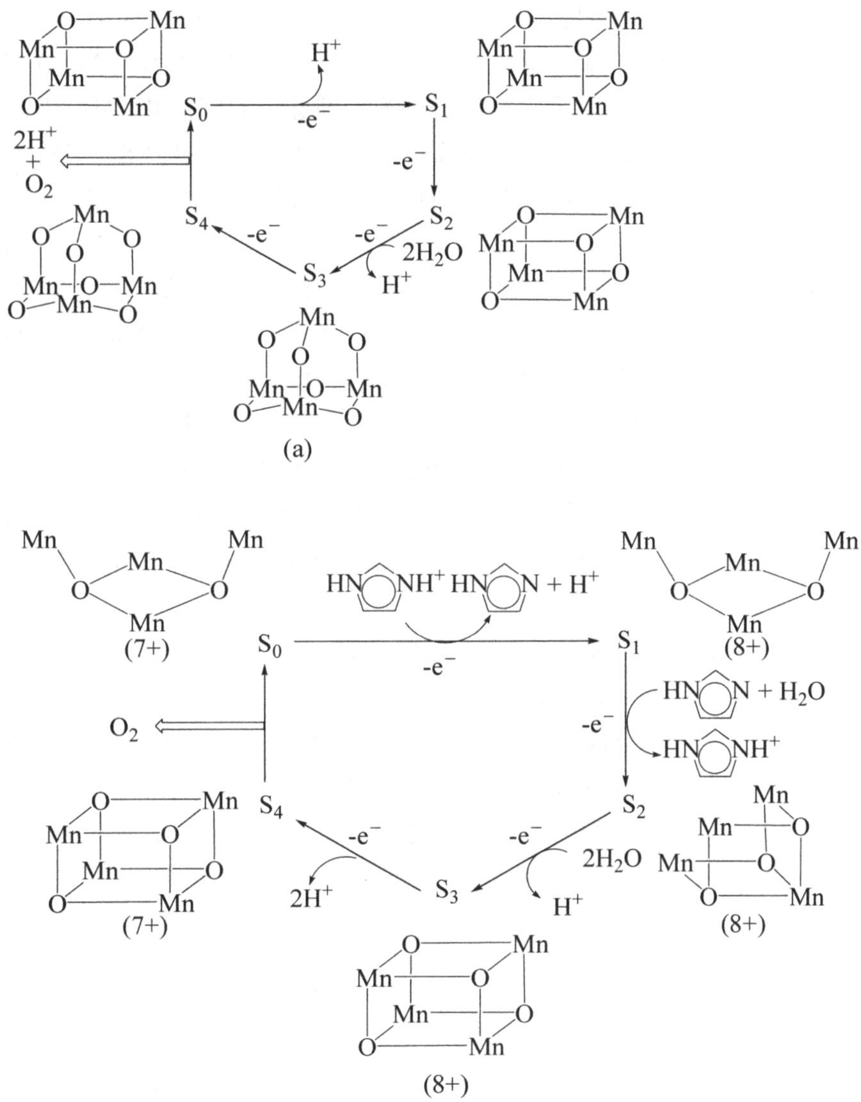

그림 9.18 망간 사핵 착물에 의한 산소발생 메커니즘

다른 하나는 그림 9.18(b)에서 보여주는 “double-pivot”라고 하는 물의 산화 메커니즘이다. 이것은 $[Mn_4(O)_2(OAc)_6(bpy)_2]$착물[8]에 대해서 제안한 것으로 이 착물의 구조 해석 결과(Mn-Mn: 2.779 혹은 3.385 Å)는 EXAFS실험에서 얻은 PS II 망간이 합체의 거리(2.69 혹은 약 3.3 Å)와 비슷한 2종류의 Mn-Mn간 거리를 가지고 있다. $S_0 \rightarrow S_1$혹은 $S_1 \rightarrow S_2$로의 전이 사이에 “$Mn_4(O)_2$-butterfly"는 구조의 변화 없이 산화된다. 동시에 $S_1 \rightarrow S_2$사이에 2분자의 물은 날개의 앞부분 말단에 위치하는 망간이온에 배위한다. 계속해서 $S_2 \rightarrow S_3$의 전이 사이에서 1 전자 산화와 2개의 양성자의 유리가 일어나, 그것과 함께 Mn_2O_2의 골격이 보유된 그대로 그것을 축으로 흔들리면서 생성한 2개의 OH^-이온이 3개의 망간원자에 배위한 가장 단단한 cubane형 구조로 변한다. 다음에 $S_3 \rightarrow S_4$로의 산화과정으로 2개의 OH^-이온 간에서 O-O 결합이 생성되고, 이 과산화물이온(O_2^{2-})에서 망간이온으로 전자이동이 일어남과 동시에 O_2가 방출된다. 또 양성자를 주고받는 것으로 이미다졸 기를 생각하고 있다. 각 S상태에 대한 망간이온의 산화수를 EPR 결과로부터 다음과 같이 추정하고 있다. S_0: Mn^{II}, $3Mn^{III}$, S_1: $4Mn^{III}$, S_2: $3Mn^{III}$, Mn^{IV}, S_3: $2Mn^{III}$, $2Mn^{IV}$, S_4: Mn^{III}, $3Mn^{IV}$.

이와 같은 모델화합물 연구에서 물이 빛에 의해서 산화되어 높은 수율로 산소와 수소를 발생시키는 촉매가 개발된다면 수소를 에너지원으로 사용할 수 있을 것이다. 또한, 이산화탄소의 환원촉매와의 유기적으로 조합시킴으로 소위 인공광합성의 꿈이 실현될 것으로 기대되며 노력할만한 과제이다.

물을 산화시키는 금속착물의 설계

고등식물이나 광합성세균 시아노박테리아의 엽록체 내막에 존재하는 산소발생 착물(oxygen evolving complex: OEC)은 그 반응 활성중심에 사핵 망간 착물이 포함되어 있어, 클로로필을 포함한 광 전하분리계가 1 광자 들뜰 때 마다 착물에서 1개전자를 클로로필로 전달하여 모두 4 전자 산화를 받은 후 망간 착물에 배위하고 있는 2분자 물에서 산소가 발생한다는 것이 알려지고 있다.

$$2H_2O \xrightarrow{-4e^-} O_2 + 4H^+ \qquad (9.6)$$

이와 같이 산소 발생을 수반하는 물의 산화분해 시스템의 작용으로, 식물은 물을 전자주개(환원제)로 이용하고 있다. 그리고 이 때 동시에 생기는 H^+ 이온

8) OAc: acetate ion, bpy: 2,2'-bipyridine

은 막 내외의 양성자 농도를 증가시키고, 이것이 ATP 합성 등에 사용되어 결국 화학적 에너지로 변환되고 있다. 물의 산화분해는 물론 전기화학적으로도 일으킬 수 있지만, 일반적으로 큰 과전압이 필요하고, 낮은 전위에서 물은 산화분해가 잘 되지 않는다. 한편, 생체 시스템은 가시광선 에너지 정도의 낮은 전위 [E^o ($P680^+/P680$) = 약 0.9 eV]에서 반응을 일으킬 수 있다. 물에서 산소를 발생하는 표준 환원전위 E^o = -0.815V(vs. NHE, pH 7)는 이 전하분리 시스템의 들뜸 에너지보다 약간 낮을 정도이므로 광합성 시스템의 OEC가 가능한 한 낮은 에너지에서 물을 분해하는 것을 알 수 있다.

앞으로 탄산가스등을 환원할 때 "순환 가능한 환원제"로서 물을 사용하는 것은 물론, 광합성에서 산소발생 시스템의 메커니즘이나 그 구조적인 문제해결을 위해서라도, 기능성 모델에 의한 산소발생 재현을 위한 연구는 중요하다.

화학양론적인 반응은 있지만, 망간착물에 의한 산소발생이 인정된 것으로 구조가 밝혀진 착물은 그림 9.19의 망간 이핵 착물이 있다. Mn^{IV}-O-O-Mn^{IV} 결합을 가지는 이 착물은 수용액에서 2개의 Mn^{III} 착물로 분해하는 동시에 산소가 발생한다. 광합성 반응중심에서 산소발생을 생각할 때, 이와 같은 Mn^{III}_2/Mn^{IV}_2의 산화 순환을 갖는 모델반응은 중요하다. 실제로 EXAFS을 이용한 OEC의 연구에서도 산소발생 단계에 있는 4개의 망간이온은 $Mn^{III}Mn^{IV}_3$ 상태를 갖고 있는 것으로 추측되고 있다.

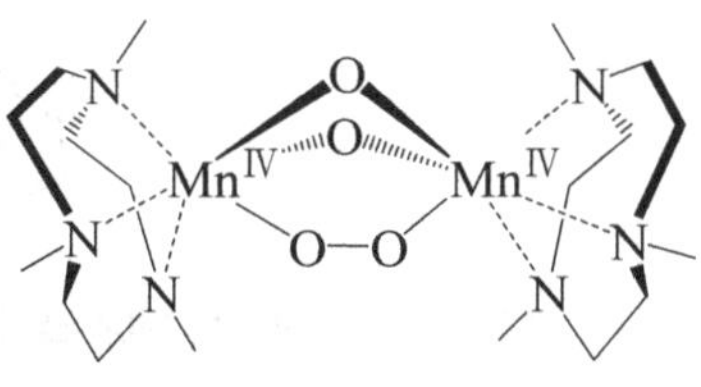

그림 9.19 화학양론적으로 산소를 발생하는 망간 이핵 착물
$[L_2Mn_2(\mu-O)_2(\mu-O_2)]^{2+}$(L=1,4,7–trimethyl–1,4,7–triazocyclononane)

산소발생 단계에서 산화되는 착물에는, 이 4개 망간이온 중에서 2개는 이와 같이 Mn^{IV}-O-O-Mn^{IV} 상태로 되며, 각각 Mn에 물이 치환되는 동시에 산소를 방출하여, 착물은 Mn^{III}-Mn^{III} 상태로 되돌아오는 경로를 생각할 수 있다.

이와 같은 반응을 촉매를 이용하여 일으키는 계는 그림 9.20과 같이 Mn 포르피린 이합체가 제안되고 있다. 이 Mn 이합체 착물이 촉매로 존재할 때만 염기성 수용액에서 전기적으로 산화를 일으켜 산소를 발생하는 것으로 인정되고 있다. Mn 포르피린은 다른 다핵망간 착물과 달리 물분자를 안정한 축 상 리간드를 갖는 것이 특징이고, 이것이 망간이온의 산화상태가 높아짐에 따라 Mn-O 공유결합을 형성한다. 망간이온간 거리나 산화전위는 2개의 포르피린을 결합하고 있는 분자나 포르피린상의 치환기를 바꾸면 조절할 수 있고, 더욱이 전자를 제공하는 기가 치환된 그림 9.20의 촉매의 경우에는 1.3~1.4 V(vs. NHE)에서 산소발생이 확인되고 있다. 이 전위는 리간드를 보다 적절한 것으로 대체할 때는 전위를 보다 낮추는 것이 가능하다.

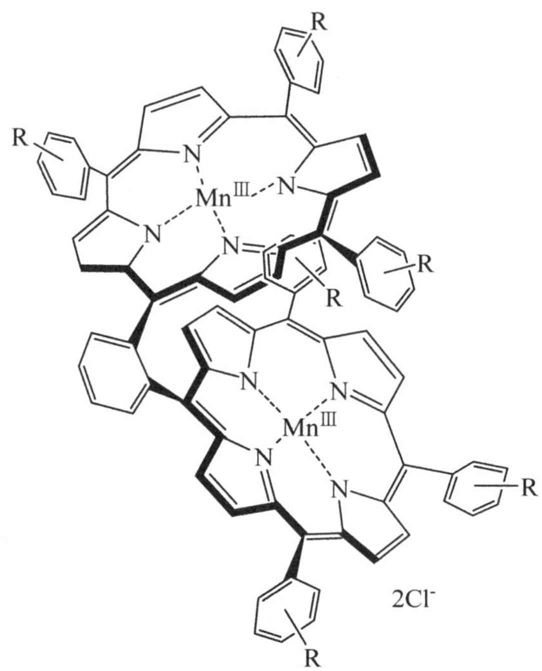

그림 9.20 산소발생에 촉매인 망간 포르피린 이합체

Mn 이외의 금속착물에 대해서도 산소발생이 시도되고 있다. μ-옥소 다리를 갖는 Ru 이핵착물을 수용액에서 산화제(예를 들면, Ce^{IV})와 반응시키면 산소가 발생하는 것이 확인되었다(그림 9.21).

앞에서 보여준 예들을 근거로 앞으로 기능성 모델을 설계하는데 중요한 것은 적어도 2개의 망간 이온 간거리가 μ-O_2 착물형성에 적합한 거리를 가질 것, 망간 이온의 전하 변화 혹은 반응에 대응해서 망간이온 간의 거리는 어느 정도의 자유도를 가질 것, 물분자가 배위한 안정한 착물을 형성할 것, 높은 원자가 상태에서도 안정할 것, 가능한 한 낮은 전위에서 물의 산화가 가능하게 될 것 등을 들 수 있다.

이와 같이 금속착물에 의한 반응이외에 NiO로 수식한 TiO_2와 같은 반도체 혹은 층상화합물인 $K_4Nb_6O_7$등 무기화합물은 자외선(λ <350nm)을 조사하면, 물을 분해하여 산소와 수소를 발생하는 것이 알려지고 있어 전하분리와 함께 그 반응 메커니즘에도 흥미가 있다. 이와 같이 대략적으로 불활성인 물분자를 더욱 산화하여 무진장이라고 말할 수 있는 전자 제공원(electron source)으로써 이용하는 방법을 확립하는 것이 앞으로 거대한 도전적인 과제의 하나라는 것에는 의심할 여지가 없다.

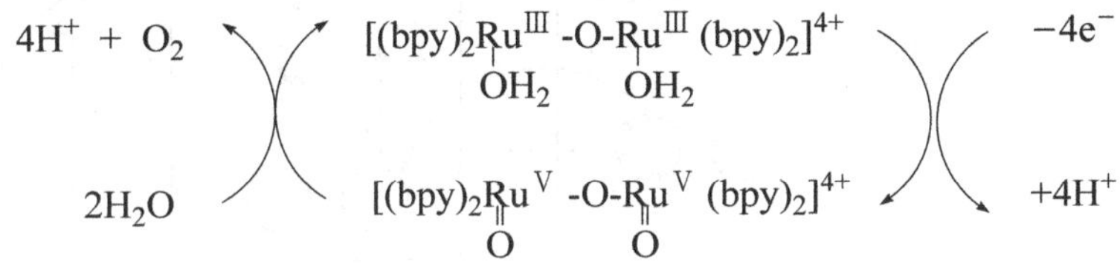

그림 9.21 산화제에 의한 반응으로 산소발생이 확인된 Ru 복핵착물의 촉매순환(bpy = 2,2'−비피리딘).

착물 광촉매를 이용한 물질변환

착물이 주역인 화학반응에서는 전자를 쉽게 받아들이고 (전자수용), 쉽게 내주기 (전자제공)와 함께, 리간드가 하는 역할이 대단히 중요하다. 여기서는 이 2가지가 밀접하게 관련되어 흥미로운 반응을 일으킬 수 있는 예로써 금속 포르피린 착물에 의한 인공 광합성 형태 반응에 대해서 알아보자.

녹색식물의 광합성은 마그네슘-포르피린 착물인 클로로필이 일으키는 광전자이동의 기본반응으로 이루어지지만, 그것을 인공적으로 재현하려는 것은 착물화학이 목표로 하는 꿈의 하나라고 말할 수 있다. 그 기본적인 개념은 그림 9.22에 나타내었다. 지금 주목이 되는 분자 S에 다른 분자 A 혹은 D가 접근할 경우, 각각 분자의 HOMO(최고 점유 분자궤도함수), LUMO(최저 비점유 분자궤도함수)가 그림(a)와 같은 관계에 있을 때는 전자이동이 쉽게 일어나지 않는다. 그러나 S가 빛을 흡수하여 HOMO 전자가 LUMO로 들떠서 들뜬상태(S^*)로 되면, S^*는 원래의 S보다도 전자를 보다 내주기 쉽고(그림(b)의 과정 1), 또 받기도 쉬우므로(과정 2) D에서부터 A로 전자이동이 쉽게 일어난다. 결국 빛을 조사하면 S는 아무변화가 없이 D에서 A로의 흡열적인 전자이동이 일어나는 것이 된다. 이때 S는 광증감제, D는 전자를 제공하는 물질, A는 전자를 받는 물질이다.

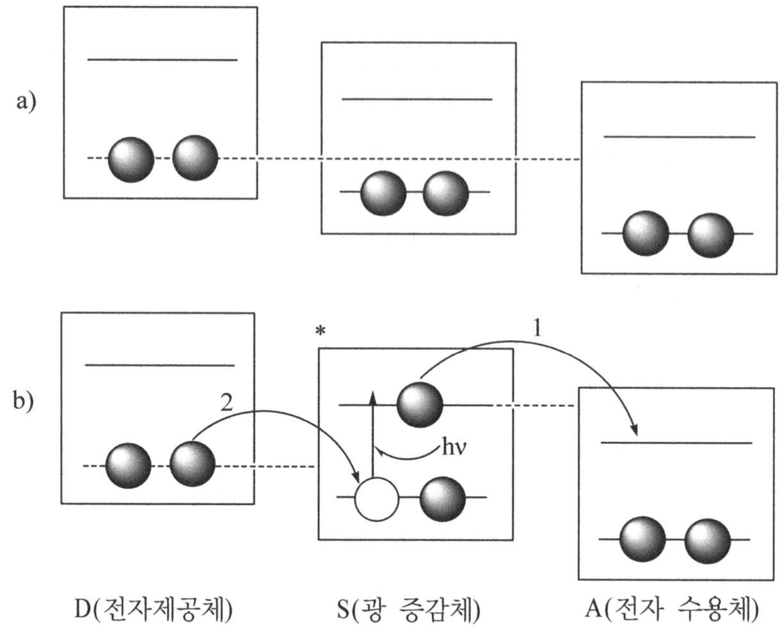

그림 9.22 광전자 이동. 광증감제의 영향으로 일어나지 않는 전자이동도 가능하다.

광합성에서는 클로로필이 광 증감제로 작용한다. 지금까지는 D-S-A의 여러 가지 조합에 대해서 수많은 연구가 이루어졌다. 특히 「무엇이 전자를 이동시키는가?」[9]에 대해서는 이산화탄소의 환원 혹은 양성자 환원에 의한 수소발생 등 중요한 성과가 얻어 졌다. 그러나 가시광선에 의한 인공적인 광합성 반응계의 실현에는 아직도 「무엇을 전자 원으로 할 것인가」 등 해결해야 할 많은 문제들이 남아 있다. 많은 모델반응이 제안되었지만 거의가 아미노산등 본래, 전자주개 성질이 높은 전자 제공체[10]에서의 전자이동을 포함하는 것으로, 반응결과 에너지가 축적으로 될 수 있는 것은 거의 알려져 있지 않다. 본래 전자주개 성질이 부족한 물분자로부터 전자를 이동시키는 것이 가능하다면, 천연 광합성과 같은 큰 에너지 축적을 기대할 수 있다. 물질순환의 관점에서도 물은 탄화수소나 수소의 연소반응으로 재생되는 클린(clean) 물질변환 시스템으로 될 수 있다.

단순한 1전자 이동에 의한 물 분자로부터 전자제거는 가시광선 에너지로는 불가능하지만, 물분자를 일단 수산화 이온으로서 착물에 배위시킨 후 가시광선에 의한 전자이동을 통해서 활성화 시키는 획기적인 방법이 최근 발견되었다. 물의 산화를 가능하도록 하기 위해서 증감제 S는 산화력이 높은(HOMO의 에

9) 무엇이 전자를 받는 물질이고 어떤 후속반응을 환원 말단 반응계로 계획할 것인가?
10) 그림 (b)에서 HOMO의 에너지 준위가 높은 분자

너지준위가 낮다) 안티몬 Sb^{V}등의 높은 원자가 금속을 중심금속으로 하는 포르피린 착물이 이용되고 있다. 반응의 개념도는 그림 9.23에 나타내었다.

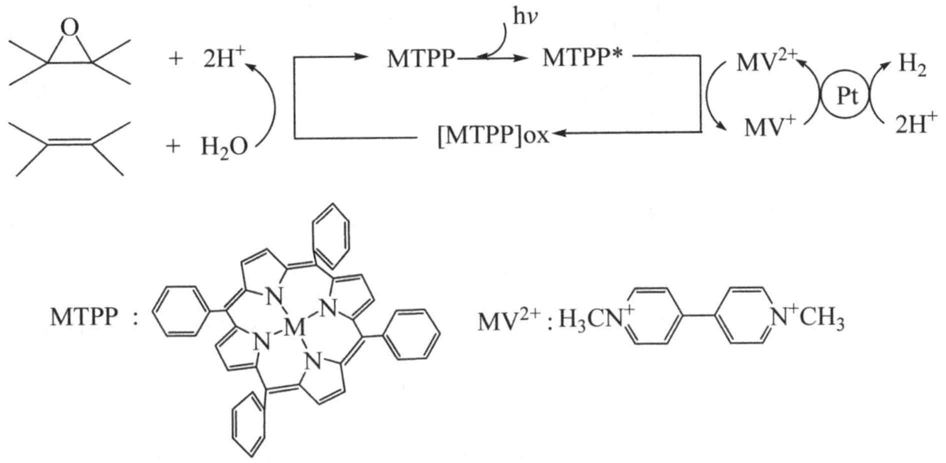

M = Sb^{V}, P^{V}, Ge^{IV}, Sn^{IV}

그림 9.23 물을 전자 제공원으로 하는 광 산소화 반응

메틸 비올로겐(MV^{2+}) 등의 전자수용체 존재 하에 금속 포르피린에 가시광선을 조사하면, 전자수용체는 환원되고 한편 계에서 공존하는 올레핀이 oxide를 받아서 에폭시 화합물로 된다. $H_2{}^{18}O$를 이용한 실험에서 물분자중의 산소가 에폭시화합물에 들어가는 것이 밝혀지고 있다. 전자수용체의 환원체로부터 백금을 통해서 양성자에 전자를 이동시켜 수소를 발생시키는 것이 가능하므로 화학반응식은 아래와 같이 나타낼 수 있다.

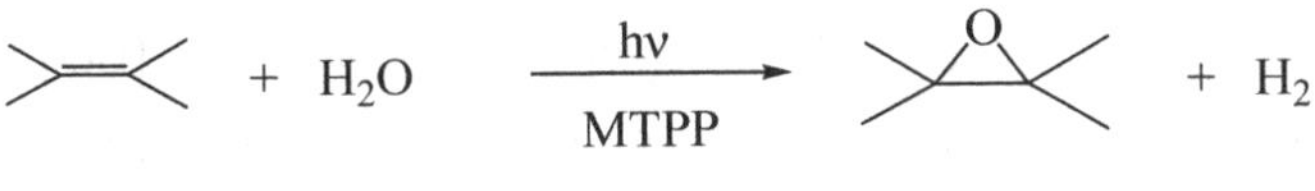

(9.7)

올레핀이 에틸렌일 때, $\triangle G$ = 147 kJ/mol, $\triangle H$ = 137 kJ/mol로 큰 에너지 축적반응이 일어난다. 이때 생각할 수 있는 반응메커니즘을 그림 9.24에 나타내었다.

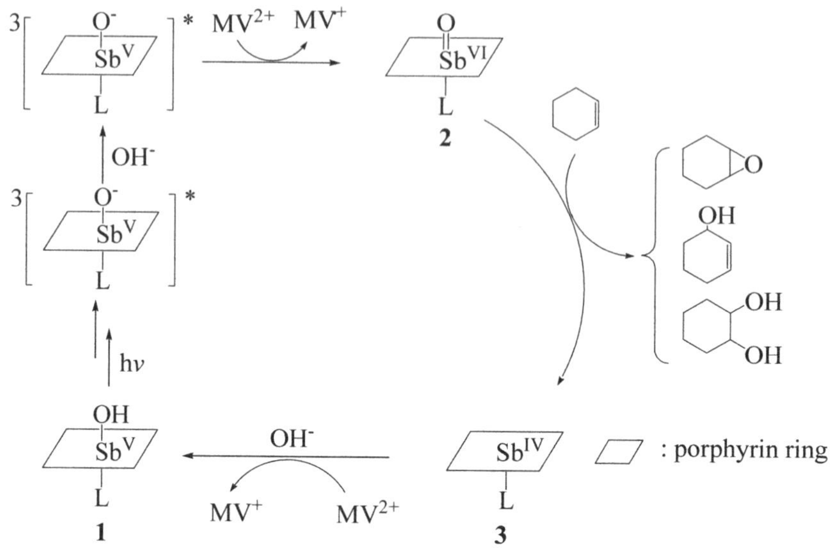

그림 9.24 물을 전자 원으로 하는 광 산소화반응의 예상 메커니즘

물분자는 수산화 이온으로서 착물에 축상으로 배위되어 반응진행에 중요한 역할을 하고 있다. Sb^{V} 착물 1은 빛을 쬐면 들뜬 3중항 상태로 되고 축상 리간드의 양성자가 해리된다. 전자 수용체로의 전자이동에 의해서 반응활성인 Sb^{VI} 옥소 착물 2가 생성되고, 올레핀으로 산소이동이 일어난다. 축상 리간드가 떨어진(배위 불포화) Sb^{IV} 착물 3은 전자수용체에 산화된 수산화물이온이 배위되어 원래 착물 1로 돌아온다. 전체 반응 메커니즘에서 합계 2전자의 산화가 일어난 결과 축상 리간드의 수산화물 이온이 2전자 산화되어 옥소 착물(M=O) 상의 활성산소원자를 준다. 반응식에서도 알 수 있듯이, 물분자는 전자원인 동시에 산소 원으로서도 작용하고 있다. 유용한 에폭시화합물을 생성하는 인공 광합성형의 물질변환이라고 할 수 있다. 전자 수용체를 선택하는 것이 반응성을 향상시키는 것이고, 또한 다른 높은 원자가 금속 포르피린 착물을 이용해도 같은 반응이 진행한다는 것이 알려져 있어 앞으로 이 분야의 전개가 기대된다.

전자는 어떻게 효율적으로 전달되는가? (금속-포르피린 착물의 역활)

여러 생명체의 활동은 NADH[11](그림 9.25)에서 산소분자로 전자전달이 될 때 생기는 에너지로 유지된다.

11) NADH: 다이하이드로니코틴아미드아데닌디뉴클오타이드

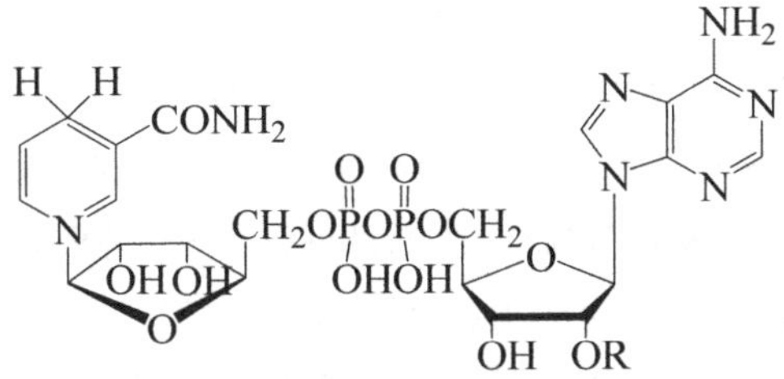

그림 9.25 NADH; R =H NADPH: R = PO_3H_2

NADH에서 O_2로 전자전달은 미토콘드리아 내막에 있는 3종류의 효소복합체의 작용으로 이루어지지만, 그 중에서 철-포르피린 착물이 가장 중요한 역할을 한다. 여기서는 간단한 모델 계를 이용하여 반응의 예를 들어 효율적인 전자전달이 될 때, 금속-포르피린 착물의 역할에 대해 고찰해 보자.

NADH 혹은 비슷한 활성수소를 갖는 모델화합물은 O_2에는 안정하고, 프로톤이 존재해도 O_2로 전자전달이 일어나지 않는다. 그렇지만, 만일 철-포르피린 착물이 존재하면, NADH에서 O_2로 전자전달을 잘 일어나게 한다(scheme 1 참조).

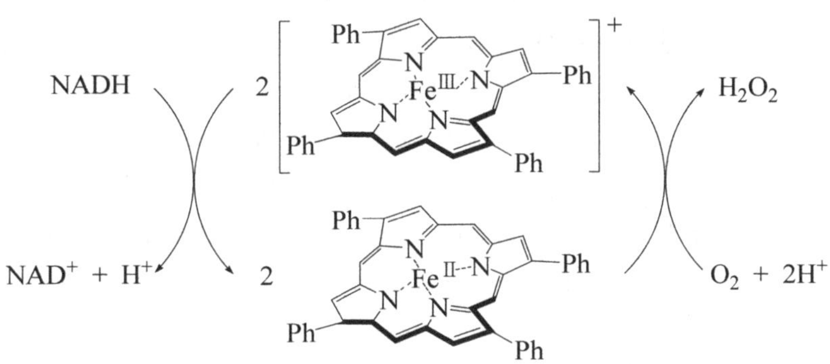

scheme 1

다시 말하면, NADH[12]에서 O_2로 직접 전자가 이동하는 것이 불가능하지만, 먼저 NADH에서 철-포르피린 착물로, 다시 착물에서 O_2로 전자를 전달해 주기 때문에 전체적으로 보면, NADH에서 O_2로 전자를 전달해주는 것이 가능하게 된다.

일반적으로 전자이동 속도는 전자주개의 산화전위와 전자받개의 환원전위에 따라 다르며, 전자의 주개와 받개 사이에 거의 상호작용이 없는 경우, 속도를 이론적으로 예측할 수 있다. 이 이론은 1992년 노벨 화학상을 수상한 Marccus

12) 환원형 니코틴아미드아데닌디뉴클레오티드인산(NADPH)

에 의해 확립되었다. 그러나 전자이동속도가 산화환원 전위만으로 결정되면, NADH에서 전자를 받기 쉬울수록 O_2로 전자를 전해주기 어렵게 된다. 철-포르피린 착물이 전자전달을 잘 돕는 것은 전자이동이 Marccus 이론에 따르지 않기 때문이다. NADH에서 철-포르피린 착물 쪽으로 전자이동이 일어나지만 이 속도는 Marccus 이론에 따른다는 것을 알고 있다. 이 때 NADH는 라디칼 양이온으로 되고 다음 탈 양성자화 되면 NAD 라디칼이 형성된다. NAD 라디칼은 NADH에 비교하면 훨씬 전자를 전해주기 쉽기 때문에 결국 NADH 1분자로 2분자의 철-포르피린 착물에 전자를 전달 할 수 있다. 여기서 NADH에서 전자를 받은 철-포르피린 착물은 양성자와 O_2가 결합할 수 있다. 이때 철-포르피린 착물은 평면으로 위·아래로 배위하는 것이 가능하다는 것이 중요하다. 이러한 강한 상호작용 때문에 철-포르피린 착물에서 O_2로 전자를 전달하는 것이 가능하게 된다. 만약 상호작용이 없다면 Marccus 이론에서 예측되는 속도는 훨씬 느릴 것이고 O_2로 전자를 전하는 것이 불가능하게 된다는 것을 알 수 있다.

NADH에서 O_2로 전자전달을 가능하게 하는 것은 철-포르피린 착물만이 아니라, 코발트-포르피린 착물에서도 같은 반응이 일어나지만, 철-포르피린 착물이 효율이 더 좋다. 따라서 생체는 보다 성능이 좋은 것을 선택하고 있는 것이다. 단, 생체 내에서 O_2는 H_2O까지 4전자 환원이 된다. 또한 생체내의 호흡사슬 복합체는 정해진 방향으로 막에 삽입되어 있고 전자전달과 함께 양성자를 때내는 작업을 하고 있다. 이렇게 만들어지는 양성자의 정도는 ATP 합성효소라는 별도의 단백질 복합체가 작용하여 APT 합성에 이용되지만, 그 상세한 메커니즘은 아직 알려져 있지 않다. 결국, 인간의 생명유지는 이 ATP가 가수분해할 때, 생성되는 에너지를 사용하고 있으며 따라서 생명이 지속되는 것이다.

21세기 지구환경과 거대고리 금속착물

21세기에 화학자들에게 부과된 또 하나의 과제는 대기 중에 존재하는 이산화탄소(CO_2) 농도의 증가로 인해 발생하는 지구온난화현상에 대한 기술적 대책이다. 그 대책 중의 하나로서 화력발전소의 폐기가스에서 CO_2를 일부 회수하는 시나리오를 생각할 수 있다. 회수한 CO_2를 물을 전자 원으로 하여 태양에너지로 직접 환원하여 다시 이용하는 인공적인 광합성 시스템의 구축이 주목을 받고 있다.

인공 광합성 시스템의 구축에는 분자의 광 들뜬상태의 산화환원반응을 이용하지 않으면 안 된다. 분자가 빛을 흡수하면, HOMO의 전자쌍 1개가 LUMO로 이동한다(광 들뜬상태라 한다). HOMO 전자가 빠진 구멍은 인접분자에서 전자로 채우기(환원 소광) 때문에 인접분자는 산화반응이 일어난다.

한편, LUMO의 전자는 또 다른 인접분자로 이동하려고(산화 소광) 하므로 인접분자는 환원반응을 하게된다. 결국 산화환원반응이 광 들뜸 분자의 주변에서 일어나는 것이다. 이 현상을 천연 광합성계로 나타내면(그림 9.26) 두 종류의 녹색 클로로필-마그네슘 착물(Chl-Mg)이 가시광선에 의해 들떠서 CO_2를 환원시키고 물을 산화시킨다고 해석된다. 각각을 CO_2 환원계(PS I)와 물의 산화계(PS II)라고 하고, 여러 종류의 분자가 그 사이의 전자전달을 중계한다. 전자 이동에 주목하면, 물이 가진 전자가 2개 Chl-Mg색소의 광 들뜸을 촉진하여 CO_2로 주입된다.

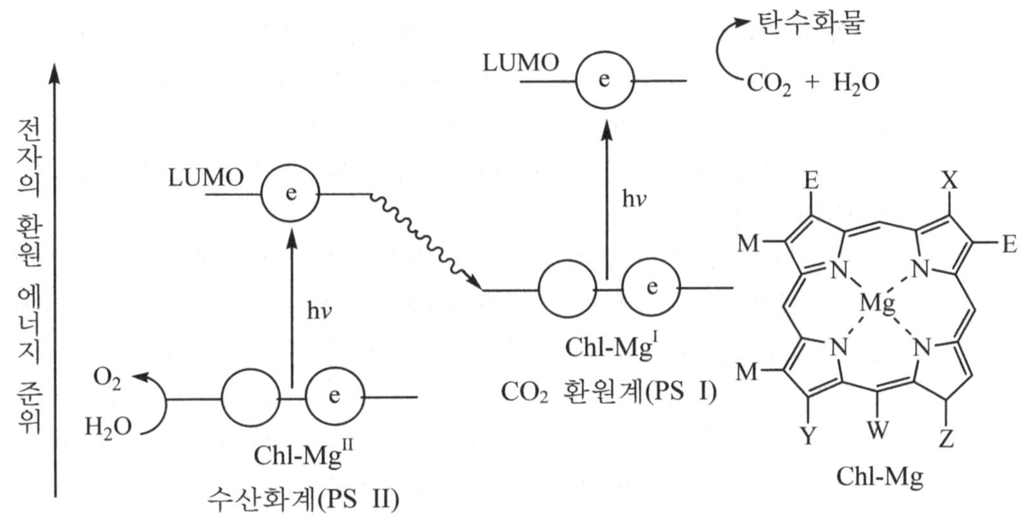

그림 9.26 천연광합성 과정(Ch 1-Mg는 광 펌프로 물에서 CO_2로 전자 흐름)

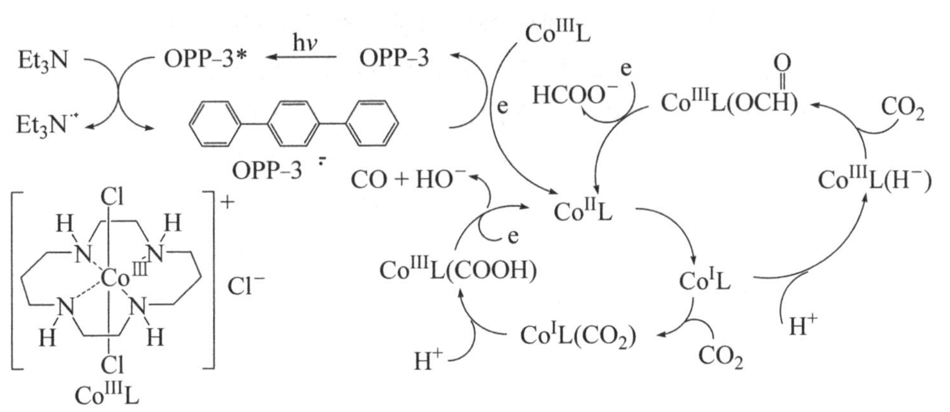

그림 9.27 인공 CO_2 환원계(PS I)

천연광합성에서 CO_2 환원은 PS I에서 생긴 높은 에너지를 가진 분자가 관여하여 최종적으로 탄수화물이 얻어지는 것이지만, 인공 PS I로서 CO_2를 직접 일산화탄소(CO) 또는 HCOOH로 광 환원하는 시도가 이루어지고 있다.

파라터페닐(OPP-3)을 트라이에틸아민(TEA)존재 하에서 광을 조사하여 들뜨게 하면, 들뜬 OPP-3는 TEA에 의한 환원소광을 받아 OPP-3의 라디칼 음이온(OPP-3$^{\cdot-}$)이 된다(그림 6.48 왼쪽 위). OPP-3P$^{\cdot-}$는 평면구조를 가지며 안정하고 동시에 그 전자 환원능력은 −2.45V vs SCE 로서 큰 − 값을 가져 CO_2를 직접 환원한다. 그러나 OPP-3$^{\cdot-}$은 반응계중의 양성자와 반응하여 점차 분해한다.

한편, 이 광반응 계의 금속착물인 Co-cyclam[13](L) 착물 (Co^{III}-L)을 가하면, OPP-3$^{\cdot-}$의 양성자화에 의한 광분해가 억제되어, CO_2가 좋은 효율로 환원하여, CO와 HCOOH가 생성된다. 즉 그림 9.28에서 보여주는 것과 같이 Co^{III}-L 는 OPP-3$^{\cdot-}$로부터 빠르게 전자를 얻어 Co^{II}-L을 거쳐 Co^{I}-L로 환원되고, 동시에 CO^{I}-L은 빠르게 CO_2와 촉매 작용으로 CO를 얻을 수 있다. 또한, Co^{I}-L은 양성자와 반응하여 H^- 착물(Cop-L, H^-)로 되어 CO_2의 삽입반응을 통해서 HCOOH을 얻을 수 있다.

이와 같은 거대고리 금속 착물의 전자이동 촉매작용은 Sutin과 그 공동연구자들에 의해서 루테늄 비피리딘착물, $Ru(bpy)_3^{3-}$을 증감제로서 아스코르빈산 완충용액에서 비슷한 코발트 착물을 가해 광화학반응을 일으키면, 아스코르빈산이 산화되면서 물이 환원되어 수소가 발생하는 것으로 설명할 수 있다. 코발트 착물로 전자이동이 일어나는 Co^{I} 착물의 전이흡수 스펙트럼의 존재가 확인되어, 환원된 거대고리 착물이 물과 반응하여 H^- 착물로 되어 수소가 발생한다고 해석된다. 앞에서 언급한 시스템을 CO_2하에서 치환하여, CO와 수소가 동시에 발생하는 것을 Lehn, Tinnemans, Calvin등의 그룹에서 연이어 보고하였다. 그러나 모두 수율과 선택성면에서 아직 발전의 여지가 남아있다.

최근, Co^{I} 거대고리 착물 중에서 CO_2와 가역적으로 결합하여 CO_2의 탄소원자가 Co에 배위된 부가생성물의 분리가 가능하다는 것이 밝혀져, CO_2의 결합상수 혹은 온도와 압력에 따른 색깔 변화도 밝혀졌다.

금속착물을 이용한 21세기의 또 하나의 도전은 인공적인 PS II의 구축일 것이다. 금속착물의 기질 상호작용이나 광유기 전자이동반응에 착안한다면 실현 불가능한 일은 아니다. 효율이 좋은 인공광합성 달성이 21세기 과학자들의 꿈이기도 하다.

---

13) cyclam: 14-membered macrocycle 1,4,8,11-tetraazacyclotetradecane

◎ 희귀금속의 습식제련

백금족 금속, 희토류금속, 갈륨, 게르마늄 등의 희귀금속(rare metal)은 새로운 기능성 재료의 개발에 매우 필요한 금속이다. 그러나 희귀금속의 제련과정은 선택성에 뛰어난 분리기술이 요구된다. 이것은 희귀금속이 일반적으로 품질이 낮은 광물이나 구리, 아연, 납 등 주요 금속의 제련 부산물을 원료로 하기 때문에 다량으로 공존하는 금속에서 미량의 성분을 분리하는 것이기 때문이다. 금속의 제련과정은 고온처리를 함께하는 건식법과 수용액에서 다루는 습식법이 있는데, 희귀금속은 일반적으로 에너지 소비가 적은 습식법으로 제련하고 있다.

수용액 시스템은 선택적인 착물 형성반응을 이용하는 것이 매우 유리하다. 착물 형성반응은 리간드의 화학적 구조, 배위원자의 종류와 수에 의해 생성되는 착물의 안정도가 서로 다르다. 이것은 리간드가 금속이온을 인식하여 결합하는 현상으로 볼 수 있다. 추출이나 고체상에 흡착시키는 분리작업에 적절한 기능을 유기리간드에 부여하면 희귀금속과 같이 분리하기 어려운 금속의 습식제련에 응용할 수 있다.

- **용매 추출법** 보통 금속이온은 물에 잘 녹지만 유기 리간드가 배위된 중성착물은 유기용매에 잘 녹는다. 용매추출법은 이러한 현상을 이용하여 금속이온을 분리하는 방법으로 금속의 분석이나 공업용 추출에 응용되고 있다. 공업용 추출제의 대부분은 시료가 물에 잘 섞이지 않고 추출된 착물과 유기용매와의 친화성을 증대시키는 긴 사슬 알킬기와 같은 소수성기가 도입되어 있다.
  구리 추출제로 개발된 2-hydroxy-5-nonyl benzophenone oxime, LIX65N은 기본골격이 salicylaldoxime이고, 구리와 1 : 2의 킬레이트 화합물를 형성하여 유기층에서 추출된다. 8-hydroxyquinoline 유도체인 Kelex 100은 알칼리 용액에서 갈륨을 추출하는 특이한 성질이 있어 알루미나 제조공정에서 갈륨을 회수하는데 이용되고 있다. 흥미로운 점은 알킬사슬이 없는 8-hydroxyquinoline은 이러한 능력을 나타내지 않는다. 따라서 알킬사슬이 매우 중요한 역할을 한다. D2EHPA[14]등의 인산 에스터는 인접한 희토류원소간의 분리계수가 크므로 희토류 금속의 상호분리에 효과적인 시약이다. 이 때 역시 유기인산 에스터의 탄소수가 작아지면, 추출율이 저하되는 동시에 희토류 상호분리 계수도 현저하게 낮아진다. 이와 같이 알킬기의 탄소 수 또는 위치에 따라 추출율의 선택성이 크게 변하고 있어 추출제의 분자설계에서 리간드의 골격과 함께 축 사슬의 구조도 고려할 필요가 있다.

14) D2EHPA ; di-(2-ethylhexyl)-phosphoric acid

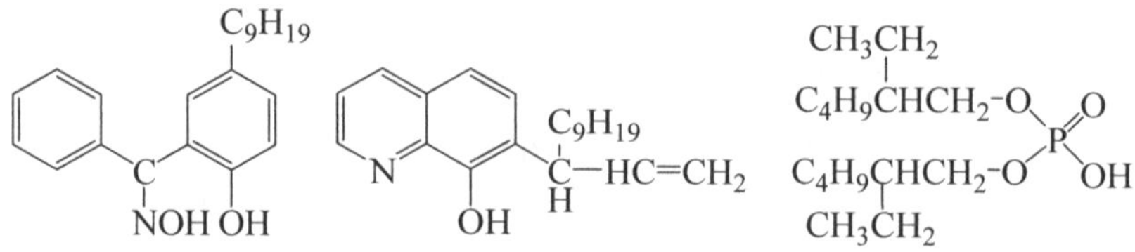

LIX65N　　Kelex100　　D2EHPA

• **킬레이트 수지법** 킬레이트 리간드를 3차원 그물망 고분자 수지에 고정시키면 금속이온의 인식능력을 갖는 킬레이트 수지를 얻을 수 있다. 킬레이트 수지는 목적이온에 대해서 선택성과 높은 농축비율이 얻어지기 때문에 미량자원의 회수에 특히 유효하다. 예를 들면 바닷물에 3 ppb 정도 녹아있는 우란($UO_2(CO_2)_3^{4-}$이온으로 용존) 회수에서 여러 가지 킬레이트 수지가 검토되고 있다.
대표적인 예는 amidoximes 기를 갖는 수지이다. isothiourea를 포함하는 polystyrene 수지가 백금족 금속의 농축에, 또한 이미노 2초산을 함유하는 수지는 아연 제련공정에서 갈륨, 인듐의 회수에 실제 사용되고 있다.

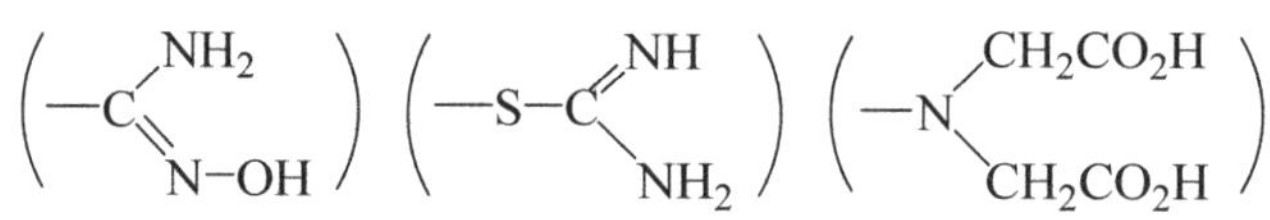

amidoximes　　isothiourea　　iminodiacetic acid

킬레이트 수지는 균일용액과 달리 리간드가 수지에 부착되어 있기 때문에 착물을 형성할 때 입체적인 제약을 받는다. 예를 들면, 2자리 리간드에 의해서 생성된 1 : 2 혹은 1 : 3 (금속 대 리간드) 착물은 고체상에서 상당히 제한된다. 보다 선택성을 높이기 위해서 1 : 1 착물을 이루는 많은 자리 리간드를 도입한 것(CMA-resin)이나, 착물 형성 부분과 고분자 모체를 긴 탄소사슬로 연결시킨 킬레이트 수지(NTA-resin) 등이 합성되고 있다. 이들 킬레이트 수지는 균일용액에서 도입된 리간드의 착물형성 특성을 잘 유지하는 것으로 확인되었다. 이러한 점을 응용한 예는 희토류금속 이온의 분리에서 킬레이트 수지를 고정상으로 이용한 크로마토그래피법이 시도되고 있다. 고정상이 선택성을 가질 때 간단한 무기산으로 용리하여 희토류 금속을 서로 분리시킬 수 있다.

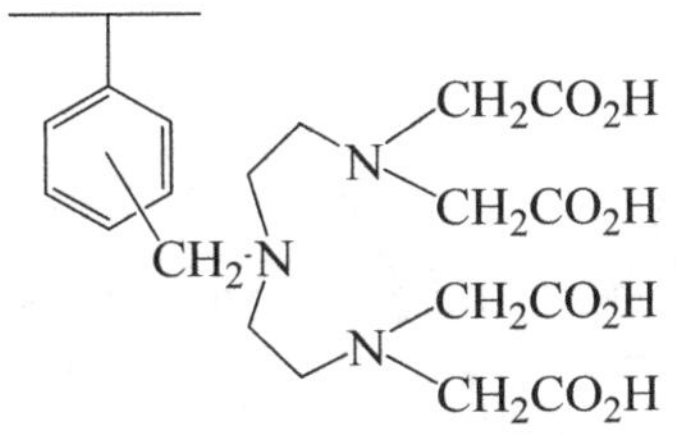

CMA-resin

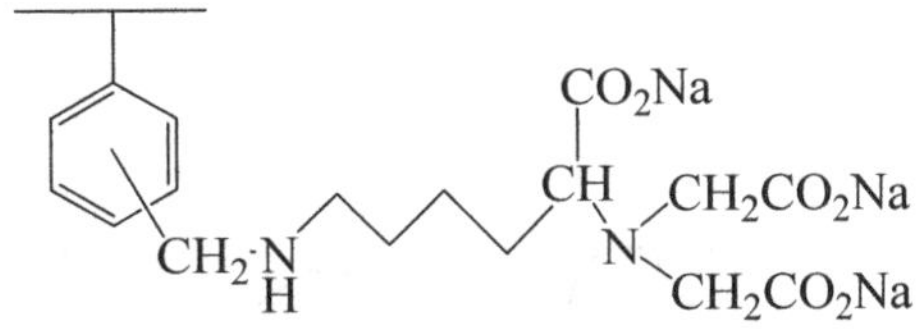

NTA-resin

착물형성을 이용한 금속이온의 선택적 수송

생체 내에는 금속을 함유하고 있는 단백질이 많이 있고, 또한 이온 운반물질(ionopore)이라는 친이온성 물질이 있다. 단백질의 하나인 알부민은 N 말단에 구리이온을 붙잡고, 저장하거나 수송할 수 있는 부위를 가지고 있다. "ionopore"란 천연 항생물질의 일종으로 높은 선택성으로 이온을 붙잡아 세포막을 통해 이온의 수송에 관여하고 있다. 이들의 결합 또는 배치 자리(site)는 이온의 크기, 모양, 배위형태에 따라서 서로 다른 구조를 가지며, 선택적으로 착물을 안정화시키는 선택성을 나타낸다.

이들 분자의 구조나 기능에 대한 연구가 활발하게 이루어지고 있다. 지금까지 거대고리 발리노마이신에 상당하는 크라운 에터류 혹은 비 고리형 모네신(monesin) 등을 수정한 비고리 폴리에터 류가 많이 합성되었다. 이들의 대부분은 킬레이트제와는 다른 고리모양을 하거나, 유사고리모양의 동공에 적합한 이온과 결합(선택성이 뛰어남)하므로서 착물의 친유성을 높일 수 있다. 이와 같은 특성을 이용하면 인공적으로 금속이온의 수송 분리가 가능하다.

수송은 흔히 액체 막에서 이루어지고 막 내부에 ionopore를 용해시켜 선택적으로 이온을 수송시킨다. 원활한 이온의 수송을 위해서 이온의 결합(흡착)과 해리(탈착)과정을 적절하게 조절할 필요가 있다. 즉 선택성을 가지면서 착물의 안정성이 너무 크지 않을 것, 이온 방출이 용이할 것 등을 고려한 분자설계가 중요하다. 이러한 목적으로 구조의 계통적인 변환이 비교적 어려운 고리구조를 갖는 분자보다, 비 고리형 ionopore[15]의 구조가 합성하기 쉽고, 계통적인 구조변화에 의한 분자설계가 용이함을 활용할 수 있는 점에서 더 유망하다. 개념도는 그림 9.28에 나타내었다.

15) 천연 항생물질 ionopore에서도 비 고리 형태가 많다.

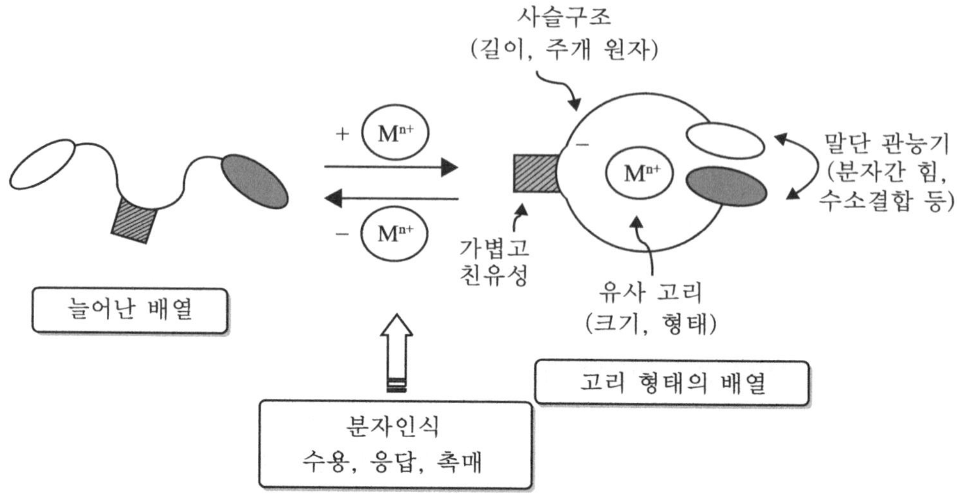

그림 9.28 비고리형 ionopore의 분자인식에 의한 역동적 형태배열의 변화

구조의 역동적 변화와 이온인식 능력을 어떻게 조합시킬 것인가? 이 문제가 이온수송에서 가장 중요한 점이다. 이온의 산화수, 배위수, 특히 하드-소프트 규칙[16]등을 고려하여 높은 선택성을 부여할 수 있다. 더욱이 뛰어난 이온수송을 생각할 때 단순한 수송 촉진이 아닌 어떤 조건하에서, 농도 기울기에 역행하는 소위 능동수송이 실현될 수 있는 ionopore의 구축이 중요하다. pH 차이, 빛, 염의 농도 차이 등을 이용한 능동수송은 보고 되어 있지만, 세포내에서 일어나거나 막에서 생기는 에너지를 사용한 능동수송의 실현은 앞으로 해결해야할 과제이다.

다음 몇 가지 예를 알아보자. 알칼리 금속과 알칼리 토금속이온을 붙잡을 만한 이온크기에 알맞은 내부구멍을 갖는 크라운화합물을 바탕으로 한 이온 해리기를 갖는 것, 카복실산과 같은 이탈기의 비고리형 폴리에터 류가 pH기울기에 의한 능동수송을 일으킨다. 또한, 시스-트랜스 광학이성질화를 이용하여 빛의 파장을 조절하여 수송을 일으키는 크라운에터 유도체가 보고 되고 있다. 중금속이온은 종래 수많은 킬레이트 시약의 유도체가 보고 되어 왔지만, 최근 이온크기, 전하수, 배위수 등을 고려한 분자설계가 이루어져서 thiocrown, azacrown, dioxocyclam, calex-(4)-arene 등의 고리형 화합물이 은(Ag^{+}), 수은(Hg^{2+}), 구리(Cu^{2+})이온을 포함하는 전이금속 이온, 희토류 이온, 우라닐 이온 등을 선택적으로 추출 혹은 수송하는 것으로 보고 되고 있다. 한편, 비고리형 화합물에는 여러 종류의 퀴놀린 고리를 갖는 올리고-아미드유도체로서 중성의 완화된 조건에

16) 금속과 배위하는 헤테로원자 간의 친화성을 결정하는 요인으로 하드-하드 및 소프트-소프트 상호작용

서 구리 혹은 수은이온을 수송하는 수송제로서 우수한 성능을 갖는 ionopore등이 보고 되고 있다.

이와 같이 수송에 의해서 높은 선택적 분리농축은 생체기능의 모델뿐만 아니라, 센서의 개발, 기기분석에서 예비 농축, 광물자원의 분리, 회수, 유독성 이온의 회수, 제거, 생체 내에서의 독성이온의 배설 촉진 등 여러 분야에서 매우 중요한 역할을 할 것으로 기대된다.

당을 변환하는 착물

생체 기본물질인 당 또는 단백질과 금속이온간의 상호작용을 밝히는 일뿐만 아니라 화학반응의 제어방법 개발은 화학에서 뿐만 아니라 여러 분야에서 요구되고 있다. 또한 자연계에서 희소한 당으로 변환하는 방법의 개발은 의학, 약학 혹은 공업적으로 매우 중요하다. 그런데 금속에 배위된 유기화합물은 전자적 또는 입체적인 영향으로 그의 화학 반응성이 크게 변화되는 사실이 잘 알려져 있다. 따라서 당을 포함한 금속착물을 합성하고 그 성질을 밝히는 것은 당 변환의 유용한 정보를 제공할 것으로 기대된다.

당이 금속이온과 반응하는 것은 구리-암모니아-레이온 공업에서 보여주는 것과 같이 오래 전부터 일려졌다. 그러나 당질을 포함하는 금속착물을 분리하여 확인된 예는 그렇게 많지 않고 근대 배위화학에서도 거의 연구되지 않았다. 최근 당에 대한 화학반응성이 좋은 아민류를 포함하는 금속착물에 당을 결합시켜 앵커(anchor)로 작용하는 방법이 제안되었다. 다시 말하면, 단당류와 다이아민으로 된 N-글루코시드(질소 배당체)가 배위된 일련의 금속착물이 합성되어, 당의 배위화학이라는 새로운 분야가 개척되었다.

X-선 결정구조 해석에 의해서 처음으로 밝혀진 Ni에 D-프락토스(D-Fru)와 에틸렌다이아민(en)으로 된 N-글루코시드가 배위한 $[Ni(en)(D\text{-}Fru\text{-}en)]Cl_2{\cdot}CH_3OH$의 ORTEP 구조는 그림 9.29에 나타내었다.

배위된 질소의 알킬치환기를 갖는 다이아민의 Ni^{II} 착물과 알도스를 메탄올에서 수분간 가열 환류하는 온화한 반응조건에서 당(알도스)의 C2 위치에 에피메리화가 일어나고 더욱이 상호변환된 당 혼합물중에서 한쪽의 C2 에피머의 당만 선택적으로 니켈이온과 결합한다고 하는 매우 신기한 현상이 발견되었다. 이 반응은 자연계에 풍부한 당에서 희소한 당으로의 변환 과정으로 대단히 유용하다. 그림 9.30은 그 반응과정의 모식도를 나타낸 것이다.

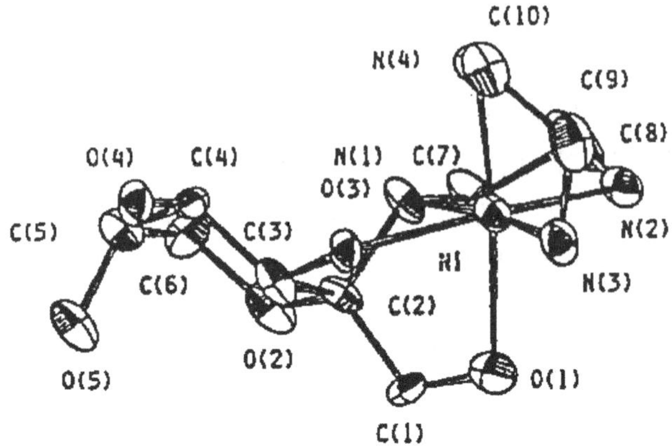

그림 9.29 $[Ni(en)(D-Fru-en)]^{2+}$의 ORTEP 그림

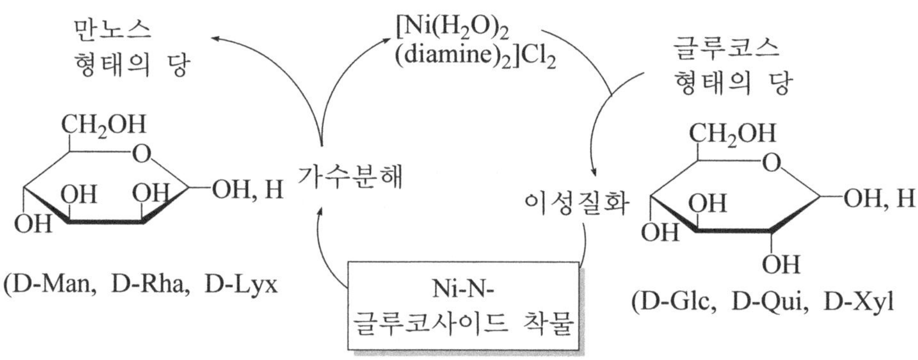

그림 9.30 알도스 변환 시스템

이 시스템에 의해 N치환 디아민의 니켈 착물에서 글루코스, 키시로스 등에서 희소한 만노스, 락토스 등으로 변환한다는 것이다. 이 신기한 변환반응은 그림 9.31에서 보여주는 메커니즘으로 진행한다고 생각하고 있다.

이 메커니즘에 의하면, 단당류(D-글루코스)는 금속이온상에서 3원 고리의 전이상태를 거쳐서 당의 C1 위치 탄소와 C2 위치 탄소 사이에서 입체특이적인 탄소골격의 재배열에 의해서 C2 위치 탄소의 절대배치가 반전된다. 그 결과 당의 C2 위치에서 에피메리화가 일어나 D-만노스가 생성된다. 왼쪽에서 보여주는 D-글루코스의 C1 위치의 탄소가 ^{13}C로 동위원소 표지되어 있다. 이 D-글루코스가 변환되어 그림 9.31의 오른쪽의 D-만노스가 생성한다. 이때 동위원소 표지된 C1 위치의 탄소원자는 C2 위치로 이동하고 있다. 더욱이 여러 가지 금속이온을 비롯하여 아민의 조합에 대해 조사한 결과 N-알킬치환 다이아민과의 조합에서 니켈이외에 Co^{II} 이온과 Ca^{II} 이온이 유효하다는 것이 발견되었다. 특히 칼슘이온의 경우 이용하는 아민이 매우 간단한 1개의 질소 원자를 포함한 모노 알킬아민에서도 효과적으로 당이 탄소골격의 전환에 따른 알도스의 변환이 일어나는 것이 밝혀져 있다. 칼슘이온을 비롯한 아민잔기는 생체 중에서 많이 존재하기 때문에 같은 종류의 반응이 생체에서도 일어나는 가능성이 있고 생체에서 칼슘이온의 새로운 역할을 시사하는 것으로 흥미롭다.

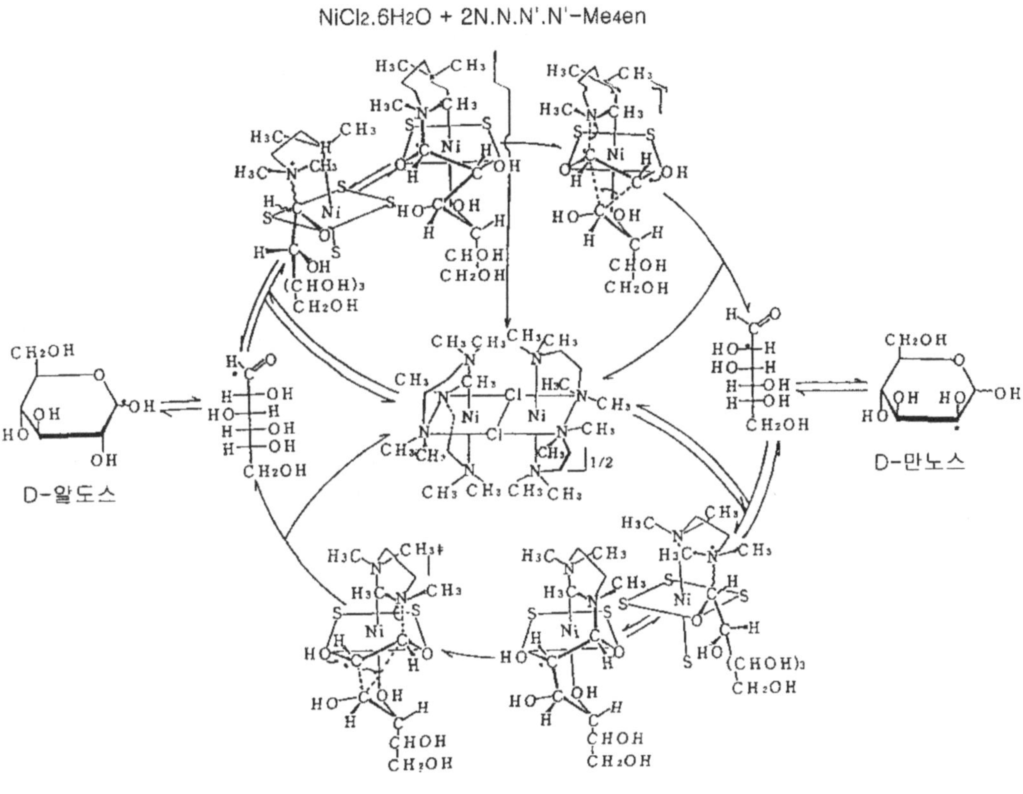

그림 9.31 Ni^{II}–N 치환된 다이아민계 착물에 의한 알도스의 C2 에피메리화 반응 메커니즘

낮은 산화상태의 금속을 중심에 가지는 유기금속 착물은 유기화학반응의 촉매로서 큰 능력을 가지고 있다. 한편, 생체중의 촉매(효소)에 포함되어 있는 금속은 무기금속 착물과 같이 높은 산화수를 갖는 것이 많다. 즉 실험실에서 유기합성반응의 촉매로서 거의 역할을 하지 않는 무기금속 착물도 생체에서 유기금속착물과 같이 촉매로서 효능을 가지는 것으로 판단된다. 여기서 소개한 당을 변환하는 높은 산화수의 금속이온이 관여하는 반응계는 무기금속 착물의 새로운 가능성의 단서를 보여주는 것으로 중요하다.

제10장

착물의 설계와 계산화학

착물화학 분야에서 이론적 연구는 실험적으로 얻어진 자료의 해석과 새로운 착물의 설계와 합성 전략의 예측에 있다. 이장에서는 순수 이론적 고찰은 양자화학에 미루고, 다양한 계산 방법과 최근 많이 이루어지고 있는 DFT 방법에 의한 계산 결과에 대해서 간단히 소개한다.

1 배위화학 분야에서 이론화학의 역사

배위화학에서 이론적 접근의 첫 시도는 1950년대 초기의 결정장 이론(crystal field theory)에서 찾을 수 있다. 결정장 이론(CFT)은 (4장) 앞에서 살펴보았듯이 높은 대칭성을 갖는 전이금속 화합물의 몇 가지 성질을 규명하는 간단한 도구로 널리 사용되었다. 특히, 가시 및 자외선 스펙트럼과 같은 전자적 성질과 관련되는 광학 성질을 단순한 모델로부터 해석할 수 있는 이점이 있다. 또한, 높은 대칭성을 갖는 물질의 *d*-궤도함수 분리를 합리적으로 설명할 수 있어 고체 물질의 분광분석에서도 관심을 끌게 되었다. 그러나 이 모델은 결정성 화합물에서 이온성이 감소하거나 많은 착물에서 정확성이 감소되어 착물의 스펙트럼을 정확히 해석하려면 실험적 파라미터가 도입된 리간드 장의 계산이 요구된다. 따라서 CFT를 보완한 리간드장 이론(Ligand field theory)이 등장하게 되었다.

리간드장 이론은 리간드가 만든 장에 의해 금속이온의 궤도함수 준위의 분리에 궤도함수 전자들 간의 정전기적 에너지를 더해서 금속 착물의 분광학적 성질이나 화학결합에 대해서 정량적인 설명을 한다. 이 이론은 분자 궤도함수의 계산에 바탕을 두고 있지만, 스펙트럼 실험자료와 자세하게 비교하기 위해서 에너지 준위의 분리나 전자들 간 정전기적 에너지를 파라미터로 하여 계산한다. 그러므로 이 리간드장 이론으로 새로운 화합물 또는 새로운 불순물이 첨가된 결정성 고체의 스펙트럼을 예측하려면 정확성이 떨어진다. 따라서 리간드나 그것에 의한 장이 복잡한 경우, 금속이온 혹은 리간드를 포함한 착물 전체에 대해서 정확한 전자 상태 계산이 요구된다.

이처럼 전이금속 착물을 해석하는데 오래전부터 리간드장 이론이 이용되어 왔지만, 착물의 결합 성질, 반응성, 구조 등 이론적 검토에 부적합하기 때문에 최근 분자 궤도함수(molecular orbital: MO)법이 주로 이용되고 있다. MO법에는 분자 전체로 확대된 전자의 궤도함수를 생각하여, 중심 금속의 *d*-전자와 리간드의 전자들도 모두 같은 Schrödinger의 파동 방정식으로 취급한다. 1970년대 말부터 확장 Hückel 이론(Extened Hückel Theory, EHT), CNDO, INDO법 등 반경험적(semiempirical) MO법이 금속 착물에 응용되어 왔으며, 최근에는 계산기의 비약적 발전과 각종 프로그램의 개발로 전이 금속 착물의 *ab initio* Hartree-Fock(HF)[1] 및 DFT 방법에 의한 계산이 실용적으로 가능하게 되었다.

1) *ab initio*라고 하는 말은 "처음부터", 즉 원자 오비탈로부터 모든 계산을 한다는 것을 의미한다.

2 착물의 분자 궤도함수

금속 착물의 구조는 복잡하고 변화가 많아서 이론적인 해석이 쉽지 않다. 그렇지만, 이들을 체계적으로 분류하고, 기본 구조를 비교적 정확하게 예측할 수 있는 방법이 이미 확립되어 있다. 그 방법은 분자 궤도함수법으로, 대형 계산기나 혹은 고성능 워크스테이션을 이용하면 처음 시작하는 사람이라도 안정한 기하 구조나 전자 상태를 구할 수가 있다. 또 이상적인 높은 대칭성 착물의 구조를 결정장 이론이나 리간드장 이론으로 해석하고 있던 시대와 비교해 보면 격세지감을 느낀다. 근사한 차이는 있지만, 현재 제1 전이 금속에서 악티늄 계열까지 주기율표에 있는 거의 모든 금속 원소 화합물의 계산이 가능하게 되었다. 이 절에서는 분자 궤도함수의 이해와 대표적인 몇 가지 이론적 접근 방법을 간단히 소개한다.

토막 궤도함수에 의한 MO의 이해

분자 궤도함수법으로 개개 착물 분자의 입체 구조나 결합 거리 등을 정확하게 계산한다고 해도 그것만으로는 완전하게 착물을 이해할 수 있는 것이 아니다. 얻어진 착물이 왜 그런 구조를 갖는 것일까? 안정성이나 물리적 성질은 어떻게 될까? 또한, 중심 금속을 바꾸거나 리간드가 치환되면, 구조나 혹은 전자적 특성은 어떻게 변화하는가? 등을 파악할 수 없다면 이론적 해석의 가치는 반감한다. 착물화학의 중요한 연구 수단으로서 분자 궤도함수 이론을 활용하기 위해서 무엇보다 그것이 의미하는 부분을 공부하고, 정확하게 이해해야만 한다.

분자 궤도함수 해석에서 가장 유효한 사고 방법은 궤도함수 상호 작용의 개념이다. 그 기초로써 분자 궤도함수의 모양과 *s*, *p* 궤도함수와의 혼성 궤도함수를 아는 것이 특히 중요하다. 전이 금속 착물 전체의 분자 궤도함수는 매우 복잡하지만, 대표적인 금속 토막의 궤도함수를 기억해 두면, 대체로 금속 착물의 결합 모양이나 입체 구조를 추정할 수가 있다. 이것을 토막(fragment) 궤도함수 해석법이라 한다. 여러 가지 화합물을 취급하는 착물화학에서도 중요한 금속 토막의 수가 많은 것은 아니다. 그 하나의 예를 살펴보자. 정팔면체 배위 구조에서 리간드 수가 각각 3, 4, 5개의 착물 ML_5, ML_4, ML_3 토막 궤도함수를 그림 10.1(a)에 나타내었다.

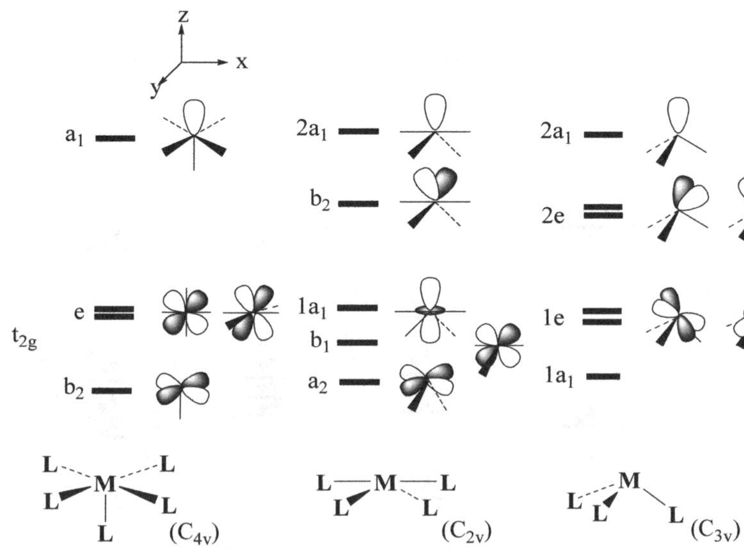

그림 10.1 (a) ML_5, ML_4, ML_3 토막 궤도함수

낮은 에너지 준위의 3개 궤도함수는 정팔면체 착물의 $d_\pi(t_{2g})$ 궤도에서 유래하고, 그 윗부분의 d, s, p 혼성 궤도함수가 있다. d 전자를 6개 이상 갖는 금속 토막에서는 높은 에너지 쪽의 혼성 궤도함수가 중요하다. 예를 들면, ML_5 토막의 a_1 궤도함수는 에틸기의 sp^3 궤도함수와 거의 비슷하고, 이 a_1 궤도함수에 1개 전자가 점유된 d^7 $Mn(CO)_5$는 마치 메틸기와 같이 행동한다. $Mn(CO)_5$ 2분자에서 금속 간 시그마 결합을 만들기도 하고, Mn과 메틸기가 안정한 시그마 결합을 만들기도 한다. Mn-Mn 결합이나 Mn-CH_3 결합은 에테인(ethane)의 C-C 시그마 결합과 같이 해석될 수 있다. 또 ML_4의 $2a_1$, b_2는 메틸렌(CH_2) 궤도와 비슷하고, ML_3의 $2a_1$, 2e는 CH기 궤도함수와 일치한다. 이와 같은 상관관계를 닮은 궤도함수(isolobal)이라 한다. 착물화학을 유기화학과 관련시키면 해석하는 데 크게 도움이 된다.

ML_4 토막 궤도함수를 이용하여, d^8 에틸렌 착물 $Fe(CO)_4(CH_2{=}CH_2)$의 구조를 생각해 보자.

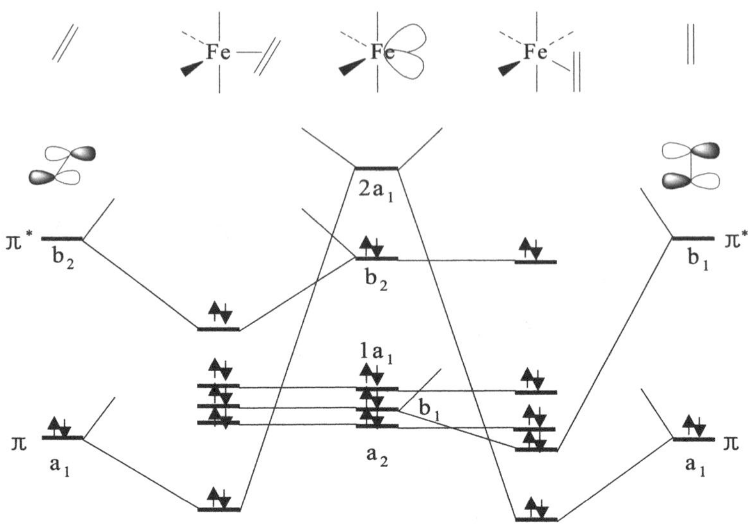

그림 10.1(b) $Fe(CO)_4$과 에틸렌의 궤도함수 상호 작용

그림 10.1(b)는 중앙 $Fe(CO)_4$의 토막 궤도함수와 좌우에 각각 가로 배향과 세로 배향인 에틸렌 π, π^* 궤도함수를 나타낸 것이다. 에틸렌의 배향성은 $Fe(CO)_4$의 점유 b_2 궤도함수와 에틸렌의 빈 궤도함수 사이 역 주개(back donation) 상호 작용의 세기에 의해서 결정된다. 세로 배향이면 이들 궤도함수가 직교하여, 궤도함수 상호 작용이 거의 일어나지 않는데 비해, 가로 배향에서는 궤도함수의 중첩이 크고 상호 작용도 강하다. 그 결과 $Fe(CO)_4(CH_2{=}CH_2)$에서 에틸렌은 가로방향 배위를 좋아한다. 단핵 금속 착물이나 단순한 클러스터 화합물의 이론적인 구조 예측은 이미 실현되고 있다. 이제부터는 착물 분자 궤도함수 이론과 전자 계산기 기술의 진보가 더욱 가속되어 보다 복잡하여 고급 기능을 갖는 생체계 금속 효소나 고분자 상태의 무기 고체로 이론적인 연구 대상이 넓어지게 될 것이다.

반경험적 계산: EHT-MO

1970년대 Hoffmann과 공동 연구자 등은 유기 금속 화합물과 배위 화합물의 반응성과 구조적 안정성에 대해서 궤도함수의 대칭성, 그리고 섭동 이론의 아이디어를 이용해서 EHT 방법으로 많은 연구를 수행하였다.[2] 그러나 이 모델은

2) 다른 반경험적 방법(주로 -NDO (Neglect of differential overlap, 차이적분 무시)이 유기 화합물의 해석에 적절하다는 것이 알려졌지만, 이들 방법은 *d*와 *f* 궤도함수를 설명할 수 없기 때문에 배위 화합물에서는 EHT 방법에 의해서 이루어졌다.

보통 몇 가지 결정장 분리 에너지와 원자의 전하를 설명하기 어려웠을 뿐만 아니라, 이중금속 화합물(bimetallic compounds)에서 적절한 금속의 파라미터를 도입하는 데 어려움이 있다. 그러나 배위 화합물에서 그들의 대칭성에 따른 리간드와 금속 토막의 결합 능력을 예측하고, 궤도함수 혼성에 의한 대칭성 감소, 분자 또는 조각에서 각의 일그러짐 효과를 설명하는 강력한 수단으로 사용된다. 이것은 Fukui가 도입한 경계 이론(frontier theory)과 Hoffmann이 제의한 닮은 궤도함수 비유(isolobal analogy)의 한 부분이다. 그러나 이들 반경험적 모델은 착물의 가장 안정한 기하 구조와 더 일반적인 분자에서 결합 길이를 결정할 수 없는 강한 제약이 따른다. 따라서 수정 EHT 방법이 제안되었지만, 여전히 문제를 안고 있다.

순 이론적 계산: *ab initio-MO*

ab initio-MO 방법은 유기 화합물의 MO 방법 중에서 정밀도가 높은 방법 중의 하나이다. 그러나 완전하다고 말할 수는 없고 Hartree-Fock 근사법에 기초를 두고 있으므로, 전자들의 상호작용 운동의 상관성(전자 상관이라고 한다)은 무시되고, 또 결과의 신뢰성은 원자 오비탈의 정확도에 의존한다. 이들 MO법의 상세한 내용은 다루지 않고, 여기서는 주로 금속 착물에 대한 응용에서 본 *ab initio-MO*법의 장점을 간단히 언급할 것이다.

ab initio-MO 계산으로 금속 착물의 구조, 반응에 따른 에너지 변화, 전이상태의 구조, 활성화 에너지 등을 정량적으로 나타내거나 예측할 수 있다. 특히 실험적으로는 알 수 없는 전이상태의 구조, 결합성, 전자 분포 등에 관한 지식은 금속착물의 반응 설계에서 중요하기 때문에 그들을 이론적으로 계산 가능한 것이 *ab initio MO*법의 큰 매력이라고 말할 수 있다.

*ab initio MO*법을 이용해서 금속 착물의 협동적 산화성 첨가반응의 전이상태의 구조를 규명한 예에 대해서 알아보자[3].

$Pt(PH_3)_2$의 수소(H_2) 및 에테인(CH_3CH_3)의 첨가 반응은 다음식과 같이 진행된다.

$$H_2 + Pt(PH_3)_2 \rightarrow cis-Pt(H)_2(PH_3)_2 \qquad (10\text{-}1a)$$

$$H_3C-CH_3 + Pt(PH_3)_2 \rightarrow cis-Pt(CH_3)_2(PH_3)_2 \qquad (10\text{-}1b)$$

3) S. Obara et al., *J. Am. Chem. Soc.*, *106*, 7482(1984), S.Sakaki and M. Ieki, *ibid.*, *115*, 2373(1993)

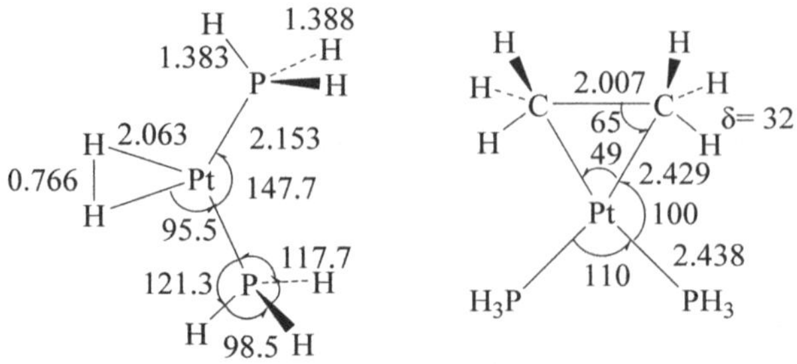

그림 10.2 H_2와 에테인의 $Pt(PH_3)_2$에 산화성 첨가의 전이 상태. 결합 길이는 Å, 결합각은 degree 단위

식 10.1a의 H_2 산화성 첨가반응에서 계산 결과 얻어진 전이상태 활성화물의 구조를 살펴보면, 그림 10.2에서와 같이 H-H 결합 길이는 0.776Å만큼 약간 늘어나 있고, ∠P-Pt-P는 148°까지 구부러져 있다. 전이상태의 전자밀도(분포)를 살펴보면, 흥미롭게 H_2에서 $Pt(PH_3)_2$로 약간의 전자 제공이 일어나지만, 이 단계에서 Pt의 산화(Pt^0 에서 Pt^{II})가 일어나지 않는다는 것을 알 수 있다.

에테인 산화성 첨가 반응(식 10.1b)에서 전이상태 구조를 보면, C-C 결합 길이가 2.01Å이며, 메틸기는 Pt 쪽으로 향하고 있다. 또한, ∠P-Pt-P는 110°로 H_2 산화성 첨가 반응의 전이상태 구조보다 약간 더 구부러져 있다. Pt에서 *d* 궤도함수의 전자가 감소하여 산화성 첨가라는 이름에 어울리는 전자분포로 되어 있다.

활성화 에너지는 이 두 반응에서 어떻게 다를까? H_2 산화성 첨가 반응에서 보고 된 활성화 에너지는 2~8 kcal/mol의 범위이고, 에테인 산화성 첨가 반응의 활성화 에너지는 67 kcal/mol로 계산되었다. 이것으로 H_2의 산화성 첨가 반응이 에테인의 첨가 반응보다 더 쉽게 진행됨을 알 수 있다.

왜 H_2의 산화성 첨가는 쉽게 이루어지고 에테인의 산화성 첨가는 어려운 것일까? 산화성 첨가 반응의 용이함은 H-H 결합 에너지, C-C 결합 에너지, 전이상태에서 상호 작용 등으로 결정된다. 더 이상 자세한 언급을 생략하지만, 이들도 *ab initio* MO 계산이 해답을 준다. 이외에도 금속 착물의 NMR 화학적 이동(chemical shift)도 *ab initio* MO법으로 계산되어 실험 결과와 잘 일치하는 결과가 얻어졌으며, 금속 착물의 물리적 성질에 대한 응용 연구에도 유용성이 기대되고 있다.

이와 같이 *ab initio* MO법은 착물화학에서 유력한 연구 수단이지만, 여전히 많은 문제를 안고 있다. 앞에서 언급한 전자 상관은 금속 착물에서 중요하고 무시할 수 없는 경우가 많다. 또한 무거운 원소에서는 스핀-궤도함수 상호 작용과 같은 상대론적 효과도 무시할 수 없다. 더욱이 물과 같은 극성 용매에서의 반응을 검토하려면 용매효과를 고려하는 것도 필요하다. 전자 상관, 상대론적 효과에 대해서는 최종적이 아니라고 해도 일단의 대응이 현시점에서도 가능하다. 그러나 용매 효과에 대해서는 최근 많은 연구가 진행되고 있다. 이 분야 역시 계속적인 연구가 기대되고 정량적인 반응 예측 반응 설계가 금속 착물 분야에도 가능하게 될 것이라고 생각된다.

3 밀도 범함수 이론(DFT)[4]

밀도 범함수 이론(Density functional theory, DFT)[5]은 기본 개념에서 일반적인 양자역학 방법(Wave Mechanics Methods)들과는 여러 면에서 구별되고 대조되는 방법이나, 1980년대 후반부터 분자에 대한 DFT 방법의 유용성이 점차 강조되기 시작하였고, 1990년대 들어오면서부터 양자화학에 바탕을 둔 계산화학 분야에서 매우 널리 사용되는 방법이다. 이 절에서는 범 밀도함수의 기초 이론을 간단히 소개한다.

- 기초 이론 1965년 Kohn과 Sham[6]에 의하여 DFT에 궤도함수가 도입된 것이 계산화학에서 DFT 방법이 사용될 수 있는 실제적인 기초가 되었다. TF 방법[7]의 가장 큰 문제는 운동 에너지 부분이 적절하게 묘사되지 못한 점이므로 Kohn과 Sham은 이를 개선하기 위해 운동 에너지 부분을 정확하게 계산될 수 있는 부분과 작은 보정 항 부분으로 나누었다. 정확하게 계산되는 부분은 식 10-2와 같이 계산한다.

4) H. Chermette, 'Density functional theory A powerful tool for theoretical studies in coordination chemistry' , Coordination Chemistry Reviews, 178(1998) 699
5) 밀도 범함수 이론(Density Functional Theory, DFT)의 기본은 '바닥 전자 상태의 에너지는 전자 밀도(ρ)에 의하여 완전하게 결정된다' 라는 Hohenberg 와 Kohn의 정리이다.
6) W. Kohn and L.J. Sham, Phys. Rev., 140, A1133 (1965).
7) $E_{TF}[\rho]=\mathrm{T}_{\mathrm{TF}}[\rho]+\mathrm{E}_{ne}[\rho]+\mathrm{J}[\rho]$로 표현하는 에너지 범함수를 Thomas-Fermi (TF) 방법이라고 하며, 여기에 $K_D[\rho]$ 부분을 첨가하면 Thomas-Fermi-Dirac (TFD) 방법이라고 한다.

$$T_S = \Sigma_{i=1}^{N} < \phi_i | (-\frac{1}{2}) | \phi_i > \quad (10\text{-}2)$$

여기서 아래 첨자 S는 Slater 행렬식을 사용하여 계산됨을 표시하며, 사용하는 궤도함수 ϕ들은 Kohn-Sham 궤도함수법으로 얻는다. 이것은 전자 상관성 효과가 무시된 가상의 경우에 해당하지만, HF 이론이 운동 에너지값 자체의 99% 정도를 묘사하는 것과 마찬가지로, 식 10-2에 의하여 운동 에너지를 계산한 결과는 TF 방법으로 계산한 결과보다 훨씬 향상된 결과를 제공한다. 운동 에너지에 대한 나머지 보정항은 Exchange-correlation항 E_{XC}에 포함시키게 되고, 따라서 일반적인 DFT 에너지는 식 10-3으로 나타낼 수 있다.

$$E_{DFT}[\rho] = \mathrm{T}_S[\rho] + E_{ne}[\rho] + \mathrm{J}[\rho] + E_{XC}[\rho] \quad (10\text{-}3)$$

이 식은 E_{DFT}와 정확한 에너지가 같은 값이 되도록 만드는 의미로 E_{XC}를 정의하는 것이라고 볼 수도 있다. 즉, E_{XC}를 다음 식처럼 생각할 수 있다.

$$E_{XC}[\rho] = (\mathrm{T}[\rho] - \mathrm{T_S}[\rho]) + (E_{ee}[\rho] - \mathrm{J}[\rho]) \quad (10\text{-}4)$$

여기서 $T[\rho]$는 운동 에너지의 참값을 의미하고, 따라서 첫 번째 괄호는 운동 에너지에 대한 보정항이며, 두 번째 괄호는 쿨롱 퍼텐셜과 전자 상관성 효과 부분에 해당한다.

DFT 방법의 장점은 오직 전자 밀도만 고려하면 된다는 점이나 운동 에너지 부분을 적절한 정확도로 묘사하려면 궤도함수가 다시 도입되어야 하고, 궤도함수만 있으면 전자 밀도가 정의되므로 HF 방법과 비슷한 계산량으로 보다 정확한, 원리적으로 참 에너지까지도 제공할 수 있는 가능성을 가진다. 다만 DFT 방법의 가장 큰 문제는 E_{xc}가 알려져 있지 않아 Exchange-correlation항에 대한 적절한 범함수를 어떻게 유도하는가에 있다. 일단 이러한 범함수를 알고 있다면 나머지 문제는 에너지를 최소화하면서 서로 직교하는 궤도함수들을 결정하는 것만 남게 되며 나머지는 HF 방법의 과정과 유사하다.

전자 밀도를 결정하는 궤도함수는 $J[\rho]$와 $E_{xc}[\rho]$ 범함수를 사용하여 결정하는데 $J[\rho]$와 $E_{xc}[\rho]$ 자체가 전자 밀도에 의존하여 결정되기 때문에 이 과정은 반복법에 의한 SCF 과정이 된다. Pauli의 원리를 준수하기 위해서 궤도함수들 사이의 직교성(orthogonality)을 유지하여야 하는데, HF 방법에서와 동일하게 Lagrange 방법을 사용하여 다루면, HF 수식과 유사한 Kohn-Sham (KS) 수식이 유도되고, Fock 연산자와 유사한 다음의 Kohn-Sham 연산자 (h_{KS})가 유도된다.

$$h_{KS}\phi_{\mathrm{i}} = \varepsilon_{\mathrm{i}}\phi_{\mathrm{j}}$$

$$h_{KS} = -\frac{1}{2}\nabla^2 + V_{eff} \qquad (10\text{-}5)$$

$$V_{eff}(r) = V_{ne}(r) + \int \frac{\rho(r')}{|r-r'|}dr' + V_{xc}(r)$$

여기서 ε_i는 HF 방법에서의 MO에너지와 유사하게 해석될 수도 있지만, HF에서의 경우와는 많은 차이가 있다. 위 식에서 궤도함수 ϕ는 수치적인 방법으로 구할 수도 있지만, 최근 양자화학에서는 주로 기본 함수들로 전개하는 방법으로 구한다.

Exchange-correlation에 대한 범함수가 어떤 원자 혹은 분자에나 적용이 가능한 일반적인 것이라는 점을 증명할 수는 있지만, 실제 범함수를 얻기는 매우 어려워서 서로 다른 DFT 방법들의 차이는 주로 어떤 형태의 범함수를 사용하느냐에 해당하며 이러한 범함수를 어떻게 유도해 내는가에 대한 통일된 지침이 없기 때문에 서로 다른 많은 범함수들이 제안되고 있다. 어떤 범함수가 더 우수한지는 범함수를 사용한 결과를 정확한 실험 결과 또는 더 높은 수준의 양자역학 방법의 결과와 비교하여 평가될 수 있을 뿐이다.

일반적으로 E_{XC}를 Exchange에 대한 부분 E_X와 전자 상관성에 대한 부분 E_C로 나누고, 각 부분을 다음과 같이 '입자당 에너지(에너지 밀도, energy density),' ε_X와 ε_C를 사용하여 표현한다.

$$E_{XC}[\rho] = E_X[\rho] + E_C[\rho] = \int \rho(r)\varepsilon_X[\rho(r)]dr + \int \rho(r)\varepsilon_C[\rho(r)]dr \qquad (10\text{-}6)$$

식 10-5의 마지막 항 $V_{XC}(r)$은 위의 식으로 정의된 에너지의 전자 밀도에 대한 미분으로 나타낼 수 있다.

$$V_{XC}(r) = \frac{\partial E_{XC}[\rho]}{\partial \rho(r)} = \varepsilon_{XC}[\rho(r)] + \rho(r)\frac{\partial \varepsilon_{XC}(r)}{\partial \rho} \qquad (10\text{-}7)$$

운동 에너지, 원자핵과 전자 사이의 인력, 그리고 Coulomb항은 α 와 β 스핀 전자에 의한 부분으로 쉽게 분리될 수 있고, Exchange 에너지는 동일한 스핀 사이에만 나타나지만, 전자 상관성은 동일한 스핀 사이와 서로 다른 스핀 사이의 경우를 각각 다루어야 한다.

$$E_X[\rho] = E_X^{\alpha}[\rho_\alpha] + E_X^{\beta}[\rho_\beta]$$
$$E_C[\rho] = E_C^{\alpha\alpha}[\rho_\alpha] + E_C^{\beta\beta}[\rho_\beta] + E_C^{\alpha\beta}[\rho_\alpha, \rho_\beta] \quad (10\text{-}8)$$

E_X와 E_C 범함수는 위 식에서 보인 바와 같이 각각의 스핀 전자 밀도에 의존하는 형태로 표현되므로, 스핀이 다른 전자의 밀도차를 규격화시킨 값인 '스핀 분극도(spin polarization)' ζ와 '하나의 전자에 해당하는 유효 부피의 반지름'인 r_S를 변수로 사용하여 정의되는 것이 보통이다.

$$\zeta = \frac{\rho^\alpha - \rho^\beta}{\rho^\alpha + \rho^\beta}, \quad \frac{4}{3}\pi r_S^3 = \rho^{-1} \quad (10\text{-}9)$$

• **범함수의 종류** DFT 계산 방법에 따른 범함수들은 다음과 같이 세 가지 형태가 알려져 있다.

일세대 범함수는 국부 밀도 근사법((Local Density Approximation, LDA)으로 전자 밀도가 부분적으로는 균일하거나 그 변화율이 아주 작다고 가정한 것이다. 흔히 Slater 방법이라고도 한다.8)

이세대 범함수는 전자 밀도뿐만 아니라 그들의 변화율(gradients)을 함께 사용한 것으로, 1986년 Becke, Perdew와 Wang9) 등이 각각 제안하였다. 일반적으로 구배 교정 근사법(Generalized Gradient Approximation, GGA)이라고 한다.

삼세대 범함수는 GGA에 교환-상관 에너지 함수를 고려한 것으로, LYP 범함수10)를 Lee, Yang, Parr에 의해서 제안하였다. 또한 1986년 Perdew는 전

---

8) α스핀과 β스핀 전자의 밀도가 다른 경우 각 스핀 전자 밀도를 따로 취급해야 하므로 국부 스핀밀도 근사법(LSDA)를 사용한다. 다만 폐각 껍질(closed shell) 구조인 경우 LDA와 LSDA는 같다.

9) Perdew와 Wang은 원래의 L(S)DA 범함수에 밀도변화에 의존하는 부분의 곱 형태를 가지는 범함수의 두 가지 사용 방법(PW86과 PW91)을 제안하였다.

10) 전자 밀도의 변화율을 고려하는 전자 상관성에 대한 여러 가지 형태의 범함수가 제안 되었는데, 널리 사용되는 것 중의 하나로 다음과 같은 LYP 범함수가 Lee, Yang, Parr에 의하여 제안되었다.

자 상관성에 대하여 LSDA 범함수에 보정항을 더해 주는 P86 범함수를 제안하였다. 1991년 Perdew와 Wang은 다시 PW91를 제안하였다. 최근 가장 널리 이용되는 범함수는 혼합 방법(Hybrid Methods)으로, Becke 3 parameter fuction(B3)이 있다.

실재 화합물의 계산에서는 다양한 범함수와 기저 집합(basis set)을 사용하여 계산 결과를 실험값과 비교하여 선택하는 경우가 많다. 더 이상의 이론적 고찰은 여기서는 다루지 않는다.

4 전이 금속 착물의 이론적 계산 적용

최근 전이 금속 착물 또는 유기 금속 화합물에 대한 DFT 계산이 많이 이루어지고 있지만, 이 절에서는 항암제로 잘 알려진 시스플라틴과 관련된 백금 착물에 대한 몇 가지 계산 사례를 소개한다.

1969년 Rosenberg와 그의 공동 연구자들에 의해서 *cis*-diamminedichloroplatinum(Ⅱ), *cis*-$[Pt(NH_3)_2Cl_2]^{2+}$의 항암 작용이 소개되면서[11] 백금(Ⅱ) 착물에 대한 실험적 또는 이론적 연구가 아주 활발히 이루어지고 있다[12]. 최근 3000여개 보다 많은 백금 착물이 합성되었으며, 시스플라틴의 독성을 감소시키기 위한 연구가 활발히 진행되고 있다. 여기서는 몇 가지 백금(Ⅱ) 착물에 대한 DFT 계산에 의한 이론적 연구의 일부분을 소개한다.

- **착물의 구조와 결합** 분자 구조의 결정은 이론화학에서 주관 심사로서, 에너지 기울기법으로 자동적으로 구할 수 있다. 이 방법은 DFT 방법 이전에 ab initio법에서도 가능하였지만, HF 방법은 유기 화합물에서 만족할 만한 결합 길이가 얻어졌으나 유기 금속 화합물에서는 실재와 다소 거리가 있었다.

  $[PtCl_4]^{2-}$, *cis/trans*-$[Pt(NH_3)_2Cl_2]^{2+}$ 및 $[Pt(NH_3)_4]^{2+}$은 모두 d^8계 Pt^{2+} 착물로써 평면형 사각 착물을 형성한다. 특히, $[Pt(NH_3)_2Cl_2]^{2+}$ 착물에서 시스와 트랜스의 2가지 이성질체는 암민에서 N-H의 구조에 따라서 서로 다른 대칭성이 존재 가능하다. 즉, *cis*-$[Pt(NH_3)_2Cl_2]^{2+}$ 착물은 C_s 혹은 C_{2v}가 가능하

11) B. Rosenberg et al., Nature(London) 222, 385(1969)
12) E. Wong, C.M. Giandomenico, Chem. Rev. 99(1999) 2451

며, *trans*-$[Pt(NH_3)_2Cl_2]^{2+}$ 착물은 C_{2v} 혹은 C_{2h}가 가능하며, *cis*-DDP에서 C_{2v} 구조가 약 40 meV만큼 에너지가 낮다.

그림 10.3 및 표 10.1에서 이들 착물의 DFT(B3-LYP)/6-31G(d,p) 계산 결과 최적화 구조 및 구조적 특징을 각각 나타낸 것이다.

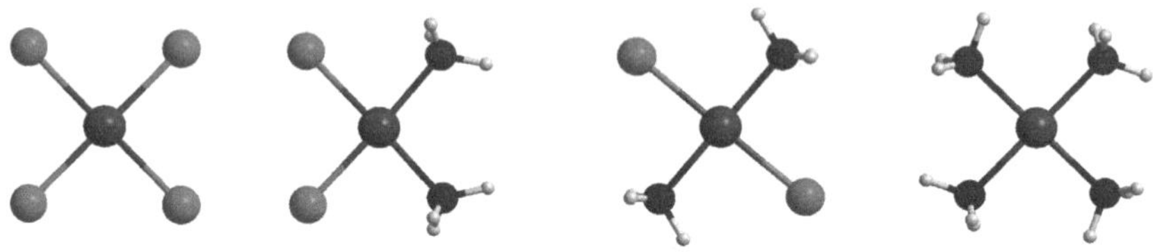

$[PtCl_4]^{2-}$	*cis*-$[Pt(NH_3)_2Cl_2]$	*trans*-$[Pt(NH_3)_2Cl_2]$	$[Pt(NH_3)_4]^{2+}$
D_{4h}	C_{2v}, C_s	C_{2v}, C_{2h}	D_{4h}

그림 10.3 몇 가지 백금(II) 착물의 최적화 구조

표 10.1 백금 착물의 DFT 계산에 의한 구조적 특성(결합 길이 및 결합각)

착물		R_{Pt-N}	R_{Pt-Cl}	∠NPtN	∠ClPtN	∠ClPtCl
$PtCl_4^{2-}$	계산		2.35			90
	실험		2.34			
cis-DDP	계산	2.07	2.31 (2.29)	98	83	95.5
trans-DDP	계산	2.03	2.33 (2.32)		89, 91	
$Pt(NH_3)_4^{2+}$	계산	2.06		90		
	실험	2.05				

이들 착물의 최적화 구조에서 Pt-Cl 결합 길이(R_{Pt-Cl})는 1% 이내에서 실험값과 잘 일치하며, *cis*-DDP < *trans*-DDP < $PtCl_4^{2-}$순으로 증가한다. Pt-N 결합 길이(R_{Pt-N})는 2% 범위 내에서 실험값과 잘 일치하며, *trans*-DDP < $[Pt(NH_3)_4]^{2+}$ < *cis*-DDP임을 알 수 있다. DDP에서 *cis/trans* R_{Pt-Cl}가 1보다 작은 값을 가지는 것은 NH_3가 Cl^- 이온보다 *trans* 효과가 더 적은 것을 잘 반영해 준다. 즉, Cl^- 이온이 NH_3보다 트랜스 효과가 더 크기 때문에 *cis*-DDP에서 Pt-Cl의 결합 길이는 *trans*-DDP일 때보다 더 짧아지는 것이다. 그러나 실험값에서 *cis*-DDP에서 Pt-Cl의 결합 길이는 같지 않고, 0.1 Å 정도 차이가 있는 것으로 알려져 있다. 또한 DDP에서 *trans*형이 *cis*형보다 19 kcal/mol만큼 더 안정함

을 알 수 있다. 즉, E_{cis}-E_{trans}값으로부터 기하 이성질체의 안정성을 추정할 수 있다. 이성질체에서 이러한 에너지 차이는 주로 정전기적 효과로써 Cl^-와 Cl^- 이온이 멀리 떨어진 *trans*-DDP가 더 유리하기 때문이다. *cis*형 이성질체는 Cl^-와 NH_3의 N-H와 수소 결합으로 N-Pt-Cl의 결합각이 83.9°로 감소하는 것을 알 수 있다.

- **착물의 전자적 성질** 그림 10.4는 *cis/trans*-$[Pt(NH_3)_2Cl_2]^{2+}$, 착물과 그의 수화 반응 생성물인 $[Pt(NH_3)Cl(H_2O)]^+$와 $[Pt(NH_3)(H_2O)2]^{2+}$ 및 $[PtCl_4]^{2-}$의 DFT 계산에 의한 *d*-궤도함수의 상대적 에너지값을 나타내었다. 그림 10.5는 $[PtCl_4]^{2-}$, *cis/trans*-$[Pt(NH_3)_2Cl_2]^{2+}$ 및 $[Pt(NH_3)_4]^{2+}$의 경계 궤도함수(HOMO-LUMO)와 나타내었다.

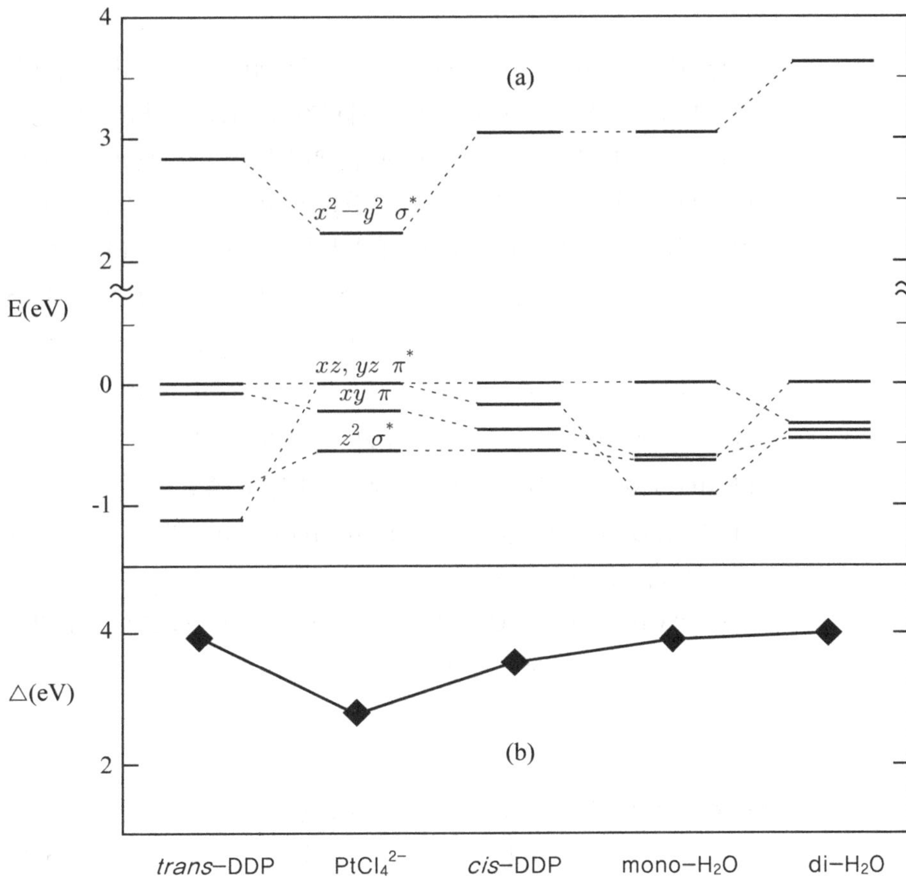

그림 10.4 (a) HOMO–LUMO 에너지 차이 근처의 Kohn–Sham 에너지 준위 도표. (b) (a)에서 반결합성 궤도함수의 전체 분열. 단 HOMO를 0으로 동일하게 나타내었다.

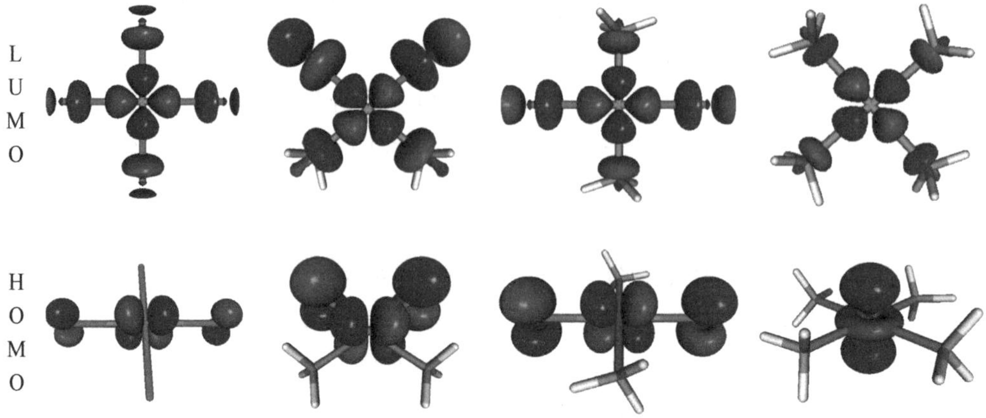

$[PtCl_4]^{2-}$ *cis*-$[Pt(NH_3)_2Cl_2]$ *trans*-$[Pt(NH_3)_2Cl_2]$ $[Pt(NH_3)_4]^{2+}$

그림 10.5 DFT 계산에 의한 몇 가지 백금(II) 착물의 HOMO와 LUMO

그림 10.4는 *cis/trans*-$[Pt(NH_3)_2Cl_2]^{2+}$, $[Pt(NH_3)Cl(H_2O)]^{+}$, $[Pt(NH_3)(H_2O)_2]^{2+}$ 및 $[PtCl_4]^{2-}$ 착물의 Kohn-Sham 에너지 준위를 나타낸 것이다. 주로 백금의 *d*-궤도함수가 지배적임을 의미하며, 평면형 백금 착물에서 4개의 HOMO와 LUMO는 백금의 *d*-궤도함수와 리간드의 궤도함수의 반결합성 조합으로 얻어진 것임을 알 수 있다. 또한 반결합성 σ궤도함수인 LUMO는 주로 백금의 $d_{x^2-y^2}$ 궤도함수 성질이 지배적이다. 이 때, *d*-궤도함수의 에너지 준위는 대칭성과 리간드의 종류에 따라서 다양한 형태를 가진다.

그림 10.5에서 알 수 있듯이 모든 착물이 기체 상태에서 LUMO는 $d_{x^2-y^2}$ 궤도함수와 리간드의 σ궤도함수가 결합된 반결합성 궤도함수로써 HOMO-LUMO의 에너지 차이는 다른 4개의 채워진 궤도함수의 폭(2.3 ~ 1.2 eV)보다 더 큼을 알 수 있다. 그리고 HOMO-LUMO 간의 에너지 차이는 분광학적 계열과 잘 일치한다.

특히, $PtCl_4^{2-}$ 착물은 Cl^- 이온이 π-전자 주개 리간드이므로 $Pt(NH_3)_4^{2+}$ 착물에서 *d*-궤도함수 분열 양상과 비교해 보면 d_{z^2}와 d_{xz}, d_{yz} 궤도함수의 순서가 서로 바뀌게 됨을 확인할 수 있다.

- **착물의 진동 스펙트럼(IR)** DFT 계산에 의해서 착물의 진동 스펙트럼 예측 또는 해석이 가능하다. 이론적 IR 스펙트럼은 약 100에서 3500cm^{-1}까지 확장했을 때, 몇 가지 특성 흡수띠는 실험값과 잘 일치하지만, 계산값은 기체상이고, 실험값은 용액 또는 고체 상태이므로 약간의 차이가 발생할 수 있으

나, 스펙트럼의 해석에서는 무시할 수 있다.

표 10.2에서는 *cis/trans*-$[Pt(NH_3)_2Cl_2]^{2+}$ 착물의 진동 스펙트럼의 계산 결과를 실험값과 비교해서 나타내었다.[13]

표 10.2 *cis* 및 *trans*-DDP에서 Pt-X 신축 진동수(cm^{-1})

X	trans-DDP			cis-DDP		
	계산		실험	계산		실험
	C_{2h}	C_{2v}		C_s	C_{2v}	
Cl	318, 330	319, 332	(332), 330; 331	330, 340	332, 342	317,(324); 326
N	497, 540	496, 541	507; 509	476, 489	483, 506	508; 512, 520

* 실험값 : K.Nakamoto et al., Inorg. Chem. 4(1965) 36
G.Raudaschl, et al., Inorg. Chim. Acta 106(1985) 141

트랜스 영향에 의한 Pt-Cl의 힘상수(force constnat)를 고려하면 트랜스에서 시스형 착물로 갈수록 Pt-NH_3보다 Pt-Cl의 결합세기가 약하므로 Pt-Cl의 평균 신축 진동이 약화되며, Pt-N 신축 진동 형태는 더 강해진다. 그러나 계산값은 다소 어긋나는 것을 볼 수 있다.

- **결합 에너지** 결합 및 해리 에너지는 이론 열화학에서 DFT계산이 가장 널리 사용되고 있는 핵심 분야이다. HF와 post-HF(MP2, 등)과 같은 *ab initio 방법*으로는 작은 유기 화합물에 비해서 정확성이 떨어진, 전이 금속 화합물의 계산 비용뿐만 아니라 전이 금속 화합물이나 배위 화합물의 building block의 계산 결과라 실패하였지만, DFT 계산은 주기율표의 전 영역에서 계산이 가능하게 되었다.

Mayor-Lopez 등은[14] 메탈로센(metallocenes)의 결합 에너지를 DFT로 계산하였다. 대표적인 페로센(ferrocene), $Fe(Cp)_2$의 DFT 계산 결과를 표 10.3에 나타내었다.

표 10.3에서 알 수 있듯이, 적용한 이론에 따라서 약간의 차이가 있으나 페로센(ferrocene), $Fe(Cp)_2$은 Cp가 eclipsed 구조가 staggered 구조보다 더 안정함을 알 수 있으며, B88-PW91에 의한 계산 결과, 결합 에너지는 실험값과 4%(+26 kcal/mol)의 오차로 실험값과 잘 일치함을 알 수 있다.

---

13) 2가지 DDP의 계산 결과는 Paolo Carloni et al., Chem. Phys. Lett. 234(1995) 50 참조
14) M.J. Mayor-Lopez, J.Weber, Chem. Phys. Lett. 281(1997) 226

표 10.3 eclipsed(D_{5h})와 staggered(D_{5d}) $FeCp_2$의 결합 에너지와 최적화 구조적 특성
( ) 안은 계산과 실험값의 차이

	Eclipsed(D_{5h})			Staggered(D_{5d})		
	Exp.	LDA	B88-PW91	Exp.	LDA	B88-PW91
Energy[a] a.u.		-5.30097	-4.86692		-5.29880	-4.86532
kJ/mol		-13904	-12766		-13899	-12762
Dissociation enthalpy	3065	2770 (+15.4%)	2655 (+4.4%)			
d(pm) Fe-X	166.0	160.6 (-5.4)	166.1 (+0.1)		161.2 (-4.8)	166.6 (+0.6)
Fe-C	206.4	201.2 (-5.2)	205.1 (-0.3)		201.6 (-4.8)	206.5 (+0.1)
C-C	144.0	142.5 (-1.5)	143.5 (-0.5)		142.4 (-1.6)	143.4 (-0.6)
C-H	110.4	109.1 (-1.3)	108.6 (-1.8)		109.1 (-1.3)	108.6 (-1.8)

[a] 결합 에너지는 구형의 평균 바닥 상태 원자와 관련된 값이다.
X는 Cp 고리의 중간에 위치한 dummy atom이다.

- **용매화 반응의 경로 추정** 배위화학에서, 촉매 반응 메커니즘(친핵 공격 또는 친전자 공격의 우선성)을 예측하기 위한 DFT 전자 구조 계산의 사용은 1980년대 $X\alpha$ 계산을 통해서 Trogler가 처음으로 시도하였다. 화학 반응의 특성은 핵의 배위 기능으로 반응물과 생성물로 이루어진 시스템에서 퍼텐셜 에너지 곡면(potential energy surface: PES)의 결정이 필요하다. 이것은 일반적으로 반응물, 생성물 및 PES에서 안장점(saddle point)인 전이상태(TS) 주변의 PES를 결정한다.

시스플라틴과 그의 유도체인 항암제가 핵산과 결합하려면 하나 혹은 두 단계의 가수분해 반응이 일어나야 한다. *cis*-$[Pt(NH_3)_2Cl_2]$은 우리 몸 안에서 아래 반응과 같이 염화 이온이 물 분자와 치환되어야 한다.

$$[Pt(NH_3)_2Cl_2] + H_2O \rightarrow [Pt(NH_3)_2Cl(H_2O)]^+ + Cl^- \qquad (10.10)$$

$$[Pt(NH_3)_2Cl(H_2O)]^+ + H_2O \rightarrow [Pt(NH_3)_2(H_2O)_2]^{2+} + Cl^- \qquad (10.11)$$

리간드 치환 반응은 배위화학에서 기본적인 과정이다. 낮은 스핀의 평면사각

형 d^8 착물은 대체로 첨가에 의한 활성화 과정을 거쳐 5배위의 전이상태(TS)를 거쳐 진행되는 것으로 많은 실험 또는 이론적 연구에 의해서 알려져 있다. 이 때, TS의 구조는 삼각쌍뿔 구조(tbp)를 가지는 것으로 알려져 있다.

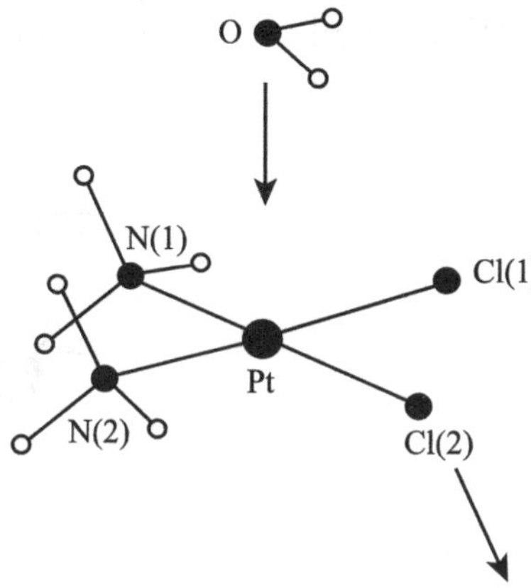

그림 10.6 cisplatin 수화 반응의 첫 단계에서 물의 가상적 전 반응 상황의 표현

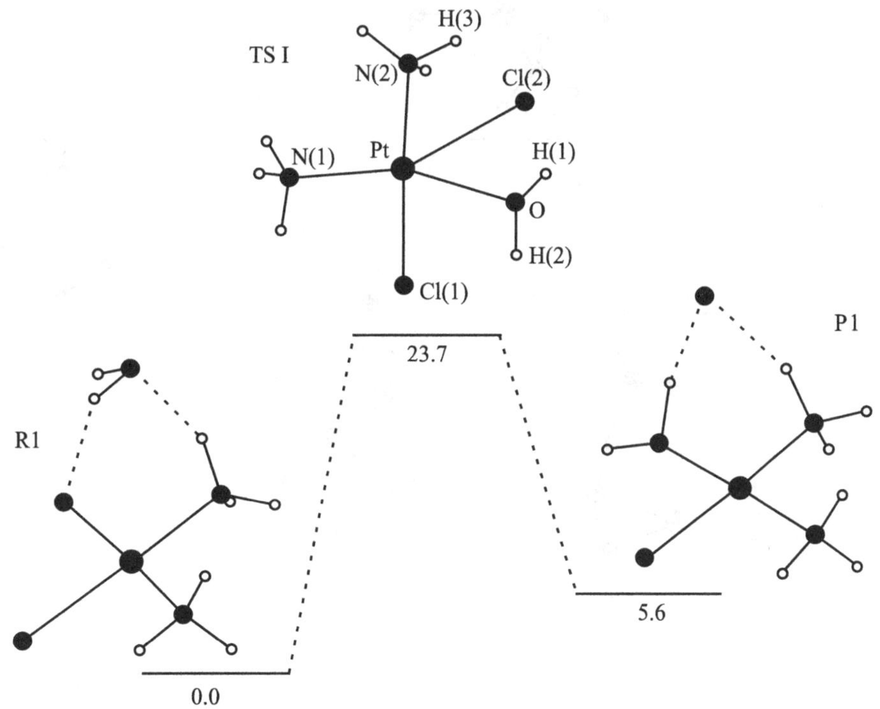

그림 10.7 $[Pt(NH_3)_2Cl_2]$, R1, TS 및 $[Pt(NH_3)_2Cl(H_2O)]^+$의 DFT 계산 결과 상대적 에너지 준위(B3P86에 계산)

Sip 등은[15)] *cis*-[Pt(NH_3)$_2$$Cl_2$]의 S_{N2} 수화반응 메커니즘을 DFT 계산으로 추정하였다. 시스플라틴의 가수분해반응은 그림 10.6과 10.7와 같이 첫 단계에서 용매인 물 분자가 첨가된 5배위 전이상태, [Pt(NH_3)$_2$$Cl_2$]···$H_2O$(1)를 거쳐서 1단계반응으로 진행되며, 다음 단계에서 역시 [Pt(NH_3)$_2$Cl(H_2O)]$^+$···H_2O(2)를 거쳐서 [Pt(NH_3)$_2$(H_2O)$_2$]$^{2+}$가 형성되는 과정에서 TS의 구조를 규명하였다.

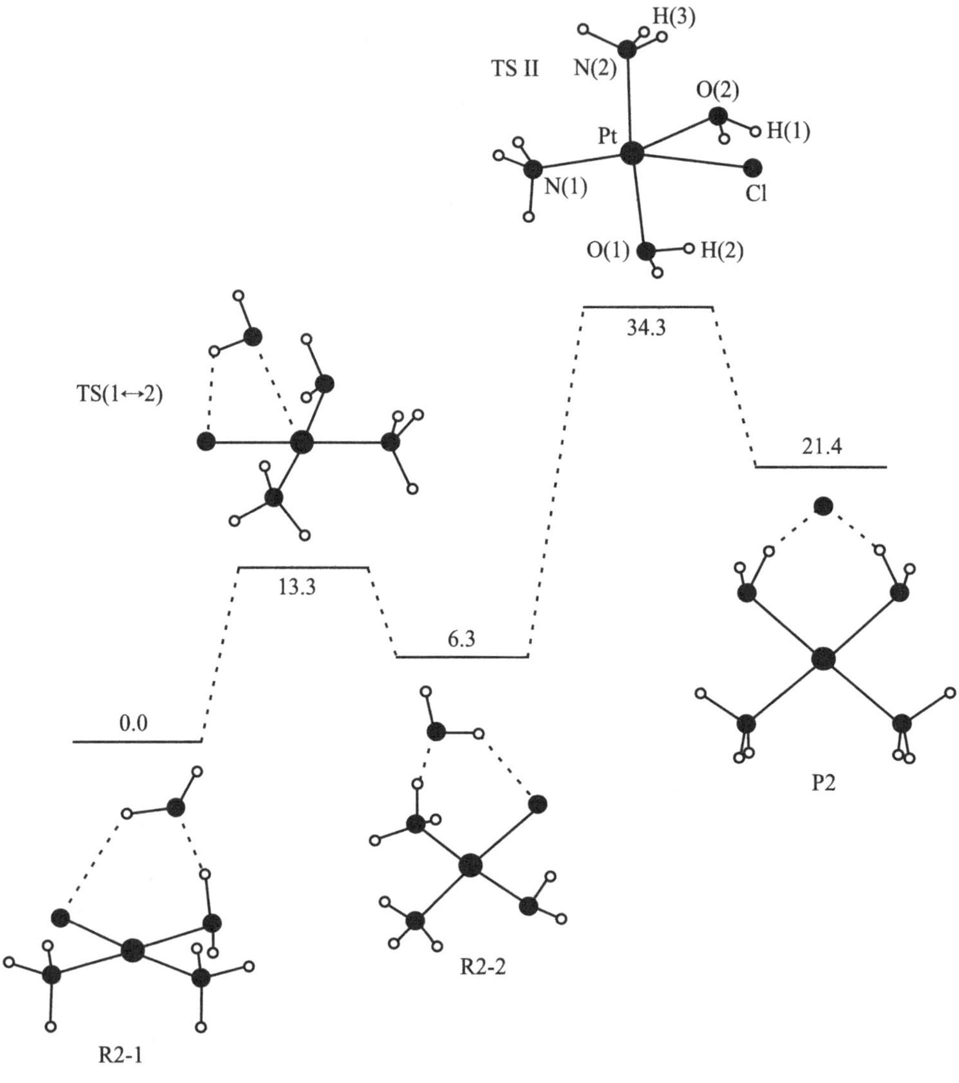

그림 10.8 [Pt(NH_3)$_2$Cl(H_2O)]$^+$, TS I, TS II 및 Pt(NH_3)$_2$(H_2O)$_2$]$^{2+}$의 DFT 계산 결과 상대적 에너지 준위(B3P86에 의한 계산)

15) Z. Chval, M. Sip, J. Molecular Structure(Theochem) 532(2000) 59

$[Pt(NH_3)_2Cl_2]\cdots H_2O$(1)와 $[Pt(NH_3)_2Cl(H_2O)]^+\cdots H_2O$(2)에서 안정한 구조는 백금 착물과 2개의 수소 결합을 이루는 1에서 R1, 2에서 R2-1과 R2-2이다. TS 구조는 일그러진 tbp형으로 1단계에서 TS I 이며, 2단계에서 TS(1↔2)와 TS II 와 같은 구조를 가진다.

시스플라틴의 수화반응은 전하 분리 과정으로 진행되며 두 단계 모두 흡열반응으로 1단계에서 5.6kcal/mol, 2단계에서 21.4kcal/mol이 요구되며, 활성화 에너지는 각각 23.7과 34.3kcal/mol이다. 이들 값에서 용매효과를 고려하면 1에서 1.5kcal/mol만큼 흡열반응이고, 활성화 에너지는 21.3kcal/mol이며, 2에서 8.2kcal/mol이고 활성화 에너지는 26.1kcal/mol이다. 이것은 실험값과 잘 일치한다.

이처럼 최근 다양한 범함수를 사용한 DFT 계산으로 전이 금속착물과 유기금속 화합물의 실험 자료 해석 및 설계가 이루어지고 있다. 여기서 소개한 것 외에 UV/vis, IR, NMR 등 스펙트럼의 해석, 쌍극자 모멘트, polarizability 및 반응 메커니즘의 추정 등 다양한 분야에서 이론적 연구가 이루어지고 있다.

부 록

1 배접사

1	mono	모노
2	di(bis)	다이(비스)
3	tri(tris)	트라이(트리스)
4	tetra(tetrakis)	테트라(테트라키스)
5	penta(pentakis)	펜타(펜타키스)
6	hexa(hexakis)	헥사(헥사키스)
7	hepta(heptakis)	헵타(헵타키스)
8	octa(octakis)	옥타(옥타키스)
9	nona(nonakis)	노나(노나키스)
10	deca(decakis)	데카(데카키스)
11	undeca	운데카
12	dodeca	도데카
13	trideca	트라이데카
20	icosa	아이코사
21	henicosa	헤니코사
22	docosa	도코사
23	tricosa	트라이코사
30	triaconta	트라이아콘타
40	tetraconta	테트라콘타
100	hecta	헥타

2 리간드의 약어 및 이름

약어	관용명/체계적 이름
Hacac	acetylacetone(아세틸아세톤) 2,4-pentanedione(2,4-펜테인다이온)
cod	cyclooctadiene(사이클로옥타다이엔) 1,5-cyclooctadiene(1,5-사이클로옥타다이엔)
Cp	cyclopentadienyl(사이클로펜타다이엔일) cyclopentadienyl(사이클로펜타다이엔일)
py	pyridine(피리딘) pyridine(피리딘)
terpy	2,2',2"-terpyridine(2,2',2"-터피리딘) 2,2':6',2"-terpyridine(2,2':6',2"-터피리딘)"
H4edta	ethylenediaminetetraacetic acid (에틸렌다이아민테트라아세트 산) 1,2-ethanediyldinitrilo)tetraacetic acid (1,2-에테인다이일다이나이트릴로)테트라아세트 산
dien	diethylenetriamine(다이에틸렌트라이아민) N-(2-aminoethyl)-1,2-ethanediamine (N-(2-아미노에틸)-1,2-에테인다이아민)
en	ethylenediamine(에틸렌다이아민) 1,2-ethanediamine(1,2-에테인다이아민)
pn	propylenediamine(프로필렌다이아민) 1,2-propanediamine(1,2-프로페인다이아민)
tn	trimethylenediamine(트라이메틸렌다이아민) 1,3-propanediamine(1,3-프로페인다이아민)
chxn	1,2-diaminocyclohexane(1,2-다이아미노사이클로헥세인) 1,2-cyclohexanediamine(1,2-사이클로헥세인다이아민)
dppe	1,2-bis(diphenylphosphino)ethane (1,2-비스(다이페닐포스피노)에테인) 1,2-ethandiylbis(diphenylphosphine) (1,2-에탄다이일비스(다이페닐포스핀))
bpy	2,2'-bipyridine(2,2'-바이피리딘) 2,2'-bipyridine(2,2'-바이피리딘)
phen	1,10-phenanthroline(1,10-페난쓰롤린) 1,10-phenanthroline(1,10-페난쓰롤린)
tu	thiourea(싸이오요소) thiourea(싸이오요소)

3 Tanabe-sugano 도표

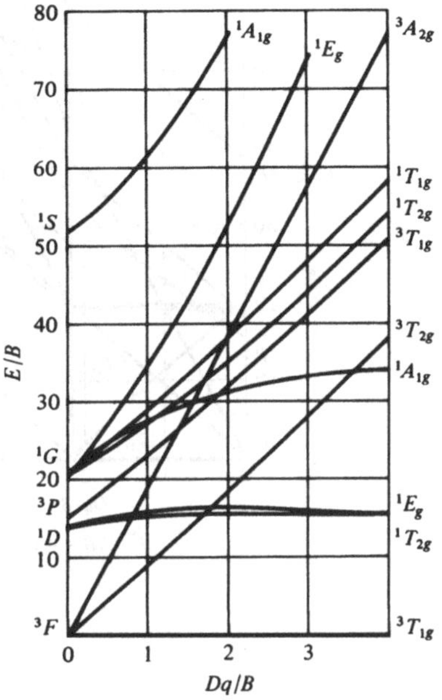

d^2, C/B = 4.42

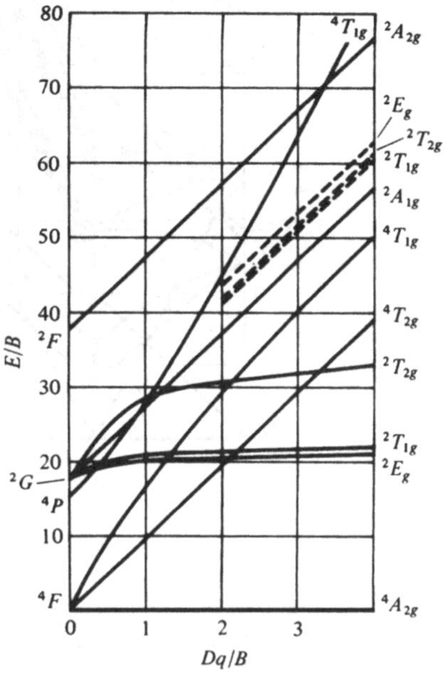

d^3, C/B = 4.50

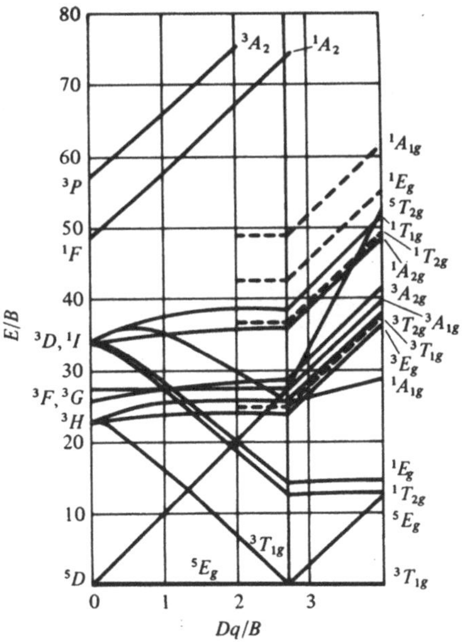

d^4, C/B = 4.6

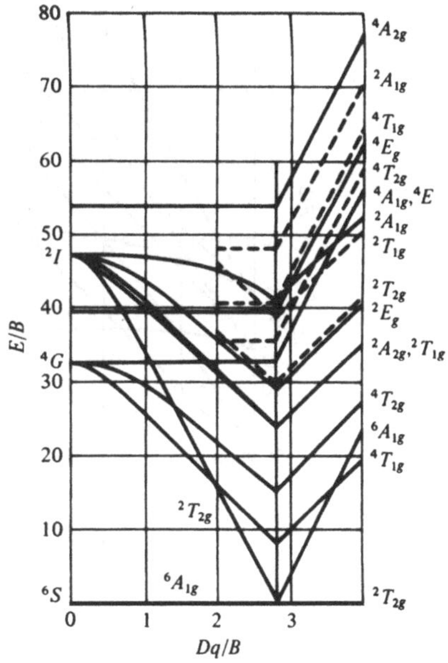

d^5, C/B = 4.48

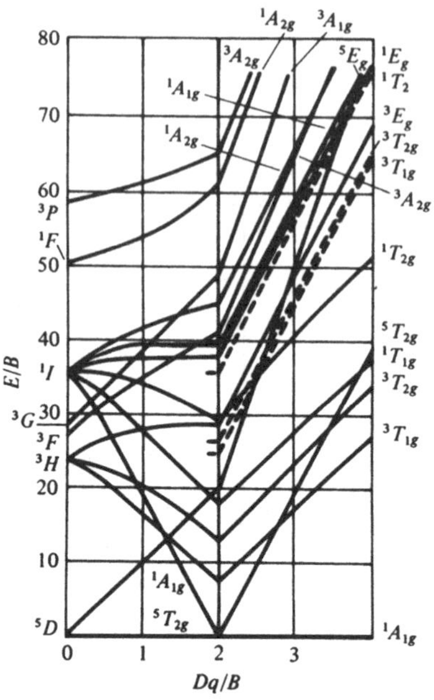

d^6

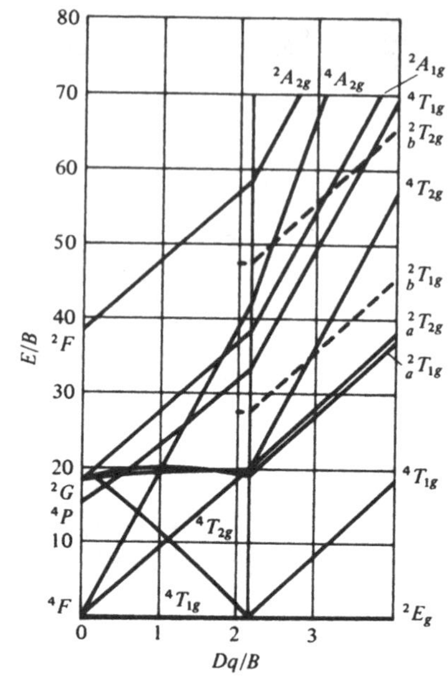

d^7, $C/B = 4.63$

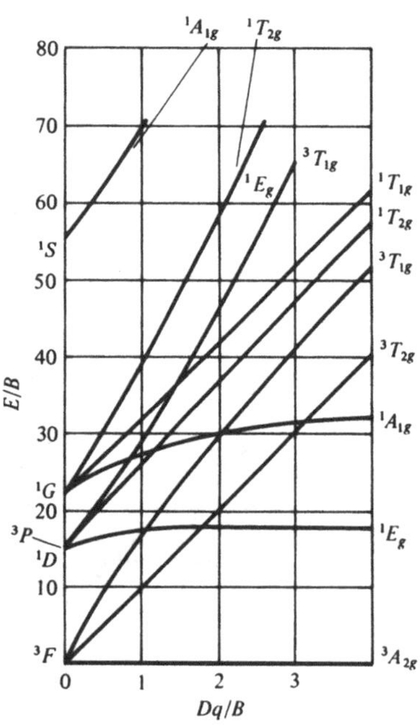

d^8, $C/B = 4.71$

찾아보기

L

M

N

O

P

R

S

T

U

W

X

Z

π

| 저자소개 |

김봉곤
경상대학교 사범대학 과학교육학부 화학전공 교수

김재상
경상대학교 자연과학대학 기초과학부 화학전공 교수

김진은
경상대학교 자연과학대학 기초과학부 화학전공 교수

이부영
경상대학교 자연과학대학 기초과학부 화학전공 교수

도명기
영남대학교 이과대학 화학과 명예교수

착물화학 – 제3판 –

| 저 자 | 김봉곤 · 김재상 · 김진은 · 이부영 · 도명기
| 발 행 인 | 주정희
| 발 행 처 | 자유아카데미
| 주 소 | 경기도 파주시 교하읍 문발리 527-2
파주출판문화정보산업단지
| 전 화 | 031-955-1321
| F A X | 031-955-1322
| 홈페이지 | www.freeaca.com
| 전자우편 | main@freeaca.com(대표)
editor@freeaca.com(편집)
| 등 록 | 제406-2003-017호, 1980. 7. 12
| 제1판1쇄 | 2006년 6월 20일 발행
| 정 가 | 23,000원

저자와의 협의하에 인지생략

ISBN 89-7338-586-0 93430